清华电脑学堂

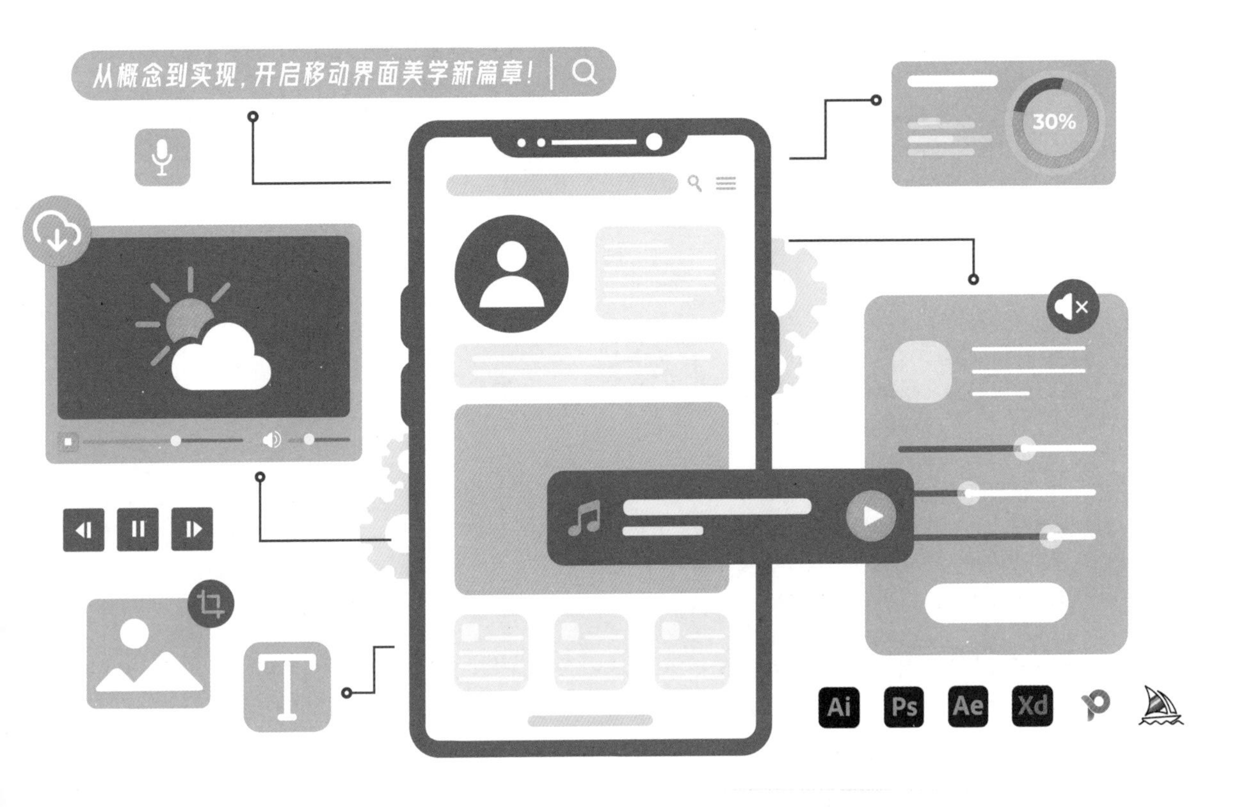

移动UI设计与制作标准教程

全彩微课版

李和畅 ◎ 编著

清華大学出版社
北京

内 容 简 介

本书围绕移动UI设计展开创作，以“理论+实操”为写作原则，用通俗易懂的语言对移动UI设计的相关知识进行详细介绍。

全书共9章，内容涵盖移动UI的设计基础、移动UI的色彩搭配、移动UI的原型设计、移动UI的构建、HarmonyOS UI设计、Android UI设计、iOS UI设计、交互动效设计以及标注与切图。部分章结尾还安排“案例实战”“新手答疑”板块，旨在让读者学会、掌握，达到举一反三的目的。

全书结构编排合理，所选案例贴合移动UI设计实际需求，可操作性强。案例讲解详细，一步一图，即学即用。本书不仅适合高等院校师生、UI设计师等阅读使用，还适合作为社会培训机构相关课程的培训教材。

图书在版编目（CIP）数据

移动UI设计与制作标准教程 : 全彩微课版 / 李和畅编著. -- 北京 : 清华大学出版社, 2025. 3. -- (清华电脑学堂). -- ISBN 978-7-302-68071-0

Ⅰ. TN929.53

中国国家版本馆CIP数据核字第2025C5H520号

责任编辑： 袁金敏
封面设计： 阿南若
责任校对： 徐俊伟
责任印制： 刘 菲

出版发行： 清华大学出版社
网　　址：https://www.tup.com.cn，https://www.wqxuetang.com
地　　址：北京清华大学学研大厦A座　　邮　　编：100084
社 总 机：010-83470000　　邮　　购：010-62786544
投稿与读者服务：010-62776969，c-service@tup.tsinghua.edu.cn
质 量 反 馈：010-62772015，zhiliang@tup.tsinghua.edu.cn
课 件 下 载：https://www.tup.com.cn，010-83470236

印 装 者：小森印刷（北京）有限公司
经　　销：全国新华书店
开　　本：185mm×260mm　　印　　张：12.5　　字　　数：315千字
版　　次：2025年4月第1版　　印　　次：2025年4月第1次印刷
定　　价：69.80元

产品编号：105278-01

前言

移动UI，即移动用户界面，特指为智能手机、平板电脑等便携式设备精心打造的用户交互界面。它全面涵盖与用户进行互动的视觉元素与操作控件，旨在为用户带来直观、高效且令人愉悦的交互体验。移动UI设计是一个系统性的过程，始于深入理解目标用户群体的需求与偏好，通过精心策划与设计方案的制订，最终落实到界面的实现与优化上。这一设计过程的核心目标，是确保用户能够无缝、轻松地操作应用程序或访问网站，同时享受到积极、满意的用户体验。

本书以理论与实际应用相结合的方式，从易教、易学的角度出发，详细地介绍移动UI设计的基础理论及设计规范，同时也为读者讲解设计思路，让读者掌握移动UI设计与制作的方法，提高读者的操作能力。

本书特色

- **理论+实操，实用性强**。本书为疑难知识点配备相关的实操案例，使读者在学习过程中能够从实际出发，学以致用。
- **结构合理，全程图解**。本书全程采用图解的方式，让读者能够直观地看到每一步的具体操作。
- **疑难解答，学习无忧**。本书每章最后安排“新手答疑”板块，主要针对实际工作中一些常见的疑难问题进行解答，让读者能够及时地处理好学习或工作中遇到的问题。同时还可举一反三地解决其他类似的问题。

内容概述

全书共9章，各章内容见表1。

表1

章序	内容	难度指数
第1章	主要介绍移动UI的设计基础，包括什么是UI设计、UI设计与移动UI设计的区别、移动UI的系统分类、移动UI设计原则、AIGC在移动UI中的应用，以及移动UI设计流程等	★☆☆
第2章	主要介绍移动UI的色彩搭配，包括色彩属性与类别、色彩搭配基础、构建UI颜色系统，以及常见的移动UI配色等	★★☆

（续表）

章序	内容	难度指数
第3章	主要介绍移动UI的原型设计，包括UI草图绘制、移动UI原型设计，以及常用的原型设计软件等	★★☆
第4章	主要介绍移动UI的构建，包括界面构建的元素、UI控件类型详解、按钮的视觉设计，以及弹窗的视觉设计等	★★★
第5章	主要介绍HarmonyOS UI设计，包括HarmonyOS基础知识、界面构成、图标设计规范、文字设计规范，以及HarmonyOS应用架构等	★★★
第6章	主要介绍Android UI设计，包括Android的常用单位、Android图标设计、Android文字设计规范，以及图片设计规范等	★★★
第7章	主要介绍iOS UI设计，包括iOS基础知识、iOS界面尺寸规范、iOS文字设计规范，以及iOS界面设计规范等	★★★
第8章	主要介绍交互动效设计，包括交互设计基础、移动UI交互类型、UI动效、UI动效的属性，以及UI动效的类型等	★★☆
第9章	主要介绍标注与切图，包括界面标注、界面标注的常用工具、界面的切图，以及界面切图的常用工具等	★★☆

本书的配套素材和教学课件可扫描下面的二维码获取。如果在下载过程中遇到问题，请联系袁老师，邮箱：yuanjm@tup.tsinghua.edu.cn。书中重要的知识点和关键操作均配备高清视频，读者可扫描书中二维码边看边学。

本书由李和畅编写，在编写过程中得到郑州轻工业大学教务处的大力支持，在此表示衷心的感谢。作者在编写过程中虽力求严谨细致，但由于时间与精力有限，书中疏漏之处在所难免。如果读者在阅读过程中有任何疑问，请扫描下面的“技术支持”二维码，联系相关技术人员解决。教师在教学过程中有任何疑问，请扫描下面的“教学支持”二维码，联系相关技术人员解决。

作者

2024年8月

配套素材

教学课件

技术支持

教学支持

目录

第1章 移动UI的设计基础

第2章 移动UI的色彩搭配

第3章 移动UI的原型设计

第4章 移动UI的构建

第5章 HarmonyOS UI设计

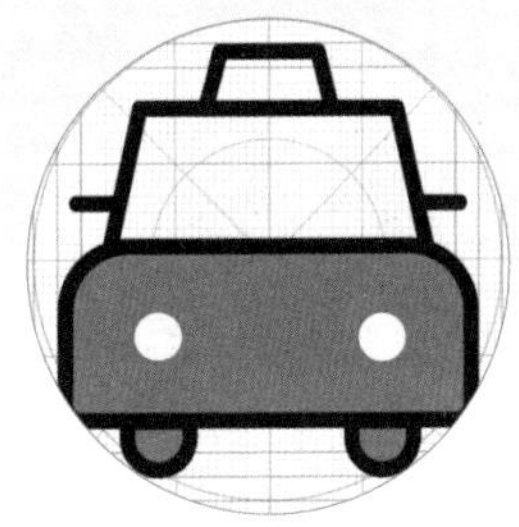
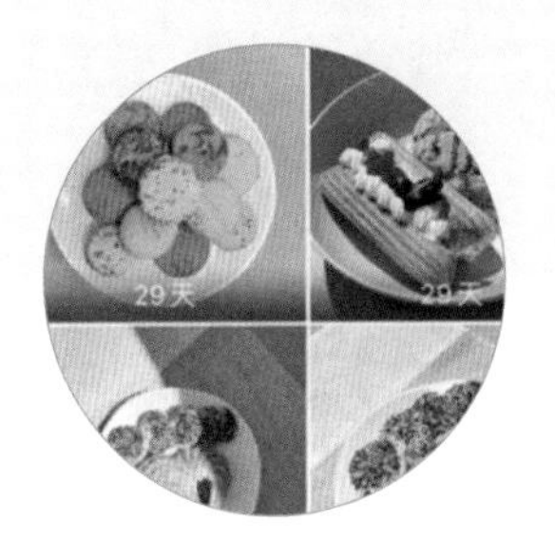

第6章

Android UI设计

第7章

iOS UI设计

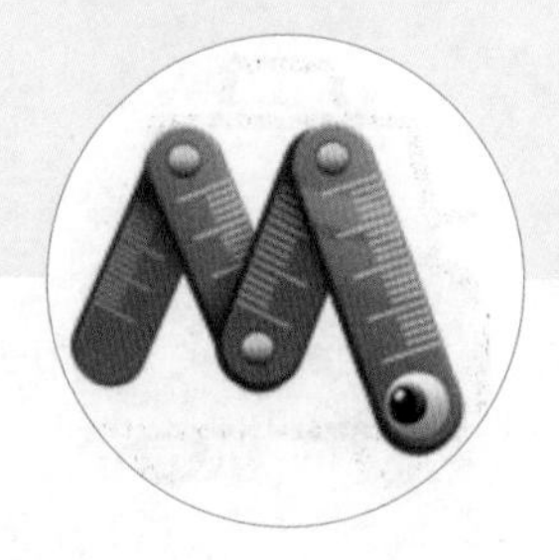

第8章 交互动效设计

第9章 标注与切图

第1章 移动UI的设计基础

移动UI设计涉及布局、色彩、字体、图标、动画等方面，旨在提升用户体验，使用户能够轻松、愉快地与应用程序进行交互。本章对移动UI设计的系统分类、设计原则、AIGC在移动UI中的应用及设计流程进行讲解。

1.1 认识移动UI设计

UI（User Interface）即用户界面，是系统和用户之间进行交互和信息交换的媒介，负责将信息的内部形式转换为用户可以理解和操作的形式。UI设计（User Interface Design）和移动UI设计（Mobile UI Design）同为这一领域的专业实践，但它们各有侧重，遵循不同的设计准则与考量因素。

1.1.1 UI设计

UI设计是指为各种数字产品（如网站、桌面应用程序、移动应用程序等）和优化用户界面的过程，如图1-1所示。UI设计的目标是创建一个美观、直观和易用的界面，使用户能够轻松地与产品进行交互。

图 1-1

UI设计包括以下几个方面。

- **视觉设计：** 专注于界面的外观设计，包括色彩搭配、字体选择、图标设计、图像运用以及整体布局。视觉设计旨在吸引用户并提供愉悦的视觉体验。
- **交互设计：** 设计用户与界面之间的交互方式，包括但不限于按钮、滑块、表单和导航条的设计。交互设计的目标是使用户能够高效、直观地完成任务。
- **信息架构：** 组织和结构化信息，使用户能够轻松找到所需内容。信息架构包括导航菜单、分类和标签等。
- **一致性：** 确保界面元素在整个产品中保持一致，包括色彩方案、字体样式、图标设计、布局规则等。一致性有助于提高用户的熟悉度和操作效率。
- **可用性：** 确保界面设计易于理解和操作，即使初次使用的用户也能够快速上手。可用性是评估界面设计的重要标准。

知识点拨

无障碍设计也是UI设计中不可忽略的一部分。它致力于使产品对所有用户群体都具有包容性，包括视觉、听觉或运动障碍的人士。通过采用适当的辅助功能和设计原则，可以确保每个人都能无障碍地访问和使用产品。

1.1.2 移动UI设计

移动设计是UI设计的一个重要分支，专注于为移动设备（如智能手机和平板电脑）设计用户界面，如图1-2所示。考虑移动设备的特性和局限性，移动UI设计需特别关注以下几点，以确保在小屏幕和触控环境下的优秀用户体验。

图 1-2

1. 响应式设计

采用响应式设计，确保用户界面能够自适应各种屏幕尺寸和分辨率，无论是小屏手机还是大屏平板电脑，都能提供流畅且一致的用户体验。设计师需要针对不同的屏幕尺寸进行优化，以确保用户体验的一致性。

2. 触控交互

深度整合触控手势（如滑动、双击、长按等），创造直观且符合用户直觉的交互体验。同时优化高频操作按钮的布局，确保在单手操作时拇指能轻松触及。

3. 视觉设计

使用鲜明且对比度高的色彩搭配，确保在户外强光下也能清晰可见。图标设计应简洁明了，易于识别，且与整体设计风格保持一致。选择合适的字体大小和排版方式，确保信息的可读性和清晰度，在不同设备和分辨率下均能保持一致性。

4. 操作简便

简化操作流程，通过直观的界面布局和高效的交互设计，使用户能够迅速定位并轻松完成所需任务。同时，对高风险操作增设明确的提示和确认机制，保障用户数据安全。

5. 性能优化

通过压缩图片、减少网络请求、优化代码等手段，显著提升应用的加载速度和响应性，确保用户在任何网络环境下都能享受流畅的使用体验。同时加强内存管理，预防应用崩溃和卡顿。

6. 用户习惯

在设计过程中进行用户调研，了解用户的使用习惯、需求和痛点，以便设计出更符合用户期望的界面和交互方式。通过用户反馈和数据分析，持续优化界面设计和交互体验，不断提升用户的满意度和忠诚度。

1.1.3 UI设计与移动UI设计的区别

UI设计与移动UI设计虽同属用户界面设计范畴，但两者在设计重点、应用场景和技术要求上存在显著差异。以下是它们之间的主要区别。

1．屏幕尺寸与设备

- **UI设计：**通常涵盖各种设备，包括台式机、笔记本电脑、平板电脑和移动设备。设计需要适应不同的屏幕尺寸和分辨率，如图1-3所示。
- **移动UI设计：**专注于智能手机和平板电脑等移动设备。屏幕尺寸较小，分辨率较高，需要特别注意触摸交互和小屏幕布局。

图 1-3

2. 用户交互方式

- **UI设计：**涉及多种交互方式，包括鼠标单击、键盘输入、触控等，如图1-4、图1-5所示。设计师需根据具体的应用场景选择合适的交互方式，并优化交互流程。
- **移动UI设计：**侧重触控交互方式，如滑动、点击、长按等手势，以及单手操作的优化，如拇指热区的布局，确保高频操作按钮易于触控。

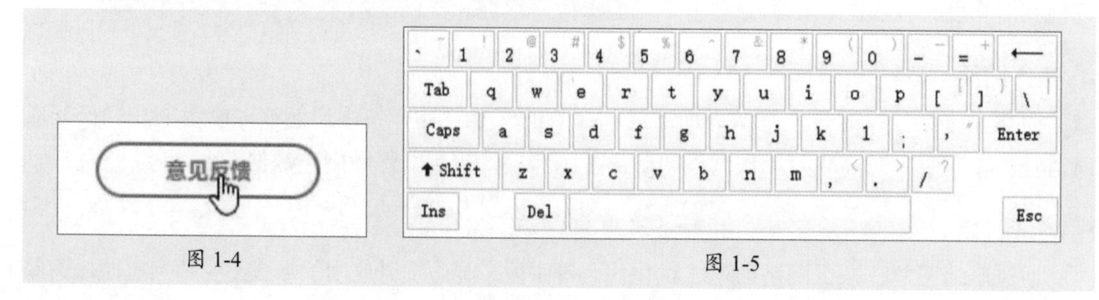

图 1-4　　图 1-5

3. 设计布局

- **UI设计：**布局通常较为复杂，可以包含更多的内容和功能模块。屏幕空间较大，可以容纳更多的细节和信息。
- **移动UI设计：**布局需要简洁明了，避免过多的信息堆积。设计应注重信息的层次和优先级，确保用户能够快速找到所需内容。

4. 导航设计

- **UI设计：** 导航通常放置在顶部或侧边栏，用户可以轻松访问各个页面和功能。导航元素可以较多，适合复杂的应用和网站，如图1-6所示。
- **移动UI设计：** 导航通常采用底部导航栏、侧边抽屉或汉堡菜单，以节省屏幕空间。导航设计需要简洁，确保用户能够方便地进行页面切换，如图1-7所示。

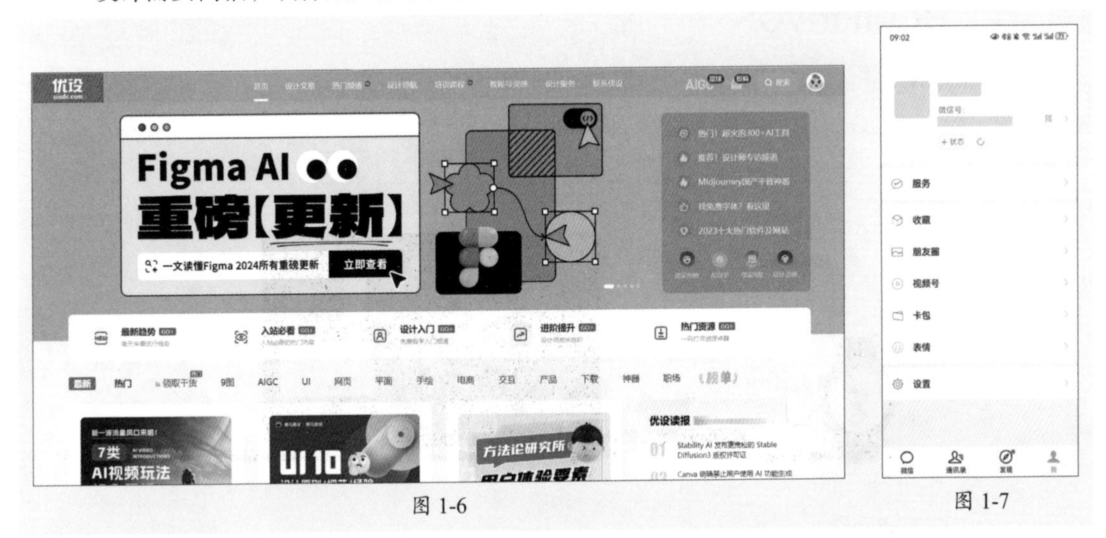

图 1-6　　图 1-7

5. 响应式设计

- **UI设计：** 需要考虑不同设备和屏幕尺寸的适配，确保界面在各种设备上都能良好显示。响应式设计是一个重要的考虑因素。
- **移动UI设计：** 虽然主要针对移动设备，但也需要考虑不同型号和尺寸的手机与平板电脑，确保界面在不同设备上都能适配，如图1-8所示。

图 1-8

6. 平台规范

- **UI设计：** 可能需要遵循不同操作系统和平台的设计规范，如Windows、macOS、Linux等。每个平台有其特定的设计指南和用户期望。
- **移动UI设计：** 需要遵循移动操作系统的设计规范，如iOS的Human Interface Guidelines、Android的Material Design以及华为的HarmonyOS NEXT。不同平台有其独特的设计语言和交互模式。

1.2 移动UI的系统分类

移动UI的系统分类，从操作系统的角度来看，主要包括iOS、Android和HarmonyOS三类。每种系统都有其独特的设计规范和用户交互模式。

1.2.1 HarmonyOS

HarmonyOS是华为自主研发的一款面向全场景的分布式操作系统，旨在通过其独特的技术特点实现设备间的无缝连接和高效协同，如图1-9所示。其特点如下。

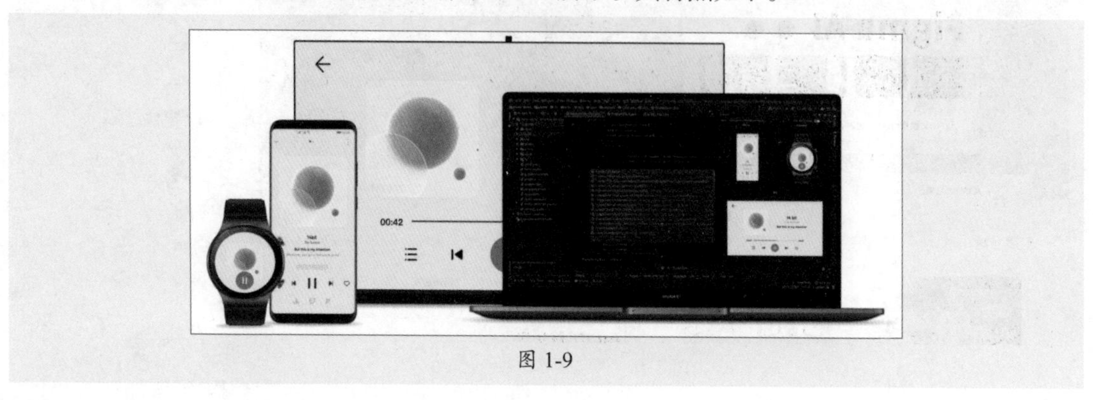

图 1-9

1. 分布式架构

HarmonyOS采用分布式架构，允许多个设备之间无缝连接和通信，实现资源共享和协同工作，为用户带来一致且流畅的使用体验。

2. 微内核设计

HarmonyOS采用微内核架构，将核心功能进行模块化拆分，不仅增强了系统的灵活性与可扩展性，还显著提升了系统的安全性与运行效率。

3. 统一的开发环境

开发者可以使用相同的代码库开发不同类型设备上运行的应用程序，减少开发成本和时间，实现跨设备应用的一次开发，多端部署。

4. 强大的生态系统

华为通过与众多硬件制造商和软件开发者合作，构建了一个庞大的生态系统。HarmonyOS支持多种应用和服务，涵盖娱乐、办公、健康、智能家居等多个领域。

5. 智能化体验

HarmonyOS集成了华为的人工智能技术，提供智能助手、精准推荐等个性化服务，同时支持语音控制、手势识别等先进交互方式，让用户体验更加智能便捷。

6. 高度安全性

HarmonyOS内置多层次安全机制，包括可信执行环境（TEE）与分布式安全架构，确保用户数据和隐私在传输与存储过程中绝对安全。华为持续进行安全更新与漏洞修复，保障系统安全无忧。

7. 多终端适配

HarmonyOS不仅支持智能手机和平板电脑，还广泛支持智能手表、智能电视、车载系统、智能家居设备等多种终端，真正实现“一云多端”的理念，让用户可以在不同的设备上享受一致的操作体验。

1.2.2 Android

Android是谷歌开发并维护的开源移动操作系统，广泛应用于各种品牌的智能手机和平板电脑。Android以其高度的可定制性、广泛的设备支持和庞大的应用生态系统而闻名。其特点如下。

1. 开源的生态系统

Android的开源性质促进了技术创新和生态系统的发展，使制造商、开发者和用户都能从中受益。图1-10所示为基于Android深度定制的系统——ColorOS。

图 1-10

2. 灵活的用户界面

Android允许用户和制造商对界面进行高度自定义，包括更换启动器、主题和小部件等，使每个设备都可以有独特的外观和操作方式，提供个性化的视觉和功能体验。

3. 丰富的应用资源

Google Play商店提供海量的应用程序和游戏，涵盖各种类别和需求。用户还可以从第三方应用商店下载和安装应用程序，增加应用资源的多样性。

4. 强大的兼容性

Android支持多种硬件配置，从高端旗舰设备到入门级设备，甚至是智能电视和可穿戴设备，都可以运行Android系统。

5. 强大的集成服务

Android与谷歌的各种服务无缝集成。通过谷歌账号，用户可以在不同的Android设备以及其他平台（如Chrome OS）之间实现数据同步和协同工作。

6. 高效的性能优化

谷歌不断对Android进行优化和更新，提升系统性能和稳定性，同时引入新功能以改进用户体验。

1.2.3 iOS

iOS是苹果公司专为iPhone、iPad等设备设计的专有移动操作系统，以其流畅的用户体验、高度优化的性能和强大的生态系统而著称，如图1-11所示。其特点如下。

图 1-11

1. 封闭的生态系统

iOS采用了高度封闭的生态系统，苹果公司严格控制着硬件和软件的开发与分发。这种封闭性确保了应用程序的高质量和与硬件的完美兼容，并为用户提供稳定、安全和流畅的体验。

2. 直观易用的界面

iOS的界面设计简洁且直观，图标清晰、布局合理，使用户能够轻松上手，并快速找到所需的功能。同时，系统融入丰富的动画效果和精准的触控反馈，进一步提升用户的交互体验。

3. 丰富的应用资源

App Store作为iOS的核心应用商店，提供数百万款高质量的应用程序，涵盖游戏、社交、教育、商务、健康等各个领域，满足用户多样化的需求。此外，App Store严格的审核机制确保了应用程序的安全性和稳定性。

4. 强大的安全性

iOS以其严格的隐私保护功能而著称，用户数据的安全性得到高度重视。苹果公司在系统级别提供多种隐私保护措施，如应用权限管理、数据加密等。

5. 无缝的集成体验

iOS与苹果公司的其他服务（如iCloud、Apple Music、Apple Pay）及硬件产品（如Mac、Apple Watch、Apple TV）紧密集成，为用户提供一体化的生态系统体验。用户可轻松地在不同设备间切换任务、共享数据，享受无缝衔接的便捷。

6. 高效的性能优化

iOS在性能方面进行了深入的优化。系统采用先进的图形处理技术、高效的内存管理和多任务处理能力，确保设备在运行复杂应用程序和大型游戏时依然能够保持流畅和稳定。

1.3 移动UI的设计原则

移动UI的设计原则是指在设计移动设备用户界面时应当遵循的一系列指导原则，以确保用户界面既美观又实用，从而提升用户体验。

1.3.1 简洁性原则

在设计移动UI时，应保持界面简洁，避免过多的信息和元素，以确保用户能够快速找到所需内容。以下是实现这一原则的关键要点。

- **简洁的布局：**采用简洁的布局，减少不必要的元素，确保每个元素都有其存在的合理性和必要性。
- **清晰的符号：**采用直观、简洁且易于理解的图标和符号，确保用户能够快速理解和使用界面。所有图标和符号在风格上应保持一致，以提升界面的整体性和辨识度。
- **隐藏非核心功能：**将界面功能进行优先级排序，合理隐藏非核心功能，避免界面过于拥挤和复杂。通过合理的交互设计（如抽屉导航、折叠面板、长按或滑动等手势），使用户在需要时能够轻松访问隐藏的功能，如图1-12、图1-13所示。
- **减少视觉干扰：**避免使用过多的颜色、字体和装饰元素，保持界面的视觉简洁，减少用户的认知负担。

图 1-12

图 1-13

1.3.2 一致性原则

在设计移动UI时，保持界面元素的一致性有助于用户熟悉UI并减少学习成本。以下是实现这一原则的关键要点。

- **视觉风格：**在整个应用中应使用相同的颜色和图标风格，不仅有助于用户快速识别不同的功能，还能增强应用的品牌识别度，如图1-14所示。

- **文本排版：**保持一致的字体、字号和文本排版，确保文本内容在不同页面和功能键的操作一致性。
- **布局结构：**保持页面布局和结构的一致性，确保用户能够预见并找到常用的功能和信息。通过统一的布局模式，增强用户的空间记忆能力，提高操作效率。
- **交互模式：**统一应用中的交互模式，如按钮样式、导航方式和手势操作，确保用户在不同页面间的操作体验一致。
- **反馈机制：**提供一致的反馈机制，如加载动画、错误提示和成功通知，帮助用户理解应用的状态和操作结果，如图1-15所示。

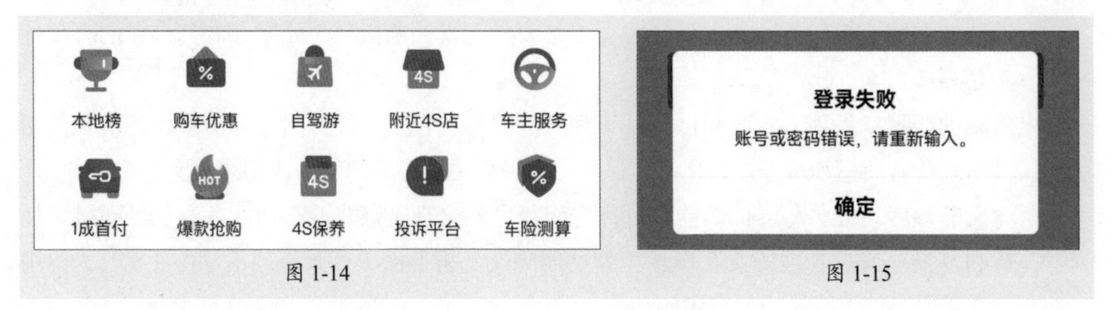

图 1-14　　图 1-15

1.3.3　可访问性原则

在设计移动UI时，确保所有用户，包括有特殊需求的用户，都能方便地使用应用。以下是实现这一原则的关键要点。

- **无障碍设计：**严格遵守国际无障碍设计标准，如WCAG（Web内容无障碍指南）的最新版本，以确保应用对不同障碍类型（视力、听力、运动、认知等）的用户都是可访问的。
- **多样化输入方式：**提供多种输入方式，如触摸、语音和手势识别，以满足不同用户的使用习惯。确保每种输入方式都能准确、高效地响应用户的操作。
- **高对比度和可调节字体：**提供高对比度的颜色选项和可调节的字体大小，以帮助视力受限的用户更好地阅读和操作。
- **易于理解的内容：**使用简洁、清晰的语言和直观的图标，确保内容易于理解。
- **可操作的控件：**设计足够大的触控目标和合理的间距，确保用户能够准确地进行触控操作。

1.3.4　响应式原则

在设计移动UI时，应确保应用在不同的设备和屏幕尺寸上都能提供一致且良好的用户体验。以下是实现这一原则的关键要点。

- **适应不同屏幕尺寸：**设计界面时要考虑各种屏幕尺寸和分辨率，确保界面在不同设备上都能自适应调整，提供一致的用户体验。
- **优化加载速度：**确保应用响应迅速，减少加载时间和延迟，提高用户的满意度。优化图像和资源的加载，减少不必要的网络请求。
- **灵活的布局：**使用灵活的布局设计（如流式布局、栅格系统等），确保界面元素能够根据屏幕尺寸自动调整和排列。

- **触控友好：** 确保界面元素（如按钮、链接等）在不同设备上都易于触控和操作，避免因屏幕尺寸变化导致误操作。
- **测试和调整：** 在不同的设备和屏幕尺寸上进行测试，及时调整界面设计，确保在各种使用场景下都能提供良好的用户体验。

1.3.5 视觉层次原则

在设计移动UI时，可以通过视觉元素（如颜色、大小、间距等）来区分信息的优先级和重要性，引导用户的目光。以下是实现这一原则的关键要点。

- **颜色：** 通过颜色突出重要信息和操作。高对比度的颜色可以吸引用户的注意力，而柔和的颜色则可以用于次要信息。
- **大小：** 通过字体大小和图标尺寸区分信息的层次。较大的元素通常表示更重要的信息或操作，如图1-16所示。
- **间距：** 通过适当的间距分隔不同的内容块，帮助用户更容易地浏览和理解信息。适当的空白可以提高可读性和视觉舒适度，如图1-17所示。

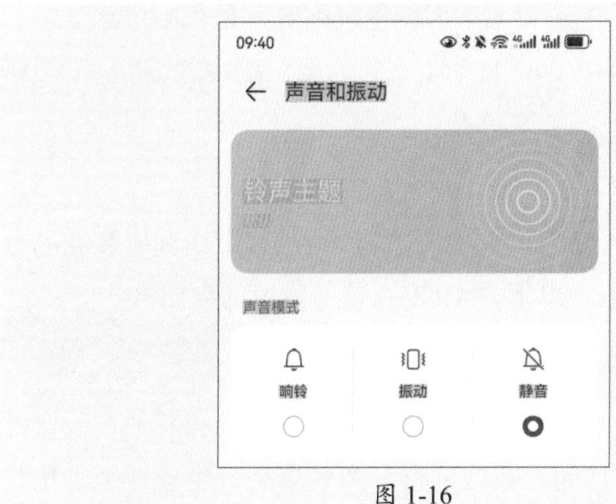

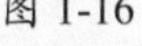
图 1-16

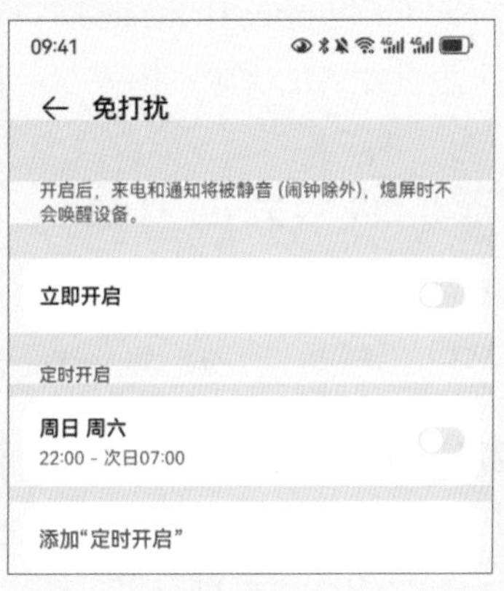

图 1-17

- **对齐和布局：** 保持一致的对齐和布局，确保界面整洁有序。对齐可以帮助用户更快地扫描和理解信息。
- **字体：** 选择易读的字体，并使用不同的字体样式（如粗体、斜体）来强调重要信息，避免使用过于花哨或难以辨认的字体。
- **图标和图像：** 确保图标和图像清晰、简洁且易于识别。避免使用模糊或过于复杂的图像。对于不太常见的图标或图像，提供适当的文本说明或提示，以帮助用户理解其含义。

1.3.6 触控友好原则

在设计移动UI时，对于小屏幕设备，适当增加按钮、链接等可触控元素的尺寸和间距，减少误触的可能性。以下是实现这一原则的关键要点。

- **触控目标尺寸：** 确保按钮和其他交互元素的尺寸足够大，便于用户点击。避免将交互元素设计得过小或过于紧密，以防用户误触。
- **触控区域间距：** 在交互元素之间留出足够的间距，防止用户误触相邻的元素。建议最小间距为8～10像素。

- **响应速度**：确保触控操作后的响应速度足够快，以提供流畅的用户体验。响应延迟应尽量控制在100ms以内。
- **视觉反馈**：在用户触摸按钮或其他交互元素时，提供即时的视觉反馈（如颜色变化、按钮按下效果），以确认操作已被识别。
- **手势支持**：支持常见的手势操作，如滑动、双击、捏合缩放等。确保手势操作直观且易于理解。
- **误触保护**：对于重要操作（如删除、提交），提供确认提示或二次确认，以防止误触导致的操作失误。
- **触控指引**：在初次使用时提供适当的指引或教程，帮助用户理解如何进行操作。也可以设计帮助中心或FAQ页面，为用户提供详细的操作指南和常见问题解答。

1.4 AIGC在移动UI中的应用

AIGC（Artificial Intelligence Generated Content）意为人工智能生成内容，是利用机器学习、深度学习等技术，根据输入的文本、图像、音频等数据，自动生成符合要求的内容。

1.4.1 前期调研与竞品分析

在移动UI设计的初期阶段，设计师可以借助AIGC的能力，更高效地进行市场调研和竞品分析，从而精准把握用户需求、市场趋势及竞品特点。以下是AIGC在这一阶段的应用方式。

1. 用户画像和需求分析

利用AIGC中的自然语言处理（NLP）技术，从社交媒体、用户评论、论坛和其他在线资源中提取用户的反馈和评论，通过机器学习算法对收集的数据进行分类和聚类，生成详细的用户画像，包括用户的行为模式、兴趣爱好和需求偏好。

2. 市场趋势分析

设计师可以借助AI的数据处理和分析能力，快速分析并整理市场研究报告、行业新闻、社交媒体趋势，构建趋势预测模型，预测未来一段时间内用户需求的变化和市场格局的演变等，为设计决策提供前瞻性指导。

3. 竞品分析

设计师可以通过AI对话机器人快速获取竞品的详细信息，包括功能特点、用户评价和市场表现。利用AI图像识别和自然语言处理技术，对竞品进行深度对比分析，识别其设计亮点、功能优势及潜在不足，为自家产品的差异化设计提供参考。

4. 用户反馈分析

设计师可以通过AI对话机器人实时收集和分析用户反馈，快速响应用户的需求和建议。利用AI工具对反馈数据进行自动分类、标记和优先级排序，帮助设计师快速识别并解决关键问题，并基于分析结果快速生成设计迭代方案。

1.4.2 设计灵感与创意激发

AIGC在移动UI设计中的应用可以极大地激发设计灵感与创意。以下是一些具体的应用场景和方法。

1. 设计趋势预测与推荐

AI模型不仅可以分析全球设计趋势，还可以结合设计师的个人风格和项目需求，生成高度个性化的设计趋势报告，推荐独特且符合潮流的设计元素、色彩搭配和字体风格，助力设计师在保持新颖性的同时，展现独特的设计视角。

2. 自动化设计提案

利用先进的图像生成技术和不断学习的AI算法，结合模板库，快速生成多样化的UI草图和高保真原型，如图1-18所示。AI还能通过分析用户（包括设计师和目标用户）对提案的反馈，不断自我优化，提升提案的创新性和实用性。

图 1-18

3. 风格转移与创意融合

AIGC技术能够实现风格迁移，即将一种设计风格的元素自动应用到另一种设计元素上，同时保持原设计的精髓和新风格的特色。设计师可以通过这种方式探索不同的设计风格组合，激发新的创意灵感。

4. 用户行为定制

通过数据分析用户行为，AI能够识别用户的偏好和需求，并据此调整UI布局、色彩、交互方式等，使设计更加贴合用户的实际需求。

5. 实时反馈与迭代

利用AI的图像识别与自然语言处理等技术，对设计作品进行自动评估，指出潜在的设计问题或改进点。设计师可以根据这些反馈快速调整设计方案，实现设计的持续优化。

6. 设计协同与知识共享

借助基于AI的协作平台，设计师可以共享设计资源，交流创意思路，协同推进设计项目。

还可依据团队成员的专业背景与兴趣爱好，智能推荐相关设计案例、教程或文献，促进设计知识的高效传播与积累。

7. 无障碍设计辅助

AI深入分析设计作品的无障碍设计要素，如色彩对比度、字体大小、交互便捷性等，并提供详尽的改进建议。设计师可依据这些建议调整设计方案，确保产品对所有用户（包括特殊需求用户）都具备高度的包容性和易用性，实现真正的无障碍设计。

1.4.3 设计素材与资源生成

AIGC在设计素材与资源生成方面不仅能够提高设计效率，还能为设计师提供丰富的创意来源，创造更加出色和独特的移动UI设计作品。以下是一些具体的应用场景和方法。

1. 自动生成图标和插图

AIGC可以根据设计师的需求和风格要求，自动生成符合特定主题和风格的图标和插图。这些自动生成的图标和插图不仅可以节省设计师的时间，还能提供多样化的选择，激发设计师的创意。图1-19、图1-20所示为使用Midjourney生成的图标和插画。

图 1-19

图 1-20

2. UI 组件库生成

AIGC能够基于设计规范和需求，自动生成一系列标准化的UI组件库，如按钮、表单、导航栏等。图1-21所示为生成的第三方登录组件。这些组件库可以根据不同的设计风格和需求进行定制，帮助设计师快速构建高质量的UI。

3. 字体设计与优化

AIGC可以生成新的字体设计，或对现有字体进行优化，使其更符合特定设计需求。设计师可以利用这些生成的字体，增强UI设计的独特性和品牌识别度。

4. 图像处理与优化

AIGC可以对图像进行处理和优化，包括抠图、合成、图像裁剪、滤镜应用、色彩调整等，如图1-22所示。设计师可以利用这些功能，快速获得高质量的图像素材，提升UI设计的整体效果。

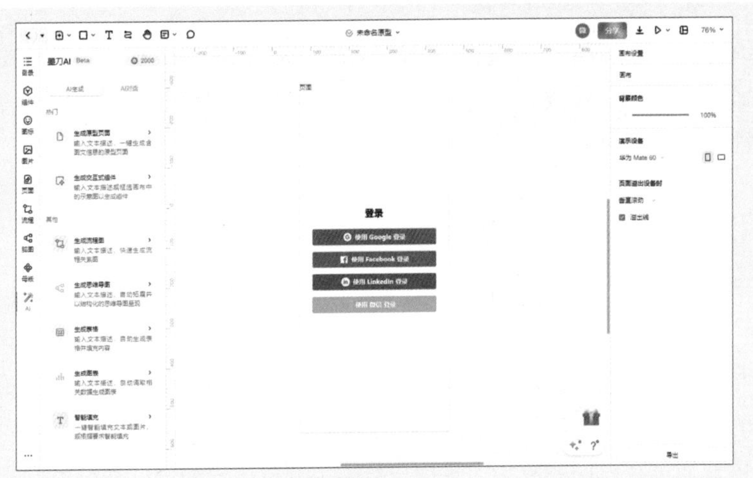

图 1-21

图 1-22

5. 色调搭配与调色板生成

AIGC可以根据当前的设计趋势和用户偏好，生成多种色调搭配方案和调色板，如图1-23所示。设计师可以从中选择最适合的色彩组合，提升设计的整体美感和一致性。

图 1-23

6. 动效与过渡效果生成

AIGC可以生成各种动效和过渡效果，提升UI设计的交互体验。设计师可以根据具体需求，选择和应用这些动效，增强用户的视觉体验和操作流畅度。

1.5 移动UI的设计流程

在移动UI设计流程中，需要各个环节紧密相连，共同确保设计出符合用户需求、具有良好体验和高效性能的产品界面。

1.5.1 用户研究

用户研究是设计流程的起点，旨在深入了解目标用户的需求、行为和痛点。以下是一些常用方法。

- **访谈：**与潜在用户进行一对一的深入访谈，了解他们的需求、期望以及使用现有产品或服务时的体验反馈。这有助于揭示用户的真实想法和潜在问题。
- **问卷调查：**通过在线问卷收集大量用户数据，分析用户的偏好和行为模式。该方式能够快速获取广泛的用户反馈，并为定量分析提供数据支持。
- **用户观察：**观察用户在真实环境中的行为，获取第一手资料。通过观察，设计师可以发现用户在实际操作中的困难和习惯，从而更好地理解用户的真实需求
- **用户画像：**基于收集的数据，创建详细的用户画像，帮助设计师理解目标用户。

1.5.2 任务分析

任务分析的目的是理解用户在使用产品时需要完成的具体任务和操作步骤。该阶段主要工作内容如下。

- **任务列表：**列出用户需要完成的所有任务。该环节可以帮助识别用户在使用产品过程中涉及的各个方面，确保没有遗漏。
- **任务流程图：**绘制任务流程图，展示用户完成每个任务的步骤和路径。该图可以帮助设计师和开发团队直观地理解用户的操作流程，识别潜在的瓶颈和优化点。
- **任务优先级：**根据任务的重要性和频率进行优先级排序，确保关键任务得到重点关注。可以将资源集中在最重要的任务上，提高用户体验的整体效率和满意度。

1.5.3 设计草图

设计草图是将初步设计想法可视化的过程，通常以低保真度的方式呈现，如图1-24所示。该阶段主要工作内容如下。

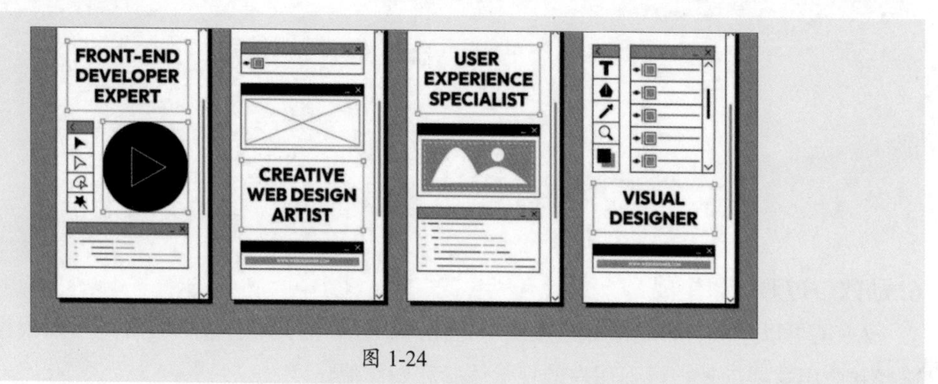

图 1-24

- **草图绘制：** 使用纸笔或数字工具快速绘制界面草图，展示主要的布局和功能。该环节旨在快速捕捉和展示设计概念，便于讨论和调整。
- **线框图：** 创建更详细的线框图，明确各个界面元素的位置和交互方式。相较于草图，线框图包含了更多细节，可以帮助团队更好地理解设计的结构和逻辑。
- **迭代改进：** 根据团队反馈和用户研究结果，反复修改和完善草图。通过多次迭代，设计草图逐渐优化，确保最终设计能够更好地满足用户需求和项目目标。

1.5.4 设计细化

设计细化是将草图转化为高保真设计稿的过程，确保每个细节都符合设计规范和用户需求，如图1-25所示。该阶段主要工作内容如下。

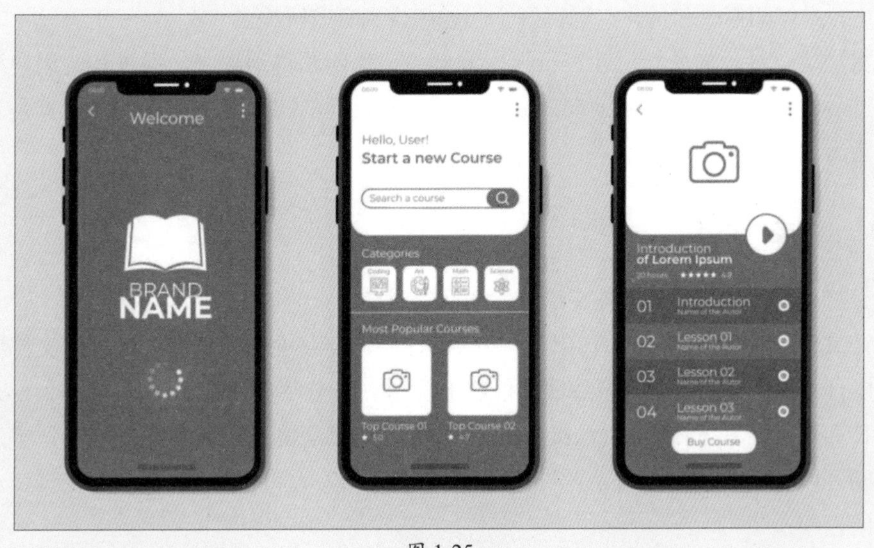

图 1-25

- **视觉设计：** 确定颜色、字体、图标和其他视觉元素，创建高保真的设计稿。该环节旨在将初步设计概念转化为具体的视觉表现，确保设计美观且一致。
- **交互设计：** 定义交互方式和动效，确保用户操作流畅。通过详细规划用户在界面上的操作，提升用户体验，使界面更加直观和易用。
- **设计规范：** 编写详细的设计规范文档，确保团队成员理解和遵循设计标准。设计规范文档包含颜色、字体、间距、按钮样式等详细信息，确保整个团队在设计和开发过程中保持一致性。

1.5.5 用户测试

用户测试是验证设计方案是否符合用户需求和期望的重要环节。该阶段主要工作内容如下。

- **原型制作：** 创建可交互的原型，模拟真实使用环境。该环节旨在提供一个接近最终产品的模型，以便用户可以进行实际操作和体验。
- **测试计划：** 制订测试计划，明确测试目标、方法和用户样本。测试计划应详细描述测试的具体步骤、所需资源以及预期的测试结果。

- **用户测试：** 邀请目标用户参与测试。观察他们的操作行为，收集反馈。在测试过程中，设计团队应记录用户的操作路径、遇到的问题以及用户的主观反馈。
- **数据分析：** 分析测试数据，识别问题和改进点。通过对收集的数据进行深入分析，找出设计中的不足之处，并提出具体的改进建议。

1.5.6 反馈和优化

根据用户测试的结果，对设计方案进行优化和改进。该阶段主要工作内容如下。

- **反馈整理：** 整理用户反馈，分类和优先处理。将收集到的用户反馈进行系统化整理，按照问题的严重程度和影响范围进行分类和排序，有针对性地进行改进。
- **设计调整：** 根据反馈对设计进行调整，解决发现的问题。根据整理后的反馈信息，对设计进行具体的修改和优化，确保每个问题都得到有效解决。
- **再次测试：** 对改进后的设计进行再次测试，确保问题得到解决。通过新的用户测试验证改进后的设计是否达到了预期效果，确保之前发现的问题已经解决，并检查是否有新的问题出现。

1.5.7 方案交付

方案交付是将最终设计方案提交给开发团队的过程。该阶段主要工作内容如下。

- **设计文档：** 准备详细的设计文档，包括设计稿、交互说明和设计规范。该文档应详细描述设计的各个方面，确保开发团队能够准确理解和实现设计意图。
- **设计评审：** 与开发团队进行设计评审，确保他们理解和认可设计方案。在评审过程中，鼓励开发团队积极参与讨论，提出问题和建议。设计师应耐心解答，并根据反馈进行必要的调整。
- **资源交付：** 提供所有设计资源，如图标、图片和字体文件。确保所有资源按照规范整理，并以开发团队能够轻松使用的格式提供。

1.5.8 方案实施

方案实施是开发团队根据设计方案进行开发和实现的过程。该阶段主要工作内容如下。

- **开发协作：** 设计师与开发团队保持紧密协作，解决开发过程中遇到的问题，确保开发顺利进行。
- **持续反馈：** 在开发过程中，持续提供设计支持和反馈，确保最终产品符合设计预期和质量标准。
- **最终验收：** 在开发完成后，进行最终验收，确保产品符合设计规范和用户需求，达到预期。

新手答疑

1. Q：常用的移动UI设计工具有哪些？

A：常用的移动UI设计工具除了Photoshop、Illustrator，还有Sketch、Adobe XD、Figma、Zeplin等。这些工具提供丰富的设计资源、强大的编辑功能和便捷的团队协作功能，能够帮助设计师高效地完成设计工作。

2. Q：学习移动UI设计需要哪些基础知识？

A：学习移动UI设计前，建议先掌握基础的平面设计知识，如色彩理论、排版规则、图像处理技术等。此外，了解人机交互原理、用户体验设计（UX）原则也是非常重要的。

3. Q：常用的AIGC工具有哪些？

A：以下是AIGC的常用工具。它们提供强大的功能和易用的界面，帮助用户实现各种智能化的任务和应用。

- **ChatGPT：** 基于GPT（Generative Pre-trained Transformer）模型的聊天机器人，可以进行自然语言的处理和生成，实现智能问答、文本生成等功能。
- **文心一言：** 百度研发的知识增强大语言模型，能够与人对话互动，回答问题，协助创作，高效便捷地帮助人们获取信息、知识和灵感。
- **DALL-E 2：** OpenAI公司推出的文本转图像工具，能够根据用户提供的文本描述创建独特且逼真的图像
- **Midjourney：** 基于AI技术的图像生成平台，可以根据文本描述或草图生成逼真的图像。
- **OpenAI GPT-3：** 一个强大的自然语言处理模型，可以用于生成文章、对话、代码等各种文本内容。
- **Dream：** 基于AI技术的虚拟角色生成工具。用户可以通过输入文本或选择预设角色，快速生成符合描述的虚拟角色。
- **Craiyon：** 基于AI技术的图像增强工具，通过使用先进的深度学习技术增强图像的细节和颜色。
- **Magenta：** 由谷歌开发的一个音乐生成工具包，使用神经网络模型生成原创的音乐作品。
- **Stable Diffusion：** 基于扩散模型的图像生成工具，可以生成高质量的图像，被广泛应用在各种场景中。
- **Tiamat：** 支持多种模态（文本、图像、视频等）内容生成的AIGC工具，可以帮助用户快速创建多媒体内容。
- **Adobe Firefly：** Adobe正在研发的AI工具，旨在帮助创作者快速生成各种类型的内容。

第2章

移动 UI 的色彩搭配

移动UI的色彩搭配在设计中起着至关重要的作用，不仅影响用户的视觉体验，还影响用户的情感和交互行为。本章对色彩、色彩搭配以及构建UI颜色系统进行讲解。最后，通过构建美食类App颜色系统进行巩固，以提升设计技能。

2.1 色彩的基础知识

色彩是视觉艺术中极为重要的元素之一，具有丰富的表现力和感染力，能够直接影响人的情绪、心理感受以及对事物的认知。

2.1.1 色彩的属性

色彩的三大属性分别为色相、明度以及饱和度。这三个属性共同决定色彩的全面特性和视觉表现。

1. 色相

色相是色彩的最基本属性，指颜色的基本类型或名称，是区分不同颜色的主要方式。基本色相通常包括红、橙、黄、绿、青、蓝、紫，如图2-1所示。这些基本色相可以通过混合生成其他色相。

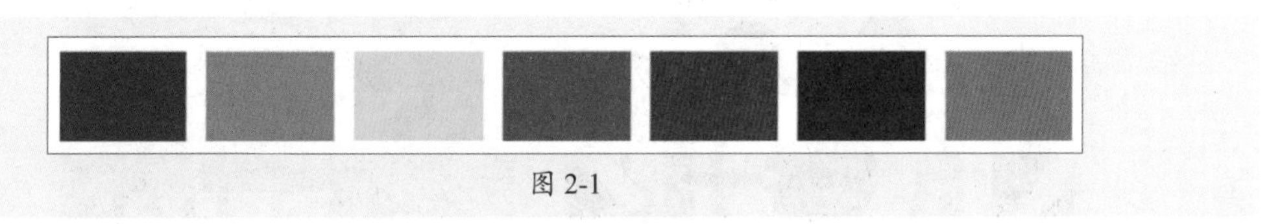

图 2-1

2. 明度

明度是指颜色的亮度。在色彩中，明度最高的是白色，最低的是黑色。任何色彩都可以通过添加白色或黑色来改变其明度。明度的变化会影响色彩的视觉重量和层次感。明亮的色彩显得轻盈、活泼，而深暗的色彩则显得稳重、沉静，如图2-2所示。

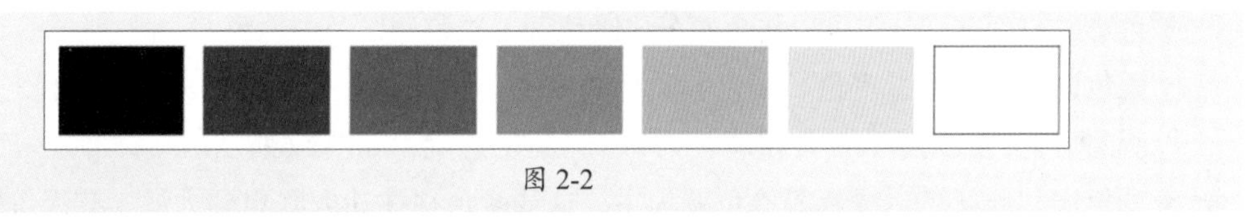

图 2-2

3. 饱和度

饱和度是指颜色的纯度或鲜艳程度。高饱和度的颜色看起来非常鲜艳和纯净，而低饱和度的颜色则显得灰暗和柔和。饱和度越高，颜色越纯；饱和度越低，颜色越接近灰色，如图2-3所示。

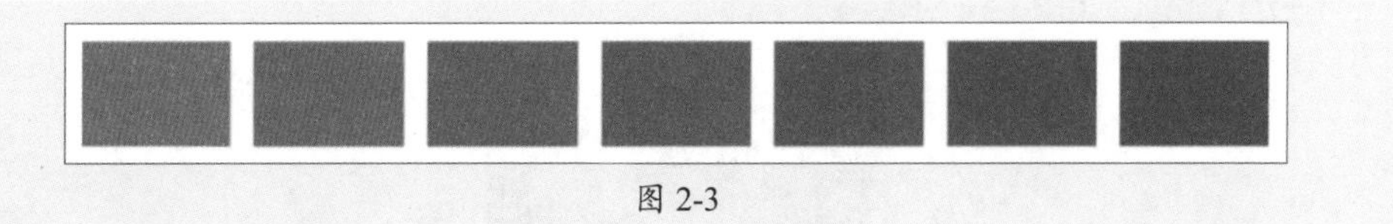

图 2-3

> **提示** “特性”指的是色彩的具体性质和表现形式。具体来说，色相决定颜色的种类，明度决定颜色的亮度以及饱和度决定颜色的纯度。

2.1.2 色彩的类别

色彩的类别可以从多个维度进行分类，以下是一些常见的分类方式。

1. 按色彩属性分类

按色彩属性分类可以分为原色、间色、复色、无彩色系、有彩色系。

- **原色**：不能通过混合其他颜色得到的基本颜色，通常指红、黄、蓝三种颜色。
- **间色**：由两个基本色混合而成的颜色称为间色，如红+黄=橙，黄+蓝=绿，红+蓝=紫。
- **复色（三次色）**：由原色和间色混合而成。复色的名称一般由两种颜色组成，如黄绿、黄橙、蓝紫等。
- **无彩色系**：包括黑色、白色以及由黑和白混合形成的各种深浅不同的灰色。这些颜色没有色相和饱和度的变化，只有明度，如图2-4所示。
- **有彩色系**：除了无彩色系以外的所有色彩都属于有彩色系。这些颜色具有色相、纯度和明度三个基本属性，如图2-5所示。

图 2-4

图 2-5

2. 按色彩的心理感受分类

按色彩的心理感受分类可以将色彩分成暖色调、冷色调以及中性色。

- **暖色调**：以红色、橙色、黄色等暖色调为主。这些颜色往往让人联想到太阳、火焰等温暖的事物，因此给人一种温暖、柔和、亲近的感觉，如图2-6所示。
- **冷色调**：以蓝色、绿色等冷色调为主，这些颜色往往让人联想到大海、蓝天等清凉的事物，因此给人一种凉爽、清新、宁静的感觉，如图2-7所示。
- **中性色**：主要包括黑色、白色、灰色以及一些不明显倾向于暖色或冷色的颜色，如棕色和米色，因其平衡而稳定的特性，给人以自然、舒适和平和的视觉效果，既不过于热烈也不过于冷清，如图2-8所示。

图 2-6

图 2-7

图 2-8

2.2 色彩搭配

在设计中，理解和应用色彩搭配离不开色相环。色相环是一个展示颜色关系的工具，通常以圆形图表的形式呈现，将色彩按照光谱在自然中出现的顺序进行排列。色相环有多种类型，包括6色相环、12色相环和24色相环等。图2-9所示的12色相环，包括12种颜色，分别由原色、间色和复色组成。

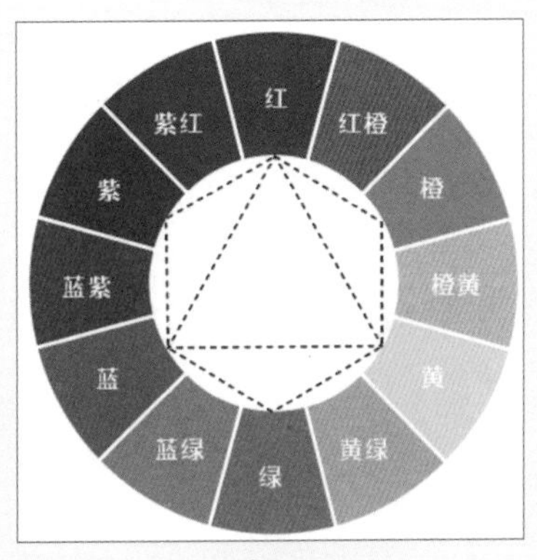

图 2-9

2.2.1 互补色搭配

互补色是指在色相环上彼此相对的两种颜色，如图2-10所示。这种搭配方式会产生强烈的对比效果，能够吸引眼球，制造鲜明和充满活力的视觉效果。

图 2-10

图2-11、图2-12所示为使用互补色搭配设计的UI。

图 2-11

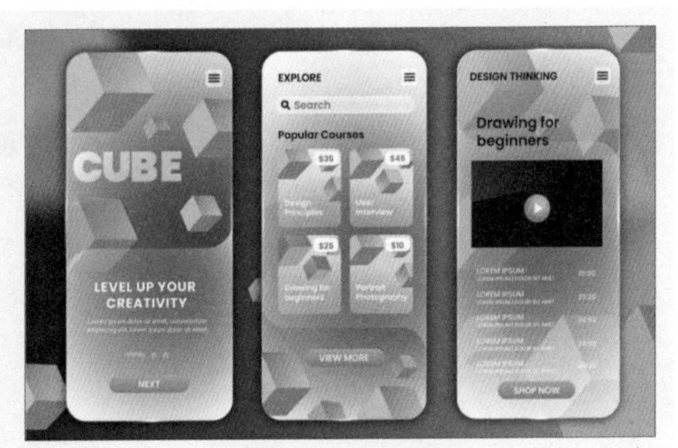

图 2-12

2.2.2 对比色搭配

对比色是指在色相环上相距较远但不完全相对的颜色，通常在色相环中夹角为120°～180°，如图2-13所示。这种搭配能够产生鲜明的色相感，使画面效果强烈、兴奋，但相较于互补色稍微柔和一些。

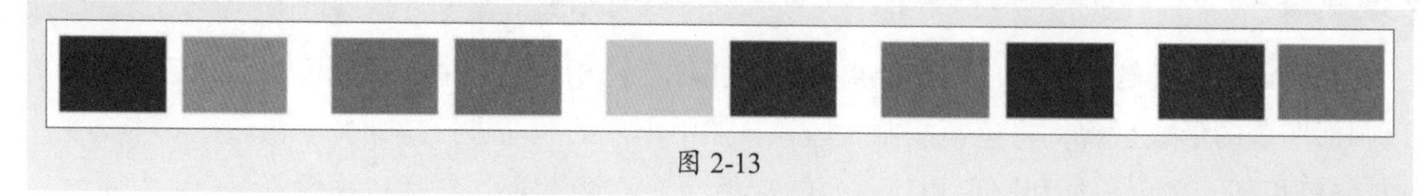

图 2-13

图2-14、图2-15所示为使用对比色搭配设计的UI图标组。

图 2-14　　图 2-15

2.2.3　相邻色搭配

相邻色是指在色相环上相邻的两种颜色。它们有着相似的色调和亮度，如图2-16所示。这种搭配方式通常给人一种轻松而温暖的感觉，没有强烈的对比，让人感到很舒适和放松。

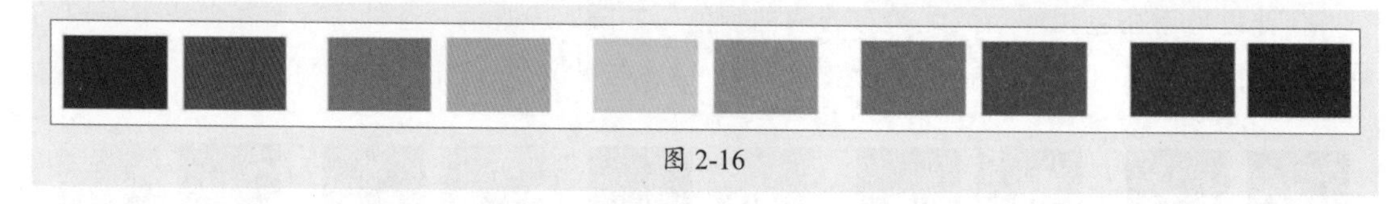

图 2-16

图2-17、图2-18所示为使用相邻色搭配设计的UI图标组。

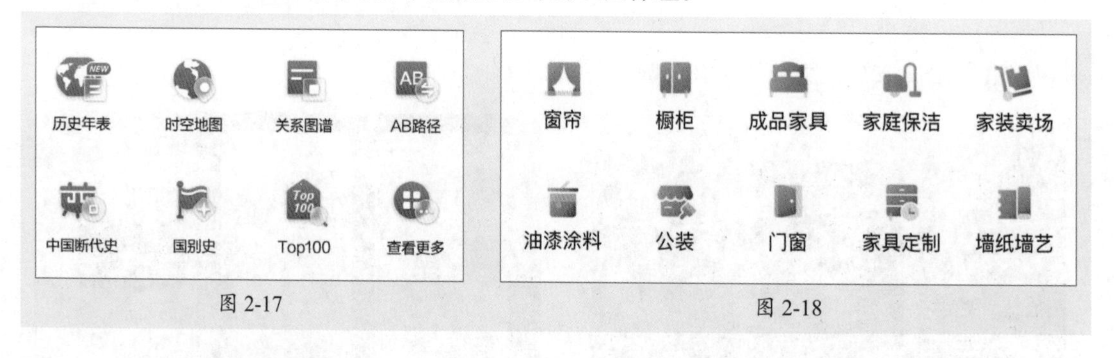

图 2-17　　图 2-18

2.2.4　类似色搭配

类似色是指色相环上相邻的三种颜色，如图2-19所示。这种搭配方式也会产生和谐、柔和的效果，适合营造统一和协调的视觉体验。

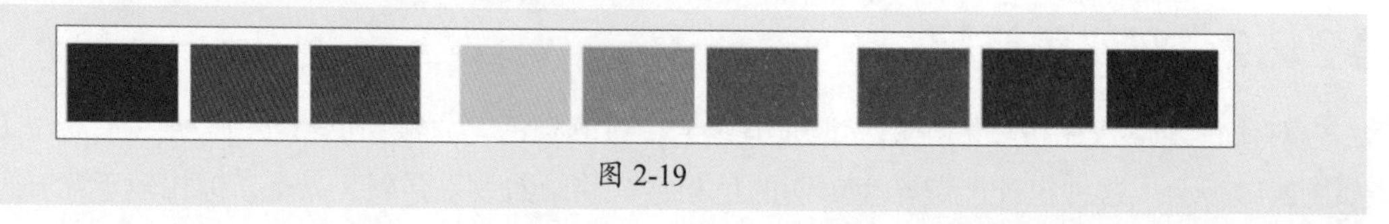

图 2-19

图2-20、图2-21所示为使用类似色搭配设计风景插画。

图 2-20

图 2-21

2.2.5 分裂互补色搭配

分裂互补色搭配是指选择一种颜色，然后选择其互补色两侧相邻的颜色，如图2-22所示。这种搭配方式适合在保持对比效果的同时避免过于强烈的视觉冲击。

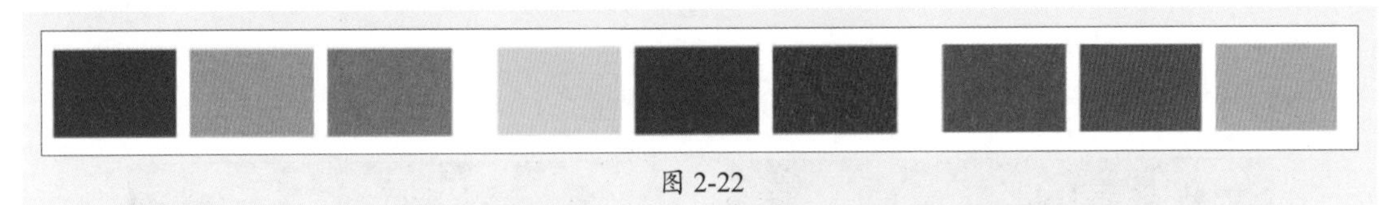
图 2-22

图2-23、图2-24所示为使用分裂互补色搭配设计的UI图标组。

图 2-23　　图 2-24

2.2.6 三角形搭配

三角形搭配是指在色相环上等距离分布的三种颜色，如图2-25所示。这种搭配方式能够产生平衡且活泼的效果，适合需要多样性和活力的设计。

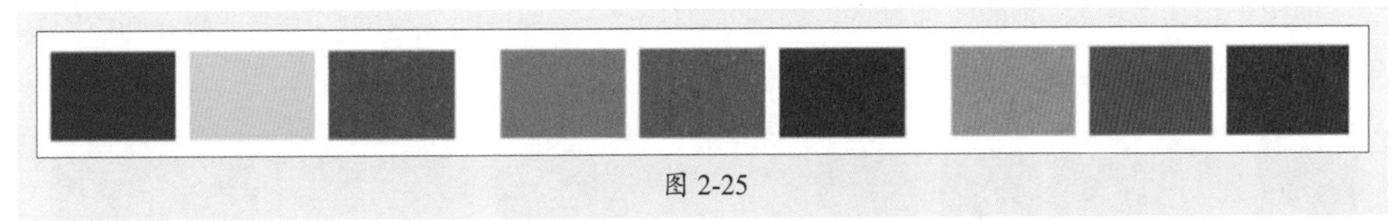
图 2-25

图2-26、图2-27所示为使用三角形搭配设计的UI图标组。

图 2-26

图 2-27

2.2.7 四色搭配

矩形色搭配是指在色相环上形成一个矩形的四种颜色，包括两对互补色，如图2-28所示。这种搭配方式能够产生丰富、复杂的效果，适合需要多样性和丰富色彩的设计。

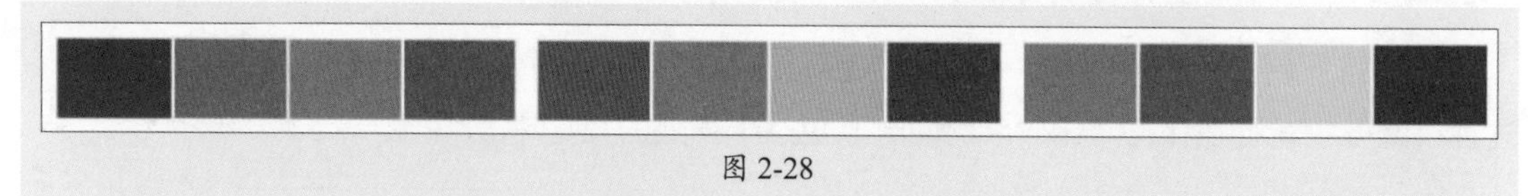
图 2-28

图2-29、图2-30所示为使用四色搭配设计的插画背景。

图 2-29

图 2-30

2.2.8 正方形搭配

使用色相环上相隔90°的四种颜色，如图2-31所示。这种搭配方式能够产生平衡、和谐的效果，适合需要多样性和均衡色彩的设计。

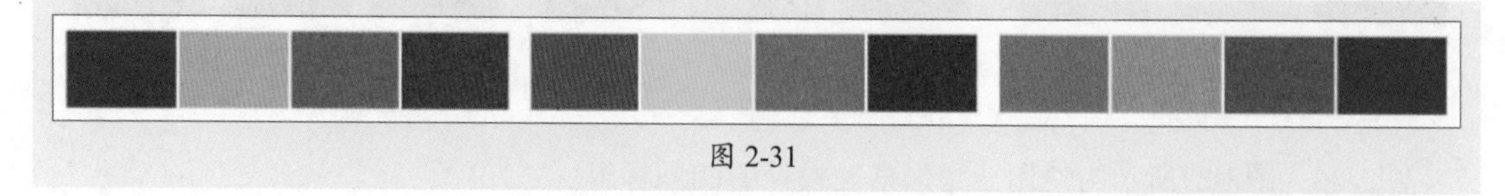
图 2-31

图2-32、图2-33所示为使用正方形搭配设计的UI图标组。

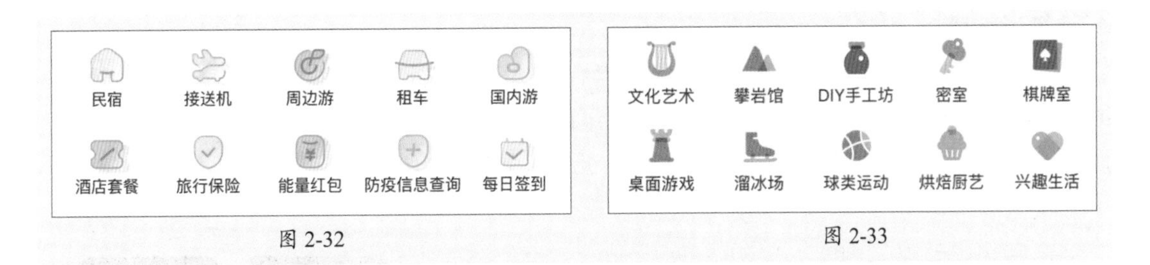

图 2-32　　图 2-33

2.3 构建UI的颜色系统

构建UI的颜色系统是设计过程中一个关键步骤。它不仅影响用户的视觉体验，还直接关系界面的可用性和一致性，如图2-34、图2-35所示。

图 2-34

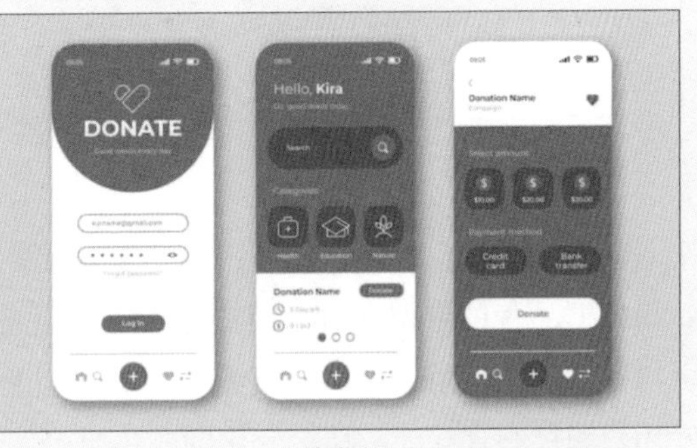

图 2-35

2.3.1 明确风格

在选择颜色之前，首先需要明确UI设计的整体风格。这将为后续的颜色选择提供方向和基础。

1. 了解品牌定位

首先要明确品牌的核心理念、价值观、市场定位以及品牌想要传达的信息。这些信息将直接影响颜色系统的选择，因为颜色能够传达品牌的情感、个性和价值观。例如，环保品牌可能会选择绿色系，科技品牌可能会选择蓝色系。同时，若品牌已有视觉元素（如标志、字体、色彩等），则需确保新颜色系统与品牌整体形象保持一致。

2. 目标用户分析

明确目标用户群体的年龄、性别、职业、兴趣爱好等特征，以及他们的使用习惯和偏好，有助于选择更符合用户心理预期的颜色系统。同时，分析用户对UI的期望和需求，包括易用性、美观性、情感共鸣等方面，确保颜色系统的选择能够提升用户体验。

3. 行业趋势研究

关注所在行业的色彩趋势和设计风格，了解竞争对手和行业内领先企业的颜色系统。这有助于找到差异化的设计方向，避免与同行过于相似。在遵循行业趋势的同时，也要勇于加入一些创新元素，以彰显品牌的独特性和前瞻性。

4. 选择设计风格

在明确品牌定位和目标用户后，需要选择合适的设计风格呈现UI。设计风格直接影响颜色的选择和使用方式。极简主义风格可能倾向于使用较少的颜色和简洁的布局，如图2-36所示。而复古风格则可能运用更多的色彩对比和复古元素，如图2-37所示。

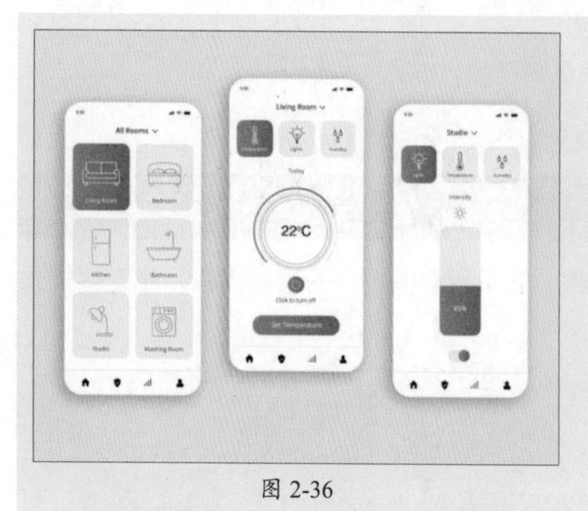

图 2-36

图 2-37

5. 确定情感色彩

根据品牌的定位和目标用户分析，确定希望通过颜色系统传达的情感色彩。这些情感色彩可以是温暖、冷静、活力、优雅等。在此过程中，需要灵活运用色彩心理学原理，选择能够引发用户积极心理反应和情绪变化的颜色组合，营造符合品牌调性的氛围和感受。

2.3.2 选择主色

主色是UI设计中的核心颜色，用于界面的主要元素，如背景、标题等。选择主色时需考虑以下几点。

- **品牌识别：** 根据品牌的色彩识别系统（如企业VI系统中的标准色）选择主色，以确保品牌的一致性和辨识度。
- **品牌定位：** 考虑品牌的行业属性、市场定位以及目标受众的喜好，选择符合品牌调性和形象的主色。
- **目标受众：** 研究目标受众的喜好，选择符合他们偏好的颜色。例如，年轻用户可能更喜欢明亮和大胆的颜色，而年长用户可能更偏爱柔和稳重的颜色。
- **色彩心理学：** 不同的色彩能够引发不同的心理反应和情感共鸣。选择能够引发目标用户期望情感反应的颜色。
- **环境适应性：** 考虑不同屏幕尺寸、分辨率和显示技术下主色的表现效果。确保主色在各种设备上都能呈现理想的视觉效果。
- **光线条件：** 如果UI设计将用于户外或光线变化较大的环境中，应测试主色在不同光线条件下的表现，并进行相应的调整。
- **品牌独特性：** 在遵循行业标准的基础上，选择能够突出品牌独特性的主色，避免与竞争对手过于相似。

2.3.3 确定配色

确定配色是构建UI颜色系统中的关键步骤。配色方案不仅要美观，还要功能性强，能够提升用户体验。以下是确定配色的一些具体步骤和考虑因素。

1. 选择辅色

辅色用于次要按钮、次要行动和强调元素。可借助色相环，在互补色和相邻色中进行选择。

- **互补色：** 选择与主色互补的颜色，在视觉上形成对比和平衡。
- **相邻色：** 选择与主色相邻的颜色，可以创建和谐的视觉效果。

2. 选择中性色

中性色用于背景、文本和边框，通常包括不同深浅的灰色、白色和黑色。

- **灰色调：** 选择一系列从浅灰到深灰的颜色，用于不同层次的背景和文本。
- **白色和黑色：** 白色通常用于背景和高亮，黑色用于文本和主要内容。确保这些颜色在不同的背景下有足够的对比度。

3. 选择状态色

状态色用于表示不同的状态，如成功、警告、错误和信息，如图2-38所示。确保这些颜色在视觉上与主色和辅色有明显区别。

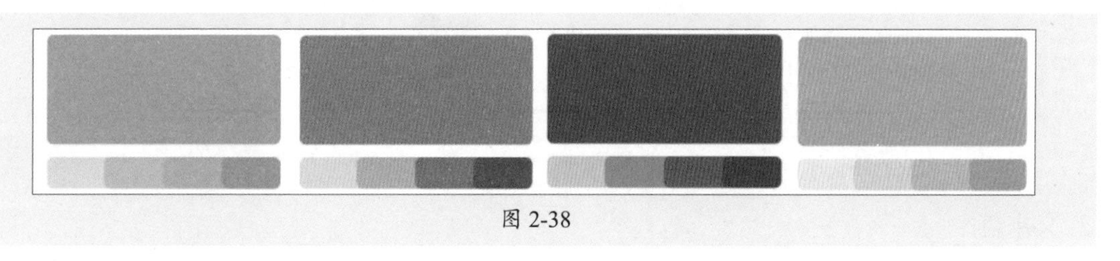

图 2-38

- **成功色：** 通常使用绿色表示成功或完成状态。
- **警告色：** 通常使用黄色或橙色表示警告或注意状态。
- **错误色：** 通常使用红色表示错误或失败状态。
- **信息色：** 通常使用蓝色表示信息或通知状态。
- **禁用色：** 通常使用灰色表示不可用状态、禁用按钮或选项。

2.3.4 定义颜色层次

颜色层次是指在UI中不同颜色的使用规则和优先级，主要包括以下几个类别。

1. 背景色

背景色位于最底层，为整个界面提供统一的视觉基底。背景色应确保在不同设备和光照条件下的可读性，并与主色、辅色等形成和谐的视觉效果。图2-39～图2-41所示分别为不同类型的背景色。

常用的背景色分类方式如下。

- **主背景色：** 主背景色通常占据UI中最大的面积，奠定整个界面的基调。在多数应用中，主背景色为白色或浅灰色，简洁且易于阅读。

- **次背景色**：次背景色用于分隔不同区域或组件，如卡片、弹窗、侧边栏等，可以是比主背景色稍深或稍浅的颜色，也可以是与主色调形成对比的颜色，但需要保证整体的协调性和一致性。
- **强调背景色**：强调背景色用于突出界面中的关键元素或重要信息，如按钮、链接、高亮显示的内容等。选择的颜色应与主色调和次色调形成鲜明对比，但也要避免过于突兀或刺眼，以免影响用户的视觉体验。

图 2-39　　图 2-40　　图 2-41

2. 文本色

文本色用于界面中的文字部分，确保文字的可读性和视觉层次，如图2-42～图2-44所示。文本色的分类如下。

图 2-42　　图 2-43　　图 2-44

- **主文本色：**主文本色用于主要内容的文字，如标题和正文。通常选择与背景色有足够对比度的颜色，以确保清晰可读。常见的主文本色为黑色或深灰色。
- **次文本色：**次文本色用于次要内容或辅助信息的文字，如副标题、说明文字等。次文本色通常比主文本色稍浅，以形成层次感。常见的次文本色为中灰色或浅灰色。
- **强调文本色：**强调文本色用于需要特别注意的文字，如链接、警告信息等。强调文本色应与主文本色和背景色形成鲜明对比，但也需避免过于刺眼。常见的强调文本色为蓝色、红色等高对比度颜色。
- **反向文本色：**反向文本色通常用于深色背景上的浅色文本或浅色背景上的深色文本，以提供高对比度，确保在任何光线条件下都能清晰阅读。

3. 边框色

边框色用于界面中元素的边框，帮助定义和分隔不同的区域或组件，如图2-45～图2-47所示。边框色的分类如下。

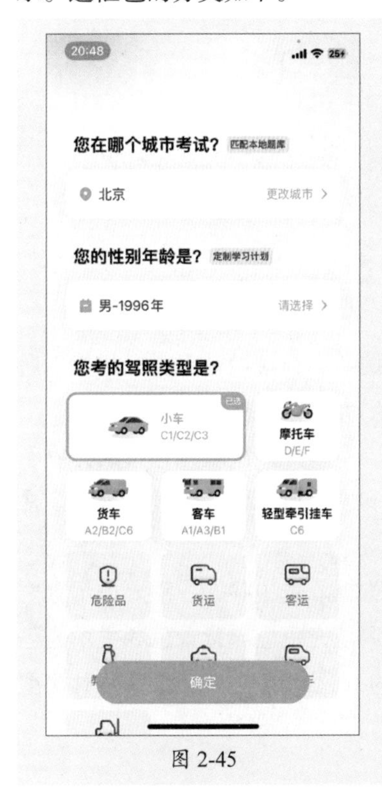

图 2-45

图 2-46

图 2-47

- **主边框色：**用于界面中最常见的边框，如卡片、输入框、按钮等。主边框色帮助定义元素的边界，使其在界面中清晰可见。通常选择与背景色和主文本色有一定对比度的颜色，以确保边框的可见性。常见的主边框色为中灰色或浅灰色。
- **次边框色：**次边框色用于辅助或次要的界面元素，如分隔线、列表项等。次边框色通常比主边框色稍浅，以避免过于突显。常见的次边框色为浅灰色或淡灰色。
- **强调边框色：**强调边框色用于需要特别突出的边框，如警告框、选中状态、重要提示等，可以帮助用户快速识别重要信息或交互状态。强调边框色应与背景色和主边框色形成鲜明对比，以引起用户注意。常见的强调边框色为红色、蓝色等高对比度颜色。

4. 填充色

填充色用于界面中各种元素的内部填充，帮助区分不同的状态或类型，如图2-48～图2-50所示。填充色的分类如下。

图 2-48

图 2-49

图 2-50

- **主填充色**：主填充色用于界面中最常见的填充，如主要按钮、导航栏、重要卡片等。通常选择与背景色和主文本色协调的颜色。常见的主填充色为品牌色或主色调。
- **次填充色**：用于次要的元素，如次要按钮、辅助信息框、背景等。次填充色帮助分隔不同层次的内容。次填充色通常比主填充色稍浅或颜色饱和度稍低，以避免过于突显。常见的次填充色为浅色或中性色调。
- **强调填充色**：强调填充色于需要特别突出的元素，如警告框、选中状态、重要提示等。强调填充色帮助用户快速识别重要信息或交互状态。强调填充色应与背景色和主填充色形成鲜明对比，以引起用户注意。常见的强调填充色为红色、蓝色、橙色等高对比度颜色。

2.4 常见的移动UI配色

在移动UI设计中，配色方案对于塑造应用的整体风格、提升用户体验以及传达品牌信息至关重要。

2.4.1 社交类配色

社交类应用的配色方案通常注重传达信任、安全、友好和互动性。这类应用的配色往往较为简洁，避免过多的色彩干扰，让用户能够更专注于内容和交流本身。常见的配色方案如下。

- **蓝色系：**蓝色通常与信任和专业性相关联。在社交应用中，蓝色可以营造一种可靠、稳定的氛围。
- **绿色系：**绿色象征着生长、健康与自然，可以传达一种积极向上的态度，有助于增强用户的舒适感和归属感。
- **紫色系：**紫色是一种较为独特的颜色，既能传达出奢华和神秘感，也能表现一种创新和前卫的态度。

以微信和小红书为例。

1. 微信

- **主色：**绿色，象征着生机、活力与和谐，是其品牌标识的核心。
- **辅色：**白色背景搭配深灰色或黑色文字，确保信息清晰可见。
- **强调色：**绿色在导航栏中用于表示选中的图标，蓝色通常用于表示链接，鼓励用户点击。红色用于强调重要的信息或警告，如未读消息的标记。深灰色或黑色用于次要文本和辅助信息，以保持界面平衡。

图2-51所示为该应用程序的Logo与界面效果。

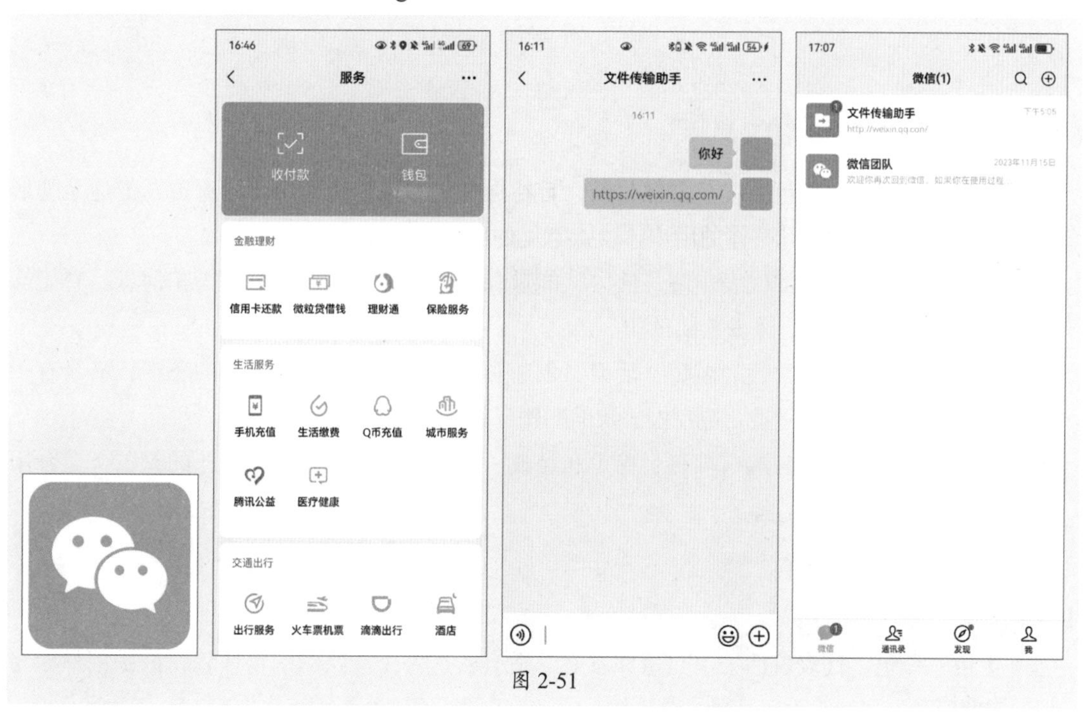

图 2-51

2. 小红书

- **主色：**红色，象征着热情、活力与吸引力，是其品牌标识的核心。
- **辅色：**白色背景搭配深灰色或黑色文字，确保信息清晰可见。
- **强调色：**红色用于主要的行动号召按钮，如“关注”“点赞”“开启通知”等。黑色/深灰色用于标题和正文，形成良好的对比度。灰色用于已处理的或非激活的状态。

图2-52所示为该应用程序的Logo与界面效果。

图 2-52

2.4.2 电商类配色

电商类应用程序的配色方案是多样化的，旨在通过色彩搭配吸引用户注意力、传达品牌形象、营造购物氛围，并提升整体的用户体验。常见的配色方案如下。

- **红色系：** 红色系通常代表热情、活力、能量和紧迫感，常用于促销和折扣信息。它能够吸引用户的注意力，激发购买欲望。
- **橙色系：** 橙色系通常代表温暖、活力、创新和友好，够传达积极向上的态度，又具有一定的亲和力，适合用于营造轻松愉快的购物环境。
- **黑色系：** 黑色代表高端、神秘、稳重和经典。能够营造一种奢华和专业的氛围，适合用于展示高端商品或品牌。

以淘宝和京东为例。

1. 淘宝

- **主色：** 橙色，代表着活力、热情和友好，适合营造一个活跃的购物环境，鼓励用户参与和购买。
- **辅色：** 白色用于大部分页面背景，提供干净的视觉空间，让商品信息更加突出。
- **强调色：** 橙色用于导航栏和主要行动号召按钮，增强用户的操作指引。蓝色用于链接，鼓励用户点击。红色、绿色以及棕色用于促销和通知，吸引用户注意。灰色用于非活动状态的按钮或辅助信息。

图2-53所示为该应用程序的Logo与界面效果。

2. 京东

- **主色：** 红色，象征着热情、活力与吸引力，是其品牌标识的核心。

- **辅色：**白色背景搭配深灰色或黑色文字，确保信息清晰可见。
- **强调色：**红色用于导航栏和主要行动号召按钮，增强用户的操作指引。橙色、黄色用于促销和通知，吸引用户注意。灰色用于不活跃的元素或辅助信息。
- **限定颜色：**京东会根据不同活动的主题色来灵活调整页面颜色。例如，在清凉季活动中采用蓝色系，既符合活动主题，又能为用户带来清新、凉爽的视觉感受。

图2-54所示为该应用程序的Logo与界面效果。

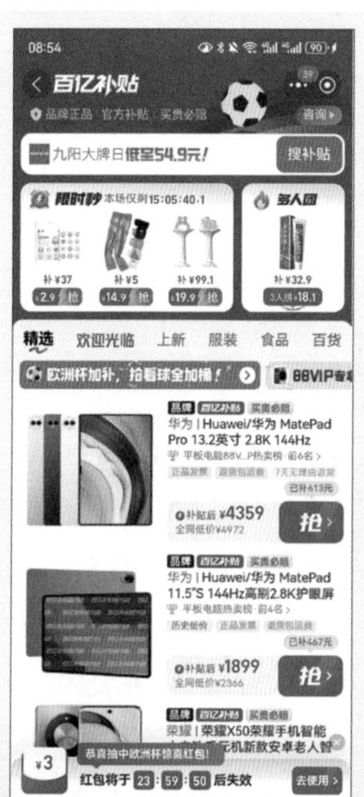

图 2-53

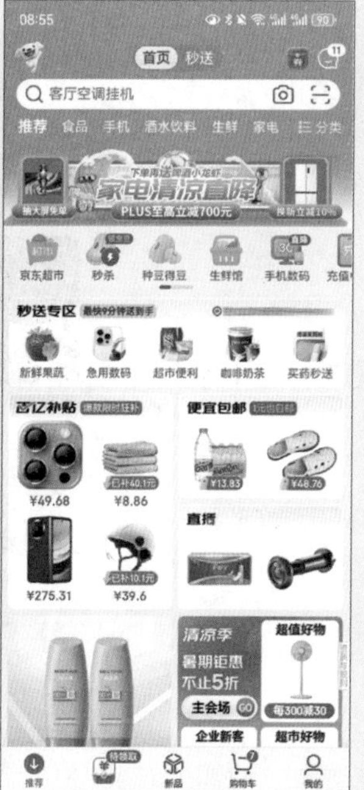

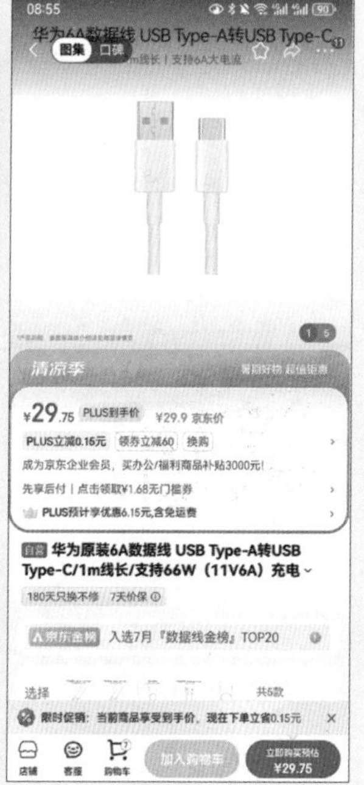

图 2-54

2.4.3 美食类配色

美食类应用程序的设计旨在为用户提供丰富的食谱资源、烹饪技巧、餐厅推荐以及美食文化交流的平台。这类应用的配色方案、界面布局和功能设计都需要紧密围绕美食这一主题，以吸引用户的注意并提升他们的使用体验。常见的配色方案如下。

- **暖色系**：暖色系如红色、橙色、黄色等，能够激发人们的食欲，与美食的温暖、丰富和诱人特性相呼应。能够营造欢快、温馨的氛围，使用户在浏览美食内容时感到愉悦和兴奋。
- **自然风**：如绿色、蓝色、浅木色等，能够营造健康、纯净的感觉，与人们对健康美食的追求相契合。有助于缓解视觉疲劳，使用户在长时间浏览时保持舒适感。
- **复古怀旧风**：棕色、墨绿、酒红等，能够唤起人们对过去美好时光的回忆，给人一种稳重、经典的感觉，适合用于展示传统美食或讲述美食背后的文化故事。

以美团和饿了么为例。

1. 美团

- **主色**：黄色，代表着热情、温暖的品牌形象。
- **辅色**：白色背景色，提供清晰、简洁的视觉空间，使商品信息、图片和文字等内容更加突出。黑色、灰色或其他浅色调，用于辅助信息的展示和界面的平衡。
- **强调色**：在特定场景下，如促销、优惠或重要提示时，美团会使用红色或其他鲜艳色彩增强视觉冲击力，引导用户进行操作。

图2-55所示为该应用程序的Logo与界面效果。

图 2-55

2. 饿了么

- **主色**：蓝色，给人以清新、健康和信赖的感觉，对于食品安全和健康饮食的宣传有正面影响。

- **辅色：** 白色背景色，为食物图片和信息提供清晰的展示环境。黑色或深灰色用于文本，以保证可读性。
- **强调色：** 在促销或重要按钮上使用橙色或红色等鲜艳色彩进行强调。

图2-56所示为该应用程序的Logo与界面效果。

图 2-56

2.4.4 教育类配色

教育类应用程序的配色方案通常注重营造一种温馨、专业、易于阅读和学习的视觉环境。这类应用的配色不仅要符合教育行业的特性，还要考虑用户的视觉体验和心理感受。常见的配色方案如下。

- **蓝色系：** 蓝色是教育类应用中最常见的配色之一，代表信任、专业、稳重和宁静，有助于营造一个专注的学习环境。
- **绿色系：** 绿色象征着生长、健康、自然与和谐，非常适合用于教育类应用，可以传达积极向上的学习氛围和健康的成长环境。
- **柔和色系：** 以粉色、浅黄色等温馨柔和的颜色为主，营造一种温暖、亲切的感觉。有助于拉近应用与用户之间的距离，增加用户的归属感。

以百词斩和巧虎为例。

1. 百词斩

- **主色：** 高饱和度的蓝色，有助于营造专注的学习氛围。
- **辅色：** 白色作为背景色，确保单词和例句清晰可见；同时使用深灰色或黑色文字，以保证良好的对比度和可读性。
- **强调色：** 使用鲜艳的橙色或红色作为强调色，用于标记重点词汇、操作按钮或错误提示，以吸引用户注意。

图2-57所示为该应用程序的Logo与界面效果。

图 2-57

2. 巧虎

- **主色：**柔和的黄色系，传递快乐、温暖和活力，吸引儿童的注意力。
- **辅色：**浅色背景（白色、浅灰色以及米黄色），搭配黑色、灰色文字，确保内容清晰易读，提供干净、简洁的视觉基础。
- **强调色：**红色用于特别重要的提示和警告信息，吸引用户的注意力。粉色用于一些装饰元素和次要按钮，增加界面的柔和感和亲和力。

图2-58所示为该应用程序的Logo与界面效果。

图 2-58

2.5 案例实战：构建美食类App颜色系统

本案例利用所学的知识构建美食类App颜色系统，包括明确风格、选择主色、确定配色以及定义颜色层次。下面介绍具体的构建方法。

1. 明确风格

明确App的整体风格。

- **品牌个性：** 现代、健康、清新。
- **目标用户：** 主要面向注重健康饮食的年轻人和中年人。
- **情感目标：** 希望用户在使用过程中感受到健康、清新、愉悦的感觉。
- **行业特性：** 美食类App通常使用能引起食欲和传达新鲜感的颜色。

2. 选择主色

主色是UI设计的核心颜色，通常与品牌的主色调一致。对于现代、新鲜、健康主题的美食类App，可以选择绿色（#32CD32），如图2-59所示。

图 2-59

3. 确认配色

在确定主色后，需要选择辅助色、中性色以及状态色构建完整的配色方案。

- **辅色：** 橙色（#FFA500），如图2-60所示。
- **中性色：** 浅灰色（#F5F5F5），深灰色（#333333），如图2-61所示。

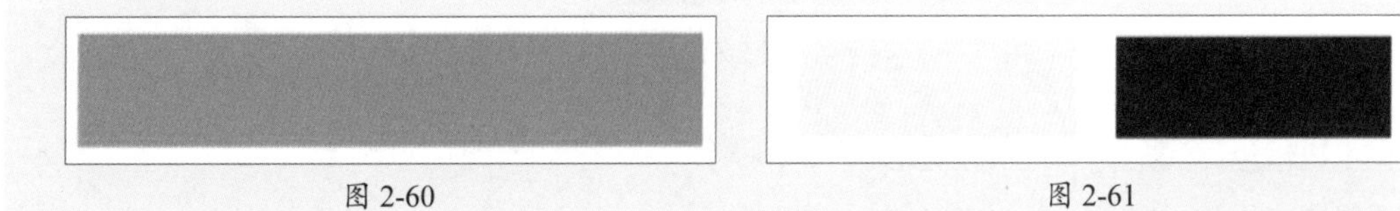

图 2-60　　图 2-61

- **状态颜色：** 成功（绿色#28A745）、警告（黄色#FFC107）、错误（红色#DC3545）、信息（蓝色#17A2B8）、禁用（浅灰色#DCDCDC），如图2-62所示。

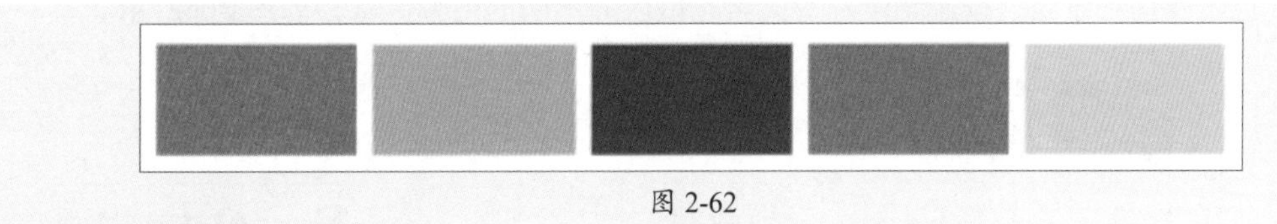

图 2-62

4. 定义颜色层次

颜色层次的定义有助于创建一致的视觉层次结构，使用户更容易理解和使用界面。

（1）背景色

背景色通常选择较为柔和的颜色，以突出前景内容，如图2-63所示。

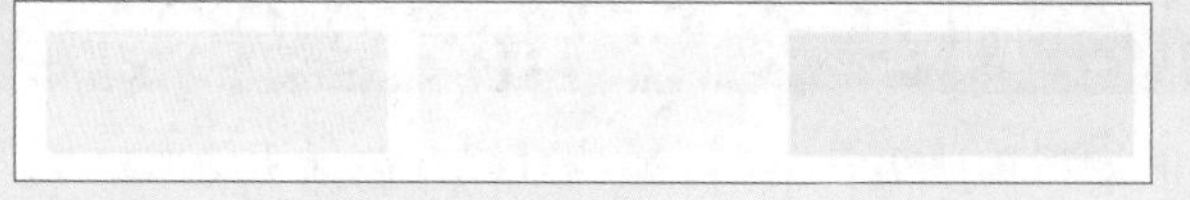

图 2-63

- **主背景色：**浅灰色（#F5F5F5）。
- **次背景色：**更浅的灰色（#FAFAFA）。
- **强调背景色：**浅绿色（#E6F4EA）。

（2）文本色

文本色选择的对比度要适当，有助于信息的层次区分，如图2-64所示。

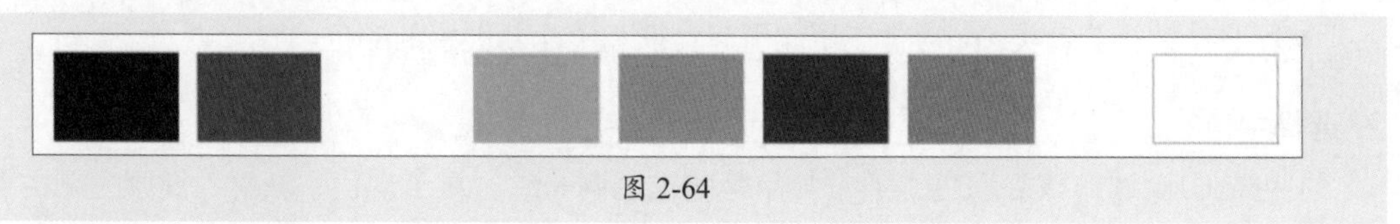

图 2-64

- **主文本色：**深灰色（#333333）。
- **次文本色：**中灰色（#666666）。
- **强调文本色：**成功（绿色#32CD32）、警告（橙色#FFA500）、错误（红色#DC3545）、提示（蓝色#17A2B8）。
- **反向文本色：**白色（#FFFFFF）。

（3）边框色

边框色用于分隔内容、创建层次感和强调交互元素，如图2-65所示。

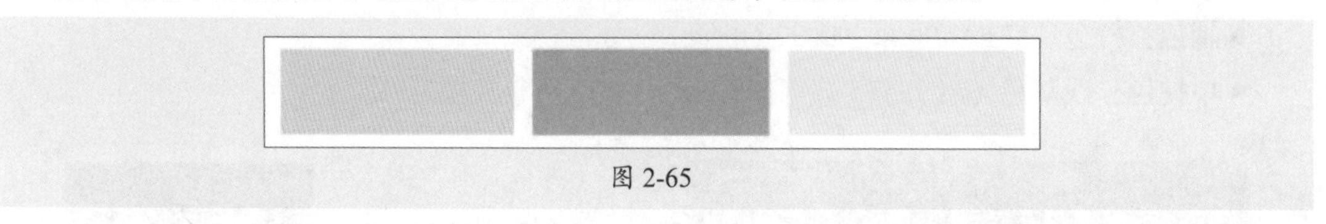

图 2-65

- **主边框色：**浅灰色（#DDDDDD）。
- **强调边框色：**绿色（#32CD32）。
- **次边框色：**更浅的灰色（#EEEEEE）。

（4）填充色

填充色主要用于背景、按钮、卡片等元素，以区分不同的内容区域，如图2-66所示。

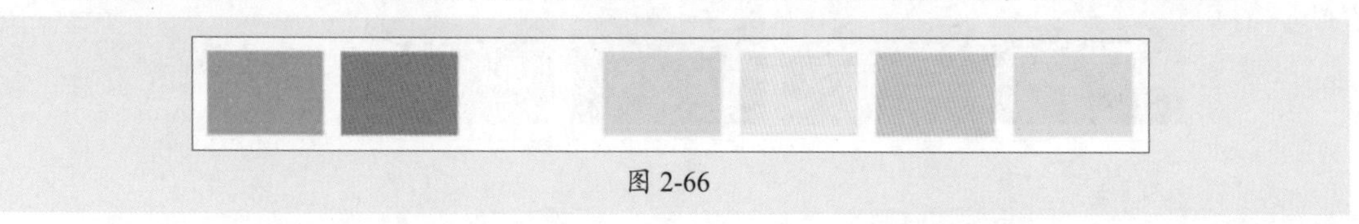

图 2-66

- **主填充色：**绿色（#32CD32）。
- **次填充色：**橙色（#FFA500）。
- **强调填充色：**成功（浅色#D4EDDA）、警告（浅橙色#FFF3CD）、错误（浅红色#F8D7DA）、提示（浅蓝色#D1ECF1）。

新手答疑

1. Q：在一个界面中应该使用多少种颜色？

A： 为了保持界面的简洁和一致性，通常建议在一个界面中使用3、4种颜色：一种主色、一种强调色和一种或两种辅助色。过多的颜色会让界面显得杂乱，影响用户体验。

2. Q：如何运用色彩引导用户行为？

A： 通过色彩搭配可以引导用户的视线和行为。例如，使用醒目的色彩突出按钮或链接，吸引用户点击；使用柔和的色彩作为背景，降低干扰，让用户更专注于内容。此外，还可以利用色彩心理学中的色彩偏好影响用户的决策过程。

3. Q：如何保持色彩搭配在不同平台和设备上的一致性？

A： 保持色彩搭配在不同平台和设备上的一致性需要关注色彩管理的问题。在设计过程中应使用标准的色彩模式和色彩值（如sRGB、Hex值等），并在不同设备和平台上进行预览和测试。

4. Q：如何在色彩搭配中应用品牌色？

A： 品牌色是品牌识别的重要元素，应在UI设计中合理应用。通常，品牌色会作为主色调使用，并在关键元素（如Logo、按钮）中体现。确保品牌色与其他颜色搭配和谐，同时保持品牌的一致性和识别度。

5. Q：移动 UI 中的色彩是否需要随着季节或节日变化？

A： 色彩变化可以增强用户的情感连接和参与感，但并非所有应用都需要这样做。对于一些季节性强的应用（如购物、旅游等），适当的色彩变化可以带来新鲜感和节日气氛。但对于一些功能性强的应用（如金融、生产力工具等），保持一致的色彩可能更为重要。

6. Q：常用的配色工具有哪些？

A： 常用的配色工具如下。

- Adobe Color：一个强大的在线配色工具，可以生成各种配色方案，并允许根据需要调整颜色。
- Coolors：一个快速生成配色方案的工具，支持保存和分享配色方案。
- Paletton：基于色相环的配色工具，可以生成单色、类似色、三色和四色方案。

第3章 移动UI的原型设计

移动UI的原型设计是移动应用开发过程中的一个重要环节，涉及将应用程序的概念、功能和用户体验转化为可视化的、可交互的模型。本章对移动UI中的草图绘制、原型制作进行讲解，最后，通过绘制旅游类App的原型图进行巩固，以提升设计技能。

3.1 移动UI的草图绘制

UI草图是用户界面设计过程中用于快速展示和迭代设计想法的一种工具。它通常以手绘或数字绘图的形式呈现，帮助设计师和团队成员在早期阶段快速讨论和修改设计概念。

3.1.1 UI草图的定义

UI草图通常是UI设计师用来记录临时想法和初步构思的工具。它帮助设计师将脑海中的设计概念快速、直观地表达出来，便于后续的设计深化和讨论。UI草图通常以简洁的线条、形状和文本注释表示用户界面的布局和功能，如图3-1所示。

图 3-1

3.1.2 UI草图的优缺点

UI草图是设计流程中不可或缺的一部分，通过合理利用其优势并克服局限性，可以有效地促进设计项目的进展。其优缺点具体如下。

1. 优点

- **快速迭代：** UI草图可以快速绘制和修改，适合在设计早期阶段进行快速迭代和头脑风暴。计师可以迅速尝试不同的布局、颜色、元素等，以找到最佳的设计方案。
- **低成本：** 绘制UI草图的成本低，无需使用复杂的设计工具或软件。
- **促进沟通：** UI草图作为视觉辅助工具，帮助团队成员更直观地理解设计概念，促进讨论和协作。
- **激发灵感：** UI草图通常具有较大的灵活性和自由度，有助于设计师突破传统的设计框架，尝试新颖的设计理念。同时，手绘的随意性往往能够激发更多的创意灵感。
- **避免细节陷阱：** UI草图注重整体布局和功能，不会过多关注细节，有助于在早期阶段集中讨论核心问题。

2. 缺点

- **缺乏细节：** UI草图通常比较粗略，缺乏具体的细节和精确性，可能导致误解或遗漏。
- **难以评估用户体验：** 虽然UI草图可以帮助设计师探索设计思路和布局，但通常难以准确地评估用户体验。为了获得更准确的反馈，可能需要制作更高保真的原型或进行用户测试。

- **视觉效果有限：**UI草图无法准确反映最终界面的视觉效果和用户体验，可能需要后续的高保真原型来补充。
- **难以复用：**由于UI草图通常具有较大的随意性和不完美性，因此可能难以在后续的设计项目中复用。

3.1.3 常见UI草图表现形式

在移动UI设计中，常见的UI草图表现形式多种多样，这些UI草图不仅帮助设计师快速捕捉和表达设计想法，还促进设计团队之间的沟通与协作。

1. 手绘 UI 草图

最常见的形式，使用纸和笔快速绘制界面元素和布局，适用于头脑风暴和快速迭代阶段，如图3-2所示。在白板上绘制UI草图则进一步增强团队协作的效率，便于团队成员实时讨论、标注和修改，确保设计思路的即时同步。

2. 数字 UI 草图

使用Photoshop、Sketch、Figma等绘图软件，设计师可以绘制数字UI草图，便于保存和共享。此外，结合手写笔在平板电脑上进行绘制，既保留了手绘的灵活性和自然感，又充分利用了数字工具的便利性和可编辑性，如图3-3所示。

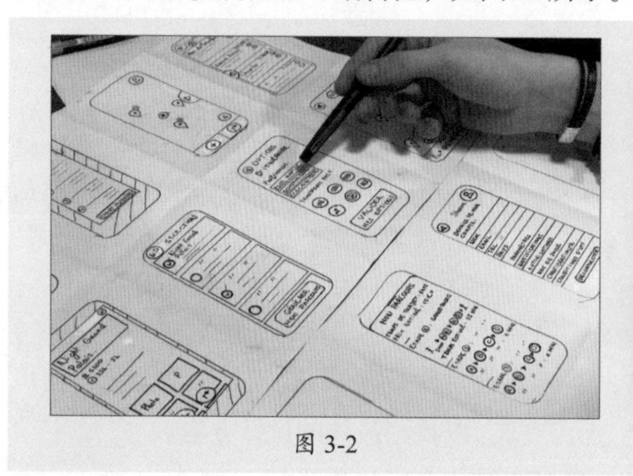

图 3-2

图 3-3

3. 线框图

线框图通过简单的线条和形状勾勒界面元素的位置和排列，专注于界面的布局和信息架构，如图3-4所示。它帮助设计师和团队成员专注于结构本身，而非过早陷入视觉设计的细节中。

图 3-4

4. 流程图

流程图是理解应用流程和逻辑的关键工具，如图3-5所示。它清晰地展示了用户在应用中的导航路径，包括各个屏幕之间的转换关系以及条件分支，有助于确保设计流程的连贯性和用户体验的顺畅性。

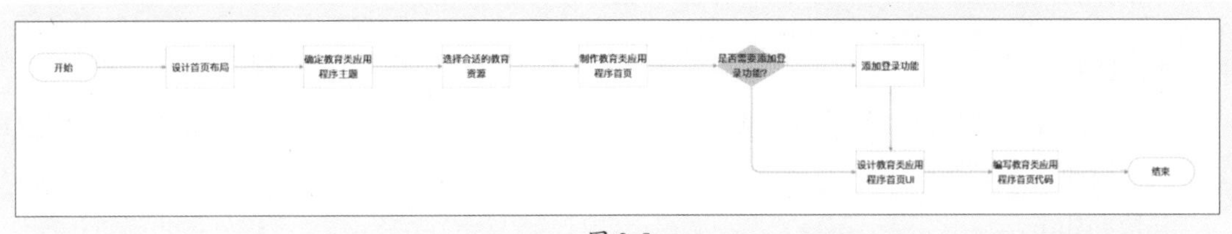

图 3-5

5. 情绪板

情绪板集合色彩、字体、图像和纹理等元素，为UI设计定下情感基调和视觉风格。通过情绪板，设计师能够明确设计的视觉方向，传达设计的品牌个性和情感诉求，如图3-6所示。

图 3-6

知识点拨

情绪板（Moodboard）是国外设计师最常用的视觉调研工具。在设计中可通过情绪板进行视觉收集。情绪板包含的内容包括以下几种。

- **图片：** 包括品牌图片、Logo、插画、素材图片；
- **颜色：** 根据搜集的素材确认色系需求；
- **文字：** 搜集与品牌或主题相关的文案，或者展示选用的某种特定字体；
- **纹理：** 搜集与主题相符的纹理或图案；
- **批注：** 对搜集来的元素进行解释说明，方便团队协同工作。

3.2 移动UI的原型设计

移动UI的原型设计是手机软件的人机交互、操作逻辑、界面美观的整体设计过程，可以帮助设计师和团队将抽象的设计理念转化为具体的、可交互的界面模型。通过这种方式，设计师团队可以更直观地展示和测试用户体验，确保最终产品的可用性和美观性。

3.2.1 原型设计的概念

原型设计是产品开发过程中创建初步模型或样本的过程，以便在正式开发之前测试和验证设计理念。原型可以是低保真度的UI草图，也可以是高保真度的交互模型，具体取决于设计阶段和目标。原型设计的主要目的是通过可视化和互动的方式，帮助设计师、开发人员和利益相关者理解和评估产品的功能、用户体验和界面设计。

3.2.2 原型的表现手法

原型设计的表现手法主要有三种：手绘原型、灰模原型和交互原型。

1. 手绘原型

手绘原型是指使用纸和笔快速绘制应用界面和交互流程的草图。这种方法通常在设计过程的早期阶段使用。

其特点如下。

- **快速迭代**：快速生成和修改，适合头脑风暴和初步构思。
- **低成本**：只需要纸和笔，不需要复杂的工具或软件，成本低廉，如图3-7所示。
- **易于沟通**：简单直观，便于团队成员之间的交流和讨论。

2. 灰模原型（低保真原型）

灰模原型是指使用设计软件创建的简化版数字原型，主要关注界面的布局和结构，而不涉及详细的视觉设计。常用灰色调和简单的形状表示界面元素，如图3-8所示。

其特点如下。

- **结构清晰**：清晰展示界面的基本结构和布局，有助于理清信息架构和导航流程。
- **快速生成**：相比高保真原型，灰模原型生成速度较快，适合快速迭代。
- **减少干扰**：由于不涉及视觉细节，可以让用户专注于功能和交互，而不是界面的美观性。

图 3-7

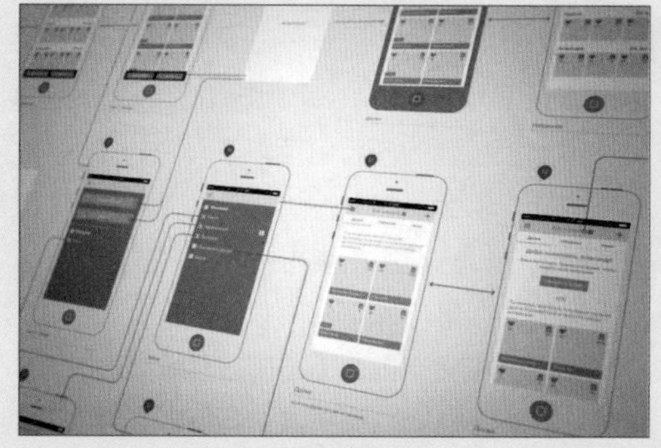

图 3-8

3. 交互原型

交互原型，也称为高保真原型，是指使用专业设计工具创建的高保真度原型，包含详细的视觉设计和交互效果，如图3-9所示。交互原型能够模拟真实的用户体验。

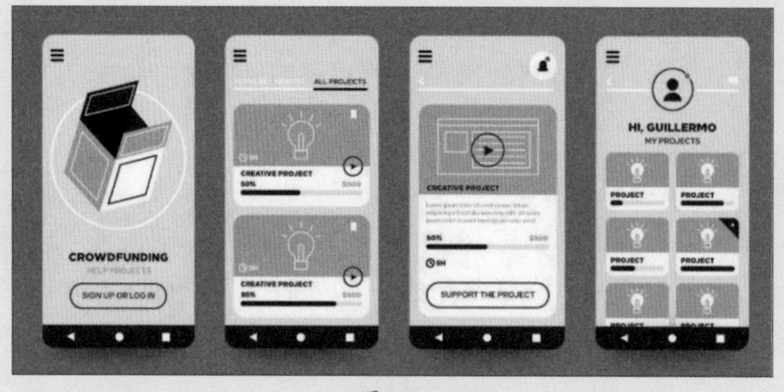

图 3-9

其特点如下。

- **真实体验：** 提供接近最终产品的用户体验，包括动画、过渡效果和动态交互。
- **用户测试：** 交互原型适合进行深入的用户测试，收集详细的用户反馈。
- **设计验证：** 可以帮助团队验证设计细节和功能实现，确保设计符合预期。

提示 以上三种方法并不是渐进的流程，而是并列的三种原型设计方法。具体使用哪种方法取决于产品需求和团队要求。

3.2.3 原型设计的重要性

原型设计在产品开发过程中具有不可替代的作用，其重要性体现在以下几个方面。

1. 快速验证想法

利用快速原型工具可以迅速构建低保真原型，用于早期的概念验证和假设。通过实际操作和体验发现潜在的问题和改进机会，从而确保设计方向的正确。

2. 促进沟通与理解

原型是设计师与开发团队、客户和其他利益相关者之间的有效沟通工具。它能够直观地展示设计意图，减少误解和沟通障碍，确保各方对项目的理解一致。

3. 加快迭代速度

原型设计可以快速迭代和修改，使设计师能够迅速响应反馈和需求变化。这样可以在短时间内探索多种设计方案，找到最佳解决方案。

4. 降低风险

在原型阶段，通过模拟真实用户场景，评估设计的可行性和潜在风险，减少后期开发中的返工和修改，从而降低开发风险和成本。

5. 提升用户体验

通过原型测试和优化，设计师可以更好地了解用户的需求和行为，从而设计出更加符合用户期望的界面，提升整体用户体验。

6. 辅助决策制定

原型可以作为决策支持工具，帮助利益相关者更清晰地了解项目进展和设计方向，从而做出更明智的决策。所有关键利益相关者都能看到并参与原型设计和测试过程，增强决策的共识和执行力。

3.3 原型设计的常用软件

原型设计软件有很多种类，每种软件都有其独特的功能和优势，以下是常用的设计软件。

（1）Photoshop

众所周知，该软件是功能强大的图像编辑软件，适合设计视觉效果和图形元素。设计师可以利用其强大的图像编辑能力创建高保真度的界面视觉效果。图3-10所示为Photoshop的图标和工作界面。

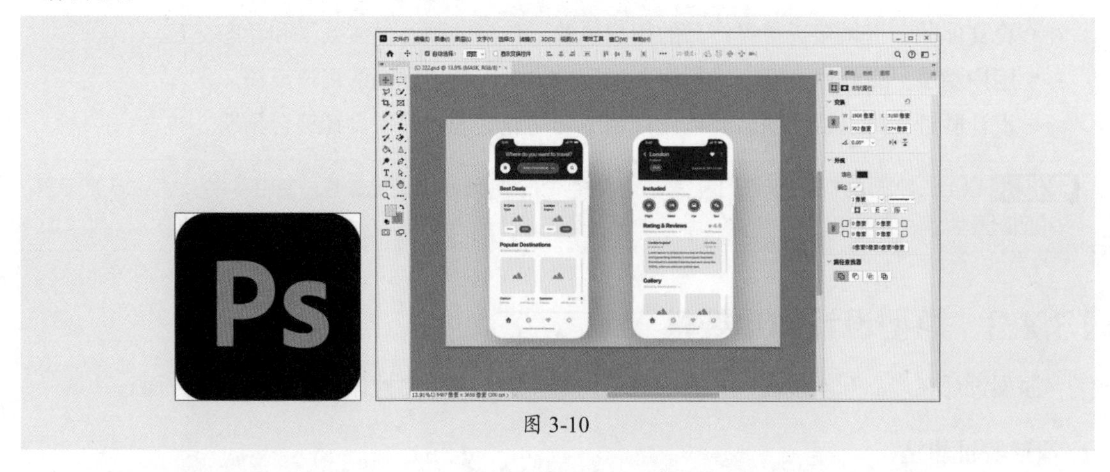

图 3-10

其主要功能包括如下。

- **图像编辑：**设计师可以对图片进行裁剪、调整颜色、应用滤镜等，创建符合设计需求的视觉元素。
- **图层管理：**设计师可以将不同的设计元素分开管理，便于编辑和调整。图层组的使用可以帮助组织复杂的设计项目。
- **绘图工具：**设计师可以自由创建自定义图形和界面元素。
- **文本处理：**设计师可以轻松添加和调整文本，确保信息传达清晰且美观。
- **智能对象：**设计师可以使用智能对象功能，将图形和图像嵌入设计中，方便后续编辑而不影响整体布局，提升工作效率。

（2）Sketch

Sketch是一款专为Mac平台设计的界面设计工具，广泛用于用户体验和用户界面设计。图3-11所示为Sketch的图标和工作界面。

图 3-11

其主要功能包括如下。

- **矢量编辑：**提供强大的矢量绘图工具，方便创建和编辑图形元素。
- **符号和样式：**支持符号和共享样式，便于管理设计系统和保持一致性。
- **画板：**可以创建多个画板，便于设计不同屏幕尺寸和设备的界面。
- **协作与共享：**支持与团队成员共享设计文件，便于收集反馈和协作。

（3）Adobe XD

Adobe XD 是一款专为 UX/UI 设计师打造的软件，提供一系列工具和功能，帮助设计师进行移动应用和网页设计与原型制作。图3-12所示为Adobe XD的图标和工作界面。

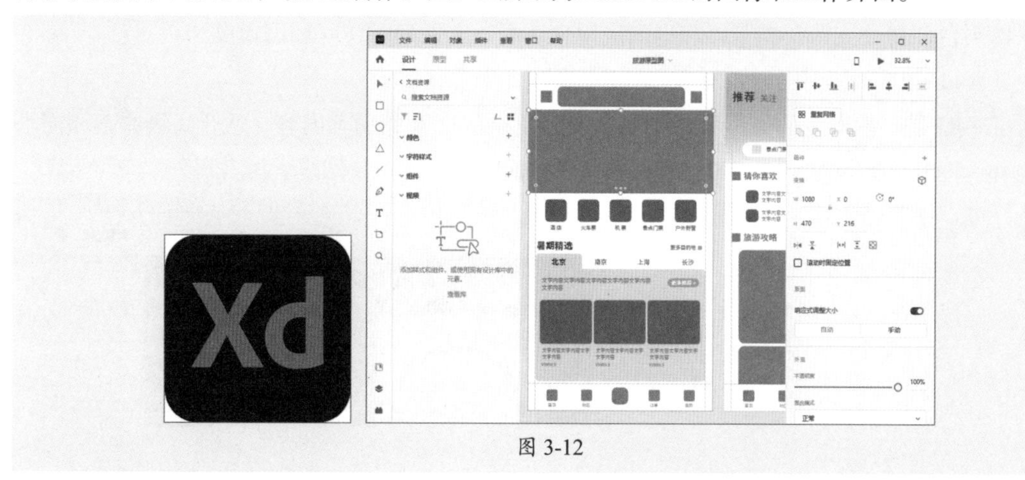

图 3-12

其主要功能包括如下。

- **设计工具：** 提供丰富的矢量设计工具。用户可以轻松创建和编辑界面元素，支持图层、形状和文本的灵活操作。
- **原型制作：** 用户可以通过简单的拖放操作，创建交互式原型，定义页面之间的链接和过渡效果，便于展示用户体验。
- **共享与协作：** 支持实时协作，设计师可以与团队成员共享设计文件，收集反馈，促进高效沟通。
- **插件支持：** Adobe XD提供多种插件，扩展其功能，包括图标库、图像搜索和设计系统集成等，提升设计效率。
- **跨平台兼容：** 支持Windows和macOS系统，设计师可以在不同设备上无缝工作。

（4）Figma

Figma是一款基于云的界面设计工具，广泛用于用户体验和用户界面设计。图3-13所示为Figma的图标和工作界面。

图 3-13

其主要功能包括如下。

- **实时协作：** 多个用户可以同时编辑同一文件，促进团队协作与沟通。

- **矢量编辑：**提供强大的矢量绘图工具，方便创建和修改设计元素。
- **组件和样式：**支持组件和共享样式，便于管理设计系统和保持一致性。
- **原型制作：**用户可以创建交互式原型，展示设计的用户体验。
- **跨平台兼容：**支持在浏览器和桌面应用中使用，方便随时访问和编辑设计。

（5）Axure RP

Axure RP是一款专业的原型设计工具，支持复杂的交互和动态内容，适合高级原型和需求文档制作。图3-14所示为Axure RP的图标和工作界面。

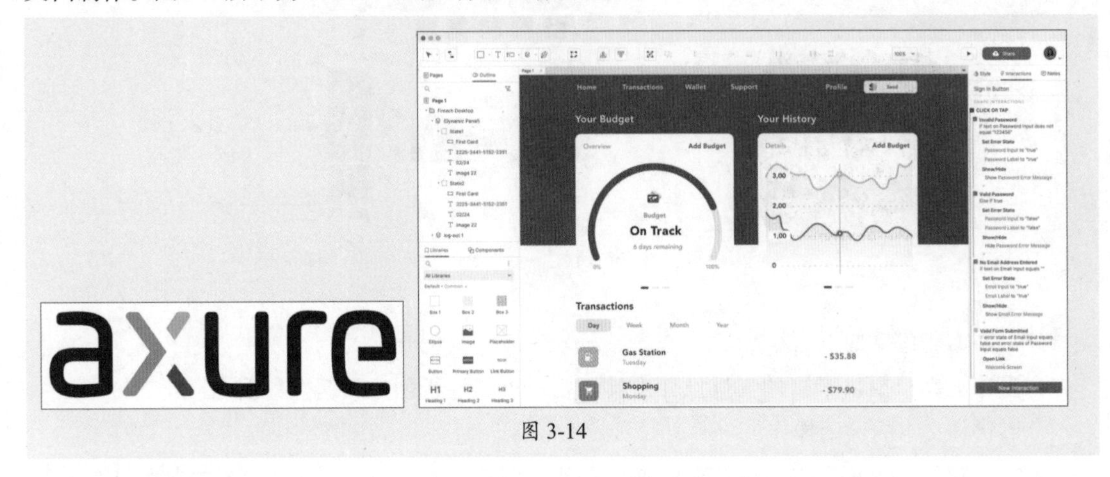

图 3-14

其主要功能包括如下。

- **原型制作：**支持创建高保真和低保真的交互式原型，便于展示用户体验。
- **动态面板：**允许设计师添加交互效果和动画，增强原型的真实感。
- **文档生成：**自动生成设计文档和规格说明，方便团队沟通和开发对接。
- **团队协作：**支持多人协作和版本管理，团队成员可以实时编辑和反馈。
- **条件逻辑：**可设置条件和变量，模拟复杂的用户交互场景。

（6）MasterGo

MasterGo是一款在线协作设计工具，拥有完善的界面和交互原型设计功能。可以通过一个链接完成大型项目的多人实时在线编辑、评审讨论和交付开发。图3-15所示为MasterGo的图标和工作界面。

图 3-15

其主要功能包括如下。

- **实时协作：** 支持团队成员同时在线编辑，促进高效沟通与反馈。
- **矢量设计工具：** 提供丰富的矢量绘图功能，便于创建和修改设计元素。
- **组件库：** 用户可以创建和管理可重用的组件，保持设计一致性。
- **原型制作：** 支持快速制作交互式原型，便于展示用户体验。
- **设计系统：** 帮助团队构建和维护设计系统，提高工作效率。

（7）Pixso

Pixso是一款在线协作设计工具，适用于各种规模的设计团队和设计师个人使用。图3-16所示为Pixso的图标和工作界面。

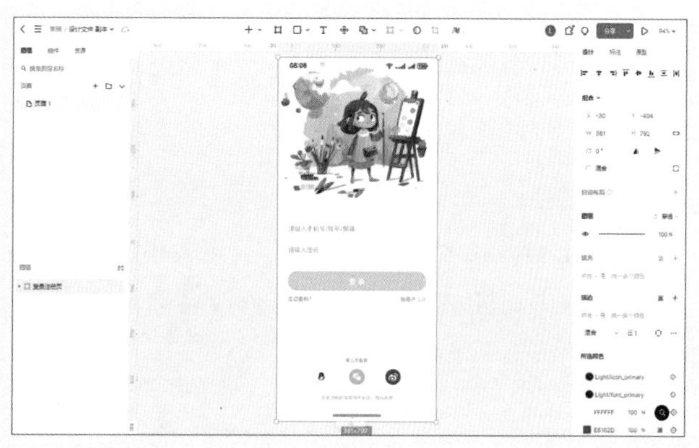

图 3-16

其主要功能包括如下。

- **实时协作：** 支持多个用户同时编辑和评论，促进团队沟通与反馈。
- **原型制作：** 用户可以快速构建交互式原型，展示设计效果。
- **组件管理：** 允许用户创建和使用可重用组件，确保设计一致性。
- **矢量设计工具：** 提供强大的矢量绘图功能，方便创建和修改设计元素。
- **设计系统支持：** 便于团队管理设计规范和样式，提高工作效率。

（8）墨刀

墨刀是一款专注用户体验设计的在线原型制作工具，集原型设计、协作、流程图、思维导图为一体。图3-17所示为墨刀的图标和工作界面。

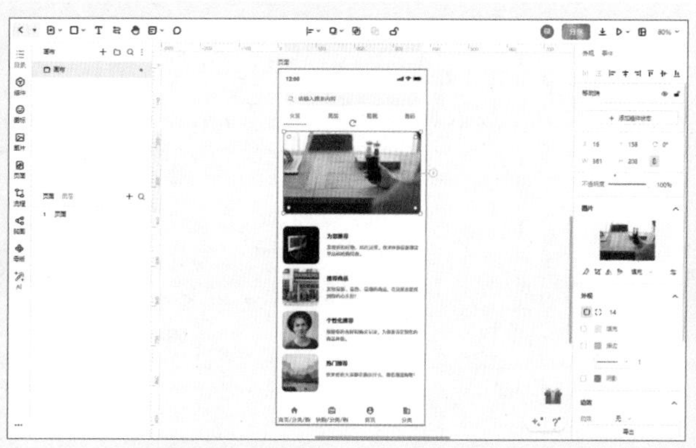

图 3-17

其主要功能包括如下。

- **快速原型制作：** 用户可以轻松创建高保真和低保真的交互式原型，快速验证设计思路。
- **组件库：** 提供可重用的组件和样式，确保设计一致性。
- **实时协作：** 支持团队成员同时在线编辑和评论，促进高效沟通与反馈。
- **动态交互：** 允许设计师添加动态效果和交互逻辑，提升用户体验。
- **分享与反馈：** 方便分享设计链接，收集用户反馈，优化设计方案。

3.4 案例实战：绘制旅行类App原型图

本案例利用所学的知识绘制旅行类App原型图，涉及的知识点有文档的创建、参考线的创建、矩形椭圆等几何图形的绘制以及文字的创建与编辑等。下面介绍具体的绘制方法。

1. 创建参考线

步骤 01 打开Adobe XD，新建，在“自定大小”按钮下设置W为1080，H为1920，如图3-18所示。

步骤 02 双击画板左上角名称处，修改名称为“首页”，如图3-19所示。

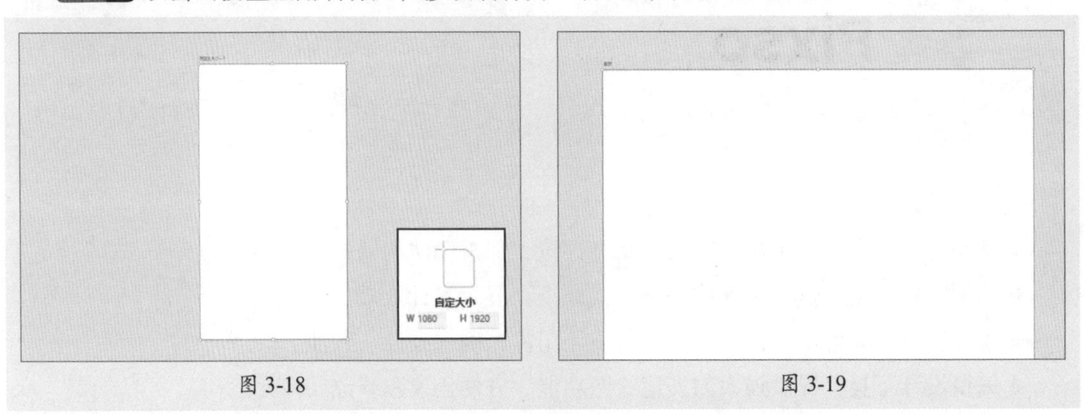

图 3-18　　图 3-19

步骤 03 将光标放置画板顶部，向下拖至72处创建参考线，如图3-20所示。

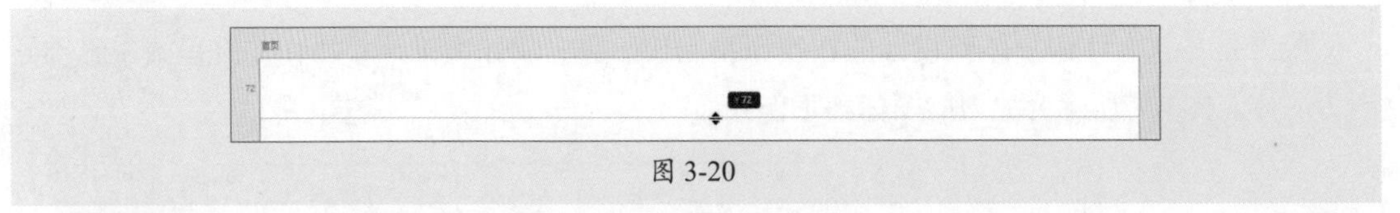

图 3-20

步骤 04 将光标放置画板顶部，向下拖至216处创建参考线，如图3-21所示。

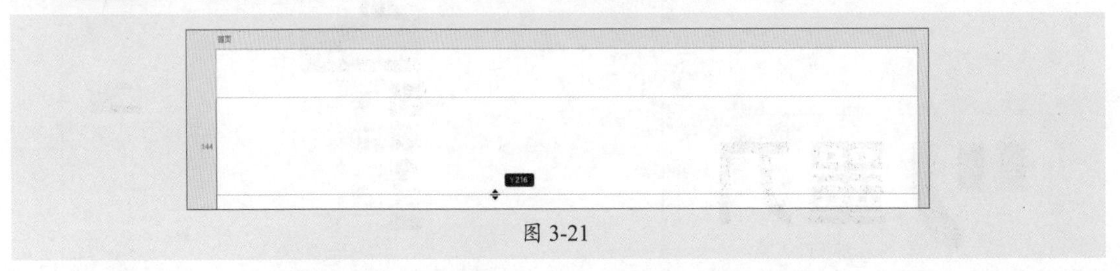

图 3-21

步骤 05 将光标放置画板顶部，向下拖至204处创建参考线，如图3-22所示。

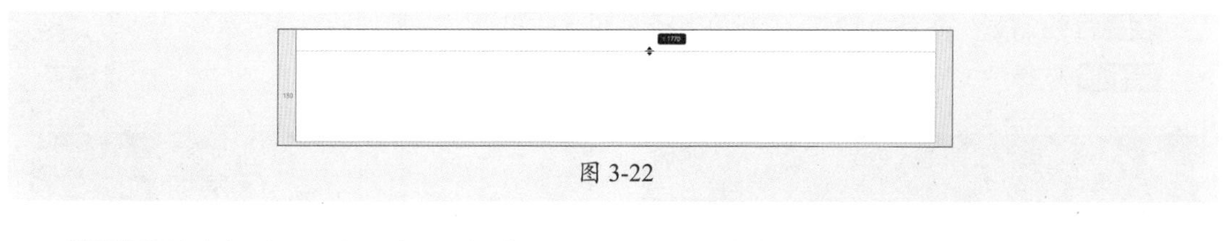

图 3-22

步骤 06 将光标放置画板左侧，分别在42、1038处创建参考线，如图3-23所示。

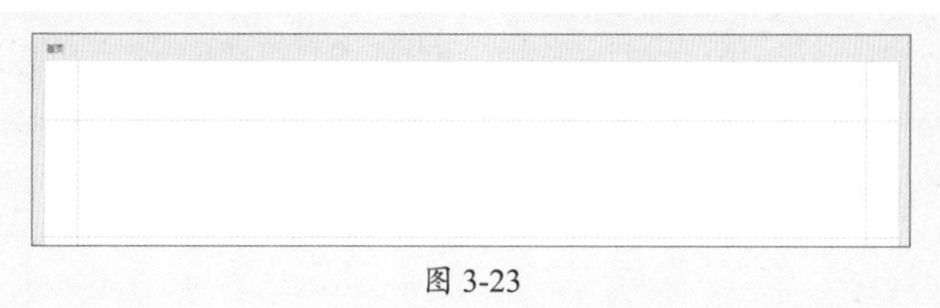

图 3-23

2. 制作视觉效果

步骤 01 选择“矩形工具”绘制宽、高各为66px的矩形，按住Alt键移动并复制，效果如图3-24所示。

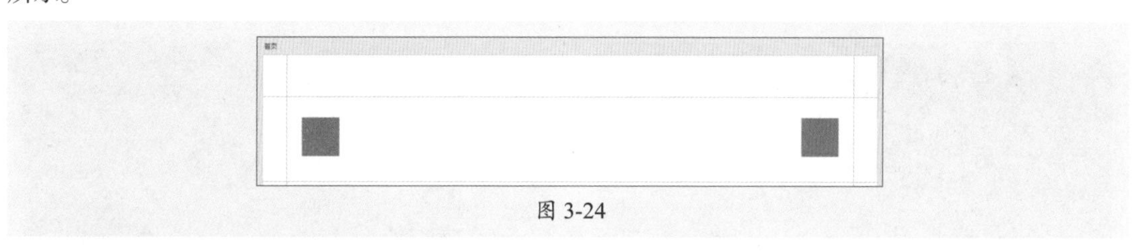

图 3-24

步骤 02 继续绘制宽为740px，高为112px的矩形，设置圆角半径为24，加选正方形，设置水平分布，效果如图3-25所示。

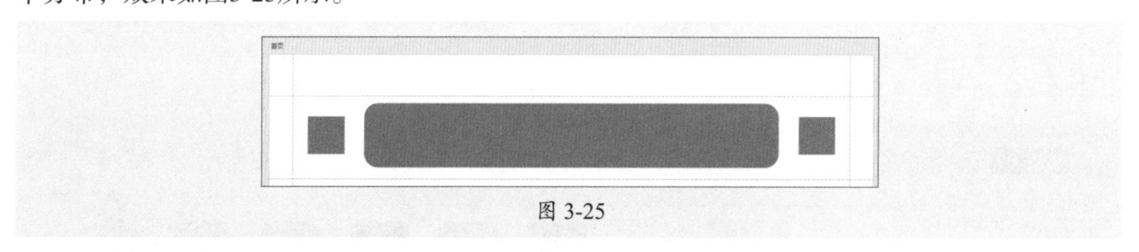

图 3-25

步骤 03 绘制宽为1080px，高为470px的矩形，效果如图3-26所示。

步骤 04 选择“椭圆工具”绘制宽、高各为16px的正圆，按住Alt键移动并复制2次，选中之后水平分布，编组后居中对齐，效果如图3-27所示。

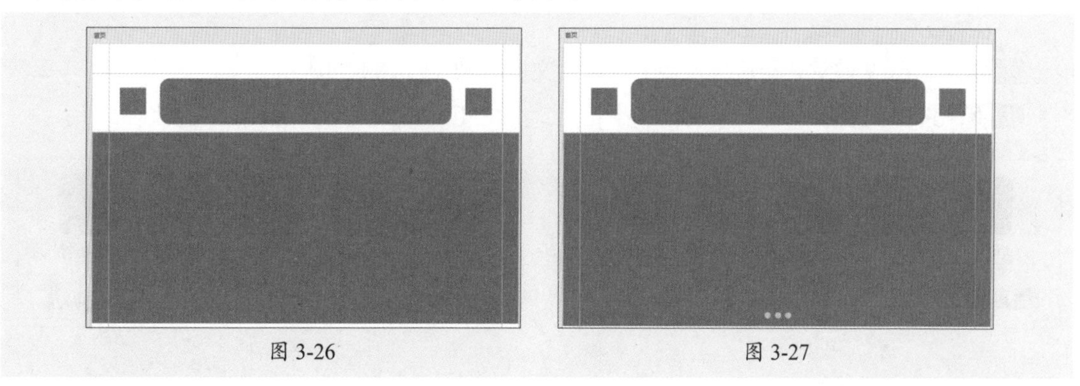

图 3-26　　图 3-27

步骤05 绘制宽、高各为126px，圆角半径为20px的矩形，效果如图3-28所示。

步骤06 选择“文字工具”输入文字，效果如图3-29所示。

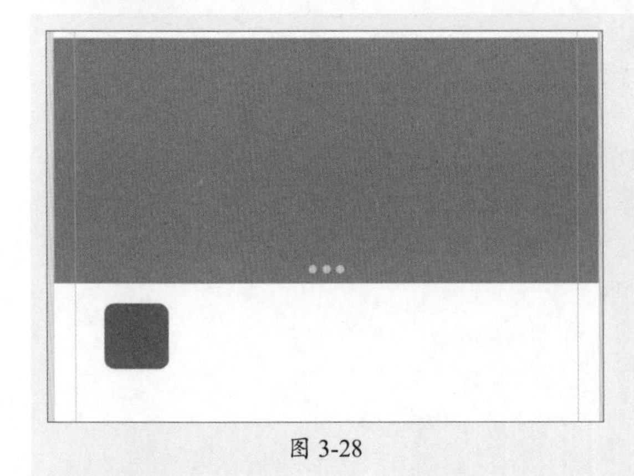

图 3-28

图 3-29

步骤07 选择矩形和文字，按住Alt键移动并复制4次，设置水平分布，效果如图3-30所示。

步骤08 更改文字内容，效果如图3-31所示。

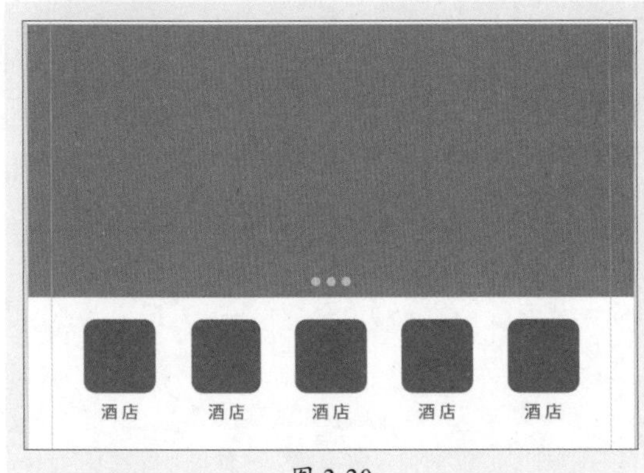

图 3-30

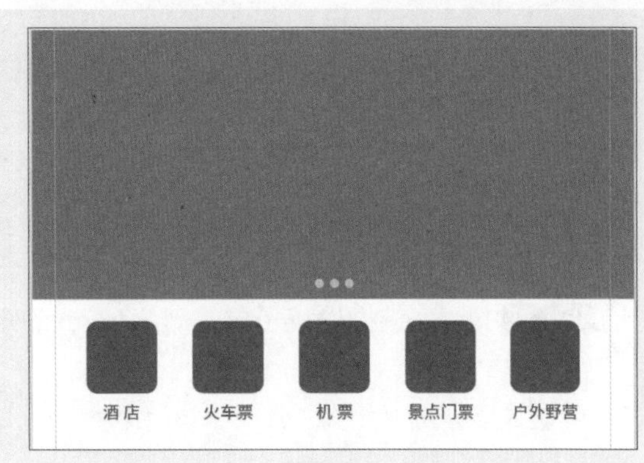

图 3-31

步骤09 选择“文字工具”输入文字，设置文本参数，如图3-32、图3-33所示。

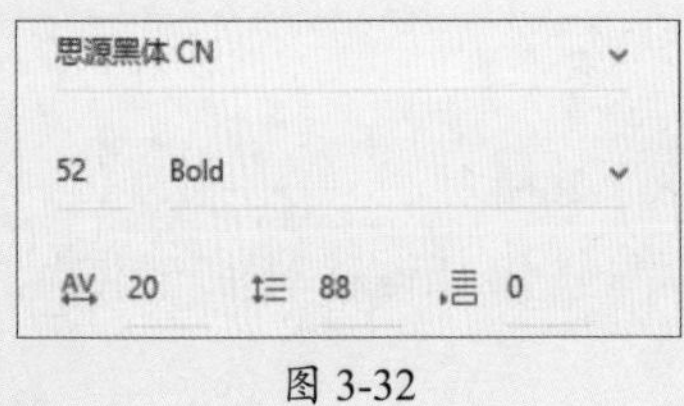

图 3-32

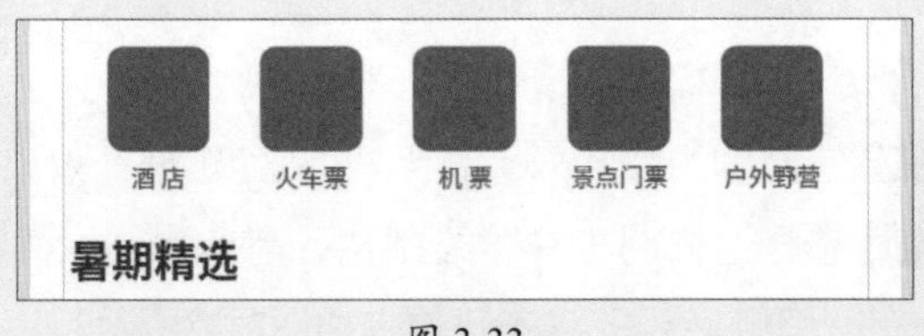

图 3-33

步骤10 选择“文字工具”输入文字，设置文本参数，如图3-34所示。

步骤11 选择“矩形工具”绘制宽、高各为24px的矩形，圆角半径为6px，如图3-35所示。

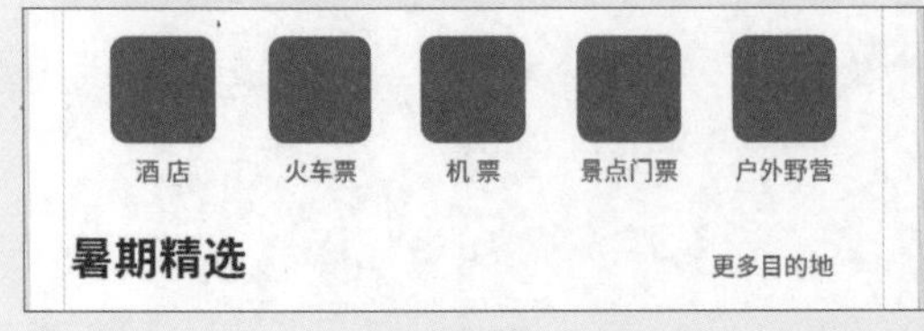

图 3-34

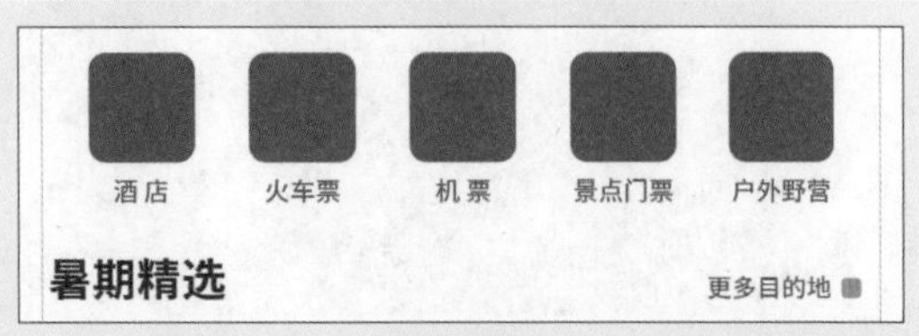

图 3-35

步骤 12 继续绘制矩形，除左上角外，圆角半径为20px，如图3-36所示。

步骤 13 按住Alt键移动并复制“暑期精选”，更改文字内容为“北京”，并调整其字号为42，效果如图3-37所示。

图 3-36

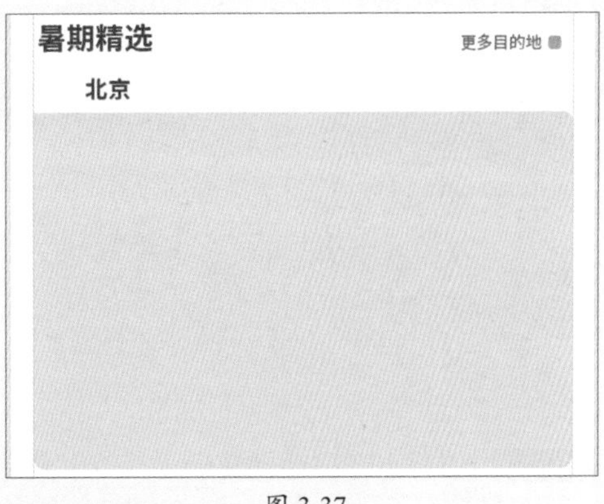

图 3-37

步骤 14 继续绘制矩形作为“北京”选项的背景，设置左上和右上的圆角半径为20px，如图3-38所示。

步骤 15 继续输入文字，效果如图3-39所示。

图 3-38

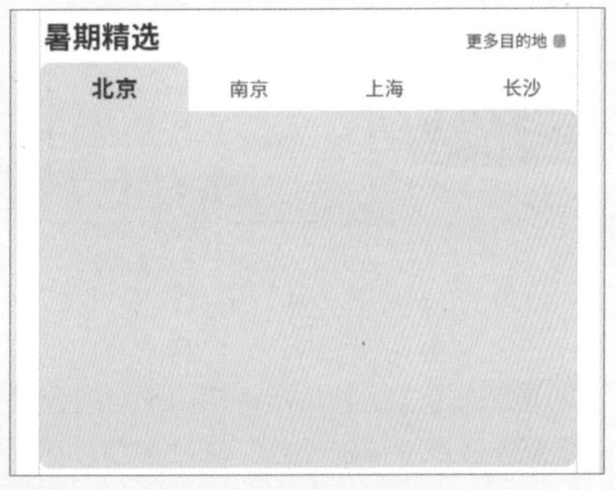

图 3-39

步骤 16 继续输入文字，字间距为42，如图3-40所示。

步骤 17 选择“矩形工具”绘制全圆角矩形，效果如图3-41所示。

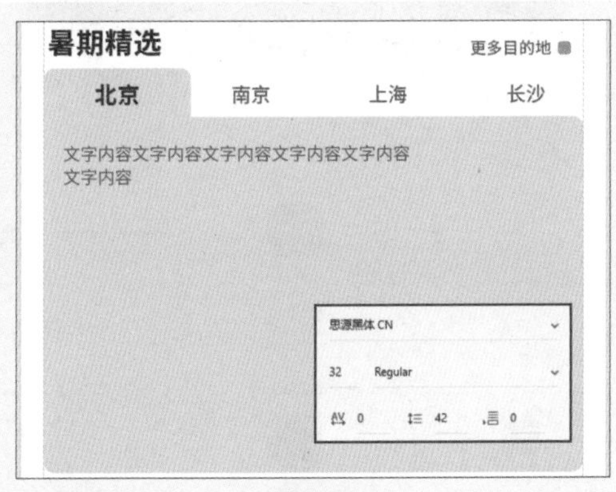

图 3-40

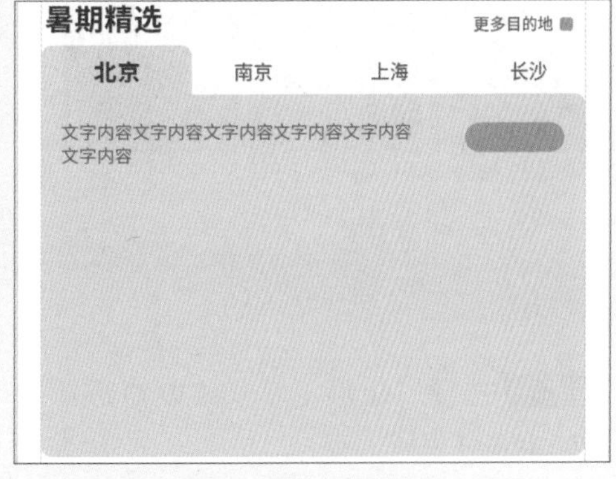

图 3-41

步骤18 输入文字，字体颜色为白色，如图3-42所示。

步骤19 选择“矩形工具”绘制矩形，圆角半径为16px，效果如图3-43所示。

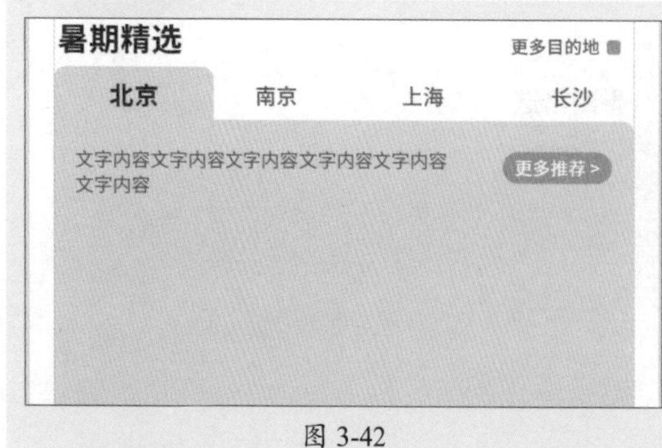

图 3-42

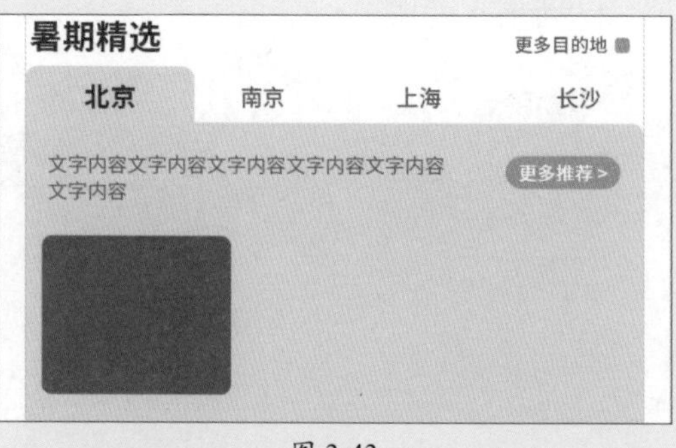

图 3-43

步骤20 按住Alt键移动并复制“文字内容……文字内容”，删除部分文字后，更改字号、行间距等，效果如图3-44所示。继续输入文字，字号为24，效果如图3-45所示。

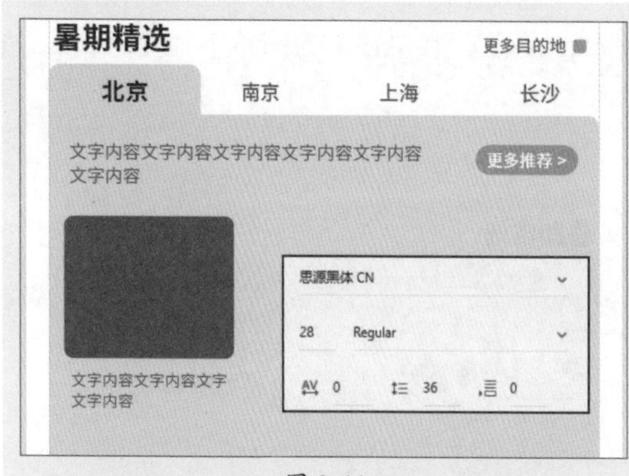

图 3-44

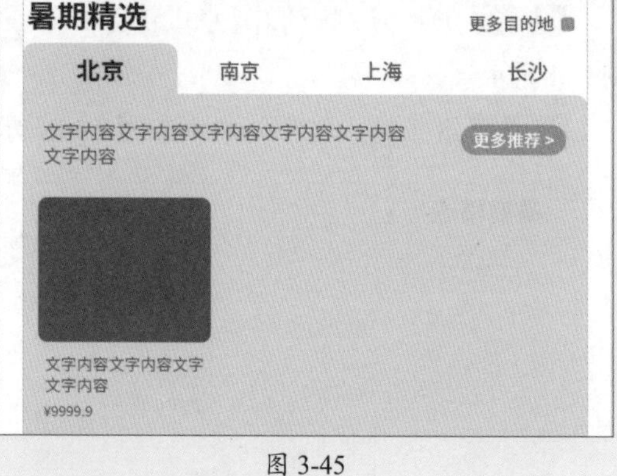

图 3-45

步骤21 加选文字和矩形，按Ctrl+G组合键编组，按住Alt键移动并复制，效果如图3-46所示。

步骤22 选择“矩形工具”绘制矩形，居中对齐，效果如图3-47所示。

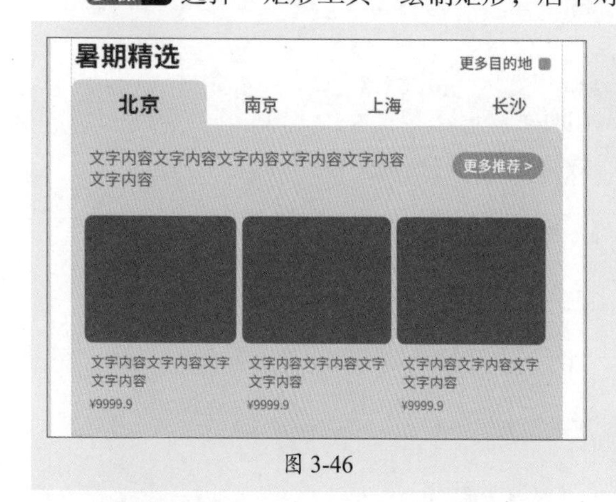

图 3-46

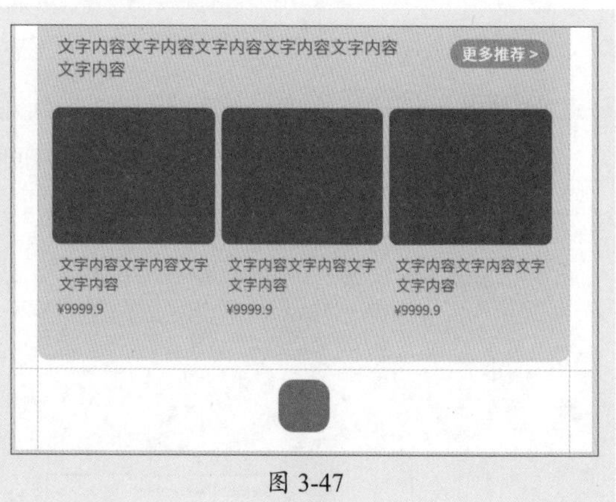

图 3-47

步骤23 选择“矩形工具”绘制矩形，效果如图3-48所示。

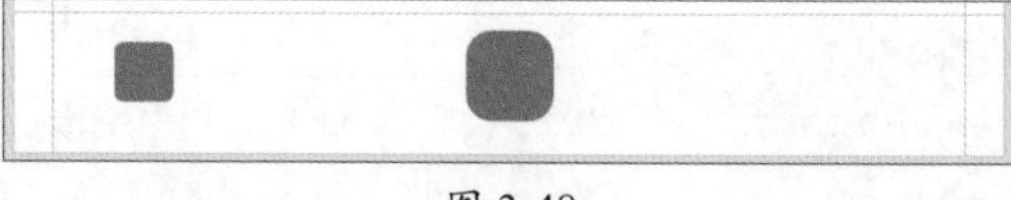

图 3-48

步骤 24 选择“文字工具”输入文字，效果如图3-49所示。

步骤 25 加选文字和矩形，按Ctrl+G组合键编组，按住Alt键移动并复制，效果如图3-50所示。

图 3-49

图 3-50

3. 制作其他界面

步骤 01 复制画板，如图3-51所示。

步骤 02 更改画板名称为“社区”，删除部分效果，如图3-52所示。

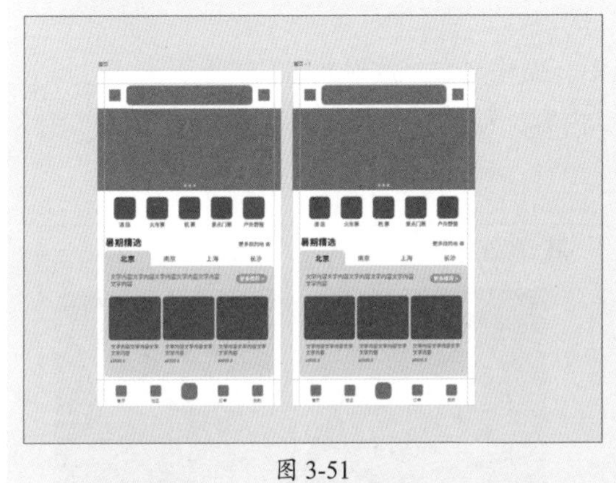
图 3-51

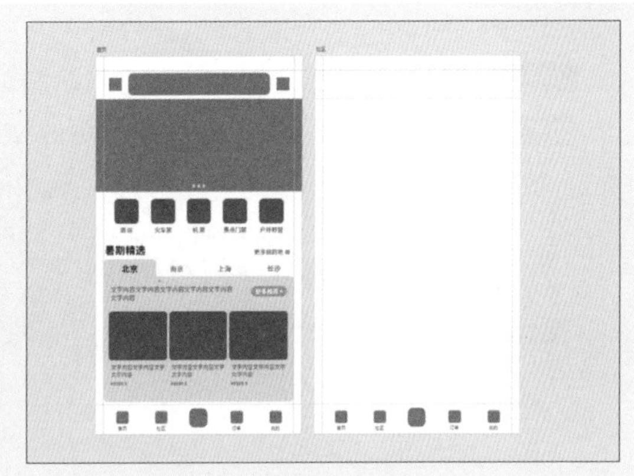
图 3-52

步骤 03 选择“文字工具”输入两组文字，效果如图3-53所示。

图 3-53

步骤 04 选择“矩形工具”绘制矩形，效果如图3-54所示。

步骤 05 更改填充为渐变，效果如图3-55所示。

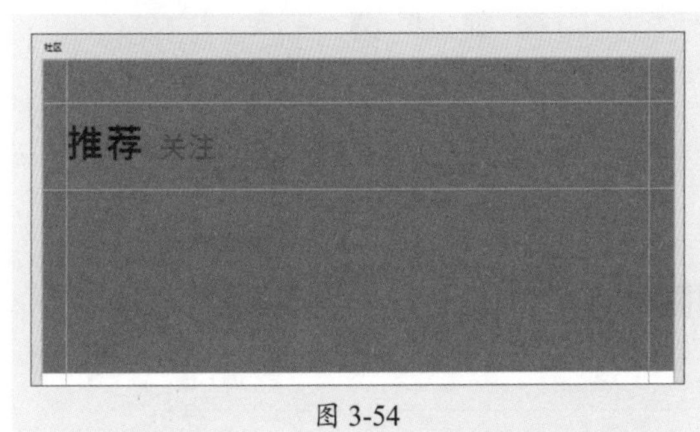

图 3-54

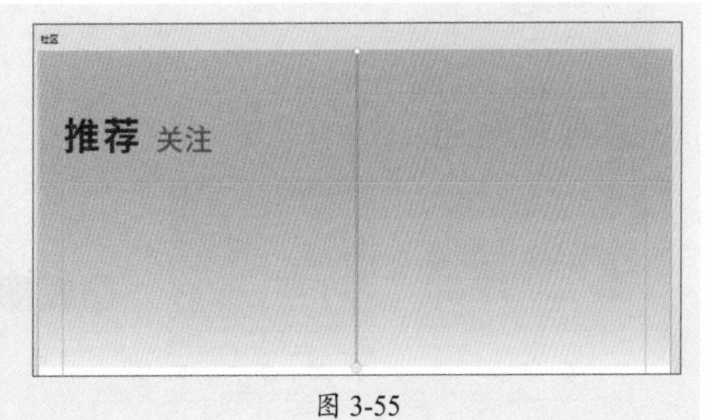

图 3-55

步骤 06 选择“矩形工具”绘制全圆角矩形，效果如图3-56所示。

步骤 07 继续绘制矩形，使用“文字工具”输入文字，加选矩形后设置居中对齐，效果如图3-57所示。

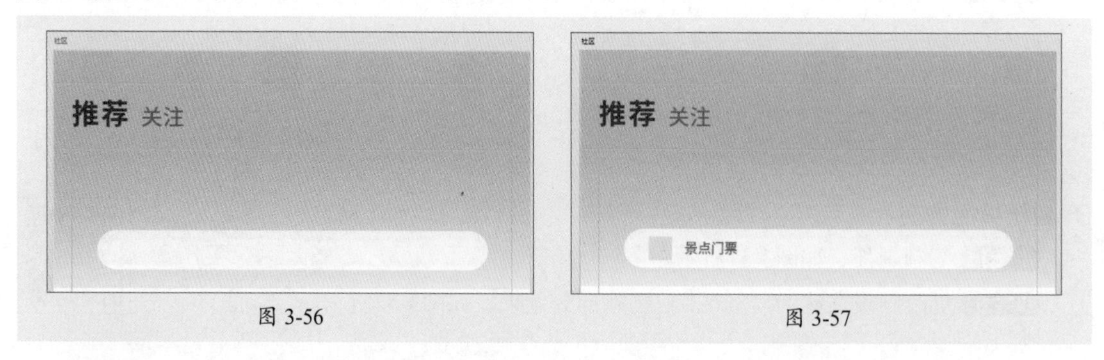

图 3-56　　图 3-57

步骤 08 继续使用矩形工具和文字工具绘制矩形、创建文本，效果如图3-58所示。

步骤 09 复制“猜你喜欢”标题组，更改文字内容，使用“矩形工具”绘制矩形，间距为16px，效果如图3-59所示。

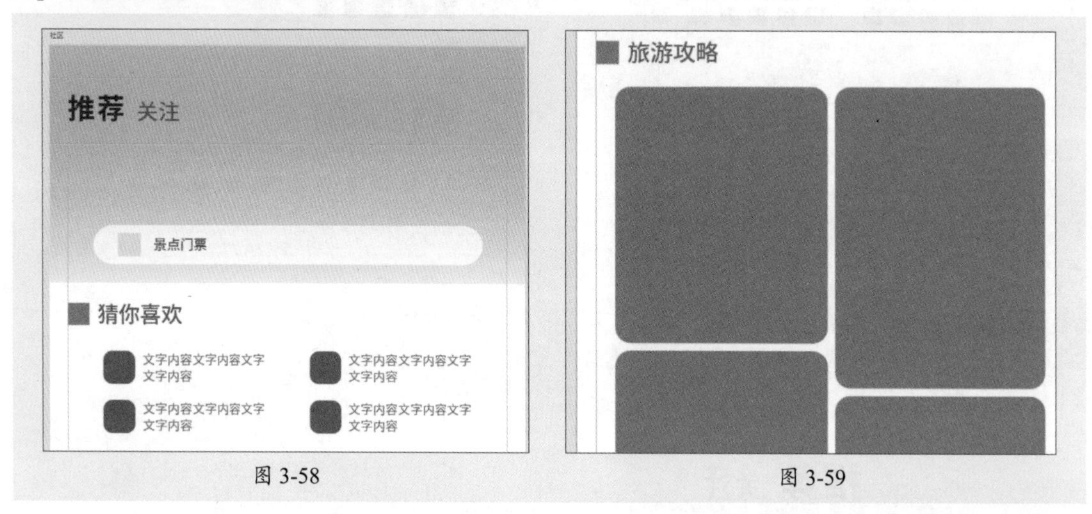

图 3-58　　图 3-59

步骤 10 使用相同的方法继续制作“发布”“订单”以及“我的”界面原型图，效果如图3-60所示。

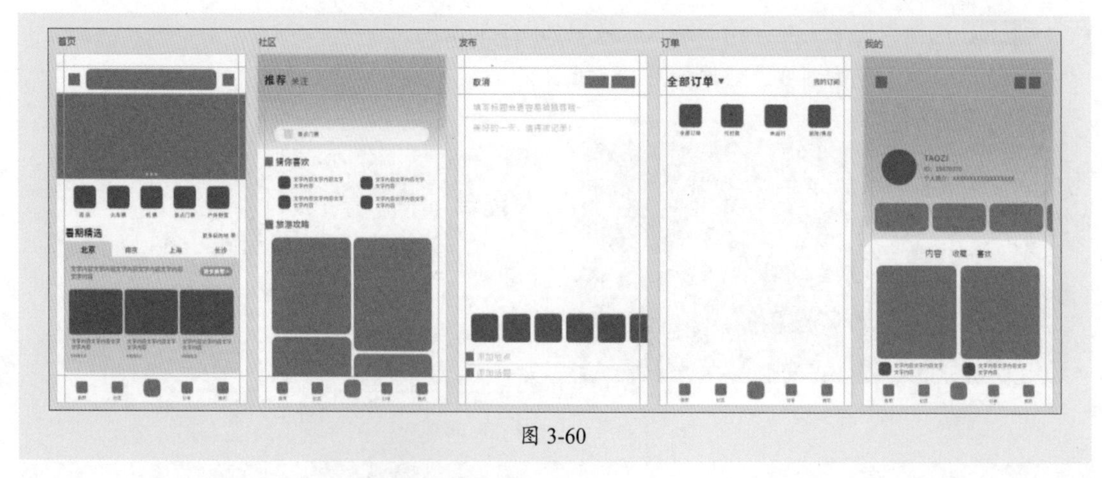

图 3-60

至此，完成旅游类App部分原型图的绘制。

新手答疑

1. Q：设计按钮时有哪些注意事项？

A：在确定按钮高度时，应遵循以下原则。

- **一致性：** 保持按钮在不同页面中功能的一致性，确保用户在不同界面中能够快速识别按钮的功能。
- **对比度：** 确保按钮的颜色和背景有足够的对比度，特别是高权重按钮，以确保其在界面上突出。
- **触控区域：** 确保按钮的触控区域足够大，通常建议最小触控区域为44pt×44pt，以便用户能够轻松点击。

2. Q：UI草图和原型设计的区别是什么？

A：在UI设计中，草图和原型设计是两个不同的阶段和方法，各自有不同的目的和特点。以下是它们的主要区别。

- **UI草图：** 用于快速构思和探索设计思路，低保真度，灵活且易于修改。
- **原型设计：** 用于测试和验证设计的可用性和用户体验，可以是低保真度或高保真度，包含详细的交互设计。

3. Q：原型设计流程的步骤有哪些？

A：具体包括以下步骤。

- **需求分析：** 明确产品的功能和用户需求，与产品经理和客户进行沟通，收集和整理需求。
- **初步设计：** 根据需求和用户反馈，将概念转化为具体的设计方案，绘制初步的线框图或草图。
- **交互设计：** 关注用户与产品之间的交互方式和用户体验，设计交互元素和交互流程。
- **原型制作：** 使用原型设计工具制作高保真的原型，包括界面布局、交互效果、动画等。
- **用户测试：** 邀请目标用户进行原型测试，收集反馈意见，并根据测试结果进行迭代优化。

4. Q：原型设计的注意事项有哪些？

A：原型设计应简洁明了，避免过多的细节和复杂的交互效果，以便快速验证设计思路。在设计过程中，要始终关注用户体验，确保原型能够真实反映应用程序的使用场景和用户需求。原型设计是一个不断迭代优化的过程，要根据测试反馈和用户反馈及时调整设计方案。

第4章 移动UI的构建

在移动UI的构建过程中，控件作为界面的基本元素，扮演着至关重要的角色。本章首先对界面构建的元素、UI控件的类型进行介绍。然后聚焦于两种常见的UI类型——按钮与弹窗，对其视觉设计进行讲解；最后通过制作权限获取弹窗进行巩固，以提升设计技能。

4.1 界面构建的元素

在移动UI的构建中，UI控件（也称界面元素或组件）是构成用户界面的基本单元。它们不仅提供了与用户交互的方式，还影响整体用户体验。在设计上，UI控件具有以下特点。

- **功能性**：UI控件通常具备特定的功能，例如点击按钮以触发操作，或在文本框中输入文本。
- **交互性**：UI控件能够响应用户的操作，提供及时反馈。例如按钮点击后改变颜色、显示加载指示等，增强用户体验。
- **简单性**：UI控件通常不包含复杂的逻辑或状态管理，专注于实现单一功能的高效性和易用性。
- **直观性**：UI控件应该直观易懂，用户无须阅读复杂的说明就能理解其功能和操作方法。例如，使用放大镜图标表示搜索，如图4-1所示。
- **一致性**：在同一应用程序中，所有UI控件应遵循统一的设计语言和规范，包括布局、样式、交互模式等。这有助于用户快速适应并熟练掌握应用程序的使用方式。
- **可访问性**：UI控件设计应考虑所有用户群体的需求，包括残障人士和特殊需求的用户。例如提供足够的对比度、支持屏幕阅读器和键盘导航，确保每位用户都能顺利使用应用。
- **安全性**：UI控件在设计时应考虑用户数据的安全性和隐私保护。例如，输入框控件应该支持密码的隐藏输入，以保护用户的敏感信息不被泄露，如图4-2所示。

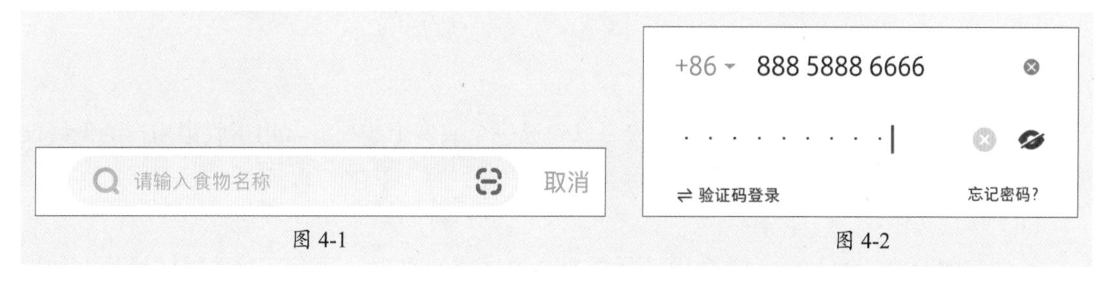

图 4-1　　图 4-2

4.2 UI控件类型详解

UI控件不仅是用户与产品交互的媒介，更是引导用户行为、传递信息、收集反馈的关键工具。常见的UI控件类型涵盖从基础到高级的各种元素，共同构成移动应用的交互界面。

4.2.1 基础控件

基础控件是构成移动UI界面的核心元素，提供用户与界面进行交互的基本方式，例如输入信息、选择选项和执行命令等。以下是一些常见的基础控件及其简要描述。

（1）按钮

按钮触发事件或功能。用户可以通过点击或触摸按钮执行特定操作，如图4-3所示。

（2）标签

标签显示静态的文本信息，通常不直接响应用户的操作（如点击），而是用于向用户展示说明性文字、标题、状态信息，或其他需要用户了解但不需要用户直接交互的文本内容。

（3）开关

开关用于在两种状态之间进行切换（如开/关）。通常以滑动开关的形式呈现，适合设置选项的快速切换，如图4-4所示。

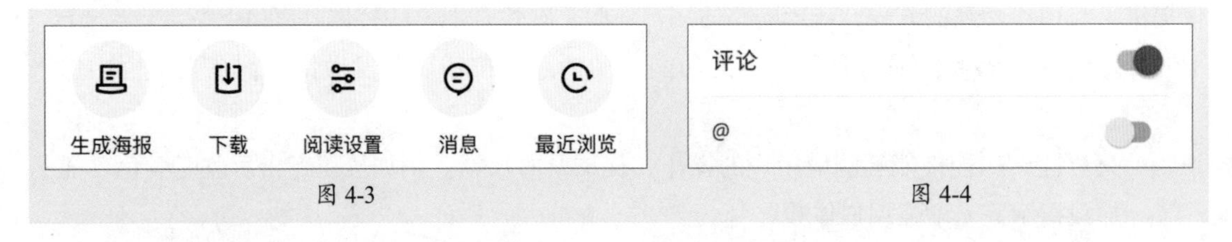

图 4-3　　图 4-4

（4）文本框

文本框用于输入单行文本数据，如用户名、密码、电子邮件地址等，如图4-5所示。多行文本框则用于输入多行文本数据，如评论、描述、笔记等，如图4-6所示。多行文本框还可能支持滚动，以便查看超出当前屏幕范围的内容。

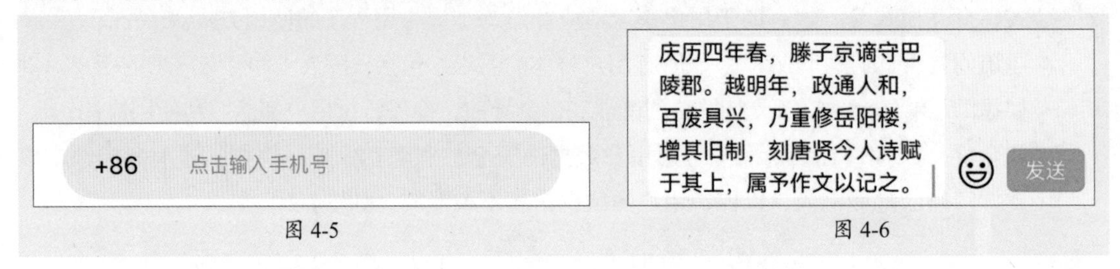

图 4-5　　图 4-6

（5）复选框

复选框允许用户进行多项选择，用户可以勾选一个或多个选项。常用于收集用户的偏好设置、同意条款、权限分配等，如图4-7所示。

（6）单选按钮

单选按钮允许用户从多个选项中选择一个，通常成组出现。适合互斥选择的场景，如性别、支付方式等，如图4-8所示。

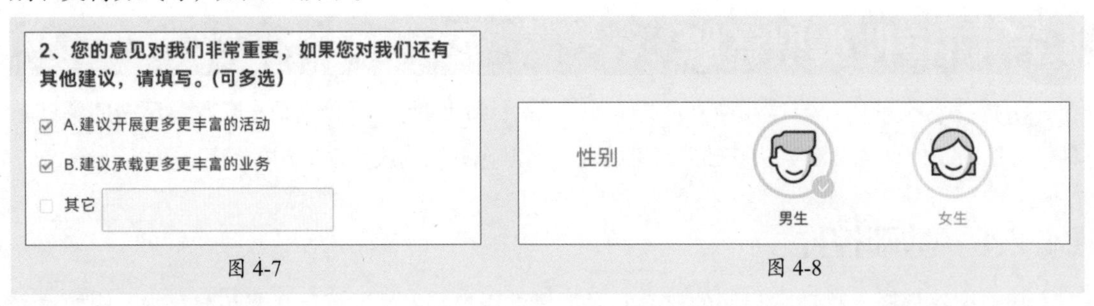

图 4-7　　图 4-8

4.2.2　导航控件

导航控件在UI中起着引导用户浏览和定位内容的关键作用，帮助用户快速找到所需信息，提高浏览效率。以下是一些常见的导航控件及其简要描述。

（1）导航栏

导航栏通常位于屏幕顶部，提供主要的导航选项和返回按钮，包含应用的标题和可能的辅助按钮，如搜索、设置等，如图4-9所示。

（2）标签栏

标签栏位于屏幕底部，包含多个图标和简短的文本标签，用户可以通过点击不同的标签来切换不同的视图或功能，如图4-10所示。

图 4-9　　图 4-10

（3）抽屉导航

抽屉导航是一种侧边栏导航方式，通常在用户点击位于左侧或右侧的菜单图标，或直接向右滑动时显示，如图4-11、图4-12所示。

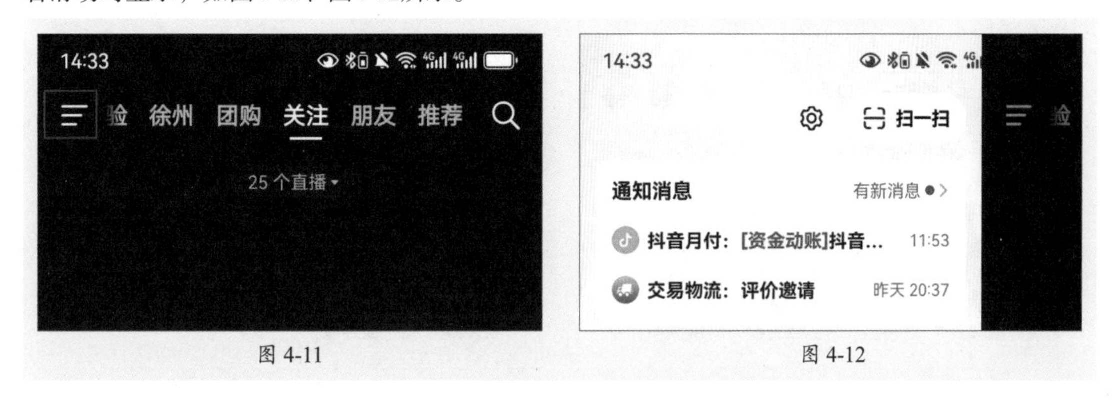

图 4-11　　图 4-12

（4）分段控件

分段控件是一个包含多个按钮的控件，用户可以通过点击不同的按钮来切换不同的视图或功能。分段控件常用于同一层级内的内容切换，如图4-13所示。

图 4-13

4.2.3　输入控件

输入控件允许用户输入数据或选择内容，为用户提供多样化的输入方式，满足不同场景下的数据输入需求。以下是一些常见的输入控件及其简要描述。

（1）搜索框

搜索框允许用户输入搜索查询，以查找特定内容，通常带有搜索图标，支持自动补全和建议功能，如图4-14所示。

（2）滑块

滑块允许用户通过拖动滑块选择一个范围内的数值，常用于需要连续调节的场景，例如音量调节、亮度调节、视频播放进度、价格范围等，如图4-15所示。

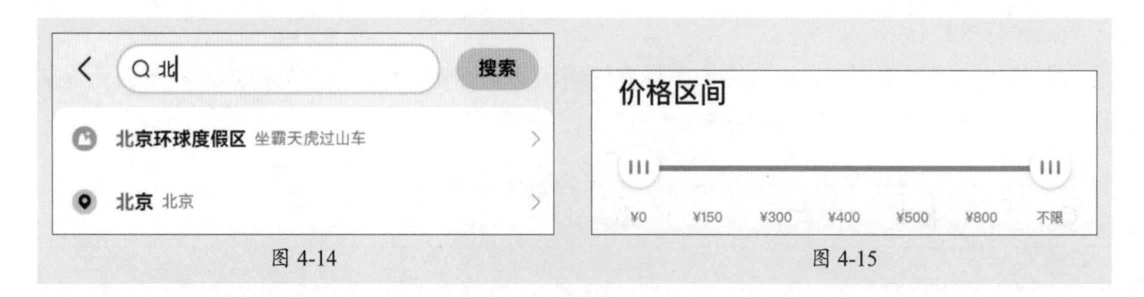

图 4-14　　图 4-15

（3）下拉菜单

下拉菜单是一个可展开的列表，通常由一个按钮触发。点击按钮后，会出现一个包含多个选项的列表，如图4-16、图4-17所示。用户可以选择其中一个选项，然后该选项被应用于界面上的相关字段。

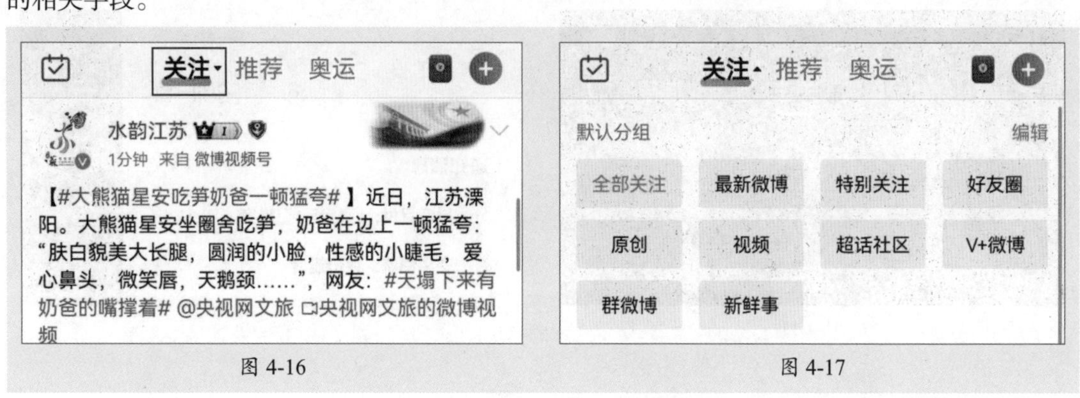

图 4-16　　图 4-17

（4）选择器

选择器控件允许用户从一组预定义选项中进行选择，通常以滚动列表的形式呈现。选择器可以用于选择日期、时间、颜色等，适合用户在多个选项中进行单一选择的场景。图4-18、图4-19所示分别为日期和时间选择器。

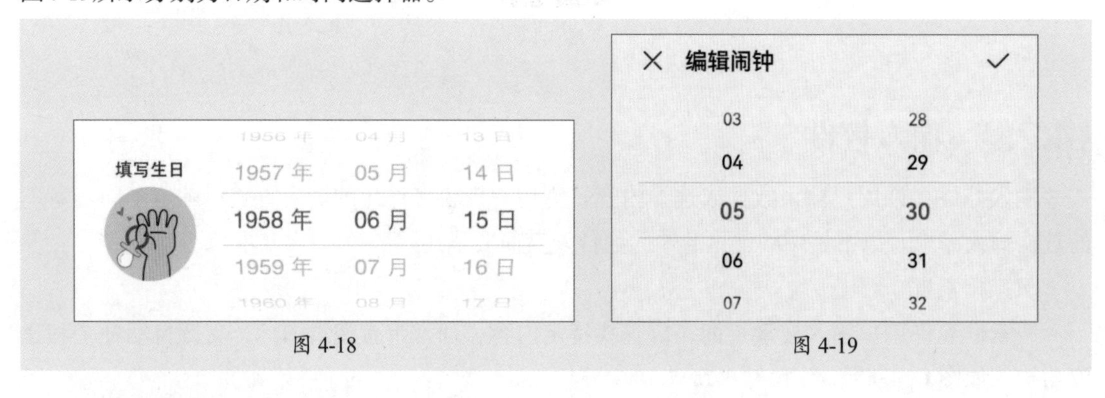

图 4-18　　图 4-19

（5）步进器

步进器允许用户通过点击增加或减少按钮来逐步调整数值，适用于需要限制数值范围或步长的场景，如商品价格调整、数量选择等。步进器提供清晰的视觉反馈，帮助用户理解当前数值的变化，如图4-20所示。

图 4-20

（6）表单

表单是综合性的输入控件，允许用户输入和提交信息，常用于注册、登录、信息反馈等场景。表单通常包含多个输入字段，如文本框、选择器等，并且会有“提交”按钮。用户填写完毕可以通过点击该按钮提交信息，如图4-21～图4-23所示。

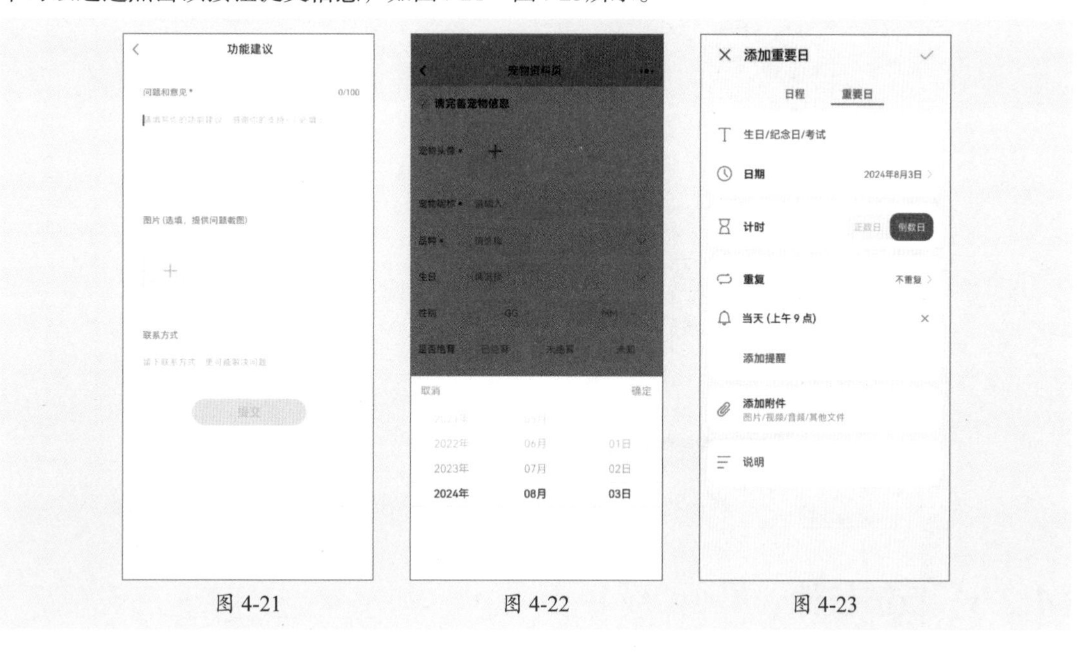

图 4-21　　图 4-22　　图 4-23

4.2.4　显示控件

显示控件用于向用户展示数据和信息，是UI中不可或缺的部分。这类控件以不同的形式展示数据和信息，帮助用户快速理解和处理内容。以下是一些常见的显示控件及其简要描述。

- **列表视图：**以垂直列表的形式展示数据项，例如文本、图片等。适合展示列表数据，如联系人列表、消息列表、新闻提要等，如图4-24所示。
- **网格视图：**以网格状排列展示项目，每个项目通常以相同的大小和形状呈现。适合展示图片、图标或其他内容，常用于图库或商品展示，如图4-25所示。
- **卡片视图：**通常包含一组信息或数据，如图片、标题、描述等。常用于需要展示一系列数据项的场景，如新闻列表、社交帖子、数据可视化等，如图4-26所示。

图 4-24

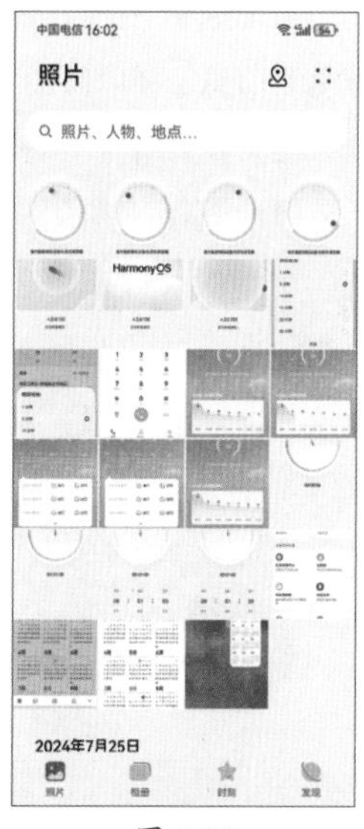

图 4-25

- **滚动视图：**允许用户通过垂直或水平滚动查看超出屏幕长度的内容。常用于需要展示大量内容的场景，例如文章、列表、设置界面等，如图4-27所示。

图 4-26　　图 4-27

4.2.5 反馈控件

反馈控件用于向用户传递操作结果或系统状态信息，是提升用户体验的重要手段。这类控件可以通过视觉或听觉方式，向用户反馈操作结果或系统状态的变化，帮助用户了解当前的操作情况。以下是一些常见的反馈控件及其简要描述。

（1）角标

角标通常出现在图标或文字的右上角，以红色圆点、数字或文字的形式表示有新内容或待处理的信息，如图4-28所示。适用于社交应用中的消息通知、未读邮件、应用更新等场景。

（2）提示框

提示框用于向用户展示信息、确认操作或请求输入。提示框的展示形式也多种多样，可能包括文本框、气泡框、列表框等。它们通常包含文本信息、图标、按钮等元素，以便向用户清晰地传达所需的信息或请求，如图4-29所示。

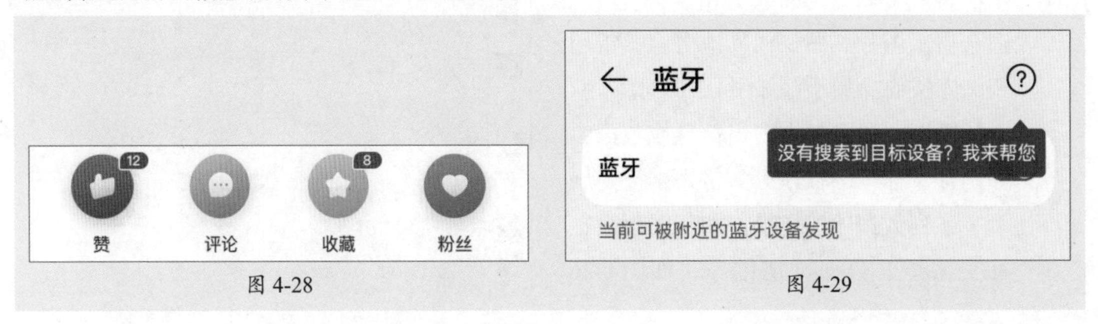

图 4-28　　图 4-29

（3）对话框

对话框用于提示用户重要信息或要求用户进行某种操作，通常包含标题、内容和确认/取消按钮。对话框会遮挡部分界面，常用于运营活动、版本升级、功能操作提示等，如图4-30所示。

（4）Toast（吐司）

Toast用于在屏幕底部或顶部短暂显示一条信息，通常用于确认用户的操作或提供轻量级提示。通常在几秒后自动消失，如图4-31所示。

图 4-30　　图 4-31

（5）Snackbar

Snackbar通常出现在屏幕底部，适合用于提供操作反馈、提示用户进行某项操作或显示与当前界面相关的重要信息，如图4-32所示。用户可以通过点击操作按钮进行交互，或者等待其自动消失。

（6）加载指示器

加载指示器表示正在进行的操作或数据加载过程，可以是旋转的圆圈、进度条或其他动画形式，通常在等待时间较长时使用，以提高用户的耐心和体验，如图4-33所示。

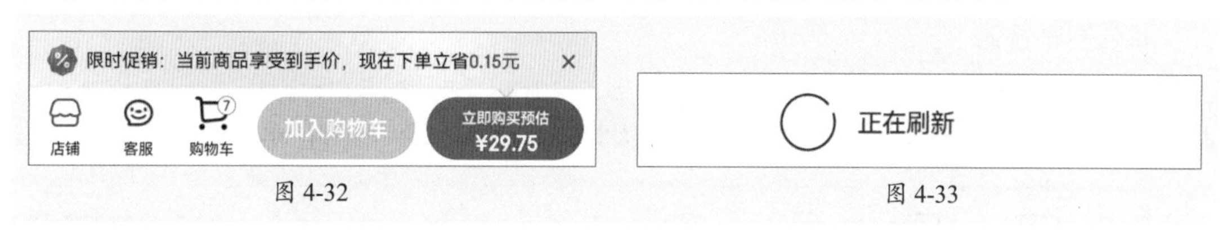

图 4-32　　图 4-33

（7）进度条

进度条用于显示任务完成的程度或数据传输的状态。进度条可以是线性的也可以是圆形的，根据具体需求进行选择。常用于显示文件上传/下载进度、任务执行进度、安装过程等，如图4-34所示。

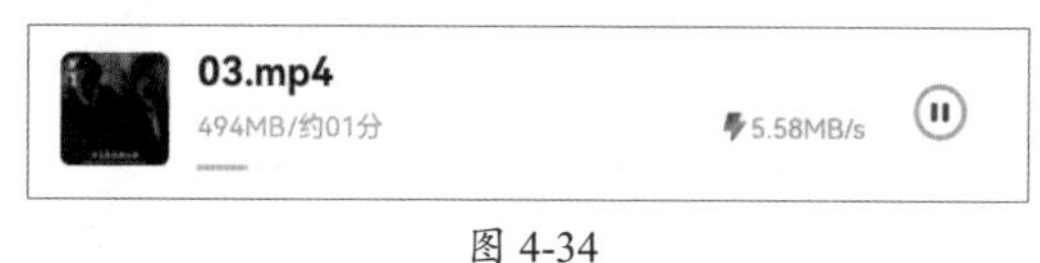

图 4-34

4.3 按钮的视觉设计

按钮作为UI设计中最基础且不可或缺的交互元素之一，不仅承担着引导用户操作、传递信息、确认选择等多重功能，还在很大程度上影响着用户体验的流畅性和直观性。

4.3.1 按钮的类型

在移动应用开发中，按钮控件是用户界面中非常重要的元素。它们用于触发特定的操作或导航到不同的页面。不同类型的按钮控件可以用于不同的场景和需求。

1. 文本按钮

文本按钮主要通过文本标签来指示其功能，如“登录”“注册”“通知”“关注”等。文本按钮直观易懂，适用于不需要额外视觉元素即可清晰表达操作意图的场景，如图4-35、图4-36所示。

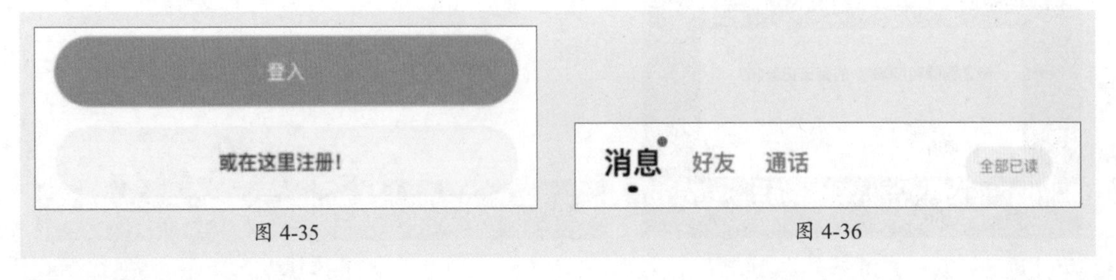

图 4-35　　图 4-36

2. 图标按钮

图标按钮使用图标（如加号、箭头、相机图标等）代替或辅助文本标签来指示功能。适用于需要节省屏幕空间的应用，如工具栏、导航，或需要用户快速识别和执行操作的场景，如图4-37、图4-38所示。

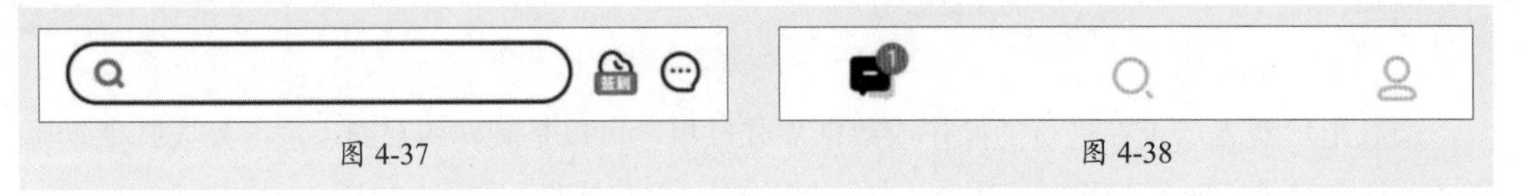

图 4-37　　图 4-38

3. 文本与图标按钮

文本与图标按钮，顾名思义结合文本和图标，既提供了明确的操作说明，又通过图标增强了视觉吸引力。常见于需要快速识别且同时传达操作细节的场景，如图4-39、图4-40所示。

图 4-39　　图 4-40

4. 下拉按钮

下拉按钮在点击后会展开一个包含多个选项的菜单。这种按钮适用于需要从多个选项中选择一个的场景，而不需要占用太多屏幕空间，如图4-41、图4-42所示。

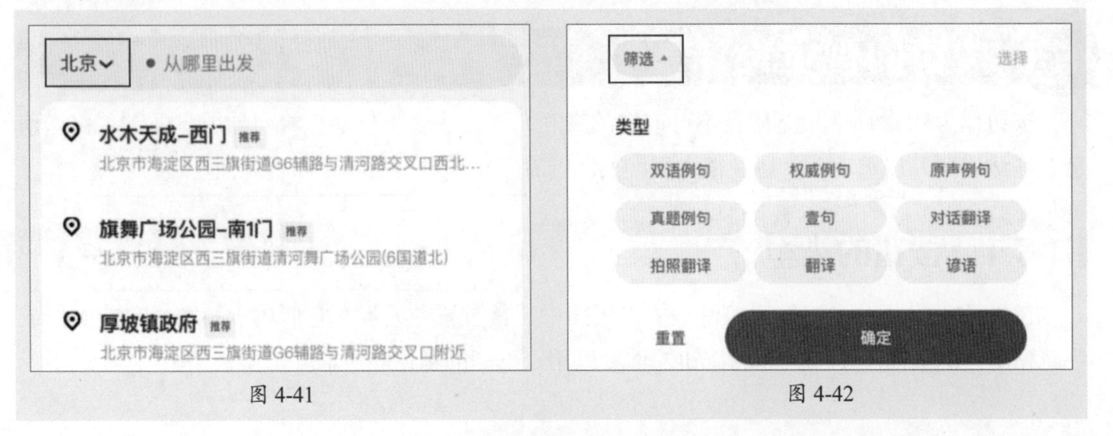

图 4-41　　图 4-42

5. 浮动操作按钮

浮动操作按钮是一种特殊类型的按钮，通常位于屏幕底部中央（或根据应用的具体设计而定），用于执行主要或最常用的操作。它具有醒目的视觉效果，旨在引导用户进行关键操作，通常是一个圆形按钮，带有图标，并可能在点击后展开更多相关操作，如图4-43、图4-44所示。

图 4-43

图 4-44

6. 幽灵按钮

幽灵按钮是一种特别设计的按钮类型，具有透明或半透明背景和清晰的边框，能够更好地融入各种背景之中，如图4-45、图4-46所示。

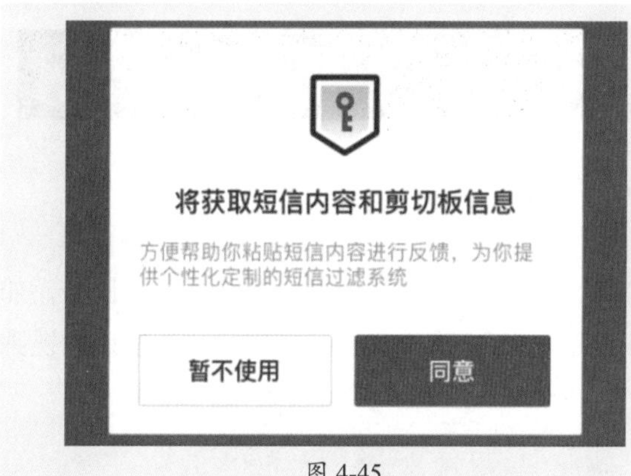

图 4-45

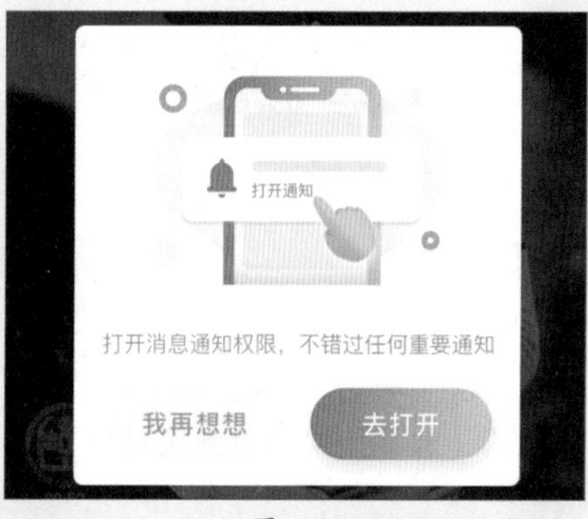

图 4-46

4.3.2 按钮的组成

按钮的组成是决定其功能性和可用性的关键因素。一个按钮通常由以下几个主要部分组成，如图4-47所示。

图 4-47

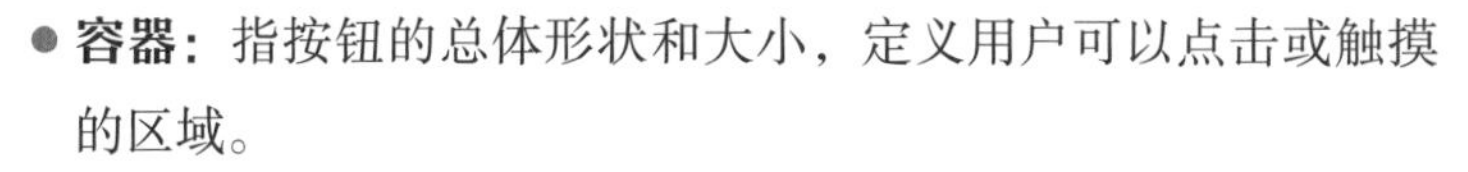

- **容器：**指按钮的总体形状和大小，定义用户可以点击或触摸的区域。
- **图标：**在文本标签左侧或右侧的小图标，用于增强按钮的识别度或提供额外的视觉信息。
- **文字标签：**按钮上的文本，用于描述按钮的功能，例如“提交”“确定”等。
- **背景：**按钮的背景颜色或图案，提供视觉上的点击区域。
- **状态知识：**按钮在不同状态下的视觉变化。
- **边框（可选）：**确定按钮的边界，常用于次级按钮或需要明确区分边界的场合。

提示 部分按钮会添加阴影和高光效果，以增加按钮的立体感和深度感。

4.3.3 按钮的层级分类

在移动UI设计中，按钮的层级分类可以帮助设计师更好地组织和优化界面，使用户能够快速识别和操作不同重要性和功能的按钮。以下对高权重按钮、中权重按钮和低权重按钮的宽度和高度进行详细介绍。

（1）高权重按钮

高权重按钮通常放置在用户容易注意到的关键位置，如页面底部或操作栏中央。常见于关键操作，如登录、购买、提交等。通过使用鲜明的颜色、加粗的文字或图标来吸引用户注意，如图4-48所示。其高度范围通常为40～56pt（对应@2x分辨率为80～112px），宽度通常为全宽（即占据屏幕的全部宽度），或至少占据屏幕宽度的80%以上。

（2）中权重按钮

中权重按钮用于次要操作，通常放置在界面的辅助位置，如页面的次要区域或与高权重按钮并列。常见于查看更多、分享、编辑等辅助性操作按钮。这些按钮在视觉上需要与高权重按钮有所区分，但仍需具备一定的显眼度。通常使用较柔和的颜色、常规的文字样式或较小的图标来实现，如图4-49所示。其高度范围通常为36～48pt（对应@2x分辨率为72～96px），宽度通常为内容自适应，但至少应达到屏幕宽度的60%～80%。

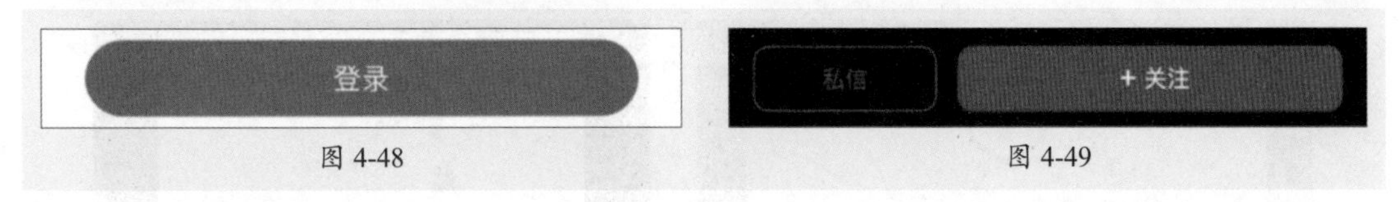

图 4-48　　图 4-49

（3）低权重按钮

低权重按钮用于辅助操作，通常放置在界面的边缘或不显眼的位置，较为紧凑或扁平，如弹出菜单、次级操作栏等。常见于额外选项、次要功能、辅助功能等操作。这些按钮在视觉上最为低调，通常使用浅色或透明背景、细字体或小图标来实现，如图4-50所示。其高度范围通常为32～40pt（对应@2x分辨率为64～80px），宽度通常为自适应，且一般不超过屏幕宽度的50%。

图 4-50

4.3.4 按钮的边角样式

在移动UI设计中，按钮的边角样式对整体视觉效果和用户体验有着重要影响。不同的边角样式可以传达不同的品牌个性和设计风格。

（1）直角按钮

直角按钮通常给人一种简洁、干练的感觉，传达一种严肃和正式的氛围，如图4-51所示。适用于企业级、金融、法律以及科技感强的应用。

（2）小圆角按钮

小圆角按钮可以减少视觉上的尖锐感，使按钮看起来更加柔和，但仍然保持一定的结构感，如图4-52所示。适合于混合型应用、电商平台以及社交应用。

图 4-51

图 4-52

（3）全圆角按钮

全圆角按钮通常给人一种温和、友好的感觉，适合面向消费者的应用，如图4-53所示。适用于社交媒体、娱乐、健康以及儿童应用。

图 4-53

4.3.5 按钮的显示状态

按钮的不同状态需要清晰地传达给用户，以增强可用性，如图4-54所示。

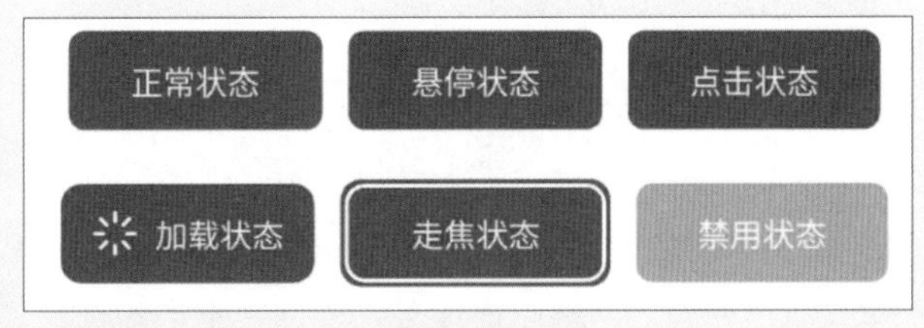

图 4-54

- **正常状态：** 按钮的默认外观，显示其正常可用状态。
- **悬停状态：** 在用户将手指放在按钮上时，按钮的外观应有所变化（如颜色加深、阴影变化），以提供反馈。
- **点击状态：** 当用户点击按钮时，按钮应表现出被按下的状态，通常通过缩小或改变颜色来实现。
- **加载状态：** 在执行某些操作时按钮的状态，按钮上可能显示旋转的加载图标或进度条。通常禁用其他交互，以告知用户正在处理。
- **走焦状态：** 按钮获得焦点时的状态，可能会有明显的边框或阴影效果，以指示该按钮是当前选中的元素。
- **禁用状态：** 当按钮不可用时，应以不同的颜色或样式显示（如灰色），以明确告知用户该操作不可用。

4.4 弹窗的视觉设计

弹窗作为重要的交互元素，扮演着信息传达、用户引导、操作确认等多重角色。通过合理的设计，弹窗不仅可以提升用户体验，还能增强应用的功能性和安全性。

4.4.1 弹窗的构成

弹窗由标题区、内容区和操作按钮区三个主要区域构成，如图4-55所示。这三个区域共同作用，确保弹窗的有效性和用户友好性。

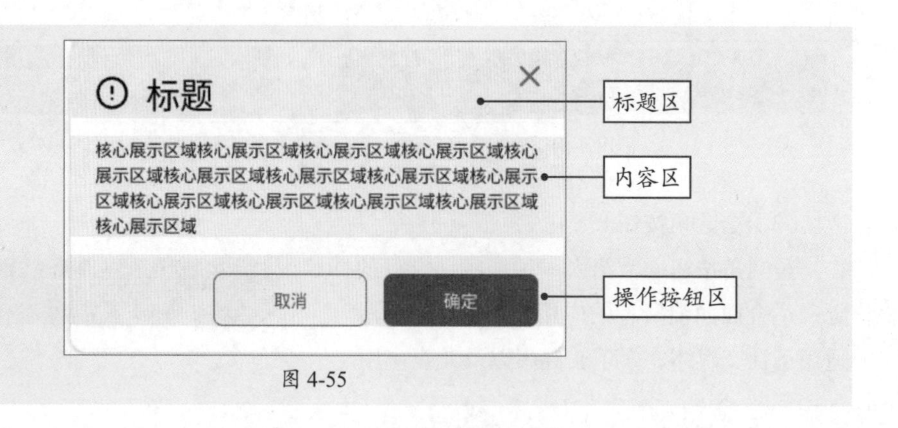

图 4-55

1. 标题区

标题区位于弹窗的顶部，主要功能是简洁而清晰地概括弹窗的主题或目的。该区域支持以下组合：单文本标题、双文本标题、标题+操作图标。

2. 内容区

内容区作为弹窗的核心展示区域，包含需要传达的信息、提示或说明等。该区域包括文本、图标、图片、表单、列表等视觉元素，以增强信息的传达效果。该区域支持以下组合：图文组合（左图右文）、输入框、列表、网格、进度条、辅助文本、勾选框等。

3. 操作按钮区

操作按钮区通常位于弹窗的底部，包含一个或多个操作按钮，供用户执行特定操作，如确认、取消、保存或关闭等。当按钮组合数量超过三个及以上时，按钮为上下布局。在需要强调的场景下，按钮可使用带蓝色背景填充的效果。

提示 在设计弹窗时，需要根据实际情况进行灵活调整和优化，以确保用户能够获得良好的交互体验。

4.4.2 模态弹窗

模态弹窗是一种常用的UI元素，用于暂时中断当前的操作流程，并要求用户做出响应。除了对话框，还可以分为以下几种类型。

1. 浮层

浮层弹窗用于在当前页面上方显示额外的信息或操作选项，而不完全切换到另一个页面。常用于显示详细信息、附加内容、用户注册或登录等场景，如图4-56所示。

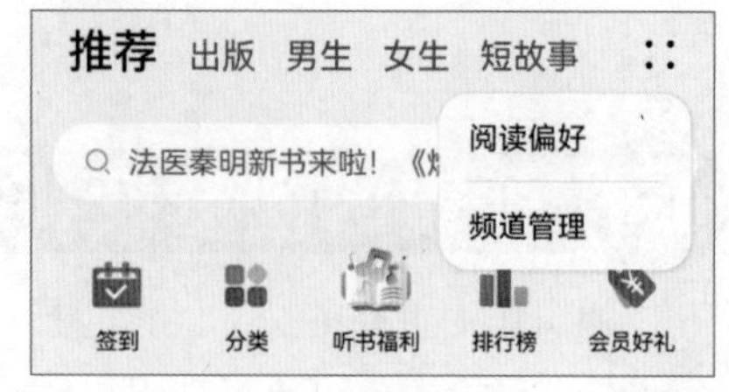

图 4-56

2. 动作栏

动作栏从屏幕底部滑出，提供额外的操作选项或信息，而不会完全遮挡屏幕内容。常用于提供多个操作选项，如分享、操作菜单、过滤和排序、设置、扩展等，如图4-57所示。

3. 引导弹窗

引导弹窗通过提供逐步的指导和提示，帮助用户更好地理解界面、功能和操作流程。通常包含文字描述、操作按钮和镂空的部分，以便将当前场景结合到弹窗中合并显示。常用于新手入门指南、教程步骤说明等，如图4-58所示。

图 4-57

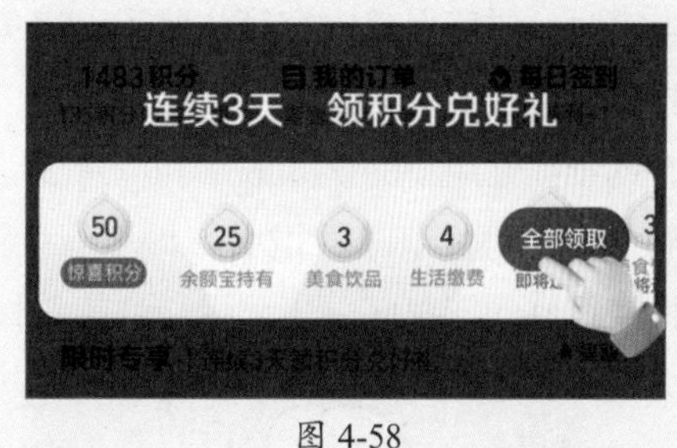

图 4-58

提示 关于对话框的解释，可以在4.2.5节中查看。

4.4.3 非模态弹窗

非模态弹窗允许用户在弹窗和主界面之间自由切换，不强制用户立即处理弹窗内容。除了Toast、Snackbar、提示框之外，还可以分为以下几种类型。

1. 通知栏

通知栏位于屏幕顶部的条形区域，用于显示系统通知和应用消息，如图4-59所示。用户可以下拉查看更多通知，并进行相应操作。通知栏的通知不会打断用户的当前操作，用户可以选择性地查看和处理。

图 4-59

2. 浮动通知

浮动通知是在屏幕上方或角落中出现的小窗口，通常包含简短的信息或提醒。它不会打断用户的当前操作，用户可以随时查看或关闭，如图4-60所示。

3. 上下文菜单

上下文菜单是在用户长按某个元素时弹出的菜单，提供与该元素相关的操作选项，如图4-61所示。用户可以根据需要选择相应的操作，而不需要离开当前界面。

图 4-60

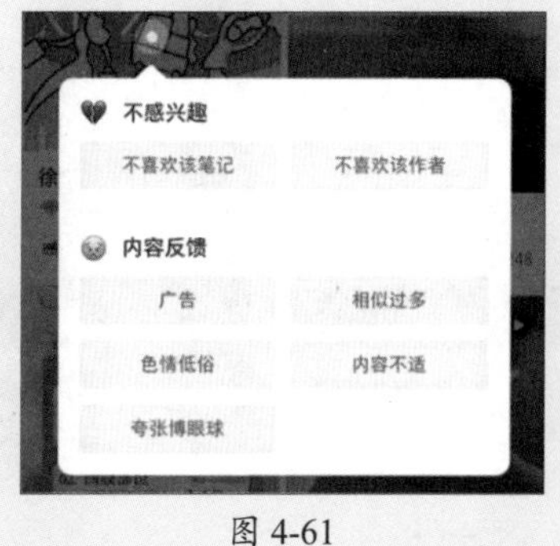

图 4-61

提示 关于对话框、Toast、Snackbar、提示框的解释，可以在4.2.5节中查看。

4.4.4 弹窗的设计原则

在移动UI中，设计弹窗需要遵循一些特定的设计原则，以确保良好的用户体验和交互。以下是一些关键的设计原则。

- **减少干扰**：避免在不必要的情况下使用弹窗，以减少对用户操作的干扰。当确实需要使用弹窗时，要确保其内容简洁明了，避免过多无关信息的干扰。
- **视觉一致性**：保持弹窗与整体UI设计的一致性，包括颜色、字体、图标等元素的统一。这有助于提升用户的认知效率和满意度，如图4-62所示。
- **明确指引**：通过清晰的指引和提示信息，引导用户完成弹窗中的操作。例如，使用明确的按钮标签和颜色区分不同操作的重要性，如图4-63所示。

图 4-62

图 4-63

- **合理布局**：根据弹窗的内容和类型，合理安排其布局和元素位置，确保用户能够轻松找到需要的信息和操作入口。
- **可关闭性**：确保弹窗可以轻松关闭，用户可以通过点击"关闭"按钮或任意位置退出弹窗，避免让用户感到困惑。
- **提供反馈**：在用户进行操作后，提供即时反馈，例如成功提示或错误信息，让用户了解操作结果，如图4-64、图4-65所示。

图 4-64

图 4-65

4.4.5 弹窗的触发机制

在移动UI设计中，弹窗的触发机制是多种多样的。根据用户的行为、系统的状态或外部事件，适时地展示信息或引导用户操作。以下是一些常见的弹窗触发机制。

1. 用户行为触发

用户行为触发是指根据用户在应用内的具体操作来触发弹窗。这是最直接且常见的触发方式，因为它直接响应用户的明确意图或操作。具体如下。

- **点击触发：**用户点击界面上的某个按钮、链接或区域时，弹出相应的弹窗。这是最直接且常见的触发方式，用于响应用户的明确操作。图4-66、图4-67所示为点击"退出登录"按钮前后效果。

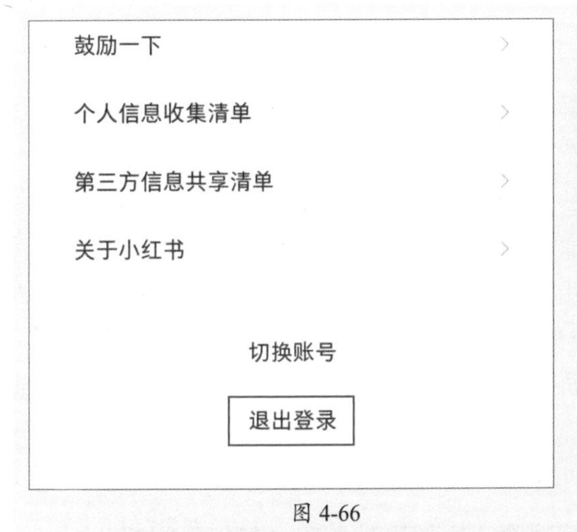

图 4-66

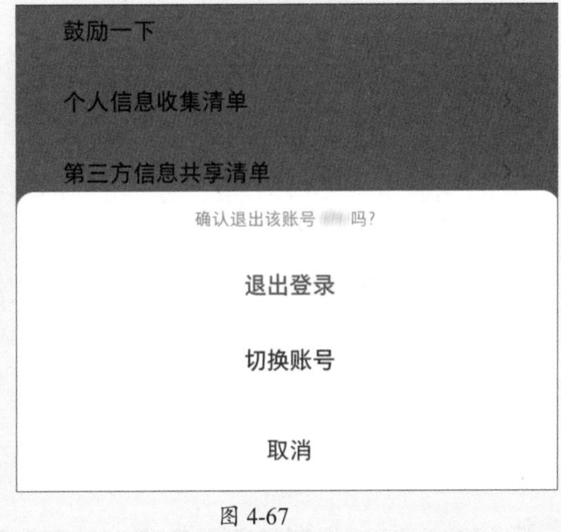

图 4-67

- **长按触发：**在某些情况下，用户长按某个元素也会触发弹窗，这通常用于提供更多选项或详细信息。
- **滑动/拖曳触发：**在某些情况下，用户通过滑动/拖曳某个元素到特定位置时弹出弹窗。

2. 系统状态或时间触发

系统状态或时间触发是指根据应用或设备的当前状态，或者根据预设的时间条件触发弹窗。这种触发方式通常用于提醒用户注意某些情况或执行必要的操作。

- **网络状态变化：**例如网络连接失败或重新连接时，通过弹窗通知用户，并提供相应的解决方案或建议，如图4-68所示。

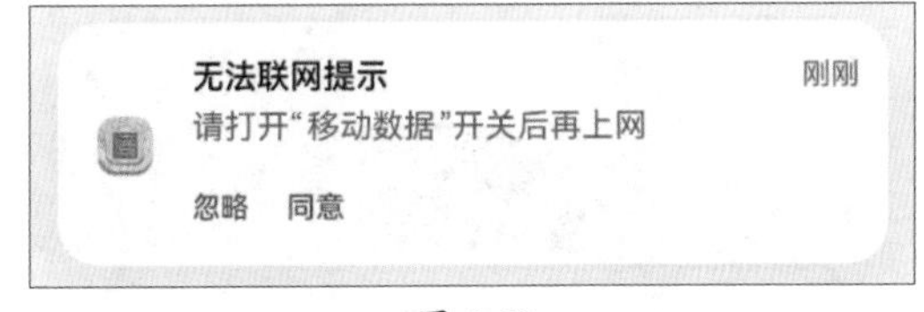

图 4-68

- **设备状态变化：**例如电池电量低、存储空间不足等，通过弹窗提醒用户注意并采取相应措施，如图4-69所示。
- **应用内事件：**例如用户完成某项任务、达到特定成就或触发特定条件时，通过弹窗给予反馈或奖励，如图4-70所示。

青少年模式

哔哩哔哩与您共同守护孩子健康成长，青少年模式下部分功能使用受限，请监护人主动设置。

进入青少年模式 >

我知道了

图 4-69

图 4-70

3. 外部数据或消息触发

外部数据或消息触发是指根据来自服务器或其他外部源的数据或消息触发弹窗。通常用于实时展示最新的信息或响应用户的外部请求。

- **推送通知：**当应用接收服务器推送的消息或通知时，通过弹窗展示给用户，以便用户及时获取重要信息。
- **第三方服务回调：**集成第三方服务（如社交媒体登录、支付服务等）时，根据服务提供的回调或事件来触发弹窗，引导用户完成相应操作。
- **数据更新：**当应用内的数据发生更新（如用户信息变更、订单状态更新等）时，通过弹窗通知用户相关变化。

4.5 案例实战：制作权限获取弹窗

本案例利用所学的知识，制作App软件中权限获取页的弹窗。涉及的知识点有Photoshop中图层的新建与填充、混合模式、文字的编辑与图层样式的添加。下面介绍具体的制作方法。

步骤 01 在Photoshop中打开素材，如图4-71所示。

步骤 02 新建透明图层并填充黑色，效果如图4-72所示。

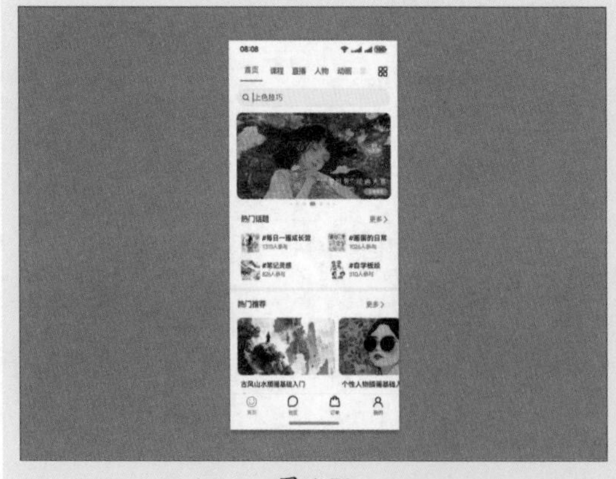

图 4-71

图 4-72

步骤 03 将不透明度设置为40%，如图4-73所示。

步骤 04 效果如图4-74所示。

图 4-73

图 4-74

步骤 05 选择“矩形工具”绘制矩形，在“属性”面板中设置参数，如图4-75所示。

步骤 06 显示网格后居中对齐，效果如图4-76所示。

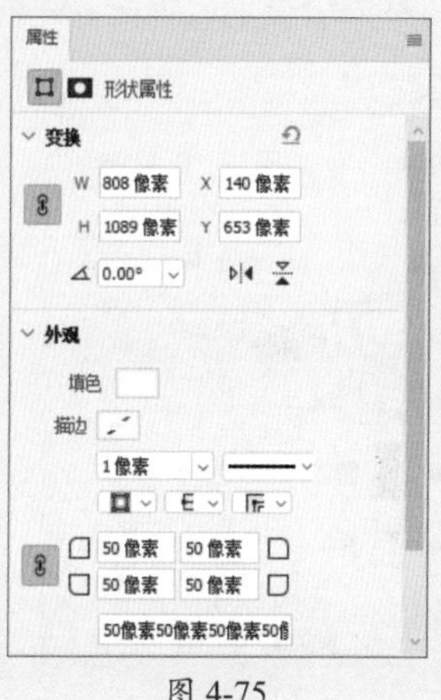

图 4-75

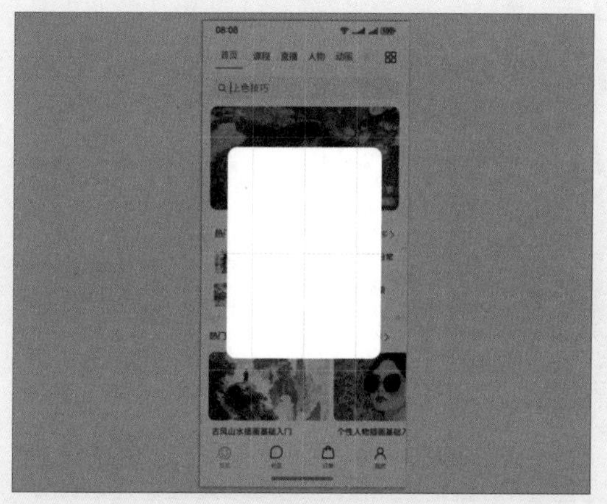

图 4-76

步骤 07 在“图层”面板中创建“渐变”调整图层，如图4-77所示。

步骤 08 在弹出的“渐变填充”对话框中更改角度为0，如图4-78所示。

步骤 09 按Ctrl+Alt+G组合键创建剪切蒙版，如图4-79所示。

图 4-77

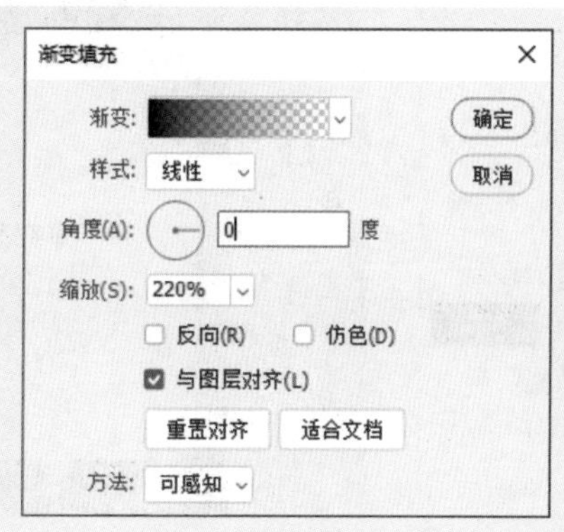

图 4-78

图 4-79

步骤 10 双击渐变填充图层，在弹出的“渐变填充”中单击渐变色条，在弹出的“渐变编辑器”对话框中设置参数（#e60012、#f9b132、#396eba），如图4-80所示。

步骤 11 应用效果如图4-81所示。

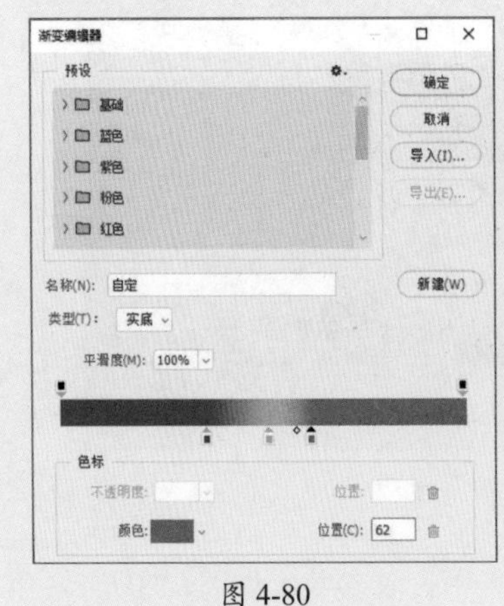

图 4-80

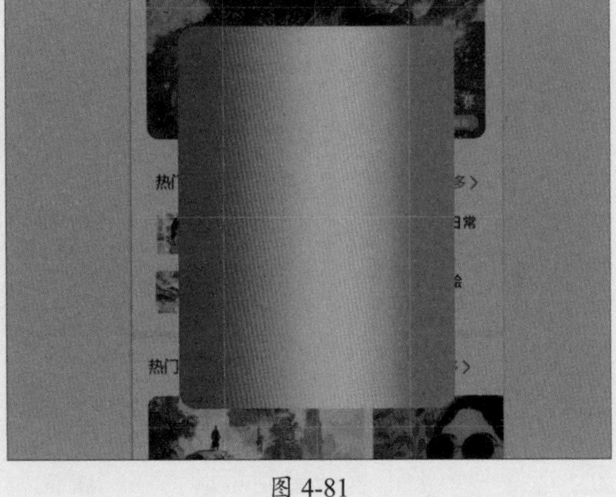

图 4-81

步骤 12 单击选择图层蒙版缩览图，使用“渐变工具”调整蒙版显示，如图4-82、图4-83所示。

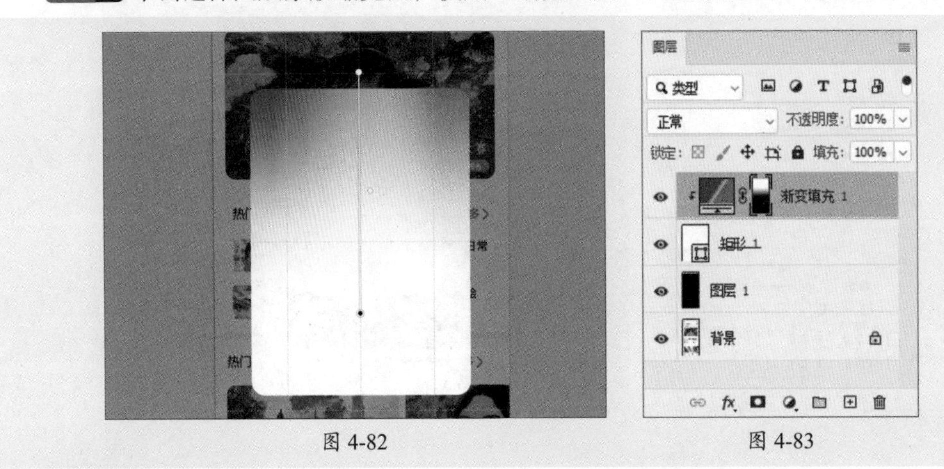

图 4-82

图 4-83

步骤 13 使用“横排文字工具”输入文字，在“字符”面板中设置参数，如图4-84所示。

步骤 14 设置居中对齐，效果如图4-85所示。

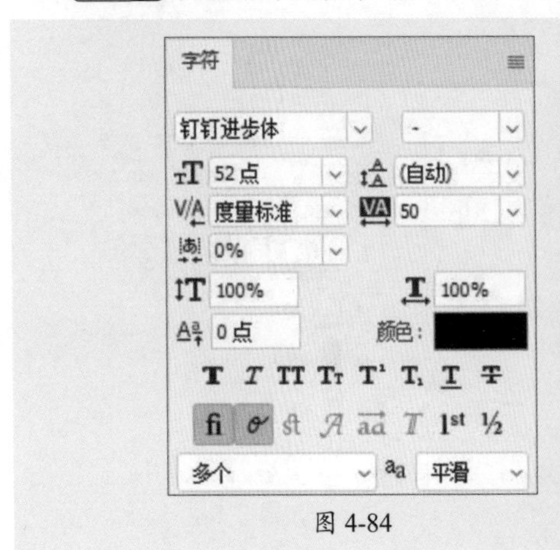

图 4-84

图 4-85

步骤 15 继续输入文字，在“字符”面板中设置参数，如图4-86所示。

步骤 16 设置居中对齐，效果如图4-87所示。

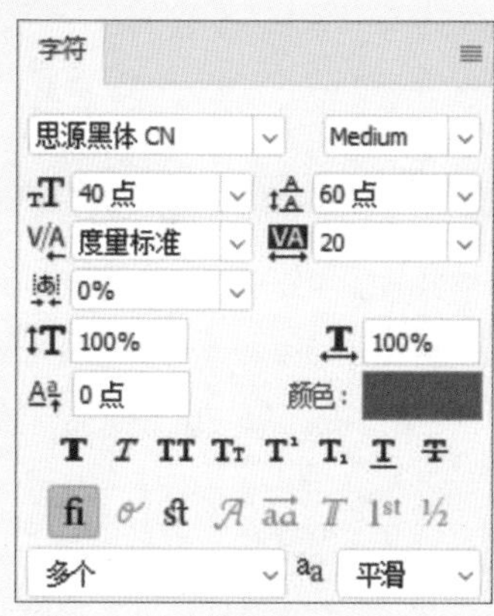

图 4-86

图 4-87

步骤 17 选择“矩形工具”绘制矩形，在“属性”面板中设置参数，如图4-88所示。

步骤 18 设置居中对齐，效果如图4-89所示。

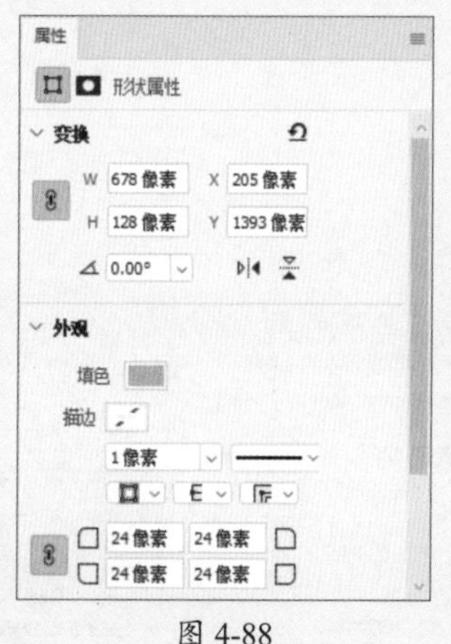

图 4-88

图 4-89

步骤 19 使用“横排文字工具”输入文字，在“字符”面板中设置参数，如图4-90所示。

步骤 20 设置居中对齐，效果如图4-91所示。

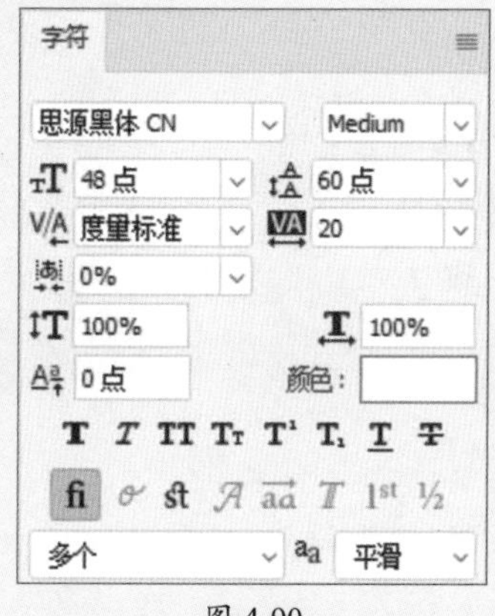

图 4-90

图 4-91

步骤 21 选择“立即绑定”，按住Alt键移动并复制，更改文字内容与填充颜色，如图4-92所示。

步骤 22 双击“矩形1”图层，在弹出的“图层样式”对话框中设置参数（#875702），如图4-93所示。

图 4-92

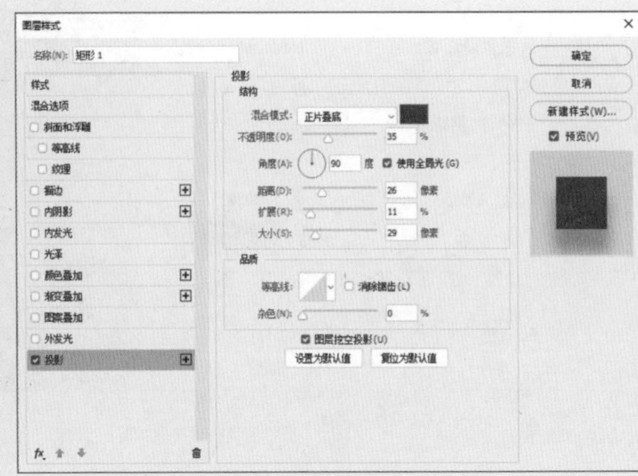

图 4-93

步骤 23 效果如图4-94所示。

步骤 24 隐藏参考线，效果如图4-95所示。

步骤 25 隐藏背景与“图层1”，如图4-96所示。

步骤 26 导出为PNG格式文件，效果如图4-97所示。

图 4-94　图 4-95　图 4-96　图 4-97

至此，完成权限获取弹窗制作。

新手答疑

1. Q：什么是控件？

A：控件是用户可以直接与之互动的界面元素，如按钮、文本框、复选框等。通常是用户界面中的最小可交互单元，负责接收用户的输入或执行用户的命令。

2. Q：什么是组件？

A：组件则是指一组控件或其他元素的组合，这些元素一起工作以完成某个特定的任务或功能。组件可以是简单的控件组合，也可以是包含复杂逻辑和行为的复杂结构。

3. Q：为什么有的控件也是组件？

A：在某些情况下，控件本身就可以被视为一个组件，特别是当它们具有复杂的行为或样式时。例如，一个带有标签、输入框和错误提示的复合输入框，可以被视为一个单独的组件，因为它封装了多个控件和相关的行为逻辑。

4. Q：如何让按钮更具交互性？

A：为了增强按钮的交互性，可以在用户触摸按钮时改变其颜色或形状，提供触觉反馈。此外，可以加入动画效果，如按钮按下时稍微缩放或产生阴影变化，以提示用户操作已生效。

5. Q：弹窗与反馈控件的关系是什么？

A：反馈控件可以被视为弹窗的一种形式。反馈控件的主要目的是提供信息反馈，而弹窗可以有更广泛的用途，包括信息展示、用户交互等。因此，所有反馈控件都是弹窗，但并非所有弹窗都是反馈控件。

6. Q：什么时候使用模态弹窗或非模态弹窗？

A：当需要用户集中注意力、进行必要操作或确认重要信息时，应该使用模态弹窗。例如，在删除重要数据、提交表单、进行授权请求等情况下，模态弹窗能够确保用户不会错过这些关键步骤，并减少误操作的可能性。当需要向用户提供额外信息、状态反馈或辅助操作时，可以使用非模态弹窗。这些弹窗通常不会打断用户的当前操作，而是提供轻量级的反馈或信息。例如，在用户完成某项任务后，可以使用Toast或Snackbar显示操作成功的信息。

第5章 HarmonyOS UI设计

HarmonyOS UI设计是指华为操作系统的用户界面设计。本章首先对HarmonyOS的常用单位、栅格系统、界面构成、图标设计规范、文字设计规范以及应用架构进行讲解；然后通过制作绘画教育类的部分App界面进行巩固，以提升设计技能。

5.1 认识HarmonyOS

HarmonyOS（鸿蒙操作系统）是华为为实现设备之间无缝连接和智能化而开发的操作系统，凭借其分布式架构和多设备协同能力，旨在为用户提供更加智能和便捷的生活体验，如图5-1所示。

图 5-1

5.1.1 常用单位

HarmonyOS的常用单位除了px，还有以下几种，在UI设计和应用开发中扮演着重要的角色。

1. vp（Virtual Pixel）

vp，即虚拟像素，是HarmonyOS为了解决不同屏幕密度设备的适配问题而引入的一种单位。它提供了一种灵活的方式来适应不同屏幕密度的显示效果，使得元素在不同密度的设备上具有一致的视觉体量。vp与屏幕像素密度的关系为1vp约等于160dpi屏幕密度设备上的1px。

2. fp（Font-size Pixel）

fp，即字体像素，是专门用于设置文字大小的单位。其大小默认情况下与vp相同，即1fp=1vp。如果用户在设置中选择了更大的字体，字体实际显示大小就会在vp的基础上乘以用户设置的缩放系数，即1fp =1vp × 缩放系数。

5.1.2 栅格系统

栅格系统是一种跨设备兼容的布局辅助系统。通过定义统一的布局结构和响应式规则，确保内容在不同屏幕尺寸和分辨率下都能呈现良好的视觉效果和用户体验。该系统主要由三个核心要素构成：Margin（外边距）、Gutter（内边距/栏间距）和Column（列）。

栅格系统根据设备的水平宽度，定义了对应Column的数量关系。不同的设备在不同的断点范围内，系统自动匹配不同数量的栅格。例如，在智能手机上，系统默认的栅格为4Column，如图5-2所示。

HarmonyOS 针对设备设计效果的需要，定义通用型和宽松型两种类型的栅格系统规格。

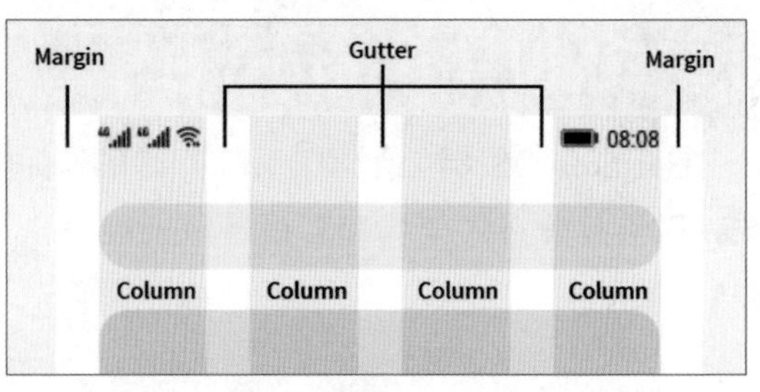

图 5-2

1. 通用型栅格系统

通用型栅格系统适用于大多数应用场景，提供一个标准化的布局框架，确保界面元素的对齐和一致性。该系统适合用于大部分应用界面，能够有效组织内容，提升用户体验的流畅性。在通用型栅格中，Margin的值为16vp，Gutter的值为8vp，如图5-3所示。

2. 宽松型栅格系统

宽松型栅格系统提供更大的灵活性，允许设计师在布局上有更多的创意空间，适合需要展示丰富内容或复杂信息的场景，能够支持更自由的设计风格。在宽松型栅格中，Margin的值为16vp，Gutter的值为16vp，如图5-4所示。

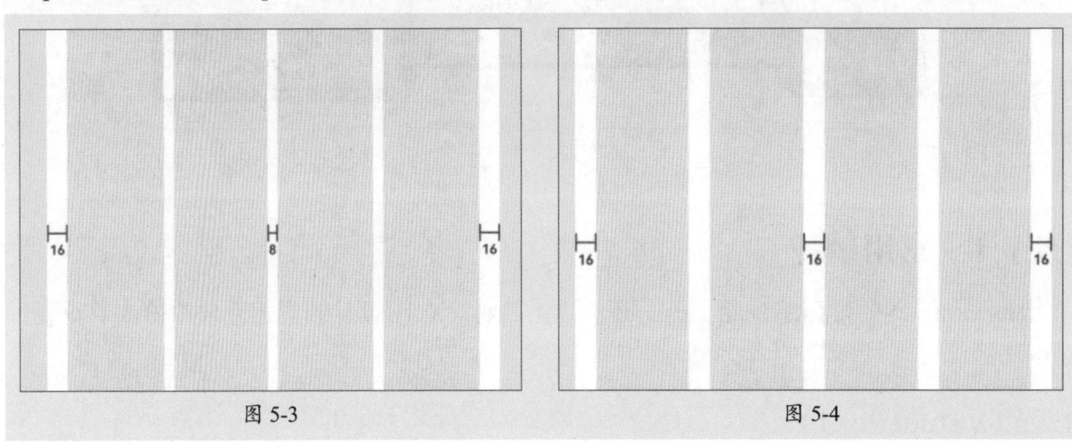

图 5-3　　图 5-4

5.2 HarmonyOS界面构成

HarmonyOS（鸿蒙系统）的界面构成包括多个关键元素，如状态栏、标题栏、工具栏、底部页签栏以及图标。

5.2.1 状态栏

状态栏用于显示设备当前的状态信息，包括时间、WLAN、移动数据、电量等，如图5-5所示。其高度为36vp。状态栏一般显示在整个屏幕的顶部区域，与设备顶部的挖孔进行避让。

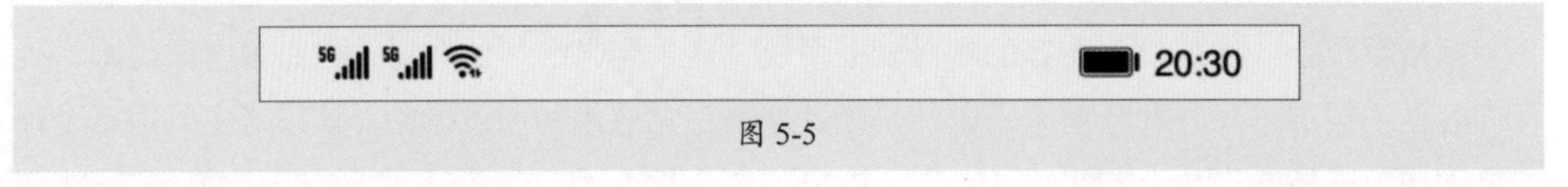

图 5-5

状态栏背景默认为透明，可以透出下方的背景，如图5-6所示。因此，在设计该区域的背景时需要注意信息的易读性。

图 5-6

5.2.2 标题栏

标题栏是布局在界面顶部的导航类控件，用于呈现界面名称和操作入口，通常包括文本标题和功能图标，其高度一般为56vp，如图5-7所示。

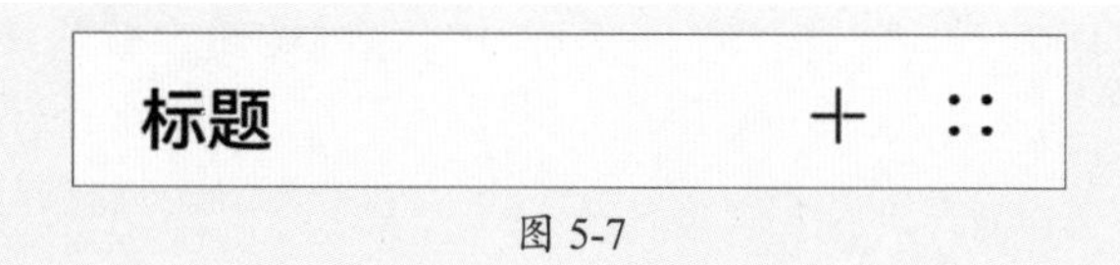

图 5-7

- **文本标题：** 标题栏的左侧显示当前界面的文本标题，帮助用户快速了解所处的界面。
- **功能图标：** 标题栏的右侧最多支持3个功能图标，这些图标通常用于快速访问常用操作，如搜索、设置、分享等。

> **提示** 除了左文本、右图标的普通标题栏，还有子页签型标题栏、强调型标题栏、二级界面标题栏、编辑界面标题栏、选择界面标题栏等。图5-8、图5-9所示分别为二级界面标题栏和编辑界面标题栏。

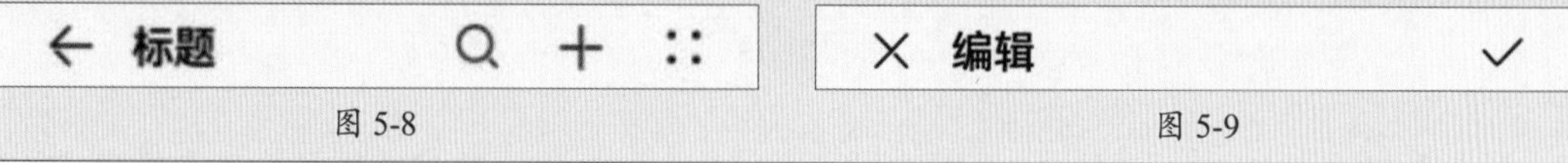

图 5-8　　图 5-9

5.2.3 工具栏

工具栏位于界面底部、界面内容之上，用于展示针对当前界面的操作选项。一般是图标+文本的形式，用户单击某个操作时，会直接触发该操作。在工具栏中，最多显示5个操作选项，例如编辑、收藏、删除等，其高度为52vp，如图5-10所示。

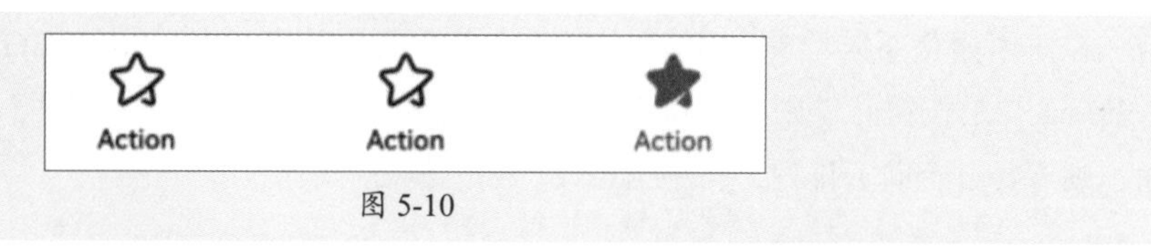

图 5-10

> **提示** 通常情况下，当界面滚动时，要保持工具栏的可见性，且工具栏不会随界面滚动。在沉浸式界面，往上滚动界面，工具栏可以处于临时消失状态，让用户看到更多的内容；往下滚动界面，工具栏恢复显示。

5.2.4 底部页签栏

底部页签栏是一种常见的界面导航结构，通常位于应用程序屏幕的底部。通过点击页签栏中的选项按钮，用户可以快捷地访问应用的不同分类界面。根据使用场景及设备类型，底部页签栏会呈现为不同设计样式，其高度为52vp，如图5-11、图5-12所示。

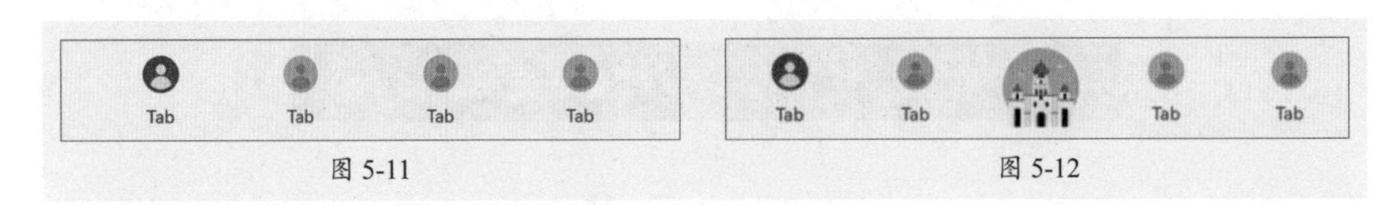

图 5-11　　图 5-12

提示 图标大小默认为24vp×24vp，间距均为4vp。

5.2.5　按钮

按钮是一种点击可触发对应操作的控件，可分为强调按钮、普通按钮以及文本按钮，如图5-13所示。

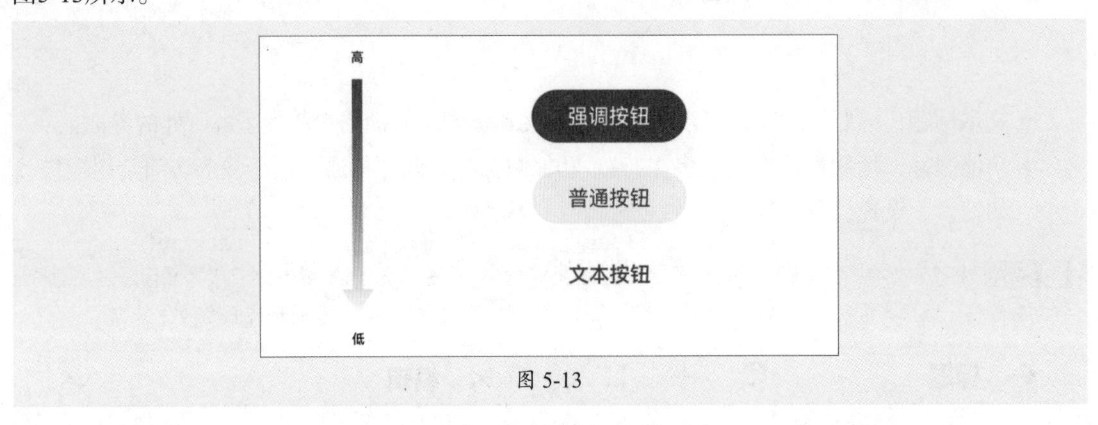

图 5-13

- **强调按钮：**在界面上很突出，用于强调当前的重要操作。典型使用场景：支付、订阅、安装等。
- **普通按钮：**在界面中，用于显示一般重要的操作。典型使用场景：应用下载、系统更新等。
- **文本按钮：**纯文本的形式，无背景颜色，可最大限度减少按钮对内容的干扰。典型使用场景：弹窗信息、步骤导航器等页面一般信息的确认。

在使用栅格系统绘制按钮时，单个按钮的默认长度为2Column+2Gutter，最大可占用4个Column。2个按钮时，则默认长度为4个Column，其间距为12vp，如图5-14所示。若3个以上按钮，则需要自上向下排列，间距为12vp，如图5-15所示。

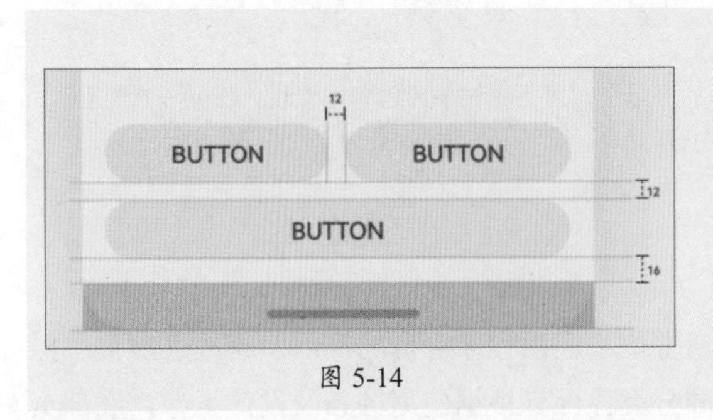

图 5-14

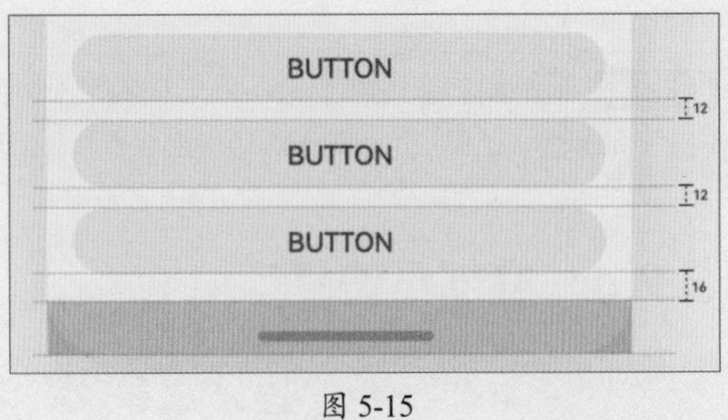

图 5-15

提示 按钮的高度可以自定义，具体值取决于开发者的设计需求和实现方式。

5.3 HarmonyOS图标设计规范

HarmonyOS图标设计规范是确保应用界面一致性和用户体验的重要组成部分，涵盖应用图标设计和系统图标设计两个方面。

5.3.1 应用图标设计

HarmonyOS应用图标设计旨在回归本源，通过现代化的语义表达，准确传达功能、服务和品牌。在设计上采用轻拟物的美学设计风格。运用半透模糊和具有层次感的设计手法，强调空间感和轻量感，如图5-16所示。

图 5-16

1. 设计原则

应用图标设计的核心是简洁、高效和品牌识别度，如图5-17所示。在设计应用图标时，应遵循以下设计原则。

图 5-17

- **简洁优雅：** 元素图标简洁，线条表现优雅，传递设计美学。
- **极速达意：** 图标图形准确传达其功能、服务和品牌，具有易读性和识别性。
- **情感表达：** 通过图形和色彩概括表达情感，传达品牌视觉形象。

2. 网格布局

在设计时参考标准网格布局进行图标设计，可满足图标体量的一致性。网格布局主要作用为体量参考，部分图标可根据图形体量感突破网格界限，如图5-18所示。

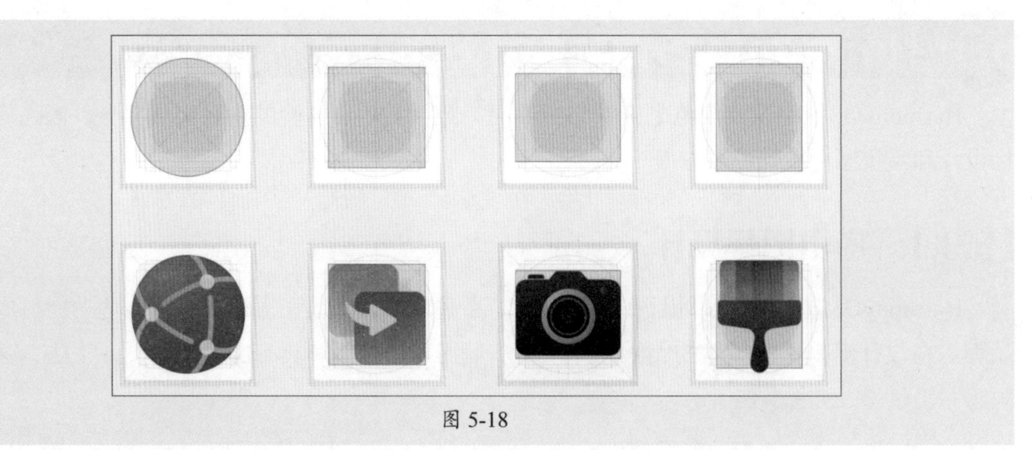

图 5-18

3. 色彩规则

对人眼来说，至上而下照明描绘的物体看起来最为自然。图标底板光源保持至上而下，颜色上浅下深，如图5-19所示。在特殊的场景下则要符合自然的规律，如天气图标的底板渐变是由天空颜色的渐变方向而形成的，如图5-20所示。

图 5-19　　图 5-20

知识点拨

图标是由前景和背景组成。前景部分是图标的主要视觉元素，背景则是渐变色，如图5-21所示。

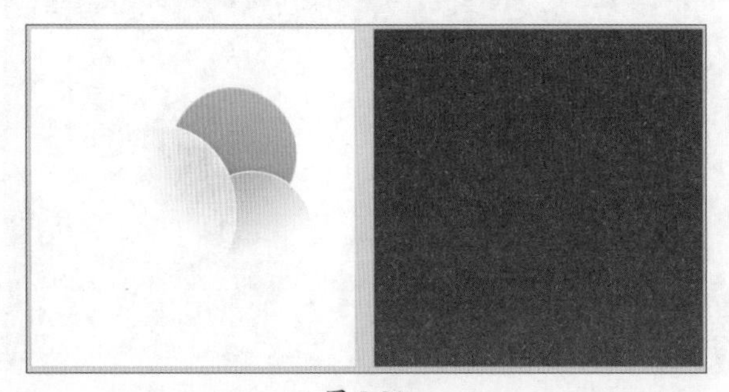

图 5-21

4. 图标资源规范

为保证图标在系统内显示的一致性，应用预置的图标资源应满足以下要素。

- 图标资源必须为分层资源，如图5-22所示。
- 图标资源尺寸必须为1024px × 1024px。
- 图标资源必须为正方形图像，系统为对应场景自动生成遮罩裁切，如图5-23所示。

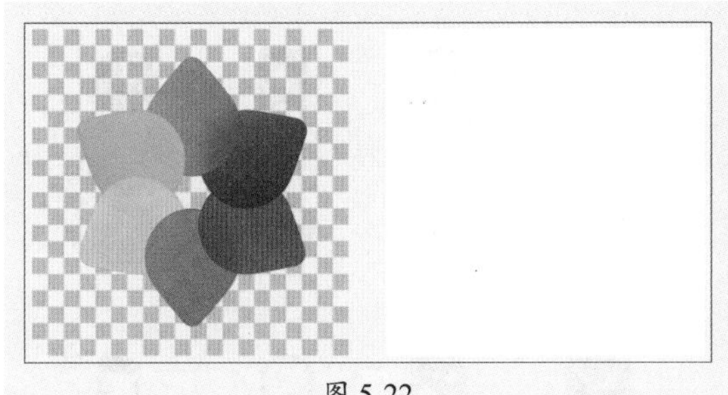

图 5-22

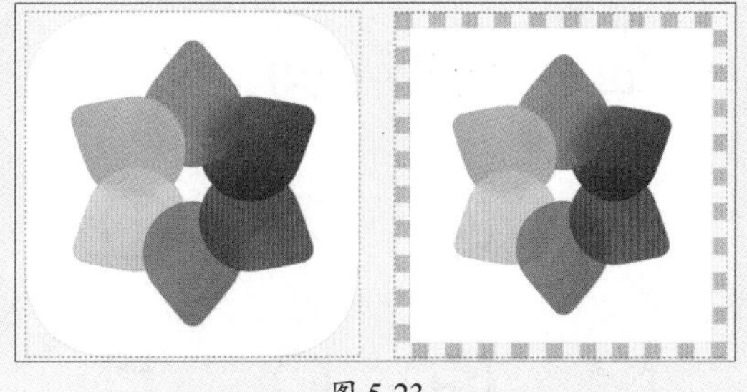

图 5-23

5.3.2 系统图标设计

HarmonyOS系统图标主要用于功能性引导、系统导航、栏目聚合以及状态指示。通过简化的图形和直观的语义表达，不仅易于识别，同时融入更多年轻化的设计理念，使得整体的视觉风格更加年轻和时尚，如图5-24所示。

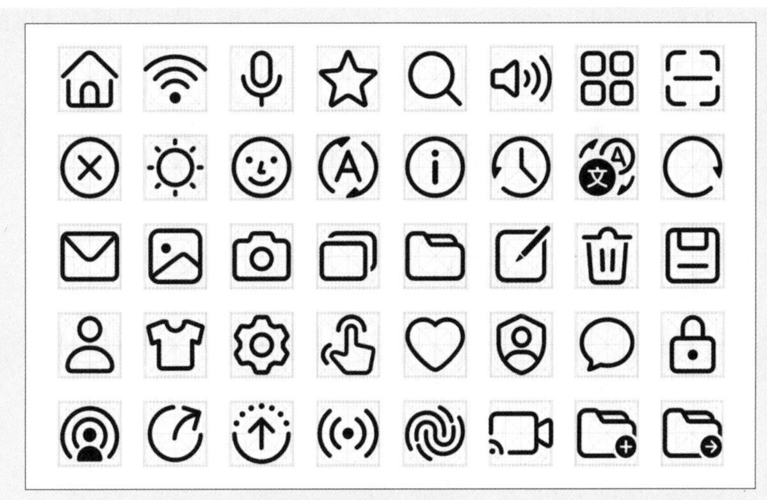

图 5-24

1. 字体属性

在默认情况下，HarmonyOS系统图标的尺寸与其字号大小保持一致。例如，设定为24vp的字号，其图标的宽高也为24vp × 24vp。同时，它支持粗细无极变化，允许开发者根据具体的设计需求，选择适合的图标粗细，以确保图标在不同使用场景下的风格一致性和视觉协调性，如图5-25所示。

图 5-25

2. 图标样式

系统图标根据不同场景使用描边图形与填充图形两种样式。两种样式使用同一结构图形，使他们看起来具有一致的视觉体验，如图5-26、图5-27所示。

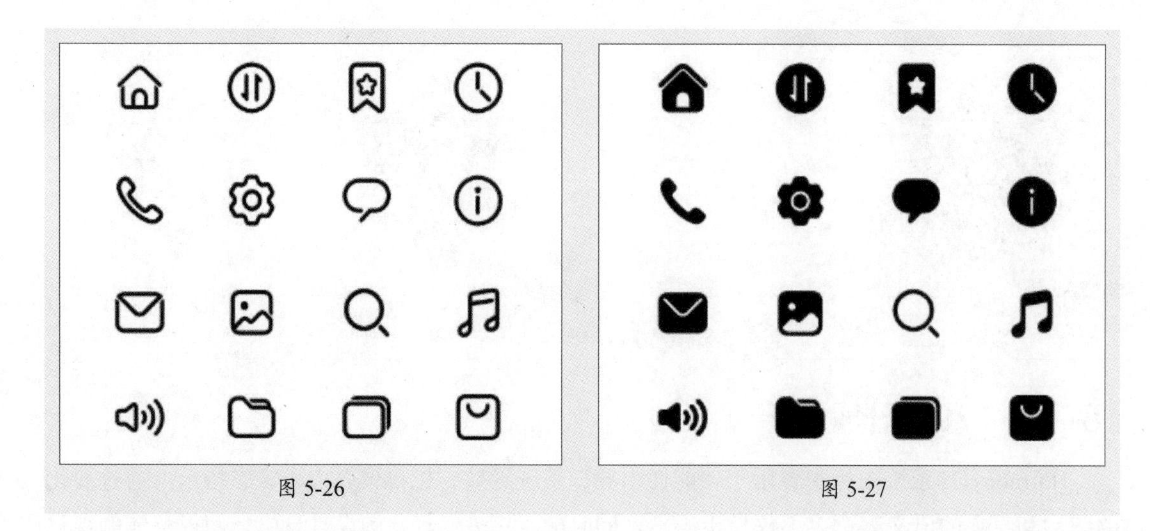

图 5-26　　图 5-27

图标根据不同的使用场景，分为单色图标和双色图标。单色图标用于系统界面辅助表达基础功能，例如功能型入口图标，如图5-28所示。双色图标是基于填充图形样式做的多彩双色效果，多用于需要突出或强调功能的场景，例如运营类入口图标，如图5-29所示。

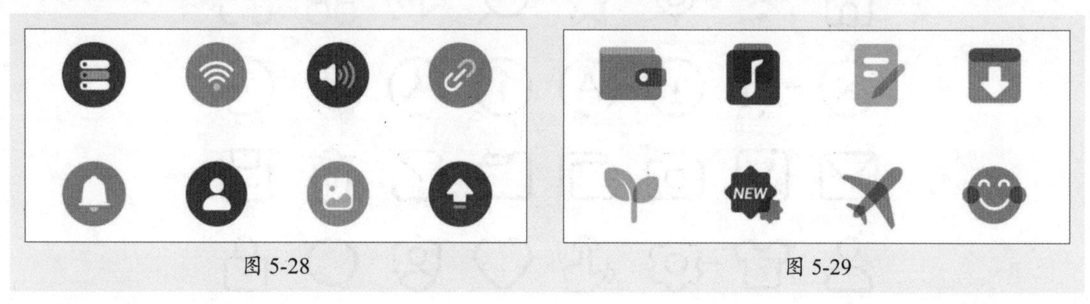

图 5-28　　图 5-29

3. 图标布局

系统图标设计以24vp为标准尺寸。中央22vp为图标主要绘制区域，如图5-30所示。上下左右各留1vp作为空隙，如图5-31所示。

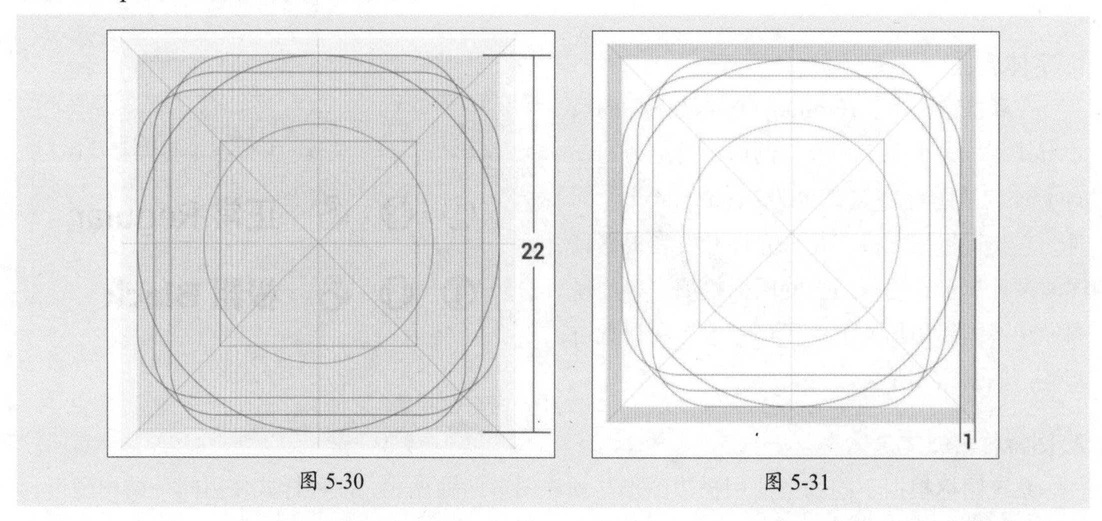

图 5-30　　图 5-31

关键线的形状是网格的基础。利用这些核心形状做为向导，即可使整个产品相关的图标保持一致的视觉比例及体量，具体分布尺寸如表5-1所示。

表5-1

关键线形状	高度/vp	宽度/vp	关键线形状	高度/vp	宽度/vp
	20	20		22	18
	22	22		18	22

若图标形状特殊，需要添加额外的视觉重量实现整体图标体量平衡，绘制区域可以延伸到空隙区域内，但图标整体仍应保持在24vp大小的范围之内，如图5-32所示。允许在保证图标重心稳定的情况下，图标部分超出绘制活动范围，延伸至间隙区域内，如图5-33所示。

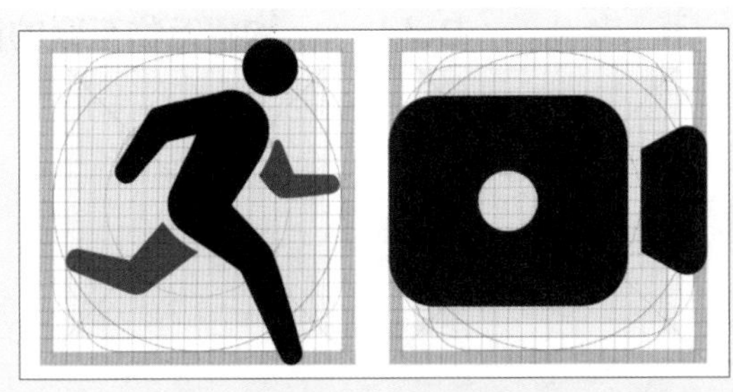

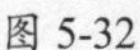

图 5-32

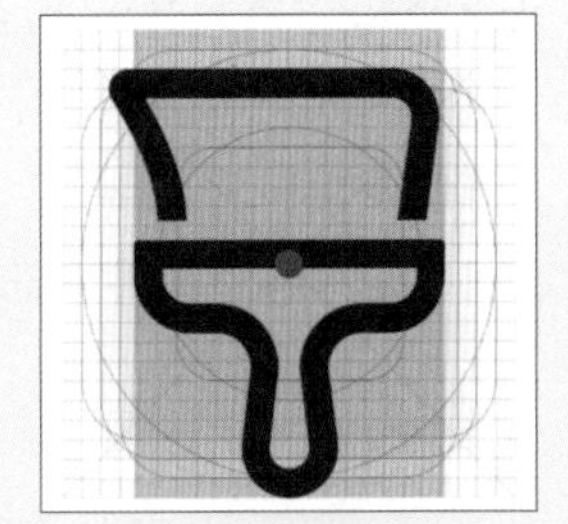

图 5-33

4. 图标特征

在设计系统图标时，默认终点样式为圆头，描边的粗细为1.5vp，外圆角为4vp，内圆角为2.5vp，断口宽度为1vp，倾斜角度为45°，如图5-34所示。

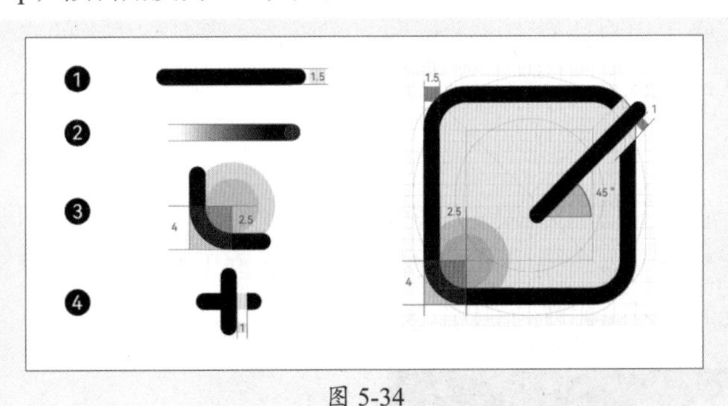

图 5-34

5.4 HarmonyOS文字设计规范

HarmonyOS的文字设计规范通过明确的字体选择、合理的排版和适当的颜色使用，旨在提升用户体验和界面的美观性。

5.4.1 字体规范

HarmonyOS系统中英文字体使用HarmonyOS Sans（鸿蒙黑体）。该字体是一款无衬线字体，没有额外的装饰笔画，结构更加简洁清晰，在 UI 上具有更良好的屏幕显示效果，并且能带来更高阅读效率，如图5-35所示。

构建万物互联的智能世界

Building an intelligent world of interconnected

图 5-35

HarmonyOS Sans提供了5种字重，分别是Thin、Light、Regular、Medium、Bold，如图5-36所示。

Thin	构建万物互联的世界
Light	构建万物互联的世界
Regular	构建万物互联的世界
Medium	构建万物互联的世界
Bold	构建万物互联的世界

图 5-36

HarmonyOS Sans字体支持字重连续变化，使用系统默认字体可以支持用户动态调节 UI 中字重的显示粗细。如果系统默认字体风格无法满足需求，可以使用自定义字体，但需要确保用户可在不同视距和各种条件下都能轻松阅读。

5.4.2 字体排版

文字比例是一种规定不同字体大小的系统，旨在确保在用户界面中保持一致的视觉层次结构。在UI的字体排版中，可以将排版字体的类型分为展示、标题、子标题、正文、说明五大类。

1. 展示文本

展示文本是用于吸引用户注意力的大标题或短语，通常具有较大的字号和鲜明的样式，用于突出显示关键信息，例如天气应用里的“温度数值”，如图5-37所示。

2. 标题文本

标题文本是用于标识页面或区域的主要标题，通常具有较大的字号和明显的样式，但不如展示文本那么突出。标题文本应用于页面的顶部或板块的开头，用于引导用户关注重要内容，如页面的标题、文章的标题或弹窗的标题，如图5-38所示。

图 5-37

图 5-38

3. 子标题文本

子标题是相对于标题而言的次要标题，用于划分内容，引导读者在更详细的层次中理解信息。它通常比主标题略小，但比正文文本略大。子标题可以帮助组织信息、引导读者关注特定段落或主题，提供更好的阅读导向，如图5-39所示。

4. 正文文本

正文文本用于呈现长篇幅的正文内容，字号适中，样式清晰，以提供良好的阅读体验。正文文本在应用或网页的主要内容区域，用于展示文章详情、列表内容，如图5-40所示。

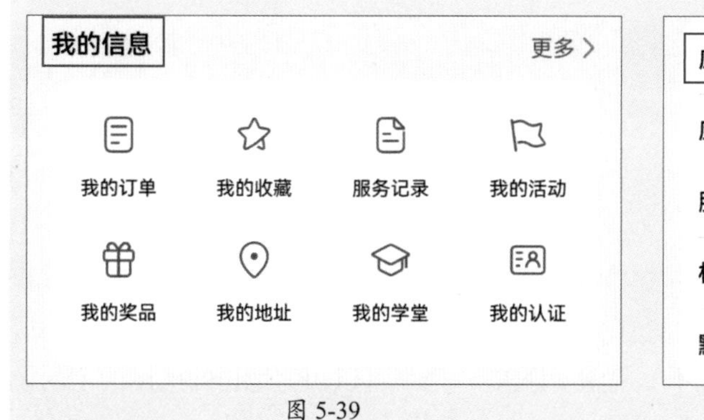

图 5-39

图 5-40

5. 说明文本

说明文本用于短小的标签或其他需要简明扼要表达的信息，通常字号较小，样式简洁。说明文本通常应用于图片的简要提示，以及图标的说明文本，或者其他需要提供简短解释的地方，如图5-41所示。

图 5-41

具体的使用场景、字号以及字重如表5-2所示。

表5-2

使用场景	字号	字重
展示文本 L	56	Light
展示文本 M	48	Light
展示文本 S	38	Light
标题文本 L	30	Bold
标题文本 M	24	Bold
标题文本 S	20	Bold
子标题文本 L	18	Medium
子标题文本 M	16	Medium
子标题文本 S	14	Medium
正文文本 L	16	Regular
正文文本 M	14	Regular
正文文本 S	12	Regular
说明文本 L	12	Medium
说明文本 M	10	Medium
说明文本 S	8	Medium

5.5 HarmonyOS应用架构

在HarmonyOS中，应用架构设计注重于用户体验和界面交互，主要包括界面框架与结构、特定页面或视图以及编辑界面。以下是对这些方面的详细介绍。

5.5.1　界面框架与结构

HarmonyOS 提供了一系列的界面框架，帮助开发者快速构建应用界面。这些框架通常包括以下几种结构。

1. 一级界面通用框架

一级界面是应用的主要入口界面，通常包含应用的核心功能和导航元素。它为用户提供快速访问应用各部分的方式。常见的结构有标题栏+内容区+工具栏/页签栏，如图5-42、图5-43所示。其中，工具栏主要提供当前的界面操作，而使用页签，用户可以快捷地访问应用的不同模块。工具栏和底部页签不能同时出现。

2. 非一级界面通用框架

非一级界面是用户在主界面之外与应用进行交互的重要部分。这些页面通常提供更具体的功能或信息，设计上应与一级界面保持一致，以确保用户体验的连贯性。常见的结构有带返回键的标题栏+内容区+工具栏，如图5-44所示。

图 5-42　　图 5-43　　图 5-44

3. 上下结构

上下结构将页面分为上下两部分，上图下文或者上文下图。这种结构适用于不同类型的应用场景，能够有效地展示图文信息。

（1）上图下文

适合展示图文结合的内容，通常用于产品展示、文章预览或其他需要视觉吸引力的场景。

上方可以放置多个图文，添加内容标题或者一段文本等，如图5-45所示。如果上方是单图/视频展示，下方可以包含详细文本或操作按钮，方便用户进一步交互，如图5-46所示。

（2）上文下图

适合强调文字内容，同时展示相关的视觉信息。上方内容主要展示文本信息，如标题、段落或详细描述，帮助用户理解内容的主题和重点。下方内容展示相关的视觉信息，如图片、图表或视频，增强内容的表现力和吸引力，如图5-47所示。

图 5-45

图 5-46

图 5-47

5.5.2 特定页面或视图

在HarmonyOS中，特定页面或视图的设计通常包括以下几种类型。

1. 启动页

启动页是应用启动时展示的页面，通常用于加载资源或展示品牌信息。此页面可以展示应用的品牌形象，例如使用高清晰度的品牌Logo和简洁的品牌标语，如图5-48所示。对于包含较长加载时间或广告的启动页，提供“跳过”选项，增强用户体验。

图 5-48

2. 详情页

详情页用于展示某一项内容的详细信息，可能包含文本、图片、视频等多媒体内容，并且通常有交互功能，比如评论、分享、收藏等，如图5-49所示。详情页的设计要清晰地突出主要内容，同时保持良好的可读性和导航性。

3. 列表视图

列表视图通常以一行的形式展示多个项目或条目，适合展示一系列相似的数据项，如联系人列表、新闻文章和商品列表等，如图5-50

所示。用户可以通过滚动查看更多条目，并且通常可以点击单个条目进入对应的详情页。

4. 网格视图

网格视图将数据项按照网格形式排列，每个单元格可以是正方形或矩形。它适合展示具有视觉吸引力的内容，例如图片、视频和文件集合，通常用于相册、商品展示和应用商店等场景，如图5-51所示。

图 5-49

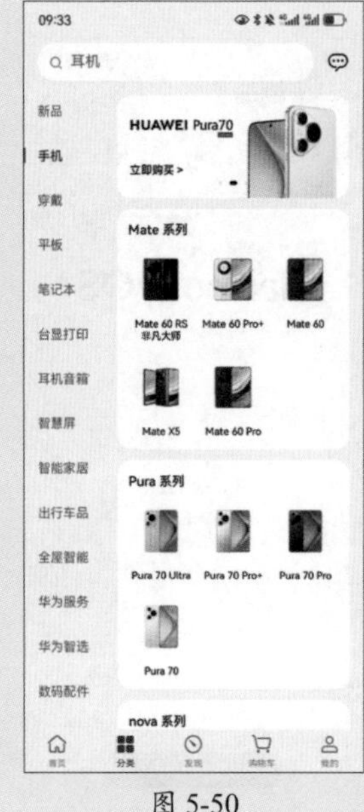

图 5-50

图 5-51

5.5.3 编辑界面

在HarmonyOS中，编辑界面通常指用户可以输入、修改和管理文本或其他内容的界面。编辑界面的设计旨在提供直观、便捷的用户体验，以便用户能够高效地进行内容创作和编辑。在编辑界面，可以根据用户的需求和应用场景分为单项编辑和多项编辑两种模式。

1. 单项编辑

单项编辑模式允许用户一次只编辑一个项目或内容。这种模式通常用于需要专注于单一内容的场景，例如新建备忘录、编辑闹钟、新建联系人等，如图5-52所示。

2. 多项编辑

多项编辑模式允许用户同时编辑多个项目或内容。这种模式适用于需要批量处理或对比多个内容的场景，例如编辑天气的城市列表、编辑多个订阅频道等，如图5-53所示。

图 5-52

图 5-53

5.6 案例实战：设计绘画类App界面

本案例利用所学的知识设计并制作绘画教育类App的部分界面，包括启动界面、注册登录界面以及首页，涉及的知识点有画板的创建、资源的使用、矩形的绘制、文字的编辑以及路径的绘制等。下面介绍具体的制作方法。

1. 制作 App 启动页面

本节绘制App的启动页面。创建文档后，复制并粘贴官方资源组件，绘制矩形并置入图片。

步骤 01 启动Pixso，搜索并复制“HarmonyOS Component Library”，找到“Size-设计规格”，选择“phone”组件，按Ctrl+C组合键复制，如图5-54所示。

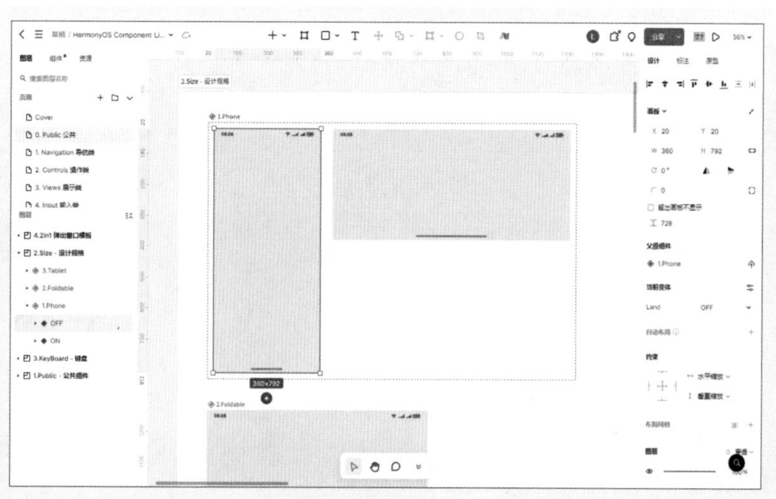

图 5-54

步骤 02 按Ctrl+V组合键粘贴，如图5-55所示。

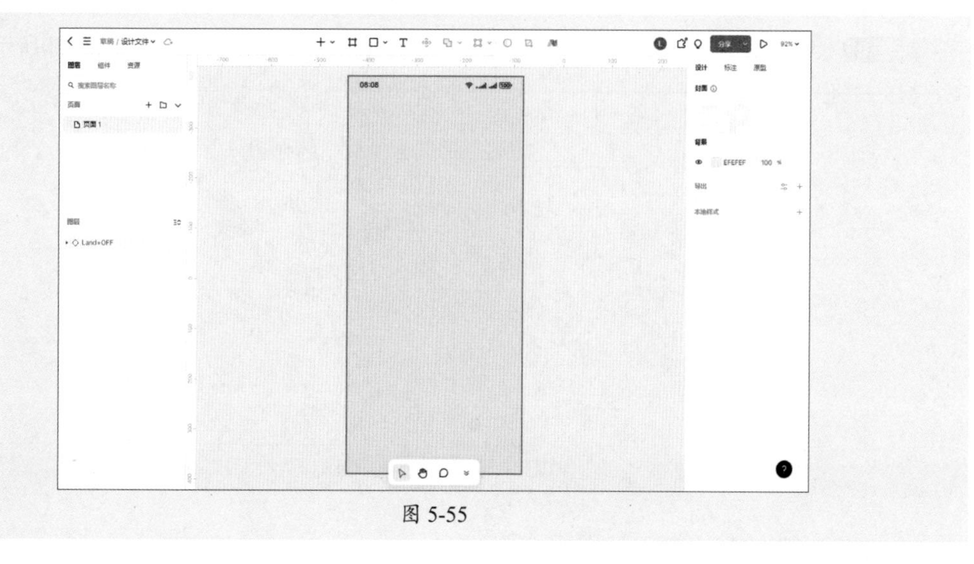

图 5-55

步骤 03 隐藏状态栏组件，使用“矩形工具”绘制和画板等大的矩形，更改填充颜色为白色，如图5-56所示。

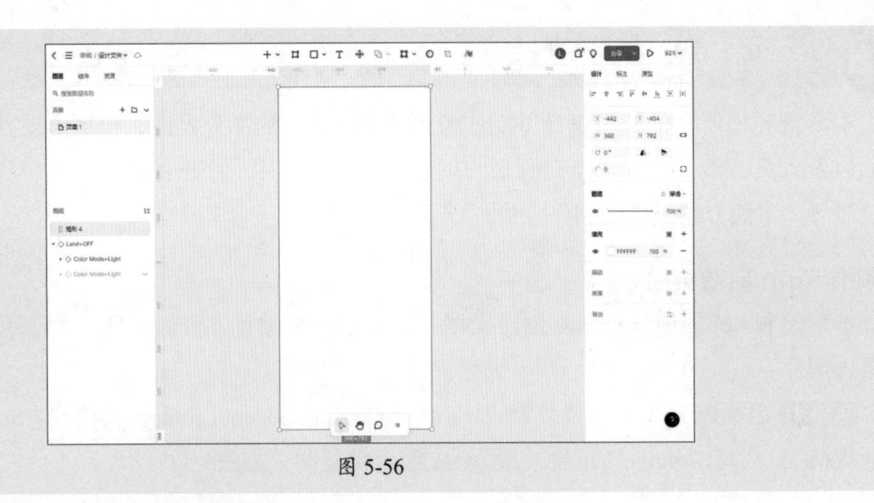
图 5-56

步骤04 选择“矩形”绘制矩形，如图5-57所示。

步骤05 更改填色为图片，选择目标图片打开，如图5-58所示。

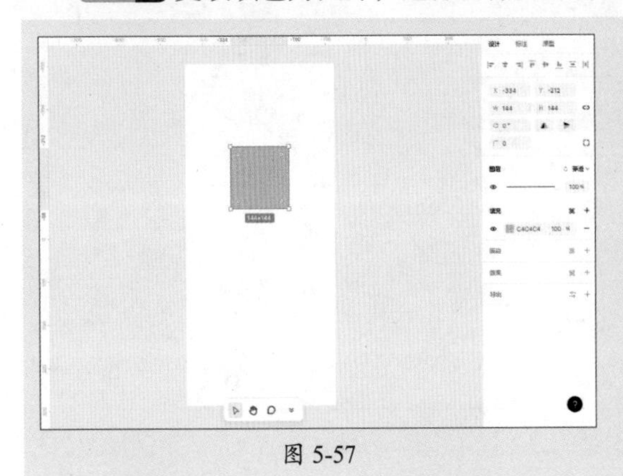
图 5-57

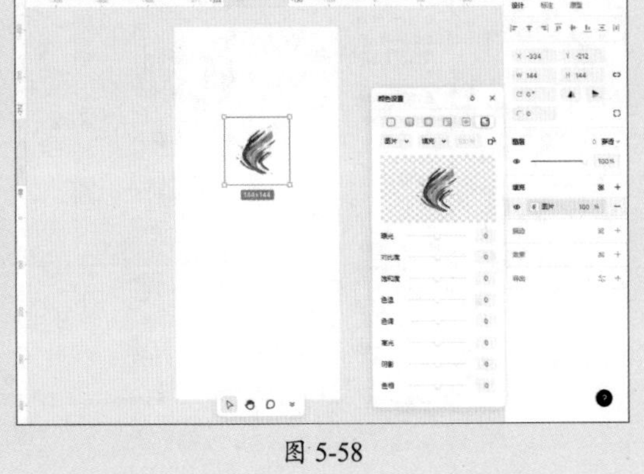
图 5-58

步骤06 调整大小，如图5-59所示。

步骤07 使用相同的方法，绘制矩形并更改填充为图片，调整后的效果如图5-60所示。

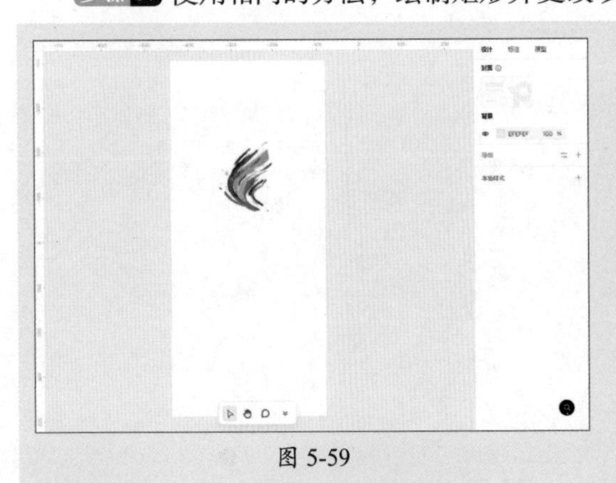
图 5-59

图 5-60

2. 制作 App 登录注册页

本节绘制App的登录注册页。复制并重命名图层，使用钢笔绘制路径，填充图片并调整显示，使用矩形、直线工具绘制形状，使用文本工具添加文字内容。

步骤 01 在左侧将所有图层进行编组，重命名为“启动页”。复制该页面后，重命名为“登录注册页”，删除该组中的部分元素，如图5-61所示。

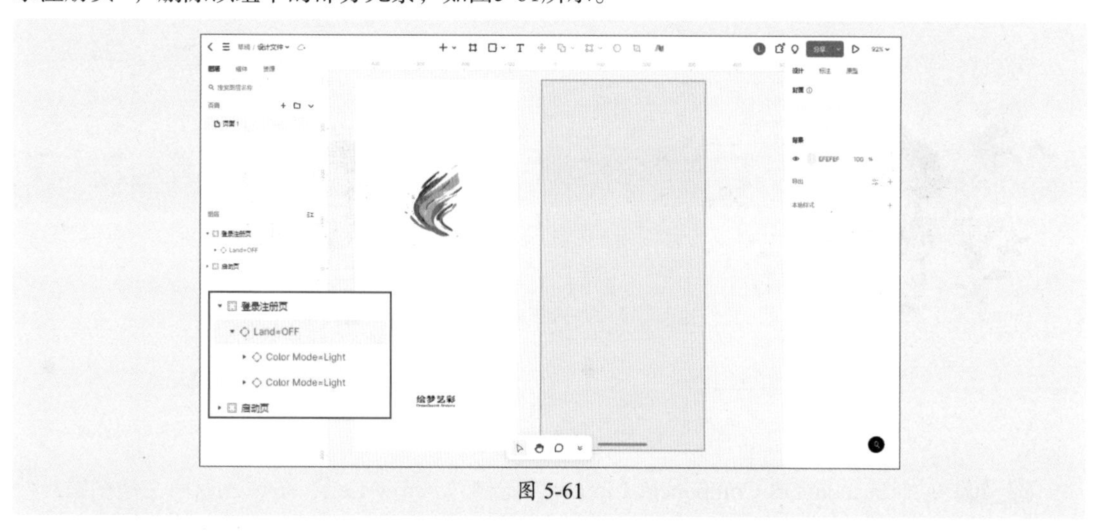

图 5-61

步骤 02 显示隐藏的图层，更改填充颜色为白色，如图5-62所示。

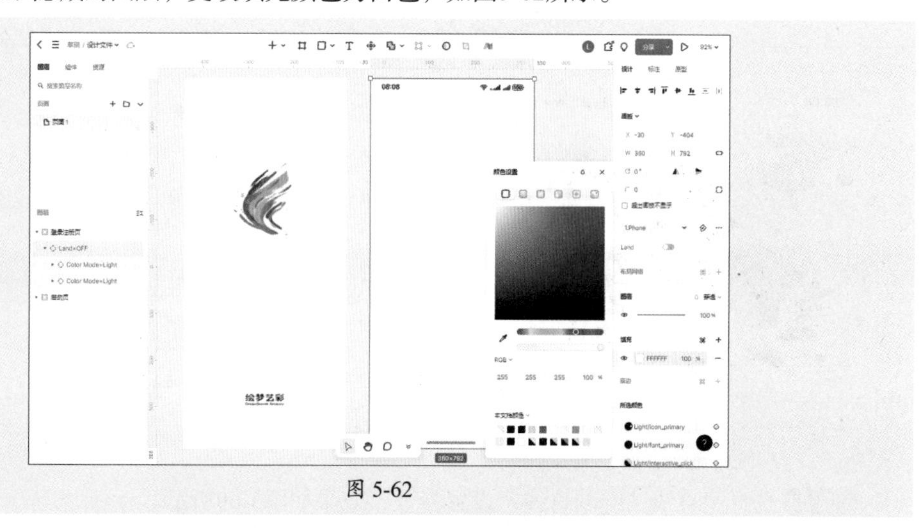

图 5-62

步骤 03 选择“钢笔”绘制闭合路径，如图5-63所示。

步骤 04 将描边更改为无，添加填充（默认效果），如图5-64所示。

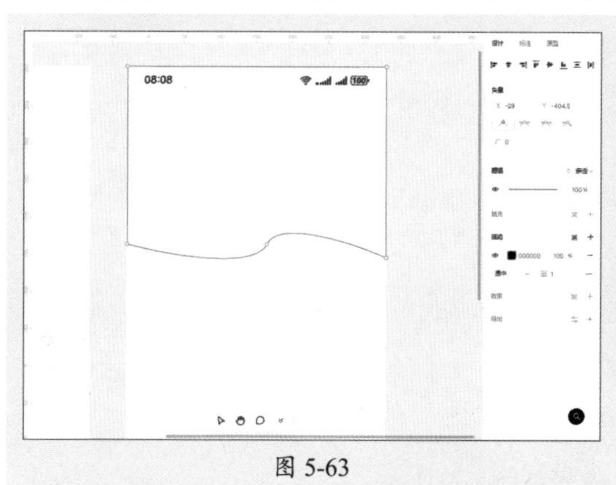

图 5-63

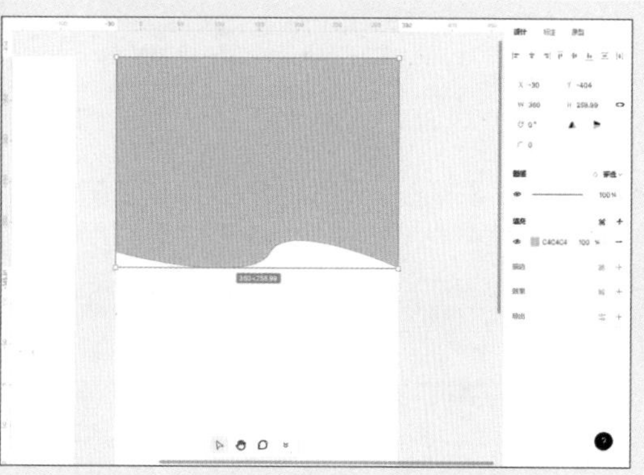

图 5-64

步骤 05 更改填充为图片，设置模式为“裁剪”，调整显示，效果如图5-65所示。

步骤 06 更改图层模式为“正片叠底”，效果如图5-66所示。

图 5-65

图 5-66

步骤 07 在“HarmonyOS Component Library”复制“.Arrow-Left”图标，返回文档粘贴，效果如图5-67所示。

步骤 08 选择“文本”输入文字并设置参数，效果如图5-68所示。

图 5-67

图 5-68

步骤 09 选择“直线”绘制直线，设置参数，效果如图5-69所示。

步骤 10 选择文本和直线，按住Alt键移动并复制，更改文字内容，效果如图5-70所示。

图 5-69

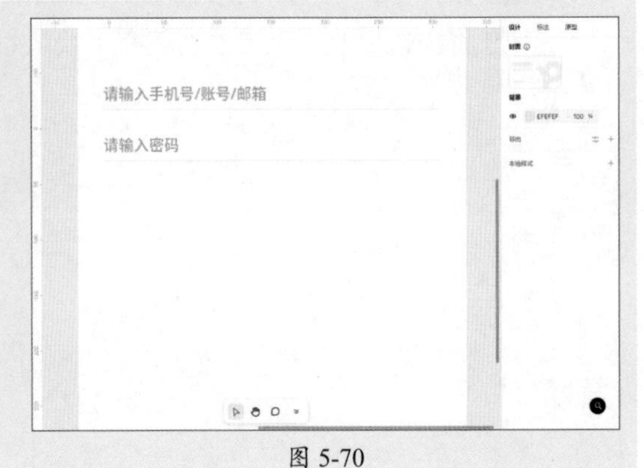

图 5-70

步骤 11 选择“矩形”绘制矩形，设置参数，效果如图5-71所示。

步骤 12 选择“文本”输入文字并设置参数，效果如图5-72所示。

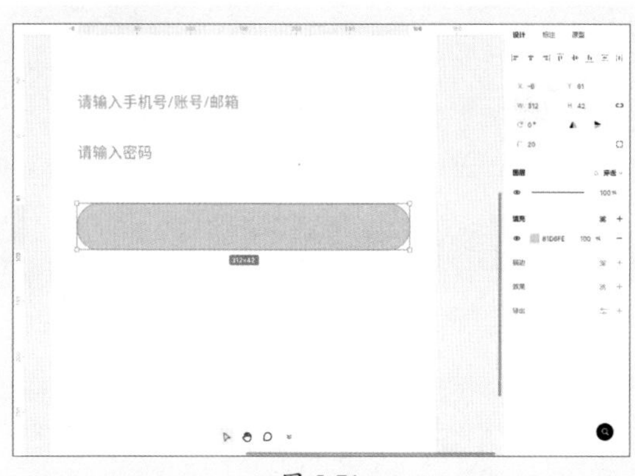

图 5-71

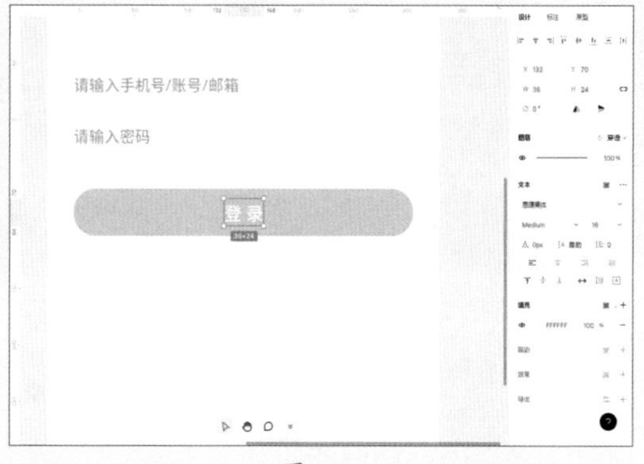

图 5-72

步骤 13 选择“矩形”绘制矩形，设置参数，效果如图5-73所示。

步骤 14 按住Alt键移动并复制，更改文字内容与部分文字的颜色，效果如图5-74所示。

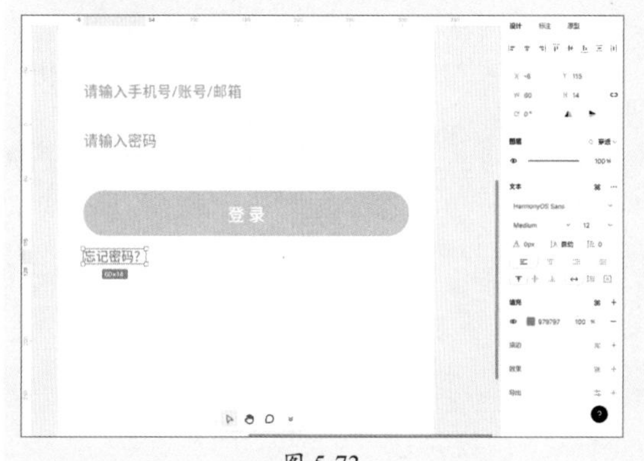

图 5-73

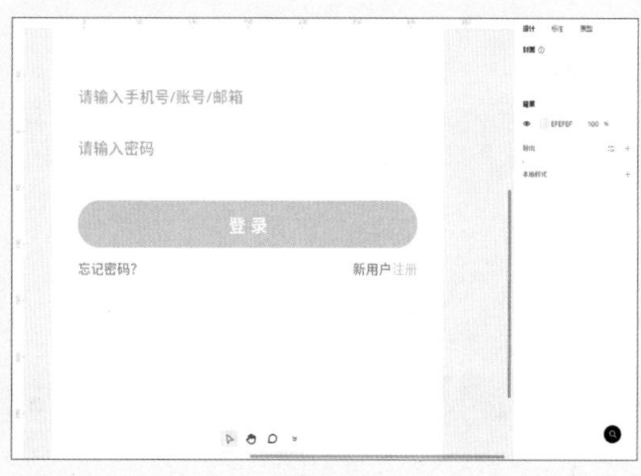

图 5-74

步骤 15 继续输入文字并设置参数，效果如图5-75所示。

步骤 16 选择“直线”绘制直线并设置参数，效果如图5-76所示。

图 5-75

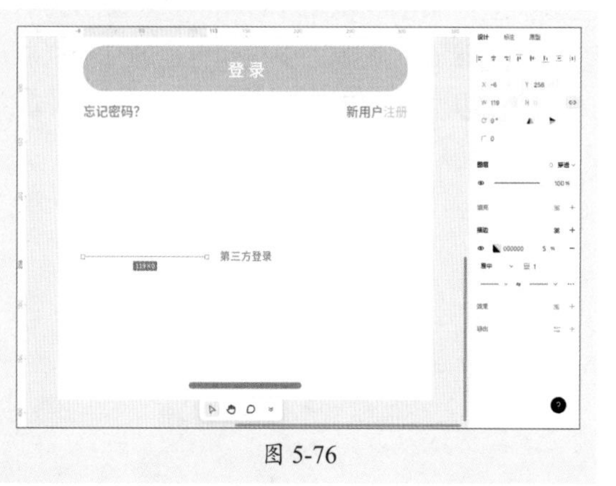

图 5-76

步骤 17 按住Alt键移动并复制，效果如图5-77所示。

步骤 18 在“资源”中搜索第三方图标进行添加，效果如图5-78所示。

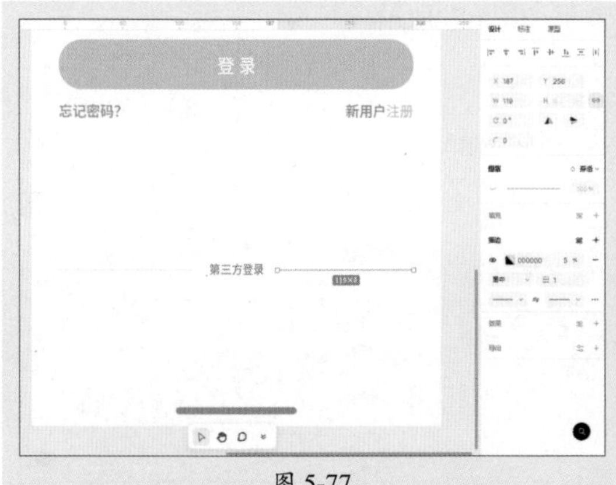

图 5-77

图 5-78

步骤 19 按住Alt键移动并复制“第三方登录”，更改文字内容，效果如图5-79所示。

步骤 20 复制该页面并删除多余元素，效果如图5-80所示。

图 5-79

图 5-80

3. 制作 App 首页

本节绘制App的首页。复制并重命名图层，添加资源组件并修改文字内容，绘制矩形并置入图片，以及使用文本工具添加文字内容，最后整体调整。

步骤 01 在“资源”中找到合适的标题栏应用，效果如图5-81所示。

步骤 02 更改文字内容，效果如图5-82所示。

图 5-81

图 5-82

步骤 03 添加搜索组件，效果如图5-83所示。

步骤 04 更改文字内容，效果如图5-84所示。

图 5-83

图 5-84

步骤 05 选择“矩形”绘制矩形并调整圆角半径，效果如图5-85所示。

步骤 06 选择“图片”，在矩形的位置单击置入图片，效果如图5-86所示。

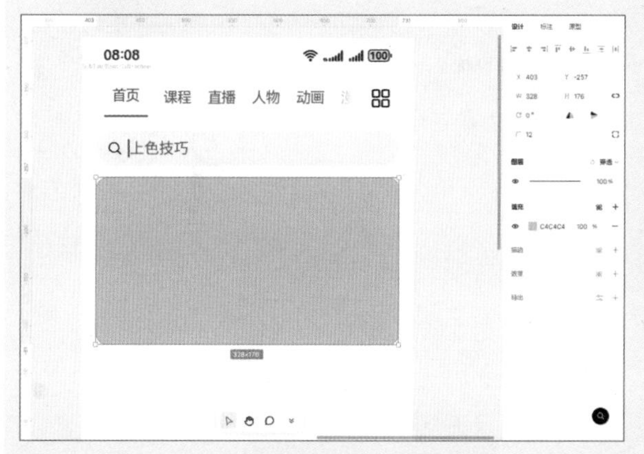

图 5-85

图 5-86

步骤 07 选择“矩形”绘制矩形并调整圆角半径，效果如图5-87所示。

步骤 08 选择“矩形”绘制矩形并设置参数，效果如图5-88所示。

图 5-87

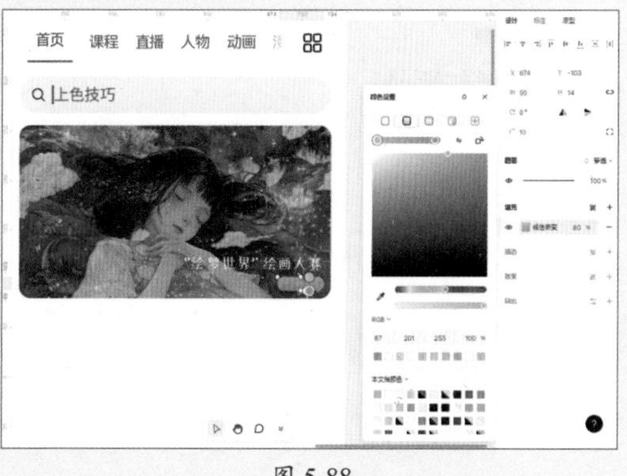

图 5-88

步骤 09 选择“文本”输入文字，效果如图5-89所示。

步骤 10 添加“导航点”组件，调整显示，效果如图5-90所示。

图 5-89

图 5-90

步骤 11 添加子标题组件并更改文字内容，效果如图5-91所示。

步骤 12 选择“矩形”绘制矩形，填充图片，效果如图5-92所示。

图 5-91

图 5-92

步骤 13 选择“文本”输入文字并设置参数，效果如图5-93所示。

步骤 14 继续输入文字并调整参数，效果如图5-94所示。

图 5-93

图 5-94

步骤 15 选择图片和文本，按住Alt键移动并复制多个，更改图片与文字内容，如图5-95所示。

步骤 16 添加分隔器，效果如图5-96所示。

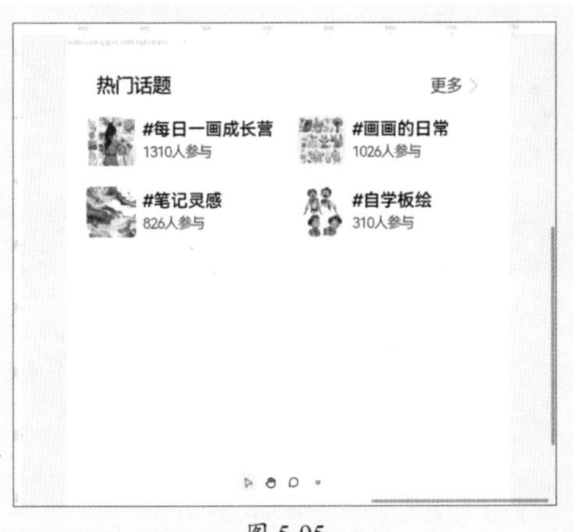

图 5-95

图 5-96

步骤 17 复制并移动“热门话题”组件，更改文字内容，如图5-97所示。

步骤 18 选择“矩形”绘制矩形并置入图片，效果如图5-98所示。

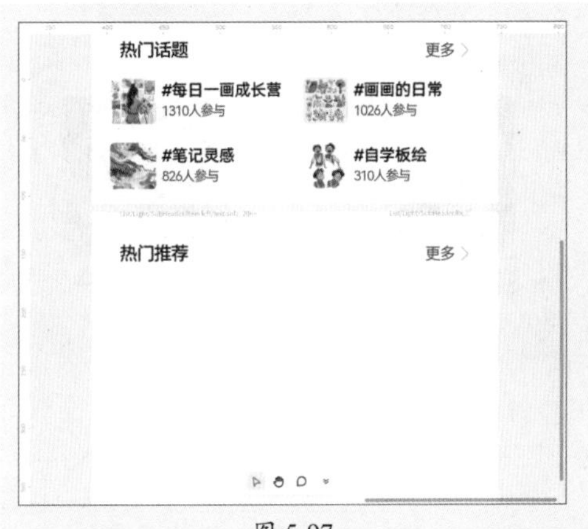

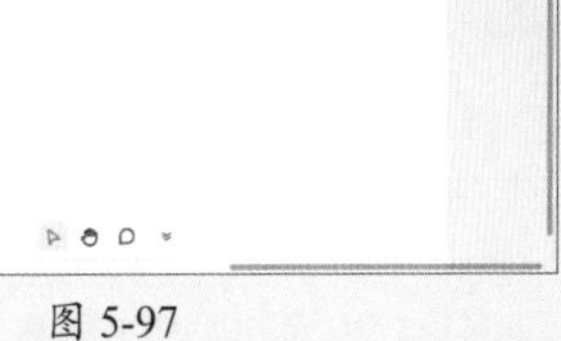

图 5-97

图 5-98

步骤 19 选择“文本”输入文字，选择“椭圆”绘制正圆并置入图片，如图5-99所示。

步骤 20 按住Alt键移动并复制图片与文字并更改其内容，效果如图5-100所示。

图 5-99

图 5-100

步骤21 选择更改的图片和文字创建为组件，选中“超出画板不显示”单选框，如图5-101所示。将“首页”转换为画板，将组件移动至该画板，效果如图5-102所示。

图 5-101　　图 5-102

步骤22 添加底部页签，显示填充，效果如图5-103所示。

步骤23 更改文字内容，删除图标，选中复制的画板，取消自动布局，效果如图5-104所示。

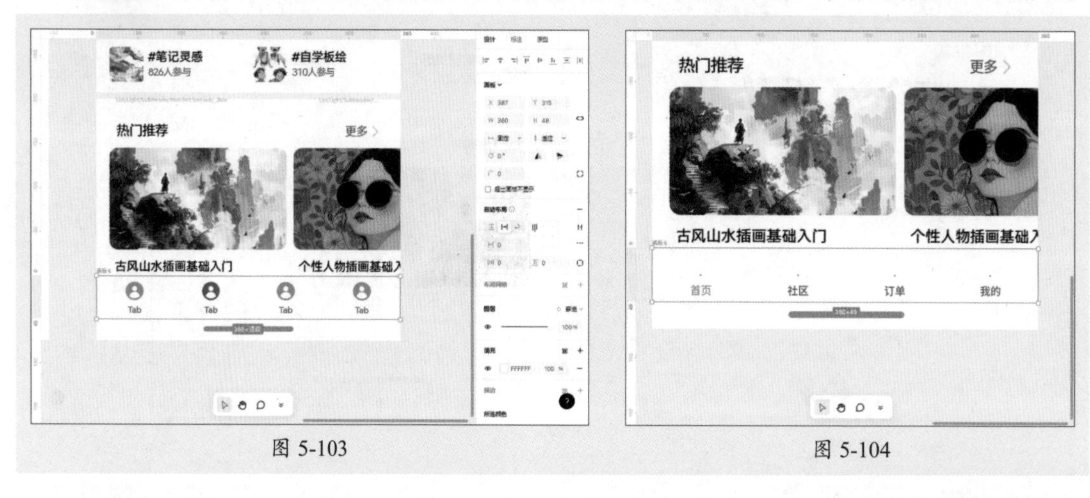

图 5-103　　图 5-104

步骤24 借助资源添加图标，效果如图5-105所示。选择底部页签的矩形，设置描边参数（上方，0.25），整体调整后最终呈现效果如图5-106所示。

图 5-105　　图 5-106

至此，完成绘画类App的部分页面制作。

新手答疑

1. Q：什么是栅格系统的 Margin？

A：Margin是元素相对窗口左右边缘的距离，决定内容可展示的整体宽度，用来控制元素距离屏幕最边缘的距离关系，可以根据设备的不同尺寸定义不同的Margin值。

2. Q：什么是栅格系统的 Column？

A：Column是内容的占位元素，其数量决定内容的布局复杂度。Column的宽度在保证Margin和Gutter符合规范的情况下，根据实际窗口的宽度和Column数量自动计算每一个Column的宽度。不同的屏幕尺寸匹配不同的 Column数量来辅助布局定位。

3. Q：什么是栅格系统的 Gutter？

A：Gutter是每个Column的间距，控制元素和元素之间的距离关系，决定内容间的紧密程度，可以根据设备的不同尺寸，定义不同的Gutter值。为了保证较好的视觉效果，Gutter通常的取值不会大于 Margin的取值。

4. Q：如何选择合适的颜色方案？

A：选择颜色方案时，可以考虑使用HarmonyOS提供的设计规范和配色工具。通常，建议选择主色、辅助色和背景色，并确保它们之间的对比度足够高，以提高可读性。此外，考虑色盲用户的需求，避免使用仅依赖颜色区分的设计。

5. Q：HarmonyOS 中色彩对比度是多少？

A：应用使用的色彩需满足最小对比度要求。

- 图标或标题文字与背景对比度大于3：1；
- 正文文字与背景对比度大于4.5：1。

6. Q：在设计按钮时应该注意哪些方面？

A：设计按钮时，应确保按钮的尺寸符合最小热区标准（通常为48vp × 48vp），并提供清晰的视觉反馈（如高亮、阴影或颜色变化）。按钮的文本应简洁明了，易于理解，并且按钮的形状和颜色应与整体设计风格保持一致。

7. Q：在设计中如何处理图标和图像？

A：设计图标时，应确保图标风格与整体设计一致，并保持简洁明了。图标的大小应与其他UI元素相协调，通常建议使用24vp × 24vp或32vp × 32vp的尺寸。对于图像，确保其分辨率适合屏幕，并在设计中保持适当的留白，以避免界面显得拥挤。

第6章 Android UI 设计

Android UI 设计是指为Android操作系统的应用程序设计用户界面。本章首先对Android的常用单位、界面尺寸规范、图标设计规范、文字设计规范以及图片设计规范进行讲解；然后通过绘制交通工具类系统图标进行巩固，以提升设计技能。

6.1 Android的常用单位

Android是一个基于Linux内核的自由及开放源代码的操作系统，由Google领导及开发。它主要应用于智能手机、平板电脑等移动设备，具有高度的开放性和灵活性，吸引了大量的设备制造商、应用开发者和用户，图6-1所示为ColorOS 14（OPPO旗下手机系统）效果图。

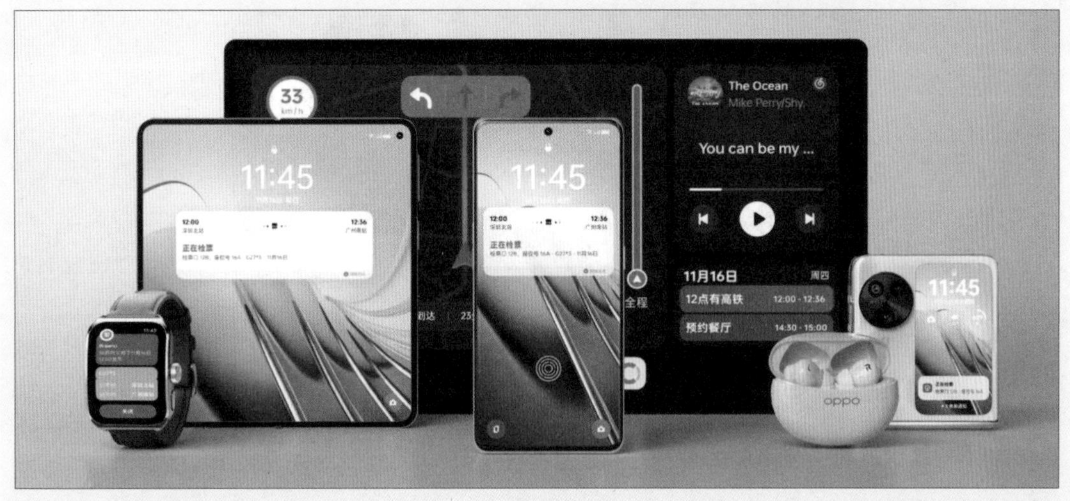

图 6-1

在Android开发中，为了适配不同分辨率和屏幕密度的设备，开发者会使用多种长度单位。这些单位确保应用在各种设备上都能保持良好的用户体验。以下是一些常见的单位及其介绍。

1. dpi（Dots Per Inch）

dpi代表每英寸的像素数量，是衡量屏幕清晰度的一个重要指标。dpi值越高，表示屏幕每英寸内的像素点越多，图像就越清晰。常见的分类如下。

- **低密度：**120dpi（ldpi）；
- **中等密度：**160dpi（mdpi）；
- **高密度：**240dpi（hdpi）；
- **超高密度：**320dpi（xhdpi）；
- **超清密度：**480dpi（xxhdpi）；
- **超高清密度：**640dpi（xxxhdpi）。

2. dp（Density-independent Pixels）

dp是基于屏幕密度的抽象单位，用于确保UI元素在不同密度的屏幕上保持相同的物理尺寸。dp与px（像素）的换算关系取决于屏幕的dpi，其换算公式为px=dp × (dpi/160)，其中160dpi被视为基准值（标准密度）。

3. sp（Scale-independent Pixels）

sp是Android中用于字体大小的单位，可以根据用户的字体大小进行缩放。在默认情况下（字体大小为100%），1sp约等于1dp（160dpi）。

6.2 Android界面尺寸规范

Android设备种类繁多，屏幕尺寸和分辨率差异巨大。了解并遵循界面尺寸规范，可以确保应用在不同设备上都能良好显示，避免因尺寸不适配导致布局错乱或内容被裁剪等问题。Android系统效果如图6-2所示。

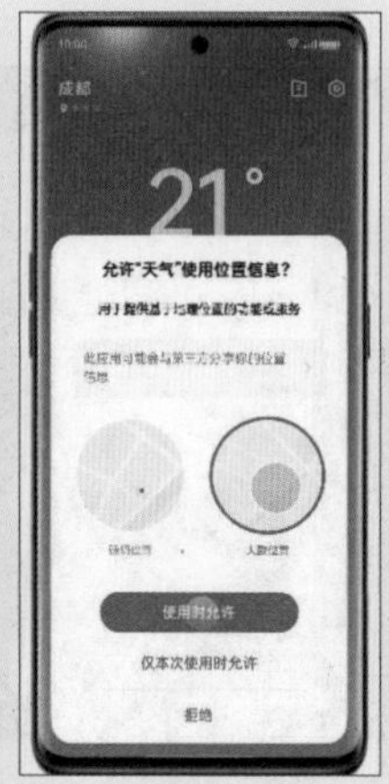

图 6-2

6.2.1 Android界面尺寸

在界面尺寸方面，Android设备一般采用dp单位设计界面布局。根据不同的屏幕密度，Android系统自动将dp单位转换为相应的像素单位，以保证界面的适配性。同时，还需要考虑屏幕分辨率对布局的影响，避免出现布局错位、重叠等问题。Android设备有多种屏幕分辨率和密度，详情如表6-1所示。

表6-1

密度	密度数	分辨率	倍数关系	px、dp、sp 关系
xxxhdpi	640	2160px × 3840px	4X	1dp=4px
xxhdpi	480	1080px × 1920px	3X	1dp=3px
xhdpi	320	720px × 1280px	2X	1dp=2px
hdpi	240	480px × 800px	1.5X	1dp=1.5px
mdpi	160	320px × 480px	1X	1dp=1px

提示 dpi =屏幕宽度（或高度）像素 / 屏幕宽度（或高度）英寸。

6.2.2 Android的界面结构

Android的界面结构是一个多层次且灵活的系统，旨在为用户提供直观、丰富的交互体验。以下是Android界面中状态栏、工具栏、内容区和底部标签栏的介绍。

1. 状态栏

状态栏位于手机屏幕的顶部，用于显示系统状态信息，如电池电量、网络信号强度、时间、通知等，如图6-3所示。用户可以通过下拉操作展开通知栏，查看详细的通知内容。状态栏的标准高度通常为24dp。

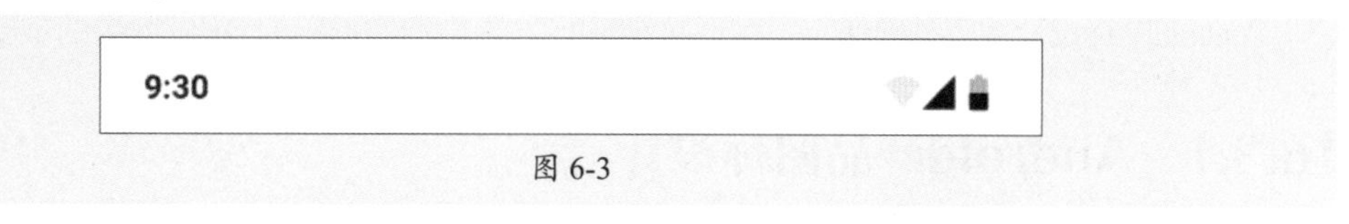

图 6-3

提示 状态栏可以设置为透明，允许应用内容延伸到状态栏区域，从而实现更无缝的视觉效果。

2. 工具栏

工具栏位于状态栏下方，包含应用标题、导航按钮（如返回按钮）、搜索框和操作菜单（如添加、编辑等），如图6-4所示。工具栏的标准高度通常为56dp。导航栏可以设置为透明，以便与应用内容融合。此外，在全屏模式下，工具栏可能被隐藏，用户可以通过手势或其他方式显示。

知识点拨

在iOS中，状态栏下方为导航栏，而在Android中，状态栏下方为工具栏。相较于iOS的导航栏，Android的工具栏可以更灵活地配置。

3. 内容区

内容区占据屏幕的大部分区域，是用户与应用进行交互的主要区域，展示应用的主要功能和信息。内容区可以根据应用的需求和设计进行高度自定义，以呈现丰富多样的内容和布局。

4. 底部标签栏

底部标签栏位于屏幕底部，用于在应用内的不同功能或页面之间进行切换。标签栏包含一组标签（或称为选项卡），每个标签对应应用内的一个功能或页面。用户可以通过点击标签快速切换相应的页面。标签可以是文本或图标，支持自定义样式和颜色。标签栏的标准高度通常为56dp，如图6-5所示。

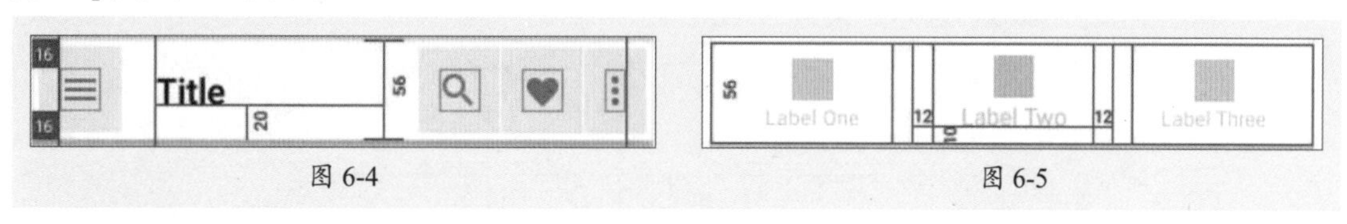

图 6-4　　图 6-5

知识点拨

Android中的导航栏通常包括后退键、主页键以及概览键/任务键。其高度为48dp，可以是不透明、半透明或全透明的，如图6−6所示。导航栏的具体实现和可用性可能因Android版本、设备制造商以及用户设置的不同而有所差异。

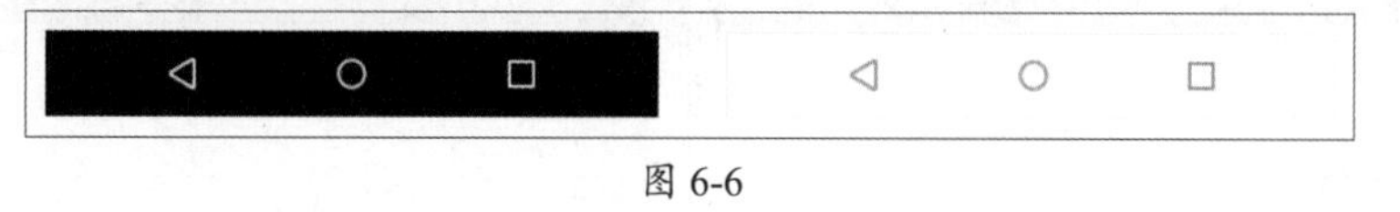

图 6-6

6.3 Android图标设计规范

Android图标设计规范是确保应用在不同设备的屏幕上都能呈现最佳视觉效果的重要指导原则。

6.3.1 Android产品图标设计

产品图标是一个品牌的产品、服务和工具的视觉表现，如图6-7所示。

图 6-7

由于Android系统的手机机型多种多样，图标的尺寸设置主要依赖于设备的分辨率。不同分辨率的手机适配不同尺寸的应用图标，具体如下。

- **mdpi（160dpi）：** 48px × 48px；
- **hdpi（240dpi）：** 72px × 72px；
- **xhdpi（320dpi）：** 96px × 96px；
- **xxhdpi（480dpi）：** 144px × 144px；
- **xxxhdpi（640dpi）：** 192px × 192px。

在绘制产品图标时，使用产品图标网格可以促进图标的一致性，并为图形元素的定位建立清晰的规范。图6-8所示展示了产品图标网格与关键线。

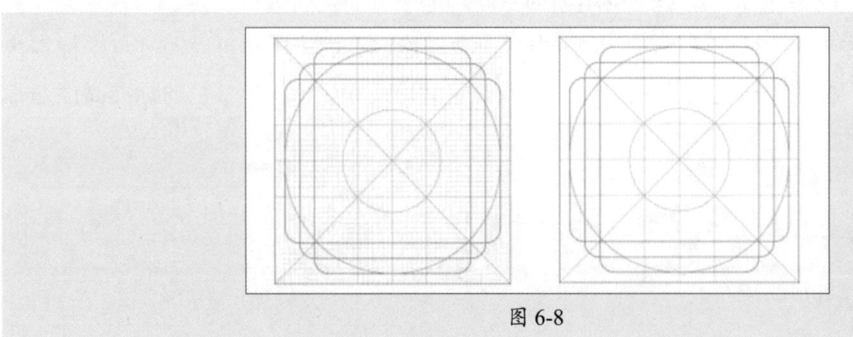

图 6-8

关键线形状是网格的基础。使用这些核心形状作为准则，可以在相关产品图标的设计中保持一致的视觉比例。不同的图标形状其高度和宽度也有所不同，具体如表6-2所示。

表6-2

关键线形状	高度 /px	宽度 /px	关键线形状	高度 /px	宽度 /px
	152	152		176	128
	176	176		128	176

提示 本表格参数基于xxxhdpi（640dpi）192px × 192px创建的网格。

预设的标准已经确定一些明确的关键线：圆形、正方形、矩形、正交线和对角线。这种通用和简单的线框可以统一图标的样式，并规范图标在网格上的位置，如图6-9所示。

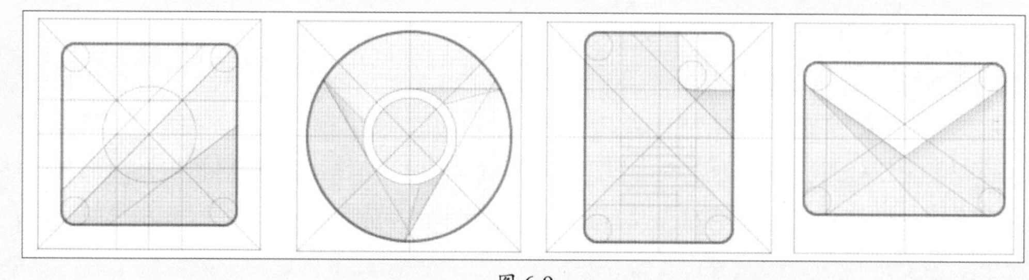

图 6-9

6.3.2 Android系统图标设计

系统图标表示命令、文件、设备或目录，也用于表示常见操作，如删除、打印、保存等。图标在能表达其本意的前提下应尽可能精简，如图6-10所示。

图 6-10

在Material Design中，系统图标以24dp的尺寸显示。创建图标时，图标内容被限制在20dp × 20dp的安全区域内，周围有4dp的边距，如图6-11所示。4dp的空白区域构成内边距，围绕着20dp × 20dp 的安全区域，如图6-12所示。

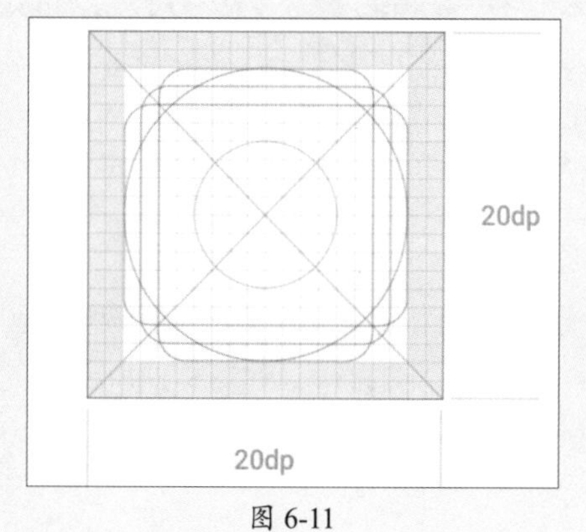

图 6-11

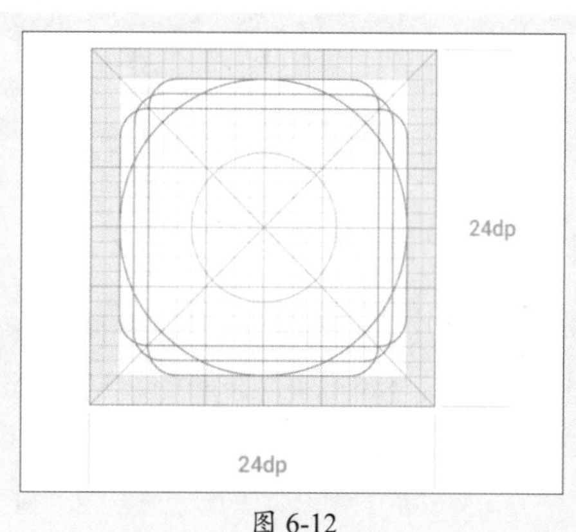

图 6-12

系统图标的关键线形状如表6-3所示。

表6-3

关键线形状	高度 /px	宽度 /px	关键线形状	高度 /px	宽度 /px
	18	18		20	16
	20	20		16	20

在绘制系统图标时，所有的笔画都需保持在2dp的宽度，包括曲线、斜线以及内部和外部的描边。在图标的外形轮廓上使用2dp的圆角半径，拐角的内部则为正方形，如图6-13所示。在极端情况下，需要进行细微的调整以保证图标的可读性。当出现不可避免的复杂细节时，需要对标准做一些调整。例如，含有多个弯角的图标，可以将2dp的宽度更改为1.5dp。

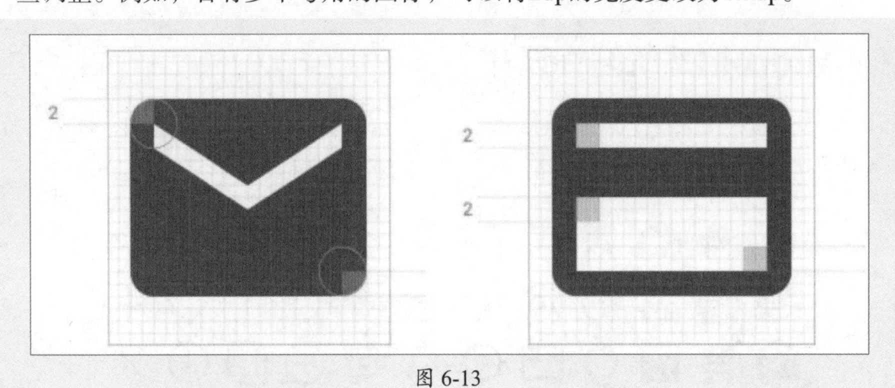

图 6-13

提示 不同分辨率的手机适配不同尺寸的系统图标，换算后的尺寸如下。

- **mdpi（160dpi）：** 24px × 24px；
- **hdpi（240dpi）：** 36px × 36px；
- **xhdpi（320dpi）：** 48px × 48px；
- **xxhdpi（480dpi）：** 72px × 72px；
- **xxxhdpi（640dpi）：** 96px × 96px。

6.4 Android文字设计规范

在Android的用户界面设计中，文字设计规范是确保应用可读性和一致性的重要部分。根据Material Design的指导原则，以下是Android文字设计的主要规范。

6.4.1 文字规范

Android系统中文字体使用思源黑体（Source Han Sans）。该字体有7种字重，包括ExtraLight、Light、Normal、Regular、Medium、Bold以及Heavy，如图6-14所示。英文使用Roboto字体。该字体有6种字重，包括Thin、Light、Regular、Medium、Bold和Black，如图6-15所示。

ExtraLight	思源黑体 Source Han Serif
Light	思源黑体 Source Han Serif
Normal	思源黑体 Source Han Serif
Regular	思源黑体 Source Han Serif
Medium	思源黑体 Source Han Serif
Bold	思源黑体 Source Han Serif
Heavy	思源黑体 Source Han Serif

图 6-14

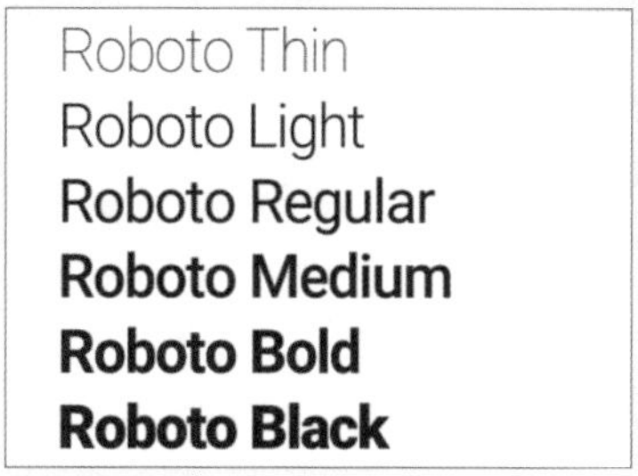

Roboto Thin
Roboto Light
Roboto Regular
Roboto Medium
Roboto Bold
Roboto Black

图 6-15

知识点拨

Roboto是Android上的标准字体。对于未被Roboto覆盖的语言，Google提供了Noto字体。

在Android中，字体的使用规范如表6-4所示。

表6-4

信息层级	字重	字号（sp）	行高（sp）	字间距（sp）
应用程序	Regular	20		
大标题	Regular	24	34	
标题	Medium	20		5
副标题	Regular	16	30	10
正文（主要）	Medium	14	24	10
正文（强调）	Regular	14	26	10
按钮	Medium	14		10
说明	Regular	12		

提示 以上表格中的数值是基于Material Design的一般推荐值，并可能因Android版本、设备制造商或具体应用程序的设计需求而有所差异。因此，在开发过程中，建议根据实际情况进行适当的调整和优化。

6.4.2 文本颜色

在Android应用开发中，文本颜色的选择对于用户界面的可读性和整体美观性至关重要。根据Material Design的指导原则，以下是Android文本颜色的主要规范和使用建议。

1. 文本颜色

- **主文本颜色：** 浅色背景上通常使用深色，如黑色（#000000）或深灰色（#212121）；深色背景通常会柔和一点，如白色（#FFFFFF）和浅灰色（#F5F5F5）。
- **辅助文本颜色：** 用于显示次要信息，通常使用较浅的颜色，如中灰色（#757575）。
- **说明文本颜色：** 用于说明性或辅助性信息，字号较小，颜色更淡，如浅灰色（#BDBDBD）。
- **错误状态文本颜色：** 用于显示错误信息，通常使用红色（#B00020）。
- **成功状态文本颜色：** 用于显示成功或确认信息，通常使用绿色（#388E3C）。
- **警告状态文本颜色：** 用于显示警告或注意信息，通常使用橙色（#FFA000）。

2. 对比度要求

文本颜色和背景颜色之间的对比度对于可读性至关重要。对比度过低会导致文本难以阅读，而对比度过高（例如深色背景上的浅色文本）则可能造成视觉疲劳，如图6-16所示。为了确保文本清晰可读，推荐遵循以下对比度标准。

- **普通文本：**文本与背景之间的对比度应至少为4.5:1。
- **大文本（如标题）：**文本与背景之间的对比度应至少为3:1。
- **最佳对比度：**为了提供最佳的可读性，推荐的对比度为7:1。

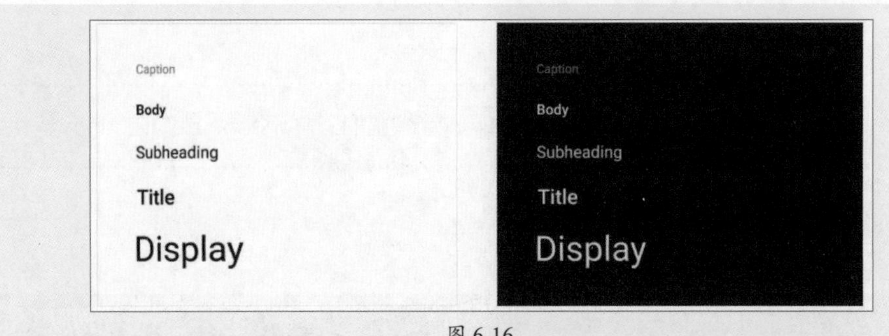

图 6-16

6.5 Android图片设计规范

选择合适的图片格式、了解图片的使用场景以及掌握遮罩的应用技巧，有助于提升用户体验并增强应用的整体质量。

6.5.1 图片的使用场景

在Android应用中，图像的使用场景非常广泛，不同类型的图像可以用来增强用户体验、传达信息和提升视觉吸引力。以下是一些常见的图像使用场景。

1. 应用图标

应用图标是用户接触应用的第一印象，图标需简洁、辨识度高，并在不同平台和屏幕尺寸下保持清晰，以增强品牌识别度，如图6-17所示。

2. 启动画面

启动画面在应用启动时短暂展示，通常是一个图片或动画，旨在减少用户等待时的焦虑感。设计应精美且与应用主题相符，可以加入品牌元素增强品牌印象。

3. 界面背景

背景图像可以增强界面的视觉效果，使其更加美观和引人入胜。应选择合适的背景图像与应用的主题和风格相匹配，避免过于复杂的图案干扰用户的操作。

4. 按钮和控件图标

使用图标代替或辅助文字说明，可以提高界面的可识别性和易用性。例如，下拉状态栏图标能够使用户快速理解功能，提高操作效率，如图6-18所示。

5. 头像和缩览图

头像和缩览图作为内容的代表，应高清、可缩放，并具备缓存机制以提高加载速度和减少数据消耗，如图6-19所示。尤其在电商应用中，高质量的产品图片尤为重要，能有效提升用户信任感和购买欲望。

图 6-17

图 6-18

图 6-19

6. 产品展示图

在电商应用或产品展示类应用中，高质量的产品图片是吸引用户注意力和促进购买决策的关键因素。清晰且专业的产品图片能够有效提升用户的信任感和购买欲望。

7. 教程和指南插图

使用插图或漫画形式指导用户完成操作或理解应用功能，比纯文本更加直观易懂。这种方式可以提高用户的学习效率，减少使用中的困惑。

8. 加载指示器

在网络请求或数据加载过程中，使用加载指示器（如旋转的图标、进度条等）向用户展示当前状态，提升等待体验。明确的加载状态可以减少用户的不安感。

9. 壁纸和主题

允许用户自定义应用的壁纸和主题，可以满足不同用户的个性化需求，提升用户满意度。提供多种选择能够增强用户的归属感和参与感，如图6-20所示。

图 6-20

6.5.2 图片格式

选择合适的图片格式对应用的性能和加载速度有直接影响。以下是常见的图片格式及其特点。

1. JPEG

JPEG格式为有损压缩格式，适合摄影图片，支持高压缩比，文件较小，但会有一定的质量损失。常用于展示照片和复杂图像，尤其是色彩丰富的图片。

2. PNG

PNG格式为无损压缩格式，支持透明背景，无损压缩，适合图标和简单图形。常适合需要透明度的图像、图标和界面元素。

3. WebP

WebP是由Google开发的一种现代图像格式，支持有损和无损压缩，以及透明度。WebP通常提供比PNG和JPEG更好的压缩率，是Android应用中推荐使用的格式之一。

4. SVG

SVG格式为矢量图形格式，支持缩放而不失真，文件小，适合简单图形和图标。常用于图标、界面元素和简单插图，尤其是在需要高分辨率显示的设备上。

5. GIF

GIF格式支持无损压缩，支持简单动画（但仅限256色），适用于简单的动画效果，如加载动画、表情符号等。

6.5.3 图片遮罩

在Android中，图片遮罩的使用是一种常见的技术手段，用于增强图片的视觉效果、保护图片上的文本或实现特定的UI设计需求。遮罩可以是简单的形状（如圆形、矩形）或复杂的路径。以下是常见的遮罩类型。

- **透明遮罩：** 使用透明度来使部分图像变得透明。
- **形状遮罩：** 使用特定形状（如圆形、星形等）来限制图像的可见区域。
- **渐变遮罩：** 通过渐变效果使图像的某些部分逐渐变得透明。

以渐变遮罩为例。

为了避免条带效应（形成明显的条纹形状），渐变要尽可能长，一般是标准应用栏高度的3倍，渐变的中点在距离暗端3/10处，结束点应设置不透明度为0，如图6-21所示。

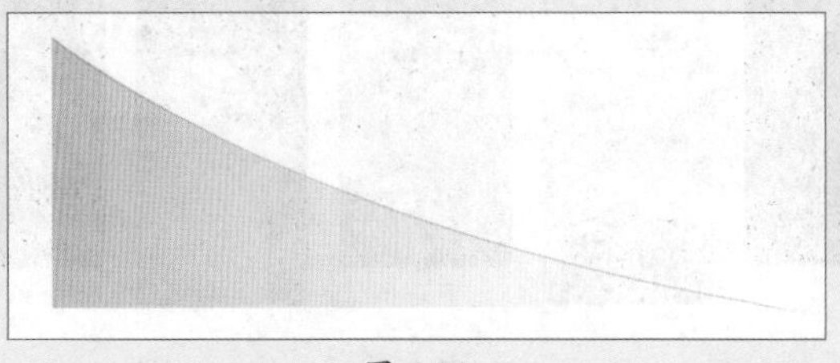

图 6-21

在Android中，基于遮罩颜色与背景颜色的相对亮度，可以将遮罩分为两类：暗色遮罩和亮色遮罩。它们的使用场景、效果以及适用的背景类型有所不同。

1. 暗色遮罩

暗色遮罩指使用较暗的颜色（如黑色、深灰色或深蓝色等）作为渐变遮罩的颜色。这种遮罩通常从完全不透明逐渐过渡到透明，或者从一种较深的颜色渐变到透明。当出现以下场景时，可以使用暗色遮罩。

- **明亮背景：** 在白色或浅色背景上，使用暗色遮罩可以提高文本的对比度，使其更加清晰可读，如图6-22、图6-23所示。
- **复杂图案：** 当背景包含复杂的图案或多种颜色时，暗色遮罩可以帮助文本从背景中分离，减少视觉干扰。
- **夜间模式：** 在设计夜间模式时，暗色遮罩可以与暗色背景搭配，创造舒适的阅读体验。

图 6-22

图 6-23

2. 亮色遮罩

亮色遮罩指使用较亮的颜色，如白色、浅灰色或浅蓝色等作为渐变遮罩的颜色。与暗色遮罩类似，亮色遮罩也可以从完全不透明逐渐过渡到透明，或者从一种较浅的颜色渐变到透明。当出现以下场景时，可以使用亮色遮罩。

- **暗色背景：** 在黑色或深色背景上，使用亮色遮罩可以有效提升文本的可见性，使其在暗环境中依然清晰可读。
- **简约设计：** 在追求简洁、现代的界面设计时，亮色遮罩可以使界面看起来更加干净明亮，如图6-24、图6-25所示。
- **突出信息：** 当需要强调某些重要信息时，亮色遮罩能够吸引用户的注意力，增强视觉冲击力。

图 6-24

图 6-25

6.6 案例实战：设计交通工具类系统图标

本案例利用所学的知识绘制交通工具类图标，涉及到的知识点有文档的创建、参考线的创建、矩形椭圆等几何图形的绘制以及路径的创建与编辑等。下面介绍具体的绘制方法。

1. 绘制图标辅助线

本节创建图标的辅助线。创建文档后，使用直线工具绘制水平、垂直以及对角线，使用矩形工具、椭圆工具绘制圆形、矩形等辅助参考线。

步骤 01 启动Illustrator，单击“新建” 按钮，在弹出的“新建文档”对话框中新建文档，如图6-26所示。

步骤 02 在“属性”面板中单击“网格”按钮显示网格，如图6-27所示。

图 6-26

图 6-27

步骤 03 选择“直线工具”绘制垂直直线，设置水平居中对齐，如图6-28所示。

步骤 04 继续绘制水平直线，设置垂直居中对齐，如图6-29所示。

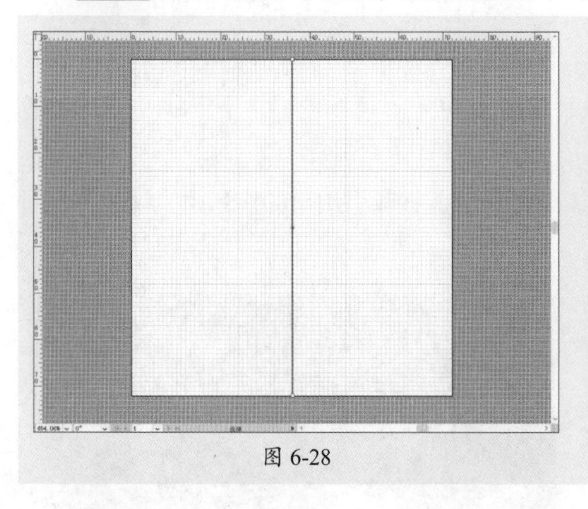

图 6-28

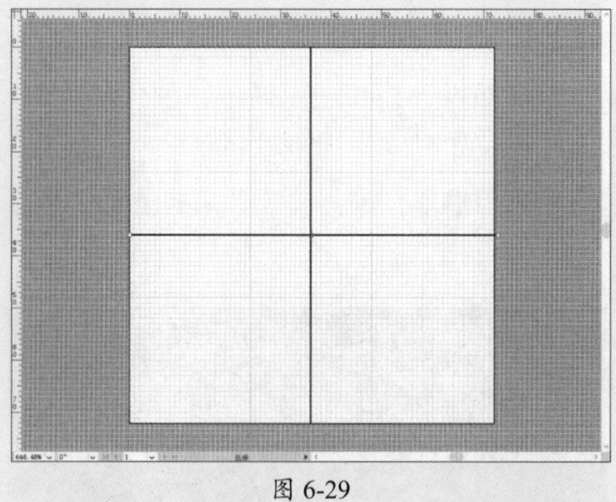

图 6-29

步骤 05 选择“椭圆工具”，在弹出的“椭圆”对话框中设置宽度和高度均为30px，如图6-30所示。

步骤 06 设置水平、垂直居中对齐，如图6-31所示。

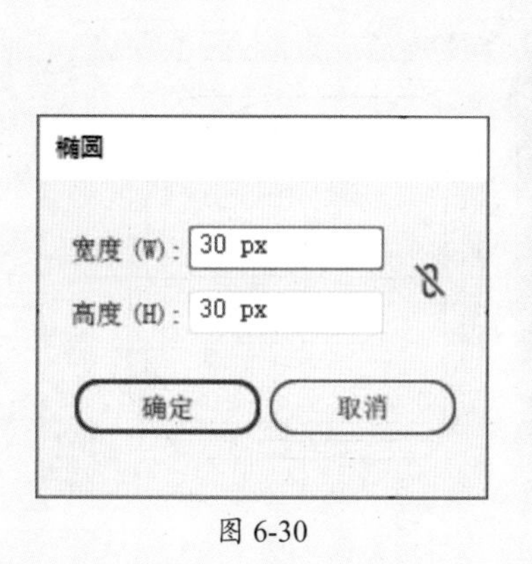

图 6-30

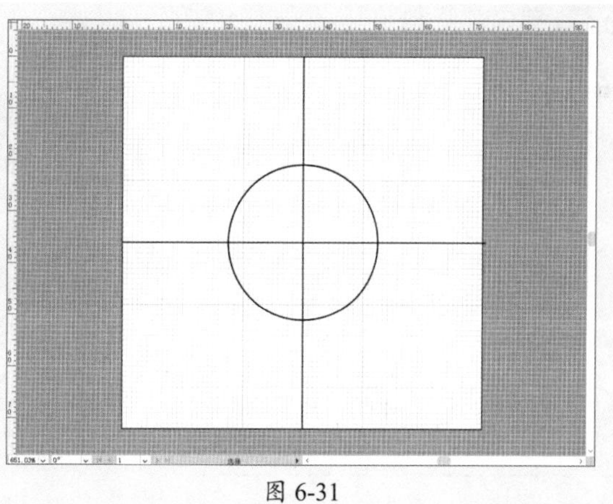

图 6-31

步骤 07 继续绘制宽度和高度均为60px的正圆，如图6-32所示。

步骤 08 使用“矩形工具”，绘制宽度和高度均为54px的正方形，如图6-33所示。

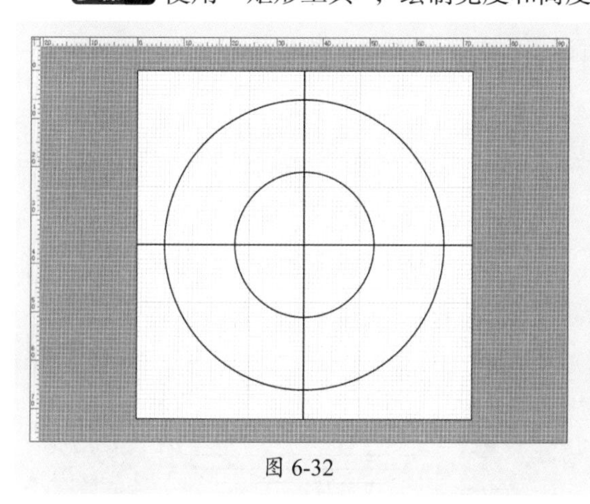

图 6-32

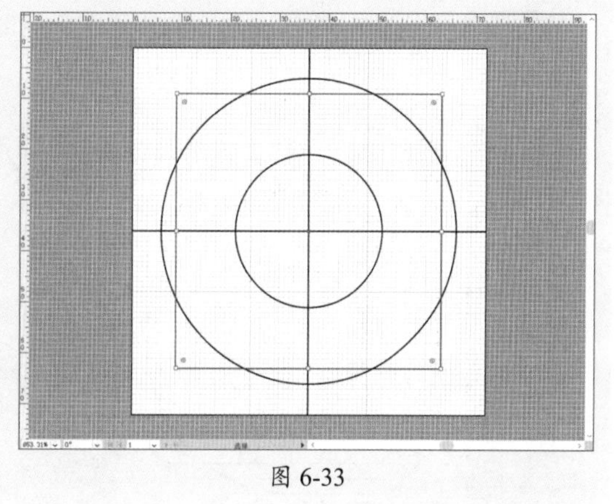

图 6-33

步骤 09 设置圆角半径为6x，如图6-34所示。

步骤 10 绘制宽度为48px，高度60px，圆角半径为6px的垂直长方形，如图6-35所示。

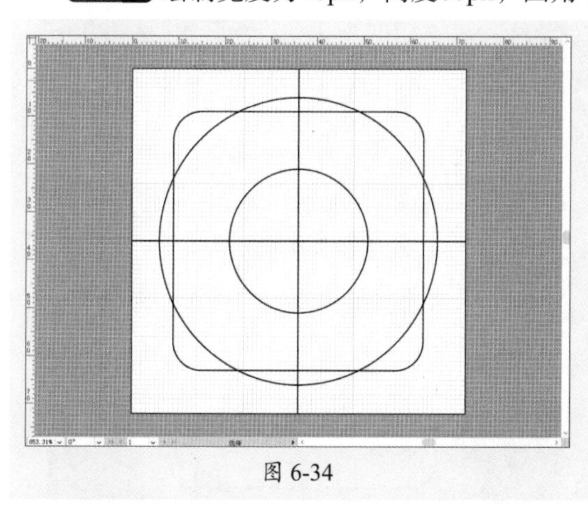

图 6-34

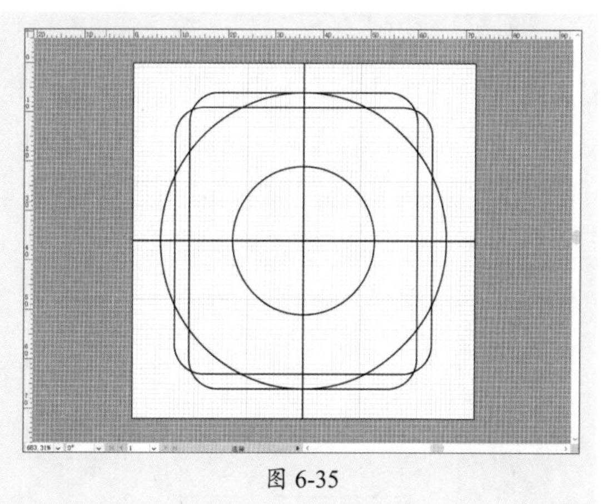

图 6-35

步骤 11 选择垂直长方形，双击“旋转工具”，在弹出的“旋转”对话框中设置参数，如图6-36所示。

步骤 12 单击“复制”，效果如图6-37所示。

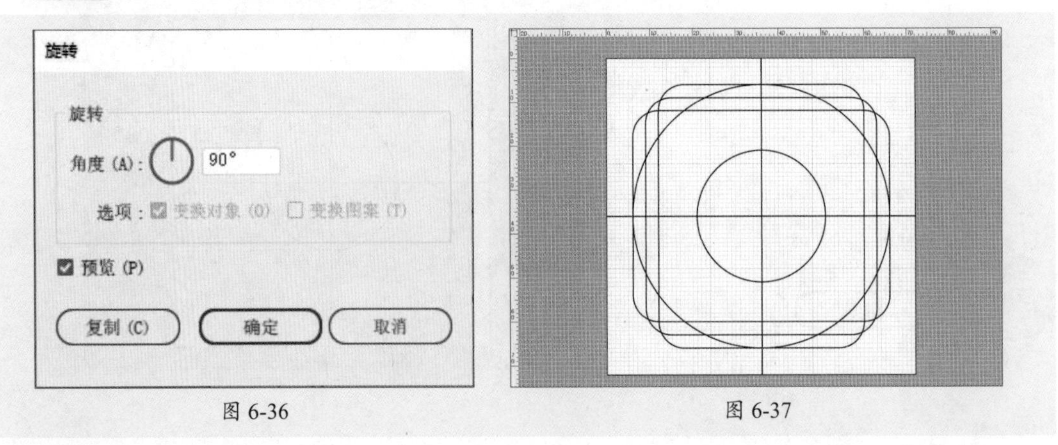

图 6-36　　图 6-37

步骤 13 选择水平居中的垂直直线，按住Alt键移动并复制，向左移动至24px处。继续复制，向右移动至48px处，选中三个垂直直线，调整不透明度为30%，效果如图6-38所示。

步骤 14 使用相同的方法，移动并复制，同时调整水平直线的位置与不透明度，效果如图6-39所示。

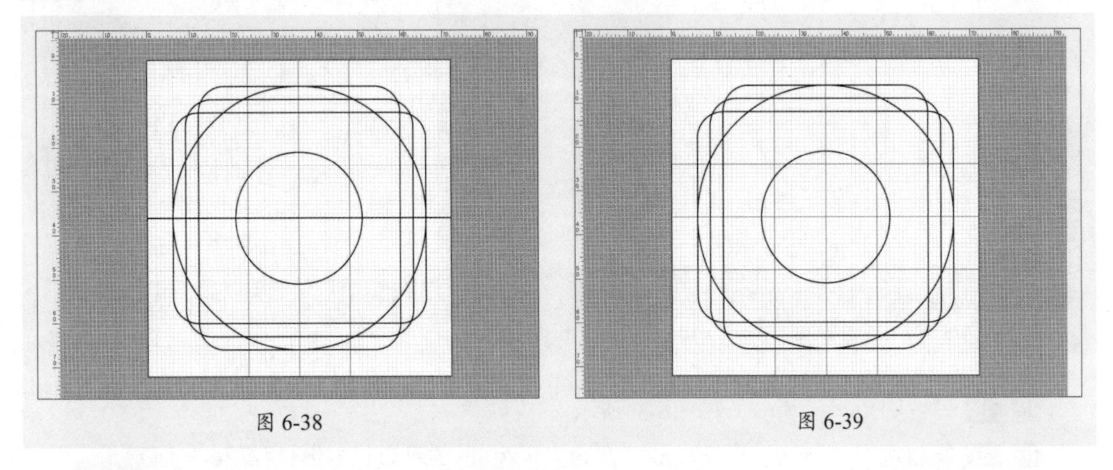

图 6-38　　图 6-39

步骤 15 使用“直线工具”，按住Shift键绘制对角线，不透明度为30%，效果如图6-40所示。

步骤 16 选择内部的正圆，更改不透明度为30%，选中内部正圆、对角线、水平与垂直参考线，按Ctrl+G组合键编组，按Shift+Ctrl+[组合键置于底层，效果如图6-41所示。

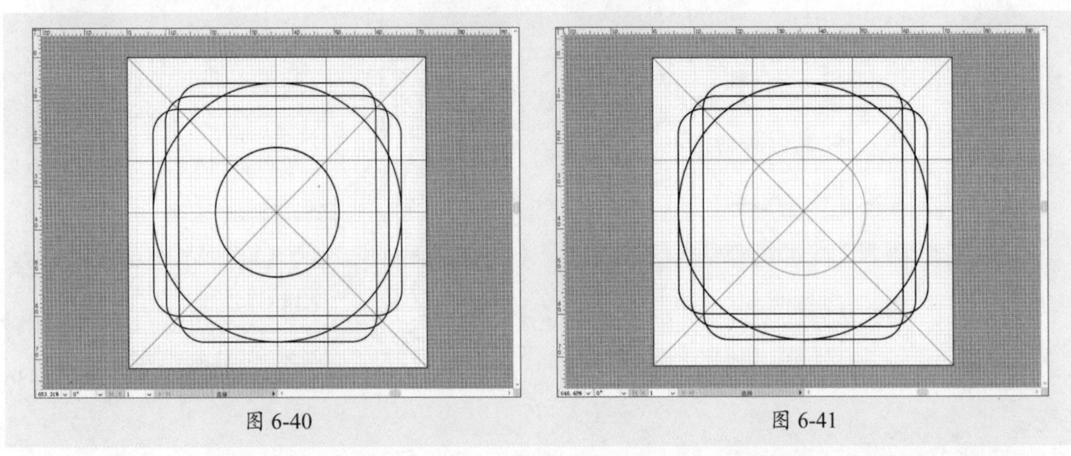

图 6-40　　图 6-41

步骤 17 选中外部正圆与三个圆角矩形，调整不透明度为50%，按Ctrl+G组合键编组，效果如图6-42所示。

步骤 18 按Ctrl+A组合键全选，按Ctrl+G组合键编组，更改不透明度为50%，按Ctrl+2组合键锁定，效果如图6-43所示。

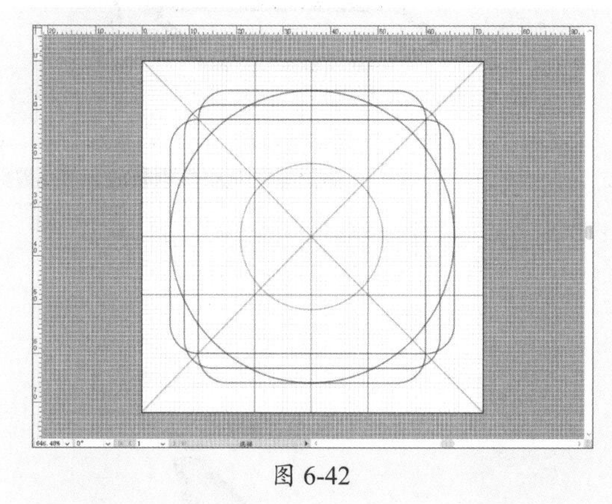

图 6-42

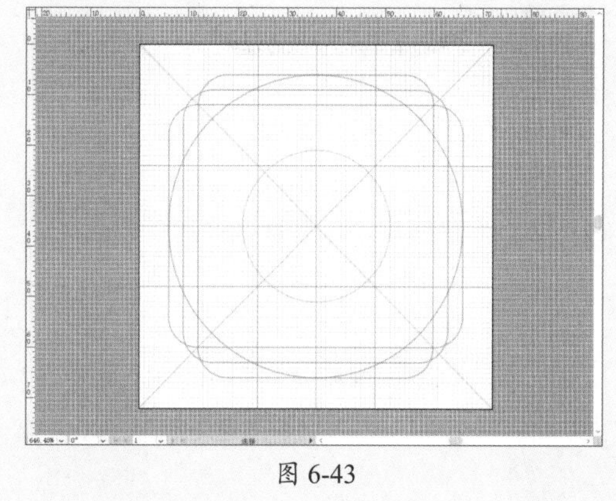

图 6-43

2. 绘制交通类图标

本节绘制常见的交通类图标。使用钢笔工具、矩形工具、椭圆工具以及直线工具绘制路径形状，使用剪刀工具以及路径查找器工具编辑路径，使用填充与描边功能装饰路径与形状。

步骤 01 选择“钢笔工具”绘制路径，设置描边为2pt，如图6-44所示。

步骤 02 单击“描边”设置参数，效果如图6-45所示。

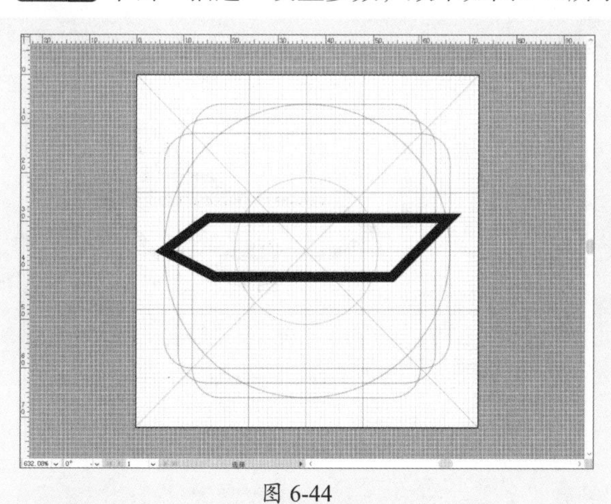

图 6-44

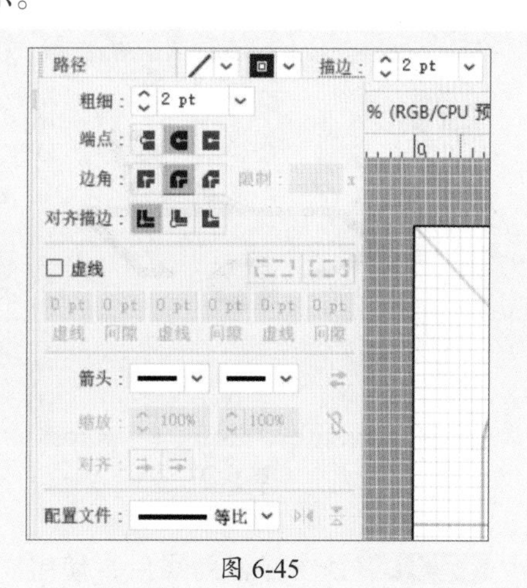

图 6-45

步骤 03 应用效果如图6-46所示。

步骤 04 使用“剪刀工具”剪切路径，效果如图6-47所示。

步骤 05 按Delete键删除路径，如图6-48所示。

步骤 06 选择“钢笔工具”绘制闭合路径，描边为2pt，填充颜色（#2196F3），效果如图6-49所示。

步骤 07 继续绘制路径，如图6-50所示。

步骤 08 按Ctrl+A组合键全选，按Ctrl+G组合键编组，设置居中对齐，效果如图6-51所示。

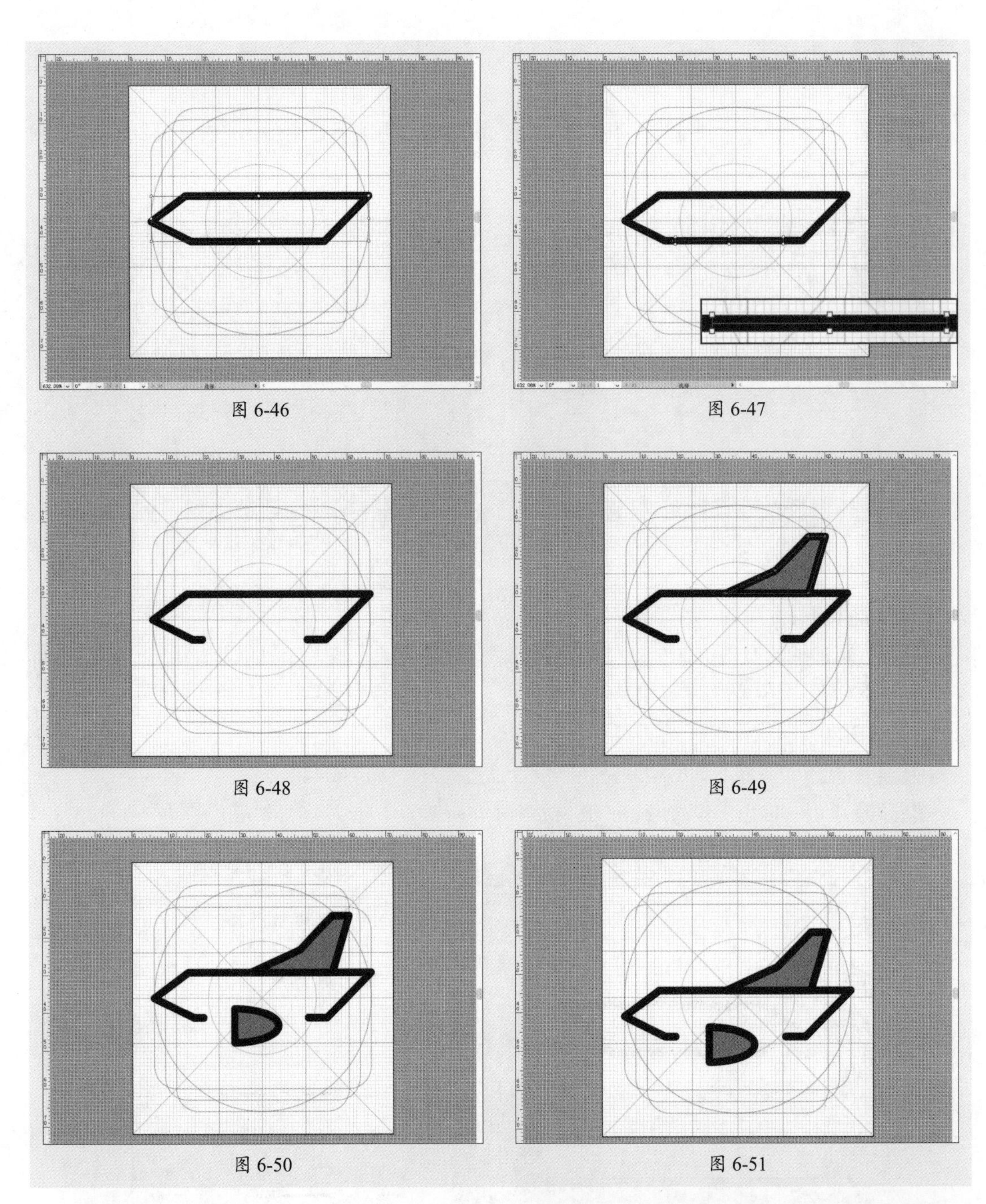
图 6-46

图 6-47

图 6-48

图 6-49

图 6-50

图 6-51

步骤 09 解锁图标辅助线后，使用“画板工具”，按住Alt键移动并复制，删除第2个画板中图标组后，按Ctrl+2组合键锁定图层，如图6-52所示。

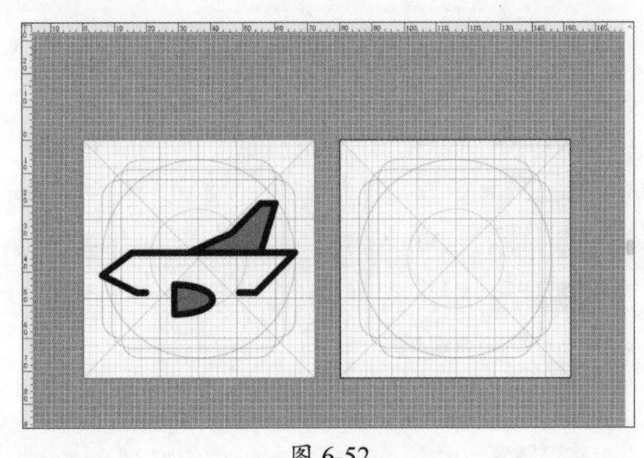
图 6-52

步骤 10 选择“矩形工具”绘制高45px，宽25px的矩形，如图6-53所示。按住Alt键移动并复制矩形，更改高度为20px，调整位置后更改填充颜色，如图6-54所示。

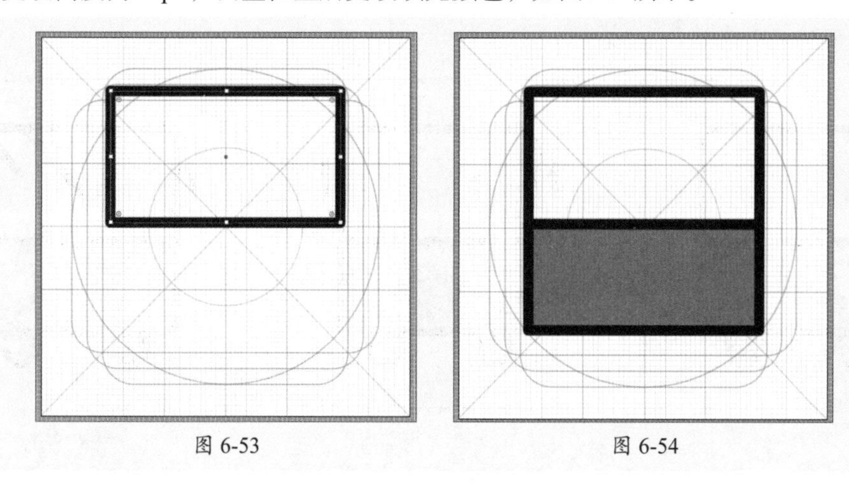

图 6-53　　图 6-54

步骤 11 更改左下和右下的圆角半径为2px，如图6-55所示。

步骤 12 选择“矩形工具”绘制宽高各为7px的正方形，如图6-56所示。

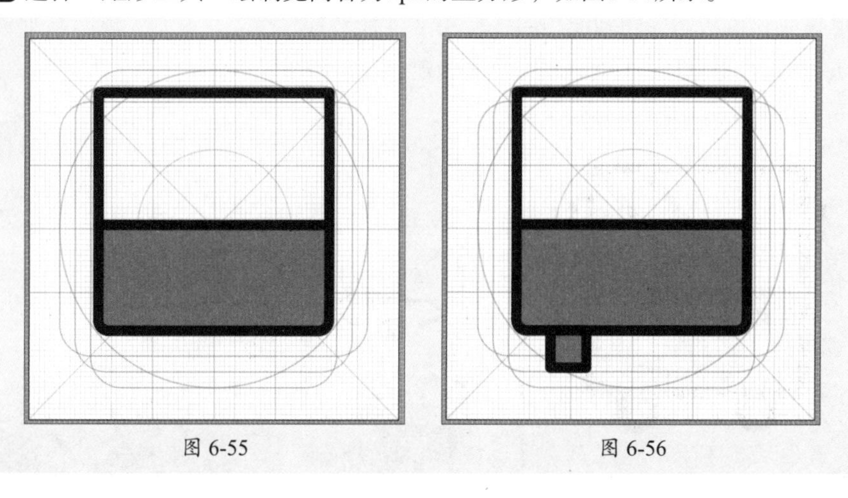

图 6-55　　图 6-56

步骤 13 调整左下和右下的圆角半径，效果如图6-57所示。选择“镜像工具”，按住Alt键将中点调整为中线，垂直镜像反转，单击“复制”按钮，效果如图6-58所示。

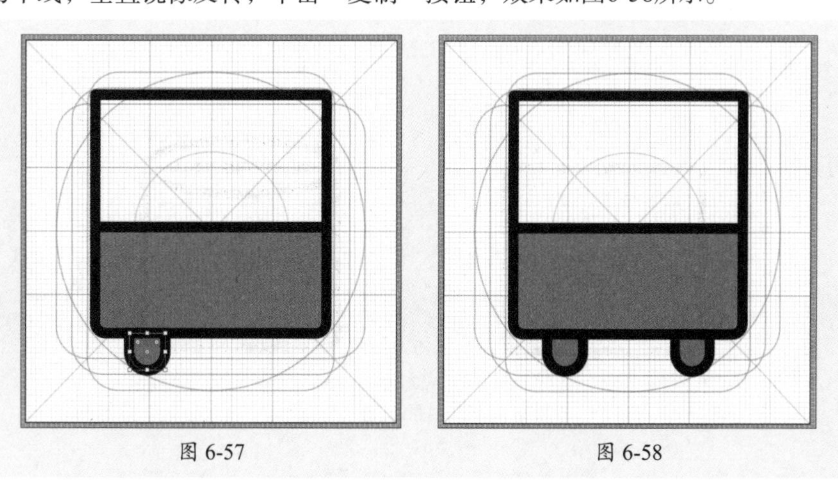

图 6-57　　图 6-58

步骤 14 在两个车轮的上方绘制宽高各为2px的正圆，填充为白色，描边为无，效果如图6-59所示。选择“直线工具”，绘制两个高为6px的直线，分别置于主体两侧，效果如图6-60所示。继续绘制两条长短不一的直线，效果如图6-61所示。

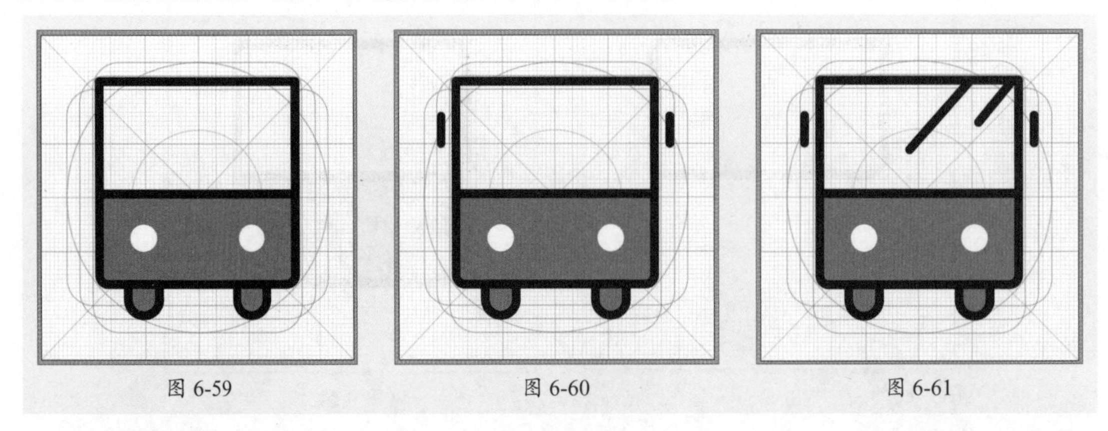

图 6-59　　图 6-60　　图 6-61

步骤 15 选择上方的矩形，更改左上和右上的圆角半径为2px，选中该画板中的所有路径形状，按Ctrl+G组合键编组，如图6-62所示。

步骤 16 解锁该画板图标辅助线图层，使用“画板工具”移动并复制，删除新画板上的图标图层，按Ctrl+A组合键全选，按Ctrl+2组合键锁定，效果如图6-63所示。

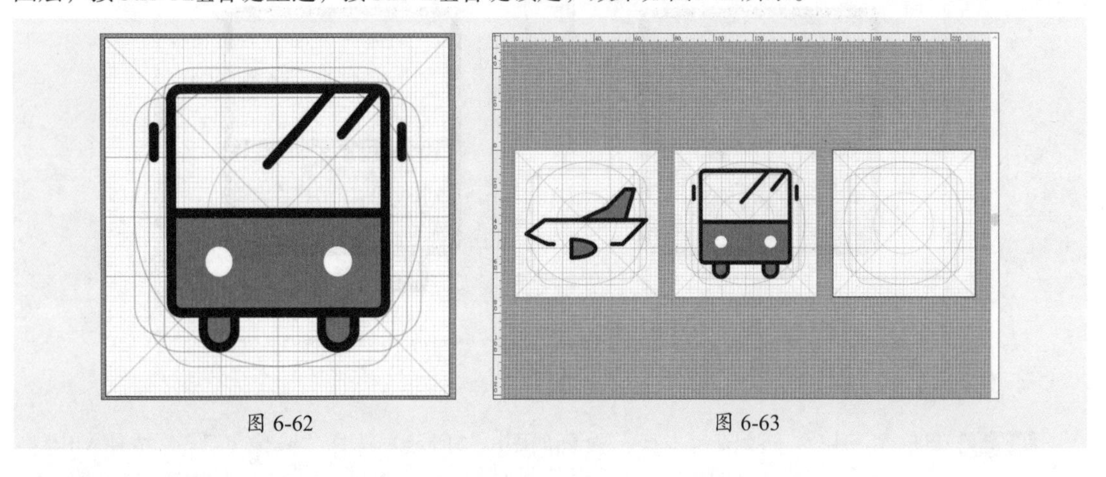

图 6-62　　图 6-63

步骤 17 选择“矩形工具”绘制宽44px，高40px，左下和右下圆角为2px的矩形，如图6-64所示。选择“椭圆工具”绘制宽44px，高12px的椭圆，效果如图6-65所示。

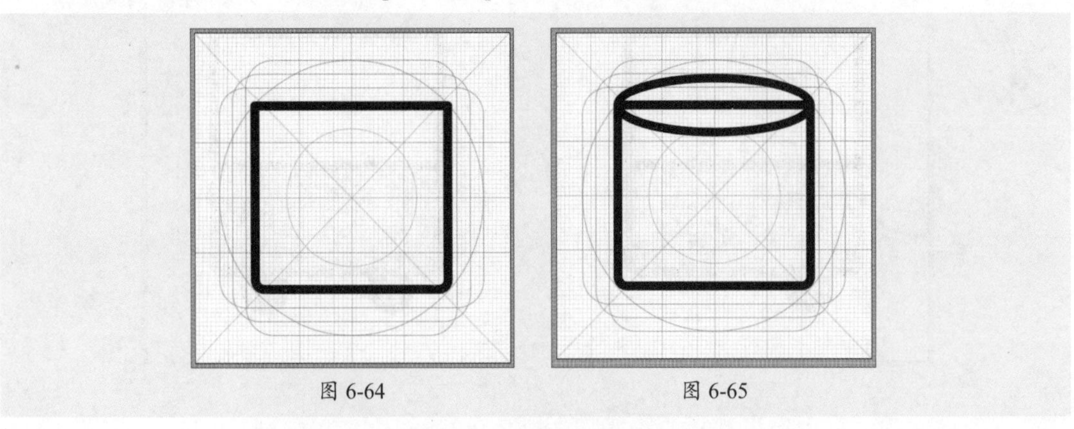

图 6-64　　图 6-65

步骤 18 选择矩形和椭圆，在“属性”面板中单击“联集”按钮，效果如图6-66所示。

步骤 19 选择“矩形工具”，绘制宽44px，高20px的矩形并填充颜色，效果如图6-67所示。

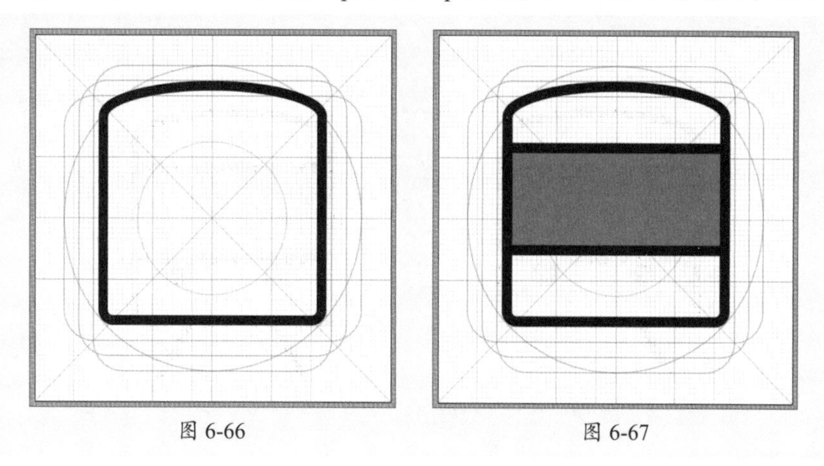

图 6-66　　图 6-67

步骤 20 选择“直线工具”绘制高度为18px的直线，单击“描边”设置参数，如图6-68所示。

步骤 21 效果如图6-69所示。

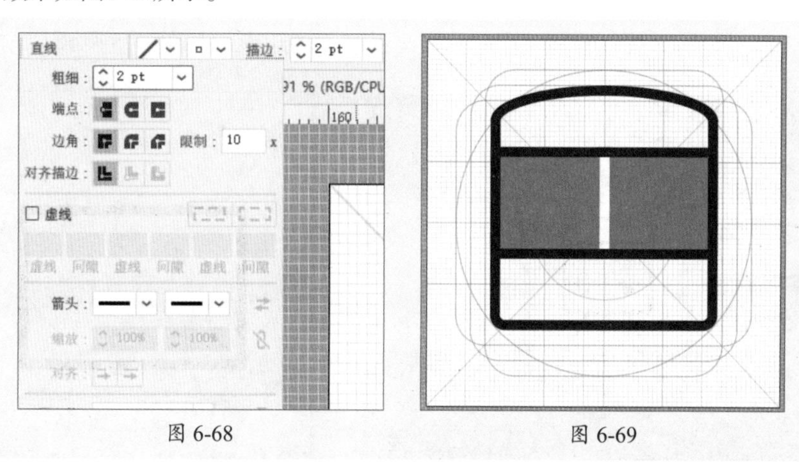

图 6-68　　图 6-69

步骤 22 选择“矩形工具”绘制宽高各为6px矩形，描边为无，调整左下和右下的圆角，按住Alt键移动并复制，效果如图6-70所示。

步骤 23 整体向上移动，效果如图6-71所示。

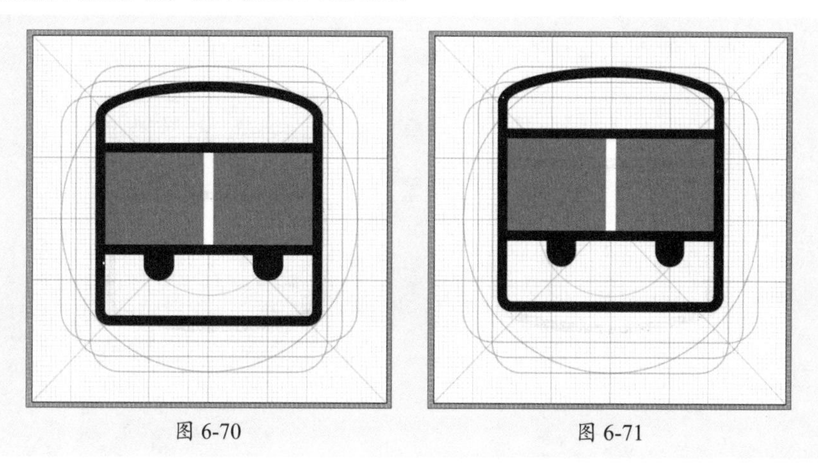

图 6-70　　图 6-71

步骤 24 选择“直线工具”绘制直线，效果如图6-72所示。

步骤 25 选择“镜像工具”，按住Alt键将中点调整为中线，垂直镜像反转，单击“复制”按钮，效果如图6-73所示。

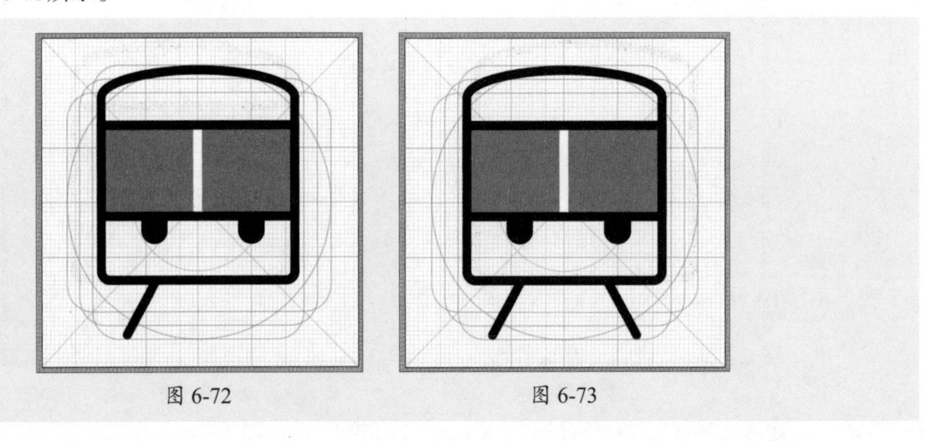

图 6-72　　图 6-73

步骤 26 按Ctrl+A组合键编组，按Ctrl+2组合键锁定。在“图层”面板中解锁最底层图层（图标辅助线），使用“画板工具”移动并复制，效果如图6-74所示。

步骤 27 选择“矩形工具”绘制宽度44px，高度30px的矩形，如图6-75所示。

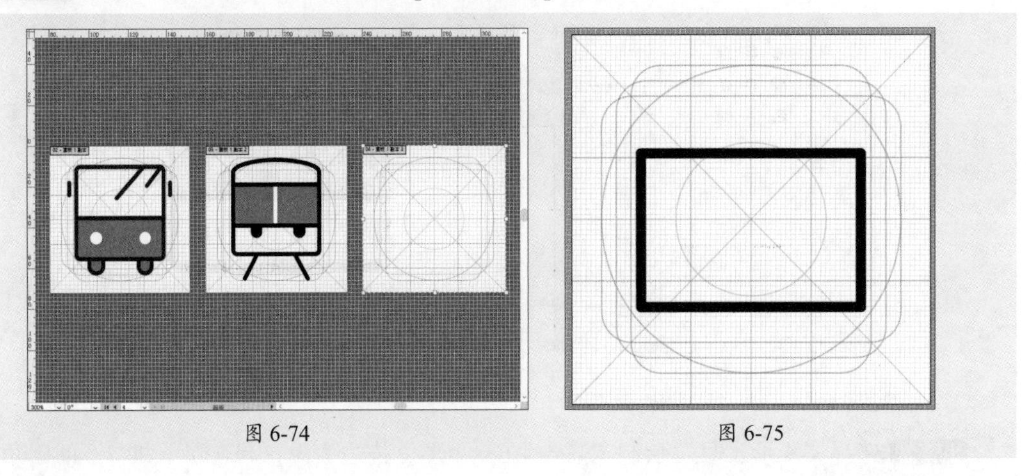

图 6-74　　图 6-75

步骤 28 使用“弯度钢笔工具”，在底部中点处添加锚点，向下拖动，效果如图6-76所示。

步骤 29 按住Alt键移动，垂直翻转后调整高度以填充颜色，效果如图6-77所示。

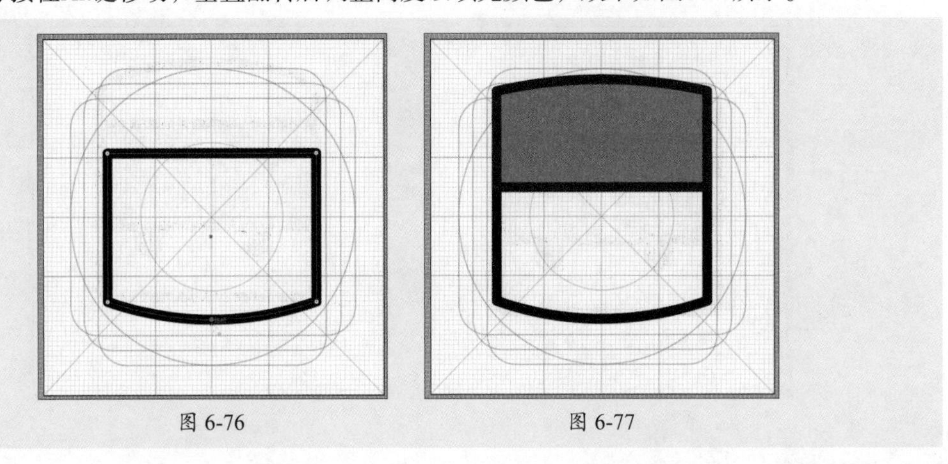

图 6-76　　图 6-77

步骤 30 使用相同的方法调整显示，效果如图6-78所示。

步骤 31 选择“直线工具”绘制直线，更改描边颜色为白色，效果如图6-79所示。

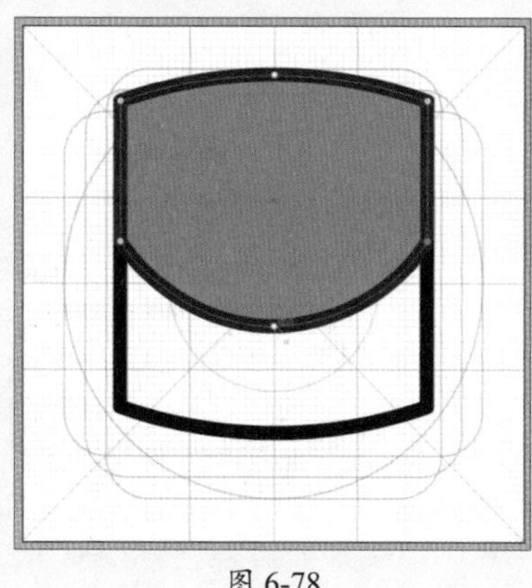

图 6-78

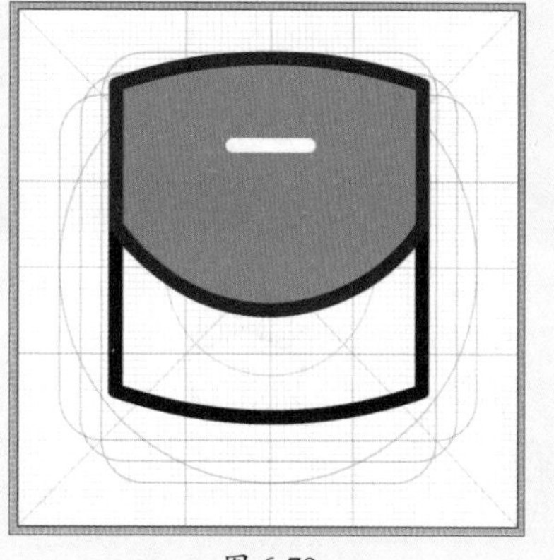

图 6-79

步骤 32 使用“椭圆工具”绘制宽高各为4px的正圆，效果如图6-80所示。

步骤 33 使用“直线工具”绘制两条直线，整体调整，效果如图6-81所示。

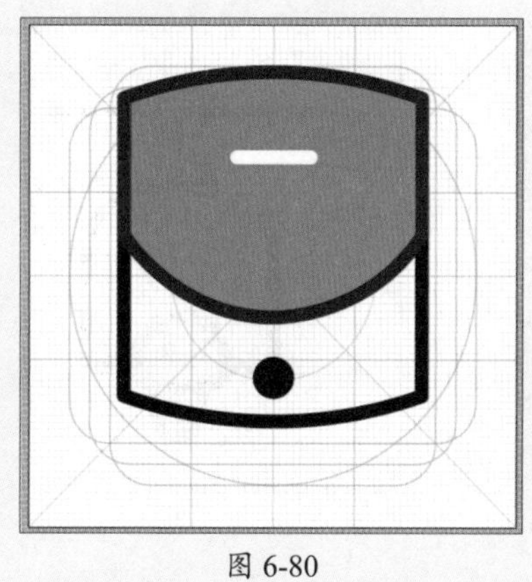

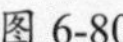

图 6-80

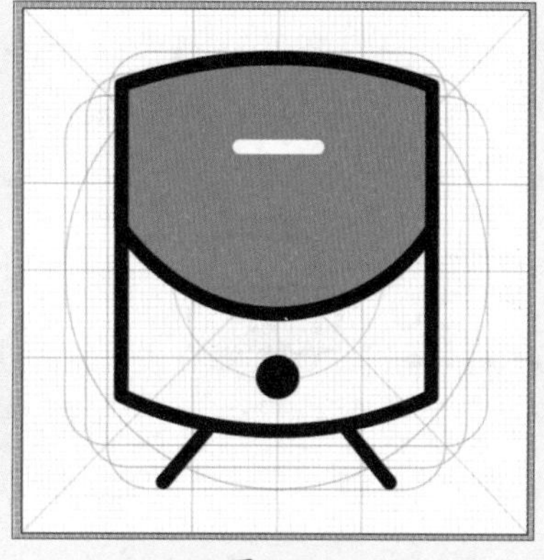

图 6-81

步骤 34 编组后移动并复制画板，删除多余图标，效果如图6-82所示。

步骤 35 使用矩形工具、钢笔工具、弯度钢笔工具以及直线工具绘制路径，按Ctrl+G组合键编组，效果如图6-83所示。

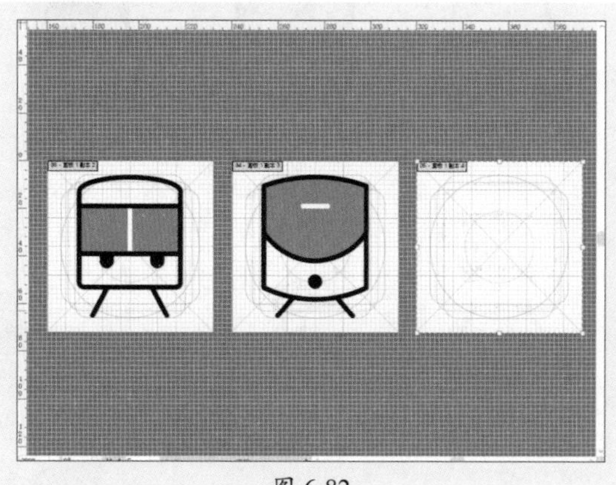

图 6-82

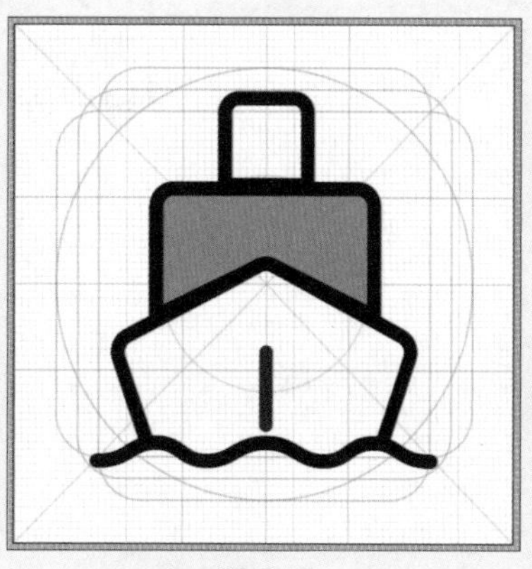

图 6-83

步骤 36 编组后移动并复制画板，删除多余图标，效果如图6-84所示。

步骤 37 使用矩形工具、钢笔工具、弯度钢笔工具以及直线工具绘制路径，按Ctrl+G组合键编组，效果如图6-85所示。

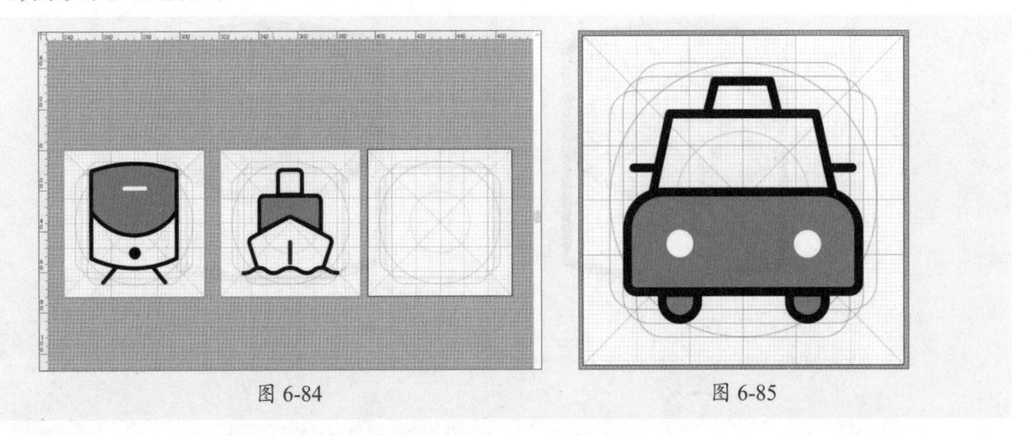

图 6-84　　图 6-85

步骤 38 编组后移动并复制画板，删除多余图标，效果如图6-86所示。使用直线工具、椭圆工具以及矩形工具绘制路径，按Ctrl+G组合键编组，效果如图6-87所示。

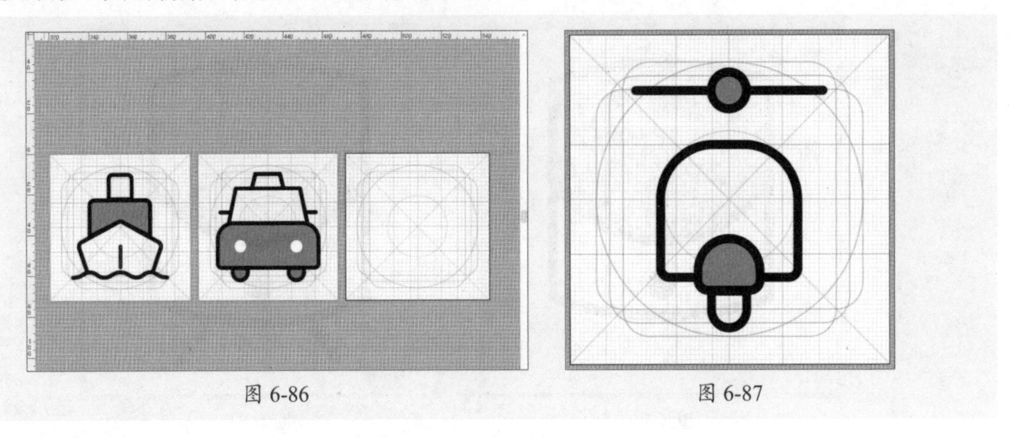

图 6-86　　图 6-87

步骤 39 在“图层”面板中隐藏所有图标辅助线图层，如图6-88所示。

步骤 40 导出图像并重命名，效果如图6-89所示。

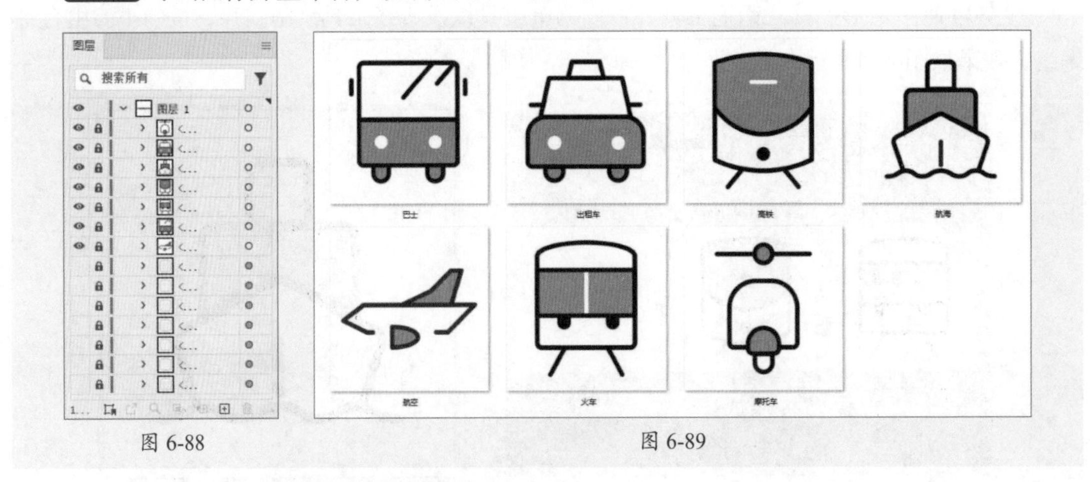

图 6-88　　图 6-89

至此，完成交通类系统图标的绘制。

新手答疑

1. Q：如何开始设计一个 Android 应用的 UI？

A： 开始设计Android应用的UI前，首先应该熟悉Material Design指南，这是Google为Android平台定义的设计语言和原则。从了解色彩、布局、文字样式、图标和动效等基本元素开始，然后根据应用的功能需求草拟界面草图或线框图。最后在Sketch、Adobe XD或Figma等工具中进行详细设计。

2. Q：Android 的常用边距与间距是什么?

A： Android中的常用边距为16dp，与图标或头像相关联的内容的左边距为72dp，如图6-90所示。内容区域之间的间距有4dp、8dp、12dp、16dp以及24dp不等，如图6-91所示。

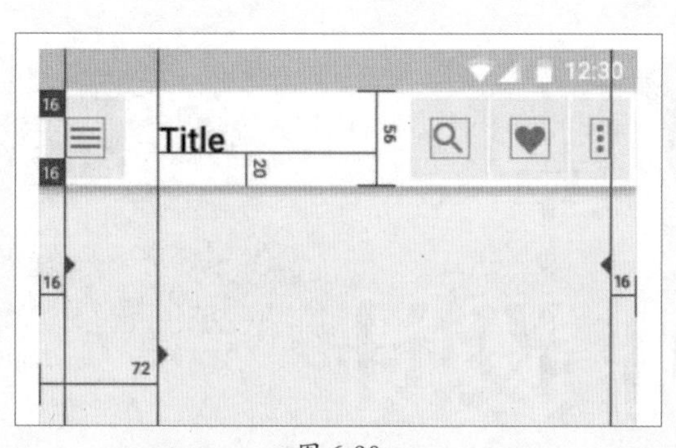

图 6-90

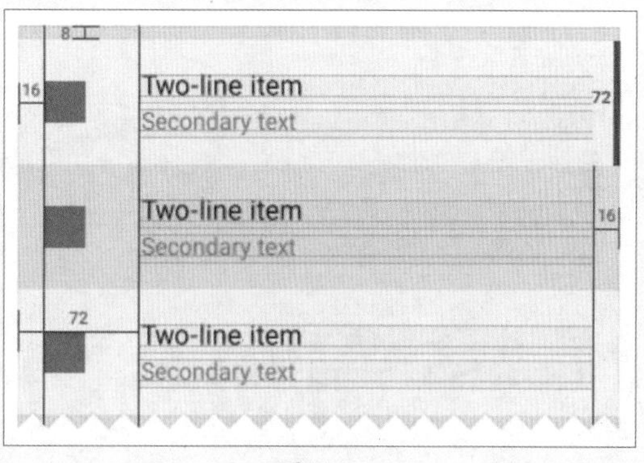

图 6-91

3. Q：系统图标的颜色是什么?

A： 在亮色背景中，被激活图标的标准不透明度为 54%（#000000）。未激活图标的视觉权重较低，不透明度为26%（#000000）。在暗色背景中，被激活图标的标准不透明度为100%（#FFFFFF）。未激活图标的视觉权重较低，不透明度为 30%（#FFFFFF）。

4. Q：文本中的信息层级各指什么?

A： 信息层级用于区分不同类型的信息，帮助用户快速理解内容的结构和重要性。通常，信息层级如下。

- **头条：** 用于最重要的信息，通常是页面的标题或主要内容。
- **标题：** 次重要的信息，用于章节标题或小节。
- **副标题：** 用于补充说明或次要信息。
- **正文：** 主要内容的文本，分为不同的段落和格式。
- **说明：** 用于提供额外信息或解释。
- **按钮：** 用于交互操作的文本。

第7章 iOS UI 设计

iOS UI 设计是为Apple的iOS操作系统创建用户界面的过程。本章对iOS系统的常用单位、界面尺寸规范、图标设计规范、文字设计规范，以及界面设计规范进行讲解，最后通过绘制美食类应用图标进行巩固，以提升设计技能。

7.1 iOS的常用单位

iOS全称为iPhone Operating System，是苹果公司专为其移动设备设计的操作系统。图7-1所示为iOS 18的图标。在iOS开发中，为了适配不同分辨率和屏幕密度的设备，开发者需要使用多种单位描述界面元素的尺寸和位置。

图 7-1

1. pt（points）

pt是iOS开发中的基本单位，用于界面布局设计，有助于实现跨设备的界面一致性。1pt等于1/72英寸。pt是逻辑单位，与设备的物理像素（px）分离。使用pt可以确保在不同分辨率和屏幕尺寸的设备上，界面元素的尺寸保持一致。

2. ppi（Pixels Per Inch）

ppi是屏幕像素密度的度量单位，用于描述屏幕显示效果，有助于评估设备的显示性能。它表示每英寸的像素数量。ppi越高，屏幕显示的图像和文字越清晰。不同设备的ppi值不同，会影响pt与px之间的换算关系。

3. px（Pixels）

px（像素点）是屏幕上的实际像素单位，属于物理量度。它直接对应设备屏幕上的像素点，是衡量屏幕显示效果和进行图像处理的基础单位。在高分辨率设备上，由于ppi的增加，一个pt可能对应多个px，这种对应关系取决于具体设备的ppi值。在iOS开发中，pt和px之间的换算关系取决于设备的屏幕密度（ppi）。以下是一些常见的屏幕密度。

- **标准分辨率（1x）：** 1pt =1px。
- **Retina分辨率（2x）：** 1pt =2px。
- **Super Retina分辨率（3x）：** 1pt =3px。

7.2 iOS界面尺寸规范

在iOS开发中，了解界面尺寸规范和常用设计元素，对于创建一致且美观的用户界面至关重要。图7-2所示为iOS 18系统示意图。

图 7-2

7.2.1 iOS界面尺寸

iOS设备有多种不同的屏幕尺寸和分辨率，设计师和开发者需要了解这些差异以确保应用在所有设备上都能良好显示。iOS常见设备尺寸如表7-1所示。

表7－1

设备名称	屏幕尺寸	像素分辨率	逻辑分辨率	倍率
iPhone14 Pro Max	6.7in	1290px × 2796px	430pt × 932pt	@3X
iPhone14 Plus	6.7in	1284px × 2778px	428pt × 926pt	@3X
iPhone14 Pro	6.1in	1179px × 2556px	393pt × 852pt	@3X
iPhone14/13 Pro	6.1in	1170px × 2532px	390pt × 844pt	@3X
iPhone13 Pro Max	6.7in	1284px × 2778px	428pt × 926pt	@3X
iPhone13 mini	5.4in	1080px × 2340px	375pt × 812pt	@3X
iPhone11 Pro Max	6.5in	1242px × 2688px	414pt × 896pt	@3X
iPhone11	6.1in	828px × 1972px	414pt × 896pt	@2X
iPhoneX/XS	5.8in	1125px × 2436px	375pt × 812pt	@3X

知识点拨

像素分辨率是屏幕在宽度和高度上能够显示的物理像素点的总数。通常以“水平像素数 × 垂直像素数”的形式表示，如1920 × 1080。而逻辑分辨率，是操作系统中用于表示屏幕大小和布局的单位。它不直接对应于物理屏幕上的像素点，而是根据屏幕的物理分辨率和像素密度（DPI或PPI）进行缩放或适配。

7.2.2 iOS的界面结构

在iOS的界面结构中，主要由以下几个组件构成：状态栏、导航栏、标签栏、内容区域和指示器。下面是这些部分的详细介绍。

1. 状态栏

状态栏位于屏幕顶部，用于显示时间、网络状态、电池电量等信息，如图7-3所示。高度通常为20pt（非全面屏）或44pt（全面屏）。

2. 导航栏

导航栏位于状态栏下方，用于显示当前页面的标题和导航按钮，如返回按钮、操作按钮等，如图7-4所示。高度通常为44pt（非全面屏）或88pt（全面屏）。

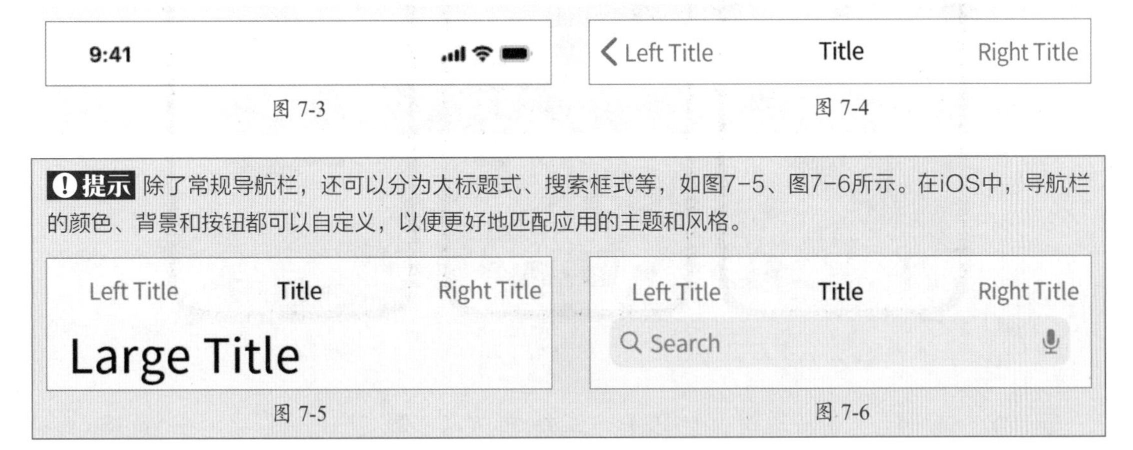

图 7-3　　图 7-4

提示 除了常规导航栏，还可以分为大标题式、搜索框式等，如图7-5、图7-6所示。在iOS中，导航栏的颜色、背景和按钮都可以自定义，以便更好地匹配应用的主题和风格。

图 7-5　　图 7-6

3. 标签栏

标签栏通常位于屏幕的底部，用于提供一组常用的操作或导航选项，如图7-7所示。高度通常为49pt（非全面屏）或98pt（全面屏）。

4. 内容区域

内容区域是应用的主要显示区域，用于显示应用的主要内容，如文本、图像、表格视图等。具体尺寸应该根据屏幕尺寸和设备类型进行自适应布局。

5. 指示器

iPhoneX及其高版本的设备上，会在屏幕底部，标签栏下出现一个长条形指示器，如图7-8所示，高度为34pt。

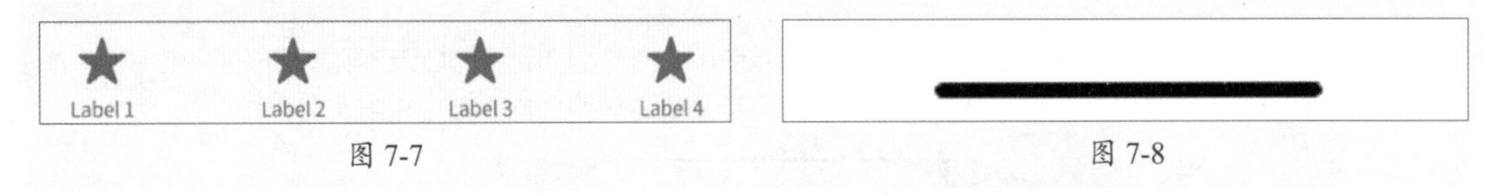

图 7-7　　图 7-8

7.3 iOS图标设计规范

iOS图标设计规范是苹果公司为确保应用图标在视觉上和谐统一，并且在不同尺寸和设备上都能清晰显示而制定的一套指导原则和标准。

7.3.1 iOS应用图标设计

iOS中的应用图标代表一个应用程序，通常出现在iOS主屏幕、App Store、搜索（Spotlight）、设置、通知等场景中，如图7-9所示。

图 7-9

在设计图标时，只需要提供一个1024×1024px的大尺寸版本图标，以显示在App Store。可以让系统将大尺寸图标自动缩小生成其他尺寸的图标。若要自定义该图标在特定尺寸下的外观，可以提供多个版本。图标用途和具体的尺寸倍率如表7-2所示。

表7-2

用途	@2X（px）	@3X（px）
iPhone 上的主屏幕	120×120	180×180
iPad Pro 上的主屏幕	167×167	
iPad、iPad mini 上的主屏幕	152×152	
iPhone、iPad pro、iPad、iPad mini 上的“聚焦”	80×80	120×120
iPhone、iPad pro、iPad、iPad mini 上的“设置”	58×58	87×87
iPhone、iPad pro、iPad、iPad mini 上的“通知”	76×76	114×114

提示 在绘制图标时，可以根据iOS官方模板进行绘制，如图7-10所示。iOS应用图标的透明度为零，图标形状为正方形，系统自动调整图标四角的遮罩。所有平台的应用图标都必须使用PNG格式。

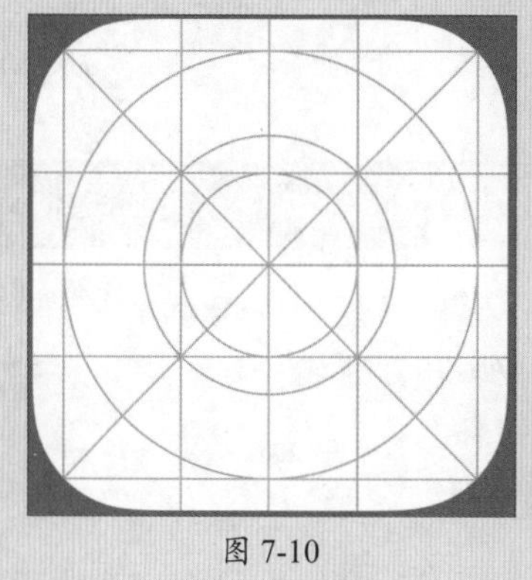

图 7-10

7.3.2 iOS系统图标设计

iOS系统图标是iOS系统中预定义的图标，通常用于表示常见的操作和功能，如图7-11所示。

图 7-11

在系统图标设置中，导航栏和工具栏两处的图标尺寸大小一致，分别为48px × 48px（@2X）和72px × 72px（@3X）。标签栏根据图标的形状和数量，可分为常规标签栏和紧凑型标签栏。在宽度平分的情况下，图标尺寸可设置为60px × 60px。在创建不同形状的标签图标时，其尺寸详情如表7-3所示。

表7-3

图标形状	常规标签栏（像素）	紧凑标签栏（像素）
	50 × 50（@2X）	36 × 36（@2X）
	75 × 72（@3X）	54 × 54（@3X）
	46 × 46（@2X）	34 × 34（@2X）
	69 × 69（@3X）	51 × 51（@3X）
	62（@2X）	46（@2X）
	93（@3X）	69（@3X）
	56（@2X）	40（@2X）
	84（@3X）	60（@3X）

7.4 iOS文字设计规范

iOS文字设计规范是一个涉及多方面的综合体系，旨在确保应用界面的文字能够清晰、准确地传达信息，同时保持良好的视觉效果和用户体验。

7.4.1 系统字体规范

iOS系统默认中文字体是苹方（PingFang SC），如图7-12所示。

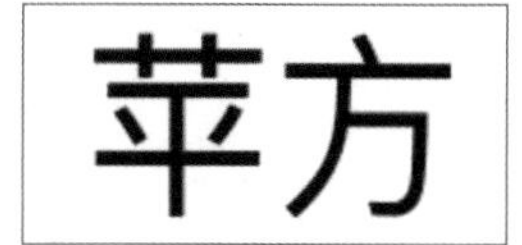

图 7-12

英文则提供两种字样系列，可支持各种不同的粗细、字号、样式和语言。无衬线字体San Francisco（SF）和衬线字体New York（NY），如图7-13、图7-14所示。

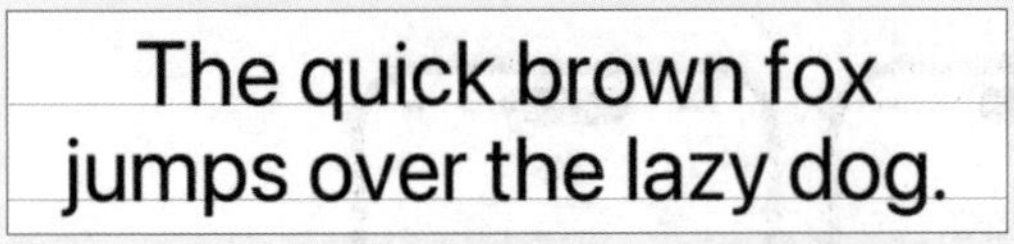

The quick brown fox jumps over the lazy dog.

图 7-13

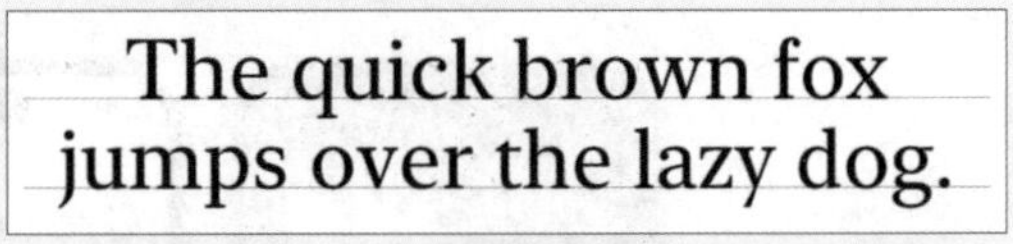

The quick brown fox jumps over the lazy dog.

图 7-14

7.4.2 文字大小

在iOS设计中，字体大小的选择应当基于具体的设计需求和屏幕尺寸，同时考虑信息层级、可读性和美观性，如图7-15、图7-16所示。

图 7-15

图 7-16

各文本样式等参数如表7-4、表7-5所示。

表7-4

信息层级	字重	字号（pt）	行距（pt）	字间距（pt）
大标题	Regular	34	41	11
标题 1	Regular	28	34	13
标题 2	Regular	22	28	16
标题 3	Regular	20	24	19
头条	SemiBold	17	22	-24
正文	Regular	17	22	-24
标注	Regular	16	21	-20
副标题	Regular	15	20	-16
脚注	Regular	13	18	-6
注释一	Regular	12	16	0
注释二	Regular	11	13	6

表7-5

信息层级	字重	字号（pt）	字距（pt）
导航栏标题	Medium	17	0.5
导航栏按钮	Regular	17	0.5
搜索栏	Regular	13.5	0
标签栏按钮	Regular	10	0.1
表格标题	SemiBold	12.5	0.25
表格行	Regular	16.5	0
表格行子行	Regular	12	0
表格页脚	Regular	12.5	0.2
行动表	Regular/Medium	20	0.5

7.4.3 文字颜色

在iOS中，不同类型的文本内容通常会有不同的颜色选择，以符合其语义含义和用户体验。以下是一些常见的文本类型及其推荐的颜色选择。

1. 标题字体颜色

标题用于标题、主标题或重要段落的开头，以吸引用户注意并传达主要信息。

- **浅色背景：**深色，如黑色（#000000）、深灰色（#333333）或根据品牌色调整。
- **深色背景：**浅色，如白色（#FFFFFF）、浅灰色（#CCCCCC、#D3D3D3）等。

2. 正文字体颜色

正文用于文章、说明或列表中的普通文本内容。

- **浅色背景：**黑色（#000000）、深灰色（#333333、#555555）等。
- **深色背景：**白色（#FFFFFF）、浅灰色（#CCCCCC、#E0E0E0）等。

3. 链接与交互文本颜色

可点击的链接、按钮或任何需要用户交互的文本。通常使用品牌色或系统强调色，如蓝色（#007AFF）。

4. 警告和错误文本颜色

显示警告信息、错误消息或需要用户特别注意的文本。可选择红色（#FF0000、#DC143C等）或橙色（#FFA500）等鲜艳的颜色，以引起用户的注意。

5. 成功和信息文本颜色

显示成功消息、提示信息或中性反馈。可选择绿色（#00FF00、#2ECC71）、蓝色（#5AC8FA），或浅灰色（#777777），以提供清晰的反馈而不引起过多注意。

7.5 iOS界面设计规范

在iOS界面设计中，遵循规范和最佳实践，确保应用程序的界面美观且易于使用。以下是一些关键的设计规范，包括全局边距、卡片间距、内容布局以及图片比例。

7.5.1 全局边距

全局边距是指应用界面中各个元素与屏幕边缘之间的固定距离，如图7-17所示。根据不同的设计需求和屏幕尺寸，全局边距的数值会有所不同，以@2x为基准，常见的值有20px、24px、30px、32px。

> **提示** 安全区是屏幕上的一个矩形区域。该区域内的内容可以安全地放置界面元素，而不会被系统UI元素（如导航栏、标签页栏、灵动岛、指示器等）遮挡。

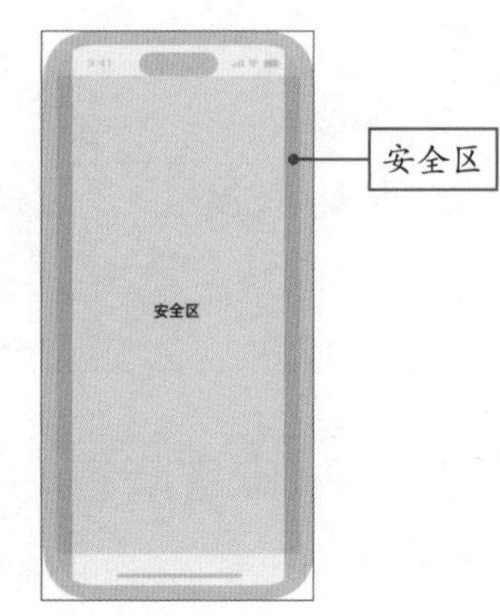

图 7-17

7.5.2 卡片间距

间距是界面中各元素之间的距离，用于控制界面布局的紧凑度和可读性。间距包括元素之间的水平间距和垂直间距，用于控制按钮、文本、图像等元素之间的距离，确保界面不显得过于拥挤或松散，如图7-18所示。以@2x为基准，常见的间距值有16px、20px、24px、40px等。卡片内部内容应保持一致的内边距，通常为16px，确保卡片内容与卡片边缘之间有足够的空间，提升阅读体验。

图 7-18

7.5.3 内容布局

内容布局是指在界面中组织和排列内容，以确保内容易于阅读和操作。常见的布局方式包括网格布局、列表布局和卡片布局。

1. 网格布局

网格布局将界面划分为多个大小相等或不等的矩形区域（称为网格单元），并将内容元素按照一定规则放置在这些网格单元中。适用于展示大量内容且希望保持整洁、有序布局的场景，如图片画廊、商品展示等，如图7-19所示。该布局具有以下特点。

- **灵活性：** 网格布局能够灵活地适应不同屏幕尺寸和方向，通过调整网格单元的大小和数量优化布局。
- **组织性：** 网格布局能够清晰地组织内容，使用户能够快速找到所需信息。
- **视觉平衡：** 通过精心设计的网格系统，可以实现视觉上的平衡。

2. 列表布局

列表布局将内容元素以垂直或水平列表的形式呈现。每个元素通常占据一行或一列的空间，适用于展示一系列相关信息的场景，如消息列表、联系人列表、商品分类列表等，如图7-20所示。该布局具有以下特点。

- **简洁性：** 列表布局简洁明了，能够清晰地展示信息层次结构。
- **可读性：** 通过合理的排版和间距设置，可以提高列表内容的可读性。
- **可扩展性：** 列表布局具有良好的可扩展性，可以轻松地添加或删除元素。

3. 卡片布局

卡片布局将内容元素封装在独立的卡片状容器中。每个卡片包含一块完整的信息区域，并与其他卡片保持一定的间距。卡片布局适用于展示具有独立性且信息量适中内容的场景，如新闻摘要、应用推荐、产品展示等，如图7-21所示。该布局具有以下特点。

- **聚焦性：** 卡片布局能够突出显示每个卡片的内容，使用户更容易集中注意力。
- **灵活性：** 卡片的大小、形状和排列方式可以根据需要进行调整，以适应不同的设计需求。
- **互动性：** 卡片布局通常与触摸操作相结合，用户可以通过点击或滑动卡片与内容进行交互。

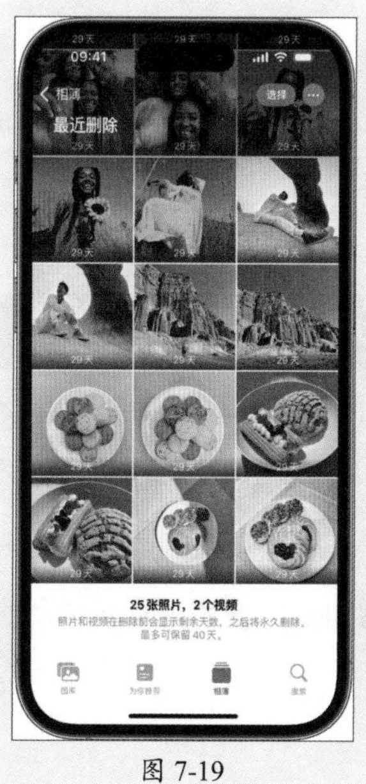

图 7-19

图 7-20

图 7-21

7.5.4 图片比例

在iOS中，正确的图片比例可以确保应用在不同设备和屏幕尺寸上都能保持良好的视觉效果和用户体验。不同的比例适用于不同的应用场景和需求，常见的图片比例有1：1、3：2、4：3、16：9等，如图7-22所示。

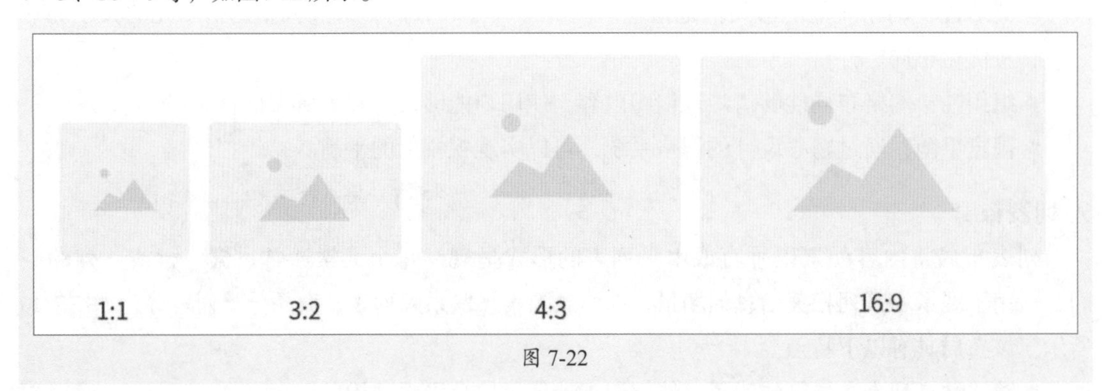

图 7-22

1. 1：1（正方形）

1：1比例图像具有简洁、对称的特点，能够吸引用户的注意力，常用于图片分享、社交媒体平台头像、缩览图以及推荐类的图片列表中。

2. 3：2

3：2比例图像能够提供适中的画面视野，既不会让画面显得过于拥挤也不会过于空旷，被广泛应用于摄影和美食等领域的图片分享中。

3. 4：3

4：3比例图像具有良好的画面质量和更加真实的感觉，能够更好地呈现照片的细节和构图效果，特别是在人像和风景摄影中。常被用于视频播放、游戏界面、PPT演示等场景。

4. 16：9

16：9 比例图像更符合人眼的视觉感受，能够在较短的空间内展示更多的内容，同时给人一种视觉宽广的感受。常被用于视频、电影和游戏等领域，也适用于广告、互联网传媒等新媒体场景。

7.6 案例实战：设计美食类应用图标

本案例利用所学的知识绘制美食类应用图标，涉及的知识点有文档的创建、参考线的创建、矩形椭圆等几何图形的绘制以及路径的创建与编辑等。下面介绍具体的绘制方法。

1. 绘制图标辅助线

本节创建图标的辅助线。创建文档后，借助网格与置入的图像，使用矩形工具、椭圆工具以及直线工具绘制圆形、矩形、对角线等辅助参考线。

步骤 01 启动Illustrator，单击“新建” 新建 按钮，在弹出的“新建文档”对话框中新建文档，如图7-23所示。

步骤 02 在“属性”面板中单击“网格”按钮显示网格，如图7-24所示。

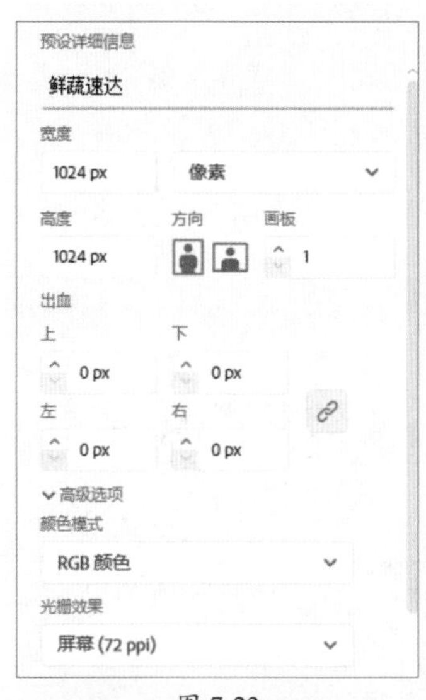

图 7-23

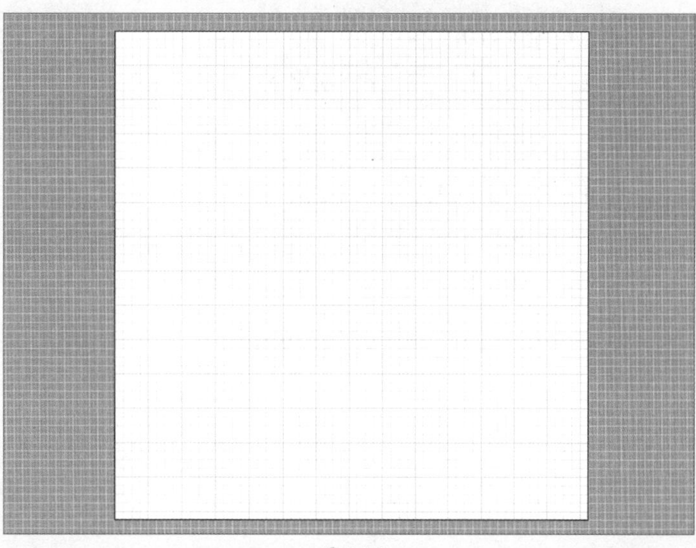

图 7-24

步骤 03 按Ctrl+K组合键，在弹出的“首选项”对话框中选择“参考项和网格”选项，设置网格间隔和次分割线，如图7-25所示。

步骤 04 应用效果如图7-26所示。

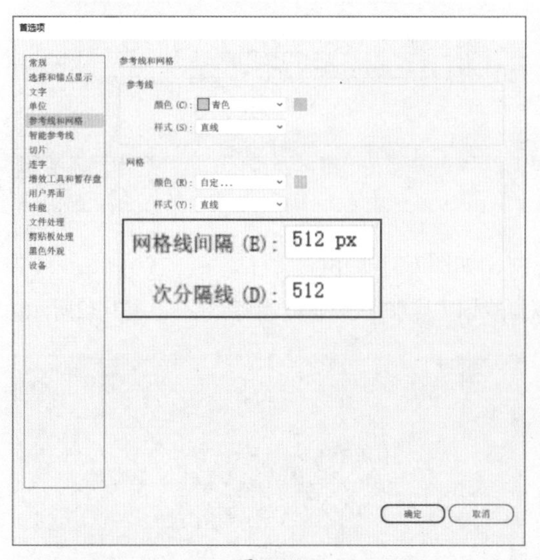

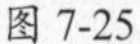

图 7-25

图 7-26

步骤 05 置入素材，分别单击“水平居中对齐”按钮和“垂直居中对齐”按钮，如图7-27所示。

步骤 06 调整不透明度为50%，按Ctrl+2组合键锁定图层，如图7-28所示。

步骤 07 选择“矩形工具”绘制矩形，描边为2pt，如图7-29所示。

步骤 08 继续绘制矩形，如图7-30所示。

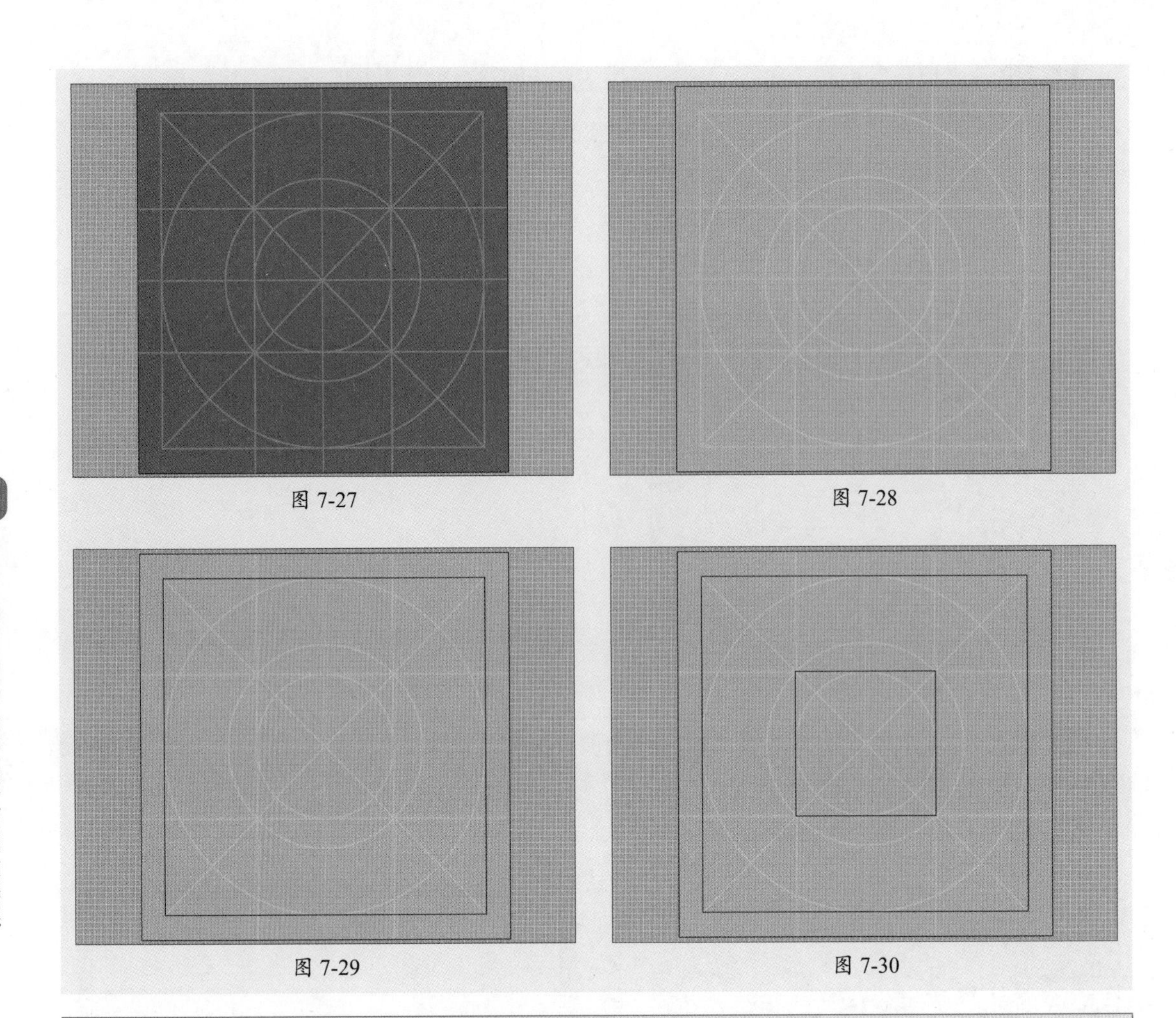
图 7-27　　图 7-28　　图 7-29　　图 7-30

❶提示 置入的图为iOS官方App Store图标参考线。

步骤09 选择“椭圆工具”绘制大小不一的正圆，如图7-31所示。

步骤10 选择“直线工具”，按住Shift键绘制对角线以及水平、垂直参考线，如图7-32所示。

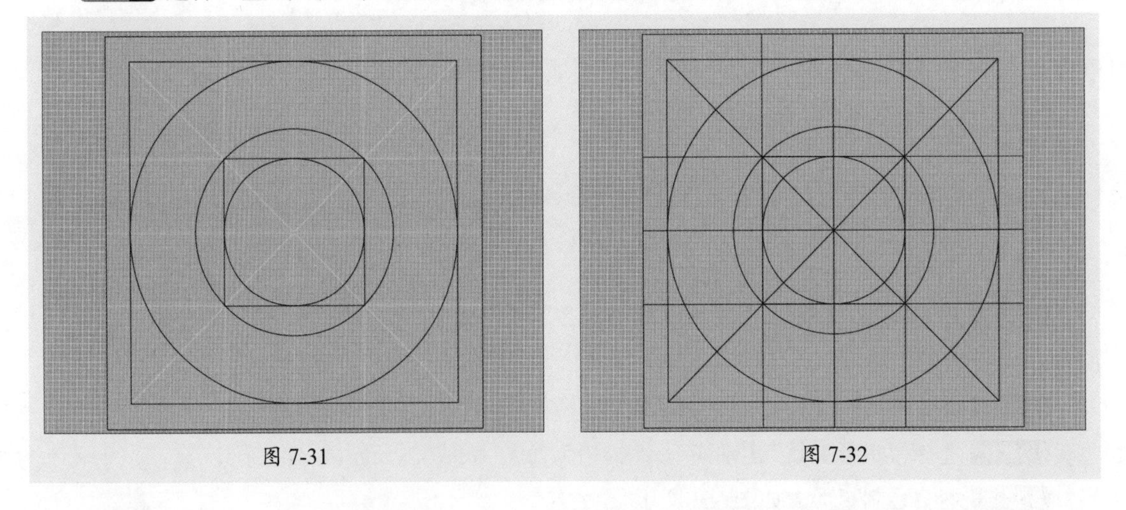
图 7-31　　图 7-32

步骤11 隐藏素材所在图层，按Ctrl+A组合键，更改描边颜色为“CMYK 青”，效果如图7-33所示。

步骤 12 按Ctrl+A组合键全选，按Ctrl+G组合键编组，更改不透明度为50%，按Ctrl+2组合键锁定图层，如图7-34所示。

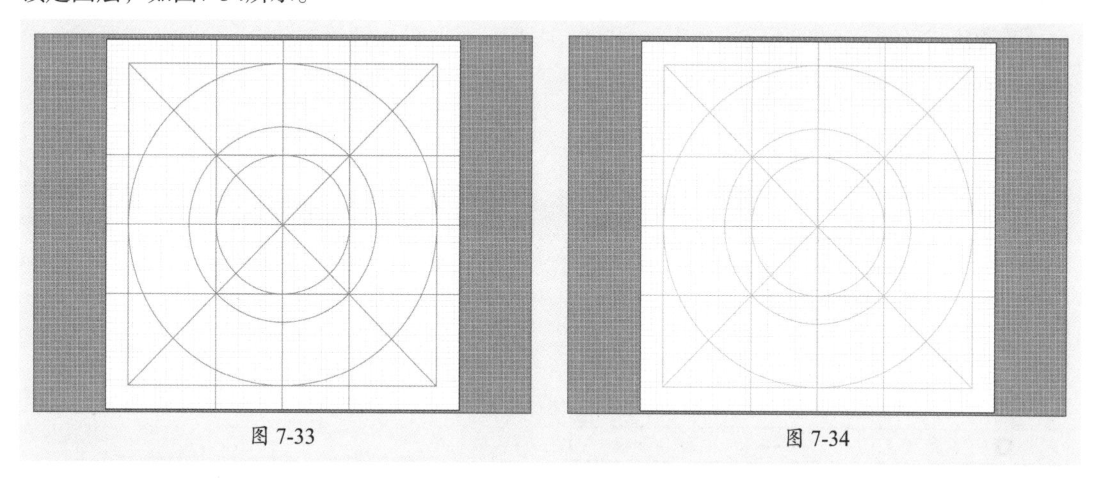

图 7-33　　图 7-34

2. 绘制果蔬类图标

本节绘制应用图标中用到的果蔬类图标，使用钢笔工具、画笔工具以及几何工具绘制路径与形状，使用填充与描边功能装饰路径与形状。

步骤 01 选择“钢笔工具”绘制形状路径并填充颜色（#C4D402），效果如图7-35所示。

步骤 02 在“属性”面板中设置外观与画笔参数，如图7-36所示。

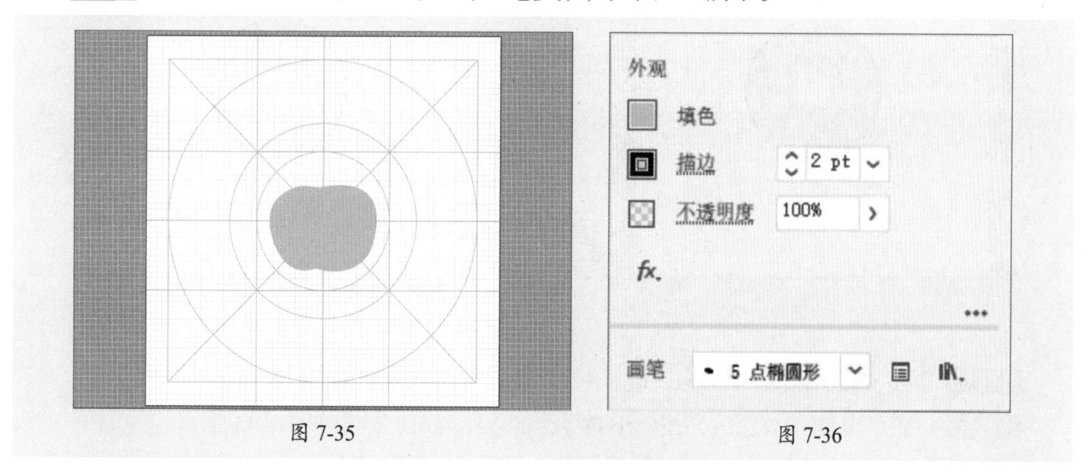

图 7-35　　图 7-36

步骤 03 效果如图7-37所示。

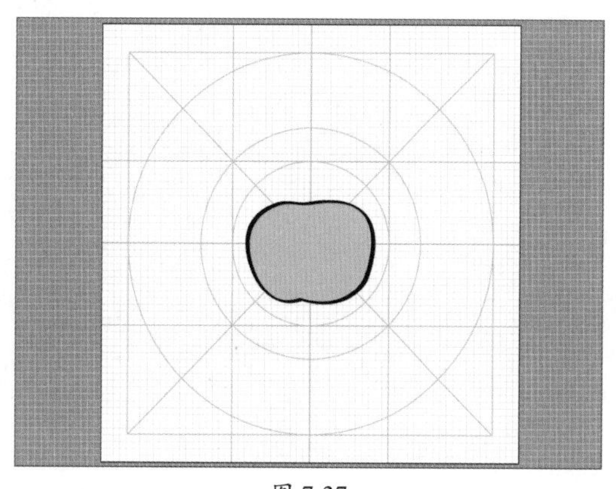

图 7-37

步骤 04 选择“画笔工具”绘制路径，效果如图7-38所示。按Ctrl+A组合键全选，按Ctrl+G组合键编组。

步骤 05 将苹果移动到画板外。选择“椭圆工具”，按住Shift键绘制圆形，如图7-39所示。

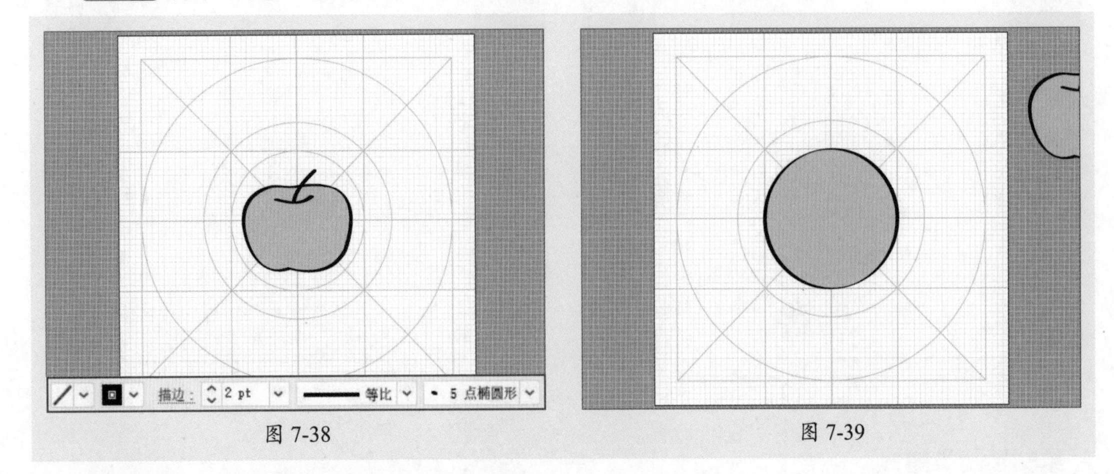

图 7-38　　图 7-39

步骤 06 按住Shift键绘制圆形，填充颜色为白色，描边为无，效果如图7-40所示。

步骤 07 继续绘制椭圆，填充颜色更改为黑色，效果如图7-41所示。

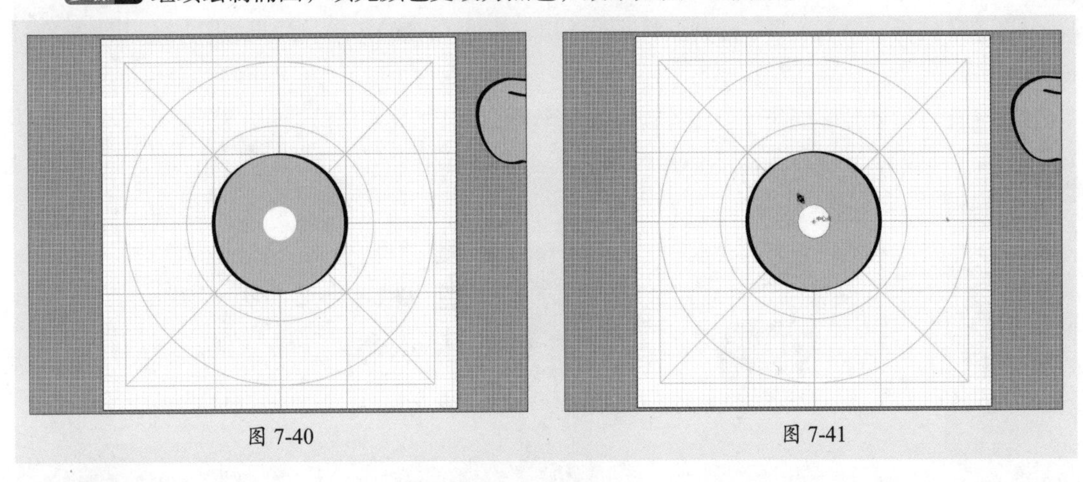

图 7-40　　图 7-41

步骤 08 选择“旋转工具”，按住Alt键调整旋转中心，效果如图7-42所示。

步骤 09 单击“复制”按钮后，按Ctrl+D组合键连续复制，效果如图7-43所示。

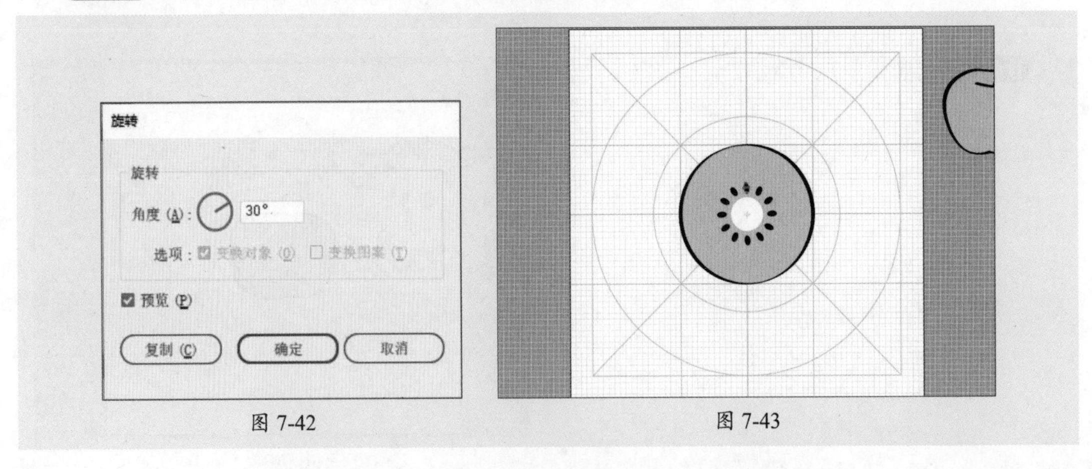

图 7-42　　图 7-43

步骤 10 更改填充颜色（#98D81D），按Ctrl+G组合键编组，效果如图7-44所示。

步骤 11 按住Alt键移动并复制，删除部分元素，效果如图7-45所示。

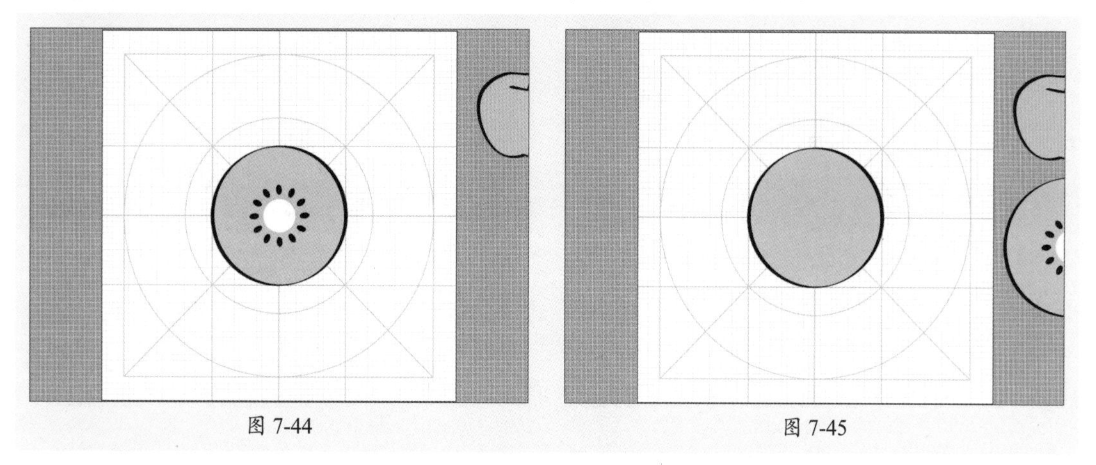

图 7-44　　　　图 7-45

步骤 12 更改填充颜色（#FC5C30），如图7-46所示。

步骤 13 选择“钢笔工具”绘制路径形状，在属性栏中设置参数（填充为#5FB402），如图7-47所示。

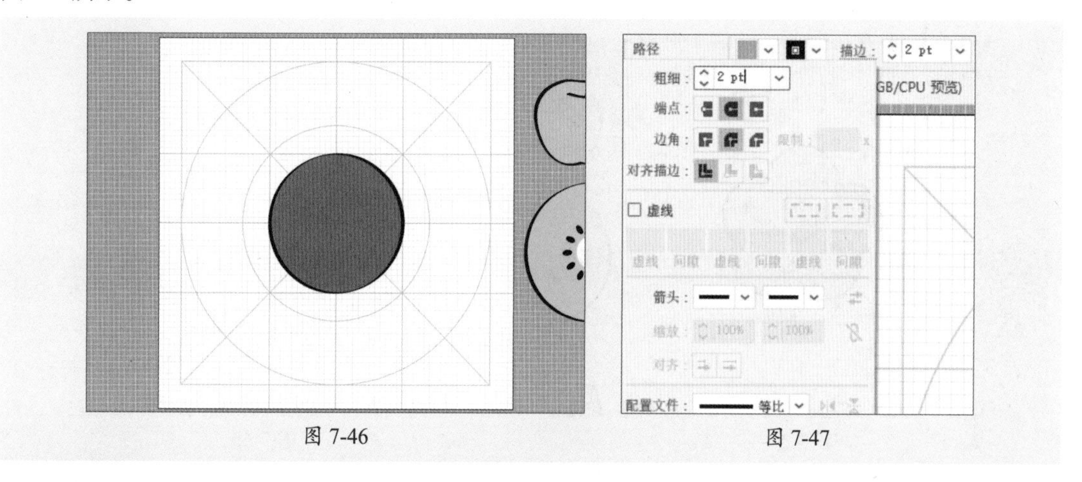

图 7-46　　　　图 7-47

步骤 14 效果如图7-48所示。编组后移动至画板外。

步骤 15 选择“椭圆工具”绘制正圆，按住Alt键移动并复制，效果如图7-49所示。

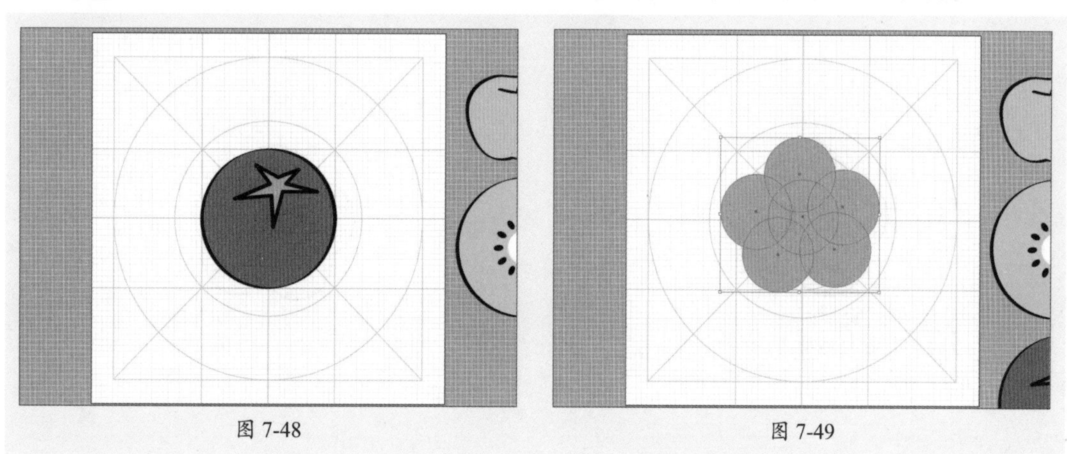

图 7-48　　　　图 7-49

步骤16 选择“形状生成器工具”合并构建新的形状，效果如图7-50所示。

步骤17 更改描边与填充颜色（#FFBC00），效果如图7-51所示。

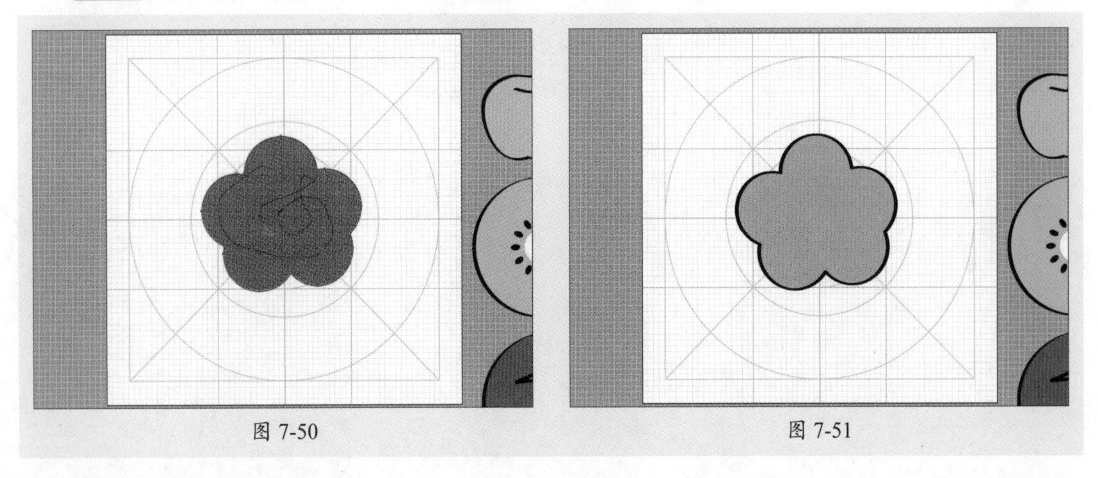
图 7-50　　图 7-51

步骤18 选择“多边形工具”绘制六边形，更改描边与填充颜色（#5FB402），效果如图7-52所示。执行“效果”|“扭曲和变换”|“收缩和膨胀”命令，在弹出的“收缩和膨胀”对话框中设置参数，如图7-53所示。

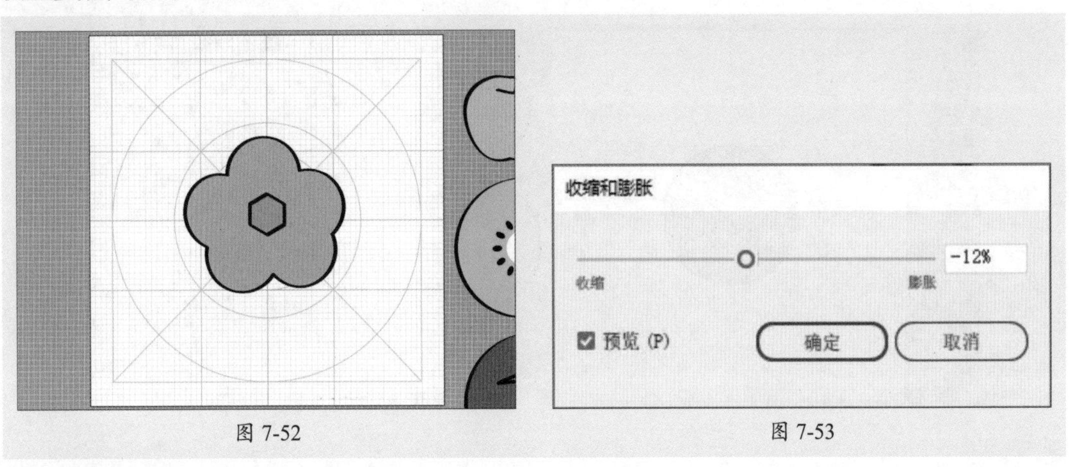

图 7-52　　图 7-53

步骤19 效果如图7-54所示。

步骤20 使用“矩形工具”绘制矩形，如图7-55所示。

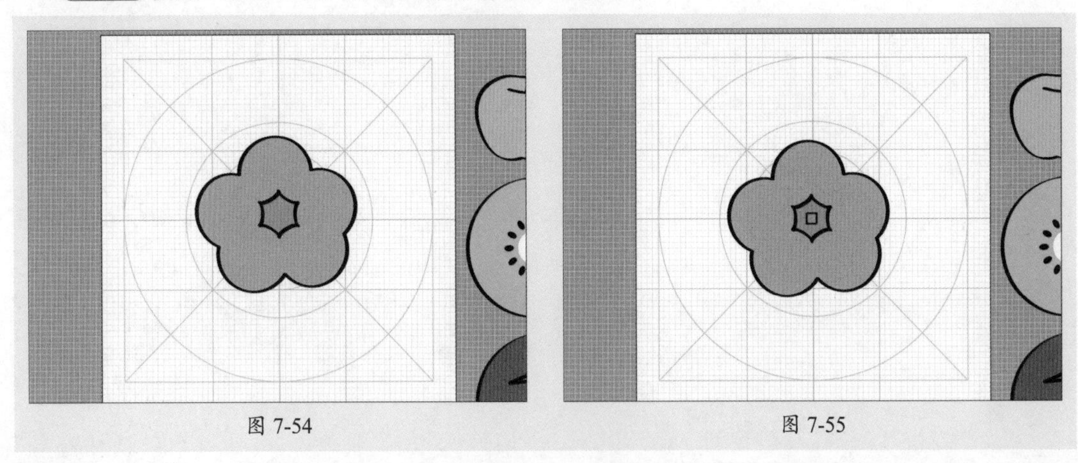
图 7-54　　图 7-55

步骤 21 执行“效果”|“扭曲和变换”|“收缩和膨胀”命令，设置收缩量为-18%，如图7-56所示。

步骤 22 调整旋转角度，效果如图7-57所示。编组后移动至画板外。

步骤 23 使用相同的方法继续绘制蔬果，效果如图7-58所示。

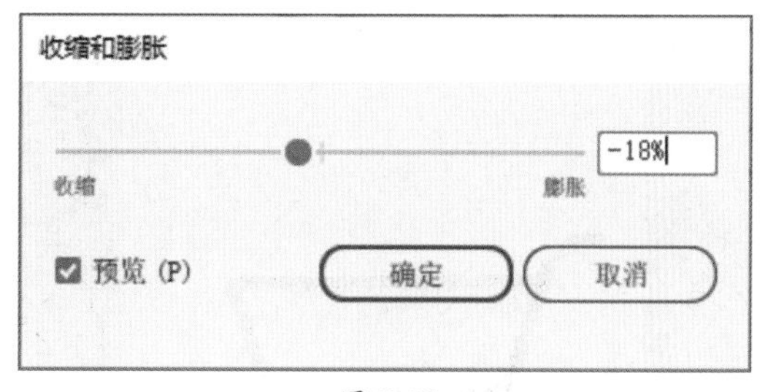

图 7-56

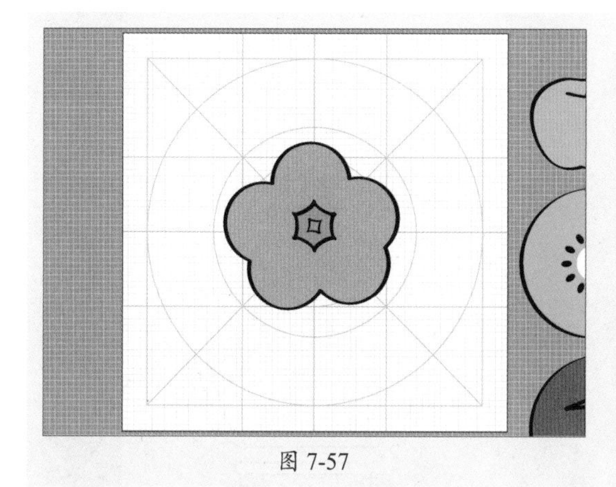

图 7-57

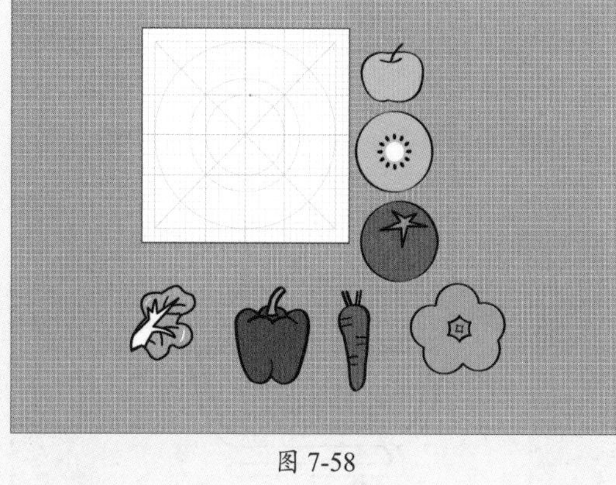

图 7-58

3. 绘制购物车效果以及整体效果

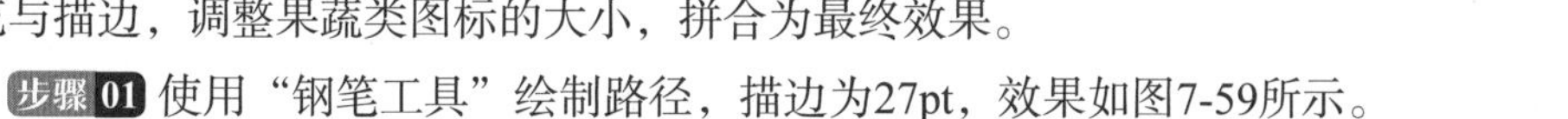

本节绘制购物车以及拼装整体效果。使用钢笔工具绘制路径，扩展外观后更改填充与描边，调整果蔬类图标的大小，拼合为最终效果。

步骤 01 使用“钢笔工具”绘制路径，描边为27pt，效果如图7-59所示。

步骤 02 执行“对象”|“扩展”命令，在弹出的“扩展”对话框中设置参数，效果如图7-60所示。

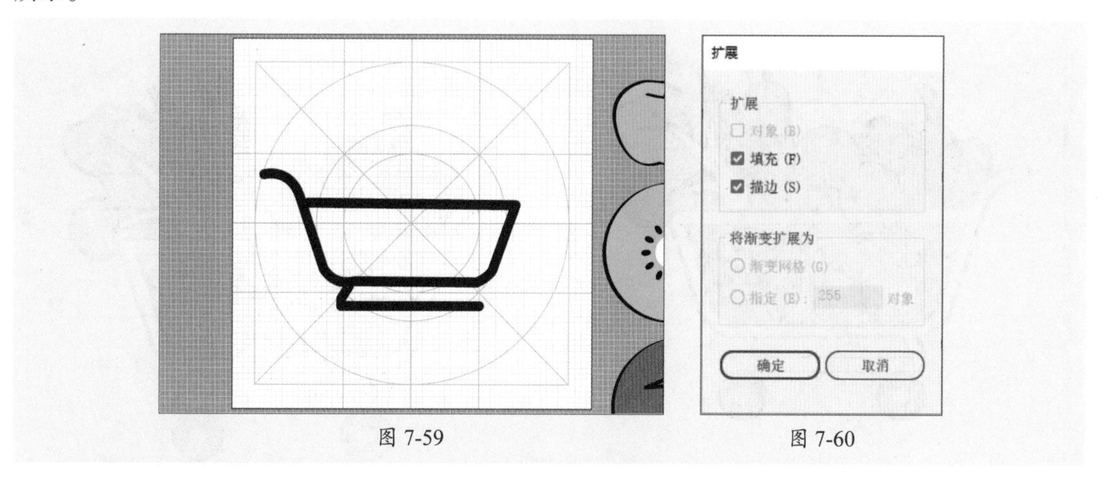

图 7-59　　图 7-60

步骤 03 执行“对象”|“路径”|“平滑”命令，调整平滑效果，如图7-61所示。

步骤 04 单击“联集”按钮■，更改填充与描边参数，效果如图7-62所示。

步骤 05 选择“椭圆工具”分别绘制两个正圆，设置居中对齐，效果如图7-63所示。

步骤 06 按住Alt键移动并复制，整体调整后进行编组，效果如图7-64所示。

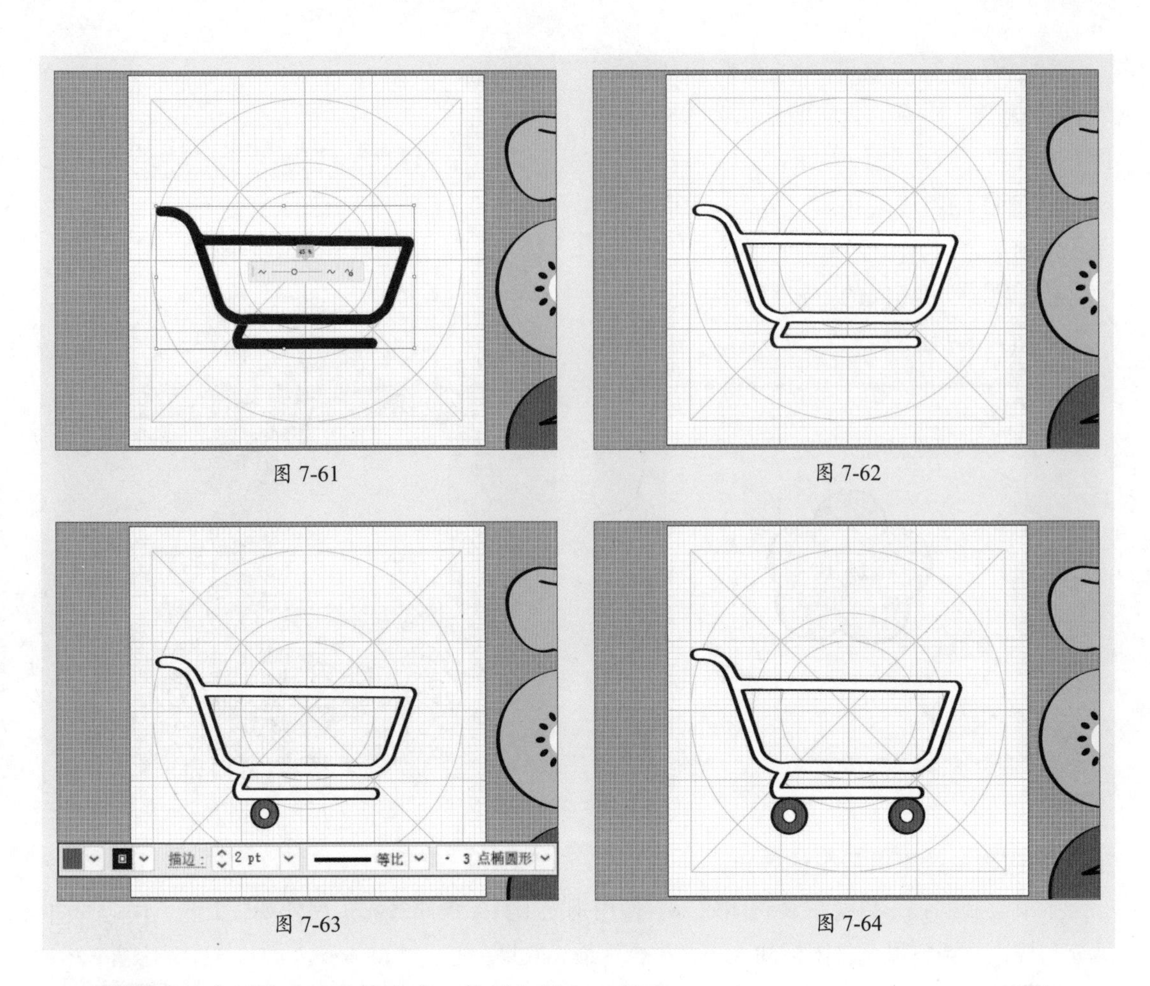

图 7-61　图 7-62

图 7-63　图 7-64

步骤 07 将水果移动至购物车内，效果如图7-65所示。

步骤 08 隐藏参考线以及辅助线图层组，最终效果如图7-66所示。

图 7-65　图 7-66

至此，完成“鲜蔬速达”应用图标的绘制。

新手答疑

1. Q：新手在学习 iOS UI 设计时应该从哪里开始？

A：新手可以从以下几方面入手。

- **学习基础知识**：了解设计原则、颜色理论、排版和用户体验（UX）等基本概念。
- **研究设计规范**：了解iOS平台的设计标准和最佳实践。
- **使用设计工具**：熟悉常用的设计工具。
- **分析优秀应用**：研究成功的 iOS 应用，分析其界面设计和用户交互，寻找灵感。
- **参与设计社区**：加入设计论坛或社交媒体群，与其他设计师交流经验和获取反馈。

2. Q：iOS UI 设计的基本原则是什么？

A：iOS UI 设计的基本原则包括以下几点。

- **简洁性**：界面应简洁明了，避免复杂的元素和信息过载。
- **一致性**：应用中的设计元素（如颜色、字体、按钮样式）应保持一致，以提高用户的学习效率。
- **直观性**：设计应符合用户的直觉，使用常见的图标和术语。
- **可访问性**：确保所有用户，包括有障碍的用户，都能轻松使用应用。
- **反馈机制**：在用户与界面交互时，提供即时反馈，以增强用户的信心和满意度。

3. Q：设计按钮时的注意事项有那些？

A：在确定按钮高度时，应遵循以下原则。

- **一致性**：保持按钮在不同页面和功能中的一致性，确保用户在不同界面中能够快速识别按钮的功能和重要性。
- **对比度**：确保按钮的颜色和背景有足够的对比度，特别是高权重按钮，以确保其在界面上突出。
- **触控区域**：确保按钮的触控区域足够大，通常建议最小触控区域为44pt × 44pt，以便用户能够轻松点击。

4. Q：在设计中如何处理不同屏幕尺寸的问题？

A：在设计中处理不同屏幕尺寸的问题，可以采取以下策略。

- **响应式设计**：使用自动布局和约束确保界面在不同设备上自适应。
- **设计适配**：为不同的屏幕尺寸设计不同的界面元素，确保在小屏幕和大屏幕上都有良好的用户体验。
- **测试**：在多种设备和模拟器上测试应用，以确保界面在不同分辨率下的表现良好。

第8章 交互动效设计

交互动效设计通过动画和交互效果增强用户界面的吸引力和用户体验。本章讲解交互设计的基础、类型，UI动效的作用、属性、类型以及常用的动效设计软件。最后，通过制作下载进度条进行巩固，以提升设计技能。

8.1 关于交互设计

交互设计是一个多层面、综合性的设计过程，涵盖用户界面设计（UI设计）、用户体验设计（UX设计）以及信息架构（IA）等多个核心方面。通过深入了解用户需求、优化交互方式和设计流程，交互设计师能够创造更符合用户期望的产品，提升用户满意度和忠诚度。

1. 用户界面设计

用户界面设计（UI设计）聚焦于产品的视觉呈现与交互界面的布局。它涵盖色彩搭配、字体选择、图标设计、按钮布局等各个方面，旨在创造一个既美观又直观易用的界面，以吸引用户并促进用户与产品之间的有效互动。

2. 用户体验设计

用户体验设计（UX设计）更侧重于用户在使用产品过程中的整体感受。UX设计师通过用户研究、可用性测试和用户分析等手段，深入了解用户的需求和行为，确保每个交互环节都能带来高效的体验。

3. 信息架构

信息架构（IA）是组织和结构化产品内容的一种方式，以确保信息的可访问性、可理解性和可用性。信息架构师负责规划网站、应用或其他数字产品的信息层次结构、导航系统和分类体系，帮助用户快速找到所需信息，提高信息获取的效率。

8.2 移动UI交互类型

移动UI交互设计是交互设计的一个重要分支，专注于优化智能手机、平板电脑等移动设备的用户体验与界面设计，并可根据多样化的标准和需求灵活分类。

8.2.1 按界面元素分类

根据界面元素对移动UI交互进行分类，可以将其分为以下几种主要类型。

1. 导航元素

导航元素可以帮助用户在应用中导航，找到所需的信息或功能。常见的导航元素包括以下几项。

- **顶部导航栏：**通常位于屏幕顶部，包括但不限于应用的标题、返回按钮、搜索栏或主要功能的快捷入口，如图8-1所示。
- **底部标签栏：**位于屏幕底部，用于在不同页面或功能模块之间快速切换，如图8-2所示。
- **侧边栏菜单：**从屏幕边缘滑出的菜单，提供额外的导航选项或功能列表。
- **汉堡菜单（也称为抽屉式导航）：**通常是一个图标，点击后展开一个包含多个选项的侧边栏。

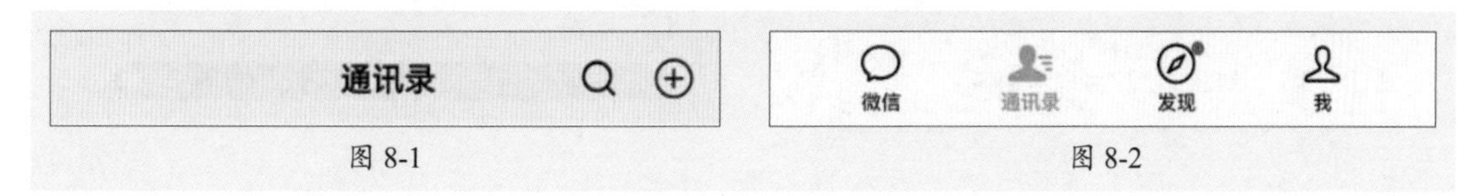

图 8-1　　图 8-2

2. 展示元素

展示元素用于展示信息给用户，可以是文本、图片、视频或其他媒体形式。常见的内容展示元素如下。

- **列表视图：**以列表形式展示信息，如联系人列表、消息列表等，如图8-3所示。
- **卡片视图：**将信息封装在卡片中，以更视觉化和吸引人的方式展示，如新闻文章、产品信息等，如图8-4所示。
- **网格视图：**以网格形式布局多个元素，如应用图标、图片库等，便于用户浏览和选择，如图8-5所示。

图 8-3　　图 8-4　　图 8-5

3. 输入元素

输入元素允许用户输入信息或选择选项。常见的输入元素如下。

- **文本框：**用于输入文本信息，如用户名、密码、搜索词等，如图8-6所示。
- **选择框：**下拉列表或单选/多选框，允许用户从预定义选项中选择。
- **滑块：**用于调整数值或设置，如音量控制、亮度调节等，如图8-7所示。
- **日期/时间选择器：**允许用户选择特定的日期和时间。

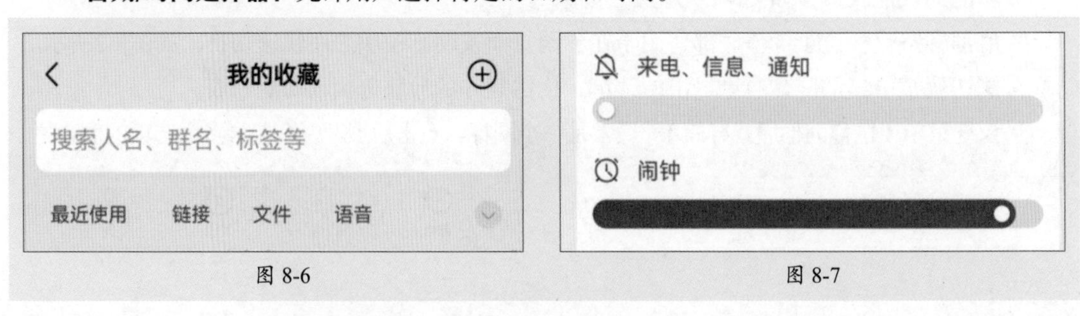

图 8-6　　图 8-7

4. 操作元素

操作元素允许用户执行操作或触发事件。常见的操作元素如下。

- **按钮：**用于执行特定操作的控件，如提交表单、打开新页面等。
- **图标按钮：**以图标形式表示的按钮，通常用于执行常见操作，如返回、刷新、分享等，如图8-8所示。
- **开关控件：**用于开启或关闭某个功能的控件，如蓝牙、Wi-Fi等，如图8-9所示。

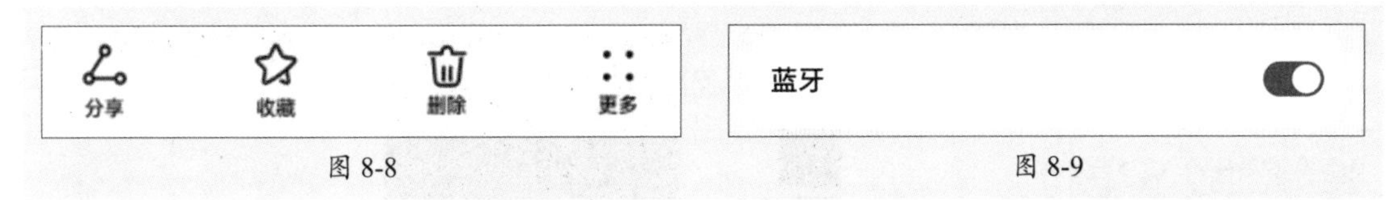

图 8-8　　图 8-9

5. 反馈元素

反馈元素用于向用户提供操作结果或系统状态的反馈。常见的反馈元素如下。

- **加载指示器：**在用户等待内容加载时显示，如旋转的圆圈或进度条。
- **Toast提示：**短暂显示在屏幕上的消息，用于告知用户操作结果或系统状态变化，如图8-10所示。
- **弹窗与对话框：**用于显示重要信息、警告或请求用户做出决定的临时界面，如图8-11所示。

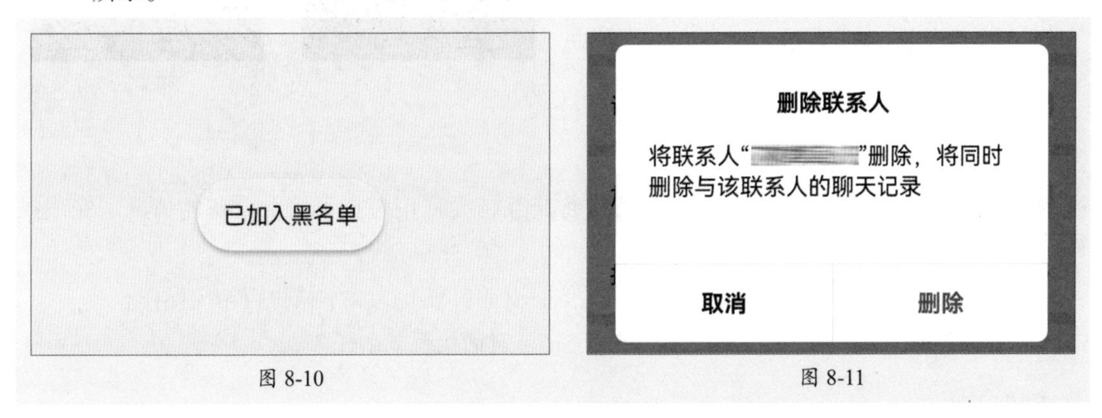

图 8-10　　图 8-11

6. 辅助元素

辅助元素虽然不直接用于交互，但对提升用户体验至关重要。常见的辅助元素如下。

- **搜索框：**允许用户通过关键字搜索应用中的内容。
- **分页器：**当内容过多需要分页显示时，分页器帮助用户在不同页面之间导航。
- **面包屑导航：**显示用户当前位置在应用结构中的路径，便于用户回溯和定位。

8.2.2　按交互模式分类

根据交互模式对移动UI交互进行分类，可以将其分为以下几种主要类型。

1. 触摸交互

触摸交互是最直观、最常用的交互方式之一。用户通过直接触摸屏幕上的元素与界面进行交互。常见的触摸交互如下。

- **点击：** 用户触摸屏幕上的按钮或图标执行某个操作。
- **滑动：** 用户通过在屏幕上滑动手指滚动内容或导航到其他页面，如图8-12所示。
- **长按：** 用户长时间按住屏幕上的元素以触发额外的操作或菜单，如图8-13所示。
- **拖拽：** 用户触摸并移动屏幕上的元素，如拖动文件到另一个位置。
- **缩放：** 用户通过双指捏合或展开放大或缩小内容，常用于地图或图片查看器，如图8-14、图8-15所示。

图 8-12　图 8-13　图 8-14　图 8-15

2. 语音交互

语音交互是通过语音命令与移动设备进行交互，允许用户在不接触设备的情况下完成操作。常见的语音交互如下。

- **语音识别：** 应用能够识别用户的语音输入，并将其转化为文本或执行相应操作。
- **语音助手：** 通过与智能助手（如小艺、Siri）对话执行复杂任务。

3. 手势识别

手势识别是设备通过摄像头或传感器识别用户的手势动作，并将其转化为操作指令的方式。它通常与触摸交互结合使用，为用户提供更丰富的交互体验。常见的手势识别如下。

- **滑动手势：** 通过快速滑动手指在屏幕上执行操作，如切换页面或删除项目。
- **捏合手势：** 通过捏合手指缩放内容，通常用于图片和地图。
- **双击手势：** 快速双击某个元素以执行特定操作，如放大或选择。
- **自定义手势：** 应用程序允许用户定义特定的手势以执行个性化操作。

4. 传感器交互

传感器交互是利用设备内置的传感器（如加速度计、陀螺仪、接近传感器等）控制应用。常见的传感器交互如下。

- **自动旋转屏幕：** 根据用户手持手机的方向自动调整屏幕方向，如图8-16、图8-17所示。
- **亮度调节：** 根据环境光线自动调节屏幕亮度，图8-18所示为该功能设置界面。

- **摇一摇：** 用户通过摇晃手机触发特定的操作或功能。

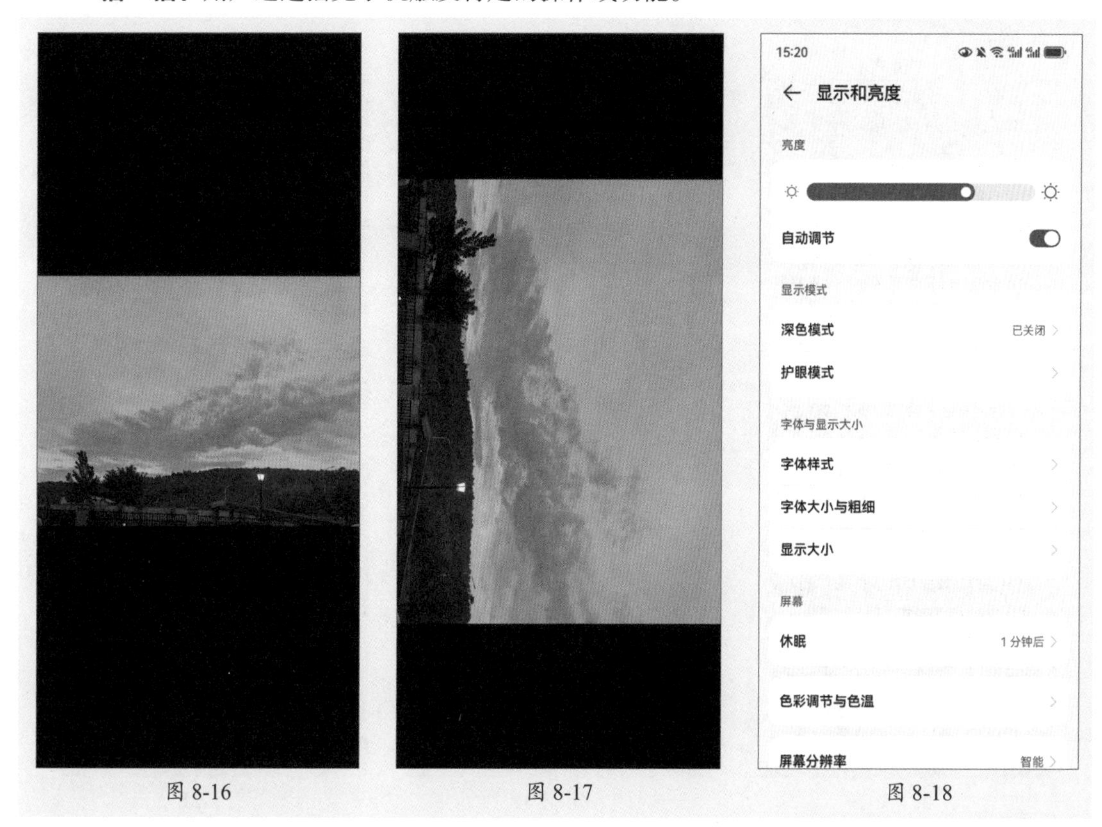

图 8-16　　图 8-17　　图 8-18

8.2.3　按设计原则与效果分类

根据设计原则与效果对移动UI交互进行分类，可以将其分为以下几种主要类型。

1. 转场过渡

转场过渡是从一个界面到另一个界面之间的转换效果，旨在平滑地引导用户的注意力并保持连贯的体验。常见的转场过渡如下。

- **滑动转场：** 在滑动解锁手机时，锁屏界面滑动到主界面的过渡效果。
- **淡入淡出：** 在查看图片库时，点击图片后图片从模糊到清晰的淡入效果，或退出图片查看时图片的淡出效果。
- **翻转转场：** 在卡片式应用中，翻转卡片以显示更多信息或进行操作的过渡效果。
- **页面卷曲：** 模仿纸张翻页效果，增强页面的真实感和交互性，如图8-19～图8-21所示。

2. 层级展示

层级展示是通过不同的设计元素来区分信息的优先级，使用户能够快速识别并访问重要信息。常见的层级展示如下。

- **下拉菜单：** 在界面顶部或底部使用下拉菜单展示更多选项，同时保持主界面的简洁，如图8-22、图8-23所示。
- **弹窗提示：** 在用户执行重要操作时，通过弹窗提示确认用户的意图，确保操作的准确性，例如删除文件、系统升级等。

- **标签页**：使用标签页组织不同类别的信息，用户可以通过切换标签快速访问所需内容。

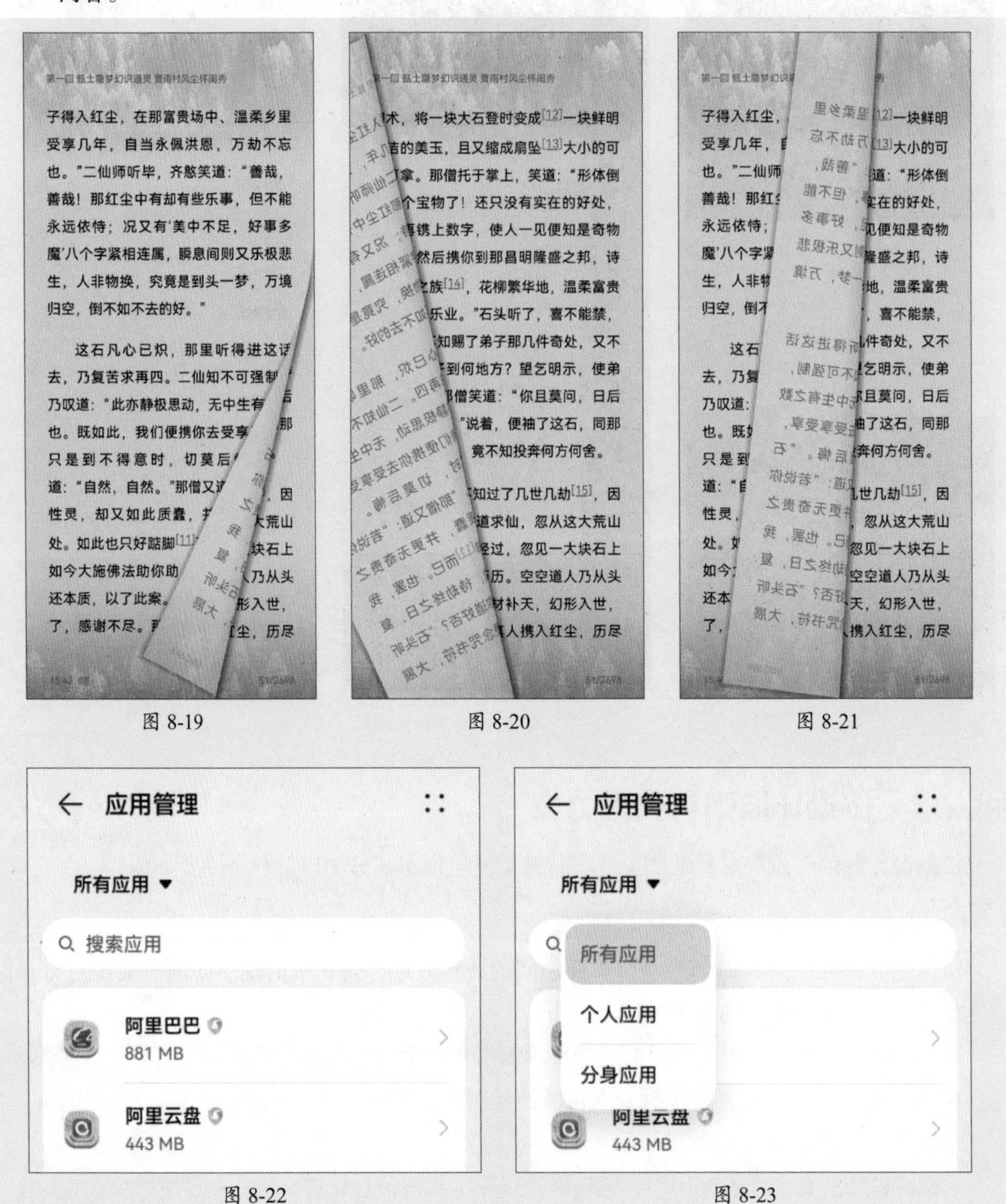

图 8-19　图 8-20　图 8-21

图 8-22　图 8-23

3. 空间扩展

空间扩展是利用视觉元素营造界面的空间感和深度，增强用户的沉浸感。常见的空间扩展如下。

- **阴影效果**：为界面元素添加阴影，使其看起来更加立体和突出，如图8-24、图8-25所示。
- **透视效果**：在展示图片或视频时，使用透视效果模拟三维空间，增加视觉冲击力。
- **卡片式设计**：使用卡片展示信息，通过卡片的堆叠和排列营造空间感，如图8-26所示。

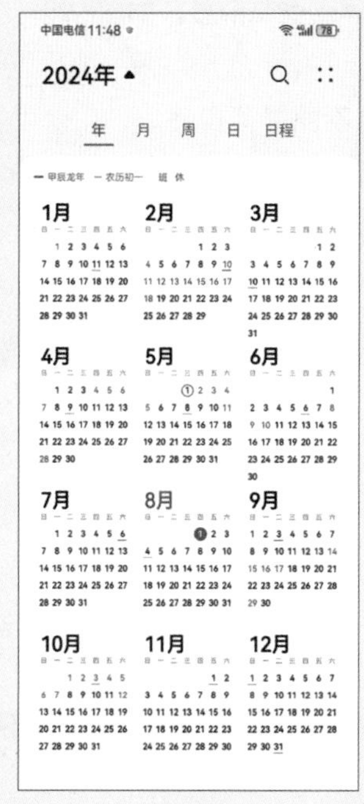

图 8-24

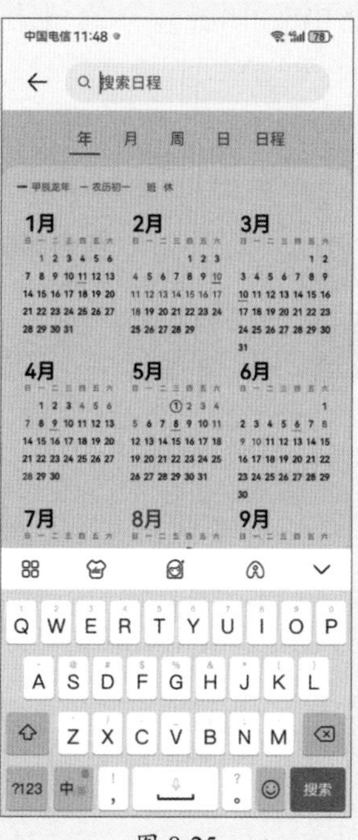

图 8-25

图 8-26

4. 聚焦重点

聚焦重点是通过设计手段将用户的注意力引导到界面的关键信息或操作点上。常见的聚焦重点如下。

- **色彩对比：** 使用鲜明的色彩对比突出重要信息或按钮，如图8-27所示。
- **放大元素：** 将重要信息或图标进行放大处理，使其更加醒目。
- **高亮显示：** 使用不同颜色的边框或背景高亮显示关键元素，如图8-28所示。
- **动画引导：** 使用动画效果引导用户完成特定操作或查看重要信息。

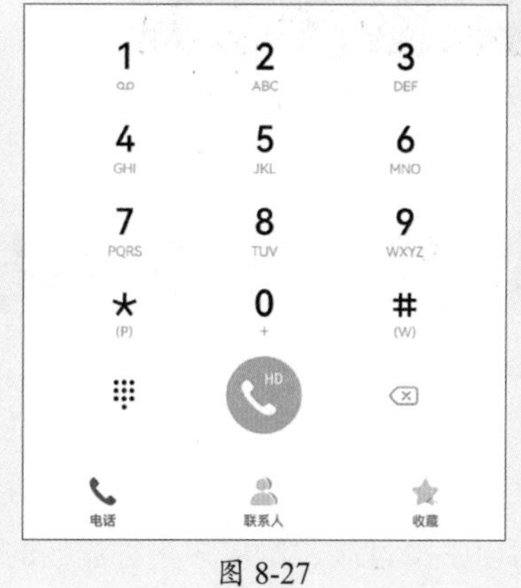

图 8-27

图 8-28

5. 内容呈现

内容呈现是以最佳方式展示界面上的文本、图片、视频等多媒体内容。常见的内容呈现如下。

- **网格布局：** 使用网格组织图片或商品列表，使内容呈现更加有序和美观。
- **列表视图：** 在展示长列表信息（如消息、新闻）时，使用列表视图方便用户浏览和查找。

- **轮播图：**在首页或重要位置使用轮播图展示广告、推荐内容或重要信息，如图8-29、图8-30所示。
- **瀑布流布局：**用于展示图片或文章列表，自动排列以适应不同屏幕尺寸。

图 8-29　　图 8-30

6. 操作反馈

在用户与界面进行交互时，通过视觉、听觉或触觉等方式向用户传达操作结果或状态变化的信息。常见的操作反馈如下。

- **按钮状态变化：**在用户点击按钮时，按钮颜色发生变化或出现短暂的动画效果确认点击操作，如图8-31所示。
- **声音提示：**在发送消息、收到通知或完成重要操作时，通过声音提示告知用户。
- **加载指示器：**执行需要时间的操作（如下载文件或加载内容）时，屏幕上显示加载动画，告知用户操作正在进行。

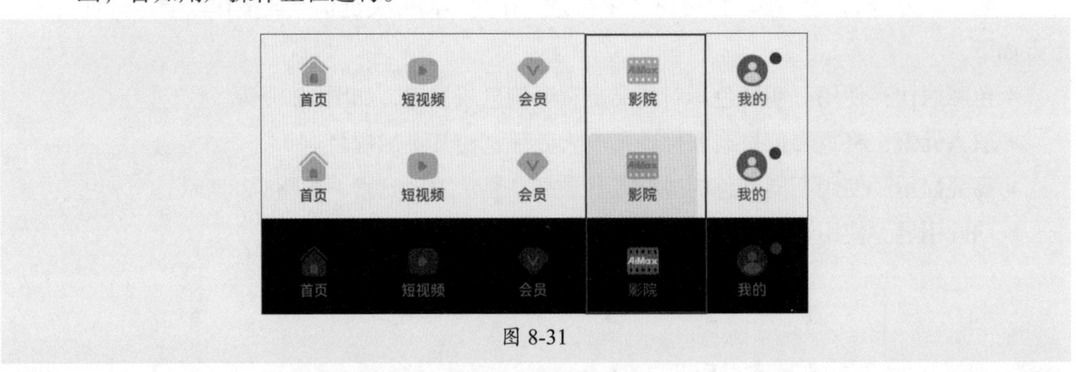

图 8-31

8.3 关于UI动效

UI动效是用户在进行交互时，界面元素的视觉变化。动效通过动画和视觉反馈增强交互的表现力。在用户界面设计中，UI动效发挥着至关重要的作用，主要体现在以下几个方面。

- **提高用户体验：**UI动效通过视觉上的动态变化，为用户提供更加直观和丰富的交互体验。例如，当用户滑动屏幕时，列表项可以平滑过渡，给用户一种流畅的浏览体验。
- **引导用户注意力：**动效可以有效地引导用户注意力到重要的功能或信息上。例如，动画可以突出显示新功能、重要通知或关键操作，帮助用户更快地找到所需内容。
- **提供即时反馈：**动效能够及时反馈用户的操作，增强互动感。例如，当用户点击按钮时，按钮的变化（如缩放、颜色变化等）可以明确告知用户操作已被接受，减少不确定感。
- **增强品牌识别度：**独特的动效可以体现品牌的个性和风格，增强品牌的识别度。通过一致的动画风格，品牌可以在用户心中留下深刻印象，提高品牌忠诚度。

- **减少认知负荷：**动效通过视觉引导帮助用户理解界面元素间的关系与功能，简化学习过程，降低新手用户的认知门槛。
- **简化操作流程：**动效可以直观地展示复杂操作的步骤，帮助用户更轻松地完成任务。例如，动画可以清晰地展示操作的进展，减少用户的困惑。

8.4 UI动效的属性

UI动效的属性是一个综合性的概念，涵盖多个方面，用以描述和控制动效的表现形式和效果。下面对UI动效中主要属性的进行介绍。

8.4.1 时间

UI动效的时间属性包括动效持续的时间长度和与时间相关的其他因素，在用户体验设计中至关重要。以下是关于UI动效时间属性的详细分析。

- **持续时间：**动效从开始到结束所需的时间长度，通常以毫秒（ms）为单位。
- **延迟：**动效开始前的等待时间。
- **节奏：**动效之间的时间间隔和流畅性。
- **时间曲线：**描述动效在时间上的变化方式，包括加速和减速的过程。常见类型有线性、缓入、缓出、缓入缓出等。
- **时间的上下文：**根据用户的操作和界面状态调整动效的时间。
- **时间一致性：**在整个应用中保持动效时间的一致性。

知识点拨

1s=1000ms。在帧率（FPS）60帧的环境下，1帧用时16.67ms。

8.4.2 缓动与速度

在UI设计中，动效的缓动和速度属性是影响用户体验的重要因素。这些属性决定动效的表现方式和用户对界面交互的感知。以下是这两个属性的详细解释。

1. 缓动

缓动是在动效过程中，元素运动速度变化的方式。它描述动画在时间轴上的加速和减速过程。常见的缓动类型如下。

- **线性：**速度始终保持不变，动画从开始到结束以相同的速度进行，适用于简单的移动效果。
- **缓入：**动画开始时速度较慢，然后逐渐加速，适合强调元素的出现。
- **缓出：**动画开始时速度较快，然后逐渐减速，适合强调元素的消失。
- **缓入缓出：**动画开始和结束时速度较慢，中间部分速度较快，适合大多数动画效果，显得更加自然。

- **弹性：**动画在结束时有弹跳效果，适合需要强调或吸引注意的元素。
- **反弹：**动画在结束前会稍微向后移动，给人一种“反弹”的感觉，增加趣味性。

2. 速度

速度属性直接关系动效的持续时间和速度快慢，决定动效的完成时间和节奏。不同类型的动效（如过渡、加载、反馈等）可能需要不同的速度。

- **过渡动画：**应平滑且迅速，帮助用户无缝切换界面状态，提升流畅感，如图8-32、图8-33所示。
- **加载动画：**通常设计得较为快速且循环播放，以减轻用户等待的焦虑感，如图8-34所示。
- **反馈动画：**如按钮点击后的反应，应适度延长，确保用户感知到操作已被系统接收并处理。
- **引导动画：**用于新用户引导或教学场景，速度应适中，确保用户有足够时间理解和吸收信息，如图8-35所示。

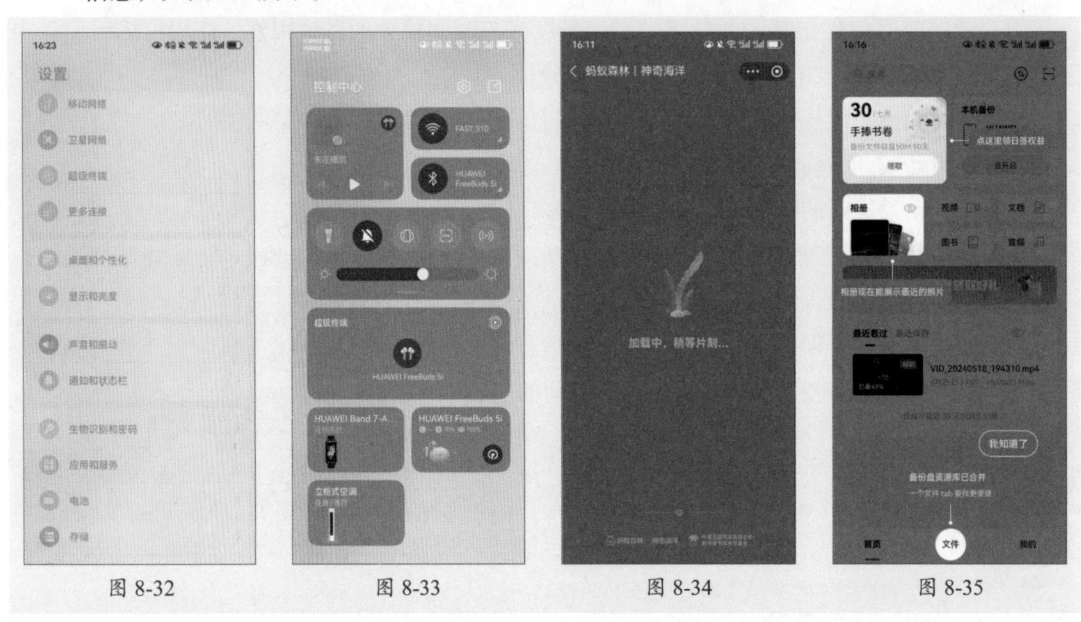

图 8-32　　图 8-33　　图 8-34　　图 8-35

8.4.3　视觉

UI动效的视觉属性是影响用户体验和界面交互的重要因素，直接影响用户对界面的理解和感知。以下是一些关键的视觉属性及其在UI动效中的应用。

- **透明度：**透明度是元素的可见程度，从完全透明到完全不透明的范围。用于实现淡入淡出效果，增强视觉层次感和动态感。
- **颜色：**通过颜色的变化传达信息、强调重点或引导用户视线。常用于按钮的状态反馈，以及强调元素的变化等。
- **尺寸：**尺寸变化是元素的大小变化。常见应用包括放大、缩小效果和动态按钮等。
- **位置：**位置变化是元素在界面上的移动。通过平移、滑动等方式，可以实现元素的动态移动。常用于导航菜单和内容展示等。
- **形状：**元素的几何形态，如矩形、圆形、三角形等。通过形状的变化，设计师可以创造各种有趣的动画效果，如变形、旋转等，常用于加载动画，如图8-36、图8-37所示。

- **层次**：元素在视觉上的前后关系或深度感。通过阴影、模糊、透明度等视觉属性营造元素的层次感，使界面更加立体、丰富。

图 8-36

图 8-37

8.4.4 交互

UI动效的交互属性主要用于增强用户与界面之间互动体验的动态效果，以帮助用户更好地理解操作反馈和界面状态。以下是UI动效交互属性的几个关键点。

- **操作反馈**：动效可以即时反馈用户的操作，可以通过视觉、听觉或触觉等方式呈现。例如，按钮点击时的颜色变化或动画效果，如图8-38～图8-40所示。
- **引导用户注意力**：动效的设计可以引导用户的视线和注意力，使用户更容易发现和使用界面的重要功能和信息。例如，通过使用高亮、缩放或移动动画，可以聚焦关键功能，从而提升用户的操作效率。
- **逻辑连贯性**：动效应遵循一定的逻辑和规则，确保界面元素的运动和变化与用户的操作意图一致，从而增强界面的整体连贯性和可预测性。例如，元素的出现、消失和变换，界面中动效风格的一致性。
- **流畅性**：流畅的动效能够提升用户体验，使界面看起来更为自然和优雅。平滑的过渡效果，如淡入淡出、滑动等，可减少用户的认知负担，使界面变化更加自然。
- **克制有度**：动效的添加需要适度，不宜过多或过于复杂，以免分散用户的注意力或增加系统的负担。例如，只在必要时添加动效，如用户操作反馈、引导用户注意力等场景。

图 8-38　　图 8-39　　图 8-40

8.4.5 过渡效果

UI动效的过渡效果属性是在用户界面中，元素在状态变化时所应用的动画特性。这些属性使得界面更加生动和友好，帮助用户更好地理解和适应界面的变化。以下是UI动效过渡属性的几个关键点。

- **平滑性：** 过渡效果应注重渐变，避免突兀的切换。使用合适的动画曲线，使动画的加速和减速过程更加平滑，提升用户的视觉体验。
- **一致性：** 过渡动效的速度、方向、效果等应在整个界面中保持一致，以维护界面的整体性和用户的认知一致性。此外，还应该遵循用户的操作逻辑和界面元素的层级关系。
- **反馈机制：** 过渡动效应提供明确的反馈机制，让用户能够即时感知操作结果。例如，在按钮点击后，通过过渡动效强调按钮的状态变化，以及相关界面元素的变化。
- **易读性：** 动效的设计应确保用户能够清晰地理解界面的变化。
- **视觉引导：** 合理设计动效可以引导用户的注意力，使用户更容易发现和理解重要的界面元素。
- **轻量化设计：** 遵循轻量化原则，避免使用过多的动效元素和复杂效果。
- **实时动画：** 交互时立即响应的动画，例如在用户悬停或点击时立即触发的效果。
- **非实时动画：** 在特定事件后触发的动画，例如内容加载时的动画。

8.5 UI动效的类型

UI动效在提升用户体验、增强视觉吸引力和引导用户交互方面扮演着重要角色。根据不同的标准，UI动效可以分为以下几类。

8.5.1 按功能分类

UI动效按功能分类可以分为以下几种主要类型。

- **导航动效：** 用于页面或视图之间的过渡，如滑动切换、淡入淡出等，帮助用户理解界面结构，提升页面切换的流畅性。
- **加载动效：** 在数据或内容加载过程中显示动画，如进度条、旋转加载器等，缓解用户等待的焦虑感，如图8-41、图8-42所示。

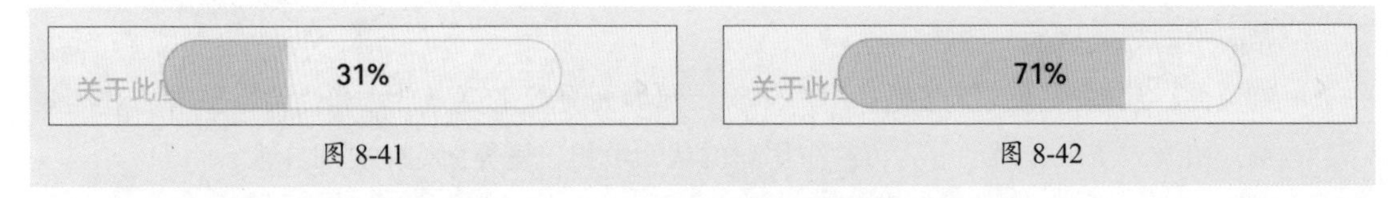

图 8-41　　图 8-42

- **提示动效：** 给予用户操作反馈，增强交互体验，帮助用户理解系统的响应。如按钮点击时的微动效、输入错误时的警告提示、成功操作的确认动画等。
- **强调动效：** 突出某些元素的重要性，引导用户注意特定内容或操作。如高亮显示新消息、闪烁的通知、重要按钮的放大效果等。
- **交互动效：** 与用户直接互动的效果，增强用户的参与感和体验。如按钮的按压状态变化、滑块拖动时的反馈、下拉菜单的展开动画等，如图8-43～图8-45所示。

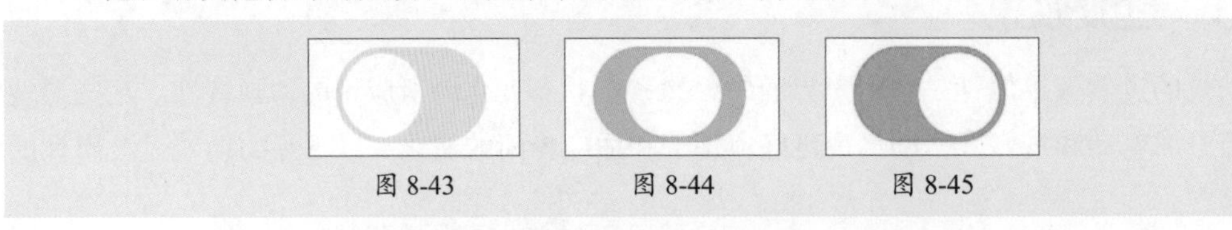

图 8-43　　图 8-44　　图 8-45

8.5.2 按运动方式分类

UI动效按运动方式分类可以分为以下几种主要类型。

- **变形动效：** 改变对象的形状或大小，创造独特的视觉效果。如弹性变形、扭曲效果、图标的形状变化等，如图8-46～图8-48所示。

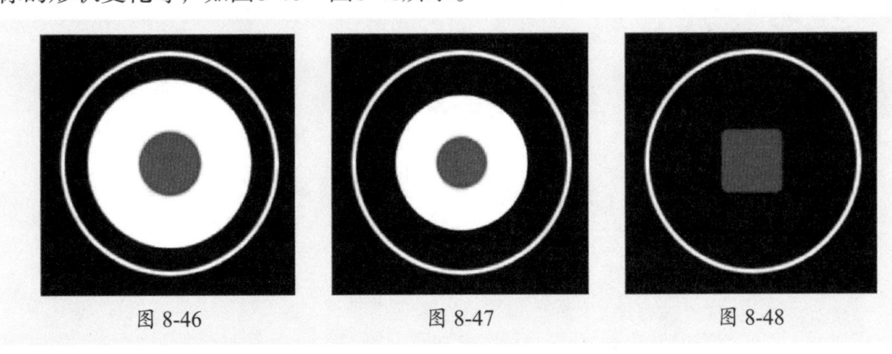

图 8-46　　图 8-47　　图 8-48

- **旋转动效：** 元素围绕其中心点或某个轴进行旋转。如旋转按钮、翻转卡片等。
- **渐变动效：** 涉及透明度、颜色或其他属性的渐变，使动画过渡更加自然和平滑。如淡入淡出效果、背景颜色渐变等。
- **位移动效：** 元素在屏幕上的位置发生变化。如滑动菜单、弹出框从屏幕边缘滑入、元素拖动等，如图8-49、图8-50所示。

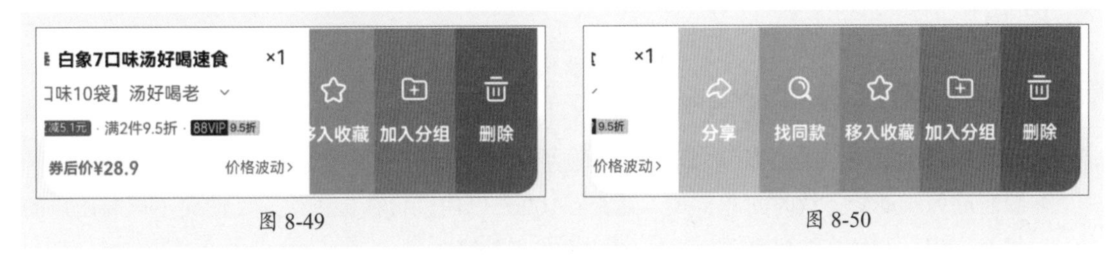

图 8-49　　图 8-50

- **粒子动效：** 由大量小元素组成的复杂动画，模拟自然现象或创造独特的视觉效果。如火花、烟雾、水滴等粒子效果。
- **组合特效：** 多种运动方式结合在一起，形成复杂的动画效果。如一个元素在移动的同时进行旋转和缩放，或多个元素同时进行不同的运动。

8.5.3 按触发方式分类

UI动效按触发方式分类可以分为以下几种主要类型。

- **用户触发动效：** 由用户的直接操作引发，通常包括点击、滑动、拖动等交互方式。例如，按钮点击、拖动元素等。
- **事件触发动效：** 由特定事件触发，通常与系统状态变化或用户操作的结果相关。例如加载动画、通知弹出等，如图8-51～图8-53所示。
- **条件触发动效：** 基于特定条件或状态变化自动触发，通常用于引导用户或增强视觉效果。例如，在特定时间后自动显示的提示信息或动画。

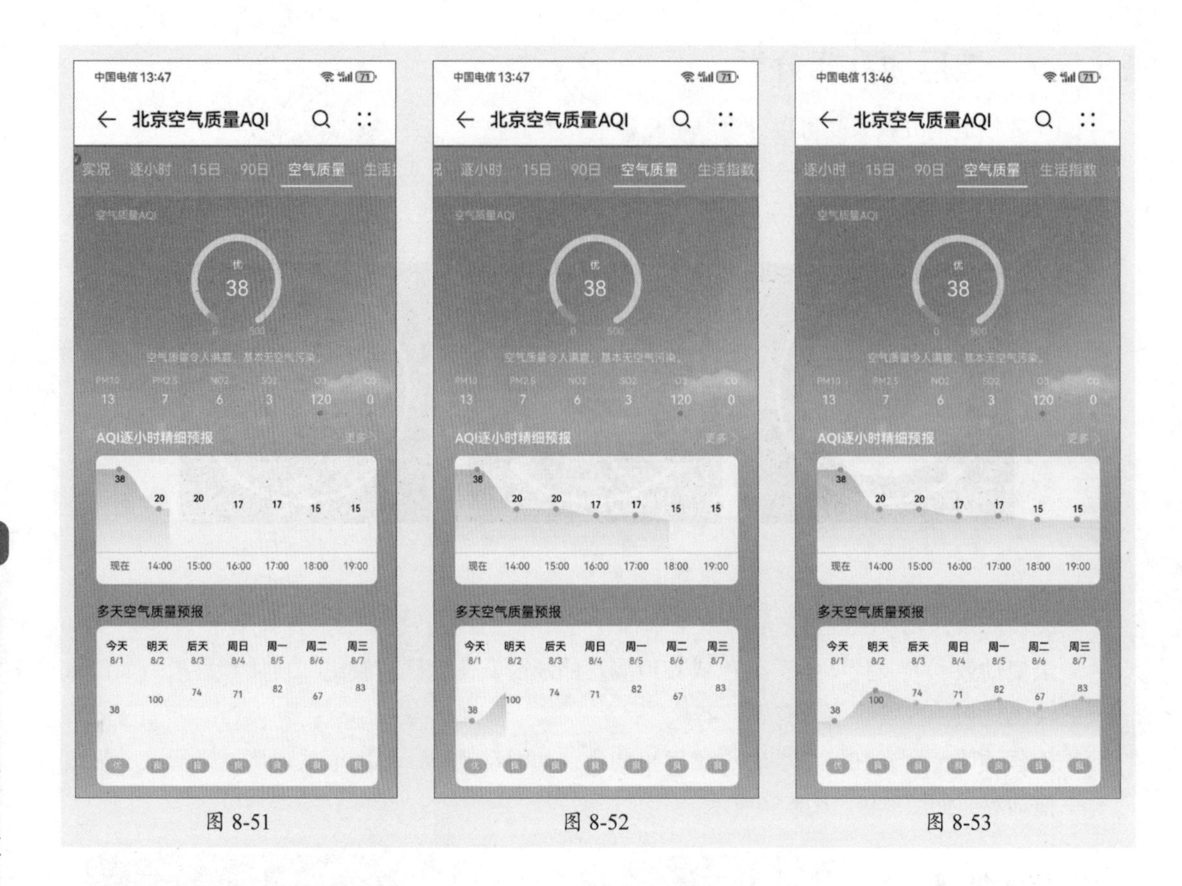

图 8-51　　图 8-52　　图 8-53

8.5.4　按持续时间分类

UI动效按持续时间分类可以分为以下几种主要类型。

- **瞬时动效：**动效持续时间非常短，通常在100ms以内，旨在提供快速反馈而不打断用户的操作流程。例如，按钮点击反馈、图标状态变化等。
- **短暂动效：**持续时间较短，通常为100～500ms，用于增强用户体验，提供适度的视觉反馈。例如，加载提示、菜单展开等。
- **中等动效：**持续时间适中，通常为500ms～1s，常用于强调某个状态变化或引导用户注意。例如，页面切换、通知弹出等，如图8-54所示。
- **持续动效：**动效持续时间较长，通常超过1s，适用于需要用户注意或引导的场景。例如，图片轮播、加载动画等。
- **延迟动效：**在触发后有一定的延迟再开始动效，通常用于创造悬念或引导用户注意。例如，提示特效、滚动特效等，如图8-55所示。

图 8-54　　图 8-55

8.6 常用的动效设计软件

常用的动效设计软件通常被用来创建动态图形、过渡效果、动画等，可以帮助设计师为用户界面添加互动性和视觉吸引力。

1. After Effects

Adobe After Effects是一款专业的动画和视频后期制作软件，提供丰富的工具和功能，允许用户创建复杂的视觉效果、动画和动态图形。图8-56所示为该软件的图标。其主要功能如下。

图 8-56

- **动画和动态图形：** 用户可以通过设置关键帧控制图层的属性变化，如位置、缩放、旋转和不透明度等。
- **视觉特效：** 内置大量特效，如模糊、扭曲、颜色校正等。用户可以对视频素材进行丰富地处理。
- **3D特效：** 支持3D图层的创建和编辑，包括灯光、摄像机和阴影效果的设置，可以制作具有深度感和立体感的动画。
- **渲染和输出：** 用户可以将多个合成添加到渲染队列中，批量输出视频。支持多种视频格式输出，包括H.264、QuickTime等，适用于不同的发布需求。

2. Animate

Adobe Animate是一款专业的二维动画制作软件，支持多种动画形式，包括帧动画、矢量动画和骨骼动画，适合动画师和设计师使用。图8-57所示为该软件的图标。其主要功能如下。

图 8-57

- **帧动画：** 允许用户通过逐帧绘制和编辑创建流畅的动画效果。用户可以在时间轴上设置关键帧，轻松控制动画的播放。
- **矢量图形：** 支持创建和编辑矢量图形。用户可以使用丰富的绘图工具，如铅笔、刷子、形状工具等绘制图形，并保持高质量的缩放效果。
- **骨骼动画：** 提供骨骼动画功能。用户可以为角色或对象创建骨架，方便实现复杂的动画效果，减少逐帧绘制的工作量。
- **交互设计：** 用户可以为动画添加交互功能，例如按钮点击、鼠标悬停等。这使得动画不仅仅是视觉展示，还能实现用户与内容的互动。
- **音频支持：** 用户可以导入音频文件并与动画同步，支持音频剪辑和效果处理，增强动画的表现力。

3. Adobe Premiere Pro

Adobe Premiere Pro是一款功能强大的专业视频编辑软件，以其简单易学的操作界面、丰富的功能和强大的稳定性，赢得了全球范围内众多用户的青睐。图8-58所示为该软件的图标。其主要功能如下。

图 8-58

- **多轨道编辑：** 支持多轨道视频和音频编辑。用户可以同时处理多个视频和音频轨道，方便进行复杂剪辑和混音。
- **视频效果和转场：** 提供多种内置视频效果和转场效果。用户可以轻松添加和调整效果，以增强视频的视觉吸引力。

- **图像与视频效果：**提供丰富的内置视频效果和图形动画，如缩放、旋转、颜色校正等。用户可以轻松为视频添加各种动态效果。
- **音频编辑与混音：**提供全面的音频编辑功能，包括音频效果、音量调整和多轨道混音。用户可以轻松处理背景音乐、对话和音效，确保视频的音质清晰且富有层次感。

4. Principle

Principle是专为Web、移动及桌面设计的动画与交互UI工具，让设计师轻松将静态界面转为动态原型，展现丰富交互与动画，尤其擅长打造流畅过渡效果。图8-59所示为该软件的图标。其主要功能如下。

图 8-59

- **快速制作交互原型：**Principle支持通过拖曳、设置触发动作等方式快速构建点击、滑动等交互原型，如手势、滑动、弹跳、缩放、淡入淡出等。
- **强大的动画设计功能：**提供丰富的动画选项，可以非常直观地编辑关键帧，选择缓动函数，创建复杂的动画以表达交互和过渡。
- **高效的协作与分享：**设计师可以通过一个链接一键生成视频或GIF分享给团队成员或客户，实时预览原型。
- **导入与兼容性：**支持导入Sketch和Adobe XD等软件中的设计文件，方便设计师进行协作和迭代。
- **直观易用的界面：**Principle提供直观、易用的界面，设计师可以方便地进行交互设计和动画制作。

5. Flinto

Flinto是一款macOS平台上实用的移动应用原型设计工具。通过简单的拖放操作，设计师可以轻松添加动画、过渡效果和交互逻辑，从而实现复杂的用户体验。图8-60所示为该软件的图标。其主要功能如下。

图 8-60

- **交互设计：**Flinto允许用户通过简单的拖放操作创建复杂的交互效果。设计师可以设置不同的触发方式，如点击、滑动和拖动，以模拟真实的用户交互体验。
- **动画效果：**提供强大的动画设计功能。用户可以为界面元素添加各种动画效果，包括移动、缩放、旋转和渐变等。通过关键帧和时间轴，设计师可以精确控制动画的时长和过渡效果，创造流畅的用户体验。
- **实时预览：**用户可以实时预览原型，确保交互和动画效果符合预期。Flinto还支持在移动设备上进行预览，帮助设计师更好地理解用户体验。
- **多页面支持：**Flinto 允许用户创建多个页面和状态，以展示应用程序的不同场景和用户流程。用户可以轻松地在页面之间切换，展示完整的用户旅程。
- **社区与资源：**Flinto拥有活跃的社区，设计师可以在其中交流经验、分享作品，并获得技术支持。

8.7 案例实战：制作下载进度条

本案例利用所学的知识制作下载进度条，涉及的知识点有文档的创建、形状图层的创建、参数的设置以及关键帧的添加等。下面介绍具体的绘制方法。

1. 绘制进度条

本节绘制进度条。创建文档后，新建形状图层，设置描边与填充参数，并为填充形状图层添加线性擦除效果。

步骤01 启动After Effects，单击“新建合成”按钮，在弹出的“合成设置”对话框中设置文档，如图8-61所示。

步骤02 右击，在弹出的快捷菜单中选择“新建”|“形状图层”选项，如图8-62所示。

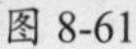

图 8-61

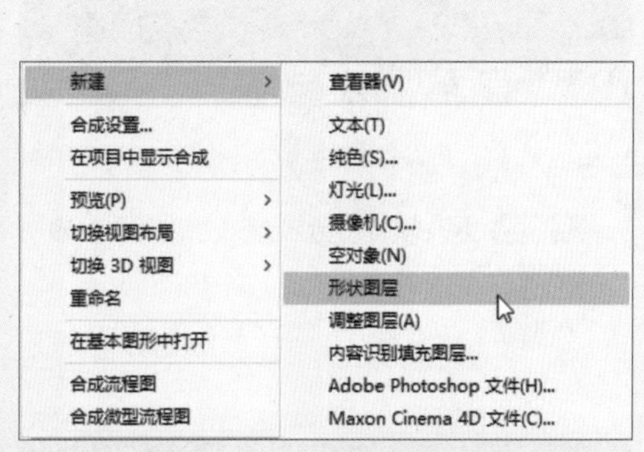

图 8-62

> **提示** 动画的时长可以直接在“合成设置”对话框中设置，也可以在渲染中进行设置。该案例使用默认时间设置。

步骤03 将“形状图层”重命名为“描边”，如图8-63所示。

步骤04 在工具栏中单击“添加”，在弹出的下拉菜单中依次选择“矩形”“描边”选项，如图8-64所示。

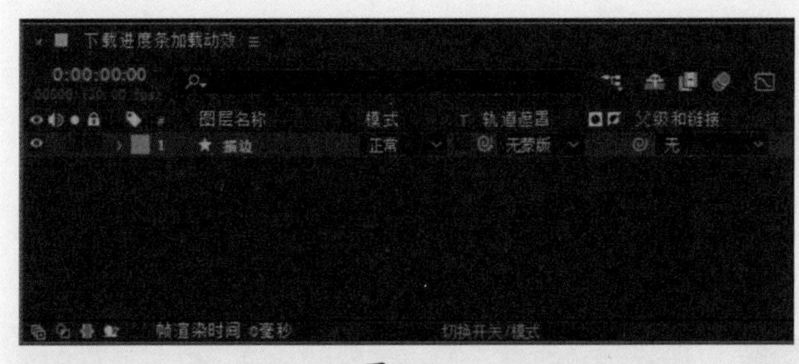

图 8-63

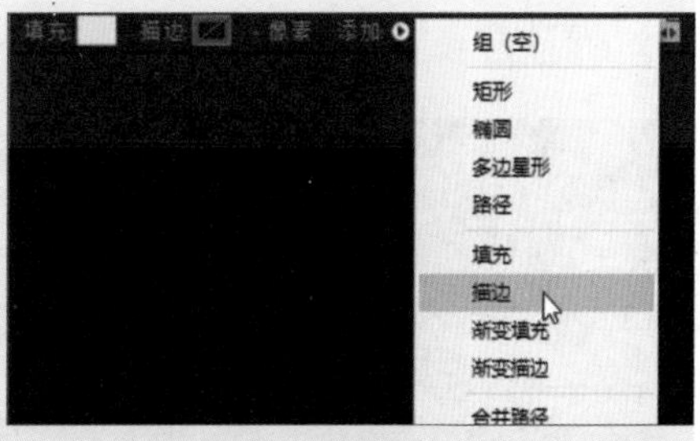

图 8-64

步骤05 单击“矩形路径1”图层，设置大小与圆度的参数，如图8-65所示。

步骤06 效果如图8-66所示。

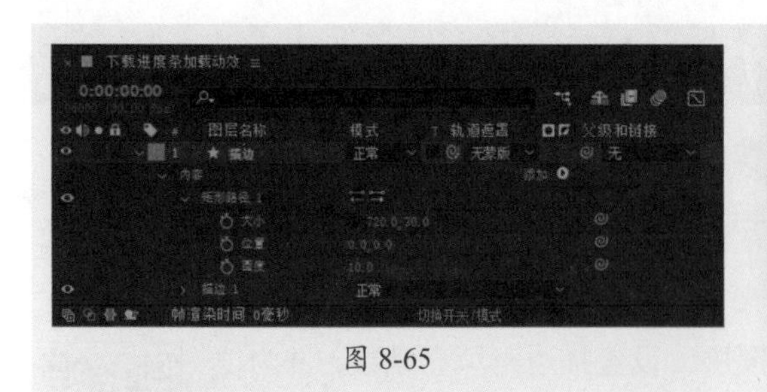

图 8-65

图 8-66

步骤 07 继续新建“形状图层”，重命名为“填充”，如图8-67所示。

步骤 08 在工具栏中单击“添加”，在弹出的下拉菜单中依次选择“矩形”“填充”选项，效果如图8-68所示。

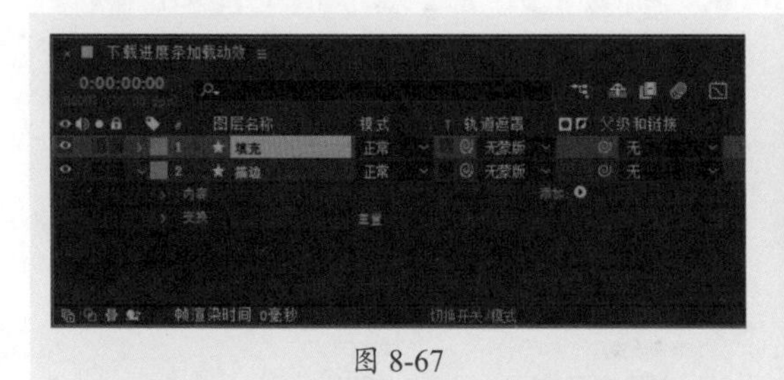

图 8-67

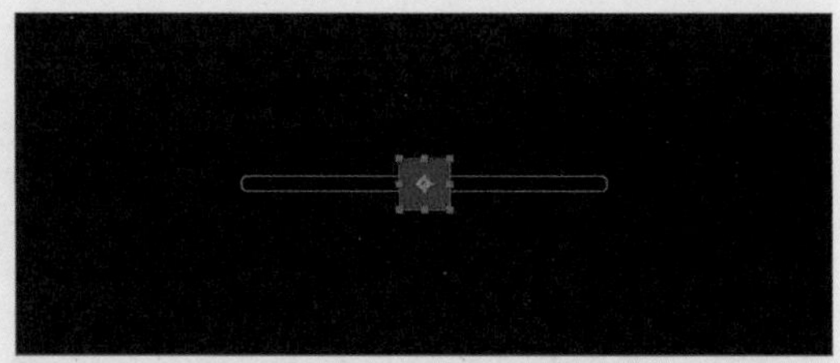

图 8-68

步骤 09 更改填充矩形的参数，如图8-69所示。

步骤 10 更改填充颜色，如图8-70所示。

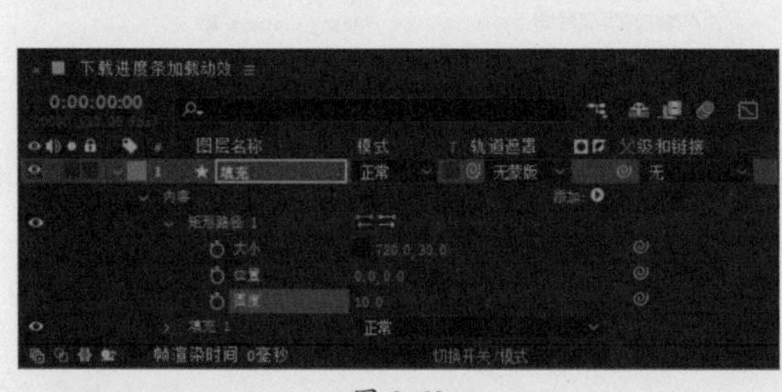

图 8-69

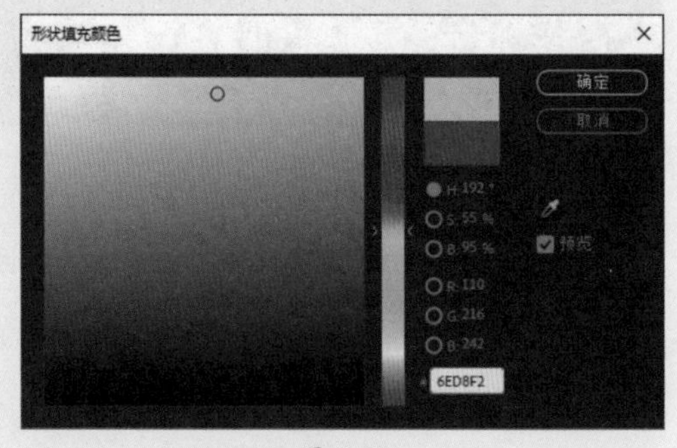

图 8-70

步骤 11 在“填充”图层组中，添加“位移路径”选项，如图8-71所示。

步骤 12 设置位移数量为-4，如图8-72所示。

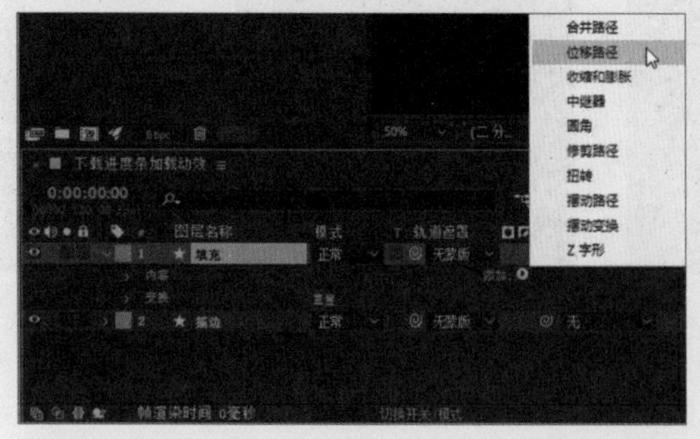

图 8-71

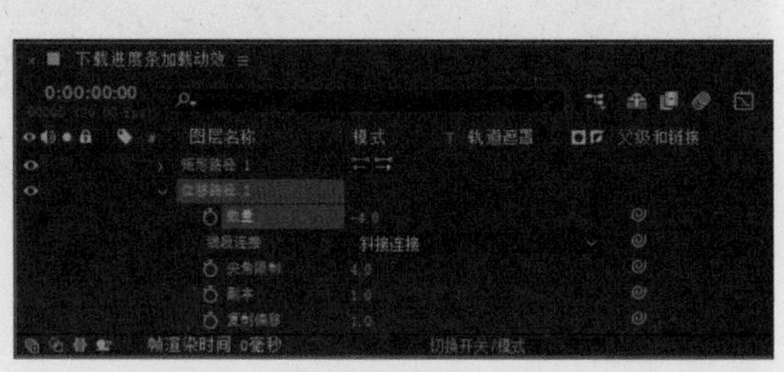

图 8-72

步骤 13 在“填充”图层组中，添加“位移路径”选项，如图8-73所示。

步骤 14 右击，在弹出的快捷菜单中选择“效果”|“过渡”|“线性擦除”选项，如图8-74所示。

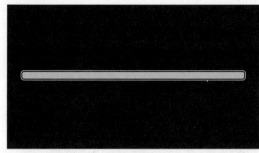

图 8-73

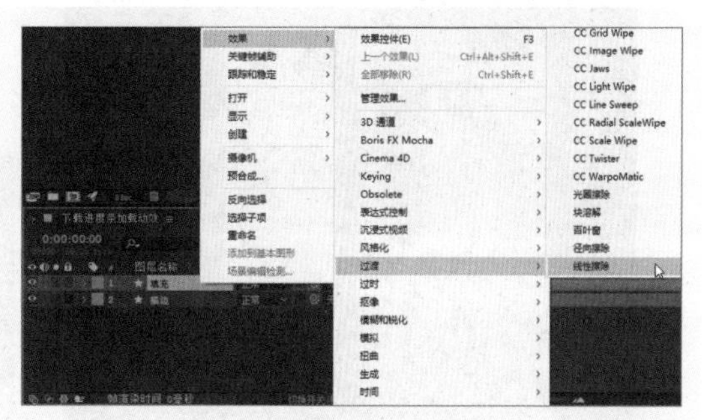

图 8-74

步骤 15 设置“过渡完成”与“擦除角度”选项中的参数，如图8-75所示。

步骤 16 单击“过渡完成”图标添加关键帧，如图8-76所示。

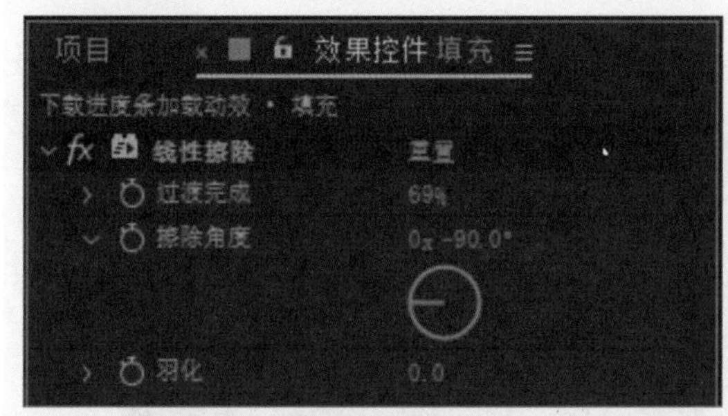

图 8-75

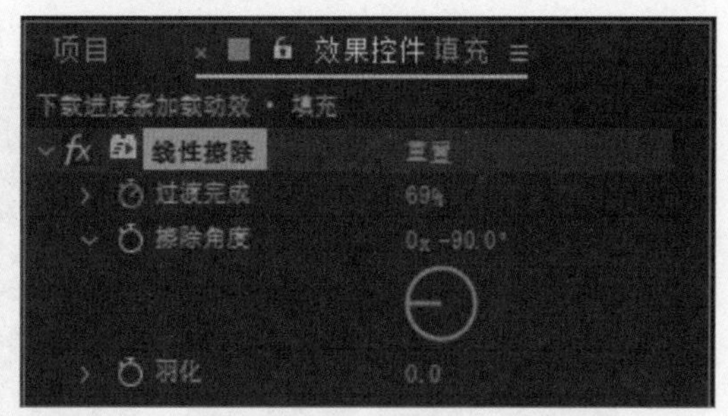

图 8-76

步骤 17 将时间线移动至03s处，如图8-77所示。

步骤 18 调整“过渡完成”的参数为31%，如图8-78所示。

图 8-77

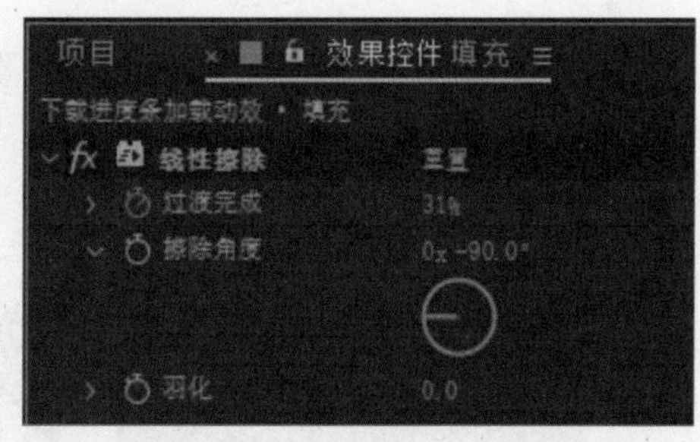

图 8-78

2. 添加文本与图标

本节添加文本与图标。新建纯色图层，添加编号并设置参数。导入文件后，通过添加关键帧与透明度调整显示。

步骤 01 新建纯色，在弹出的“纯色设置”对话框中设置参数，如图8-79所示。

步骤 02 选择“纯色”图层，右击，在弹出的快捷菜单中选择“效果”|“文本”|“编号”选项，在弹出的“编号”对话框中设置参数，如图8-80所示。

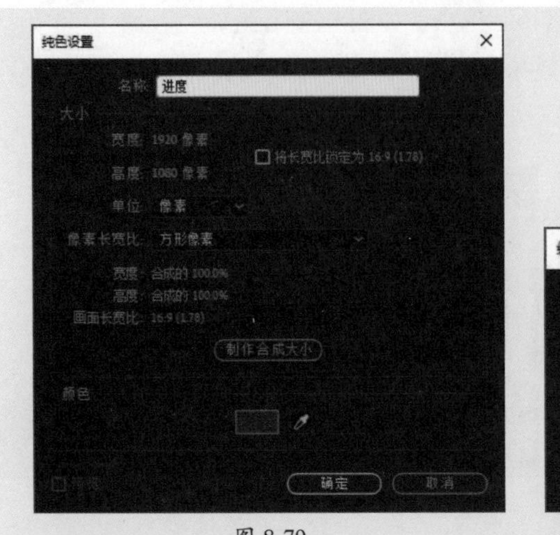

图 8-79

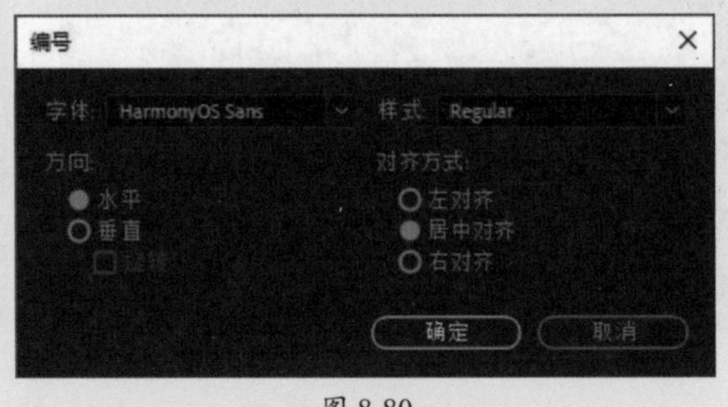

图 8-80

步骤 03 调整文字的小数点、位置、大小等参数，并单击“数值”图标添加关键帧如图8-81、图8-82所示。

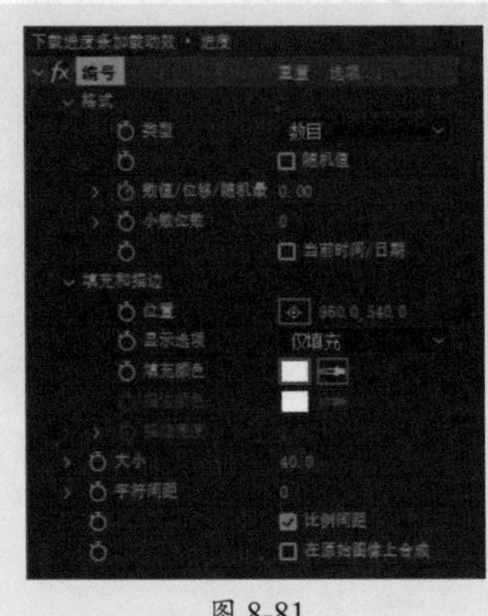

图 8-81

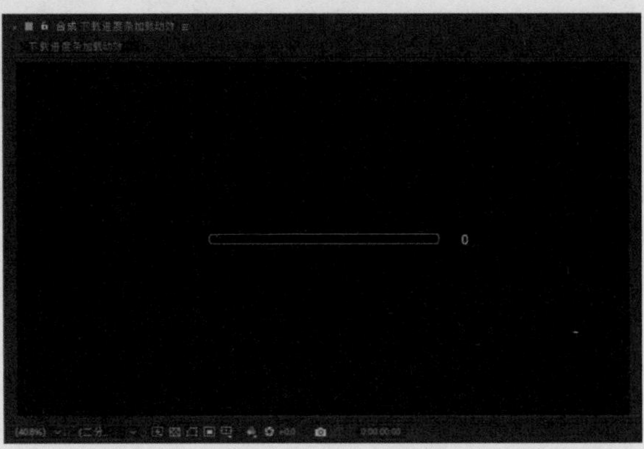

图 8-82

步骤 04 将时间线移动至03s处，在“数值”处设置参数为100，如图8-83、图8-84所示。

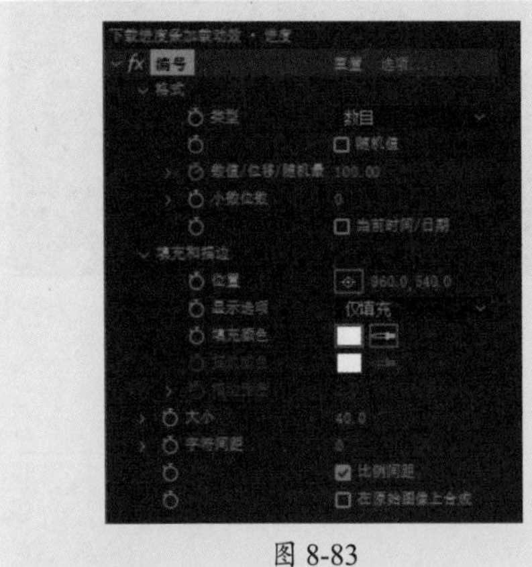

图 8-83

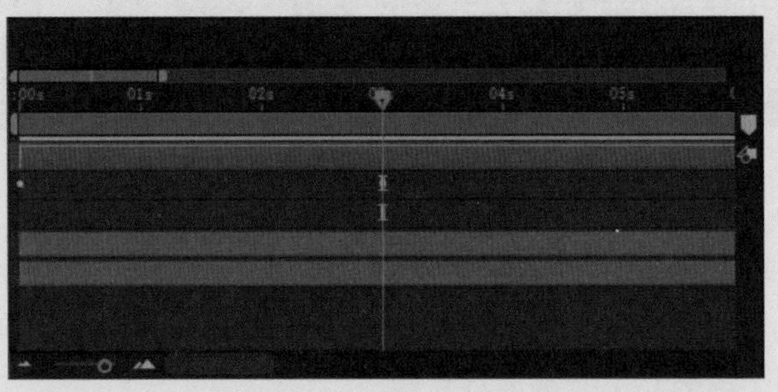

图 8-84

步骤 05 选择“横排文字工具”输入%，设置参数，如图8-85所示。

步骤 06 效果如图8-86所示。

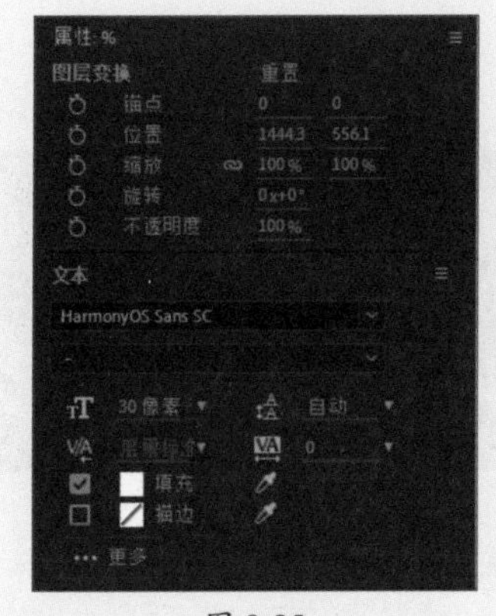

图 8-85

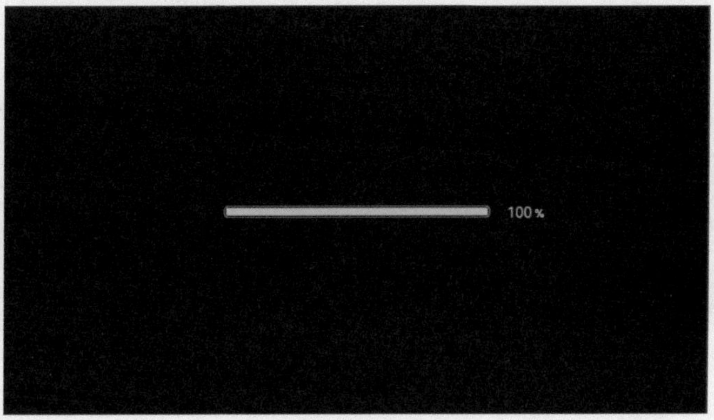

图 8-86

步骤 07 导入文件，如图8-87所示。

步骤 08 将其拖至“时间轴”面板，调整图层顺序，如图8-88所示。

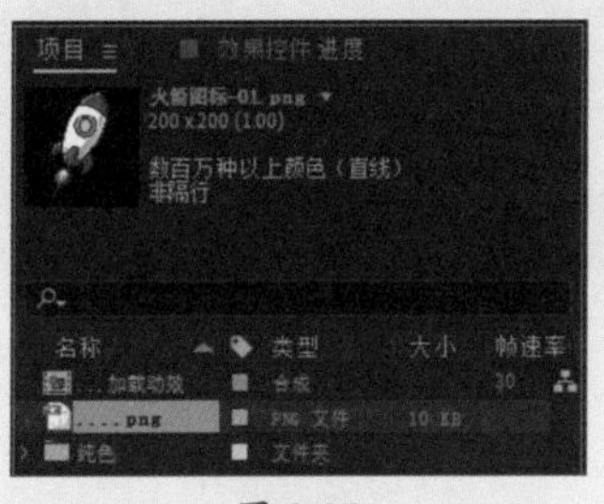

图 8-87

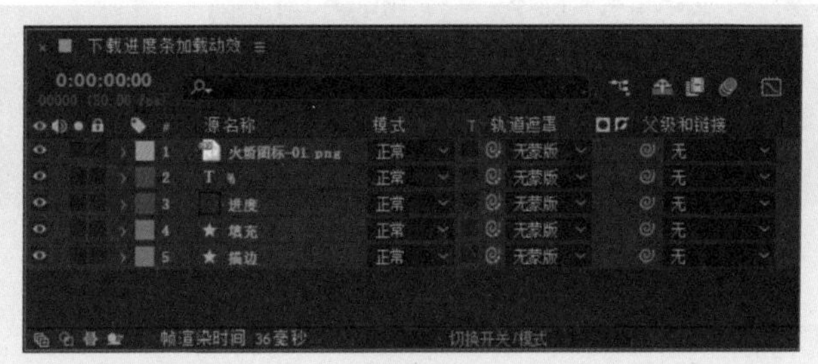

图 8-88

步骤 09 效果如图8-89所示。

步骤 10 更改位置、不透明度参数并添加关键帧，如图8-90所示。

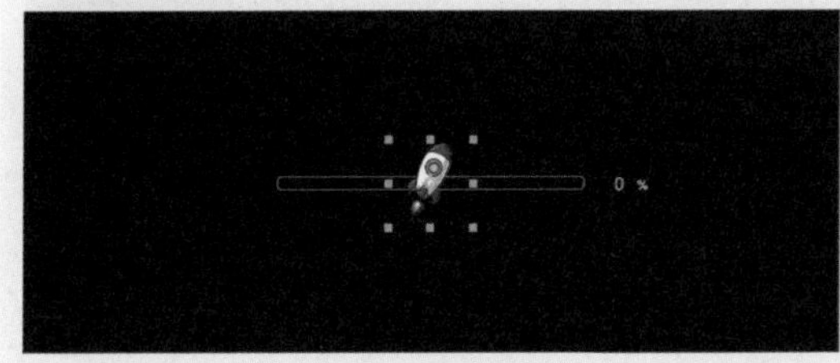

图 8-89

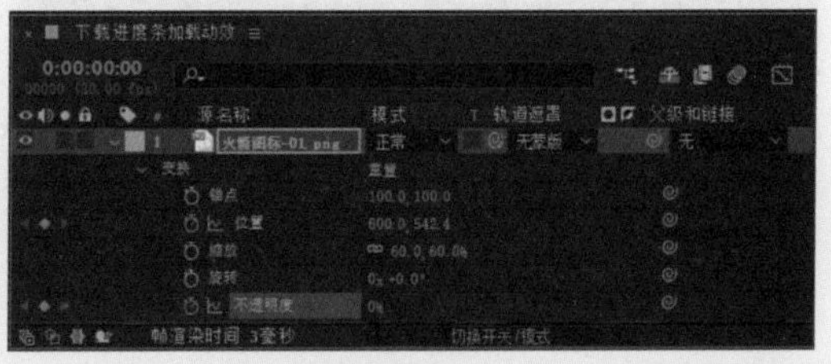

图 8-90

步骤 11 效果如图8-91所示。

步骤 12 移至2%处，如图8-92所示。

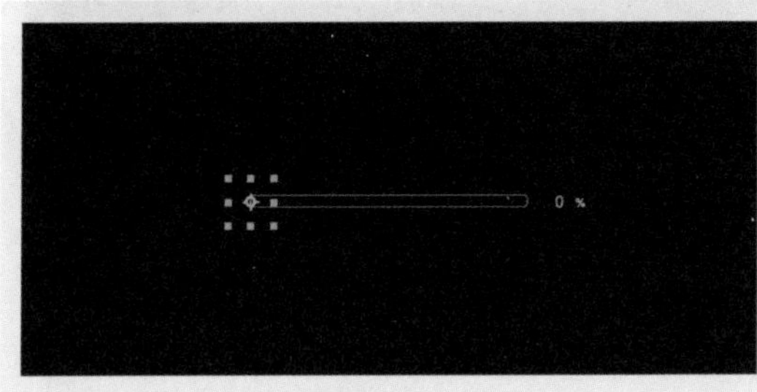

图 8-91

图 8-92

步骤 13 调整位置和不透明度，如图8-93所示。

步骤 14 效果如图8-94所示。

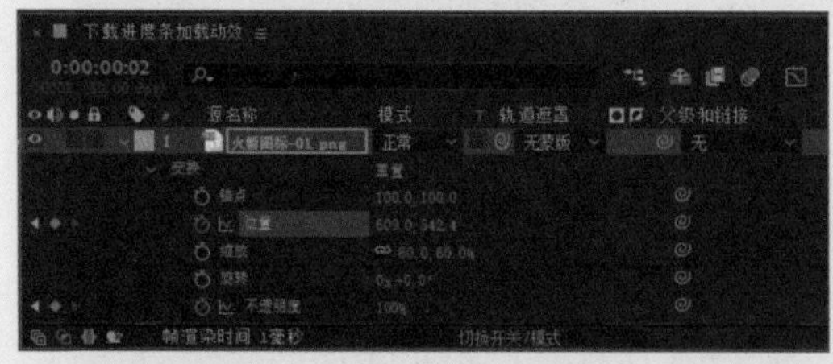

图 8-93

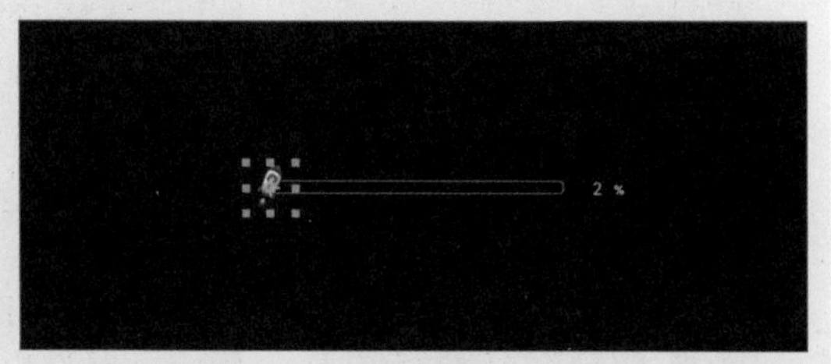

图 8-94

步骤 15 移至98%处，如图8-95所示。

步骤 16 调整位置和不透明度，如图8-96所示。

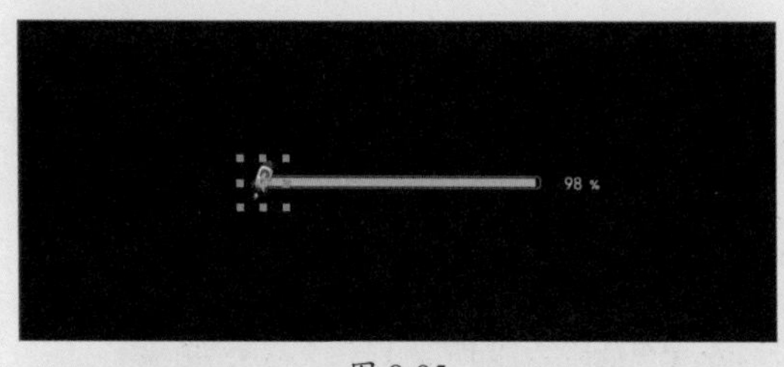

图 8-95

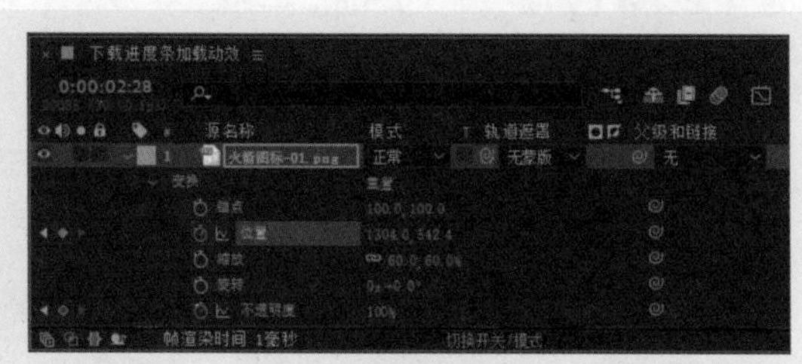

图 8-96

步骤 17 效果如图8-97所示。

步骤 18 移至100%处，如图8-98所示。

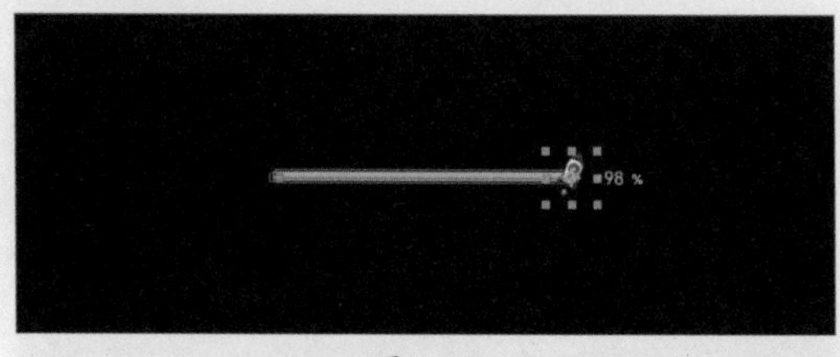

图 8-97

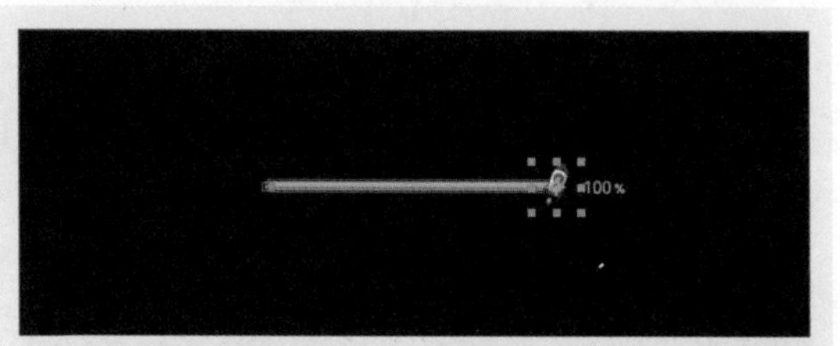

图 8-98

步骤 19 调整位置和不透明度，如图8-99所示。

步骤 20 效果如图8-100所示。

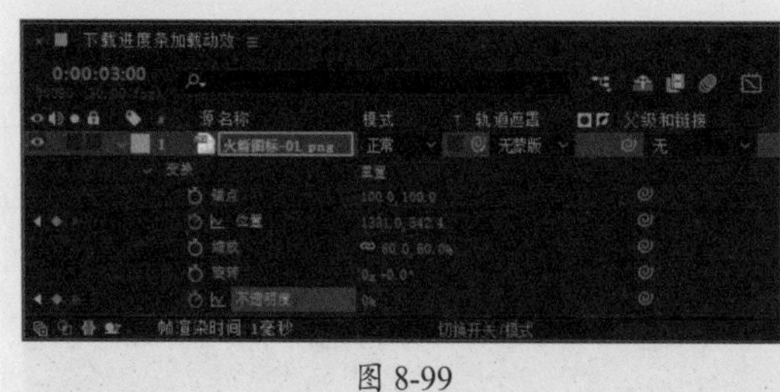

图 8-99

图 8-100

3. 保存并导出为 GIF

本节保存文件并导出为GIF。将制作的文档进行渲染操作，导出为mov格式。在Photoshop中打开，导出为GIF格式。

步骤 01 按Ctrl+S组合键保存文件。执行“合成”|“添加到渲染队列”命令，在渲染队列中设置渲染参数，如图8-101所示。设置输出格式，如图8-102所示。

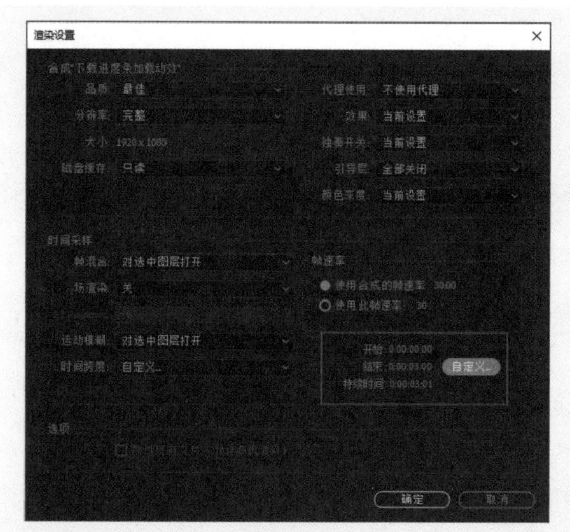

图 8-101

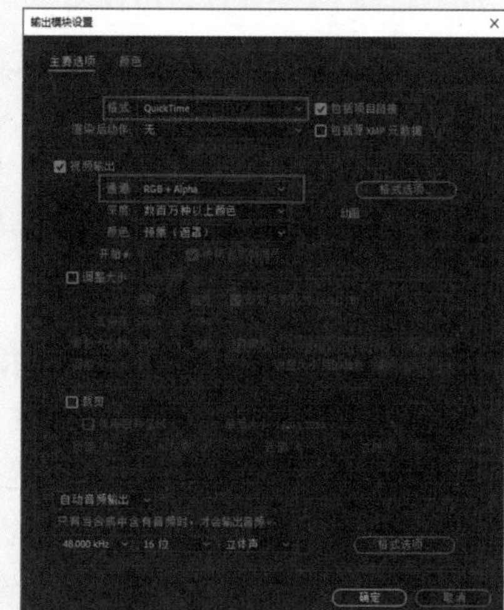

图 8-102

步骤 02 设置输出地址后单击“渲染”按钮，如图8-103所示。

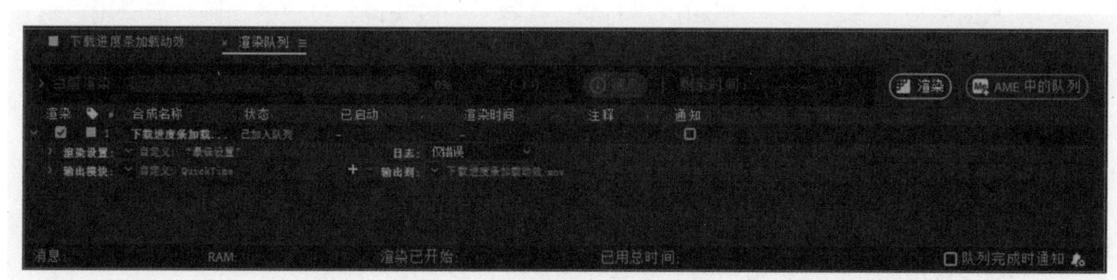

图 8-103

步骤 03 在Photoshop中打开mov格式文件，执行“文件”|“导出”|“存储为Web所用格式”命令，在弹出的“存储为Web所用格式”对话框中设置参数，如图8-104所示。

步骤 04 保存后可查看效果，如图8-105所示。

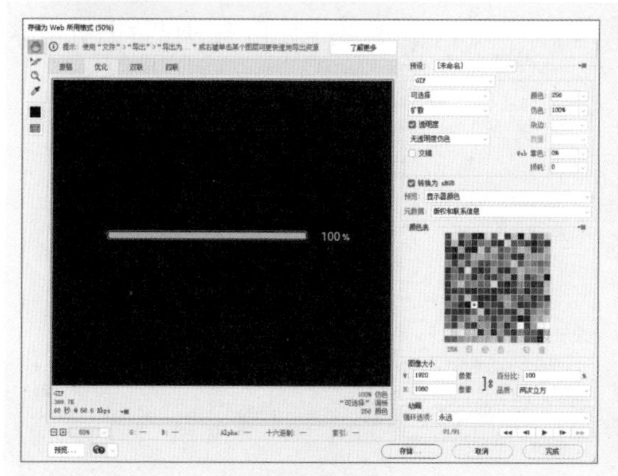

图 8-104

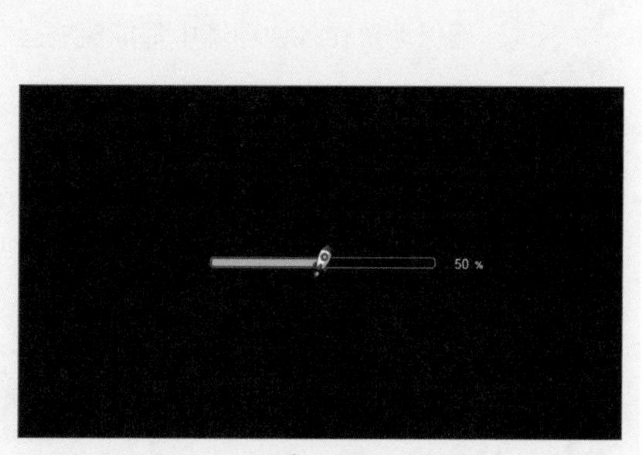

图 8-105

至此，就完成了下载进度条的制作。

新手答疑

1. Q：学习移动 UI 交互动效设计需要掌握哪些基础软件？

A：学习移动UI交互动效设计，首先需要掌握一些基础的设计软件和动效制作工具。常见的设计软件包括Adobe Photoshop（用于图像处理）、Adobe Illustrator（用于矢量图形设计）、Sketch（仅限Mac，用于界面设计）等。而动效制作方面，可以学习Adobe After Effects（AE）进行复杂的动画和特效制作，以及Principle、Protopie、Flinto等专门针对交互动效的软件。

2. Q：视觉、听觉或触觉等方式呈现的操作反馈具体是什么？

A：视觉、听觉与触觉的具体方式如下。

- **视觉反馈：**如按钮点击后的颜色变化、页面跳转时的过渡动画等。
- **听觉反馈：**如点击按钮时发出的声音、操作成功或失败的提示音等。
- **触觉反馈：**在支持触觉反馈的设备上，如智能手机，用户可以通过震动感受操作的反馈。

3. Q：如何选择动画时长？

A：动画时长应根据动效的类型和用户的期望选择。一般来说，过快的动画可能让用户感到困惑，而过慢的动画则可能让用户感到拖沓。通常，0.2～0.5s的动画时长较为合适，可以让用户感到流畅且不失去焦点。

4. Q：动效设计中应该避免哪些常见错误？

A：常见错误如下。

- **过度使用动效：**过多的动画会导致界面混乱，影响用户体验。
- **缺乏目的性：**动效应服务于用户的需求，而不是单纯为了美观。
- **忽视性能：**复杂的动效可能会影响应用的性能，导致卡顿。

5. Q：如何在移动 UI 设计中实现响应式动效？

A：响应式动效需要根据不同的设备和屏幕尺寸进行调整。设计时应考虑不同分辨率和设备的性能，使用相对单位（如百分比）定义动画的大小和位置，并在不同设备上进行测试，确保动效在各种环境中都能流畅运行。

第9章 标注与切图

标注与切图帮助设计师与开发者之间进行有效的沟通，确保最终产品的质量。本章对界面标注的作用、内容、规范、常用工具，界面切图的原则、要点、命名规范以及常用工具进行讲解。最后，通过对App首页的图片和图标切图进行巩固，以提升设计技能。

9.1 界面标注

界面标注不仅有助于设计师和开发人员之间的有效沟通，还能确保最终产品的界面效果符合预期，从而提升用户体验。

9.1.1 界面标注的作用

界面标注在UI设计中的作用是多方面的，主要可以归纳为以下几点。

1. 精确传达设计意图

界面标注能够清晰地表达设计师的意图，包括每个元素的功能、交互方式和设计理念。这有助于开发团队准确理解设计的目的，避免误解和错误实现。

2. 提高开发效率

详细的标注提供开发人员所需的具体信息，如尺寸、颜色、字体和间距等，能够更快地实现设计，减少不必要的沟通和修改时间。

3. 保证界面一致性

明确的标注确保在不同平台和设备上实现一致性，维护品牌形象和用户体验，避免因实现差异导致用户混淆。

4. 便于后期维护和迭代

随着产品的发展，界面可能会经历多次迭代和优化。界面标注为这些迭代提供基础，使设计师和开发人员能够清晰了解历史变更，便于后期维护和更新。

5. 提升团队协作效率

通过标注，设计师、开发人员和产品经理等不同角色可以更清晰地了解彼此的工作内容和要求，减少误解和冲突，从而提升团队协作效率。

6. 增强用户体验

明确的标注使设计师能够在设计中充分考虑用户体验的各个方面，包括可访问性和易用性，确保最终产品满足用户的需求和期望。

9.1.2 界面标注的内容

界面标注的内容涵盖UI设计中所有关键元素的详细信息，确保开发人员能够准确地实现设计。界面标注的内容通常包括以下几个方面。

1. 尺寸

- **元素尺寸：** 指界面中各个组件的具体宽度和高度，如按钮、输入框、图标等，如图9-1所示。
- **容器尺寸：** 针对容器元素，如卡片、模块等，需要标注其整体尺寸以及内容布局的尺寸，确保布局的一致性。
- **圆角半径：** 如果有圆角元素，需要标注圆角的半径。
- **响应式尺寸：** 在设计响应式界面时，可能需要标注在不同屏幕尺寸下的元素尺寸变化。

2. 文字

- **字体类型：**指定界面上使用的字体类型，包括标题、正文、按钮等不同文本元素的字体。
- **字号大小：**标注每个文本元素的字号大小，确保文字的可读性和整体布局的平衡，如图9-2所示。
- **文字颜色：**提供文本的颜色代码，如RGB、HEX等，确保文字在不同背景和光照条件下的可见性。
- **文字样式：**包括字重，如粗体、正常、斜体、下画线等样式信息。
- **对齐方式：**标注文本的对齐方式，如左对齐、居中对齐、右对齐或两端对齐。

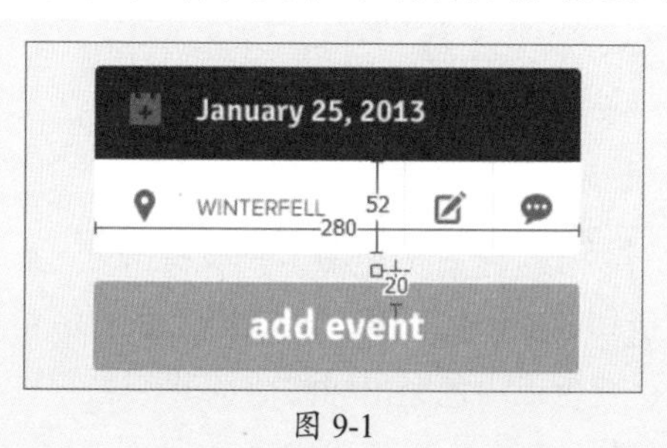

图 9-1

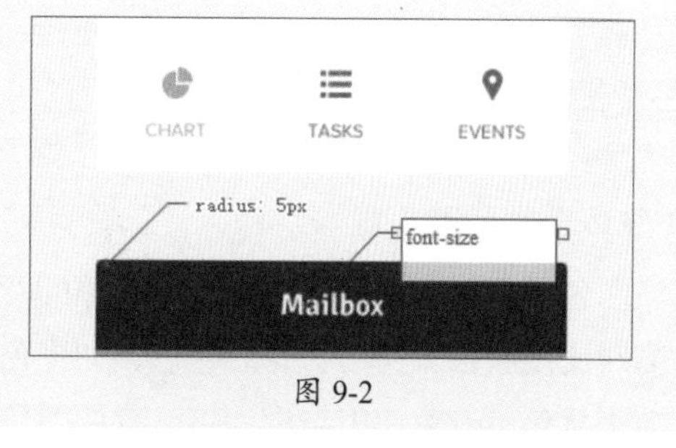

图 9-2

3. 间距

- **边距：**元素与其他元素或容器之间的外部距离。
- **内边距：**元素内容与其边框之间的内部距离，如图9-3所示。
- **行间距：**对于段落文本，行与行之间的垂直间距，也需进行标注。

4. 颜色

- **色值：**标注界面中使用的所有颜色，通常以HEX、RGB或HSL格式表示，如图9-4所示。
- **文本颜色：**明确每个文本元素的颜色。
- **边框颜色：**如果有边框的元素，需要标注边框的颜色。
- **对比度：**确保文本与背景之间的色彩对比度符合可读性标准，通常使用对比度计算工具验证。

图 9-3

图 9-4

9.1.3 界面标注的规范

界面标注的规范是确保设计稿能够被准确理解和实施的关键。标注规范不仅包括尺寸、文字、间距和颜色等基本信息，还涉及标注的颜色、方式以及标注的精准度等方面，如图9-5、图9-6所示。下面详细介绍这些方面的规范。

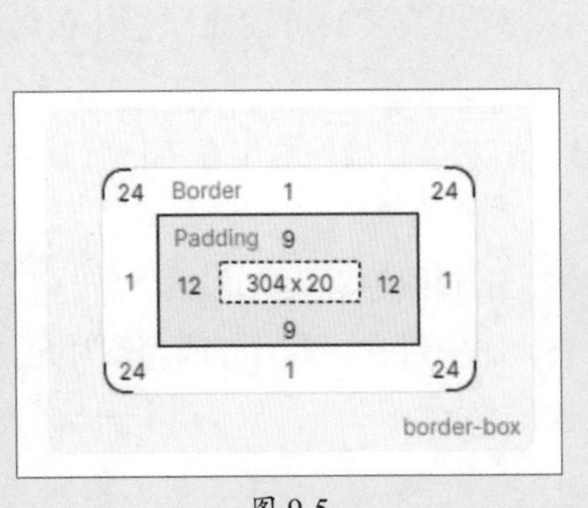

图 9-5

```
W : 328px
H : 38px
Y : 97px
X : 16px
Radius : 24px
Opacity : 1
Blend : Pass through
X constraint : SCALE
Y constraint : SCALE
Fill Color Style :
Light/comp_background_tertiary
Fill : 纯色填充
rgba(0, 0, 0, 0.05)
```

图 9-6

1. 标注颜色

标注颜色的选择应能清晰地区分设计稿的背景和其他设计元素。通常建议如下。

- **高对比度颜色**：使用明亮的颜色，如橙色、蓝色或绿色突出标注信息。
- **非干扰色**：避免使用与设计稿已有的颜色相似的颜色，以免造成混淆。
- **一致性**：在整个项目中使用相同的颜色标注相同类型的信息，如使用红色标注警告信息，使用蓝色标注链接等。

2. 标注方式

标注的方式应该简单明了，易于理解。一些通用的标注方式如下。

- **数字标注**：直接在设计稿上使用数字标注尺寸、间距等信息。
- **线条标注**：使用线条指示元素之间的间距或位置关系。
- **文本注释**：在设计稿旁边添加文本说明，解释特殊需求或注意事项。
- **符号标注**：使用特定的符号或图标表示某些设计要素，如使用箭头指示方向。
- **颜色代码**：为颜色标注提供十六进制代码或RGB值，以确保颜色的准确还原。

3. 精准度

标注的精准度直接影响前端开发的质量。以下是一些关于精准度的规范。

- **使用正确的单位**：通常情况下，界面设计采用像素（px）作为单位。
- **精度到整数**：除非特殊情况，大多数情况下尺寸标注应保持在整数级别。
- **小数位数**：需要使用小数位数，通常保留一位或两位小数即可。
- **网格系统**：使用栅格布局，则需要标注栅格的具体参数，包括列宽、行高等。
- **间距**：明确标注元素之间的间距，确保布局的一致性。

9.2 界面标注的常用工具

界面标注的常用工具帮助设计师和开发者高效地完成设计稿的标注工作，通常具备自动检测元素尺寸、间距等功能，并能生成详细的标注文档或直接导出所需的数据。下面是一些常用的界面标注工具。

1. PxCook

图 9-7

PxCook（像素大厨）是一款免费、轻量、高效的自动标注工具，专为设计师和前端开发者设计。它集成了标注与切图功能，极大地提升了设计与研发的协作效率。图9-7所示为PxCook的图标。其主要功能如下。

- **自动标注生成：** PxCook 可以自动提取设计稿中的尺寸、间距、颜色、字体等信息，生成详细的标注，帮助开发人员快速理解设计意图。
- **资源导出：** 支持一键导出设计中的图标、图片和其他资源，方便开发使用。
- **多平台支持：** 能够与多种设计工具（如Sketch、Figma、Adobe XD等）无缝集成，适用于不同的设计流程。
- **设计规范：** 支持生成符合不同平台（如iOS、Android、Web）的设计规范，确保设计的一致性。
- **团队协作：** 允许团队成员之间进行实时协作和反馈，提升设计交接的效率。

图9-8所示为PxCook工作界面。选择要标注的对象，单击左侧工具栏中的工具即可完成标注。切换至“开发”页面，可以查看所有标注及文件信息，如图9-9所示。

图 9-8

图 9-9

2. Markman

图 9-10

Markman（马克鳗）是一款实用的图标标注工具，能够帮助设计师在设计图上快速、准确地添加标注。适用于需要频繁修改和标注设计稿的场景，如设计师与前端工程师之间的紧密协作。图9-10所示为Markman的图标。其主要功能如下。

- **简单易用的标注工具：** Markman 提供直观的界面，用户可以轻松地为设计稿添加标注和注释，便于快速记录设计细节。
- **多格式支持：** 支持导入多种设计文件格式（如Sketch、Figma、Photoshop等），方便整合不同设计稿。
- **设计稿自动刷新：** 在标注的过程中，如果设计稿被修改和保存，软件自动重新载入设计稿，让设计和标注同步进行。
- **实时协作：** 团队成员可以实时更新和共享标注信息，提升团队沟通效率。
- **定制标记样式：** 在标记和空白处右击，弹出定制样式的菜单，可以修改标注的颜色、大小、色值格式等。

- **Retina@2x图支持：**对于文件夹名称结尾是@2x的图，自动缩小50%载入，便于精确测量。

3. 摹客

摹客专注于一站式的产品设计及协作，适用于需要细致标注和区域划分的场景，如大型UI项目或复杂界面设计。图9-11所示为摹客的图标。其主要功能如下。

图 9-11

- **智能标注生成：**通过单击或悬停于（hover）设计图上的任意元素，即可查看相应标注。
- **多种标注模式：**包括不选中图层时的间距标注、选中图层时的间距标注、多选标注、标注百分比等。
- **放大镜功能：**支持使用放大镜查看放大状态下的标注情况，并可通过键盘快捷键调整放大倍数。
- **标注面板：**详细展示标注信息，包括图层名、位置信息、尺寸、边距、不透明度等，并支持一键复制标注信息。

> **提示** 除了以上的界面标注工具，还有其他一些在线标注工具可以辅助UI设计和前端开发工作，例如Pixso、MasterGo、Figma等。

9.3 界面的切图

界面切图是指从设计稿中提取可重用的图形元素，用于前端开发，构建网站或应用程序的界面。

9.3.1 界面切图的原则

切图是设计与开发之间的重要环节，确保界面元素能够在不同设备和环境中正常使用。以下是界面切图的一些原则。

- **功能性：**确保切出的图像在不同设备和分辨率下均能正常显示。切图时要考虑不同状态下的变化，如按钮的激活态和禁用态等。
- **一致性：**保持切图元素的风格一致，以确保视觉上的统一性。对于重复使用的元素，只需切取一次，避免冗余。
- **简洁性：**尽量减少切图的数量，降低存储和加载成本。使用矢量图形（SVG）代替位图，以适应不同的屏幕尺寸。
- **可扩展性：**考虑到未来可能的设计变更，切图应具有一定的灵活性和可扩展性。为元素预留足够的空间，便于调整和扩展。
- **性能优化：**选择合适的文件格式，如PNG、JPEG、SVG等，在质量与文件大小之间取得平衡。减少不必要的透明度和复杂的背景色，以减小文件大小。使用压缩工具减小图片体积，但要确保不失真。

- **适配性：** 切图时要考虑不同屏幕尺寸和设备类型的适配。为高清屏幕准备@2x或@3x的图片资源。对于可伸缩的元素，如背景纹理，尽量使用可重复的模式。
- **清晰度：** 确保切图元素清晰，特别是在放大时也能保持高质量。特别关注文本和图标等细节元素的清晰度。

> **❗提示** 文字、卡片背景、线条及标准的几何图形不需要提供切图，直接使用系统原生的设计元素修改参数即可。

9.3.2 界面切图的要点

界面切图是设计与开发之间的重要环节，确保设计稿能够在不同设备和环境中正常展示。以下是界面切图的一些关键要点。

1. 切图资源尺寸

- **设计稿对照：** 确保切图的尺寸与设计稿一致，避免因缩放而导致失真。
- **多分辨率支持：** 根据不同设备的屏幕分辨率，准备多种尺寸的切图资源，如1x、@2x、@3x，以适应不同的显示效果，如图9-12、图9-13所示。
- **留白与间距：** 在切图时注意元素之间的留白和间距，确保在不同分辨率下也能保持良好的视觉效果。

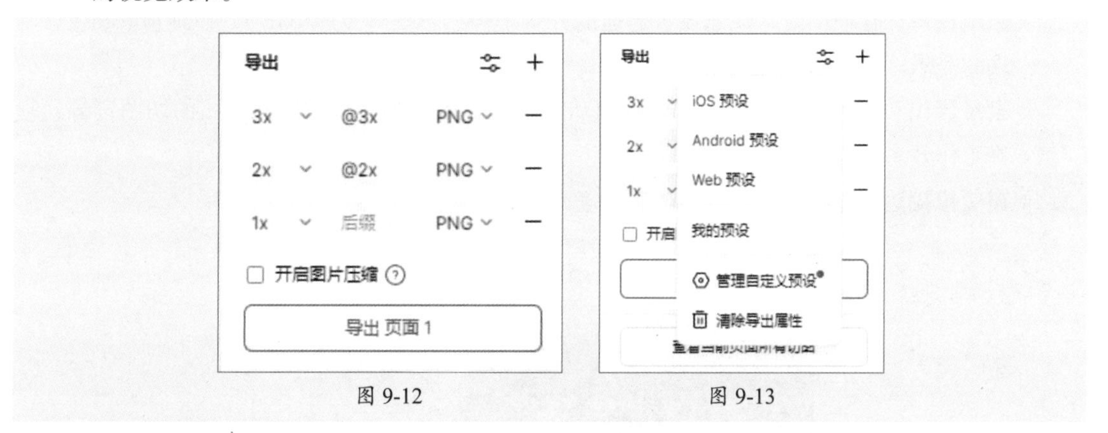

图 9-12　　图 9-13

2. 图片格式选择

- **透明度需求：** 对于需要透明背景的图像，选择PNG格式；对于照片类图像，使用JPEG格式以减少文件大小；对于图标和简单图形，使用SVG格式。
- **文件大小与质量：** 根据需求平衡图像质量与文件大小，选择合适的压缩工具，确保在不影响视觉效果的前提下减小文件体积。

3. 标注与命名

- **清晰的命名规范：** 采用一致且清晰的命名规则，便于开发人员快速识别和使用切图资源。例如，使用“按钮_正常态.png”或“图标_搜索@2x.png”这样的命名方式。
- **详细标注：** 在设计稿中提供详细的标注，包括尺寸、颜色色值、字体样式等，帮助开发人员准确实现设计效果。

4. 切图与输出

- **切图工具选择：**使用专业的切图工具，如Photoshop、Sketch、Figma等进行切图，确保输出图像的质量和准确性，如图9-14、图9-15所示为Photoshop切图效果。

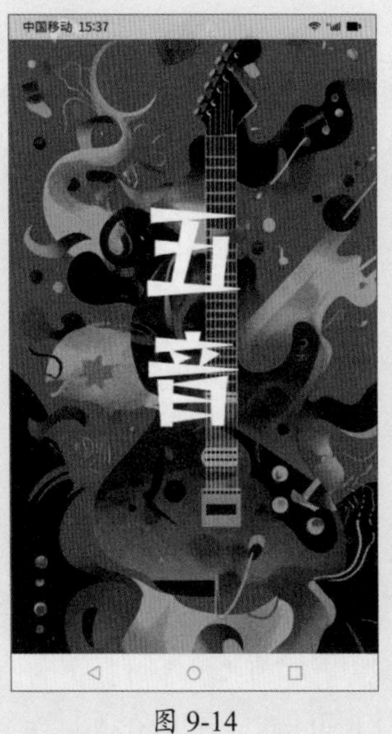

图 9-14

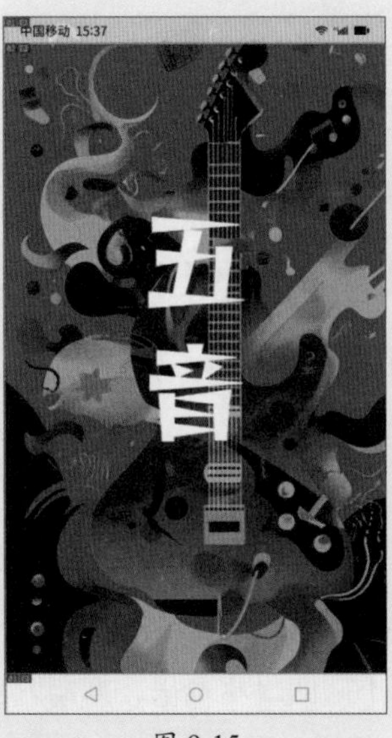

图 9-15

- **输出设置：**在输出时，注意设置合适的分辨率和色彩模式（如RGB），以适应Web或移动端的需求。
- **批量导出：**利用切图工具的批量导出功能，快速生成多种分辨率和格式的切图资源，提高工作效率，如图9-16所示。
- **避免模糊边缘：**特别注意圆形或有弧度元素的边缘处理，避免出现锯齿。

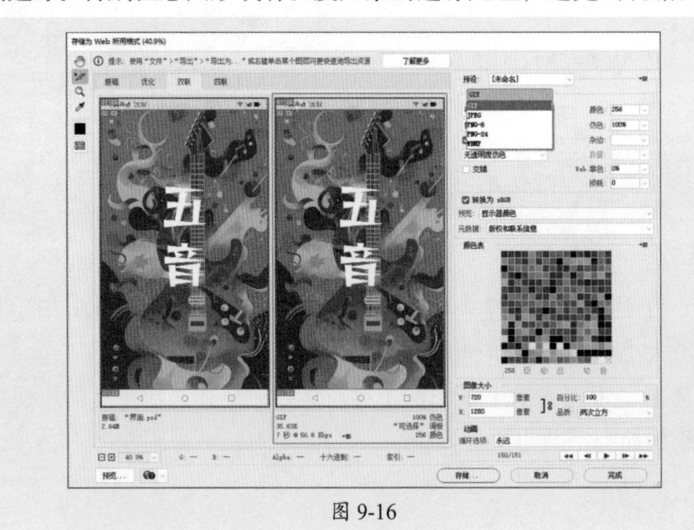

图 9-16

5. 可交互元素

- **状态切图：**针对可交互元素切出不同状态的图像。例如，按钮图标，可切出正常态、悬停态、点击态、禁用态等，确保开发人员能够实现完整的交互效果。
- **可重用组件：**对于重复使用的元素，考虑创建组件库，减少冗余切图，提升资源管理效率。

6. 性能优化

- **图像压缩：**使用图像压缩工具减小图片体积，提升页面加载速度。
- **懒加载技术：**对非首屏的图像使用懒加载技术，优化页面性能。

7. 文档与交付

- **切图说明文档：**提供详细的切图说明文档，帮助开发人员理解每个图像的用途和使用方法。
- **整齐整理：**确保切图资源的整齐整理，便于团队成员快速查找和使用。

> **提示** 懒加载技术也被称为延迟加载或按需加载，是一种在需要时才进行资源或数据加载的技术手段。

9.3.3 界面切图的命名规范

界面切图的命名规范是确保切图文件组织有序、易于查找和使用的关键。以下是一些常见的界面切图命名规范。

1. 结构化命名

采用“类型/组件_功能_状态_其他描述@分辨率.格式”的结构进行命名。这种结构有助于快速理解切图的内容和用途。例如button_confirm_pressed@2x.png（按钮_确认_按下@2倍分辨率.png）

2. 小写字母与下画线

所有命名应使用小写英文字母，单词之间使用下画线（_）分隔，避免使用空格、特殊字符和中文。例如，nav_bar_background.png（导航栏_背景.png）。

3. 状态

对于具有多种状态的元素（如按钮、图标等），应在命名中明确标注其状态（如正常、选中、禁用、按下等）。例如，btn_submit_normal.png（提交_按钮_正常状态.png）。

4. 版本

如果切图有多个版本，如不同设计风格、不同年份的UI改版等，可以在命名中添加版本号或日期进行区分。例如，logo_v2.png（Logo_第二版.png）。

5. 分辨率与格式

对于需要适配不同屏幕密度的设备，应在命名中标注分辨率（如@1x、@2x、@3x等）。明确文件的后缀名，通常为.png或.jpg等格式。例如，icon_home@2x.png（主页_图标@2倍分辨率.png）。

6. 编号与排序

当存在多个相似元素时，可以使用编号进行命名，以便排序和查找。对于一组相关的切图，如轮播图、图标集合等，可以采用有序命名方式，确保它们在文件系统中的顺序与设计稿中的顺序一致。例如，icon_user1.png、icon_user2.png（用户_图标1.png、用户_图标2.png）。

7. 避免冗长和复杂

命名应尽可能简洁明了，避免使用过长或复杂的单词和短语。确保命名能够准确表达切图的内容和用途，避免产生歧义。

8. 遵循项目或团队规范

在项目或团队内部，应制定统一的命名规范，并确保所有成员都遵循这一规范。这有助于保持文件命名的一致性和易读性。

9.3.4 常见的切图命名

常见的切图命名可参考表9-1～表9-6中的内容。

表9-1 界面命名

主程序	app	发现	find
首页	home	个人中心	personal center
软件	software	活动	activity
游戏	game	控制中心	control center
联系人	contacts	邮件	mail
锁屏	lock sereen	设置	setting

表9-2 系统控件

状态栏	status bar	分段控制	segment control
导航栏	navigation bar	弹出视图	popovers
标签栏	tab bar	编辑菜单	edit menu
工具栏	tool bar	滑杆	sliders
搜索栏	search bar	选择器	popovers
表格视图	table view	弹窗	popup
提醒视图	alert view	扫描	scanning
活动视图	activity view	开关	switch

表9-3 功能命名

确定	ok	选择	select
默认	default	下载	download
取消	cancel	加载	loading
关闭	close	安装	install
最小化	min	卸载	uninstall
最大化	max	搜索	search
菜单	menu	暂停	pause
添加	add	后退	back
继续	continue	更多	more
删除	delete	更新	update
导入	import	发送	send

（续表）

导出	export	重新开始	restart
查看	view	等待	waiting

表9-4　资源类型

图片	image	勾选框	checkbox
图标	icon	下拉框	combo
按钮	button	单选框	radio
静态文本框	label	进度条	progress
编辑框	edit	树	tree
列表	list	动画	animation
滚动条	scroll	按钮	button
标签	tab	背景	background
线条	line	标记	sign
蒙版	mask	播放	play

表9-5　常见状态

普通	normal	已访问	visited
按下	press	禁用	disabled
悬停	hover	完成	complete
获取焦点	focused	默认	default
点击	highlight	选中	selected
错误	error	空白	blank

表9-6　位置排序

顶部	top	第二	second
中间	middle	最后	last
底部	button	页头	header
第一	first	页脚	footer

9.4 界面切图的常用工具

界面切图的常用工具可以帮助设计师高效地从设计稿中提取所需的图形元素，可以根据个人需求和习惯选择切图工具。

1. Photoshop

Photoshop是功能强大的图像编辑软件，支持复杂的图像处理和切图功能，支持使用切片工具手动划分图像区域，并导出为不同格式的文件。其主要优点如下。

- **切片工具：**可以将图像分割成几部分，方便导出不同的图像。

- **导出为Web格式：**支持多种格式（如JPEG、PNG、GIF等），并允许用户优化图像质量和文件大小。
- **图层管理：**可以直接从图层中提取图像元素，保持设计的完整性。

2. Sketch

Sketch是专门为UI/UX设计的软件，具有简洁的界面和强大的插件生态系统，支持导出各种分辨率的切图，适合移动和网页设计，能够轻松管理图层和符号。其主要优点如下。

- **导出选项：**支持导出为多种格式。用户可以选择不同的分辨率（如@1x、@2x、@3x）以适应不同设备。
- **切图功能：**可以直接从设计中提取图像，支持批量导出。

3. Adobe XD

Adobe XD是集设计、原型制作和分享于一体的工具，支持导出设计稿中的元素为PNG、JPEG、SVG 等格式，并可以自定义分辨率，还支持与团队成员共享设计稿和切图资源。其主要优点如下。

- **设计系统支持：**可以导出设计系统中的组件，方便开发使用。
- **批量导出：**支持一次性导出多个元素，简化切图流程。

4. PxCook

PxCook是切图设计工具软件，支持PSD文件的文字、颜色、距离自动智能识别。通过插件，可实现切图功能，如图9-17所示。

PS 切图导出插件
Adobe XD 导出插件
旧版本PS切图工具

图 9-17

5. Figma

Figma是基于云端的设计协作工具，支持多人实时协作，支持导出设计稿中的元素，并可以设置不同的分辨率和文件格式。其主要优点如下。

- **导出功能：**用户可以选择单个图层或整个画板进行导出，支持多种格式（如PNG、SVG、PDF等）。
- **组件和样式：**可以轻松管理和导出组件，保持设计的一致性。

6. Cutterman

Cutterman是运行在Photoshop中的插件，旨在简化和自动化切图过程，可以轻松调整输出图片的尺寸，以适应不同的设备和屏幕分辨率。无需记忆复杂的命令或语法，通过简单的点击操作即可完成切图任务。

7. Zeplin

Zeplin是专注于设计和开发协作的工具，可以将设计稿直接转化为开发人员可以理解和直接使用的切片资源。其主要优点如下。

- **切图和标注：**可以自动生成切图和样式标注，方便开发者获取所需资源。
- **导出设计：**支持导出为多种格式，提供设计规格和资源下载。

8. Pixso

Pixso是基于云端的协作设计和UI切图软件，提供了强大的设计和切图功能，并支持多人实时协作、版本历史记录、项目共享、设计评论等功能。其主要优点如下。

- **自动切图：** 能够快速识别并切割设计稿中的图层，节省时间。
- **多格式支持：** 可导出为多种格式（如 PNG、JPEG、SVG 等），满足不同需求。
- **智能图层管理：** 根据图层名称自动生成文件名，方便管理。

9.5 案例实战：首页界面切图

本案例利用所学的知识，对首页界面的图片和图标进行切图与标注处理。其中标注为智能模式，可在研发模式中进行查看。选中图标和图片进行切图处理，选择合适的倍率后导出，根据需要重新命名。下面介绍具体的绘制方法。

步骤 01 启动Pixso，创建副本并删除多余界面，保留首页，如图9-18所示。

图 9-18

步骤 02 选择状态栏，切换至“切图”模式，单击+按钮设置参数，如图9-19所示。

步骤 03 依次单击“进入研发模式”|“标注”按钮，可查看选中图层的属性值，包括尺寸、边距等，如图9-20所示。

图 9-19

图 9-20

> **提示** Pixso为设计稿自动生成代码，切换到标注面板，下滑至代码模块即可查看参考代码。单击下拉图标还可以切换CSS、iOS和Android参考代码。

步骤 04 单击“分享”按钮，可将该文档分享至团队进行后续工作，如图9-21所示。

步骤 05 单击“退出研发模式”，选择右上角图标设置参数，如图9-22所示。

图 9-21

图 9-22

步骤 06 选择搜索框设置切图参数，如图9-23所示。

步骤 07 选择图片设置切图参数，如图9-24所示。

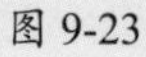

图 9-23

图 9-24

步骤 08 选择导航点设置切图参数，如图9-25所示。

图 9-25

步骤 09 使用相同的方法，选择图片和图标，设置切图参数，如图9-26所示。

图 9-26

步骤 10 单击"查看当前页面所有切图"按钮，如图9-27所示。

图 9-27

步骤 11 单击"导出"按钮，对导出的图片与图标进行重命名，如图9-28所示。

图 9-28

至此，完成首页图片与图标的切图。

新手答疑

1. Q：如何确保标注与设计的一致性？

A：可以通过设计工具中的共享功能，确保设计师和开发者在同一文件上工作，定期进行沟通和反馈，确保标注信息的准确性和一致性。

2. Q：如何测量元素的尺寸？

A：使用设计软件中的测量工具，如Sketch或Adobe XD中的度量工具确定元素的宽度和高度。通常，这些工具会显示元素的确切像素尺寸。部分软件自动显示高度和宽度，如图9-29所示。

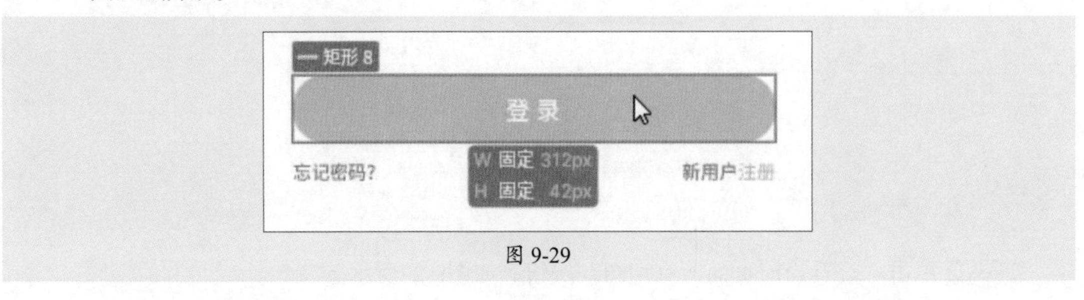

图 9-29

3. Q：如何保证切图的清晰度？

A：确保使用正确的DPI（每英寸点数）和分辨率。对于大多数Web项目，建议使用72 DPI；而对于高清屏幕（Retina显示屏），最好使用两倍于实际尺寸的图片（@2x）。

4. Q：如何确保切图不会失真？

A：对于矢量元素（如图标和图形），应尽可能使用SVG格式，因为这种格式可以在任何尺寸下保持清晰。对于位图元素，则要确保保存为正确的尺寸和格式（如PNG或JPEG）。

5. Q：是否需要为不同的设备分辨率提供不同的切图？

A：是的，为了适应不同设备的分辨率和屏幕尺寸，通常需要提供多种尺寸的切图，特别是对于移动应用。例如，对于iOS设备，需要提供@1x、@2x和@3x的图片资源。

6. Q：如何判断哪些元素需要切图？

A：一般来说，除了文字以外的所有元素（如图片、图标、按钮背景等）都需要进行切图。但是，如果某些元素可以通过CSS或SVG等代码实现，也可以考虑不进行切图。

7. Q：切图后如何测试效果？

A：切图完成后，可以将导出的图像应用到开发环境中，进行视觉检查和功能测试，确保图像的显示效果与设计稿一致，并在不同设备上表现良好。

前　言

视觉、听觉、触觉、嗅觉、味觉是人类拥有的五种感知觉，每一种感知觉都为我们提供了关于我们生活的世界的独特信息。尽管这五种感知觉各不相同，但是我们对周围世界的感觉却是统一的多感觉体验，并不杂乱。粗略地说，人类可通过多种感知觉获得对物理世界的统一的多模态的体验。随着移动互联网的发展，通过多个模态的信息共同表示的数据的规模迅速增大，迫切需要发展综合处理多个模态信息的理论、方法和技术。因此，多模态信息处理的研究具有重要的科学意义和广泛的应用需求。

在深度学习出现以前，多模态信息处理的研究进展较为缓慢，主要集中在少数几个特定任务上。2010 年之后，深度学习技术使用相同的基础结构和优化算法在图像、文本、语音数据处理上不断取得突破，为将其应用于处理多模态信息数据提供了条件。基于深度学习的方法帮助多模态信息处理取得了巨大的突破，提升了大多数已有多模态任务的性能，也使得解决更加复杂的多模态任务成为可能。因此，本书专注介绍基于深度学习的多模态信息处理技术。

尽管多模态信息处理近年来才成为人工智能领域的研究热点，但是本书作者有超过 10 年的多模态信息处理研究经验，且在 2013 年就发表过使用深度学习方法进行图文跨模态检索的研究论文。作者所在的北京邮电大学智能科学与技术中心团队也为 2012 级及以后的智能科学与技术专业本科生开设了“多模态信息处理”课程。本书正是以这门课程的讲义为主要内容编写而成的，是团队在多模态信息处理领域长期的科研和教学成果的结晶。

内容上，本书力求系统地介绍基于深度学习的多模态信息处理技术，侧重介绍最通用、最基础的技术，覆盖了多模态表示、对齐、融合和转换 4 种基础技术，同时也介绍了多模态信息处理领域的最新发展前沿技术——多模态预训练技术。此外，为了让读者可以实践这些多模态深度学习技术，本书提供了 4 个可运行的、完整的实战案例，分别对应多模态表示、对齐、融合和转换这 4 种基础技术。

本书可作为多模态信息处理、多模态深度学习等相关课程的教学参考书，适用于高等院校智能科学与技术和人工智能等专业的本科生、研究生，同时可供对多模态深度学习技术感兴趣的工程师和研究人员参考。

本书主要内容

如图 1 所示，本书内容分为 4 部分：初识多模态信息处理、单模态深度学习表示技术、多模态深度学习基础技术、多模态预训练技术。

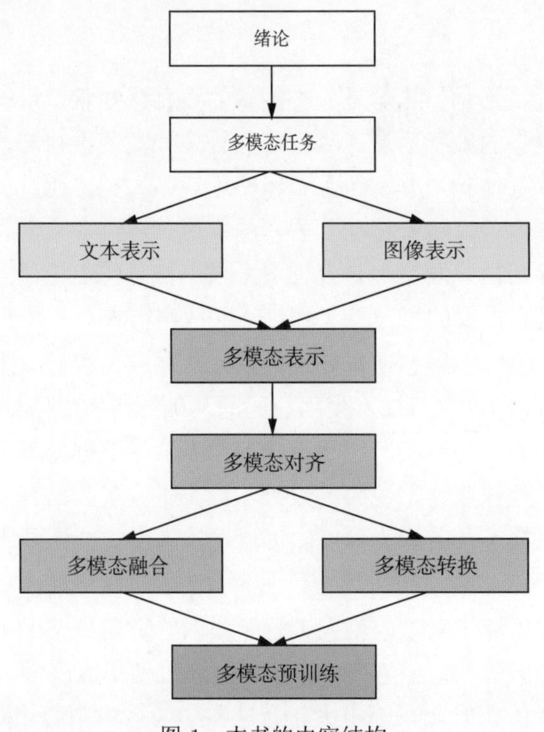

图 1　本书的内容结构

第一部分包括第 1 章和第 2 章，第 1 章介绍多模态信息的基本概念、难点、使用深度学习方法的动机、多模态信息处理的基础技术，以及这些技术的发展历史，第 2 章介绍若干热门的多模态研究任务。

第二部分包括第 3 章和第 4 章，分别介绍多模态深度学习模型中常用的文本表示和图像表示技术。

第三部分包括第 5~8 章，分别介绍面向特定任务的基于深度学习的多模态表示、对齐、融合和转换这 4 种技术，且每章都提供了一个可运行的、完整的实战案例。

第四部分即第 9 章，介绍综合使用上述基础技术，并以学习通用多模态表示或同时完成多个多模态任务为目标的多模态预训练技术。

致谢

感谢现在和曾经在北京邮电大学智能科学与技术中心从事多模态深度学习研究的全体老师和同学，本书的不少内容得益于团队的研究成果。

感谢微软亚洲研究院的吴晨飞博士为第 7 章的实战案例部分提供的代码支持。本书的编写参阅了大量的著作和文献，在此一并表示感谢！

感谢清华大学出版社为本书出版所做的一切。

由于作者水平有限，书中不足及错误之处在所难免，敬请专家和读者给予批评指正。

作　者

2023 年 8 月

目　　录

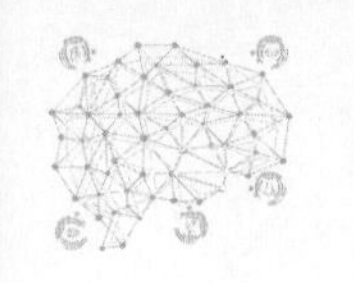

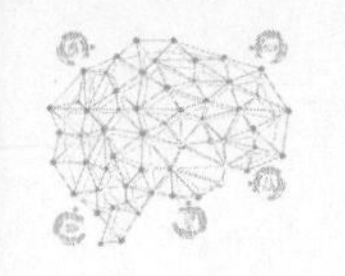

第 1 章　绪　　论

本章首先介绍模态以及多模态信息处理的基本概念；然后介绍这些多模态信息处理任务面临的最本质困难，即不同模态的信息是高度异质的；接着阐述和传统的“浅层”学习相比，深度学习方法在应对这一困难时的优势；最后归纳总结多模态信息处理的基础技术，并介绍多模态深度学习技术的发展历史。

1.1　多模态信息处理的概念

谈到多模态，我们很容易想到知觉。知觉是人类拥有的一项神奇的能力，通常由五种感知觉整合而得到：视觉、听觉、触觉、嗅觉、味觉。这些来自不同感觉系统的信息的整合，对于人类产生出关于世界完整一致的表征非常重要。比如我们在学习“苹果”这个概念时，会综合视觉（看）、触觉（摸）、嗅觉（闻）和味觉（尝）等多种感觉的信息，即该概念在人脑中的表示是多个感知觉综合的结果。在理解事物时，当提供多于一种知觉信息时，通常表现得更精确或高效。例如，在看电影时，字幕有助于我们理解电影内容，即使是中文电影，也同样如此。此外，人类的不同感知觉信息之间也有着微妙的联系，例如，餐厅灯光的强弱会影响人的食欲、海浪声会让我们感觉生蚝更咸、飞机餐不好吃与发动机的噪声密切相关。

在研究中，我们并不会把“感知觉”和“模态”两个概念完全等同起来。因为每一种感知觉信息都包含多种具体形式。比如，视觉常见的形式有图像、视频、文本（书面语言）等；听觉常见的形式有语音（口头语言）、声音、音乐等。此外，除了人类的感知觉信息，为了和物理世界更好地交互，不同应用领域也会利用传感器采集形式各异的信息。比如，自动驾驶汽车通常会利用激光雷达采集 3D 点云信息，在黑暗环境中利用热成像相机采集环境热量信息，在低速行驶或泊车时利用超声传感器采集近场障碍信息；医疗领域的认知障碍诊断通常会利用穿戴设备采集人的睡眠质量、步态、行走距离等日常行为信息，利用近红外脑电成像仪采集脑电信息。这里的每一种具体的信息表示形式都可以被称为模态。也就是说，“模态”是一种细粒度的信息表示概念。

近十年，随着移动互联网的迅猛发展，互联网上的大多数事物都是通过多个模态的信息共同表示的。比如旅游时分享的照片通常会搭配若干标签或者文字描述旅游的经历；电商网站通常通过文字描述、图片甚至视频等信息介绍商品；在线音乐产品通常也包含歌曲音频、歌词以及评论等信息。因此，为了让计算机具备分析这些数据的能力，同时处理多个模态数据的多模态信息处理技术应运而生。多模态信息处理领域主要研究用计算机理解和生成多模态数据的各种理论和方法，是当前人工智能领域的前沿阵地之一。

1.2 多模态信息处理的难点

和计算机视觉、自然语言处理这类以单一模态信息为研究对象的研究领域不同，多模态信息处理的研究对象包含多个模态的信息。因此，多模态信息处理既要独立分析每个模态的信息，还要综合分析多个模态的信息。综合分析多个模态信息面临的最大困难是不同模态的信息是高度异质的，往往具有本质的差异性。以图 1.1 所示的图像信息和文本信息为例，图像通常表示成一个像素矩阵，文本通常表示成离散序列。从基础单元上看，图像信息中的单个像素和文本信息中的单个词没有任何关联；从时间维度上看，图像信息更偏

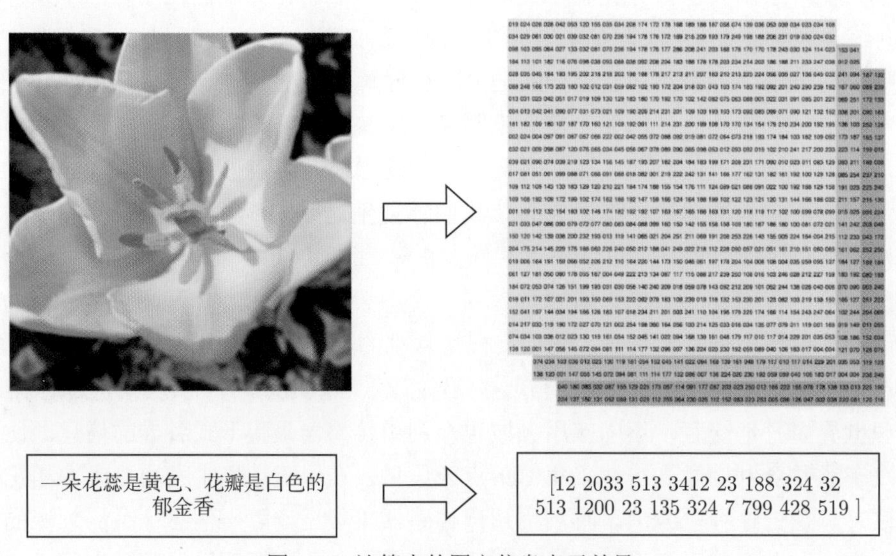

图 1.1 计算中的图文信息表示差异

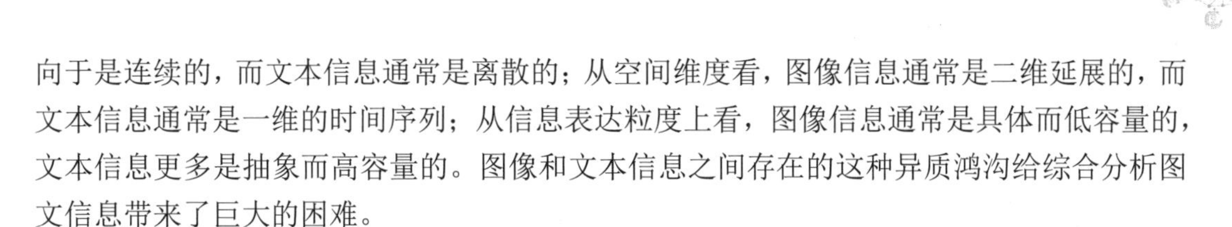

向于是连续的，而文本信息通常是离散的；从空间维度看，图像信息通常是二维延展的，而文本信息通常是一维的时间序列；从信息表达粒度上看，图像信息通常是具体而低容量的，文本信息更多是抽象而高容量的。图像和文本信息之间存在的这种异质鸿沟给综合分析图文信息带来了巨大的困难。

此外，由于不同模态信息之间存在的这种巨大的差异，在相当长的时间里，各个模态对应的领域的研究工具和基础技术截然不同，这些不同体现在数据获取、特征提取、模型选取等机器学习的多个阶段，而且，每个模态对应的研究领域本来就存在众多急需解决的问题。因此，各个领域的研究者交流甚少，进而导致多模态信息处理领域的研究集中在视听语音识别、跨模态检索、多模态情感计算等几个特定问题上，进展缓慢。

1.3　使用深度学习技术的动机

深度学习在图像、语音和文本数据处理上的成功表现为将其用于建模多模态数据、发展多模态信息处理技术提供了依据。相对于传统的“浅层”学习，深度学习用于建模多模态数据有以下三个重要的优势。

第一，多模态数据的底层特征是异构的。如前所述，不同模态的数据之间存在很大的差异，比如文本表示通常是离散的，而图像表示则是连续的，因此很难在这个层面建立不同模态数据之间的关联。而深度学习的网络层次通常在三层以上，不同模态的数据经过多层非线性变换的抽象（而非浅层学习中的一层或两层）后，有可能在高层表示中产生更易于发现的关联。

第二，无论是处理图像、语音数据，还是处理文本模态的数据，深度学习模型所使用的基本单元和基本结构都是类似的。基本单元是各种神经元模型及其变种，基本结构包括多层、卷积、循环、注意力等。这些基本单元和基本结构在处理不同模态数据，自动获取不同模态数据的特征时均表现出有效性，这与已有的一些“浅层”模型需要大量的人工构造数据的特征相比，具有更好的通用性，为建立统一的可端到端训练的多模态数据模型提供了可能。

第三，以单模态预训练模型为基础的表示学习技术的发展大大缩小了不同模态之间的差异。比如图像表示往往提取自在大规模图像分类数据集上学习的深层卷积神经网络的较高层。这些高层表示是建立具体的图像像素和抽象的语义标签之间关联的桥梁，且离语义标签较近，因此，往往已经包含了丰富的语义信息，易于和文本建立关联。

1.4 多模态信息处理的基础技术

根据多模态信息处理的概念，涉及两种及两种以上模态信息的任务都是多模态信息处理任务。因此，多模态信息处理涉及的任务多种多样，新任务层出不穷，提出新任务本身就是多模态信息处理领域的研究热点之一。这给刚涉足该领域的人带来较大的困扰。实际上，这些看似复杂的多模态任务所涉及的基础技术都可以归纳为如图 1.2 所示的表示、对齐、融合和转换 4 种技术。下面分别加以介绍。

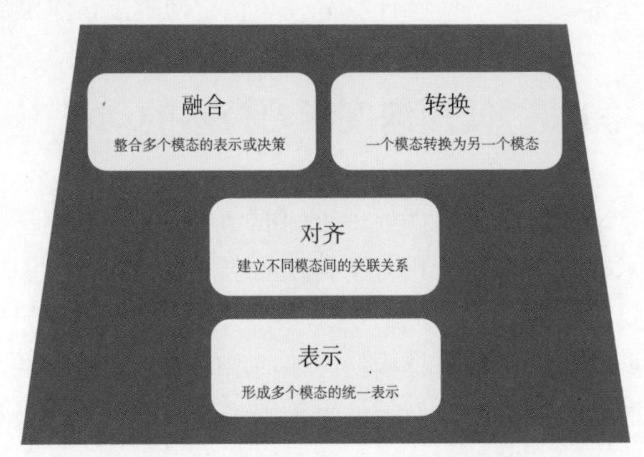

图 1.2 多模态信息处理的基础技术

1.4.1 表示技术

表示技术即形成多个模态信息的统一表示的技术。该技术充分挖掘不同模态数据之间的互补性和一致性，为多个模态数据学习一个单一的共享表示，即在表示空间中融合所有模态数据的信息；或者为每个模态数据学习单独的对应表示，即在不同模态的表示空间中增加一致性约束，以建立多模态数据间的对应关联。

1.4.2 对齐技术

对齐技术即建立不同模态信息之间的关联关系的技术。该技术充分挖掘不同模态数据之间整体和局部的关联关系，可以直接用于处理多模态匹配任务，如图文跨模态检索、指称表达理解；也可以作为融合和转换技术的前置基础技术，配合简单的操作形成复杂强大的融合和转换技术。

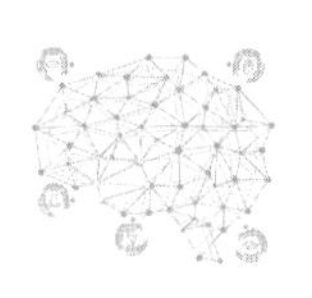

1.4.3 融合技术

融合技术即整合多个模态的表示或决策的技术。该技术充分融合各个模态的表示或决策，可直接用于完成多模态决策任务，如视频分类、视觉问答；也可以作为汇聚多个模态表示的基础技术，应对各种多模态信息处理任务。

1.4.4 转换技术

转换技术即将一个模态（源模态）转换为描述相同事物的另一个模态（目标模态）的技术。该技术充分挖掘源模态数据中能够以目标模态形式展示出的信息，并以此为基础生成目标模态数据，可用于处理图像语言描述、指称表达生成、文本生成图像等任务。

需要说明的是，一般情况下，针对特定多模态任务的早期研究仅涉及一种基础技术，但是随着技术的发展，会同时使用多种基础技术。比如，在根据图像和问题生成答案的任务中，早期的工作仅使用融合技术拼接图像表示和问题表示，得到回答，但是之后的工作大多先使用对齐技术筛选出图像中和问题相关的区域，然后使用融合技术整合这些区域和问题，得到更精准的回答；在根据文本描述生成自然图片的任务中，早期的研究仅利用转换技术直接将文本映射到图像空间，但是之后的研究大多先利用转换技术将文本转换成较低分辨率的图像，然后利用对齐技术将图像区域和文本词对齐，接着使用融合技术整合对齐前后的图像，最后再次利用转换技术生成更高分辨率的图像。

1.5 多模态深度学习技术的发展历史

在深度学习出现以前，多模态信息处理的研究进展较为缓慢，主要集中在视听语音识别、跨模态检索和多模态情感计算等少数几个特定任务上。多模态信息处理技术也局限于处理各个特定任务之中，难以抽象出统一的框架。

2010 年之后，以多层神经网络为基础结构的深度学习技术迅速兴起。深度学习直接以原始信号作为模型的输入，不再依赖人工设计的特征。例如，文本表示从传统的独热编码和词袋特征逐步发展为在大规模数据集上预训练的文本表示。深度学习时代的文本表示先后经历了基于词嵌入的静态词表示、基于循环神经网络的动态词表示和基于注意力的预训练语言模型表示三个发展阶段。而图像表示同样从基于像素值和梯度统计量的词袋特征发展为在大规模数据集上预训练的深度网络表示。深度网络表示的形式也从基于卷积神经网络的整体表示和网格表示，逐步发展为基于目标检测模型的区域表示、基于视觉 transformer

的整体表示和块表示，以及为了建模图像的分布信息以完成图像生成任务的基于自编码器的压缩表示。

图 1.3 展示的基于深度网络的表示技术丰富了多模态信息处理模型的输入形式，显著提升了模型的性能，使得我们可以解决更复杂的任务。图像/视频描述、视觉/视频问答、视觉对话、文本生成图像、指称表达的理解和生成，以及语言引导的视觉导航等任务相继成为多模态深度学习的研究热点。多模态信息处理领域也正式进入多模态深度学习时代。

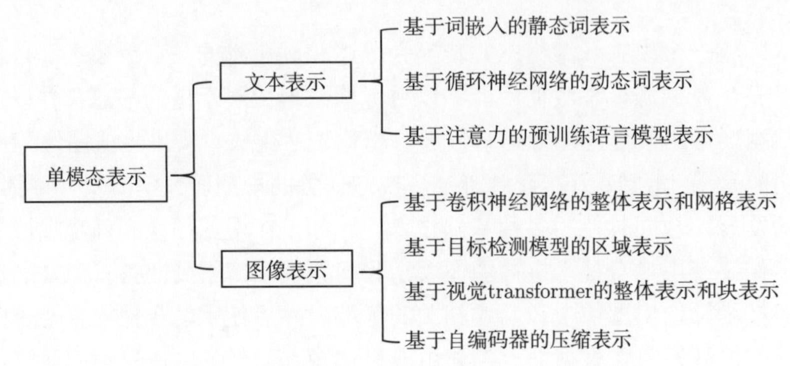

图 1.3　常见的基于深度网络的文本和图像表示

得益于基于深度网络的输入形式的快速发展，再加之深度学习在处理各个模态都采用可端到端训练的神经网络结构，面向多模态任务的模型得以通过端到端的方式被训练。多模态信息处理的各项基础技术——表示、对齐、融合和转换，也都随之取得了新的突破。

首先取得突破的是多模态表示技术。在机器学习里，表示学习的目标是学习统一的普适表示，以在习得的表示基础上利用相对简单的机器学习模型完成多种任务。深度学习方法所使用的深层结构使得其可以学习到抽象程度较高的表示，契合表示学习的目标，也促成了多模态表示技术的进步。在深度学习早期，深度自编码器、深度信念网络和深度玻尔兹曼机这三个经典的表示学习模型，都被扩展至多模态模型，以学习通用的多模态共享表示。这些表示在视听语音分类、图像标注和图文分类等多个多模态任务上得到了验证。随后，为了在表示层直接获取不同模态信息的对应关系，完成跨模态检索任务，研究者提出若干对应表示学习方法，包括基于重构损失、排序损失和对抗损失的方法。这些方法以学习通用的多模态表示为目标，期望结合简单的模型就可以胜任多种任务。然而，此时的多模态表示研究尚处于学习整体表示的阶段，即模型所依赖的单模态表示和所习得的多模态表示均为单一多维向量，这不足以获得比为特定任务设计的模型更好的性能。

此后，多模态深度学习的研究人员的焦点转向如何针对特定多模态任务设计深度学习

模型，而不再关注如何学习通用的多模态表示。在这期间，多模态对齐、融合和转换技术都取得了巨大进展。

在多模态对齐方面，不满足于多模态对应表示学习技术仅能粗粒度地建立不同模态信息的整体对齐关联的现状，借助注意力技术，研究人员提出交叉注意力来挖掘跨模态的细粒度局部对齐关系，用一个模态的局部表示的线性组合表示另一个模态的整体或局部表示。交叉注意力的出现直接提升了跨模态检索、视觉问答等任务的性能。之后，先利用自注意力分别建模各个模态信息，再利用交叉注意力实现跨模态局部对齐的方法成为最主流的多模态对齐方法。尽管此类基于注意力的方法已经尽可能多地建模了跨模态的细粒度关系，然而，随着需要建模的局部数量的增加，执行自注意力操作的时间和计算资源消耗会变得非常大。于是，研究人员提出基于图神经网络的方法。具体而言，该方法首先将各个模态的数据分别以图结构的形式表示，再在图结构表示上挖掘跨模态对齐关系。由于图形式的表示包含了大量的先验信息，因此该方法避免了建模大量的冗余关系，有效降低了建模过程的时间复杂度，也增强了模型的可解释性。

在多模态融合方面，由于多模态深度学习模型大多可以被端到端地训练，融合可以天然发生在多层网络的任意层次，因此，作为之前的研究热点之一的融合时机不再重要，研究的焦点锁定在具体的融合方式。早期的研究一般使用拼接、按位相加等线性方式整合多个模态的表示，然后使用单模态模型对融合表示进行进一步建模。为了能更细粒度地融合多模态表示，研究者们计算不同模态信息整体表示的外积，使得不同模态表示之间任意两个元素都能产生关联。这类方法被称为双线性融合。之后，基于注意力的融合方法因其具备出色的多模态局部表示融合能力，成为多模态融合最主流的方法。具体的融合方式从对交叉注意力对齐前后的表示执行求和或拼接等简单操作，过渡到多次简单的堆叠交叉注意力，最终发展为利用 transformer 结构将交叉注意力改造为交叉 transformer。

在多模态转换方面，研究人员不再需要采用传统的多阶段使用多个模型完成不同子任务的方式，而是直接采用可端到端训练的转换模型。例如，受采用编解码框架的机器翻译模型的启发，基于图像编码器-文本解码器框架的模型被广泛应用于图像描述任务。深度学习中可选择的图像编码器和文本解码器非常丰富：图像编码器包括卷积神经网络、目标检测网络、视觉 transformer 等；而文本解码器包括循环神经网络、注意力网络、transformer 解码网络等。这些不同编解码器的组合极大丰富了图像到文本转换的技术手段。而在文本到图像转换方面，生成对抗网络在图像生成领域的成功使得其一度成为文本生成图像任务中的主流方法。除了采用基于条件生成对抗网络的基本模型，基于生成对抗网络转换的技术还引入了可联合训练的多阶段生成网络、注意力生成网络和图文对齐网络等来提升生成图像的分辨率和可信度。之后，图像离散表示技术的出现使得可以先将图像表示为可重构图像的离散序列，然后使用基于 transformer 的编解码模型完成文本生成图像任务。最近，扩散模型代替生成对抗网络，成为文本到图像转换技术最常用的模块。

2018 年，预训练语言模型的出现标志着自然语言处理领域真正进入“预训练-精调”时代。这类预训练语言模型具备了优秀的通用性，在处理下游任务时，其结构几乎不需要修改。同时，计算机视觉领域的自监督学习研究也得到突破。基于此，加之此前模态对齐、融合和转换技术的充分发展，多模态深度学习领域也开始使用较为通用的模型结构和多模态表示完成多种多模态任务，这类方法统称为多模态预训练方法。2021 年，OpenAI 在 4 亿条图文对组成的数据集上训练了学习对应表示的多模态预训练模型 CLIP，在诸多设定下的图像单模态分类任务取得了优异的性能。之后，研究人员利用 CLIP 模型习得的图像和文本表示提升了众多多模态任务的性能上限。和 CLIP 思路相似，北京智源人工智能研究院等随后也发布了中文领域的学习对应表示的多模态预训练模型“文澜”，在众多中文相关的多模态任务上表现了出色的性能。目前，多模态预训练方法的研究已经成为人工智能领域最热门的研究内容之一，甚至有潜力在迈向通用人工智能的道路上扮演关键的角色。

如图 1.4 所示，纵观多模态深度学习技术的发展历程，我们看到，早期方法以学习通用整体表示为目标，之后以完成特定任务为目标，充分发展了多模态表示、对齐、融合和转换技术，最后在多模态预训练技术中又回归到以学习通用多模态表示或同时完成多个多模态任务为目标。本书将系统地介绍这些基于深度学习的多模态信息处理方法。

图 1.4　多模态深度学习技术的发展历程

1.6 小　结

本章首先介绍了模态和多模态信息处理的基本概念，然后分析了多模态信息处理的难点，以及使用深度学习技术应对多模态任务的优势，接着列举了多模态信息处理的四大基础技术，最后概述了多模态深度学习技术的发展历史。接下来，本书将系统地介绍多模态深度学习涉及的典型任务和基础技术。

1.7 习　　题

1. 按照本书对模态的定义，判断下面两个任务是否属于多模态任务：包含颜色信息和深度信息的彩色深度图像分类任务；包含图像多个角度颜色信息的多视角图像分类任务。
2. 试分析图像模态和语音模态的差异性。
3. 分别列举若干深度学习在建模图像、语音和文本数据上的成功案例。
4. 至少列举 3 个生活中的多模态任务，写出应对每个任务所需的最关键的多模态信息处理基础技术。
5. 阐述单模态深度学习技术对多模态深度学习技术的发展所起的推动作用。
6. 你认为图像信息的引入是否能帮助完成自然语言处理任务？请尝试说明。

第 2 章　多模态任务

第 1 章提到模态是一种细粒度的信息表示概念，也就是说，任意形式的信息都可以视为一个模态，例如自然图像、深度图、文本、语音等。在众多模态中，图像和文本两个模态的数据最容易收集，诞生了大量的相关研究工作，是最具代表性的多模态数据。因此，本书专注于图像和文本两个模态的信息处理技术。

本章将详细介绍学术界五个典型的同时涉及图像和文本的多模态热门研究任务，并给出相应的常用数据集和评测指标。通过本章的学习，读者将对图文多模态信息处理的主流任务有较为详细的了解，为后续章节的学习做好准备。

2.1　图文跨模态检索

跨模态检索（cross-modal retrieval，CMR）是指不同模态的数据相互检索，即使用一个模态的数据作为查询去检索另外一个模态的数据。如图 2.1 所示，图文跨模态检索任务包含两个子任务：以图检文和以文检图。前者是以图像作为查询，在文本候选集里检索匹配的描述；后者是以文本作为查询，在图像候选集里检索匹配的图像。目前，互联网上存在着海量的图像和文本数据，并还在飞速增长中。检索这些数据是一个广泛存在的应用需求。传统的图像检索、文本检索技术大多集中在单模态信息检索问题上，即查询和候选集属于同一个模态。一些跨模态检索服务，如百度图片、Google 图片等，在为输入的文本查询检索图片时，大多依赖图片周围已经标注好的文本信息，其本质依然是单模态检索。这样会造成大量的不含文本信息的图片无法被成功检索。单模态信息检索技术通常可以很好地完成以文检文、以图检图等单模态信息检索任务，但不能有效解决跨模态检索问题。因此，跨模态检索技术具有重要的研究意义。

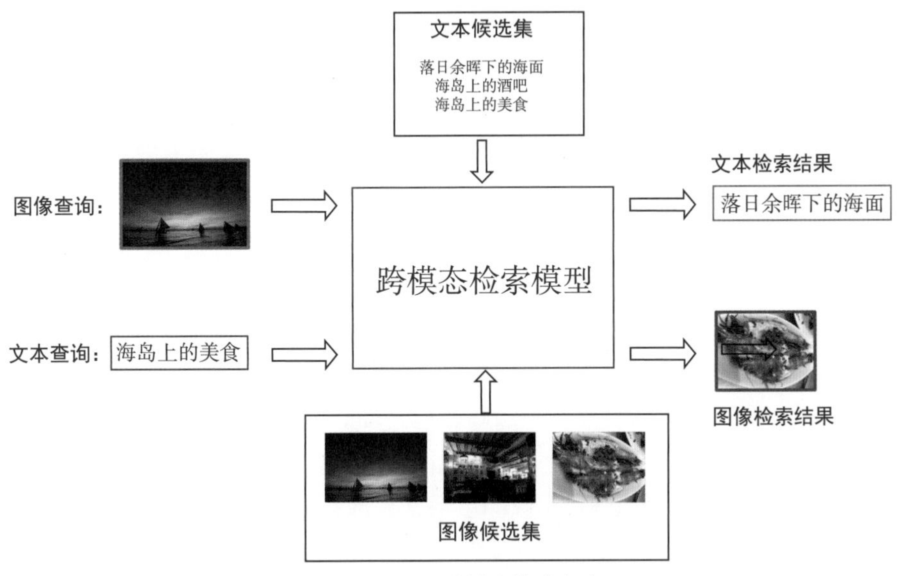

图 2.1　图文跨模态检索任务

2.1.1　数据集

一般而言，跨模态检索模型所依赖的训练数据都只包含对齐的图像和文本，不包含图文的其他（如类别、排序等）信息。这样的数据集最容易收集，现有的跨模态检索也多是针对这样的数据展开的。常用的数据集如下。

- **Wikipedia**[1]1：该数据集收集自 Wikipedia 的"Wikipedia featured articles"2栏目。数据集包含 2866 个图像文本对，每一个图像文本对都被划分到 10 个语义类别中的一个。数据集一般被分成 3 个子集：2173 个样本为训练集，231 个样本为验证集，剩下的 462 个样本为测试集。
- **Pascal Sentence**[2]3：该数据集包含 20 个语义类别的图像文本对，每个类别包含 50 个样本，样本总数是 1000。数据集中的图像数据是从2008 Pascal 挑战赛4提供的开发包里随机选取的，每幅图像由人工标注 5 个句子。和数据集 Wikipedia 类似，该数据集也被分为三个子集：800 个样本为训练集（每类 40 个样本），100 个样本为验证集（每类 5 个样本），剩下的 100 个样本为测试集（每类 5 个样本）。

1 http://www.svcl.ucsd.edu/projects/crossmodal/

2 https://en.wikipedia.org/wiki/Wikipedia:Featured_articles

3 http://vision.cs.uiuc.edu/pascal-sentences/

4 http://pascallin.ecs.soton.ac.uk/challenges/VOC/voc2008/

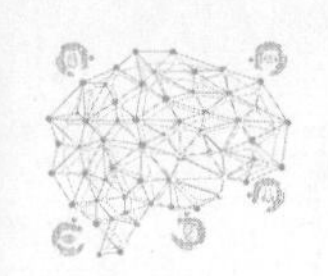

- **NUS-WIDE-10k**[3][1]：NUS-WIDE[4] 是一个包含了约 270k 幅图像和文本标注信息的数据集。数据集还包含了 81 个语义类别的标注信息。NUS-WIDE-10k 是 NUS-WIDE 的一个子集，它选取其中数目最多的 10 个类别（animal、clouds、flowers、food、grass、person、sky、toy、water 和 window），每个类别选取 1000 个样本。同时，保证每个训练样本只属于一个类别。该数据集也同样被随机划分成三个子集：8000 个样本为训练集（每类 800 个样本），1000 个样本为验证集（每类 100 个样本），剩下的 1000 个样本为测试集（每类 100 个样本）。
- **Flickr8k**[5][2]：该数据集选取了图片社交网站 flickr[3] 中的总计 8000 幅关于人或动物某种行为事件的图像。每幅图像都对应 5 个人工标记的句子描述。数据集划分一般采用Karpathy[4]提供的方法：6000 幅图像和其对应句子描述组成训练集，1000 幅图像和描述为验证集，剩余的 1000 幅图像和描述为测试集。
- **Flickr30k**[6]：和 Flickr8k 类似，该数据集同样来源于图片社交网站 flickr，包含 31000 幅图像，每幅图像同样对应 5 个人工标记的句子描述。数据集划分同样采用 Karpathy 提供的方法：29000 幅图像和其对应句子描述组成训练集，1000 幅图像和描述为验证集，1000 幅图像和描述为测试集。
- **MS COCO**[7]：根据 2014 版划分规则，该数据集包含 82783 幅图像组成的训练集和 40504 幅图像组成的验证集，每幅图像同样对应 5 个人工标注的句子描述。数据集划分同样采用 Karpathy 提供的方法：全部的 82783 幅图像训练集用于模型训练，而验证集和测试集则来自原验证集中的 40504 幅图像，各 5000 幅。

需要注意的是，上述数据集中的 Wikipedia、MS COCO 等是包含类别信息，但是这些类别信息不会用于训练，仅在部分评测指标中使用。

2.1.2 评测指标

评测跨模态检索模型时，其查询集和候选集一般均为全部测试集，其常用的评测指标如下。

（1）**Recall@K**：正确答案出现在前 K 个返回结果的样例占总样例的比例，衡量的是匹配的数据是否被检索到。

---

[1] https://lms.comp.nus.edu.sg/wp-content/uploads/2019/research/nuswide/NUS-WIDE.html

[2] https://www.kaggle.com/adityajn105/flickr8k

[3] https://www.flickr.com/

[4] http://cs.stanford.edu/people/karpathy/deepimagesent/caption_datasets.zip

（2）**Median r**：使得 Recall@K >= 50% 的 K 的最小取值，衡量的是被检索到的数据出现的质量。

（3）**mAP@R**：给定一个查询和检索，返回列表中的前 R 个结果，则平均准确率可以定义为

$$\frac{1}{M}\sum_{r=1}^{R}p(r)\cdot \mathrm{rel}(r) \tag{2.1.1}$$

其中，M 是检索结果中与查询相关的结果数量，$p(r)$ 是在位置 r 的准确率，$\mathrm{rel}(r)$ 代表位置 r 的结果与查询的相关性（如果相关，则为 1，否则为 0）。

（4）PR **曲线**：是准确率随召回率变化的曲线。一般采用 11-PR 曲线，其是根据 11 个不同级别的召回率（0.0，0.1，0.2，⋯，1.0）选取的 11 个点绘制而成的曲线。具体而言，11 个不同级别的召回率对应 11 个点的横坐标，相应的 10 个区间的准确率均值对应前 10 个点的纵坐标，最后一个点的纵坐标是召回率为 1.0 时的准确率。换言之，第 1 个点的横坐标为 0，纵坐标为召回率在区间 [0,0.1) 的准确率的平均值，第 2 个点的横坐标为 0.1，纵坐标为召回率在区间 [0.1,0.2) 的准确率的平均值，以此类推，第 10 个点的横坐标为 0.9，纵坐标为召回率在区间 [0.9,1.0) 的准确率的平均值。第 11 点的横坐标为 1.0，纵坐标为召回率 1.0 时的准确率。

2.2　图像描述

如图 2.2 所示，图像描述（image captioning, IC）任务旨在要求模型自动为图片生成流畅关联的自然语言描述，即给定一张图片，要求模型输出描述文本。图像描述任务与大多数视觉识别工作（图像分类、目标检测）不同，视觉识别的研究大多集中在为图像或图像中的对象进行类别标注，而标注过程中的标签来自一个封闭的集合，通常为一些词汇集合。然而，虽然词汇集合构成了一个方便地建模图像描述的假设，但是其提供的信息通常非常有限。相比于图像分类或目标检测（只有词汇或短语描述视觉对象），图像描述通过生成自然语言描述图像，其能提供更为丰富的信息。如图 2.2 所示，文本描述可以包含更多的目标主体信息（如“穿着紫色衣服的小孩”“穿着红色衣服的小孩”“野餐垫”“零食”），可以显式地反映图像中目标与目标之间的交互关系（如“吃”“坐在”）。同时，以自然语言句子描述图像更为自然，符合人们的一般使用方式。正因如此，图像描述任务有潜力被应用于幼儿教学、盲人导航、自动导游、视觉语义搜索、多媒体人机对话、智能分享社交图

片、车载智能辅助系统、医疗影像报告自动生成等应用场景中，展现出了巨大的潜在应用价值。

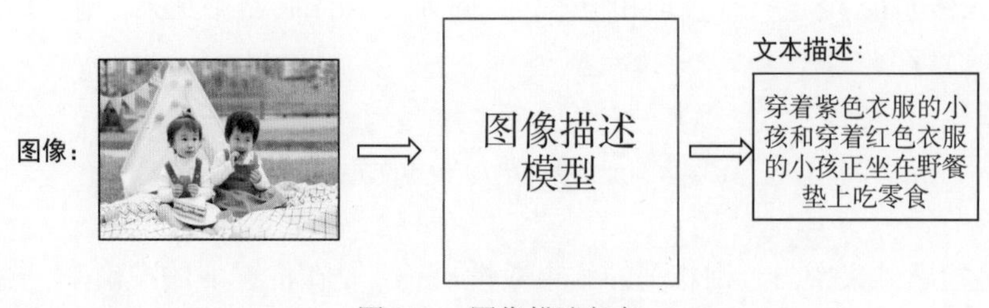

图 2.2 图像描述任务

2.2.1 数据集

图像描述任务的常用数据集有 **Pascal Sentence**、**Flickr8k**、**Flickr30k** 和 **MS COCO** 等。这些数据集在跨模态检索任务中均已介绍，实际上，这些数据集一开始就是为图像描述任务而构建，后来才被用于验证跨模态检索模型。对于图像描述任务，我们还额外关注数据集的动词特性。比如 Pascal Sentence 数据集中有 25% 的描述没有动词，15% 的描述包含如 sit、stand、wear 和 look 这类的静态动词；Flickr8k 和 Flickr30k 中有 21% 的描述没有动词或包含静态动词。

图像描述任务还有一个中文数据集，即 **AIC-ICC**[8]。该数据集发布于2017 AI Challenger[1]，包含了 210000 幅图像组成的训练集、30000 幅图像组成的验证集、30000 幅图像组成的测试集 A 和 30000 幅图像组成的测试集 B。每幅图像对应 5 个人工标注的中文句子描述。

2.2.2 评测指标

在上述数据集中，MS COCO 是最常用的用于验证图像描述模型性能的数据集，使用该数据集举办的挑战赛的网站[2]一直更新着最新出现的各个模型的表现。我们看到，其展示了各个模型在 BLEU、METEOR、ROUGE-L 和 CIDEr-D 四类评测指标上的表现。除了这些依赖字符串相似性的评测指标，还有一种更关注语义的常用的评测指标 SPICE。下面介绍这五类评测指标。

[1] https://github.com/AIChallenger/AI_Challenger_2017/

[2] https://competitions.codalab.org/competitions/3221$\sharp$results

（1）**BLEU**（biLingual evaluation understudy）[9] 是一种基于 n-gram 准确率的相似性度量方法，用于分析生成文本（候选文本）中的 n-gram 在参考答案（参考文本）中出现的概率，广泛运用于机器翻译、图像描述自动生成、问答系统等自然语言生成相关任务中。该方法最早由 IBM 公司于 2002 年提出，之后为解决短句优先问题提出过一些变形和改进。一般地，对于一个自然语言生成任务，可将候选文本（模型生成的一段文本）记为 a，而对应的一组参考文本（一般包含多个参考答案，比如 MS COCO 中，每张图片对应 5 个文本描述，即 5 个参考答案）记为 B，令 w_n 表示第 n 组 n-gram，$c(x,y_n)$ 表示 n-gram y_n 在候选文本 x 中出现的次数，则候选文本的 BLEU-n 值可由式（2.2.1）计算得到：

$$\text{BLEU}-n(a,B)=\frac{\sum_{w_n\in a}\min\left(c(a,w_n),\max\limits_{j=1,2,\cdots,|B|}c(B_j,w_n)\right)}{\sum_{w_n\in a}c(a,w_n)} \tag{2.2.1}$$

可以看到，该式的分母是候选文本中所有 n-gram 的总数，分子是候选文本中的 n-gram 在参考文本中出现的次数。因此，BLEU-n 计算的是 n-gram 的准确率。这种计算方法存在短文本优先问题，下面举例说明。

参考文本 1:　两个 / 孩子 / 在 / 地垫 / 上 / 玩耍
参考文本 2:　两个 / 孩子 / 在 / 野餐垫 / 上
候选文本 1:　两个 / 孩子 / 在 / 野餐垫 / 上 / 玩耍
候选文本 2:　上 / 上 / 上 / 上 / 上 / 上
候选文本 3:　上

根据式(2.2.1)计算，可得候选文本 1、2、3 的 BLEU-1 值分别为 $\frac{6}{6}$、$\frac{1}{6}$ 和 $\frac{1}{1}$。我们看到，错误的候选文本 3 和正确的候选文本 1 的 BLEU-1 的值相同。也就是说，只计算 n-gram 准确率，会导致有利于生成短文本的模型。BLEU 采用一个较为简单的方法来克服这个问题，即综合考虑 n 的多组取值，并惩罚那些长度小于参考文本长度的候选文本。最终 BLEU 值的具体计算方法如下。

$$\text{BLEU}=\text{BP}\ \exp\left(\sum_{n=1}^{N}\alpha_n\log(\text{BLEU}-n)\right) \tag{2.2.2}$$

其中，α_n 是 BLEU-n 的权重，一般设为平均权重，即 $\frac{1}{N}$。N 一般设置为 4，即考虑 n 取 1~4 的 BLEU-n 值。BP 是短文本惩罚项，根据候选文本的长度 c，选择一个最相近的参考文本的长度 r，BP 的具体形式为

$$\mathrm{BP}=\begin{cases}1, & c>r\\ \exp\left(1-\dfrac{r}{c}\right), & \text{其他}\end{cases} \tag{2.2.3}$$

在图像描述任务中，一般会列出模型在测试集上 BLEU-n 的值，n 取 1~4。该评测指标的最大优点是容易计算，其缺点也很明确，包括没有考虑 n-gram 的顺序、平等对待所有的 n-gram，以及衡量的是生成文本的流畅性，而非语义相似度。

（2）**METEOR**（metric for evaluation of translation with explicit ordering）[10] 是 2004 年由 Lavir 等发现在评价指标中召回率的意义后被提出的度量办法。他们发现，基于召回率的标准相比那些单纯基于准确率的标准（如 BLEU），其结果和人工判断的结果有较高的相关性。本质上，该指标是基于 unigram 准确率和召回率的调和平均值，并且召回率的加权高于准确率。METEOR 值的计算包括以下两个步骤。

一是在候选文本和参考文本之间做词到词的映射，具体而言，首先列出所有可能的词匹配，匹配原则包括完全匹配、词根匹配和同义词匹配（WordNet），然后在所有可能的匹配中选择一个匹配成功词最多的，如果两个匹配成功的词一样多，就选择其中交叉最少的那个。

图 2.3 给出了一个词映射的例子，由于左边的匹配方式交叉较少，因此选择左边的映射。

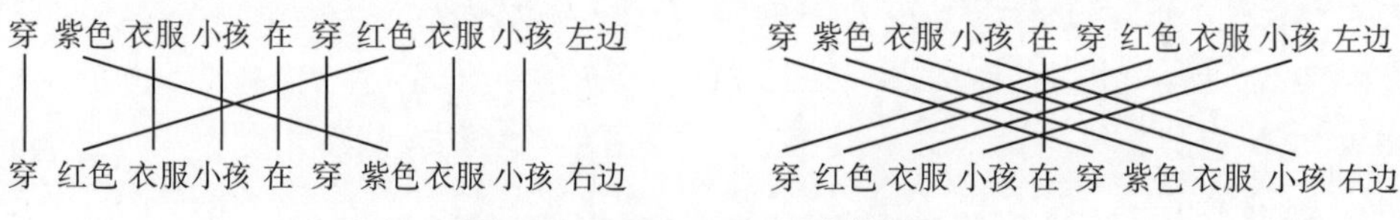

图 2.3 METEOR 词映射例子

二是计算 METEOR 值，对于多个参考文本，取得分最高的作为最终结果，具体公式为

$$\mathrm{METEOR}=\max_{j=1,2,\cdots,|B|}\left(\frac{10PR}{R+9P}\right)\left[1-\frac{1}{2}\left(\frac{\sharp\mathrm{chunks}}{\sharp\mathrm{matched\ unigram}}\right)^3\right] \tag{2.2.4}$$

其中，P 为一元组的准确率；R 为一元组的召回率；$\sharp$chunks 指的是 chunk 的数量，chunk 就是既在候选文本中相邻又在参考文本中相邻的被匹配的一元组聚集而成的单位。该公式可以看作 F 值和惩罚项的乘积。$\sharp$chunks 越小，惩罚项就越小，这是因为我们不仅希望候选和参考的匹配成功的词多，而且要有尽可能长的连续的匹配。下面举一个例子说明 chunk 的含义。

参考文本： 两个 / 孩子 / 在 / 地垫 / 上 / 玩耍
候选文本： 两个 / 孩子 / 在 / 野餐垫 / 上 / 玩耍

对于上述例子，“两个 / 孩子 / 在”为一个 chunk，“上 / 玩耍”为一个 chunk，因此，♯chunk=2。

尽管实际计算时，词匹配会导致计算 METEOR 值的速度较慢，但是该指标有很多优点，包括词到词的映射方式，考虑了词的语义和位置因素；引入了 chunk 计数进行任意长度的 n-gram 匹配，在句子结构上衡量了两个文本的相似程度；使用 chunk 数量确定的 n-gram 匹配，无须指定 n 的具体值；通过候选文本和参考文本的一对一匹配规避了多参考文本下召回率计算的问题，从而可以计算召回率。

（3）**ROUGE**（recall oriented understudy of gisting evaluation）[11] 同样是一种基于 n-gram 召回率的相似性度量方法，用于分析参考文本中的 n-gram 在候选文本中出现的概率，该方法在 2004 年为了机器翻译任务而提出。

$$\text{ROUGE}-n(a,B)=\frac{\sum_{j=1}^{|B|}\sum_{w_n\in B_j}\min\left(c(a,w_n),c(B_j,w_n)\right)}{\sum_{j=1}^{|B|}\sum_{w_n\in B_j}c(B_j,w_n)} \tag{2.2.5}$$

可以看到，该式的分母是参考文本中 n-gram 的个数，分子是参考文本和候选文本共有的 n-gram 的个数。因此，ROUGE-n 计算的是 n-gram 的召回率。

除了直接计算 n-gram 的召回率的 ROUGE-n 指标，ROUGE 还存在 3 个其他同时考虑准确率和召回率的变种：基于最长公共子序列共现性准确率和召回率的 F 值统计的 **ROUGE-L**；带权重的最长公共子序列共现性准确率和召回率 F 值统计的 ROUGE-W；不连续二元组共现性准确率和召回率 F 值统计的 ROUGE-S。在图像描述任务中一般使用 ROUGE-L，其中最长公共子句（longest common subsequence, LCS）用 LCS(a,b) 表示，a 是候选文本，其长度为 n，b 是参考文本，其长度为 m，则 ROUGE-L 值的计算方法为

$$\text{ROUGE-L}=\frac{(1+\beta^2)PR}{R+\beta^2P} \tag{2.2.6}$$

其中，

$$\begin{cases}R=\dfrac{\text{LCS}(a,b)}{m}\\P=\dfrac{\text{LCS}(a,b)}{n}\\\beta=\dfrac{P}{R}\end{cases} \tag{2.2.7}$$

对于多个参考文本的情形，单独计算所有参考文本的 ROUGE-L 值，取最大的一个值作为最终的结果。ROUGE-L 指标的优点是其计算使用的是最长公共子序列，无须 n-gram 完全匹配，且无须预先定义匹配的 n-gram 的长度，在一定程度上考虑了词序的因素。其缺点是仅考虑了文本间的最长的公共子序列，候选文本和参考文本中的其他相同的部分都被省略了。

（4）**CIDEr**（consensus-based image description evaluation）[12] 不同于上述为机器翻译任务提出的评价指标，其是 Vedantm 等在 2015 年提出的针对图像描述任务的评估指标。CIDEr 通过计算 n-gram 在整个语料中的 TF-IDF 来降低那些经常出现在图像中的 n-gram 的权重，因为它们通常包含较少的信息量。计算方法上，CIDEr 首先对所有词预先执行 stem 操作，将它们变成词根形式，然后用 n-gram 的 TF-IDF 作为权重，将文本表示为向量，最后计算参考文本和候选文本向量的相似性，具体公式如下。

$$\text{CIDEr}-n(a,B)=\frac{1}{|B|}\sum_{j=1}^{|B|}\frac{g_n(a)g_n(B_j)}{||g_n(a)||||g_n(B_j)||} \tag{2.2.8}$$

其中，$g_n(x)$ 为文本 x 的 n-gram 形式的 TF-IDF 表示。CIDEr 值最终为 n 取 1~4 四个值的 n-gram 的 CIDEr-n 的平均值。

CIDEr 引入了 TF-IDF 为 n-gram 进行加权，这样就避免了评价候选文本时因为一些常见却不够有信息量的 n-gram 打上高分。但是 CIDEr 取词根的操作会让一些动词的原型和名词匹配成功高置信度的词重复出现的长句的 CIDEr 得分也很高。

CIDEr 的作者们也提出了 **CIDEr-D** 来缓解这两个问题。对于动词原形和名词匹配成功的问题，CIDEr-D 放弃取词根的操作；对于包括高置信度的词的长文本，CIDEr-D 增加了惩罚候选文本和参考文本的长度差别的权重，并且通过对 n-gram 计数的截断操作不再计算候选文本中出现次数超过参考文本的 n-gram，具体计算公式如下。

$$\text{CIDEr}-\text{D}-n(a,B)=\frac{10}{|B|}\sum_{j}\exp\left(\frac{-(l(a)-l(B_j))^2}{2\sigma^2}\right)\times\frac{\min(g_n(a),g_n(B_j))g_n(B_j)}{||g_n(a)||||g_n(B_j)||} \tag{2.2.9}$$

其中，$l(a)$ 和 $l(B_j)$ 分别为候选文本和参考文本的长度，min 操作是截断操作，系数 10 的存在使得 CIDEr-D 的计算结果可能大于 1。最终的 CIDEr-D 值也是计算 n 取 1~4 四个值的 n-gram 的 CIDEr-D-n 的平均值。

（5）**SPICE**（semantic propositional image caption evaluation）[13] 是专门为图像描述任务设计的评价指标。不同于以上方法均使用 n-gram 作为计算的基本单元，SPICE 使用基

于图的语义表示来编码候选文本中的对象（object）、属性（attribute）和关系（relationship）。它先用概率上下文无关文法（probabilistic context-free grammar, PCFG）依存分析器将候选文本和参考文本解析成句法依存树（syntactic dependencies trees），然后用基于规则的方法把依存树映射成场景图（scene graphs）。场景图可以形式化表示为

$$G(x) =< O(x), E(x), K(x) > \tag{2.2.10}$$

其中 $O(x)$ 为文本或文本集合 x 中的实体集合，$E(x)$ 为文本 x 中实体与实体之间的关系集合，$K(x)$ 为文本 x 中的实体属性集合。通过函数 $T(G(x))$ 可将场景图 $G(x)$ 转换为一个逻辑元组集合，该集合的元素可以是一元、二元或者三元组。单个样本的 SPICE 指标即计算 $T(G(a))$（a 为候选文本）和 $T(G(B))$（B 为参考文本集合）之间的准确率和召回率，最终计算出 F1 值（F-Measure）：

$$\begin{cases} P(a,B) = \dfrac{|T(G(a)) \cap T(G(B))|}{|T(G(a))|} \\ R(a,B) = \dfrac{|T(G(a)) \cap T(G(B))|}{|T(G(B))|} \\ \text{SPICE}(a,B) = \dfrac{2P(a,B)R(a,B)}{P(a,B)+R(a,B)} \end{cases} \tag{2.2.11}$$

SPICE 指标的优势在于其在语义而非 n-gram 层级度量候选文本和参考文本的相似度，且每段文本映射到场景图后可以从中提取出模型关于某些关系或者属性的识别能力。其劣势也很明显，比如缺少 n-gram 来度量文本的流畅性，以及度量的准确性受到场景图解析器的制约。

综合来看，上述指标都有自己的优缺点，因此常使用多种指标共同评测图像描述模型的性能。

2.3 视觉问答

如图 2.4 所示，给定一幅图片和关于这个图片的一个问题，视觉问答（visual question answering，VQA）任务要求模型通过分析、推理输出问题的答案。视觉问答任务中的图像可以是如图 2.4 所示的自然图，也可以是抽象图；问题可能仅和图片相关，也可能同时和图片与外界知识相关；答案可以是一个单词，也可以是一个短句。不管是和图像分类、目标检测等基础计算机视觉任务相比，还是和跨模态检索、图像描述这类多模态任务相比，视

觉问答都是一个更具挑战性的任务。因为视觉问答不仅需要细粒度地理解图像和问题的语义，同时还需要经过复杂的推理过程预测问题的最佳答案。该任务需要机器同时表示、理解视觉和语言，并且需要结合两者进行推理，故也被称作"视觉图灵机"[14] 和"人工智能完备"（AI-complete）的问题[15]。

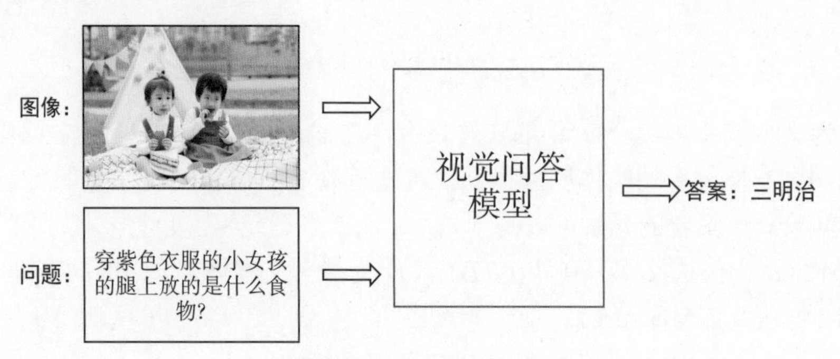

图 2.4　视觉问答任务

相比其他多模态任务，视觉问答任务还有一个优势是易于评测。视觉问答中的很多问题都可以简单地用是和否回答，大多数关于图像的问题都是在图像中寻找特定的信息，1~3 个词就足够了，或者固定答案集，把视觉问答看作多选题。

视觉问答具有非常广泛的应用前景。直观上，视觉问答任务需要机器能够同时处理视觉信息和语言信息，这对于改善人机交互至关重要。传统的人机交互常常是基于文本或者语音这样的单模态信息，例如语音助手 Siri、Cortana、小爱同学、小度、天猫精灵等。未来，基于视觉感知的人机交互很可能进一步改善人们的生活方式，例如自动驾驶、视觉障碍辅助、情景教学问答等。

2.3.1　数据集

视觉问答是近年来最火热的多模态研究任务之一，研究者为此专门提出了众多数据集。下面简单介绍其中的常用数据集。

- **CLEVR**（compositional language and elementary visual reasoning）[16][1]：该数据集中的图片由若干简单的三维几何形状合成，问题和答案由规则程序（program）自动生成。问题类别包括：属性识别（What color is the thing right of the red sphere?）、属性比较（Is the cube the same size as the sphere?）、存在（Are there any cubes to the right of the red thing?）、计数（How many red cubes are there?）、数量比较

[1] https://cs.stanford.edu/people/jcjohns/clevr/

（Are there fewer cubes than red things?）。该数据集中训练集包含 70000 幅图像和 699989 个问题，验证集包含 15000 幅图像和 149991 个问题，训练集包含 15000 幅图像和 14988 个问题。此外，数据集创建者还提供了图像和问答生成的代码[1]，可以帮助研究者生成研究需要的数据集。

- **DAQUAR**[17][2]：该数据集包括 1449 幅室内场景 RGBD 图像和 12468 个问题。其中，795 幅图像用于训练，654 幅图像用于测试，问题中一部分是规则自动生成，另一部分是人工标注，答案限定在预先定义的 16 种颜色和 894 个物体类别。
- **COCO-QA**[18][3]：该数据集总共包含 117684 个样本，并且被分为训练集和测试集两部分。训练集包含 78736 个问题，测试集包含 38948 个问题。问题有物体识别（what is the pug dog wearing）、计数（how many boats anchored by ropes close to shore）、颜色识别（what is the color of the horses）、位置识别（where is the black cat laying down）四种类型，回答均为一个词。问题是规则自动生成的，所以有一定的重复。
- **Visual Genome QA**（VG-QA）[19][4]：该数据集来源于 visual genome（VG）数据集。VG 数据集最大的特点是其包含场景图信息和区域文本描述信息，因此主要用于视觉关系检测任务（visual relationship detection）[20] 和图像密集描述任务（dense captioning）[21]。其由于也包含问答数据，因此也可用于视觉问答任务，这里称之为 VG-QA。该数据集包含 101174 幅图像和 1773258 个问题答案对。问题类型包括 What、Where、When、Who、Why、How 和 Which 七种。
- **Visual7W**[22][5]：该数据集是 VG 的子集，包括 47300 幅图像，327939 个问题，每个问题都有 4 个候选答案。
- **TDIUC**[23][6]：该数据集中包括 167437 幅来自 MS COCO 和 VG 的图像，1654167 个问题。问题包括下面 12 个不同的类型：存在（Is there a traffic light in the photo?）、物体识别（What animal is in the picture?）、场景分类（What is the weather like?）、运动识别（What sport are they playing?）、行为识别（What is the dog doing?）、计数（How many dogs are there?）、位置推理（What is to the left of the woman?）、

[1] https://github.com/facebookresearch/clevr-dataset-gen

[2] https://www.mpi-inf.mpg.de/departments/computer-vision-and-machine-learning/research/vision-and-language/visual-turing-challenge

[3] https://www.cs.toronto.edu/~mren/research/imageqa/data/cocoqa/

[4] https://visualgenome.org/api/v0/api_home.html

[5] http://web.stanford.edu/~yukez/visual7w.html

[6] https://kushalkafle.com/projects/tdiuc.html

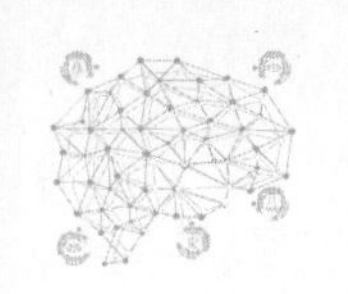

情感识别（How is the woman feeling?）、颜色识别（What color are the woman's shorts?）、其他属性识别（What is the fence made of?）、功能识别（What object can be thrown?）、怪诞类（What color is the couch?）。

- **VQA v1**[15][1]：该数据集中的图像来自 MS COCO，其中 82783 幅用于训练、40504 幅用于验证、81434 幅用于测试。每幅图像对应 3 个问题，每个问题对应 10 个答案，且未公布测试集的答案。需要上传结果至官方测试服务器获取测试集上的准确率。测试集被分为开发测试集（test-dev）和标准测试集（test-std）两部分，二者的区别在于，开发测试集可上传结果的总次数和每天的次数限制要远高于标准测试集。数据集包括两种题型：开放类的问答题和给定选项的选择题。问答题的答案为短语，而选择题的选项包括正确答案、似是而非的干扰项、高频回答和随机回答。
- **VQA v2**[24][2]：该数据集中的图像也是全部来自 MS COCO，包含 443757 个训练问题、214354 个验证问题和 447793 个测试问题，每个问题对应 10 个答案。该数据集仅包含开放题。该数据的一大特点是对于同一个问题，一定有两张不同的图片，使得它们对这个问题的答案是不同的。因此，相对于 VQA v1 数据集，VQA v2 一定程度上避免了回答的偏置问题。比如，在 VQA v1 里，某些答案为 Yes/No 的问题的答案全部都是 Yes。
- **VQA-CP v1/v2**[25][3]：该数据集将 VQA v1/v2 的训练集和验证集打乱后重新排列形成，以使每种问题类型的答案在训练集和测试集上的分布不同。其基本动机是视觉问答数据集中训练集和测试集的问题应该具有不同的答案先验分布，这样可以避免模型仅学习训练数据的偏置。比如在 VQA v1/v2 数据集中，问题为“这只狗是什么颜色?”，训练集和测试集的答案为“白色”的数量都最多。这样会造成，在测试时遇到该问题，直接回答“白色”的正确率就很高。VQA-CP v1/v2 数据集的训练集和测试集则对该问题的答案分布不一致。VQA-CP v1 训练集包含约 11.8 万幅图像和约 24.5 万个问题，测试集包含约 8.7 万幅图像和约 12.5 万个问题。VQA-CP v2 训练集包含约 12.1 万幅图像和约 43.8 万个问题，测试集包含约 9.8 万幅图像和约 22 万个问题。由于其训练集和测试集不同的答案分布，该数据集常常被用来评估视觉问答模型的泛化性能。
- **GQA**[26][4]：该数据集包含了总共 18542880 个样本，被分为两部分：训练集（1435356）

[1] https://visualqa.org/vqa_v1_download.html

[2] https://visualqa.org/download.html

[3] https://computing.ece.vt.edu/~aish/vqacp/

[4] https://cs.stanford.edu/people/dorarad/gqa/download.html

和提交集（4237524）。提交集进一步被分为三部分：验证集（2011853），测试集（1340048）和挑战集（885623）。进一步，挑战集中的一小部分样本被分离出来，称作开发测试集（172174）。由于数据集包含大量的样本，因此数据集的创建者提供了一个小规模的数据集平衡训练集 (943000) 和平衡验证集 (132062)。该数据集中的问题由 VG 数据集中场景图的结构自动生成。

2.3.2 评测指标

视觉问答任务中常使用准确率评测模型的性能。对于选择题而言，准确率即回答正确的样本占总样本的比例。对于开放类的问答题，不同数据集的准确率的具体计算规则有差异。例如，对于每个问题只有一个答案的数据集，如 COCO-QA 数据集和 TDIUC 数据集，要求回答和答案完全匹配，该回答的准确率为 1，否则为 0。对于每个问题有多个答案的 DAQUAR 数据集，只有回答和人工标注的频率最高的答案一致时，该回答的准确率才为 1，否则为 0；而对于最常用的 VQA v1/v2 和 VQA-CP v1/v2 数据集，每个回答的准确率为

$$\min\left(\frac{\text{预测答案在真实候选答案中出现的次数}}{3}, 1\right) \tag{2.3.1}$$

即如果回答命中的答案在人工标注的 10 个答案中出现 3 次及 3 次以上，则该回答的准确率为 1，出现两次和一次的准确率分别为 2/3 和 1/3。

除了报告总体的准确率，很多研究还会给出各个问题类型的准确率的均值，以避免模型只擅长回答数据集中包含问题数量较多的类型。

2.4 文本生成图像

如图 2.5 所示，文本生成图像（text-to-image generation）任务要求模型自动地从文本描述中合成语义相符的自然图像，即给定一段文本，一般是一句语言描述，要求模型输出一张相关图像。这项任务的研究有两个基本目标：可信度（fidelity）与一致性（consistency）。可信度是指产生的图像要与真实图像相似，即看起来逼真；一致性则是指产生的图像能够反映出文本等输入信息。目前，内容的生产与营销已经成为互联网产业持续发展的重要方式之一，由内容生产者创作的，以文字、图像、视频等形式出现的多媒体信息资讯吸引大量消费者阅读与观看，也由此产生了大量广告、销售收益，产生了巨

大的商业价值，并促进了整个互联网行业的发展。其中，图像的创作是一项重要的工作，在插画设计、视频封面制作、游戏素材制作等方面均有广泛的需求，但是对人而言，创作图像通常是复杂的，往往需要掌握专业的绘图与美术知识，且创作过程耗时、创作结果难以修改。因此，面对广泛的需求，可以生产图像内容的文本生成图像任务具有重要的应用价值。

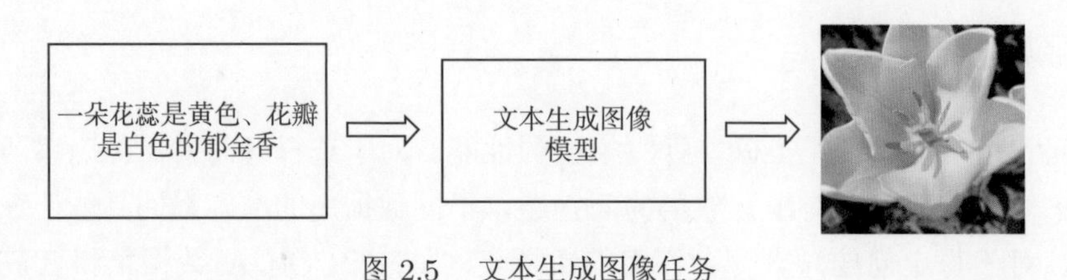

图 2.5　文本生成图像任务

2.4.1　数据集

和跨模态检索和图像描述任务一样，文本生成图像任务所使用的训练数据也都只包含对齐的图像和文本。常用的数据集如下。

- **CUB**[27][1]：该数据集包含了 11788 幅鸟类图像，并按照鸟的种类将图像划分为 200 类。数据集中的每幅图像中仅有一只鸟，数据中包含了每幅图像中鸟的位置框，可用于训练时裁剪图像。每幅图像包含了 10 句以鸟类为主题的文本描述。数据集划分规则遵照 StackGAN 中所述规则：图像集中的 150 类的 8855 幅图像用于训练，剩余 50 类的 2933 幅图像用于测试，训练集与测试集的鸟类类别彼此互斥。
- **Oxford-102**[28][2]：该数据集的每幅图像同样包含了 10 句文本描述，但数据集的主题为花朵。该数据集共包含 8189 幅图像，分属 102 种花朵类别。其中 7034 幅图像用于训练，1155 幅图像用于测试。

上述两个数据集有一些共性：①图像的类别较多；②图像中仅包含单一物体；③图像中物体的文本描述较为详细，涉及大量属性细节。因此，这两个数据集属于细粒度数据集。之前介绍过的 **MS COCO** 也是文本生成图像任务的常用数据集，与 CUB 和 Oxford-102 不同，MS COCO 属于开放领域数据集，其特点是每幅图像中包含多个物体（有的图像甚至包含数十个物体），且物体的形态变化多样，遮挡、扭曲等现象较为普遍，所以对于文本生成图像任务而言，MS COCO 数据集相比细粒度数据集更加复杂。

[1] http://www.vision.caltech.edu/visipedia/CUB-200-2011.html

[2] https://www.robots.ox.ac.uk/~vgg/data/flowers/102/

2.4.2 评测指标

图像生成模型的自动评测一直都是研究界的难点。因此，直至现在，人工评测都是评估生成图像的重要手段之一。这里主要介绍自动评测指标。这些指标虽然都有自己的局限性，但是一定程度上也能反映模型的性能。根据文本生成图像的两个基本目标，评测指标也分为衡量生成图像的真实程度的可信度指标和衡量生成图像和文本描述之间相关性的一致性指标。

1. 图像可信度指标

对于图像生成模型而言，目前最为常见的生成图像可信度评测指标是 inception score（IS）[29] 和 Fréchet inception distance（FID）[30]。这两种指标均可一定程度上反映生成图像的清晰度和多样性，下面对这两种指标的具体实现进行论述。

（1）**IS** 顾名思义，就是基于 inception 网络的得分计算的指标方法。IS 在评估过程中使用在 ImageNet 数据集上[31] 训练的 inception v3[32] 图像分类模型。该评测指标认为，评估生成模型的性能需要从两方面入手：一是生成的图像是否清晰；二是生成的图像具有多样性。是否清晰说明生成模型的“图像质量”是否良好；是否具有多样性检测生成模型是否能生成多种多样的图像，而不是陷入仅能生成一种图像的模式而崩塌。基于此，IS 的计算在这两方面因素的思路具体如下。

清晰度：使用 inception v3 模型对生成图像 x 进行编码，并获得 1000 维的向量输出 $\boldsymbol{y}$（图像属于各个类别的概率）。其动机是对于一个清晰的生成图片，它应当能够获得一个明确的分类，即属于某一分类的概率非常大，而属于其他类的概率非常小。用数学语言来说，我们希望评估得到的条件概率 $p(\boldsymbol{y}|x)$ 是可以被高度预测的，也就是希望这个概率的熵值较低。

多样性：计算多样性时需要考虑的是生成的全部图像所述类别的总体分布情况。其动机是模型应该能均匀地生成各个类别的图像，而不是只能够生成某一类特定的图片。如此一来，我们需要考虑的就不再是条件概率了，而是边缘概率，也就是 $p(\boldsymbol{y})$。最理想的情况是模型生成的图像属于所有类别的概率完全相同，从熵的角度来说，希望 $p(\boldsymbol{y})$ 的熵越大越好。

综合上述两个目标，IS 的具体计算公式如下：

$$\sum_{x}\sum_{y}p(\boldsymbol{y}|x)\log p(\boldsymbol{y}|x)-\sum_{y}p(\boldsymbol{y})\log p(\boldsymbol{y}) \tag{2.4.1}$$

尽管 IS 指标是最为常用的“图像可信度”评估指标，但是一些研究工作[33-34] 指出 IS

并不是一种可靠的评估指标，如 CPGAN[35] 出现了明显的 IS 过拟合现象。可见，完全忽略真实图像的分布而只考虑生成图像分布的熵并不能有效地展现生成图像的可信度，反倒可能使生成模型的生成效果陷入一种拟合 inception v3 所学的分布情况中。

（2）**FID** 与 IS 同样都使用 inception v3 网络对图像信息进行编码。inception v3 网络此时被当作图像表示提取器，具体而言，取其倒数第二层作为图像的表示。也就是说，IS 与 FID 使用 inception v3 的区别在于：IS 使用的是网络最终输出层的分类得分，而 FID 使用的是网络倒数第二层的向量表示。

FID 的提出者认为在评估图像可信度时不应忽略真实数据的分布，而只考虑生成数据的分布情况。因此，他们设计的 FID 考虑的是真实图像和生成图像之间的差异。具体而言，FID 首先假设真实图像和生成图像的 inception v3 表示都服从高斯分布，然后采用 Fréchet 距离计算两个分布的差异。具体的公式如下：

$$\mathrm{FID}(r,g)=||\mu_g-\mu_r||^2+\mathrm{Tr}(\epsilon_g+\epsilon_r-2\sqrt{\epsilon_g\epsilon_r}) \tag{2.4.2}$$

其中，Tr 表示矩阵的迹，μ 表示分布的均值，ϵ 表示矩阵的协方差。此外，下标 r 表示真实图像的分布，下标 g 表示生成图像的分布。

较低的 FID 意味着两个分布之间的距离较近，也就意味着生成图像的质量较高且多样性较好，与真实图像更为接近。此外，FID 对模型坍塌问题更加敏感。与 IS 值相比，FID 对噪声有更好的鲁棒性。例如，假如模型只生成一种图像，那么 FID 的值将会非常大。因此，目前的研究工作更多地采用 FID 来衡量生成图像的可信度。

2. 图文一致性指标

（1）**基于检索的 R-Precision** 指标是目前最为常见的图文一致性评估指标，最早在 Attn-GAN[36] 中被提出。简单来说，就是跨模态检索中介绍的 Recall@K，这里取 $K=1$。

具体来说，首先，对于每一个文本描述和生成图像的数据对，从数据集中随机选择 99 个与目标图像不符的文本描述构造一个 1:100 的图文跨模态检索集。其中，单幅生成图像为查询，100 个文本为候选集。然后，利用预训练的图文关联模型 DAMSM 计算图像查询和所有文本的相似度得分。最后，计算 Recall@1 作为单个样本的 R-Precision 值。为了保证对于不同模型的通用性，R-Precision 规定在评估过程中，生成模型都是使用随机选择的 30000 个文本描述生成 30000 幅对应图像。同时，99 个随机选择的不匹配描述也需要从这些文本描述中选择。最终的 R-Precision 是这 30000 个单个样本的 R-Precision 的平均值。

最近的一些工作[33-34,37] 发现当前的很多模型都能获得非常高的 R-Precision 值，完全超过了真实图像的计算结果，出现了过度拟合图文关联模型的现象。其主要原因是图文关联模型 DAMSM 在文本生成图像模型中也参与了训练。因此，改为使用在其他非 MS COCO 数据集上训练的且不参与文本生成图像模型训练的图文关联模型计算图文相似度得分来计算 R-Precision。

（2）**语义对象准确率（SOA）**[37] 是在 2019 年被提出的利用目标的检索准确率评估图文一致性的指标。其基本动机是如果文本描述中包含可识别的对象，那么使用预先训练好的目标检测模型在生成图像中应该可以检测到这些对象。例如，文本“坐在沙发上的狗”生成的图像中应该包含可识别的“狗”和“沙发”，那么可检测这些对象的目标检测模型应该能够在生成图像中检测到这两个对象。

具体来说，对于图像中包含多个对象的 MS COCO 数据集，首先过滤验证集中的所有文本描述，以查找数据集中的对象（例如人、汽车、斑马等）的可用标签相关的特定关键词。对于 MS COCO 数据集中的 80 个类别标签，我们需要找到相应对象所存在的所有文本描述，并为每个文本生成三幅图像。随后，在每幅生成的图像上运行在 MS COCO 数据集上预训练的目标检测模型（YOLO v3[38]），并检查它是否能够识别给定的对象。将召回率作为类平均值（SOA-C），即目标检测模型检测到给定对象的每类图像数量，以及图像平均值（SOA-I），即平均需要多少幅图像才能检测到物体。形式上，SOA-C 和 SOA-I 的计算为

$$\begin{cases} \text{SOA-C} = \dfrac{1}{|C|}\displaystyle\sum_{c\in C}\dfrac{1}{I_c}\sum_{i_c\in I_c}\text{OD}(i_c) \\ \text{SOA-I} = \dfrac{1}{\sum_{c\in C}|I_c|}\displaystyle\sum_{c\in C}\sum_{i_c\in I_c}\text{OD}(i_c) \end{cases} \tag{2.4.3}$$

其中，C 为所有类别集合，对于 MS COCO 数据集，其数量 $|C|$ 为 80，I_c 为包含类别 c 信息的所有文本生成的图像，也就是这些生成图像中应该可以检测出类别 c 的对象。当目标检测模型 OD 在生成图像 i_c 中检测出类别 c 的对象时，则 $\text{OD}(i_c)$ 的值为 1，否则为 0。

总体来说，SOA 指标与 R-Precision 指标不同，SOA 更侧重于关注生成图像的局部信息是否符合需要，而不考虑整体分布的问题。

2.5　指称表达

指称表达（referring expression，RE）[39] 是指对图像中特定对象的无歧义的语言描述。图 2.6 示例了四个该图像中的彩笔的文本描述，其中“绿色画笔”“橙色画笔”“绿色画笔

上的红色画笔”这三个描述均能唯一对应图像中的某个对象，它们都可以称作各自所指对象的指称表达。而描述“红色画笔”对应了该图像中的两个对象，描述的对象存在歧义，它不可被称作指称表达。

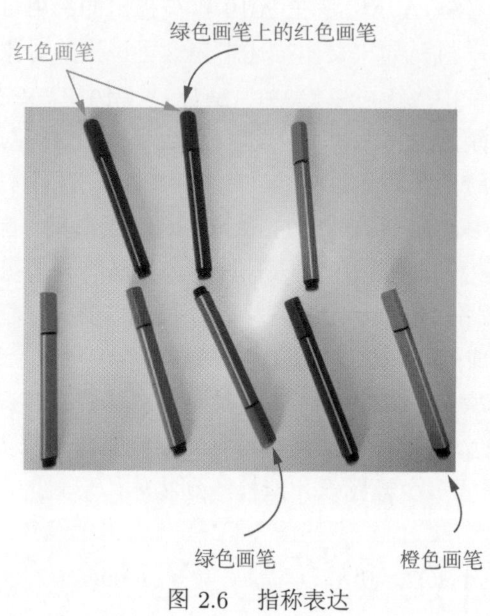

图 2.6　指称表达

指称表达所指的对象及该对象所处的环境是使得指称表达具有意义的语境，脱离语境讨论指称表达的指代对象是无意义的。通常，语境既可以是一段文本或者一幅图像，也可以是其他模态场景。在图文多模态信息处理中，语境为图像。

由于指称表达能唯一确定语境中存在的对象，因此，其在符号语言和物体世界之间扮演了至关重要的作用，是连接它们的桥梁，也被频繁地用于人们的生活中。因此，研究者们开始了对指称表达的研究。指称表达的研究包括指称表达生成（referring expression generation，REG）和指称表达理解（referring expression comprehension，REC）两个互逆的任务。如图 2.7 所示，指称表达生成要求机器在给定图片和特定对象区域的条件下生成关于该对象的指称表达；指称表达理解要求机器自动定位图片中符合指称表达的对象区域。

指称表达任务的研究具有丰富的应用价值。例如，应用于服务机器人中，使得服务机器人在与客户交互的过程中能够理解客户提供的指称表达或生成指称表达和客户交谈，以准确定位物体；也可以应用于早教机器人中，让婴幼儿在与早教机器人的交互中习得如何无歧义地描述某一场景下的特定对象；还可以应用于辅助视觉障碍人士的设备，盲人可以

通过设备生成的指称表达获取某场景下对特定对象的无歧义描述，便于他们与外界人士交流等。

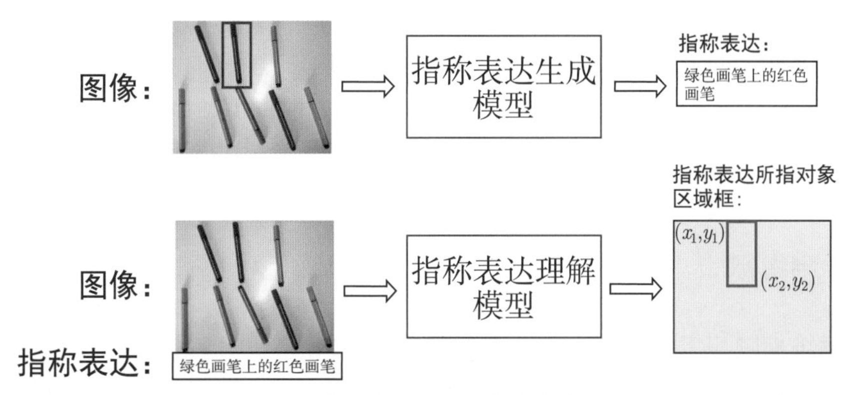

图 2.7　指称表达生成和指称表达理解

2.5.1　数据集

指称表达常用的数据集有三个：RefCOCO[40]、RefCOCO+[40] 和 RefCOCOg[41]。这些数据集中的图像都来自 MS COCO，指称表达相关标注数据可在代码库[1]中获得。RefCOCO 和 RefCOCO+ 都收集于一个双人标注游戏 ReferIt[42]。顾名思义，双人标注游戏包括两个角色：对于角色 1，给定一幅图像和其中某个特定物体的分割区域，要求其写出能够和图像中其他物体区分的描述该物体的句子；对于角色 2，给定该图像以及角色 1 写的句子，单击该句子描述的物体区域。如果角色 2 单击的区域在给角色 1 提供的物体区域中，则为成功标注，双方获得相应积分，并互换角色，开始新的游戏。若标注失败，则给一幅新的图像和物体区域，开始新的游戏。每幅图像至少包含两个同一类别的物体。

下面介绍这三个数据集。

- **RefCOCO** 包含 19994 幅图像，以及 50000 个物体的 142209 句文本描述。数据集分为训练集、验证集、测试集 A 和测试集 B 四部分，其中测试集 A 中的图像包含多个人，测试集 B 中的图像包含多个除人之外的物体。同一个图片的物体和描述样本对要么全在训练集，要么全在验证集或测试集。
- **RefCOCO+** 包含 19992 幅图像，以及 49856 个物体的 141564 句文本描述。和 RefCOCO 的最主要区别是，该数据集的文本描述不允许包含绝对位置的词语（如 left、right 等）。该数据集的划分规则和 RefCOCO 一致。

[1] https://github.com/lichengunc/refer

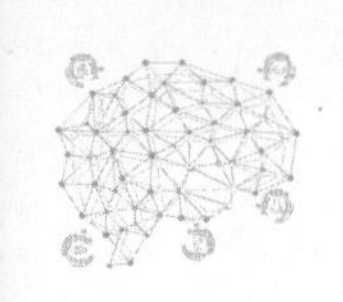

- **RefCOCOg** 并非收集于双人标注游戏，每一轮先选定区域请一批人标注文本描述，通常是完整的句子，而非 RefCOCO 和 RefCOCO+ 中的短语，再请另一批人根据文本描述选择对应的区域，重复三轮 RefCOCOg 包含 26711 幅图像，54822 个物体的 85474 句文本描述，文本描述的平均长度为 8.43 个单词（RefCOCO 和 RefCOCO+ 文本描述的平均长度分别为 3.61 和 3.53）。数据集分为训练集、验证集和测试集三部分，同一幅图像的物体和描述样本对集合可能一部分在训练集，另一部分在验证集或测试集。

2.5.2 评测指标

指称表达理解和生成是两个形式上完全不同的任务，因此，二者的评测指标也完全不同。

指称表达理解任务一般利用预测框与标注框的交并比 (intersection-over-union, IoU) 设计评测指标。两个区域框之间的交并比包含了两个区域的重叠关系，假定 $(l_*^x, l_*^y), (r_*^x, r_*^y)$ 分别为第 $*$ 个区域框的左上角坐标和右下角坐标，则第 i 个框和第 j 个框的交并比的详细计算步骤如下。

（1）计算第 i 个区域框和第 j 个区域框交集的面积。两个矩形框的交集部分也是一个矩形框，其左上角坐标为两个区域框左上角坐标的最大值，即 $(\max(l_i^x, l_j^x), \max(l_i^y, l_j^y))$，右下角坐标为两个区域框坐标的最小值，即 $(\min(r_i^x, r_j^x), \min(r_i^y, r_j^y))$，则交集部分的宽和高分别为

$$
\begin{aligned}
w_{ij}^{\text{intersection}} &= \min(r_i^x, r_j^x) - \max(l_i^x, l_j^x) \\
h_{ij}^{\text{intersection}} &= \min(r_i^y, r_j^y) - \max(l_i^y, l_j^y)
\end{aligned}
\tag{2.5.1}
$$

需要注意的是，在计算交集部分面积时，还需考虑两个区域框不相交的情况，此时计算的交集部分的宽 $w_{ij}^{\text{intersection}}$ 或高 $h_{ij}^{\text{intersection}}$ 至少有 1 个小于 0。因此，最终交集部分的面积为

$$
\text{area}_{ij}^{\text{intersection}} = \max(w_{ij}^{\text{intersection}}, 0) \times \max(h_{ij}^{\text{intersection}}, 0) \tag{2.5.2}
$$

（2）计算第 i 个区域框和第 j 个区域框并集的面积，即分别计算两个区域框的面积，再减去交集部分面积。

$$
\text{area}_{ij}^{\text{union}} = w_i \times h_i + w_j \times h_j - \text{area}_{ij}^{\text{intersection}} \tag{2.5.3}
$$

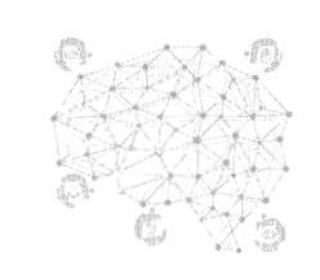

（3）计算第 i 个区域框和第 j 个区域框的交集部分和并集部分的面积比：

$$\mathrm{IoU}_{ij}=\frac{\mathrm{area}_{ij}^{\mathrm{intersection}}}{\mathrm{area}_{ij}^{\mathrm{union}}} \tag{2.5.4}$$

指称表达理解任务的评测结果一般定义为模型获取的得分最高的预测框与标注框 IoU 大于 0.5 的占比。

指称表达生成任务大多采用图像描述任务所使用的评测指标，包括 BLEU、METEOR 和 CIDEr 等。

2.6 小　　结

本章介绍了 5 个代表性的图文多模态任务的具体内容、学术界常用数据集和评测指标。这些任务包括图文跨模态检索、图像描述、视觉问答、文本生成图像和指称表达。在之后的章节中，我们将以这些任务为例，介绍各项多模态深度学习基础技术。

2.7 习　　题

1. 假设有 6 个测试样例，跨模态检索模型检索的正确答案分别出现在第 4、2、3、3、1、1 位，计算该模型的指标 Median r 和 mAP@3。
2. 试分析本章介绍的图像描述的 5 个评测指标的优缺点。
3. 举例说明视觉问答数据集 VQA v1、VQA v2 和 VQA-CP v1/v2 之间的区别。
4. 从 MS COCO 数据集中采样 30000 张真实图片，利用开源代码计算其 IS 值。
5. 写出图 2.6 中“绿色画笔上的红色画笔”的三条不同的指称表达。
6. 编写计算两个矩形框交并比的程序代码。

第 3 章 文本表示

多模态信息处理模型的发展直接受益于单模态深度学习技术的进步。对于文本模态而言，深度学习技术的进步使得多模态信息处理模型的文本输入形式从传统的独热编码和词袋特征逐步发展为在大规模数据集上预训练的文本表示。

在深度学习之前，常使用独热编码和词袋特征分别表示词和包含多个词的文本。独热编码的一个主要缺陷是任意两个词的表示之间的余弦相似度为 0，因此，无法表达词之间的相似性。当应用于机器学习模型时，独热编码的这一缺陷会进而引发数据稀疏问题。为了缓解这一问题，传统方法所采用的方案包括增加额外特征（词性、前后缀）、引入语义词典（WordNet，HowNet）以及对词进行聚类（Brown Clustering）。

上述方案虽然可以缓解数据稀疏问题，但是大多费时费力。于是，利用分布式语义假设[43] 的方法应运而生。分布式语义假设是语言学中一个重要的假设——One shall know a word by the company it keeps，即词的含义可由其上下文的分布进行表示。早期的分布式表示方法直接使用与上下文的共现频次作为词的向量表示，并利用点互信息（PMI）、奇异值分解（SVD）等技术减少高频词的影响、获取词与词之间的高阶关系，以缓解数据稀疏性问题。然而，这些方法学习到的词表示面临着计算复杂度高、无法增量更新、无法针对特定任务调整等问题。

2013 年起，随着深度学习时代的开启，利用分布式语义假设的方式从统计转向学习，以 Word2vec[44-45] 为代表的词嵌入技术取得了重大突破。使用该技术的模型将每个词映射为一个低维、稠密、连续的向量，并将该向量当作模型参数。在大规模文本语料中，利用文本自身为天然的标注数据这一特点（即词与上下文的共现关系），模型通过最大化一些词预测其共现的另一些词的条件概率获得模型参数。除了直接在多模态模型中用于提取词表示，词嵌入还直接启发了部分多模态词表示的研究[46-47]，即利用图像信息补全文本学习到的词嵌入，以获取更全面的词表示。

以 Word2vec 为代表的词嵌入模型有一个明显的缺陷，其学习得到的词向量是“静态”

的，不随上下文的变化而变化，这显然无法处理一词多义的问题。为此，研究人员开始利用循环神经网络构建上下文相关的“动态”词向量模型。循环神经网络的隐状态表示不仅与当前词相关，也与其所处的上下文相关。循环神经网络一直是多模态信息处理领域最常用的文本表示模型之一，例如文本生成图像模型 AttnGAN[36]、MirrorGAN[48]、DM-GAN[49] 等，图像描述模型 NIC[50]、m-RNN[51] 等，视觉问答模型 VIS-LSTM[52]，以及指称表达模型 MMI[41] 都利用循环神经网络来建模文本。

2018 年，随着注意力机制的发展，以 BERT[53] 为代表的基于注意力的预训练语言模型出现，自然语言处理领域真正进入“预训练-精调”的时代。这类预训练语言模型和之前的词向量模型的不同之处在于，其结构具备优秀的通用性，在处理下游任务时，几乎不需要修改。预训练语言模型在绝大多数自然语言处理任务中都取得了目前最佳的成果，在多模态信息处理领域也得到了广泛的应用。其中，预训练语言模型对多模态信息处理领域最大的影响是其直接使得图文多模态信息处理也迈入“预训练-精调”的多模态预训练时代。同样，多模态预训练方法几乎在所有多模态信息处理任务中都表现出了最优性能。

本章将介绍上述深度学习时代三类常用的文本表示：一是基于词嵌入的静态词表示；二是基于循环神经网络的动态词表示；三是基于注意力的预训练语言模型表示。

3.1　基于词嵌入的静态词表示

词嵌入是指使用模型将语料中的每个词映射为一个低维、稠密、连续的向量的技术。自 2013 年以来，研究者提出一系列被广泛使用的词嵌入模型，包括最早成功的 Word2vec[44-45]、结合词嵌入和矩阵分解思想的 GloVe[54]、考虑子词的 fastText[55] 等。本节将介绍其中的 Word2vec 模型和 GloVe 模型。

3.1.1　Word2vec

Word2vec 是 Google 发布的一个词向量训练工具包，发布之初便对学术界和工业界都产生了巨大影响。Word2vec 包含两个模型：CBOW（continuous bag-of-words）模型[44] 和 Skip-gram 模型[45] 。模型训练的基本流程如下。

（1）收集大规模文本语料，并统计语料中的词，创建词表。

（2）将词表中的每个词都初始化为两个定长的随机向量，分别表示其作为中心词和上下文词时的表示。

（3）将语料中的每个词作为中心词 c，将其附近定长窗口内的词作为上下文词 o，利用 c 和 o 词向量的相似性计算条件概率 $P(c|o)$ 或 $P(o|c)$。

（4）调整词向量最大化条件概率。

其中，CBOW 模型和 Skip-gram 的区别在第（3）步：CBOW 模型是计算 $P(c|o)$，即根据上下文对中心词进行预测；而 Skip-gram 模型是计算 $P(o|c)$，即根据中心词预测上下文中的单词。

以文本序列“我”“爱”“多模态”“信息”“处理”为例，假定中心词为“多模态”，上下文窗口设置为 2，即在中心词左右各取 2 个词作为条件。

图 3.1（a）展示了 CBOW 的模型结构。可以看到，CBOW 模型计算基于上下文词“我”“爱”“信息”“处理”生成中心词“多模态”的条件概率。上下文词和中心词的表示矩阵分别记为 $\boldsymbol{W}^{\text{in}}$ 和 $\boldsymbol{W}^{\text{out}}$，上下文词表示记为 $\boldsymbol{W}_{t-2}^{\text{in}}, \boldsymbol{W}_{t-1}^{\text{in}}, \boldsymbol{W}_{t+1}^{\text{in}}, \boldsymbol{W}_{t+2}^{\text{in}}$，中心词的表示记为 $\boldsymbol{W}_t^{\text{out}}$，则条件概率为

$$P(c|o) = \frac{\exp(\boldsymbol{W}_t^{\text{out}\top} \bar{\boldsymbol{W}}_t^{\text{in}})}{\sum_i \exp(\boldsymbol{W}_i^{\text{out}\top} \bar{\boldsymbol{W}}_t^{\text{in}})} \tag{3.1.1}$$

其中，$\bar{\boldsymbol{W}}_t^{\text{in}} = \frac{1}{4}(\boldsymbol{W}_{t-2}^{\text{in}} + \boldsymbol{W}_{t-1}^{\text{in}} + \boldsymbol{W}_{t+1}^{\text{in}} + \boldsymbol{W}_{t+2}^{\text{in}})$ 为上下文词向量的平均值。

图 3.1（b）展示了 Skip-gram 的模型结构。可以看到，Skip-gram 模型计算基于中心词“多模态”生成上下文词“我”“爱”“信息”“处理”的条件概率。中心词和上下文词的表示矩阵分别记为 $\boldsymbol{W}^{\text{in}}$ 和 $\boldsymbol{W}^{\text{out}}$，中心词的表示记为 $\boldsymbol{W}_t^{\text{in}}$，上下文词表示记为 $\boldsymbol{W}_{t-2}^{\text{out}}, \boldsymbol{W}_{t-1}^{\text{out}}, \boldsymbol{W}_{t+1}^{\text{out}}, \boldsymbol{W}_{t+2}^{\text{out}}$，Skip-gram 模型分别计算基于中心词生成每个上下文词的条件概率，然后计算这些条件概率的乘积并将其作为最终结果，即

$$P(o|c) = \prod_{t-2 \leqslant k \leqslant t+2, k \neq t} \frac{\exp(\boldsymbol{W}_t^{\text{out}\top} \boldsymbol{W}_k^{\text{in}})}{\sum_i \exp(\boldsymbol{W}_i^{\text{out}\top} \boldsymbol{W}_k^{\text{in}})} \tag{3.1.2}$$

实际上，可以将 CBOW 模型和 Skip-gram 模型都看作标准的三层神经网络，包括输入层、隐藏层和输出层。对于 CBOW 模型，输入层就是维度等于词表大小的词袋特征；隐藏层为一个不带激活函数和偏置的全连接层，其将输入层词袋特征映射至词向量空间获得上下文表示，也被称为词向量层；输出层也是一个不带激活函数和偏置的全连接层，其输出为整个词表上的概率分布，目标是对中心词进行分类预测。对于 Skip-gram 模型，输入层为中心词的独热编码；隐藏层同样为一个不带激活函数和偏置的全连接层，其将该独热编码映射至词向量空间；输出层也是一个不带激活函数和偏置的全连接层，其输出为整个

词表上的概率分布，其目标是根据中心词的向量对每个上下文词进行分类预测。对于这两个模型，$\boldsymbol{W}^{\text{in}}$ 和 $\boldsymbol{W}^{\text{out}}$ 分别为隐藏层和输出层的权重。

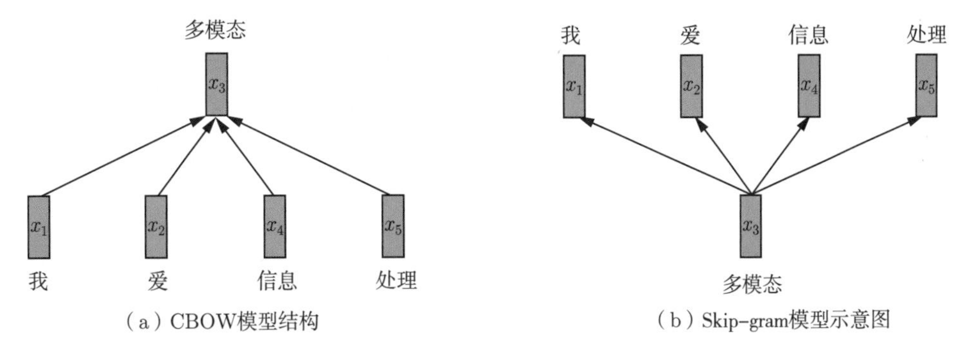

（a）CBOW模型结构　　（b）Skip-gram模型示意图

图 3.1　CBOW 和 Skip-gram 模型示意图

需要注意的是，CBOW 模型中通常使用输出层的权重作为词表示，而 Skip-gram 模型中通常使用输入层的权重作为词表示。

3.1.2　GloVe

GloVe（global vectors）是斯坦福大学的研究人员发布的词表示训练工具包，其核心思想是结合 Word2vec 和全局词共现矩阵分解的优点，学习基于全局词频统计的词表示。GloVe 模型训练的基本流程如下。

（1）收集大规模文本语料，并统计语料中的词，创建词表。

（2）构建词共现矩阵 $\boldsymbol{X}$，其中 X_{ij} 表示中心词 i 和上下文词 j 在定长窗口内的共现次数。这里共现次数的统计考虑了两个词之间的距离，具体来说，就是距离较远的词对于共现次数的贡献较小。假定语料中的中心词 i 和上下文词 j 在定长窗口内一共共现 N 次，第 n 次的距离记为 $d_n(i,j)$，则有

$$X_{ij} = \sum_{n=1}^{N} \frac{1}{d_n(i,j)} \tag{3.1.3}$$

（3）利用中心词的表示矩阵 $\boldsymbol{W}^{\text{in}}$ 和上下文词的表示矩阵 $\boldsymbol{W}^{\text{out}}$ 拟合共现矩阵 $\boldsymbol{X}$。GloVe 模型的损失函数具体形式为

$$\sum_i \sum_j f_{ij} \left({\boldsymbol{W}_i^{\text{in}}}^{\text{T}} \boldsymbol{W}_j^{\text{out}} + b_i^{\text{in}} + b_j^{\text{out}} - \log X_{ij} \right)^2 \tag{3.1.4}$$

其中，b_i^{in} 和 b_j^{out} 分别为中心词 i 的偏置和上下文词 j 的偏置，f_{ij} 为中心词 i 和上下文词 j 的损失权重函数。

权重函数 f_{ij} 的取值和共现次数有关，GloVe 模型认为共现次数越少的两个词的权重越小，但是也不希望共现次数多的两个词的权重过大，因此，采取了如下形式的分段函数：

$$f_{ij} = \begin{cases} \left(\dfrac{X_{ij}}{X_{\max}}\right)^{\alpha}, & X_{ij} < X_{\max} \\ 1, & \text{其他} \end{cases} \tag{3.1.5}$$

这里，$X_{\max}$ 和 α 为超参数，GloVe 论文中分别取 100 和 0.75。这意味着，当两个词共现次数小于 100 时，权重随着共现次数递增且不大于 1，否则，权重恒为 1。需要注意的是，当两个词没有共现时，权重为 0，因此，GloVe 模型的训练可以省略 $X_{ij} = 0$ 的损失项，只对共现矩阵中的非零项进行训练。

GloVe 模型中通常使用中心词和上下文词的表示之和作为词表示。预训练的 GloVe 词向量可以从链接[1]下载。

3.2 基于循环神经网络的动态词表示

静态词表示模型完成训练后，每个词都被表示成一个唯一的向量，不再考虑词所在的上下文。这种表示方法存在明显的局限性，即无法处理一词多义问题。例如，在“杜鹃哪个季节开花”和“杜鹃的叫声像什么”的上下文中，“杜鹃”的意思截然不同。用不同的词向量表示这两个“杜鹃”更为合理。为此，研究者提出基于循环神经网络（recurrent neural network，RNN）的动态词表示模型，使得同一个词的表示可以根据其所处上下文的不同而发生变化。

3.2.1 循环神经网络基础

RNN 是深度学习中用于处理序列数据的模型。如图 3.2 所示，RNN 的最大特点是，隐藏层输出又作为其自身的输入之一。给定输入序列 $\boldsymbol{x}_1, \boldsymbol{x}_2, \cdots, \boldsymbol{x}_n$，形式上，隐藏层的更新方式如下。

$$\boldsymbol{h}_t = \phi(\boldsymbol{x}_t \boldsymbol{W}_{xh} + \boldsymbol{h}_{t-1} \boldsymbol{W}_{hh} + \boldsymbol{b}_h) \tag{3.2.1}$$

[1] https://github.com/stanfordnlp/GloVe

其中，$\boldsymbol{x}_t$ 为第 t 时刻的输入；$\boldsymbol{h}_t$ 为第 t 时刻神经网络的输出，又称为隐状态（hidden state）；$\boldsymbol{W}_{xh}$ 为输入隐状态的网络权重；$\boldsymbol{W}_{hh}$ 为新引入的隐状态隐状态的网络权重；$\boldsymbol{b}_h$ 为偏置参数；ϕ 为非线性激活函数。

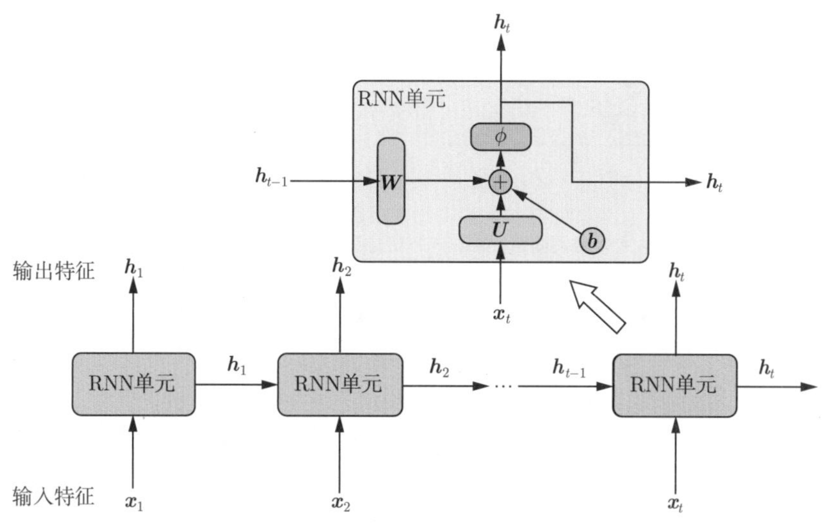

图 3.2　RNN 结构示意图

3.2.2　现代循环神经网络

RNN 结构简单，易于使用，但存在梯度消失问题，导致它在建模较长的序列时效果不佳。因此，我们一般使用 RNN 的两个变种：长短时记忆网络（long short-term memory, LSTM）[56] 与门控循环单元（gated recurrent unit, GRU）[57]。为了进一步提升 RNN 建模序列数据的能力，实际中还经常使用多个隐藏层的 RNN，以及同时进行前向和后向计算的双向 RNN。下面介绍这些模型。

1. 长短时记忆网络

LSTM 相比 RNN 有更复杂的结构和神经元连接方式，如图 3.3 所示，LSTM 的网络结构中包含了三个门操作，同时新增了细胞状态（cell state）用来维护网络在编码时序信息过程中的中间状态。在每个时刻下，模型会依据当前时刻的输入 $\boldsymbol{x}_t$ 与上一时刻的模型输出 $\boldsymbol{h}_{t-1}$ 计算出一个新的候选细胞状态 $\widetilde{\boldsymbol{C}}_t$：

$$\widetilde{\boldsymbol{C}}_t = \tanh(\boldsymbol{W}_C \cdot [\boldsymbol{h}_{t-1}, \boldsymbol{x}_t] + \boldsymbol{b}_C) \tag{3.2.2}$$

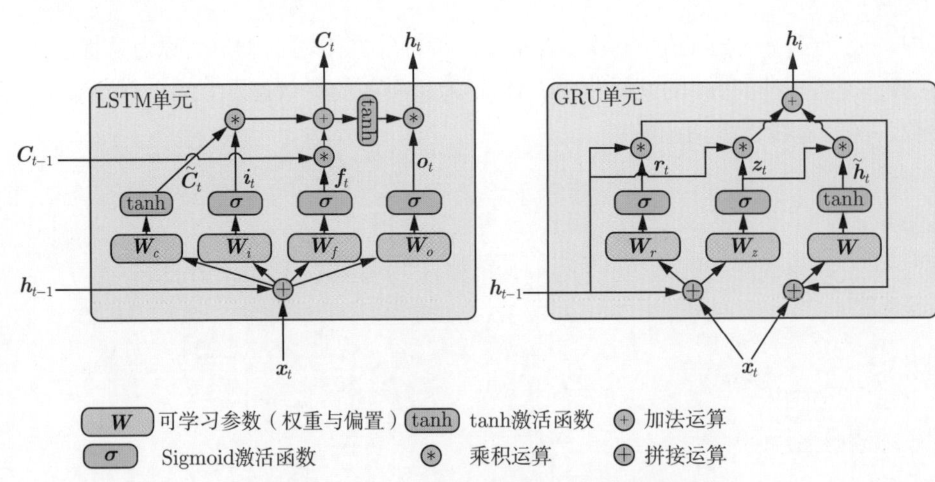

图 3.3　LSTM 和 GRU 单元结构示意图

然后，利用输入门和遗忘门控制细胞状态中信息的获取与释放。其中，输入门 $\boldsymbol{i}_t$ 决定了当前时刻的候选细胞状态中有哪些信息需要被记住（进入细胞状态中），遗忘门 $\boldsymbol{f}_t$ 调节了上个时刻的细胞状态有哪些需要被遗忘：

$$
\begin{cases}
\boldsymbol{i}_t = \boldsymbol{\sigma}(\boldsymbol{W}_i \cdot [\boldsymbol{h}_{t-1}, \boldsymbol{x}_t] + \boldsymbol{b}_i) \\
\boldsymbol{f}_t = \boldsymbol{\sigma}(\boldsymbol{W}_f \cdot [\boldsymbol{h}_{t-1}, \boldsymbol{x}_t] + \boldsymbol{b}_f) \\
\boldsymbol{C}_t = \boldsymbol{f}_t * \boldsymbol{C}_{t-1} + \boldsymbol{i}_t * \widetilde{\boldsymbol{C}}_t
\end{cases} \tag{3.2.3}
$$

最后，输出门控制了当前时刻细胞状态中有哪些需要输出：

$$
\begin{cases}
\boldsymbol{o}_t = \boldsymbol{\sigma}(\boldsymbol{W}_o \cdot [\boldsymbol{h}_{t-1}, \boldsymbol{x}_t] + \boldsymbol{b}_f) \\
\boldsymbol{h}_t = \boldsymbol{o}_t * \tanh(\boldsymbol{C}_t)
\end{cases} \tag{3.2.4}
$$

LSTM 通过引入门操作和细胞状态，一定程度上缓解了 RNN 的梯度消失问题，更有利于长句子的建模。

2. 门控循环单元

GRU 相比 LSTM 有更少的参数和更简单的参数更新规则，提高了训练速度。如图 3.3 所示，GRU 中取消了细胞状态，同时仅有两个门操作——更新门 $\boldsymbol{z}_t$ 和重置门 $\boldsymbol{r}_t$，用以控制上一时刻的隐状态中有哪些信息可以流入当前时刻的隐状态，以及当前时刻的输入信息有哪些可以进入当前时刻的隐状态。形式化地，

$$
\begin{cases}
\boldsymbol{z}_t = \boldsymbol{\sigma}(\boldsymbol{W}_z \cdot [\boldsymbol{h}_{t-1}, \boldsymbol{x}_t]) \\
\boldsymbol{r}_t = \boldsymbol{\sigma}(\boldsymbol{W}_r \cdot [\boldsymbol{h}_{t-1}, \boldsymbol{x}_t]) \\
\widetilde{\boldsymbol{h}}_t = \tanh(\boldsymbol{W} \cdot [\boldsymbol{r}_t * \boldsymbol{h}_{t-1}, \boldsymbol{x}_t]) \\
\boldsymbol{h}_t = (1 - \boldsymbol{z}_t) * \boldsymbol{h}_{t-1} + \boldsymbol{z}_t * \widetilde{\boldsymbol{h}}_t
\end{cases}
\tag{3.2.5}
$$

3. 双向循环神经网络

到目前为止，我们考虑的所有 RNN 都是前向的，这意味着 t 时刻的状态只能从之前的序列 $\boldsymbol{x}_1, \boldsymbol{x}_2, \cdots, \boldsymbol{x}_{t-1}$ 以及当前的输入 $\boldsymbol{x}_t$ 推断出来。然而，在获取文本表示的任务中，每个词不仅和之前出现的词相关，也和之后出现的词相关。因此，我们希望增加一个反向的 RNN，即从后往前运行的 RNN。图 3.4 展示了具体的双向 RNN 模型的结构。形式上，前向和反向隐状态的更新如下。

$$
\begin{cases}
\overrightarrow{\boldsymbol{h}}_t = \phi(\boldsymbol{x}_t \overrightarrow{\boldsymbol{W}}_{xh} + \overrightarrow{\boldsymbol{h}}_{t-1} \overrightarrow{\boldsymbol{W}}_{hh} + \overrightarrow{\boldsymbol{b}}_h) \\
\overleftarrow{\boldsymbol{h}_t} = \phi(\boldsymbol{x}_t \overleftarrow{\boldsymbol{W}_{xh}} + \overleftarrow{\boldsymbol{h}_{t-1}} \overleftarrow{\boldsymbol{W}_{hh}} + \overleftarrow{\boldsymbol{b}_h})
\end{cases}
\tag{3.2.6}
$$

这样，序列中的每个词就对应两个隐状态了。

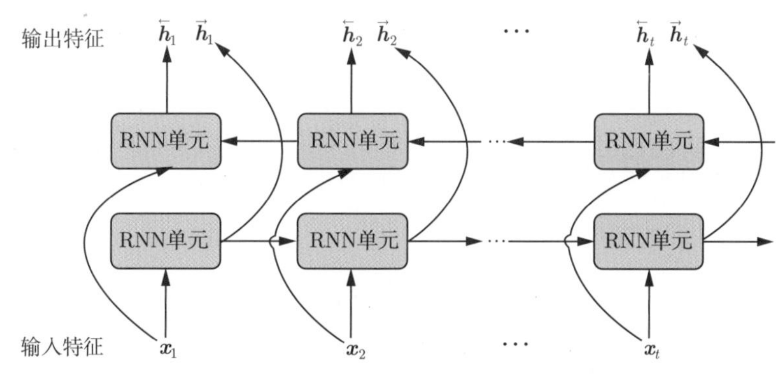

图 3.4　双向循环神经网络结构示意图

4. 深度循环神经网络

循环神经网络也可以包含多个隐藏层，我们称之为深度循环神经网络。图 3.5 展示了一个包含 L 个隐藏层的深度循环神经网络，其每个隐状态都由前一时刻当前层的隐状态和当前时刻前一层的隐状态获得。假设第 t 时刻的第 l 个隐藏层的隐状态为 $\boldsymbol{h}_t^{(l)}$，输入 $\boldsymbol{x}_t = \boldsymbol{h}_t^{(0)}$，则

$$
\boldsymbol{h}_t^{(l)} = \phi(\boldsymbol{h}_t^{(l-1)} \boldsymbol{W}_{xh}^{(l)} + \boldsymbol{h}_{t-1}^{(l)} \boldsymbol{W}_{hh}^{(l)} + \boldsymbol{b}_h^{(l)})
\tag{3.2.7}
$$

其中，$\boldsymbol{W}_{xh}^{(l)}$、$\boldsymbol{W}_{hh}^{(l)}$、$\boldsymbol{b}_{h}^{(l)}$ 为第 l 层的模型参数。

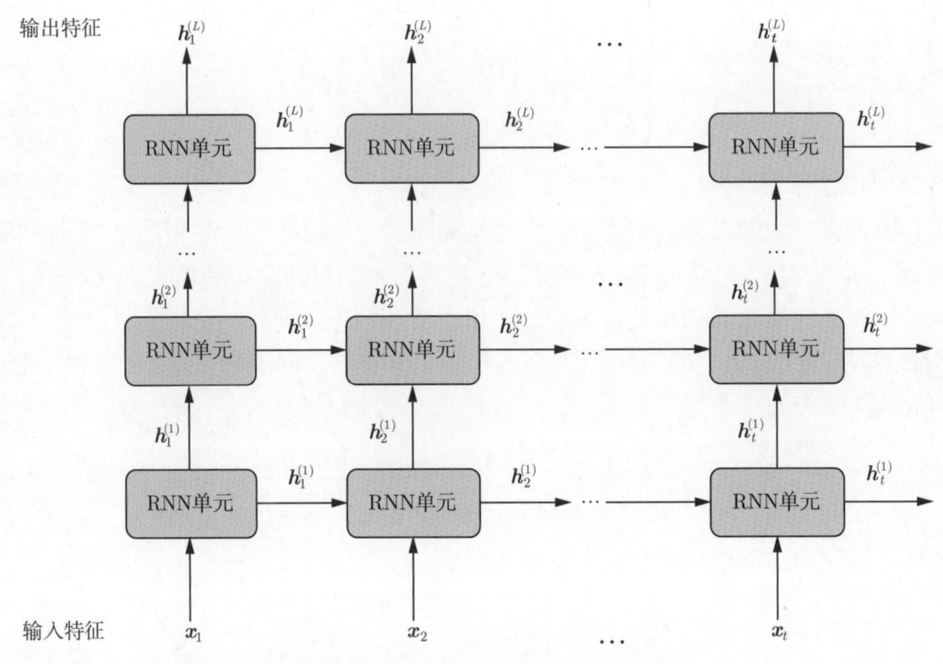

图 3.5　深度循环神经网络结构示意图

3.2.3　动态词表示和整体表示

在多模态信息处理模型中，基于循环神经网络的动态词表示常用于编码文本，以获得文本中的每个词的表示和文本整体表示。具体而言，常用的获取动态词表示和整体表示的方法有如下两类。

一是使用 RNN 建模文本序列时，每个词的表示为其对应的最后一个隐藏层输出；文本整体表示为最后一个词的表示或所有词表示的平均值或最大值。假设文本序列包含 5 个词，每个词的嵌入表示维度为 50，下面给出了使用包含 2 个隐藏层，隐藏层维度均为 64 的 GRU-RNN 提取文本表示的示例。

```
import torch
import torch.nn as nn


rnn = nn.GRU(input_size = 50, hidden_size = 64,
```

(接下页)

(接上页)

```
             num_layers = 2, batch_first = True, bidirectional = False)
input = torch.randn(1, 5, 50)
output, hidden = rnn(input)
# rnn 返回两个张量 output 和 hidden
# output 的形状为 (batch_size, num_words, hidden_size)
# hidden 为最后一个词对应的表示，形状为 (num_layers, batch_size, hidden_size)
print('rnn 返回值 output 的形状：', output.shape)
print('rnn 返回值 hidden 的形状：', hidden.shape)

word_representation = output
global_representation_lastword = hidden[-1] # 这里也可以是 output[:,-1,:]
global_representation_avg = torch.mean(output, axis=1)
global_representation_max = torch.amax(output, dim=1)
print('词表示的形状：', word_representation.shape)
print('整体表示（最后一个词表示）的形状：', global_representation_lastword.shape)
print('整体表示（所有词表示的平均值）的形状：', global_representation_avg.shape)
print('整体表示（所有词表示的最大值）的形状：', global_representation_max.shape)
```

```
rnn 返回值 output 的形状： torch.Size([1, 5, 64])
rnn 返回值 hidden 的形状： torch.Size([2, 1, 64])
词表示的形状： torch.Size([1, 5, 64])
整体表示（最后一个词表示）的形状： torch.Size([1, 64])
整体表示（所有词表示的平均值）的形状： torch.Size([1, 64])
整体表示（所有词表示的最大值）的形状： torch.Size([1, 64])
```

二是使用双向 RNN 建模文本序列时，每个词的表示为其对应的前向和后向的最后一个隐藏层输出的平均值或拼接结果；整体表示一般为第一个词或最后一个词的表示。下面的代码展示了使用双向 GRU-RNN 提取动态词表示和整体表示的过程。

```
import torch
import torch.nn as nn

# 将参数 bidirectional 的值设为 True，即为双向 RNN
rnn = nn.GRU(input_size = 50, hidden_size = 64,
```

(接下页)

(接上页)

```
            num_layers = 2, batch_first = True, bidirectional = True)
input = torch.randn(1, 5, 50)
output, hidden = rnn(input)
# rnn 返回两个张量 output 和 hidden
# output 的形状为 (batch_size, num_words, 2*hidden_size)
# hidden 为最后一个词对应的表示，形状为 (2*num_layers, batch_size, hidden_size)
# 这里的文本表示并没有使用 hidden
print('rnn 返回值 output 的形状: ', output.shape)
print('rnn 返回值 hidden 的形状: ', hidden.shape)

word_representation_avg = \
    (output[:,:,:output.size(2)//2] + output[:,:,output.size(2)//2:])/2
word_representation_concat = output
global_representation_firstword = output[:,0,:]
global_representation_lastword = output[:,-1,:]
print('词表示（前向和后向表示的平均值）的形状: ', word_representation_avg.shape)
print('词表示（前向和后向表示的拼接）的形状: ', word_representation_concat.shape)
print('整体表示（第一个词表示）的形状: ', global_representation_firstword.shape)
print('整体表示（最后一个词表示）的形状: ', global_representation_lastword.shape)
```

```
rnn 返回值 output 的形状:  torch.Size([1, 5, 128])
rnn 返回值 hidden 的形状:  torch.Size([4, 1, 64])
词表示（前向和后向表示的平均值）的形状:  torch.Size([1, 5, 64])
词表示（前向和后向表示的拼接）的形状:  torch.Size([1, 5, 128])
整体表示（第一个词表示）的形状:  torch.Size([1, 128])
整体表示（最后一个词表示）的形状:  torch.Size([1, 128])
```

3.3 基于注意力的预训练语言模型表示

在使用 RNN 获取文本表示的方法中，当前词的输出（隐状态）是由其表示和前一个词对应的隐状态共同决定的。这会产生两个问题：一是当前词的输出并不直接和其他词发生关联，当两个相关性较大的词距离较远时，会产生较大的信息损失，这不利于建模长句中词之间的远距离依赖关系；二是所有词的输出无法并行计算，计算效率较低，难以

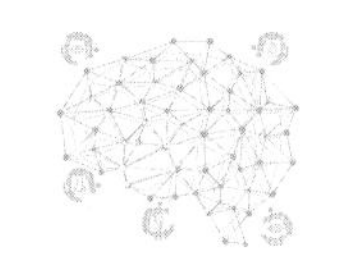

在大规模语料上训练。自注意力正是为了解决这两个问题而出现的代替 RNN 的一种操作，如今已经成为自然语言处理的标准模型。随着注意力机制研究的不断深入，基于注意力的预训练语言模型 BERT[53] 被提出，使得自然语言处理进入新的“预训练-精调”时代。BERT 也随后迅速成为最主流的文本表示方法之一，并直接催生了多模态预训练的研究。

3.3.1 自注意力

自注意力整体框架示意图如图 3.6 所示，每个词对应的输出都直接连接所有词，且所有词对应的输出可以并行计算。

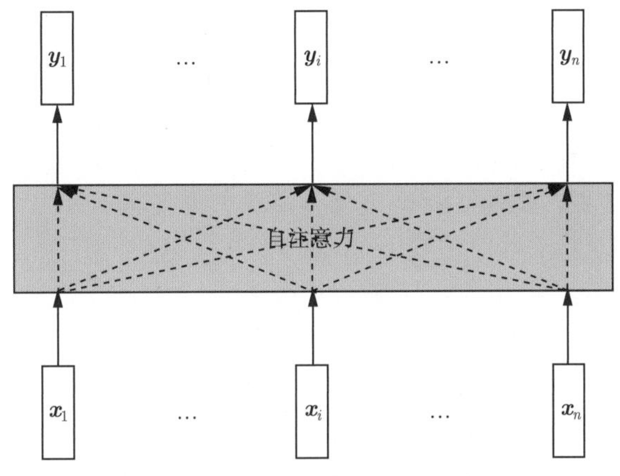

图 3.6　自注意力整体框架示意图

1. 计算流程

自注意力的输入和输出均为 n 个向量组成的序列：输入序列 X 记为 $\{\boldsymbol{x}_1, \boldsymbol{x}_2, \cdots, \boldsymbol{x}_n\}$，输出序列 Y 记为 $\{\boldsymbol{y}_1, \boldsymbol{y}_2, \cdots, \boldsymbol{y}_n\}$，自注意力的具体计算流程如图 3.7 所示，具体描述如下。

（1）使用 3 个全连接层将所有输入单元都转化为 3 个向量：查询（query，Q）、键（key，K）和值（value，V）。形式上，对于输入序列中的第 i 个向量，其对应的查询 $\boldsymbol{q}_i$、键 $\boldsymbol{k}_i$、值 $\boldsymbol{v}_i$ 为

$$\begin{cases} \boldsymbol{q}_i = \boldsymbol{W}_{\mathrm{Q}} \boldsymbol{x}_i \\ \boldsymbol{k}_i = \boldsymbol{W}_{\mathrm{K}} \boldsymbol{x}_i \\ \boldsymbol{v}_i = \boldsymbol{W}_{\mathrm{V}} \boldsymbol{x}_i \end{cases} \tag{3.3.1}$$

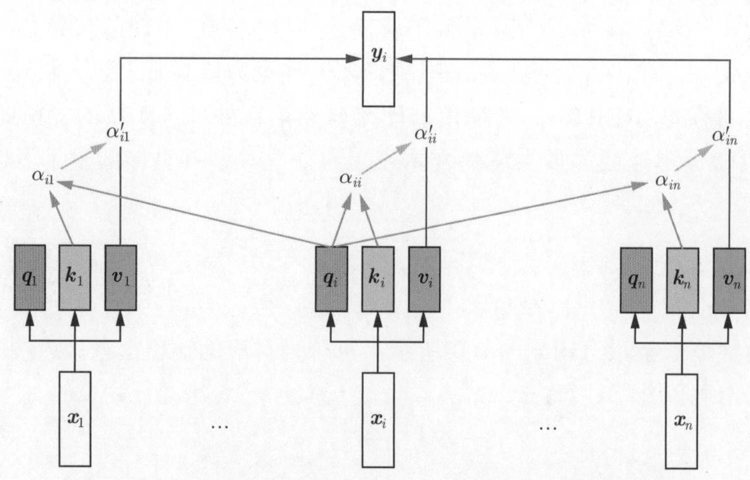

图 3.7　自注意力的输出序列第 i 个向量的计算流程示意图

（2）对每个输入向量，计算其查询和所有键之间的相似性，以此作为该输入向量和所有输入向量之间的相关性，该相关性也被称为注意力得分。

$$\alpha_{ij} = a(\boldsymbol{q}_i, \boldsymbol{k}_j) \tag{3.3.2}$$

其中，a 为注意力评分函数，简称评分函数。评分函数有很多种，其中使用较为广泛的是如下两个评分函数。

- 缩放点积（scaled dot-product）注意力[58]：直接计算查询和键的点积，即 $\dfrac{\boldsymbol{q}_i \cdot \boldsymbol{k}_j}{\sqrt{d}}$，其中，$d$ 为向量 $\boldsymbol{q}_i$ 的长度。
- 加性（additive）注意力[59]：将查询和键连接起来，然后通过激活函数为 tanh 的全连接神经网络进行变换，最后再做一次线性变换，即 $\boldsymbol{W}_2^{\mathrm{T}}\tanh(\boldsymbol{W}_1[\boldsymbol{q}_i; \boldsymbol{k}_j])$，其中 $\boldsymbol{W}_1$ 和 $\boldsymbol{W}_2$ 为参数。

（3）归一化注意力得分：

$$\alpha_{ij}^{'} = \frac{\exp(\alpha_{ij})}{\sum_k \exp(\alpha_{ik})} \tag{3.3.3}$$

（4）以注意力得分为权重，对 V 进行加权求和，计算输出特征：

$$\boldsymbol{y}_i = \sum_k \alpha_{ik}^{'} \boldsymbol{v}_k \tag{3.3.4}$$

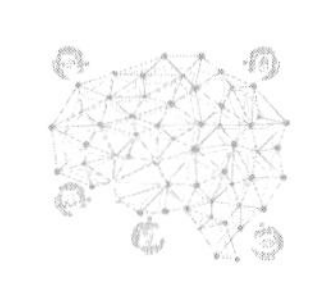

这样，输入序列中每个输入向量 $\boldsymbol{x}_i$ 就对应一个输出向量 $\boldsymbol{y}_i$。可以看到，每个输出向量都是由整个输入序列得到的，且可以并行计算得到所有的输出向量。为了方便之后的描述，我们将自注意力操作记为

$$Y = SA(X) \tag{3.3.5}$$

2. 位置编码

目前为止，自注意力中没有编码位置信息，即没有考虑序列的先后顺序，也没有考虑序列中不同单元之间的距离。然而，这些都是获取高效的序列表示必不可少的要素。因此，为了使用序列的顺序信息，需要将位置信息也加入自注意力的输入中。

位置编码的常用方法有两类：一是固定编码，即手工给每个位置设定一个编码；二是可学习编码，即从数据中学习位置编码。

第一类方法中最具代表性的是基于正弦函数和余弦函数的编码[58]。假设输入序列包含 n 个单元，每个单元的特征维度为 d，则输入序列可记作 $X \in \mathbb{R}^{n\times d}$。位置编码使用形状的矩阵 $\boldsymbol{P} \in \mathbb{R}^{n\times d}$，矩阵的第 i 行的第 $2j$ 列和第 $2j+1$ 列的元素值分别为

$$\begin{cases} p_{i,2j} = \sin\left(\frac{i}{10000^{2j/d}}\right) \\ p_{i,2j+1} = \cos\left(\frac{i}{10000^{2j/d}}\right) \end{cases} \tag{3.3.6}$$

这种编码方式具备以下优点：它能为每个位置输出一个独一无二的编码；包含不同数量词的句子之间，任何两个位置之间的距离应该保持一致；可以泛化到包含任意数量的词的句子；它的值是有界的；相同位置的词的编码是确定的。

第二类方法直接使用位置的独热编码，然后使用一层全连接网络将其转换成位置编码。

3. 多头自注意力

自注意力捕获了序列中各个输入向量之间的关联，但是一个输入向量可能和其他多个输入向量相关，而自注意力中归一化注意力得分的操作导致一个输入向量无法同时关注多个输入。因此，在实践中，我们一般使用多组自注意力捕捉不同类型的关联，这种操作被称为多头自注意力[58]，每一组自注意力被称作一个头。具体而言，就是利用多组 Q、K、V 产生多组输出序列，再利用一个全连接层将多组输出拼接的向量进行投影变换，得到最终输出。图 3.8 展示了多头自注意力的结构。

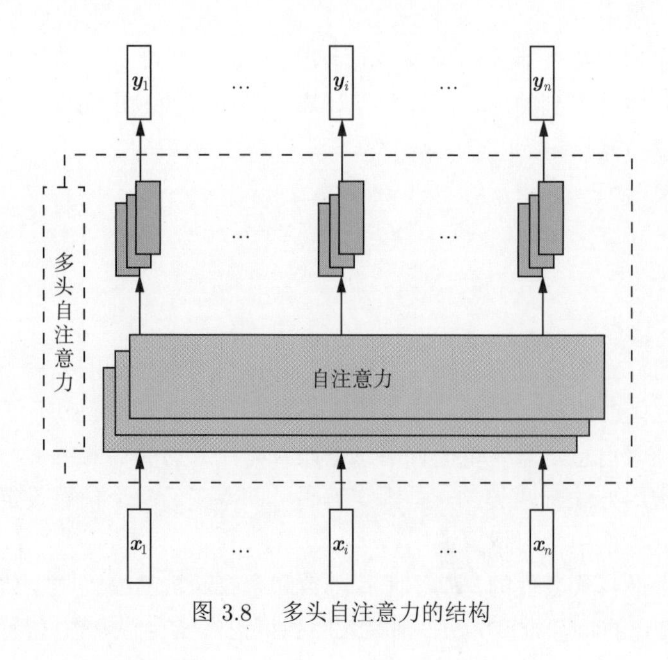

图 3.8 多头自注意力的结构

3.3.2 transformer 编码器

和 RNN 一样，自注意力层也可以多次堆叠使用，以建模更加复杂的高阶关系。transformer 编码器[58] 正是通过堆叠自注意力层获得。如图 3.9 所示，transformer 编码器堆叠了 N_e 个相同的 transformer 块（block）。单个 transformer 块包含了多头自注意力和前馈网络（一般为两个全连接层组成的多层感知机，第一个全连接层的激活函数为 ReLU），并使用了层规范化（layer normalization，LN）和残差连接等深度学习常用的训练技巧。其中前馈网络是为了增加表示的非线性变换。

形式上，令第 l 层的表示为 $\boldsymbol{Z}^l$，那么经过 transformer 块转换得到的第 $l+1$ 层的表示 $\boldsymbol{Z}^{l+1}$ 的计算流程如下：

$$\begin{cases} \hat{\boldsymbol{Z}}^l = \mathrm{LN}(\mathrm{MSA}(\boldsymbol{Z}^l) + \boldsymbol{Z}^l) \\ \boldsymbol{Z}^{l+1} = \mathrm{LN}(\mathrm{MLP}(\hat{\boldsymbol{Z}}^l) + \hat{\boldsymbol{Z}}^l) \end{cases} \tag{3.3.7}$$

其中，MSA 为多头自注意力。

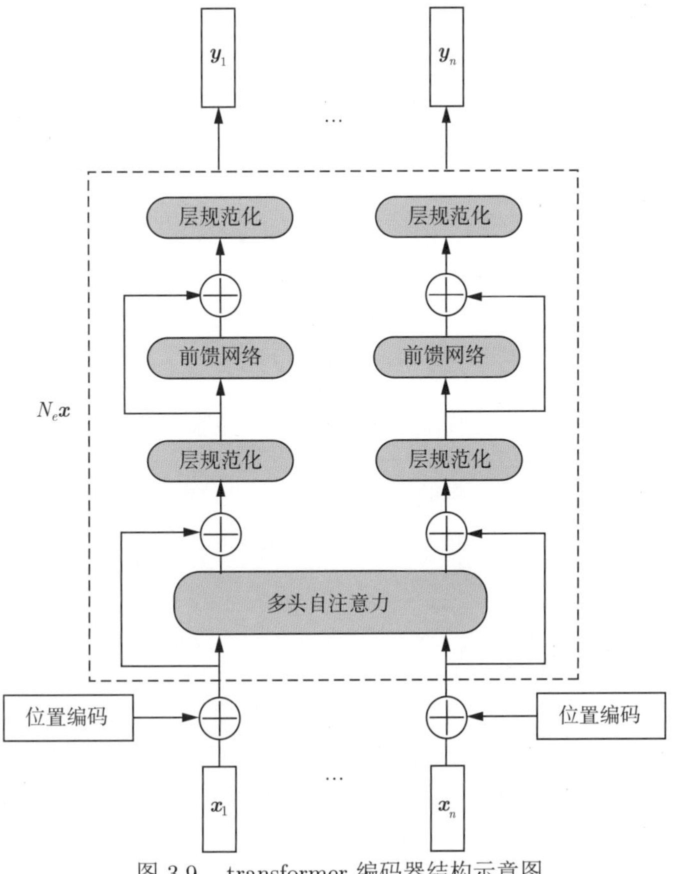

图 3.9　transformer 编码器结构示意图

3.3.3 BERT

来自 transformer 的双向编码器表示（bidirectional encoder representations from transformer, BERT）[53] 是 2018 年被提出的基于 transformer 编码器的预训练语言模型。其出现彻底改变了自然语言处理领域的研究范式，使得自然语言处理领域真正进入“预训练-精调”时代，即先在大规模无监督文本语料上训练模型，然后以极小的架构改变代价在下游任务上微调。

如图 3.10 所示，BERT 的输入由两段文本拼接而成，中间的网络结构由 transformer 编码器组成，最后需要完成两个预训练任务：掩码语言模型和下一个句子预测。下面具体介绍 BERT 的输入表示和预训练任务。

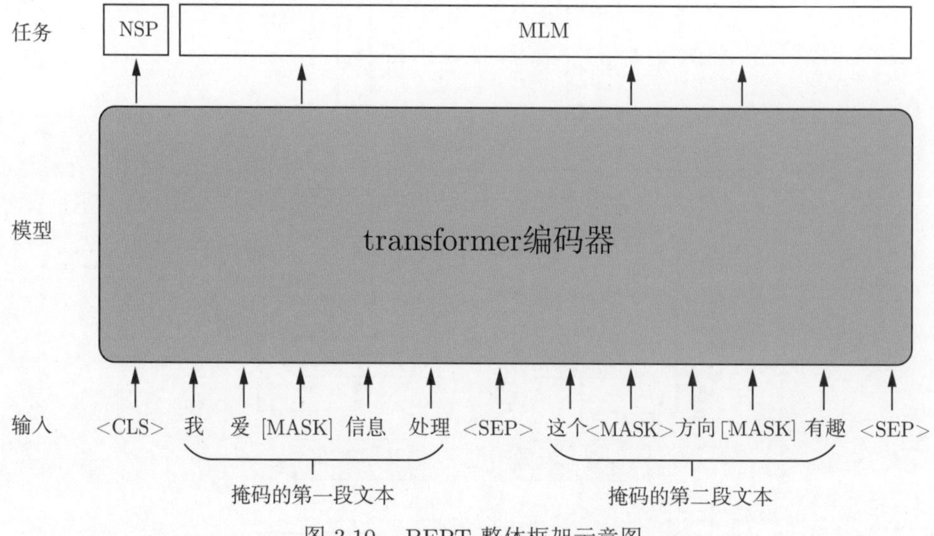

图 3.10　BERT 整体框架示意图

1. 输入表示

如图 3.11 所示，BERT 的输入序列由标识符 <CLS>、第一段文本、分隔标识符 <SEP>、第二段文本、分隔标识符 <SEP> 拼接而成。除了词向量和位置向量，BERT 的输入表示还增加了块向量以区分这两段文本，第一个句子中每个词对应的块编码为 0，第二个句子中每个词对应的块编码为 1。BERT 中的位置向量为可学习编码。最终，BERT 的输入表示为词向量、块向量、位置向量之和。

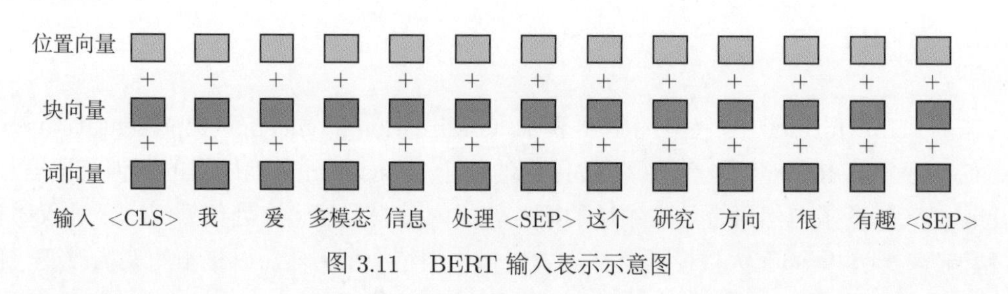

图 3.11　BERT 输入表示示意图

2. 预训练任务

掩码语言模型 (masked language model, MLM) 任务随机选取部分词进行掩码操作，并要求模型预测这些被掩码的词。具体而言，BERT 随机掩盖了输入序列中 15% 的

WordPieces 子词，对于每个子词，以 80% 的概率使用 [MASK] 标记将其替换，以 10% 的概率将其替换为随机词，以 10% 的概率不进行任何替换。然后通过在每个掩盖的子词的输出向量后加一个全连接层预测其原始子词。需要注意的是，这里并没有将全部掩盖的词都替换为 [MASK] 标记，这是因为总是掩盖 15% 的子词会造成预训练阶段和下游任务精调阶段之间输入数据统计特性的不一致，影响模型的效果。而且，不论是哪种替换方式，其对应的目标输出都是原始子词。

下一个句子预测 (next sentence prediction, NSP) 任务将两个句子拼接，并判断第二个句子是否为第一个句子的下一个句子，这是一个标准的二分类问题。具体而言，首先收集正负样本：正样本来自文本中相邻的两个句子；负样本为将第二个句子随机替换为语料中任意一个其他句子。然后通过在 <CLS> 的输出向量后加一个全连接层预测句子对的类别。

3.3.4 BERT 词表示和整体表示

下面给出利用Hugging Face[1]提取 BERT 词表示和整体表示的代码。这里，BERT 词表示为每个词的输出向量，BERT 整体表示为所有词表示的平均值。这也是文本生成图像模型 XMC-GAN[33] 中提取文本表示的方案。

```
from transformers import BertModel, BertTokenizer, logging

logging.set_verbosity_error()

# bert-base-uncased 为所使用的预训练 BERT 模型名
tokenizer = BertTokenizer.from_pretrained('bert-base-uncased')
model = BertModel.from_pretrained('bert-base-uncased')

# 文本
texts = ['I love multimodal information processing']
# 将文本转化为子词序列
encoded_input = tokenizer(texts, return_tensors='pt')
print('子词序列: ', tokenizer.convert_ids_to_tokens(encoded_input['input_ids'][0]))
# 执行 BERT 模型前馈过程
output = model( **encoded_input )
```

(接下页)

[1] https://huggingface.co/

(接上页)

```
# 词表示
word_representation = output['last_hidden_state']
# 整体表示
global_representation = word_representation.mean(axis=1)

print('词表示的形状: ', word_representation.shape)
print('整体表示的形状: ', global_representation.shape)
```

```
子词序列: ['[CLS]', 'i', 'love', 'multi','##mo', '##dal', 'information', 'processing',
'[SEP]']
词表示的形状:  torch.Size([1, 9, 768])
整体表示的形状:  torch.Size([1, 768])
```

3.4 小　　结

单模态表示提取是多模态信息处理的基础。本章主要介绍了多模态深度学习中常用的文本表示的发展历史和动机，详细介绍了 3 类文本表示及其获取方法。这些文本表示依赖不同的神经网络模型：静态词表示依赖词嵌入模型，动态词表示依赖循环神经网络，预训练语言模型表示依赖注意力网络。这些表示方法给多模态信息处理在建模文本模态数据时提供了强有力的工具，我们将在之后的章节中介绍这些文本表示提取方法的应用。

3.5 习　　题

1. 写出获取任意词的 GloVe 词向量的代码。
2. 设计一个获取图文多模态的静态词表示的方案。
3. 设计一个获取图文多模态的动态词表示的方案。
4. 总结 PyTorch 中利用循环神经网络同时获取多个不定长的句子的动态词表示和整体表示的方法，要求用代码辅助说明。
5. 写出自注意力和循环神经网络的优缺点。
6. 按照 3.3.4 节中的代码示例，利用 Hugging Face 中的任意中文版 BERT 模型写出提取中文句子的词表示和整体表示的代码。

第 4 章　图像表示

第 3 章介绍了多模态模型中使用的文本表示的发展历程，以及常用的文本表示提取方法。在图像模态方面，多模态信息处理模型在图像端的输入形式同样从基于像素值和梯度统计量的词袋特征发展为在大规模数据集上预训练的深度网络表示。

在深度学习之前，图像特征严重依赖于计算机视觉专家的手工设计，比如 SIFT、HOG、GIST、SURF、LBP 等。这些特征都是依靠图像像素值和梯度统计量按照一定的规则计算得到。一般来说，多数特征计算速度慢，且仅适用于特定任务，比如 HOG 适用于行人检测，GIST 适用于场景分类。

深度学习直接以原始信号作为模型的输入，不再依赖人工设计的特征，能够学习与任务最相关的特征表示。2012 年，Krizhevsky 等提出的深度网络 AlexNet[60] 首次在 ImageNet 大规模视觉识别挑战赛中以巨大优势战胜传统人工特征，揭开了深度网络表示的序幕。之后，利用在大规模数据集上训练的图像分类模型抽取图像特征的方式成为主流。一种最常见的方式是首先在大规模标注数据集上预先训练图像分类模型，然后对于新的图像分类任务，仅根据新的分类任务的类别数量修改模型最后一层的神经元数量，重新训练该模型最后一层的权重，并对该模型其他层权重进行进一步的微调。这种“预训练-微调”的训练范式本质上是迁移学习思想的一种应用。

这种基于深度网络形式的图像输入由于是以语义符号为监督信息训练得到的，因此包含了丰富的语义信息，这无疑自然地缩小了图文跨模态鸿沟，被广泛使用于多模态模型之中。较为早期的方法都是直接使用基于图像分类模型的整体表示，即使用预训练的卷积神经网络的倒数第二层将每幅图像表示为单一向量。例如，较为早期的跨模态检索研究工作[61]，第一批图像语言描述研究工作 NIC[50]、m-RNN[51]，第一批视觉问答研究工作 Neural-Image-QA[62]、VIS+LSTM[52] 等。

随着多模态信息处理技术的发展，深度网络表示的使用形式日渐丰富。研究人员认为将图像表示为单一的多维向量容易导致图像的局部细节被忽略，不易于建模细粒度的图文关联。于是，他们开始使用基于图像分类模型的网格表示，即使用预训练的卷积神经网络的最后一个卷积层或汇聚层将每张图像表示为网格形状的多组向量，每个格子对应的向量代表其相应区域的表示。使用网格表示的研究工作有：针对跨模态检索任务和视觉问答任务的 DAN[63]、面向图像描述任务的 ARCTIC[64] 和 SCST[65]。很多时候，网格表示和整体表示会被同时使用，以捕捉图文跨模态的整体和局部关联。

尽管网格表示可以代表多个图像区域的特征，但是无法代表人类更关注的特定目标或显著区域。针对这一问题，自 2018 年起，目标检测模型被广泛用于多模态任务中的图像表示提取任务，以获得图像的目标对象级的区域表示。基于目标检测模型的区域表示在 BUTD[66] 中被首次提出，并应用于图像语言描述和视觉问答两个任务中。随后，区域表示成为多模态任务中图像输入形式的主流，广泛应用于跨模态检索[67]、图像语言描述、视觉问答等任务，以及绝大多数多模态预训练方法中。和网格表示一样，区域表示也经常和整体表示搭配使用。

2020 年，视觉 transformer[68] 被提出，将已经取得巨大成功的 transformer 结构直接用来建模图像像素级别的特征。视觉 transformer 将图像直接切割成块 (patch)，并利用线性变换将每一个块映射为一个视觉词表示，最后利用 transformer 编码器获取图像表示：每一个块对应的 transformer 层输出表示为块表示，分类标识符 <CLS> 对应的输出表示为图像的整体表示。由于使用了 transformer 结构，块表示经常应用于同样使用 transformer 结构构建的多模态预训练模型中，如 VLMo[69]、CLIP[70] 和 ALBEF[71] 等。

2021 年年初，OpenAI 发布了跨模态生成模型 DALL·E[72]，其首先利用量化自编码器模型[73] 获取图像的离散形式的压缩表示，然后将图像的语言描述和图像的离散表示拼接在一起，将其当作新的“文本”训练语料，利用该语料训练神经语言模型，最终完成文本生成图像任务。这使得使用基于量化自编码器的离散表示作为图像表示受到多模态研究者的关注。2021 年之后的 CogView[74]、VQ-Diffusion[75]、Parti[76] 和 Muse[77] 等都利用离散压缩表示改进文本生成图像任务的性能。而 2022 年引起广泛关注的 stable diffusion 模型[78] 则首先利用变分自编码器学习图像的连续形式的压缩表示，然后训练以文本为条件、以连续压缩表示为目标的条件扩散模型，完成文本生成图像任务。

本章将介绍上述图文多模态信息处理中常用的图像表示。这些图像表示按照依赖模型的不同可以归纳为四类：一是基于图像分类模型的整体表示和网格表示；二是基于目标检测模型的区域表示；三是基于视觉 transformer 的块表示；四是基于自编码器的压缩表示。

4.1　基于卷积神经网络的整体表示和网格表示

4.1.1　卷积神经网络基础

卷积神经网络是深度学习中最常用的建模图像的模型，其基本元素包括卷积层和汇聚层（pooling）。

卷积层是一种具有特殊连接性质的神经网络层，如图 4.1 所示，其神经元之间是局部连接的，而非传统神经网络的全连接。以输入一幅图像为例，在全连接层中，每个神经元会接收图像中每个像素的信号，而卷积层每个神经元只考虑图中一个小区域内的像素。这就是卷积层所具有的局部连接的特性，其合理性在于大部分模式出现的范围都比整幅图小。卷积层另一个鲜明的特性是权重共享。一个卷积层的权重包括卷积核和偏置，在前向计算时，卷积核会在整幅图像上滑动，每次取图中与卷积核相同大小的区域与卷积核做点积计算，并输出一个实数值。遍历图像的所有位置执行上述操作，即可为图像输出一个特征图。如此，用一个卷积核就可以与输入图像的所有像素进行计算并输出特征，可认为特征图中的所有神经元共享同一套权重，这极大地减少了网络的参数量。权重共享的合理性在于相同的模式可能出现在图像的不同区域。

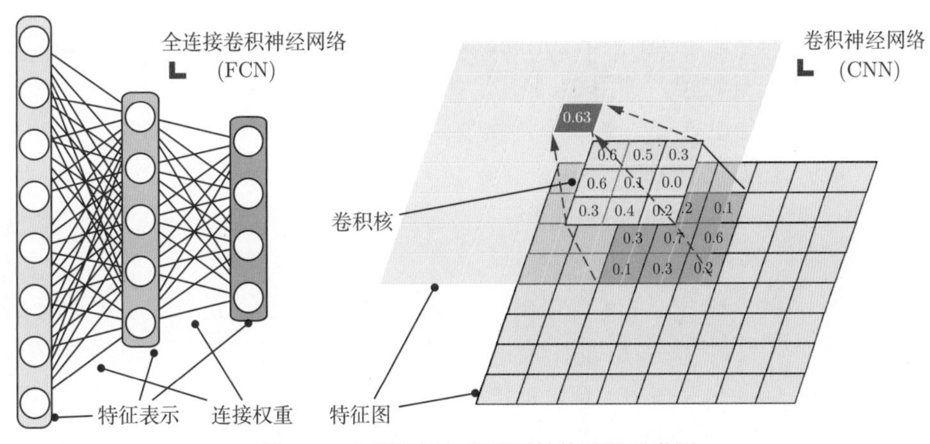

图 4.1　全连接层与卷积层结构对比示意图

一个典型的卷积层包含如下 4 个超参数。

- 卷积核大小。卷积核的大小决定了在计算特征图中的每个输出值时需要考虑的像素数量。卷积核越大，计算时考虑的像素越多，在极端情况下，当卷积核大小等于输入图像的面积时，卷积层退化为普通的全连接层。

- 卷积核数量。一个卷积层可能需要检测多种类型的特征，因此通常包含不止一个卷积核，多个卷积核在同一输入数据上做卷积可以获得多个特征图，特征图的数量又称通道数。卷积核的数量决定了特征图通道数的大小。
- 步幅（stride）。由于图像中相邻的子区域很相似，没有必要检测所有的子区域，因此卷积核在扫描图像时不一定逐一像素地滑动，也可能间隔多个像素地跳跃。步长决定了卷积核每次“跳跃”的像素数量。
- 填充（padding）。当卷积核的大小大于 1 时，图像中边界处的像素无法作为卷积的中心完成卷积计算，因而卷积操作会使输出特征图变小。有时，网络设计要求输出特征图与输入图像的长和宽一致，此时就需要对图像的边界做填充。填充的方法有多种，如补 0 填充、反射填充等。

CNN 除卷积层外，也常包含汇聚层。汇聚层不包含参数，可用来降低特征图的大小，从而降低模型参数，加速模型训练。常见的汇聚层有平均汇聚层和最大汇聚层。前者计算一个窗口内特征的平均值，以一个平均值表征该窗口内的多个特征值；而后者计算窗口内的最大值。

4.1.2 现代卷积神经网络

现代卷积神经网络始于 2012 年 Krizhevsky 等提出的 AlexNet，它包含 5 个卷积层、3 个汇聚层和 3 个全连接层，使用 ReLU 代替 Sigmoid 作为激活函数，缓解了多层网络的梯度消失问题，并使用 doupout 将全连接层的神经元随机置 0，缓解了神经网络的过拟合问题，在 GPU 计算能力的加持下，最终在 2012 年的 ImageNet 大规模视觉识别挑战赛（12nd large scale visual recognition challenege, LSVRC-12）夺魁，以较大优势击败了传统计算机视觉模型。

随后，在 LSVRC-13 中，Lin 等提出了 NiN[79]，其最大特色是包含了大量的 1×1 的卷积层，除第一个普通卷积层，后面的每个普通卷积层后面都会连接两个 1×1 的卷积层和一个汇聚层。1×1 的卷积层相当于在特征图每个位置应用一个全连接层，起到调整通道数量，减少模型参数的作用。NiN 相比于 AlexNet 的另一个显著区别是其完全取消了全连接层。NiN 的最后一个卷积层直接将通道数设置为类别数，最后使用全局平均汇聚层，生成一个和类别数维度相同的向量。

在之后的 LSVRC-14 中，Simonyan 等提出了 VGGNet 系列[80]，其中 VGG16 和 VGG19 两个网络结构在之后得到广泛的使用。这两种结构都包含了若干 3×3 的卷积层、

2×2 的最大汇聚层和 3 个全连接层，二者的区别在于 VGG16 比 VGG19 少了 3 个卷积层。实验表明，在感受野相同的目标下，堆叠多个小卷积核的网络结构比直接使用大卷积核的网络结构的参数量和计算量更小，但是表达能力更强。此外，VGGNet 的设计明确使用了块（block）的概念。块由一系列卷积层和汇聚层组成，整个神经网络由若干个块组成。这种思想不仅大大简化了深层神经网络的实现，也启发了之后深度神经网络的设计。同样是在 LSVRC-14 中，Szegedy 等提出了 GoogLeNet[81]，它设计了并行连接多个不同大小卷积核的 inception 块，并构建了当时最深的 22 层的神经网络，最终取得了 LSVRC-14 的冠军。

然而，随着神经网络层数的增加，模型通常因为优化问题而难以达到更好的学习效果。一个实验性的证据就是 56 层的模型比 20 层的模型的训练误差和测试误差都更大。针对这一问题，问鼎 LSVRC-15 的残差网络（ResNet）[82] 被提出，并对后来的深度神经网络产生了深刻的影响。残差网络中的残差块包含两个 3×3 的卷积层，然后将其输出和残差块的输入相加得到的最终结果作为残差块的输出。实验表明，残差块能够有效地改善深层网络的优化难题，由其构建的网络中比较常用的有 ResNet-50、ResNet-101 和 ResNet-152。

4.1.3　整体表示和网格表示

在多模态学习中，一般采用在 ImageNet 等大规模数据集上预先训练的 VGGNet 或 ResNet 作为图像表示提取器。根据选取的输出层的不同，常见的图像表示有两种：第一种是获取图像的整体表示，一般选取分类层的输入，如 VGGNet 的分类层的 4096 维的输入特征、ResNet-101 的分类层的 2048 维的输入特征等；第二种是获取图像的网格特征，通常选取最后一个汇聚层之前的输出，即最后一个卷积特征图，例如在 ResNet-101 中，3×224×224 输入大小的图像会在最后一个卷积层输出 2048×7×7 大小的卷积特征，代表图像包含 49（7×7）个网格区域，每个区域的特征维度是 2048。在早期的多模态任务中，一般使用图像的整体表示。后来，随着注意力机制的发展，大多使用图像的网格特征建模图像区域和文本之间的细粒度关联。

下面的代码展示了使用 ResNet-101 提取整体表示和网格表示的方法。

```
import torch
import torchvision
import torchvision.transforms as transforms
```

（接下页）

(接上页)

```
from PIL import Image
from torchvision.models import ResNet101_Weights

# 载入 CNN 图像分类模型
model = torchvision.models.resnet101(weights=ResNet101_Weights.DEFAULT)
# ResNet-101 的最后两层分别为 avgpool 和 fc，可以通过 print(model) 查看模型结构
# 整体表示提取器为删除最后一个 fc 层的 ResNet-101
global_representation_extractor = torch.nn.Sequential(*(list(model.children())[:-1]))
# 网格表示提取器为删除最后两层的 ResNet-101
grid_representation_extractor = torch.nn.Sequential(*(list(model.children())[:-2]))
# 图像预处理流程
preprocess_image = transforms.Compose([
        transforms.Resize(256),
        transforms.CenterCrop(224),
        transforms.ToTensor(),
        transforms.Normalize([0.485, 0.456, 0.406], [0.229, 0.224, 0.225])
])
# 读取图像
img = Image.open('../img/test.jpg').convert('RGB')
# 执行图像预处理
img = preprocess_image(img).unsqueeze(0) # unsqueeze(0) 将单张图像转为 batch 形式
# 提取整体表示
global_representation = global_representation_extractor(img).squeeze()
# 提取网格表示
grid_representation = grid_representation_extractor(img).squeeze()
# 展示整体表示和网格表示的形状
print('整体表示的形状: ', global_representation.shape)
print('网格表示的形状: ', grid_representation.shape)
```

```
整体表示的形状:  torch.Size([2048])
网格表示的形状:  torch.Size([2048, 7, 7])
```

4.2　基于目标检测模型的区域表示

尽管网格表示可以表示多个图像区域，但是人类显然更关注特定目标或显著区域。因此，特征图上的网格表示并非理想的区域表示，其不能准确表示图像中大小不同、位置不同的目标。为了解决这一问题，目标检测模型被广泛用于多模态信息处理，以提取图像的目标对象级的区域表示。

4.2.1　基于深度学习的目标检测基础

目标检测任务的目标是获得图像中的若干感兴趣目标的类别和边缘框位置。传统目标检测的流程包括 4 个阶段：区域选择、特征提取、区域分类和后处理。区域选择阶段往往使用滑动窗口策略选择候选区域；特征提取阶段提取图像的传统视觉特征，如 HOG、SIFT 等；区域分类阶段对所有候选区域训练分类器模型，判断其是否为目标区域；后处理阶段通常使用非极大值抑制（non-maximum suppression，NMS）对前一阶段产生的多个目标区域进行合并。

自 2014 年以来，深度方法开始应用于目标检测任务中。在最初的研究工作中[83-84]，深度学习方法仅将传统目标检测中的传统视觉特征改为基于图像分类模型的整体表示。这些方法的一个明显问题是区域选择阶段的速度太慢，且无法实现端到端的训练。为了解决这个问题，Faster-RCNN[85] 提出 RPN，其通过一个全卷积神经网络生成候选框，并将 NMS 放在网络中。该工作标志着目标检测方法彻底进入可端到端训练的深度模型时代。

基于深度学习的目标检测方法按照是否使用预先设定的锚框可以分为两类：基于锚框的方法；和与锚框无关的方法。基于锚框的方法会在图像中采样大量的区域，这些区域被称作锚框，然后预测每个锚框里是否含有关注的目标，最后针对包含目标的锚框，预测其到真实边缘框的偏移；而与锚框无关的方法不使用预先设定的锚框，通常通过预测目标的中心或者角点直接对目标进行检测。

根据是否根据锚框生成候选框，基于锚框的方法又可以进一步分为两阶段方法和一阶段方法。两阶段方法先使用锚框回归候选目标框，划分前景和背景，然后使用候选目标框进一步回归和分类，其代表模型为 R-CNN 系列；而一阶段方法直接对锚框回归和分类出最终目标框的位置和类别，其代表模型为 YOLO 系列[38,86]（不包括 YOLOv1[87], YOLOv1 是一阶段方法，但是没有预先设定锚框）。

表 4.1 给出了基于深度学习的目标检测 3 类方法的预测速度和预测精度对比。在这些方法中，基于锚框的两阶段方法最适合用于提取区域表示。首先，其预测精度最优；其次，区域表示可以直接从两阶段模型的特定层获取。而基于锚框的一阶段方法的不同尺度区域是在不同的网络分支下，不同网络分支下的区域表示是不可比的，因此无法用模型的特定层代表区域表示。

表 4.1　基于深度学习的目标检测 3 类方法的预测速度和预测精度对比

	基于锚框的一阶段方法	基于锚框的两阶段方法	与锚框无关的方法
预测速度	快	稍慢	快
预测精度	优	更优	较优

4.2.2 区域表示

自底向上注意力（bottom-up attention, BUA）模型[66] 是多模态学习中最常用的提取区域特征的目标检测模型。该模型选用在 ImageNet 数据集上预训练的 ResNet-101 作为 Faster-RCNN 的骨架，然后在 VG 数据集的一个子集上训练。该子集中图片区域的类别数为 1600，目标检测模型除了需要定位这 1600 类区域，还需要预测这些区域的在 400 种属性上的分布。

BUA 预测区域类别的方法和 Faster-RCNN 是完全一样的，都是通过在其 pool5 层上添加一个分类和回归的全连接层来预测区域类别和位置。为了使 Faster-RCNN 能够进一步预测属性，BUA 首先将 pool5 层的前 32 个通道特征分离出来，然后将其与该区域的真实标签表示拼接起来，预测该区域的属性。这样，pool5 层就可以当作区域表示，其同时隐含了区域的类别、位置和属性信息。图 4.2 利用可视化工具Netscope[1]展示了 BUA 模型训练配置文件中对 Faster-RCNN 更改的部分。

BUA 提供了两种图像表示方式：第一种方式称作固定表示，即输入任意图像，强制抽取 36 个边界框，得出大小为 36×2048 的表示矩阵；第二种方式称作自适应表示，即依据输入图像大小不同、包含内容多少不同，自适应地抽取 K 个边界框，得出形如 $K\times$ 2048（$36 \leqslant K \leqslant 100$）的表示矩阵。BUA 的代码库[2]提供了已提取的 MS COCO 数据集中所有图片的这两种表示，也提供了具体的提取流程用于抽取其他数据集的区域表示。

[1] http://ethereon.github.io/netscope/quickstart.html

[2] https://github.com/peteanderson80/bottom-up-attention

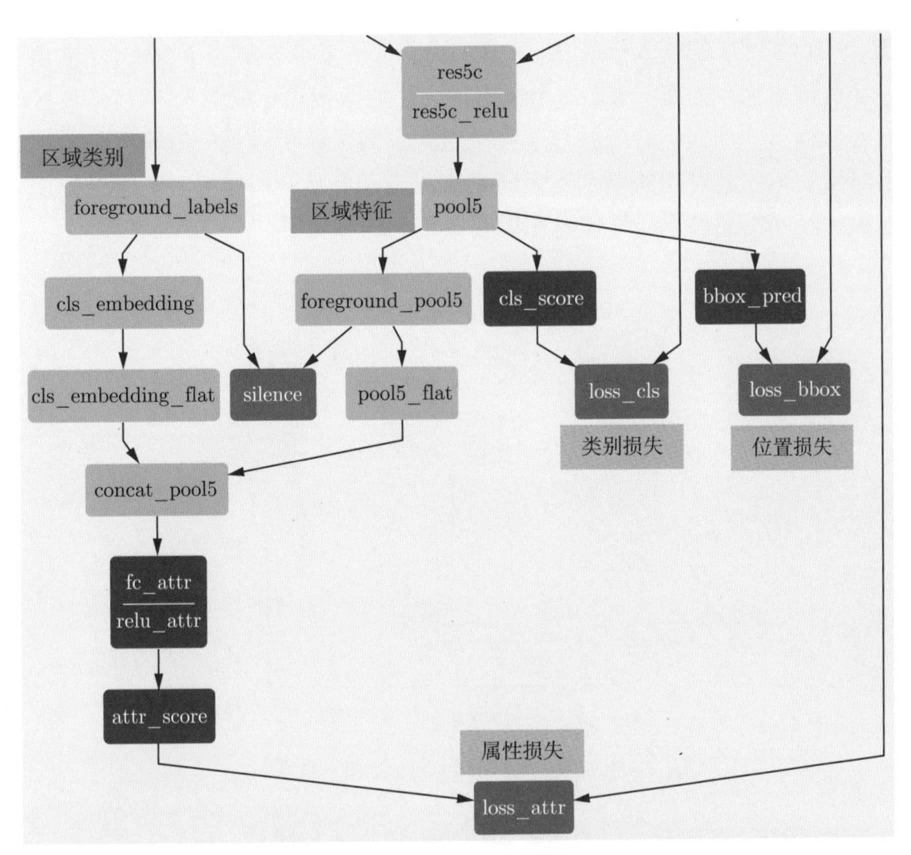

图 4.2 BUA 模型训练配置文件可视化：对 Faster-RCNN 更改的部分

4.3 基于视觉 transformer 的整体表示和块表示

视觉 transformer 是最近几年新出现的建模图像的模型，在图像分类、目标检测、图像分割、图像生成等多个计算机视觉任务上呈现出巨大潜力。因此，基于视觉 transformer 的图像表示也被广泛应用于图文多模态任务中。

4.3.1 使用自注意力代替卷积

在图像上应用 transformer 的核心变化就是使用自注意力层代替之前最常用的卷积层。形式上，单个卷积层通过大小为 $F \times F$ 的卷积核，将大小为 $H_1 \times W_1 \times D_1$ 的输入转变为大小为 $H_2 \times W_2 \times D_2$ 的输出。也可以将卷积层表示成如图 4.3 所示的序列形式，即将

大小为 $H_1 \times W_1 \times D_1$ 的输入拆成 $H_2 \times W_2$ 块，每块大小为 $F \times F \times D_1$，输出一共包含 $H_2 \times W_2$ 块，每块大小为 D_2 维，每个输出神经元的值代表相应输入中 $F \times F$ 区域类的特征。从输入和输出的形式上看，卷积层将一组输入向量转换成另一组输出向量。这里，每一个输出向量的值由其对应的单个输入向量所决定，但是卷积层的实际感受野由块的大小决定。卷积神经网络通过不断堆积卷积层获取更大的感受野。

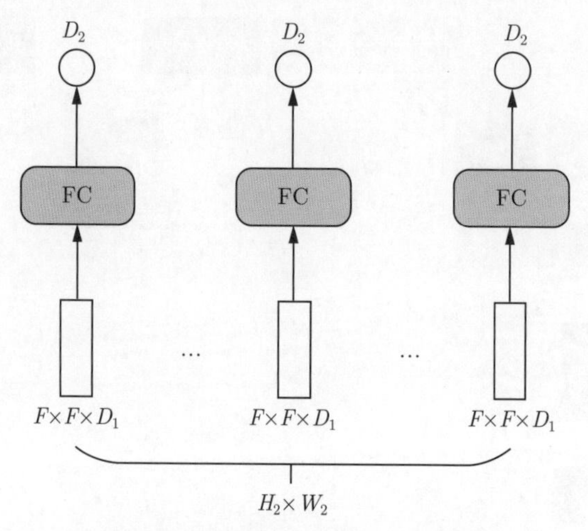

图 4.3　卷积层的序列形式示意图

3.3.1 节中介绍的自注意力层的输入和输出形式与卷积层是一样的，输入和输出均为一组向量。因此，从形式上看，我们完全可以用自注意力代替卷积。而且，自注意力层中每一个输出向量的值由全部的输入向量所决定。因此，单个注意力层的感受野就是全局的，其实际感受野由归一化注意力得分中大于 0 的项所决定。自注意力和卷积的关系可以概括为：卷积是一种带有感受野的自注意力，而自注意力是带有可学习的感受野的卷积[88]。

4.3.2　视觉 transformer

图 4.4 展示了首次完全抛弃卷积操作、仅利用 transformer 编码器进行图像分类的模型 ViT[68] 的结构。下面从输入到输出对该模型进行具体介绍。

（1）将图像切割成大小相同的不重叠的块。假定图像被切割成 K 个块，每个块的形状为 (F, F)，则图像可以表示为 K 个形状为 $(F, F, 3)$ 的三维数组。

（2）将所有块的形式都由三维数组转化为向量，获得 K 个维度为 $F \times F \times 3$ 的向量，并使用线性映射层对每一个块的向量降维，得到图像块的维度较低的输入编码。这个过程

可以使用标准的卷积层实现，只要将步幅和卷积核设置成同样大小即可。

（3）添加分类标记 <CLS> 以及位置编码，得到 transformer 编码器的输入表示。这里的位置是指图像块按照从图像左上角到右下角的位置编号，位置编码使用的是可学习编码。

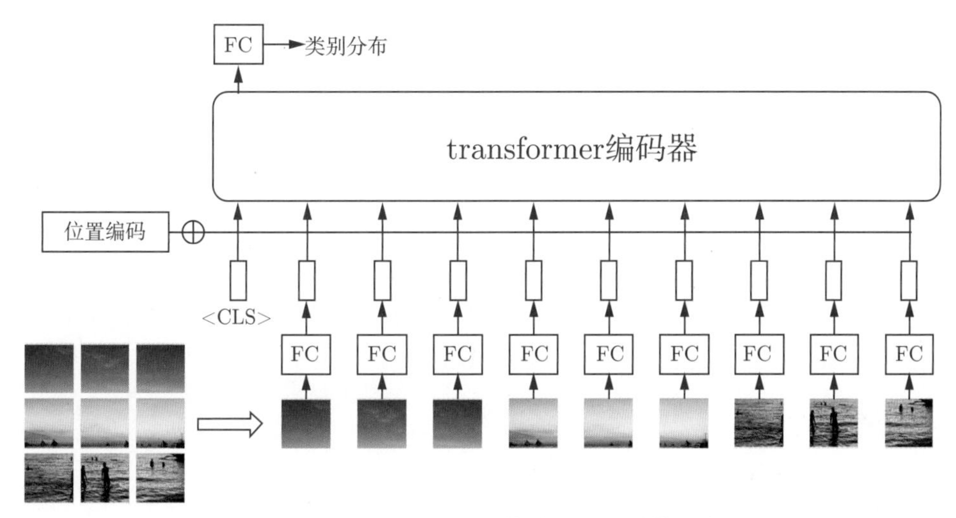

图 4.4　视觉 transformer 模型 ViT 的结构示意图

（4）使用 transformer 编码器对输入表示进行编码，得到输出向量表示。

（5）在分类标记 <CLS> 对应的输出向量后加一个全连接层来预测图像的类别。

上述 ViT 模型将 transformer 用于图像分类任务，在多个图像识别基准数据集上取得了优越的性能。之后，为了使视觉 transformer 更好地适应图像数据的特点，研究人员分别在图像块编码[89]、transformer 块中自注意力的形式[90-92]、transformer 块中的全连接层[93]、整体结构[94] 以及训练策略[95-96] 等方面进行了探索和改进。

4.3.3　整体表示和块表示

在多模态学习中，一般将视觉 transformer 模型中分类标识符 <CLS> 对应的输出表示作为图像的整体表示，每一个块对应的 transformer 输出表示为块表示。基于视觉 transformer 的整体表示和块表示常用于多模态预训练模型中，组成完全基于 transformer 架构的端到端多模态预训练模型。

4.4 基于自编码器的压缩表示

在多模态信息处理中，有一类任务涉及图像的生成。前 3 部分介绍的图像分类模型以及目标检测模型都是依赖语言符号作为监督信息训练的，其所提取的表示都是高度抽象的语义信息，无法完成图像生成任务。图像生成任务需要建模图像的分布信息。尽管有一些研究工作直接在像素层面建模图像的分布信息，但是面临着维度过高的问题，很难生成高分辨率图像。因此，研究者开始探索可重构输入图像的压缩表示，挖掘图像的隐变量，在一个较低维度空间上对图像分布进行建模。

根据取值的形式不同，压缩表示可分为离散表示和连续表示。接下来，本节将介绍 3 个典型的压缩表示学习模型：VQ-VAE、VQGAN 和 KLGAN。其中，VQ-VAE 和 VQGAN 使用量化编码模块学习图像的离散表示，而 KLGAN 则使用 KL 散度项学习图像的连续表示。

4.4.1 量化自编码器：VQ-VAE

VQ-VAE（vector quantised-variational autoencoder）[73] 是首个在大规模图像数据集上完成训练的量化自编码器，并成功应用于图像生成任务。下面介绍 VQ-VAE 的模型结构和损失函数。

1. 模型结构

自编码器可以被看作一个特殊的 3 层神经网络模型：输入层、表示层和重构层。在自编码器中，从输入层到表示层的映射网络被称为编码器，而从表示层到重构层的映射网络被称为解码器。自编码器训练的优化目标是使重构层的输出和编码器的输入尽可能接近。误差函数是自编码器的输入和输出之间差异的度量，也被称为重构损失。两个常用的误差函数为平方误差和交叉熵误差函数。平方误差适合任意形式的输入；而交叉熵误差函数只适合输入向量的数值都在 0~1 的情况。自编码器可以通过小批量（mini batch）的随机梯度下降算法训练，训练效果可以依据重构误差的大小评估。

我们很容易想到利用自编码器学习离散表示的一个简单思路，即先利用自编码器学习连续表示，然后使用 k-means 等聚类方法对连续的中间表示层聚类得到离散表示。VQ-VAE 将这两个分离的步骤合二为一，即中间表示层为离散值的自编码器。

图 4.5 展示了 VQ-VAE 模型结构，其可以被分解为 3 部分：编码器 E、量化模块 Q 和解码器 G。

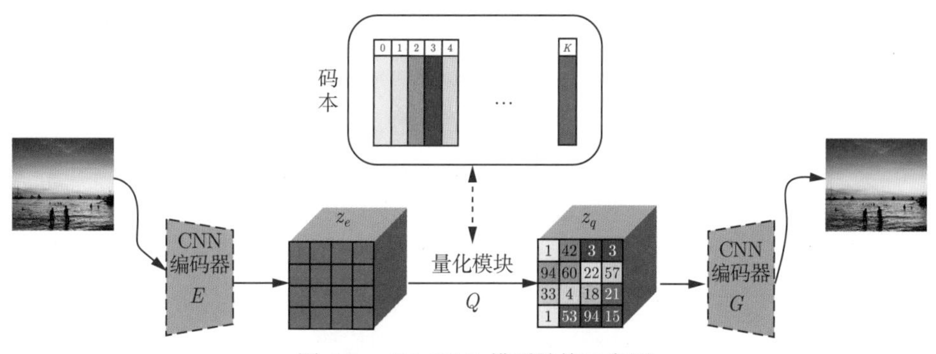

图 4.5　VQ-VAE 模型结构示意图

编码器包含一系列转换和下采样卷积层，将输入图像 $\boldsymbol{x} \in \mathbb{R}^{H\times W\times 3}$ 下采样至目标大小的卷积特征图:

$$\boldsymbol{z}_e = E(\boldsymbol{x}) \in \mathbb{R}^{h\times w\times D} \tag{4.4.1}$$

量化模块首先维护一个嵌入层，该嵌入也被称为码本，其包含 K 个长度为 D 的向量。然后针对卷积特征图中的每个位置的特征，通过在码本里搜索最近邻向量，将其映射为码本中的 K 个向量之一。这样，整个卷积特征图 $\boldsymbol{z}_e$ 就被映射为由码本中的向量组成的特征图 $\boldsymbol{z}_q \in \mathbb{R}^{h\times w\times D}$。这里，$\boldsymbol{z}_q$ 所有向量在码本中的索引均为整数，因此，其对应一个整数矩阵，该矩阵即图像的离散表示。

解码器包含一系列转换和上采样卷积层，将编码 $\boldsymbol{z}_q$ 上采样至输入大小的图像：

$$\hat{\boldsymbol{x}} = G(\boldsymbol{z}_q) \in \mathbb{R}^{H\times W\times 3} \tag{4.4.2}$$

2. 损失函数

自编码器的损失函数为重构损失，即

$$\mathcal{L}_{\text{recon}} = \| \boldsymbol{x} - G(\boldsymbol{z}_q) \|_2^2 \tag{4.4.3}$$

但是，在 VQ-VAE 中，$\boldsymbol{z}_q$ 的计算过程包含了没有梯度的搜索最近邻的操作，如果采用上述损失函数，编码器的参数将无法得到梯度，也就无法更新。因此，VQ-VAE 使用了一个被称为直通梯度估计（straight through gradient estimator）的方法来更新编码器参数，具体的重构损失如下：

$$\mathcal{L}_{\text{recon}} = \| \boldsymbol{x} - G(\boldsymbol{z}_e + \text{sg}[\boldsymbol{z}_q - \boldsymbol{z}_e]) \|_2^2 \tag{4.4.4}$$

其中，sg 是 stop gradient 的缩写，表示该项不计算梯度，这并不影响前向传播的计算结果。这样，前向传播计算损失时，$G(\boldsymbol{z}_e + \boldsymbol{z}_q - \boldsymbol{z}_e) = G(\boldsymbol{z}_q)$；反向传播计算梯度时，实际只有 $G(\boldsymbol{z}_e)$ 参与运算。最终，达到更新编码器参数的目的。

除了重构损失，还需要构造损失函数来让码本和编码器输出 $\boldsymbol{z}_e$ 相互靠近。VQ-VAE 使用了两个损失来达到这一目的：让码本靠近 $\boldsymbol{z}_e$ 的码本损失（codebook loss）和让 $\boldsymbol{z}_e$ 靠近码本的承诺损失（commitment loss）。二者的具体形式如下。

$$\begin{cases} \mathcal{L}_{\text{codebook}} = \text{sg}[\boldsymbol{z}_e] - \boldsymbol{z}_q \\ \mathcal{L}_{\text{commitment}} = \boldsymbol{z}_e - \text{sg}[\boldsymbol{z}_q] \end{cases} \tag{4.4.5}$$

分解成这样两项的好处是，在总体损失中可以对二者使用不同的权重。

最终，VQ-VAE 的总体损失为

$$\mathcal{L}_{\text{VQ-VAE}} = \mathcal{L}_{\text{recon}} + \beta\mathcal{L}_{\text{codebook}} + \gamma\mathcal{L}_{\text{commitment}} \tag{4.4.6}$$

其中，β 和 γ 是相应损失项的权重。

4.4.2 量化生成对抗网络：VQGAN

VQGAN（vector quantised GAN）是在 VQVAE 的基础上，放松图像的重构约束，增加感知损失和生成对抗损失的改进模型。下面首先简要介绍生成对抗网络的基础知识，然后介绍 VQGAN 的损失函数。

1. 生成对抗网络的基础知识

生成对抗网络 (generative adersarial networks, GAN)[97] 是一种常用于图像生成等领域的生成模型。和绝大多数生成模型不同，GAN 不直接显式地定义数据的概率分布，而是使用神经网络将一个简单分布映射到数据分布上，并使用另一个神经网络度量生成的数据分布和真实数据分布之间的距离。

如图 4.6 所示，GAN 由一个生成器（generator）和一个判别器（discriminator）组成，其中生成器负责捕获数据分布并由随机噪声取样产生样本，而判别器负责判断一个样本来自生成器还是来自真实数据，其输出是一个概率值，反映了样本来自真实数据的概率。

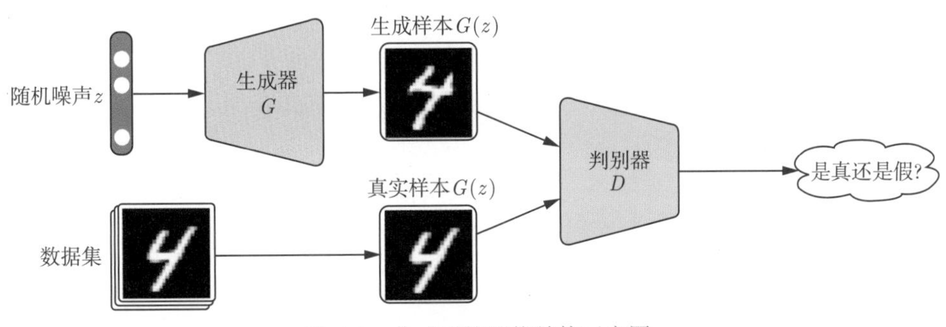

图 4.6　生成对抗网络结构示意图

生成器与判别器通过“对抗学习”训练算法训练，生成器的目标是最大化判别器“犯错误”的概率，而判别器的目标则是尽量减小其犯错的概率。形式上，GAN 的优化目标为

$$\min_G \max_D \mathbb{E}_{x\sim p_{\text{data}}}[\log D(x)] + \mathbb{E}_{z\sim p_z}[\log\ (1-D(G(z)))] \tag{4.4.7}$$

在实际训练过程中，GAN 中的生成器与判别器交替训练，即在训练生成器时固定判别器的参数，在更新判别器参数时固定生成器的参数。因此，式(4.4.7)常被拆解成生成器损失 $\mathcal{L}_G$ 和判别器损失 $\mathcal{L}_D$ 两部分，分别用于两个阶段的训练，即

$$\begin{cases}\mathcal{L}_G = -\mathbb{E}_{z\sim p_z}[\log(D(G(z)))] \\ \mathcal{L}_D = -\mathbb{E}_{z\sim p_{\text{data}}}[\log(D(x))] - \mathbb{E}_{z\sim p_z}[\log\ (1-D(G(z)))]\end{cases} \tag{4.4.8}$$

在对抗学习的设定下，生成器与判别器模型构成了博弈论中的双人 Minimax 游戏，生成器和判别器不断进化，最终达到纳什均衡时，生成器可以伪造出逼真的样本，而判别器无法区分伪造样本和真实样本，对于任意样本，输出的概率值均为 1/2。

上述 GAN 模型的生成器仅以随机噪声为输入，即只能随机地产生数据样本。要使 GAN 按照使用者的要求生成样本，需要添加条件信息。加入条件输入的 GAN 为条件式对抗生成网络（conditional GAN, cGAN）[98]，此时优化目标函数变为

$$\min_G \max_D \mathbb{E}_{(x,c)\sim p_{\text{data}}}[\log D(x,c)] + \mathbb{E}_{z\sim p_z, c\sim p_{\text{data}}}[\log\ (1-D(G(z,c),c))] \tag{4.4.9}$$

生成器和判别器的结构没有明显限制，通常只需要二者可微。基于条件对抗生成网络的文本生成图像模型都使用 cGAN 作为图像生成模型，生成器的结构主要由上采样卷积层构成；而判别器的结构则主要由卷积层构成。

2. VQGAN 的损失函数

VQGAN 的总损失分为 $\mathcal{L}_{\mathrm{VQ}}$ 和 $\mathcal{L}_{\mathrm{GAN}}$ 两部分：$\mathcal{L}_{\mathrm{VQ}}$ 和 VQ-VAE 的损失函数基本一致，但稍有变化；$\mathcal{L}_{\mathrm{GAN}}$ 为判别器新引入的损失项。下面具体介绍。

$\mathcal{L}_{\mathrm{VQ}}$ 的形式为

$$\mathcal{L}_{\mathrm{VQ}}=\mathcal{L}_{\text{recon}}+\beta\mathcal{L}_{\text{codebook}}+\gamma\mathcal{L}_{\text{commitment}} \tag{4.4.10}$$

其中 $\mathcal{L}_{\text{codebook}}$ 和 $\mathcal{L}_{\text{commitment}}$ 的定义同 VQ-VAE。在 $\mathcal{L}_{\text{recon}}$ 部分加入了感知损失 LPIPS[99]。感知损失就是不从像素层次度量图像间的差别，而是从更抽象的层次“感知”图像间的差别。具体而言，感知损失通常首先利用预训练的卷积神经网络提取图像的网格表示，然后计算真实图像网格表示和合成图像网格表示之间的距离。图片之间差别越大，网格表示间的距离越远，损失越大；反之，网格表示间的距离越近，损失越小。VQGAN 中，$\mathcal{L}_{\text{recon}}$ 的具体形式为

$$\mathcal{L}_{\text{recon}}=\|\boldsymbol{x}-\hat{\boldsymbol{x}}\|^2+\alpha\,\mathcal{L}_{\text{perceptual}}(\boldsymbol{x},\hat{\boldsymbol{x}}) \tag{4.4.11}$$

其中，$\mathcal{L}_{\text{perceptual}}(\boldsymbol{x},\hat{\boldsymbol{x}})$ 为包含预训练模型的感知损失计算模块，α 为权重。

$\mathcal{L}_{\mathrm{GAN}}$ 的一般形式为

$$\mathcal{L}_{\mathrm{GAN}}=\log D(\boldsymbol{x})+\log(1-D(\hat{\boldsymbol{x}})) \tag{4.4.12}$$

实际训练中 $\mathcal{L}_{\mathrm{GAN}}$ 被拆解成生成器损失 $\mathcal{L}_{\mathrm{G}}$ 和判别器损失 $\mathcal{L}_{\mathrm{D}}$ 两部分，采用生成对抗网络中常用的生成器与判别器交替训练的模式。

需要注意的是，在 VQGAN 中训练生成器部分时损失函数为 $\mathcal{L}_{\mathrm{VQ}}$ 和生成器损失 $\mathcal{L}_{\mathrm{G}}$ 之和，即 $\mathcal{L}_{\mathrm{VQ}}+\mathcal{L}_{\mathrm{G}}$，训练判别器部分时损失函数为判别器损失 $\mathcal{L}_{\mathrm{D}}$。

最终损失函数的形式为

$$\mathcal{L}_{\mathrm{VQGAN}}=\mathcal{L}_{\mathrm{VQ}}+\lambda\mathcal{L}_{\mathrm{GAN}} \tag{4.4.13}$$

其中

$$\lambda=\frac{\nabla_{G_L}\left[\mathcal{L}_{\text{recon}}\right]}{\nabla_{G_L}\left[\mathcal{L}_{\mathrm{GAN}}\right]+\delta} \tag{4.4.14}$$

$\nabla_{G_L}[\cdot]$ 表示其相应损失对生成器的最后一层参数的梯度值。δ 取固定值 10^{-6}, 保证计算过程的数值稳定。λ 为自适应权重，为了平衡 $\mathcal{L}_{\text{recon}}$ 和 $\mathcal{L}_{\mathrm{GAN}}$ 对离散自编码器参数的影响，须保证训练过程平稳。

4.4.3　变分生成对抗网络：KLGAN

KLGAN（Kullback-Leibler GAN）将 VQGAN 中的量化模块去除，使用如下 KL 损失项 $\mathcal{L}_{\mathrm{KL}}$ 替换 VQ 损失项 $\mathcal{L}_{\mathrm{VQ}}$。

$$\mathcal{L}_{\mathrm{KL}} = \mathcal{L}_{\mathrm{recon}} + D_{\mathrm{KL}}(N(\mu(\boldsymbol{Z}_e), \Sigma(\boldsymbol{Z}_e)||N(0, \boldsymbol{I}))) \tag{4.4.15}$$

这里的 D_{KL} 使得图像表示尽可能逼近正态分布，其和变分自编码器[100] 中的 KL 散度损失项是完全相同的。因此，和 VQ-VAE、VQGAN 不同，KLGAN 提取的图像表示不是离散值，而是连续值。

最终，KLGAN 的总体损失为

$$\mathcal{L}_{\mathrm{KLGAN}} = \mathcal{L}_{\mathrm{KL}} + \lambda\mathcal{L}_{\mathrm{GAN}} \tag{4.4.16}$$

其中，$\mathcal{L}_{\mathrm{GAN}}$ 和 VQGAN 中的式(4.4.12)相同。

需要说明的是，KLGAN 为 Stable Diffusion[78] 中的 KL-reg，VQGAN 为文献[78] 中的 VQ-reg。

4.4.4　压缩表示

对于离散表示，DALL·E[72] 的代码库[1]提供了利用其使用的 VQ-VAE 模型，并给出了获取图像离散表示 z_q 的代码实现。VQGAN 模型[101] 在 VQ-VAE 模型的解码图像上增加了图像块真假判别器，利用对抗学习提升解码图像的真实度。实验表明，VQGAN 模型抽取的图像离散表示有更强的图像重构能力。因此，VQGAN 模型取代了 VQ-VAE 模型，被广泛应用在之后的图像生成模型中。VQGAN 的代码库[2]提供了若干已训练的模型，供研究和开发人员使用。

对于 KLGAN 所学的连续表示，文本生成图像模型 Stable Diffusion 的代码库[3] 同时提供了若干已训练的 VQGAN 和 KLGAN 模型，可以分别提取图像的离散压缩表示和连续压缩表示。

[1] https://github.com/openai/DALL-E

[2] https://github.com/CompVis/taming-transformers

[3] https://github.com/CompVis/stable-diffusion

4.5 小　　结

本章简要回顾了多模态深度学习中常用的图像表示的发展历史和动机，详细介绍了 4 类图像表示及其获取方法。这些图像表示依赖不同的神经网络模型：网格表示依赖卷积神经网络；区域表示依赖目标检测模型；块表示依赖视觉 transformer；压缩表示依赖自编码器。不同的表示方法支撑起不同的模型和应用。在之后的章节中，我们将会频繁地应用这些表示提取方法。

4.6 习　　题

1. 阐述基于卷积神经网络的网格表示和基于目标检测模型的区域表示的优缺点。
2. 目标检测模型一般仅预测区域的类别，但是自底向上注意力模型还预测了区域在属性上的分布，分析其动机。
3. 写出自注意力和卷积操作的关系以及它们各自的使用场景。
4. 按照 4.1.3 节中利用 CNN 提取整体表示和网格表示的代码示例，写出利用视觉 transformer 模型提取整体表示和块表示的代码。
5. 阐述离散压缩表示和连续压缩表示的优缺点。
6. 利用 VQGAN 的代码库，以可视化的方式对比 VQGAN 和 KLGAN 重构图像的效果。

第 5 章　多模态表示

前面两章分别介绍了常用的文本和图像的单模态表示。为了完成多模态信息处理任务，需要在单模态表示的基础上学习多模态表示。在开始介绍多模态表示之前，先简单分析一下多模态数据的特点。通常，不同模态的数据既包含公共部分，也包含各个模态特有的部分。如图 5.1（a）所示的图文多模态数据：一幅图像及其文本描述。显然，“落日”和“大海”两个概念既能在图像中看到，也出现在文本描述中，是图像和文本两个模态的数据都包含的共同部分；而文本描述中的“长滩岛”“iPhone8”“好心情”无法直接从图像中获取，是文本模态特有的信息；“人”和“帆船”只能在图像中看到，无法从文本中获取，它们是图像模态特有的部分。图 5.1（b）利用文氏图对上述说明给出一个基于集合的描述。左边的圆代表图像信息的集合，右边的圆代表文本信息的集合，二者的交叉部分即两个模态信息的公共部分。

（a）图文多模态数据：图像和标签

（b）共享层策略

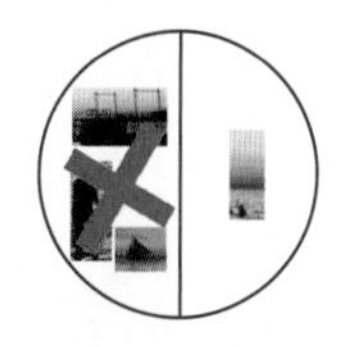

（c）对应层策略

图 5.1　多模态数据的特点以及多模态表示学习的两种策略

针对多模态数据的这一特点，研究者主要采取两种策略来学习多模态数据的表示。

第一种策略是为多个模态的数据学习一个共享的表示，多个模态的数据融合得到共享表示层，我们将该策略学习到的多模态表示称为**共享表示**（joint representation）。采用该策略的模型的目标是学习一个能够和图 5.1（b）中的文氏图对应的表示层，即表示层既包含图像和文本特有的信息，也包含公共部分信息。

2011 年，若干基于深度自编码器的多模态共享表示学习模型[102] 被提出，在视听语音分类任务上取得了当时的最优性能，首次将深度学习方法成功用于多模态信息处理任务。紧接着，2012 年，当时流行的两个单模态表示学习模型，即深度信念网络和深度玻尔兹曼机，被扩展成多模态共享表示学习模型[103-104]，并在图像标注和图文分类等任务中进行了评测。这些模型仅使用多模态对齐数据，以能够无监督地学习通用而强大的多模态表示为目标，期望结合简单的模型就可以完成多种任务。但是，由于各个模态均采用整体表示，且多模态表示融合方式过于简单，最终无法获得比为特定任务设计的模型更好的性能。

之后，大多数的多模态研究都转变成为特定多模态任务设计深度学习模型。这些模型以有监督的方式学习针对特定任务的多模态表示，并不以学习到通用的多模态表示为目标。因此，多模态表示仅是这些模型的附属品，更多的时候是扮演解释模型的角色。但是，在这期间，多模态对齐、融合和转换技术都取得了巨大进展。加上预训练语言模型的研究在自然语言处理领域的突破，2019 年开始，研究人员陆续提出多个多模态预训练模型学习通用的多模态表示。这些模型大多利用 transformer 融合多个模态的数据，<CLS> 符号对应的输出表示即可作为多模态共享表示。

第二种策略为每个模态数据单独学习相应的表示，但是在不同模态的数据的表示空间中增加相似性约束以建立多模态数据间的对应关联，我们将该策略学习到的多模态表示称为**对应表示**（coordinated representation）。采用该策略的模型的目标是学习一个能够和图 5.1（c）所示对应的表示层，即表示层只包含图像和文本数据的公共部分。

和共享表示学习模型一样，早期的对应表示学习模型同样是基于自编码器和玻尔兹曼机的。比如基于自编码器的 Corr-AEs[3]、MSAE[105]、DCCAE[106]、基于受限玻尔兹曼机的 Corr-RBMs[107]。由于可以直接将不同模态对应表示之间的距离视为多个模态数据的关联度，因此这些模型大多也直接用于跨模态检索任务。

之后，基于排序损失的方法采用了更贴近跨模态检索任务目标的损失函数，即通过引入不匹配的图像和文本作为负例，使得匹配的图文数据对之间的相似度大于不匹配的图文数据对之间的相似度，成为最主流的跨模态检索方法。使用这种损失的模型有 MNLM[108]、GXN[109]、VSE++[110]。

而一些研究人员通过可视化技术发现基于排序损失方法学习到的对应表示空间中的图像和文本是分离的，于是利用对抗学习的思想，提出基于对抗损失的方法。该类方法通过引入模态分类器使得图文数据在对应表示空间中能够充分融合，消除不同模态的差异。使用该损失的模型有 UCAL[111]、ACMR[112]。

上述对应表示学习模型都是针对跨模态检索任务而构建的，所习得的表示并不具有通用性。2021 年，Radford 等提出基于排序损失的对应表示学习多模态预训练模型 CLIP[70]，并在由 4 亿条图文对组成的数据集上完成训练，其所学图像模态对应表示在零样本、小样本和常规设定下的图像分类任务上都取得了极其优异的性能。之后，CLIP 模型习得的对应表示广泛应用于各种多模态模型中，比如用于文本视频跨模态检索任务的 Clip4clip[113]、图像描述任务的 ClipCap[114]、用于文本引导图像编辑任务的 Styleclip[115]、文本生成图像任务的 DALL·E[72] 和 unCLIP[116]。

本章将介绍这两种多模态表示。需要说明的是，本章仅介绍早期的无监督的基于整体表示的多模态表示学习技术，多模态预训练技术将在之后的章节单独介绍。

5.1　共享表示

最直接的获取共享表示的方法是简单地拼接多个模态的表示，这样就可以获得多个模态数据的全部信息。然而，拼接的共享表示没有去除冗余信息，表达效率低。为此，深度学习方法一般使用如图 5.2 所示的网络结构学习共享表示，即先使用若干网络层对每个模态的输入分别建模，获取每个模态的抽象表示，然后使用一个网络层连接所有模态的抽象表示，获得所有模态的共享表示。这样的表示能够较为充分地融合各个模态的信息，表达较为紧凑。其可直接用于分类任务或作为下一个针对特定任务的神经网络模型的输入，可以被端到端地训练。

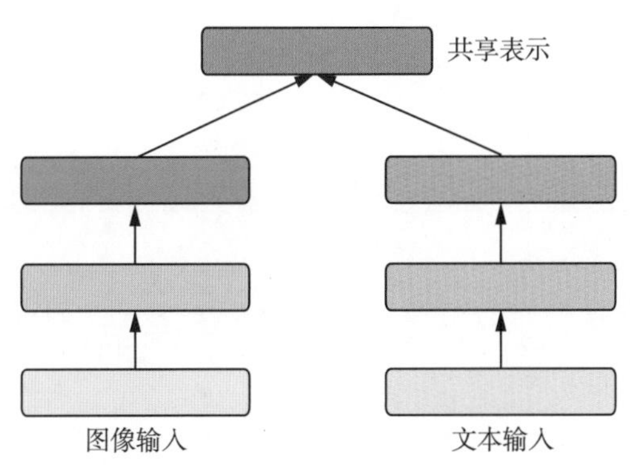

图 5.2　共享表示网络结构示意图

下面将介绍两类经典的共享表示学习模型：多模态深度自编码器和多模态深度生成模型。

5.1.1 多模态深度自编码器

如图 5.3 所示，多模态深度自编码器 (multimodal deep autoencoder, MDAE)[102] 的输入和输出均包含两个模态的数据。MDAE 的训练需要重新构造训练数据。除了对齐的图像文本训练数据，还需要增加两组训练数据：一组是仅有图像输入，文本输入全部置 0；另一组是仅有文本输入，图像输入全部置 0。但是，这两组数据也需要多模态自编码器重构图像和文本两个模态的数据。这样，三分之一的训练数据输入仅包含图像数据，三分之一的训练数据输入仅包含文本数据，另外三分之一的训练数据输入包含对齐的图像和文本数据。这里借鉴了去噪自编码器的思想，即要求从损坏的输入中重构完整输入，以学习更加鲁棒的表示。

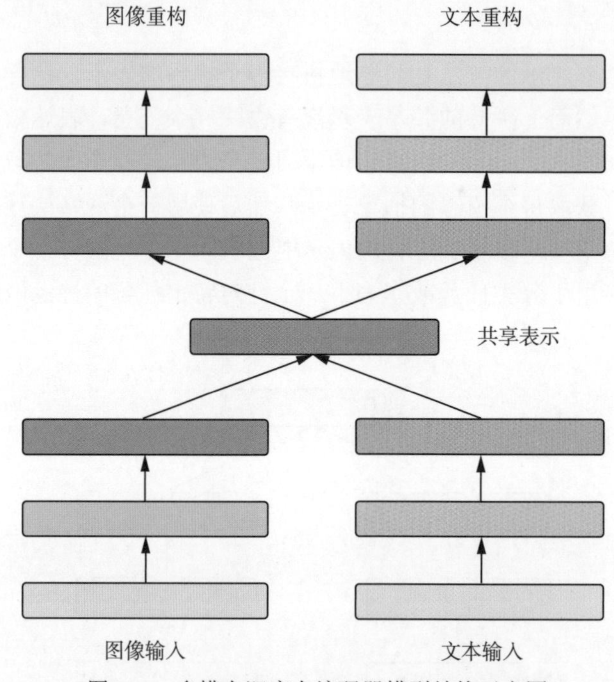

图 5.3　多模态深度自编码器模型结构示意图

在训练阶段，该模型可以可选地使用受限玻尔兹曼机（稍后介绍）或自编码器对每个层次进行预训练，再使用标准的反向传播算法训练。训练完成后，两个模态的数据就可以被多模态自编码器的编码模块映射到一个共享层中。

5.1.2　多模态深度生成模型

多模态深度信念网络[103] 和多模态深度玻尔兹曼机[104] 是两个典型的学习图文共享表示的多模态深度生成模型。二者都是以受限玻尔兹曼机为基础构建。为此，首先介绍受限玻尔兹曼机的结构、优化算法和评估方法，然后介绍以受限玻尔兹曼机为基础构建的两个单模态深度生成模型（深度信念网络和深度玻尔兹曼机），最后介绍相应的多模态生成模型。

1. 受限玻尔兹曼机

受限玻尔兹曼机 (restricted Boltzmann machine, RBM)[117] 是一个基于能量的模型 (energy based model, EBM)，它是玻尔兹曼机 (Boltzmann machine, BM)[118] 的一种特殊形式。

如图 5.4 所示，RBM 是一个两层的概率无向图模型，它由一个输入层和一个表示层组成。与 BM 中所有节点之间都有连接不同，RBM 的输入层内、表示层内的节点之间不存在连接，输入层和表示层的节点之间全连接。这里用 v 代表输入层，用 h 代表表示层，如果 RBM 的输入层和表示层都是二值随机变量，即 $\forall i, j, v_i \in \{0,1\}, h_j \in \{0,1\}$，则它被称为伯努利 RBM。该模型的输入层和表示层的联合概率分布 $p(\boldsymbol{v},\boldsymbol{h})$ 和输入层的概率分布 $p(\boldsymbol{v})$ 分别被定义为

$$
\begin{aligned}
p(\boldsymbol{v},\boldsymbol{h}) &= \frac{\exp(-E(\boldsymbol{v},\boldsymbol{h}))}{Z} \\
p(\boldsymbol{v}) &= \frac{\sum_{\boldsymbol{h}} \exp(-E(\boldsymbol{v},\boldsymbol{h}))}{Z}
\end{aligned}
\tag{5.1.1}
$$

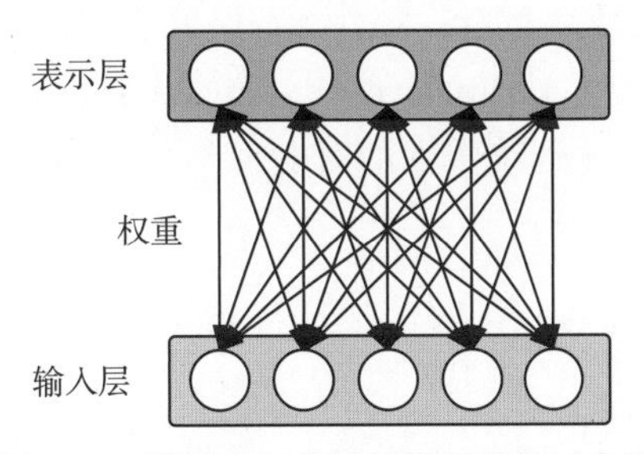

图 5.4　受限玻尔兹曼机模型结构示意图

其中，$Z = \sum_{\boldsymbol{v}} \sum_{\boldsymbol{h}} \exp(-E(\boldsymbol{v},\boldsymbol{h}))$，是概率归一化因子，也称为配分函数 (partition function)，

E 是能量函数，如果输入层单元和表示层单元是二值随机变量，则能量函数定义为

$$E(\boldsymbol{v},\boldsymbol{h})=-\sum_{i,j}v_iW_{ij}h_j-\sum_i c_iv_i-\sum_j b_jh_j \tag{5.1.2}$$

其中，v_i 是输入层的第 i 个节点的值，h_j 是表示层的第 j 个节点的值，W_{ij} 代表它们之间的权重，c_i 是输入层的第 i 个节点的偏置，b_j 是表示层的第 j 个节点的偏置。由概率分布和能量函数的定义，容易推得以下条件概率：

$$\begin{aligned}
p(h_j=1|\boldsymbol{v})&=\frac{\exp(-E(\boldsymbol{v},h_j=1))}{\exp(-E(\boldsymbol{v},h_j=1))+\exp(-E(\boldsymbol{v},h_j=0))}\\
&=\frac{\exp(\sum_i W_{ij}v_i+\sum_i c_iv_i+b_j)}{\exp(\sum_i W_{ij}v_i+\sum_i c_iv_i+b_j)+\exp(\sum_i c_iv_i)}\\
&=\frac{\exp(b_j+\sum_i W_{ij}v_i)}{1+\exp(b_j+\sum_i W_{ij}v_i)}\\
&=s\left(b_j+\sum_i W_{ij}v_i\right)\\
p(v_i=1|\boldsymbol{h})&=\frac{\exp(-E(v_i=1,\boldsymbol{h}))}{\exp(-E(v_i=1,\boldsymbol{h}))+\exp(-E(v_i=0,\boldsymbol{h}))}\\
&=\frac{\exp(\sum_j W_{ij}h_j+\sum_j b_jh_j+c_i)}{\exp(\sum_j W_{ij}h_j+\sum_j b_jh_j+c_i)+\exp(\sum_j b_jh_j)}\\
&=\frac{\exp(c_i+\sum_j W_{ij}h_j)}{1+\exp(c_i+\sum_j W_{ij}h_j)}=s\left(c_i+\sum_j W_{ij}h_j\right)
\end{aligned} \tag{5.1.3}$$

其中，$s(x)=\dfrac{1}{1+\mathrm{e}^{-x}}$，为 Logistic 函数。

为了求解 RBM 的参数 $\boldsymbol{W}$、$\boldsymbol{b}$、$\boldsymbol{c}$，记作 θ，研究者提出了很多高效的优化算法，这里仅介绍其中最常用的对比散度 (contrastive divergence, CD)[119] 算法。

RBM 的训练目标是最大化训练集上的对数似然，即最大化 $\log p(\boldsymbol{v})$。对 $p(\boldsymbol{v})$ 的对数，求关于参数 θ 的偏导数，可以得到

$$\begin{aligned}
\frac{\partial\log p(\boldsymbol{v})}{\partial\theta}=&\frac{\partial\log\sum_{\boldsymbol{h}}\exp(-E(\boldsymbol{v},\boldsymbol{h}))-\log(\boldsymbol{Z})}{\partial\theta}\\
=&\frac{1}{\sum_{\boldsymbol{h}}\exp(-E(\boldsymbol{v},\boldsymbol{h}))}\cdot-\exp(-E(\boldsymbol{v},\boldsymbol{h}))\cdot\frac{\partial E(\boldsymbol{v},\boldsymbol{h})}{\partial\theta}\\
&-\frac{1}{\boldsymbol{Z}}\cdot-\exp(-E(\boldsymbol{v},\boldsymbol{h}))\cdot\frac{\partial E(\boldsymbol{v},\boldsymbol{h})}{\partial\theta}
\end{aligned}$$

$$
\begin{aligned}
&= -\frac{\exp(-E(\boldsymbol{v},\boldsymbol{h}))}{\sum_{\boldsymbol{h}}\exp(-E(\boldsymbol{v},\boldsymbol{h}))}\frac{\partial E(\boldsymbol{v},\boldsymbol{h})}{\partial\theta}+\frac{\exp(-E(\boldsymbol{v},\boldsymbol{h}))}{\boldsymbol{Z}}\frac{\partial E(\boldsymbol{v},\boldsymbol{h})}{\partial\theta} \\
&= -<\frac{\partial E(\boldsymbol{v},\boldsymbol{h})}{\partial\theta}>_{p(\boldsymbol{h}|\boldsymbol{v})}+<\frac{\partial E(\boldsymbol{v},\boldsymbol{h})}{\partial\theta}>_{p(\boldsymbol{v},\boldsymbol{h})}
\end{aligned}
\tag{5.1.4}
$$

其中，$<\cdot>$ 为期望算子，下标表示相应的概率分布。第一项 $p(\boldsymbol{h}|\boldsymbol{v})$ 代表在输入数据条件下表示层的概率分布，比较容易计算，而第二项 $p(\boldsymbol{v},\boldsymbol{h})$ 由于归一化因子 $\boldsymbol{Z}$ 的存在，无法有效地计算该分布。因此，只能通过采样算法获取近似值。

由式(5.1.2)、式(5.1.3)和式(5.1.4)可以得到如下的参数 W、b、c 的梯度计算公式：

$$
\begin{aligned}
\frac{\partial \log p(\boldsymbol{v})}{\partial W_{ij}} &= p(h_j=1|\boldsymbol{v})v_i-\sum_v p(\boldsymbol{v})p(h_j=1|\boldsymbol{v})v_i \\
\frac{\partial \log p(\boldsymbol{v})}{\partial c_i} &= v_i-\sum_v p(\boldsymbol{v})v_i \\
\frac{\partial \log p(\boldsymbol{v})}{\partial b_j} &= p(h_j=1|\boldsymbol{v})-\sum_v p(\boldsymbol{v})p(h_j=1|\boldsymbol{v})
\end{aligned}
\tag{5.1.5}
$$

RBM 的对称结构和其中神经元节点状态的条件独立性，使得 CD 算法可以通过若干步吉布斯 (Gibbs) 采样[120-121] 计算第二项的期望。抽样 k 步的具体过程如下。

$$
\boldsymbol{v}^0 \xrightarrow{p(\boldsymbol{h}|\boldsymbol{v}^0)} h^0 \xrightarrow{p(\boldsymbol{v}|\boldsymbol{h}^0)} \boldsymbol{v}^1 \xrightarrow{p(\boldsymbol{h}|\boldsymbol{v}^1)} \boldsymbol{h}^1\cdots\boldsymbol{h}^{k-1} \xrightarrow{p(\boldsymbol{v}|\boldsymbol{h}^{k-1})} \boldsymbol{v}^k \xrightarrow{p(\boldsymbol{h}|\boldsymbol{v}^k)} \boldsymbol{h}^k
\tag{5.1.6}
$$

k 步抽样的 CD 算法被称为 CD-k 算法。完成 k 步抽样之后，就可以近似计算模型参数的梯度，具体如下。

$$
\begin{aligned}
\delta W_{ij} &= v_i^0h_j^0-v_i^kh_j^k \\
\delta c_i &= v_i^0-v_i^k \\
\delta b_j &= h_j^0-h_j^k
\end{aligned}
\tag{5.1.7}
$$

有了参数的梯度，就可以使用梯度上升方法更新 RBM 的参数。尽管 CD-k 算法对梯度的近似十分粗略，也被证明并不是任何函数的梯度，但是诸多实验表明了其在训练 RBM 时的有效性。

计算 RBM 在训练数据上的似然是其训练效果的评估最直接的方法。然而，由于其计算涉及归一化因子，计算复杂度非常高，因此，通常只能采用近似方法评估 RBM 的训练质量。例如，退火式重要性抽样 (annealed improtance sampling, AIS) 算法[122] 通过引入容易计算的辅助分布近似计算归一化因子。尽管该方法能够较准确地计算数据似然，但是其较大的计算量还是不能很好地满足监视 RBM 训练质量的速度需求。在实践中，最常用的评估方法为重构输入误差，和自编器的评估类似。具体而言，即计算输入数据 v^0 和 k 步抽样后的输入数据 v^k 之间的差异值。尽管这一方法并不可靠，但是其因计算简单而在实践中被广泛采用。本文也依据重构误差的大小，来确定 RBM 的训练质量。

2. 建模实数值

上文介绍的基本 RBM 只能建模二值随机变量输入，面对其他形式的输入，如实数值、离散值等，基本的 RBM 将不再适用。大量研究者通过改变能量函数扩展标准 RBM，使其能够建模各种各样的数据分布。对于实数值，一种最直接的方法是使用高斯分布建模输入层，这种 RBM 因此被称为高斯 RBM(Gaussian RBM, GRBM)[123-124]。该模型的能量函数定义为

$$E(\boldsymbol{v},\boldsymbol{h})=\frac{1}{2}\sum_{i}\frac{(v_i-c_i)^2}{2\sigma_i^2}-\sum_{i,j}\frac{v_i}{\sigma_i}W_{i,j}h_j-\sum_{i}c_iv_i-\sum_{j}b_jh_j \tag{5.1.8}$$

其中，σ_i 为输入数据第 i 维的标准差，其他参数和基本 RBM 公式中的参数含义相同。相对应的概率分布如下。

$$\begin{aligned}p(h_j=1|\boldsymbol{v})&=s(b_j+\sum_{i}\frac{v_i}{\sigma_i}W_{ij})\\p(v_i=1|\boldsymbol{h})&=\mathcal{N}(c_i+\sigma_i\sum_{j}W_{ij}h_j,\sigma_i^2)\end{aligned} \tag{5.1.9}$$

其中，$\mathcal{N}$ 代表高斯分布。在实际应用中，通常将输入数据特征表示的每一维都归一化成均值为 0、方差为 1 的形式。GRBM 的模型参数求解同样采用 CD 算法。

3. 建模离散值

当输入形式为稀疏的离散值时，通常使用神经主题模型 replicated softmax RBM (RSRBM)[125]。该模型的能量函数定义为

$$E(\boldsymbol{v},\boldsymbol{h})=-\sum_{i,j}\frac{v_i}{\sigma_i}W_{i,j}h_j-\sum_{i}c_iv_i-D\sum_{j}b_jh_j \tag{5.1.10}$$

其中，D 是输入层离散值之和，对一篇文档而言，就是文档中的总词数。模型 RSRBM 的参数也采用 CD 算法求解。RSRBM 的输入层可以看作一个多项式随机变量。本文使用 RSRBM 建模文本模态的词袋特征。

4. 深度信念网络和深度玻尔兹曼机

深度信念网络 (deep belief networks, DBN)[126] 和深度玻尔兹曼机 (deep Boltzmann machine, DBM)[127] 是两个典型的基于 RBM 的深度生成模型。

DBN 是 Hinton 等提出的一个包含多个表示层的概率生成模型，它的结构如图 5.5（a）所示，最底部是输入层，其余部分包含 n 个表示层，实线部分代表网络的连接结构，虚线部分是得到输入的多层表示的过程。DBN 是一个混合的网络结构，最上面两层是一个无向图结构的 RBM，其余层自上而下是有向图结构的网络。因此，DBN 的所有层次的联合概率分布可表示为

$$p(\boldsymbol{x}, \boldsymbol{h}_1, \boldsymbol{h}_2, \cdots, \boldsymbol{h}_{n-1}, \boldsymbol{h}_n) = p(\boldsymbol{h}_n, \boldsymbol{h}_{n-1}) \left(\prod_{k=0}^{n-2} p(\boldsymbol{h}_k | \boldsymbol{h}_{k+1}) \right) \tag{5.1.11}$$

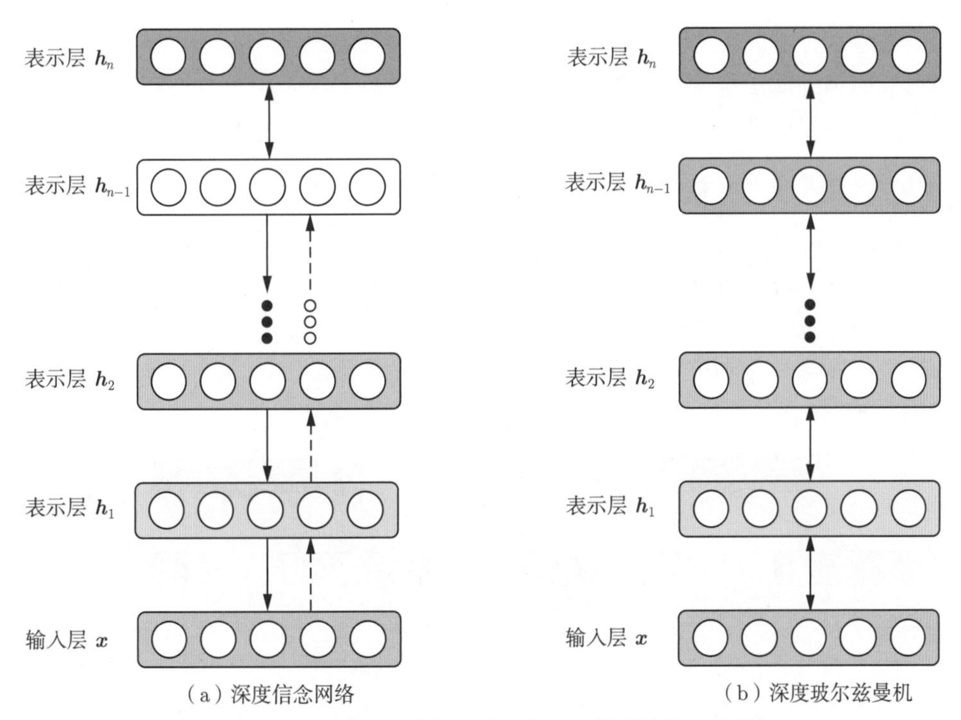

（a）深度信念网络　（b）深度玻尔兹曼机

图 5.5　基于受限玻尔兹曼机的深层模型结构示意图

其中，$\boldsymbol{x} = \boldsymbol{h}_0$，$p(\boldsymbol{h}_n, \boldsymbol{h}_{n-1})$ 是最上面的 RBM 中变量的联合概率分布，$p(\boldsymbol{h}_k|\boldsymbol{h}_{k+1})$ 是其他 RBM 的表示层到输入层（这里把 $\boldsymbol{h}_{k+1}$ 看作表示层，把 $\boldsymbol{h}_k$ 看作输入层）的条件概

率分布。DBN 的生成过程是一个自顶向下的过程：首先，随机初始化最顶部的 RBM 的表示层 $\boldsymbol{h}_n$；然后利用吉布斯采样进行多次采样，得到 $\boldsymbol{h}_{n-1}$；最后，依次利用条件概率分布 $p(\boldsymbol{h}_{n-2}|\boldsymbol{h}_{n-1}),\cdots,p(\boldsymbol{x}|\boldsymbol{h}_1)$ 采样得到输入 $\boldsymbol{x}$。

由于无法有效地计算后验概率分布 $p(\boldsymbol{h}_{k+1}|\boldsymbol{h}_k)$，DBN 的训练是非常困难的。为了高效地训练 DBN，Hinton 等提出一种贪婪的逐层学习算法[126,128]。该算法的核心思想是利用 RBM 中的输入层到表示层的条件概率分布近似后验概率分布。具体的学习算法为：首先，使用 CD 算法训练最底部的 RBM；然后利用条件概率分布 $p(\boldsymbol{h}_1|\boldsymbol{x})$ 得到表示 $\boldsymbol{h}_1$；接着利用类似的方法，依次完成所有层次 RBM 的训练；最后选择性使用 wake-sleep 算法[126,129]微调整个网络的权值。

DBM 通过直接栈式堆叠多个 RBM 得到，它的结构如图 5.5（b）所示，所有层次之间都是无向连接，因此，DBM 是一个标准的无向图模型。与 DBN 类似，DBM 也具有学习不同层次的复杂表示的能力。但是，在生成和训练过程中，DBM 包含了自顶向下和自底向上两个通道，而 DBN 仅包含自顶向下通道，因此，DBM 学习表达的能力要强于 DBN，相应的高效的训练算法也就更加复杂。为了有效地学习 DBM 的参数，研究者提出大量优秀的训练算法[125,127,130-131]，感兴趣的读者可以自行查阅这些文献。

5. 多模态深度信念网络和多模态深度玻尔兹曼机

多模态深度信念网络（multimodal deep belief networks, MDBN）和多模态深度玻尔兹曼机（multimodal deep Boltzmann machine, MDBM）分别由 DBN 和 DBM 扩展而来，二者的结构如图 5.6 所示。和 MDAE 不同，MDBN 和 MDBM 均为概率生成模型，训练目标为最大化图像和文本模态数据的联合概率分布。模型的训练方法与单模态的 DBN 和 DBM 相似，均包含了单层 RBM 预训练和整体调权两个过程。

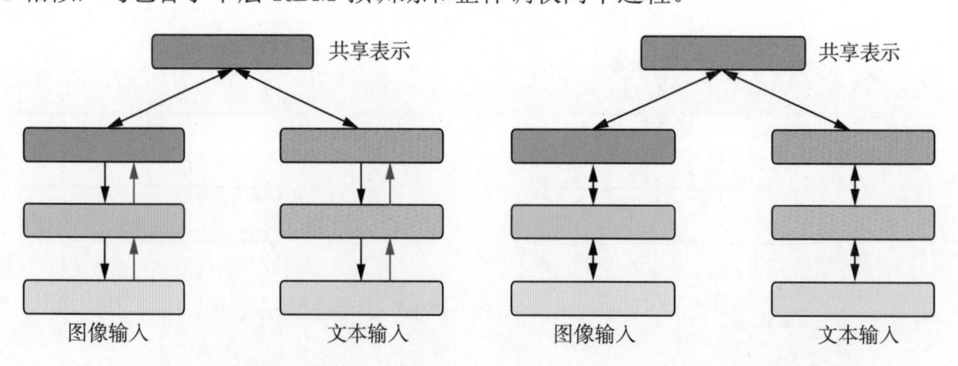

（a）多模态深度信念网络　　（b）多模态深度玻尔兹曼机

图 5.6　基于受限玻尔兹曼机的深层模型结构示意图

相比于 MDAE，多模态深度生成模型的优势是可以很自然地基于一个模态的输入数据，采样另一个模态的数据。这样不仅可以直接完成跨模态生成任务，也能方便地处理多模态输入缺失某个模态数据的情形，即先采样出缺失模态的数据，再抽取共享表示。

5.2 对应表示

如图 5.7 所示，对应表示学习方法使用两个独立的编码器分别学习图像和文本的表示，并在对应表示空间中增加图文相似性关联约束以建立图文关联。对应表示学习方法按照优化目标的不同可分为 3 类：基于重构损失的方法、基于排序损失的方法和基于对抗损失的方法。下面介绍使用这 3 类方法的基本模型，主要介绍模型的结构和损失函数的具体形式。

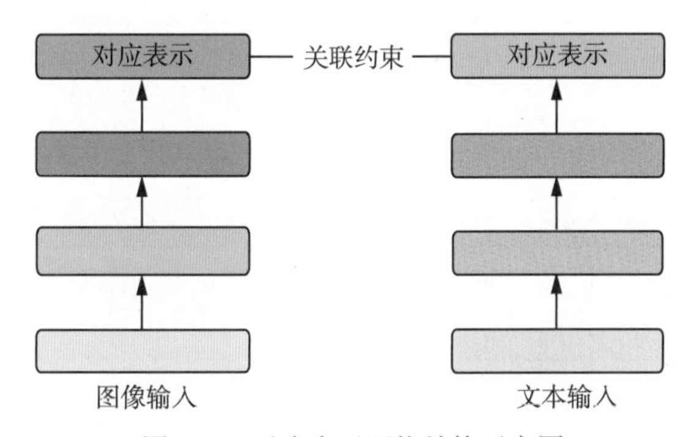

图 5.7　对应表示网络结构示意图

为了方便描述，首先规定一些符号。

数据集：设训练数据为 n 组匹配的图像文本对组成的集合 $\{(x_i^I, x_i^T)|i=1,2,\cdots,n\}$，文本 x_i^T 是图像 x_i^I 的描述。为了更加简洁地描述，我们之后忽略数据索引下标 i，损失函数都仅针对数据集中的单个图像文本对。

模型输入：本小节介绍的对应表示学习模型的输入都是图像和文本的整体表示，分别记作 $\boldsymbol{x}^I$ 和 $\boldsymbol{x}^T$。

图文编码器：设图像和文本编码器分别为 $f(\boldsymbol{x}^I;W_f)$ 和 $g(\boldsymbol{x}^T;W_g)$，W 是编码器的权值和表示层的偏置，下标 f 和 g 分别代表图像和文本模态。

5.2.1 基于重构损失的方法

基于重构损失的方法利用解码结构使得对应表示空间中的表示能够重构图像和文本输入，以确保表示具备区分性。使用该方法的模型大多使用自编码器作为基础结构。如图 5.8 所示，模型由两个单模态自编码器组成：图像自编码器和文本自编码器。每个自编码器负责其相应模态的表示学习。两个自编码器通过表示层引入一个相似性约束组成一个整体模型。相似性约束和两个单模态自编码器本身的重构约束使得模型学习到的表示满足两条规则：① 匹配的图像和文本输入在对应表示空间中距离相近；② 相似的单模态输入在对应表示空间中距离相近。

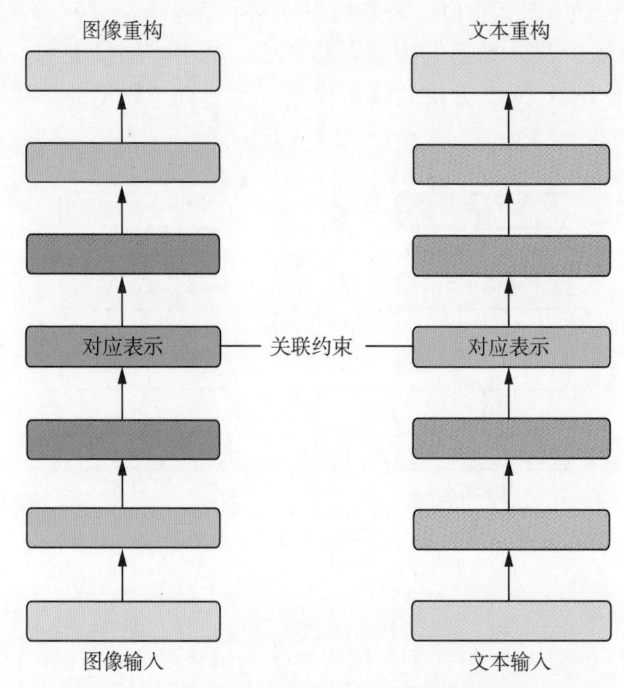

图 5.8 基于自编码器的对应表示模型网络结构示意图

设 $\hat{\boldsymbol{x}}^I$ 和 $\hat{\boldsymbol{x}}^T$ 分别为图像和文本表示经过各自解码器后的输出，即重构层的表示。图像和文本解码器分别记作 h 和 s，对应的参数分别记作 W_h 和 W_s，则模型关于输入 $\boldsymbol{x}^I$、$\boldsymbol{x}^T$ 的损失函数为

$$\mathcal{L}(\boldsymbol{x}^I,\boldsymbol{x}^T)=\alpha\mathcal{L}_C(\boldsymbol{x}^I,\boldsymbol{x}^T;W_f,W_g)+(1-\alpha)(\mathcal{L}_I(\boldsymbol{x}^I;W_f,W_h)+\mathcal{L}_T(\boldsymbol{x}^T;W_g,W_s)) \tag{5.2.1}$$

其中，

$$
\begin{aligned}
\mathcal{L}_C(\boldsymbol{x}^I, \boldsymbol{x}^T; W_f, W_g) &= ||f(\boldsymbol{x}^I; W_f) - g(\boldsymbol{x}^T; W_g)||_2^2 \\
\mathcal{L}_I(\boldsymbol{x}^I; W_f, W_h) &= ||\boldsymbol{x}^I - \hat{\boldsymbol{x}}^I||_2^2 \\
\mathcal{L}_T(\boldsymbol{x}^T; W_g, W_s) &= ||\boldsymbol{x}^T - \hat{\boldsymbol{x}}^T||_2^2
\end{aligned} \tag{5.2.2}
$$

$\mathcal{L}_I$ 和 $\mathcal{L}_T$ 分别为图像和文本自编码器的损失函数，这里采用的是重构层与输入的平方误差；$\mathcal{L}_C$ 为图像和文本中间层表示的距离，这里称之为图像和文本模态表示层间的关联误差。

模型以式(5.2.1)为优化目标，即最小化不同模态表示层关联误差和两个单模态自编码器的重构误差之和。

优化目标中还有一个参数 $\alpha(0 < \alpha < 1)$，它是一个平衡参数，目的是平衡两组损失：不同模态数据之间的关联损失 $\mathcal{L}_C$ 和图像文本的重构损失 $\mathcal{L}_I + \mathcal{L}_T$ 。一个合适的 α 取值对于模型的有效性至关重要。如果 α 等于 0，损失函数将退化成两个自编码器的损失函数之和。图像和文本自编码器各自独立训练，模型也就无法学习到不同模态数据之间的关联。而当 α 等于 1，模型的损失函数退化成关联损失。此时，模型有一个显而易见的解 $W_f = 0 = W_g$，表示层偏置也全为 0。这组解会导致各个模态、所有输入的中间表示均相同。也就是说，当模型只学习不同模态之间的关联，而完全忽略数据重构要求，单模态数据本身都无法区分，模型也就学习不到任何有效的表示。

模型参数的学习可以使用多层前馈神经网络通用的训练算法：反向传播算法。由式(5.2.1)易求得模型参数 W_f 和 W_g 的梯度计算公式：

$$
\begin{aligned}
\frac{\partial \mathcal{L}}{\partial W_f} &= \alpha \frac{\partial \mathcal{L}_C}{\partial W_f} + (1-\alpha)\frac{\partial \mathcal{L}_I}{\partial W_f} \\
\frac{\partial \mathcal{L}}{\partial W_g} &= \alpha \frac{\partial \mathcal{L}_C}{\partial W_g} + (1-\alpha)\frac{\partial \mathcal{L}_T}{\partial W_g}
\end{aligned} \tag{5.2.3}
$$

5.2.2　基于排序损失的方法

基于排序损失的方法通过引入不匹配的图像和文本作为负例，使得匹配的图文数据对之间的相似度大于不匹配的图文数据对之间的相似度。余弦相似度是基于排序损失的方法最常用的图文相似度度量。这里定义图像和文本在对应表示空间中的相似度为

$$
s(\boldsymbol{x}^I, \boldsymbol{x}^T) = \text{cosine}(f(\boldsymbol{x}^I; W_f), g(\boldsymbol{x}^T; W_g)) \tag{5.2.4}
$$

常用的多模态排序损失有两种：多模态 triplet 排序损失和多模态 n-pair 排序损失。下面分别介绍。

如图 5.9 所示，**多模态 triplet 排序损失**通过构造三元组实现匹配的图文对比不匹配的图文对更相似的目标。其一般形式为

$$\begin{aligned}\mathcal{L}_{\text{triplet}}(\boldsymbol{x}^I,\boldsymbol{x}^T)=&\sum_{T-}[m-s(\boldsymbol{x}^I,\boldsymbol{x}^T)+s(\boldsymbol{x}^I,\boldsymbol{x}^{T-})]_+\\&+\sum_{I-}[m-s(\boldsymbol{x}^I,\boldsymbol{x}^T)+s(\boldsymbol{x}^{I-},\boldsymbol{x}^T)]_+\end{aligned}\tag{5.2.5}$$

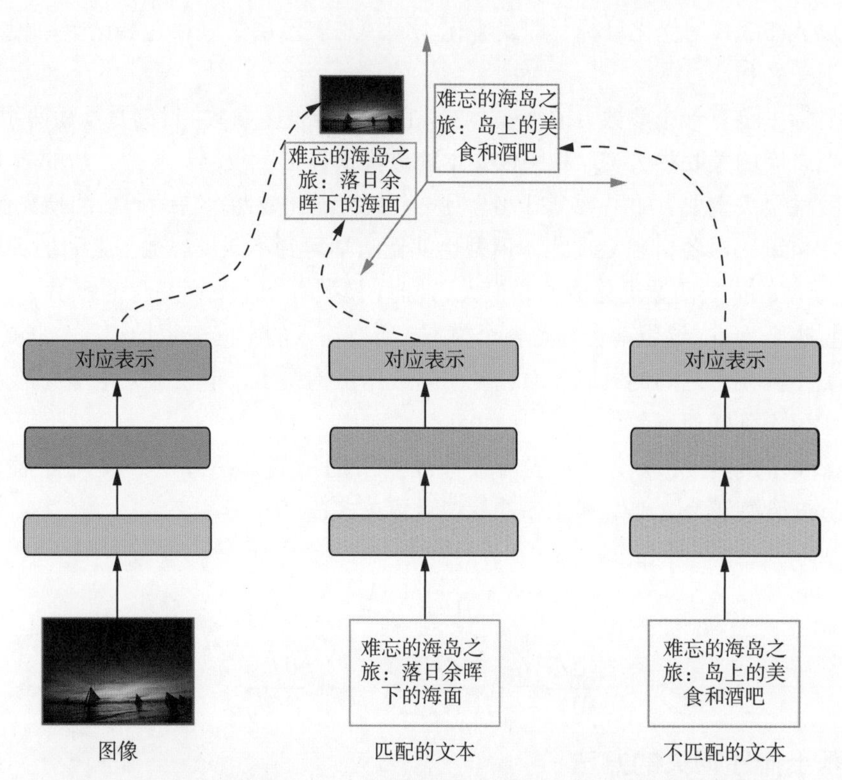

图 5.9　基于多模态 triplet 排序损失的对应表示模型网络结构示意图

其中，间隔 m 是超参数，$[x]_+\equiv\max(x,0)$。该损失包含两个对称项：第一项的输入三元组为 < 图像 $\boldsymbol{x}^I$、匹配的文本 $\boldsymbol{x}^T$、不匹配的文本 $\boldsymbol{x}^{T-}$>，它期望图像和与其匹配的文本之间的相似度比该图像和所有不匹配的文本之间的相似度大于 m；第二项的输入三元组为 < 文本 $\boldsymbol{x}^T$、匹配的图像 $\boldsymbol{x}^I$、不匹配的图像 $\boldsymbol{x}^{I-}$>，它期望文本和与其匹配的图像之间

的相似度比该文本所有与其不匹配的图像之间的相似度也大于 m。这里，整个训练集中所有不匹配的图文对都需要参与运算，总的三元组数量为 $2N^2$。具体在训练过程中，为了计算效率，我们仅会计算小批量梯度下降算法中的同一个批次内的不匹配图文对，这样，设批大小为 bs ，则总的三元组数量就变为 $2\frac{N}{bs}*bs^2=2N*bs$，对于规模较大的数据集，计算复杂度显著降低。

实际中使用的一般是困难样本挖掘 (hard example mining, HEM) 的多模态 triplet 排序损失，即在计算损失时，只考虑最容易混淆的负样本，其具体形式为

$$\begin{aligned}\mathcal{L}_{\text{triplet}-\text{HEM}}(\boldsymbol{x}^I,\boldsymbol{x}^T)=&\max_{T-}[m-s(\boldsymbol{x}^I,\boldsymbol{x}^T)+s(\boldsymbol{x}^I,\boldsymbol{x}^{T-})]_++\\&\max_{I-}[m-s(\boldsymbol{x}^I,\boldsymbol{x}^T)+s(\boldsymbol{x}^{I-},\boldsymbol{x}^T)]_+\end{aligned} \tag{5.2.6}$$

和式(5.2.5)类似，困难样本挖掘的多模态 triplet 损失同样包含两个对称项，但是每一项中，并不是对所有三元组损失求和，而是选取最大的三元组损失。也就是说，L_{HEM} 考虑的是“最困难”的不匹配样本，或者说最容易混淆的不匹配样本。一般而言，困难样本挖掘的多模态 triplet 排序损失的性能更优。

上述多模态 triplet 排序损失以三元组的形式对比了所有的正负样本对，但是每次对比仅考虑一个负样本对。**多模态 $\boldsymbol{n}$-pair 排序损失**同样也对比了所有正负样本对，但是每次对比同时考虑了所有和正样本对相关的负样本对。具体来说，使用多模态 n-pair 排序损失的方法首先枚举所有的正负样本对，形成如图 5.10 所示的矩阵（以 3 条图文对为例）：对角线上的元素对为正样本对，其他元素为负样本对；然后将每一行或每一列都看作一个分类问题，类别为正样本对的索引；最后对矩阵的每一行和每一列求交叉熵损失即可。对于每一个正样本对，该损失的具体形式为

$$\begin{aligned}\mathcal{L}_{n-\text{pair}}(\boldsymbol{x}^I,\boldsymbol{x}^T)=&-\log\frac{\exp(s(\boldsymbol{x}^I,\boldsymbol{x}^T))}{\exp(s(\boldsymbol{x}^I,\boldsymbol{x}^T))+\sum_{T-}\exp(s(\boldsymbol{x}^I,\boldsymbol{x}^{T-}))}-\\&\log\frac{\exp(s(\boldsymbol{x}^I,\boldsymbol{x}^T))}{\exp(s(\boldsymbol{x}^I,\boldsymbol{x}^T))+\sum_{I-}\exp(s(\boldsymbol{x}^{I-},\boldsymbol{x}^T))}\end{aligned} \tag{5.2.7}$$

和多模态 triplet 排序损失一样，为了计算效率，多模态 n-pair 排序损失同样仅考虑小批量梯度下降算法中的同一批次内的负样本对。

图 5.10 多模态 n-pair 排序损失正负样本构造示意图

5.2.3 基于对抗损失的方法

基于对抗损失的方法利用对抗学习的思想，引入模态分类器使得图文对应表示空间能够充分融合，消除不同模态的差异。如图 5.11 所示，除了常规的图文编码器，使用对抗损失的模型的特点是其在对应表示上增加了一个模态判别器，其输入为图像或文本在对应空间中的表示，输出为该表示属于两个模态的概率。

模型的损失函数包括两部分：图文关联损失 L_C 和模态判别器损失 L_D。L_C 通常为图像和文本的对应表示的 l_2 距离；L_D 是二分类的交叉熵损失。我们将模态判别器 D 的全部参数记作 W_D ，则总体损失函数为

$$\mathcal{L}(W_f, W_g, W_D) = L_C - L_D \tag{5.2.8}$$

和生成对抗网络一样，训练过程分为生成阶段和判别阶段。在生成阶段，将图文表示映射到公共表示空间，使得模态判别器无法判断公共表示属于哪个模态，即最小化 $\mathcal{L}$，更新 W_f、W_g。在判别阶段，使得模态判别器尽可能准确地区分公共表示的模态，即最大化 $\mathcal{L}$，更新 W_D。

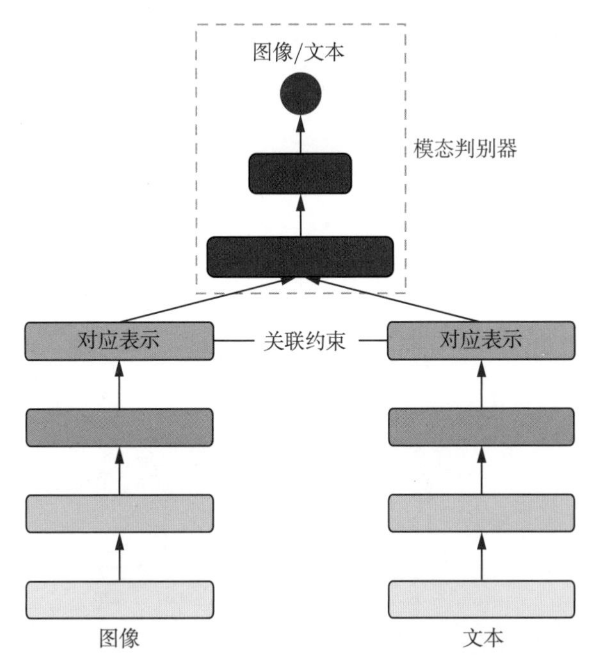

图 5.11　基于对抗损失的对应表示模型网络结构示意图

5.3　实战案例：基于对应表示的跨模态检索

5.3.1　跨模态检索技术简介

跨模态检索的关键就是建立不同模态数据之间的关联，更直接地，模型需要能够输出多个模态数据的匹配分数。如图 5.12 所示，现有的方法可以分为两类：一是学习图文多模态对应表示，然后直接利用图像和文本的对应表示的距离计算匹配分数，我们称这类模型为对应表示方法；二是学习图文多模态共享表示，然后在共享表示层上增加一个或多个网络层直接输出图像和文本的匹配分数，我们称这类模型为共享表示方法。

一般而言，和对应表示方法相比，共享表示方法因为充分融合了图文信息，所以可以获得更好的性能。一个直观的理解是给定两个模态的数据，对应表示方法限定了两个模态的关联必须在没有交互的前提下建立，而共享表示方法则没有该限制。因此，共享表示方法拥有更大的自由度来拟合数据的分布。

然而，共享表示方法的检索非常耗时。例如，在执行以文检图任务中，需要将文本查询和候选集中的每一幅图像都成对地输入模型中，才能得到文本查询与候选集中所有图像的匹配分数。而对应表示方法只需要提前离线计算好候选集中所有图像的表示，在检索时只实时计算文本查询的表示，再利用最近邻检索算法搜索图像最近邻即可。因此，对应表示方法在实际的跨模态检索中使用更为广泛。

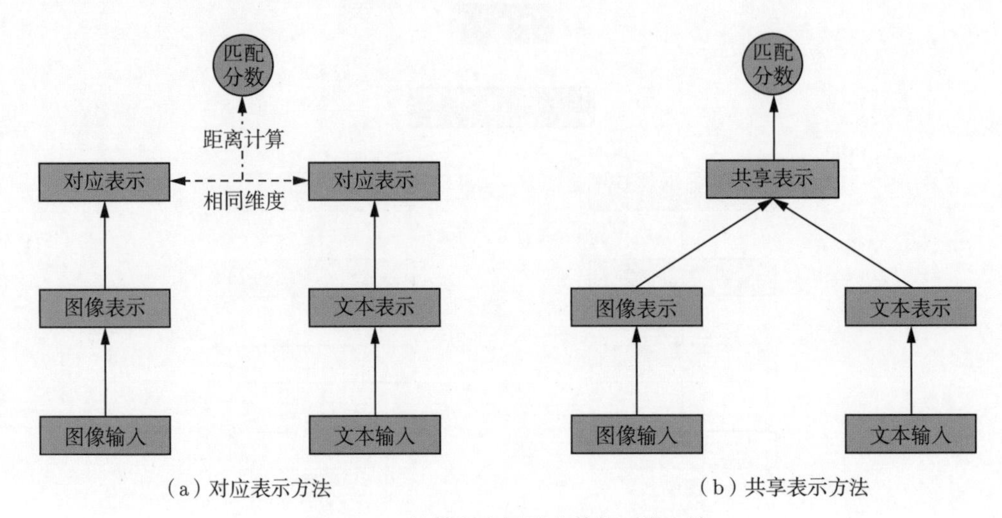

图 5.12 计算图文匹配分数的两类方法

接下来具体介绍使用对应表示方法的模型 VSE++[110] 的实战案例，其官方代码见链接[1]。为了使读者更清晰地理解模型的训练过程，我们重新实现了该模型。

5.3.2 模型训练流程

从现代的深度学习框架基础下，模型训练的一般流程如图 5.13 所示，包括读取数据、前馈计算、计算损失、更新参数、选择模型 5 个步骤。每个步骤需要实现相应的模块。

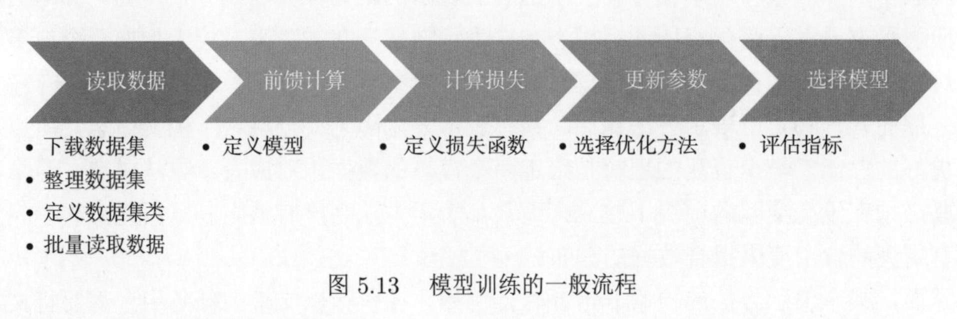

图 5.13 模型训练的一般流程

[1] https://github.com/fartashf/vsepp

- 在读取数据阶段，首先下载数据集，然后整理数据集的格式，以方便接下来构造数据集类，最后在数据集类的基础上构建能够按批次产生训练、验证和测试数据的对象。
- 在前馈计算阶段，需要实现具体的模型，使得模型能够根据输入产生相应的输出。
- 在计算损失阶段，需要将模型输出和预期输出进行对比，实现损失函数。
- 在更新参数阶段，需要给出具体的参数更新方法，即优化方法；由于现代深度学习框架能够自动计算参数梯度，并实现了绝大多数优化方法，因此我们通常只从中进行选择即可。
- 在选择模型阶段，需要实现具体的评估指标，选出在验证集上表现最优的模型参数。

下面介绍 VSE++ 模型的这些阶段的具体实现，并在最后将这些阶段串联起来，最终实现模型的训练。

5.3.3 读取数据

1. 下载数据集

这里使用的数据集为 Flickr8k(下载地址[1])，下载并解压后，将其图片放在指定目录 (本节的代码中将该目录设置为../data/flickr8k) 下的 images 文件夹里。该数据集包括 8000 张图片，每张图片对应 5 个句子描述。数据集划分采用 Karpathy 提供的方法 (下载地址[2])，下载并解压后，将其中的 dataset_flickr8k.json 文件复制到指定目录下。该划分方法将数据集分成 3 个子集：6000 张图片和其对应的句子描述组成训练集，1000 张图片和其对应的句子描述为验证集，剩余的 1000 张图片和其对应的句子描述为测试集。

2. 整理数据集

数据集下载完成后，需要对其进行处理，以适合之后构造的 PyTorch 数据集类进行读取。对于文本描述，首先构建词典，然后根据词典将文本描述转化为向量。对于图像，这里仅记录文件路径。如果机器的内存和硬盘空间比较大，这里也可以将图片读取并处理成三维数组，这样，在模型训练和测试阶段就不需要再读取图片。下面是整理数据集的函数的代码。

[1] https://www.kaggle.com/adityajn105/flickr8k

[2] http://cs.stanford.edu/people/karpathy/deepimagesent/caption_datasets.zip

```
%matplotlib inline
import json
import os
import random
from collections import Counter, defaultdict
from matplotlib import pyplot as plt
from PIL import Image

def create_dataset(dataset='flickr8k',
                   captions_per_image=5,
                   min_word_count=5,
                   max_len=30):
    """
    参数:
        dataset: 数据集名称
        captions_per_image: 每张图片对应的文本描述数
        min_word_count: 仅考虑在数据集中（除测试集外）出现 5 次的词
        max_len: 文本描述包含的最大单词数，如果文本描述超过该值，则截断
    输出:
        一个词典文件: vocab.json
        三个数据集文件: train_data.json、val_data.json、test_data.json
    """

    karpathy_json_path='../data/%s/dataset_flickr8k.json' % dataset
    image_folder='../data/%s/images' % dataset
    output_folder='../data/%s' % dataset

    with open(karpathy_json_path, 'r') as j:
        data = json.load(j)

    image_paths = defaultdict(list)
    image_captions = defaultdict(list)
    vocab = Counter()

    for img in data['images']:
```

(接下页)

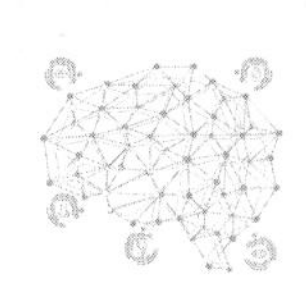

(接上页)

```
    split = img['split']
    captions = []
    for c in img['sentences']:
        # 更新词频，测试集在训练过程中时未见数据集，不能统计
        if split != 'test':
            vocab.update(c['tokens'])
        # 不统计超过最大长度限制的词
        if len(c['tokens']) <= max_len:
            captions.append(c['tokens'])
    if len(captions) == 0:
        continue

    path = os.path.join(image_folder, img['filename'])

    image_paths[split].append(path)
    image_captions[split].append(captions)

# 创建词典，增加占位标识符<pad>、未登录词标识符<unk>、句子首尾标识符<start> 和<end>
words = [w for w in vocab.keys() if vocab[w] > min_word_count]
vocab = {k: v + 1 for v, k in enumerate(words)}
vocab['<pad>'] = 0
vocab['<unk>'] = len(vocab)
vocab['<start>'] = len(vocab)
vocab['<end>'] = len(vocab)

# 存储词典
with open(os.path.join(output_folder, 'vocab.json'), 'w') as fw:
    json.dump(vocab, fw)

# 整理数据集
for split in image_paths:
    imgpaths = image_paths[split]
    imcaps = image_captions[split]
```

(接下页)

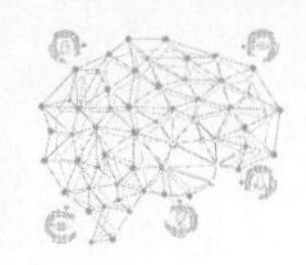

(接上页)

```
    enc_captions = []

    for i, path in enumerate(imgpaths):
        # 合法性检查，检查图像是否可以被解析
        img = Image.open(path)
        # 如果该图片对应的描述数量不足，则补足
        if len(imcaps[i]) < captions_per_image:
            filled_num = captions_per_image - len(imcaps[i])
            captions = imcaps[i] + \
                [random.choice(imcaps[i]) for _ in range(filled_num)]
        # 如果该图片对应的描述数量超了，则随机采样
        else:
            captions = random.sample(imcaps[i], k=captions_per_image)
        assert len(captions) == captions_per_image

        for j, c in enumerate(captions):
            # 对文本描述进行编码
            enc_c = [vocab['<start>']] + \
                    [vocab.get(word, vocab['<unk>']) for word in c] + \
                    [vocab['<end>']]
            enc_captions.append(enc_c)
    # 合法性检查
    assert len(imgpaths) * captions_per_image == len(enc_captions)

    # 存储数据
    data = {'IMAGES': imgpaths,
            'CAPTIONS': enc_captions}
    with open(os.path.join(output_folder, split + '_data.json'), 'w') as fw:
        json.dump(data, fw)

create_dataset()
```

在调用该函数生成需要的格式的数据集文件之后，可以展示其中一条数据，简单验证数据的格式是否和我们预想的一致。

```
%matplotlib inline
import json
from matplotlib import pyplot as plt
from PIL import Image

# 读取词典和验证集
with open('../data/flickr8k/vocab.json', 'r') as f:
    vocab = json.load(f)
vocab_idx2word = {idx:word for word,idx in vocab.items()}
with open('../data/flickr8k/val_data.json', 'r') as f:
    data = json.load(f)

# 展示第 12 张图片，其对应的文本描述序号是 60 到 64
content_img = Image.open(data['IMAGES'][12])
plt.imshow(content_img)
for i in range(5):
    word_indices = data['CAPTIONS'][12*5+i]
    print(' '.join([vocab_idx2word[idx] for idx in word_indices]))
```

```
<start> a dog on a leash shakes while in some water <end>
<start> a black dog is shaking water off his body <end>
<start> a dog standing in shallow water on a red leash <end>
<start> black dog in the water shaking the water off of him <end>
<start> a dog splashes in the murky water <end>
```

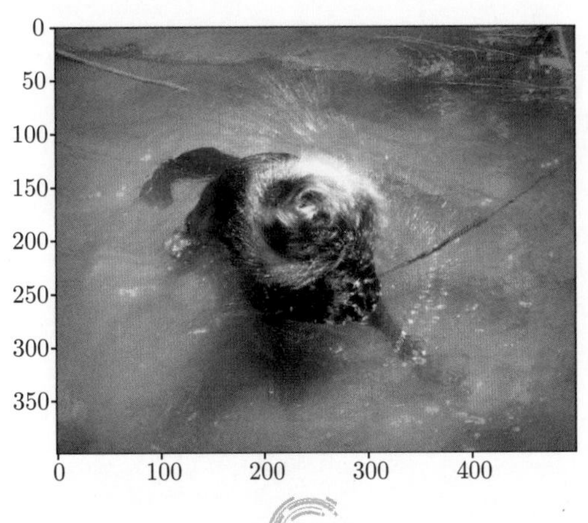

3. 定义数据集类

在准备好的数据集的基础上，需要进一步定义 PyTorch Dataset 类，以使用 PyTorch DataLoader 类按批次产生数据。PyTorch 中仅预先定义了图像、文本和语音的单模态任务中常见的数据集类，因此我们需要定义自己的数据集类。

在 PyTorch 中定义数据集类非常简单，仅继承 torch.utils.data.Dataset 类，并实现 __getitem__ 和 __len__ 两个函数即可。

```
from argparse import Namespace
import numpy as np
import torch
import torch.nn as nn
from torch.nn.utils.rnn import pack_padded_sequence
from torch.utils.data import Dataset
import torchvision
import torchvision.transforms as transforms
from torchvision.models import ResNet152_Weights, VGG19_Weights

class ImageTextDataset(Dataset):
    """
    PyTorch 数据类，用于 PyTorch DataLoader 来按批次产生数据
    """

    def __init__(self, dataset_path, vocab_path, split,
                 captions_per_image=5, max_len=30, transform=None):
        """
        参数:
            dataset_path: json 格式数据文件路径
            vocab_path: json 格式词典文件路径
            split: train、val、test
            captions_per_image: 每张图片对应的文本描述数
            max_len: 文本描述包含的最大单词数
            transform: 图像预处理方法
        """
        self.split = split
        assert self.split in {'train', 'val', 'test'}
```

(接下页)

(接上页)

```
        self.cpi = captions_per_image
        self.max_len = max_len

        # 载入数据集
        with open(dataset_path, 'r') as f:
            self.data = json.load(f)
        # 载入词典
        with open(vocab_path, 'r') as f:
            self.vocab = json.load(f)

        # PyTorch 图像预处理流程
        self.transform = transform

        # 数据量
        self.dataset_size = len(self.data['CAPTIONS'])

    def __getitem__(self, i):
        # 第 i 个文本描述对应第 (i // captions_per_image) 张图片
        img = Image.open(self.data['IMAGES'][i // self.cpi]).convert('RGB')
        if self.transform is not None:
            img = self.transform(img)

        caplen = len(self.data['CAPTIONS'][i])
        pad_caps = [self.vocab['<pad>']] * (self.max_len + 2 - caplen)
        caption = torch.LongTensor(self.data['CAPTIONS'][i]+ pad_caps)

        return img, caption, caplen

    def __len__(self):
        return self.dataset_size
```

4. 批量读取数据

利用刚才构造的数据集类，借助 DataLoader 类构建能够按批次产生训练、验证和测试数据的对象。

```
def mktrainval(data_dir, vocab_path, batch_size, workers=4):
    train_tx = transforms.Compose([
        transforms.Resize(256),
        transforms.RandomCrop(224),
        transforms.ToTensor(),
        transforms.Normalize([0.485, 0.456, 0.406], [0.229, 0.224, 0.225])
    ])
    val_tx = transforms.Compose([
        transforms.Resize(256),
        transforms.CenterCrop(224),
        transforms.ToTensor(),
        transforms.Normalize([0.485, 0.456, 0.406], [0.229, 0.224, 0.225])
    ])

    train_set = ImageTextDataset(os.path.join(data_dir, 'train_data.json'),
                                 vocab_path, 'train',  transform=train_tx)
    valid_set = ImageTextDataset(os.path.join(data_dir, 'val_data.json'),
                                 vocab_path, 'val', transform=val_tx)
    test_set = ImageTextDataset(os.path.join(data_dir, 'test_data.json'),
                                 vocab_path, 'test', transform=val_tx)

    train_loader = torch.utils.data.DataLoader(
        train_set, batch_size=batch_size, shuffle=True,
        num_workers=workers, pin_memory=True)

    valid_loader = torch.utils.data.DataLoader(
        valid_set, batch_size=batch_size, shuffle=False,
        num_workers=workers, pin_memory=True, drop_last=False)
    # 因为测试集不需要打乱数据顺序，故 shuffle 设置为 False
    test_loader = torch.utils.data.DataLoader(
        test_set, batch_size=batch_size, shuffle=False,
        num_workers=workers, pin_memory=True, drop_last=False)

    return train_loader, valid_loader, test_loader
```

5.3.4　定义模型

如图 5.14 所示，VSE++ 模型由图像表示提取器和文本表示提取器构成，二者将图像和文本映射到对应表示空间。其中，图像表示提取器为在 ImageNet 数据集上预训练的 VGG19 或 ResNet-152，VGG19 和 ResNet-152 分别输出 4096 维和 2048 维的图像特征；文本表示提取器为 GRU 模型。

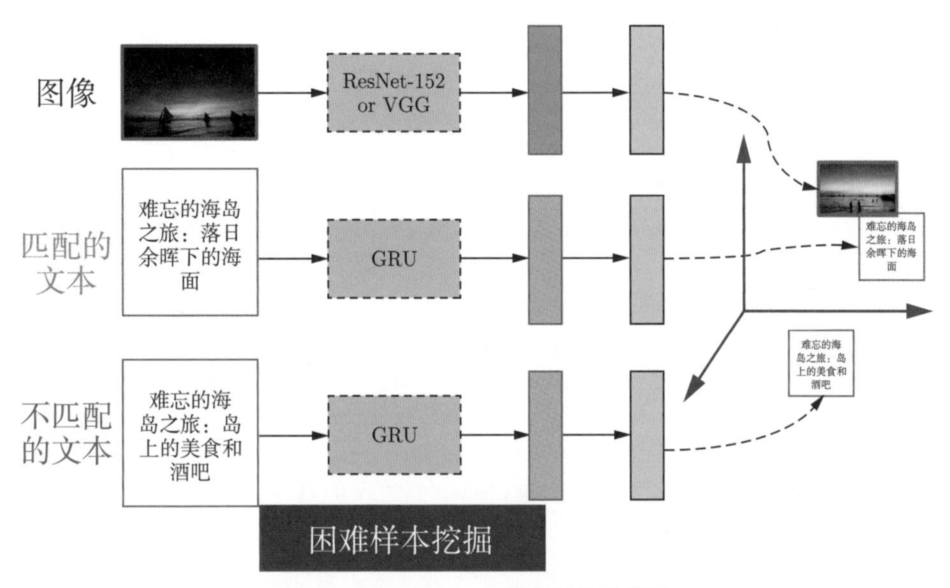

图 5.14　VSE++ 的模型结构示意图

1. 图像表示提取器

这里使用在 ImageNet 数据集上预训练过的两个分类模型 ResNet-152 和 VGG19 作为图像表示提取器，二者都需要更改其最后一个全连接层（分类层），以输出符合对应表示空间维度的图像表示。需要注意的是，这里对图像表示进行了长度归一化。

```
class ImageRepExtractor(nn.Module):
    def __init__(self, embed_size, pretrained_model='resnet152', finetuned=True):
        """
        参数：
            embed_size：对应表示维度
            pretrained_model：图像表示提取器，ResNet-152 或 VGG19
```

(接下页)

(接上页)

```
        finetuned: 是否微调图像表示提取器的参数
    """
    super(ImageRepExtractor, self).__init__()
    if pretrained_model == 'resnet152':
        net = torchvision.models.resnet152(weights=ResNet152_Weights.DEFAULT)
        for param in net.parameters():
            param.requires_grad = finetuned
        # 更改最后一层(fc 层)
        net.fc = nn.Linear(net.fc.in_features, embed_size)
        nn.init.xavier_uniform_(net.fc.weight)
    elif pretrained_model == 'vgg19':
        net = torchvision.models.vgg19(weights=VGG19_Weights.DEFAULT)
        for param in net.parameters():
            param.requires_grad = finetuned
        # 更改最后一层(fc 层)
        net.classifier[6] = nn.Linear(net.classifier[6].in_features, embed_size)
        nn.init.xavier_uniform_(net.classifier[6].weight)
    else:
        raise ValueError("Unknown image model " + pretrained_model)
    self.net = net

def forward(self, x):
    out = self.net(x)
    out = nn.functional.normalize(out)
    return out
```

2. 文本表示提取器

这里使用 GRU 模型作为文本表示提取器，它的输入层为词嵌入形式，文本表示为最后一个词对应的隐藏层输出。文本表示的维度也和对应表示空间的维度相同且也进行了长度归一化。

由于文本序列长度不一致，我们给长度较短的序列填充了大量的 0（在词典中的序号），如果这些 0 都参与 RNN 的运算，势必会浪费大量的计算资源。由于 RNN 是按照时刻顺序计算隐藏层，即 RNN 在每一时刻的输入为小批量中相应时刻的维度数据，因此，我们可以将每一时刻的非 0 数据组合成一个批次当作 RNN 的输入。PyTorch 中的

pack_padded_sequence 函数可以帮助我们轻松地做地这件事。具体来说，在将序列送给 RNN 进行处理之前，采用 pack_padded_sequence 函数对小批量的输入数据进行压缩，可压缩掉无效的填充值。

这里用一个例子说明 pack_padded_sequence 函数的输入和输出。对于图 5.15 所示的数量为 4、最大长度为 5 的一个小批次样本，pack_padded_sequence 函数会按照时刻统计出新的小批量数据，即输出的 data 包含全部非 0 数据，batch_sizes 包含每一时刻对应的批大小。需要注意的是，使用 pack_padded_sequence 函数，必须预先对输入按照长度从大到小排序。

图 5.15　pack_padded_sequence 函数的作用的示例图

```
class TextRepExtractor(nn.Module):
    def __init__(self, vocab_size, word_dim, embed_size, num_layers):
        """
        参数：
            vocab_size: 词典大小
            word_dim: 词嵌入维度
            embed_size: 对应表示维度，也是 RNN 隐藏层维度
            num_layers: RNN 隐藏层数
        """
        super(TextRepExtractor, self).__init__()
        self.embed_size = embed_size
        self.embed = nn.Embedding(vocab_size, word_dim)
        self.rnn = nn.GRU(word_dim, embed_size, num_layers, batch_first=True)
        # RNN 默认已初始化，这里只需要初始化词嵌入矩阵
        self.embed.weight.data.uniform_(-0.1, 0.1)

    def forward(self, x, lengths):
```

(接下页)

(接上页)

```
        x = self.embed(x)
        # 压缩掉填充值
        packed = pack_padded_sequence(x, lengths, batch_first=True)
        # 执行 GRU 的前馈过程会返回两个变量，第二个变量 hidden 为最后一个词（由 length 决
定）对应的所有隐藏层输出
        _, hidden = self.rnn(packed)
        # 最后一个词的最后一个隐藏层输出为 hidden[-1]
        out = nn.functional.normalize(hidden[-1])
        return out
```

3. VSE++ 模型

有了图像表示提取器和文本表示提取器，就很容易构建 VSE++ 模型了。仅利用图像表示提取器和文本表示提取器对成对的图像和文本数据输出表示即可。

这里需要注意的是，要先按照文本的长短对数据进行排序，且为了评测模型时能够对齐图像和文本数据，还需要恢复数据原始的输入顺序。

```
class VSEPP(nn.Module):
    def __init__(self, vocab_size, word_dim, embed_size,
                 num_layers, image_model, finetuned=True):
        """
        参数:
            vocab_size: 词表大小
            word_dim: 词嵌入维度
            embed_size: 对应表示维度，也是 RNN 隐藏层维度
            num_layers: RNN 隐藏层数
            image_model: 图像表示提取器，ResNet-152 或 VGG19
            finetuned: 是否微调图像表示提取器的参数
        """
        super(VSEPP, self).__init__()
        self.image_extractor = ImageRepExtractor(embed_size, image_model, finetuned)
        self.text_extractor = TextRepExtractor(vocab_size, word_dim,
                                               embed_size, num_layers)

    def forward(self, images, captions, cap_lens):
```

(接下页)

(接上页)

```
    # 按照 caption 的长短排序，并对照调整 image 的顺序
    sorted_cap_lens, sorted_cap_indices = torch.sort(cap_lens, 0, True)
    images = images[sorted_cap_indices]
    captions = captions[sorted_cap_indices]
    cap_lens = sorted_cap_lens

    image_code = self.image_extractor(images)
    text_code = self.text_extractor(captions, cap_lens)
    if not self.training:
        # 恢复数据原始的输入顺序
        _, recover_indices = torch.sort(sorted_cap_indices)
        image_code = image_code[recover_indices]
        text_code = text_code[recover_indices]
    return image_code, text_code
```

5.3.5　定义损失函数

VSE++ 模型采用了困难样本挖掘的 triplet 损失函数。一般而言，挖掘困难样本的方式分为离线挖掘和在线挖掘两种。其中离线挖掘是在训练开始或每一轮训练完成之后，挖掘困难样本；在线挖掘是在每一个批数据里，挖掘困难样本。这里的实现方式为在线挖掘。本部分代码的实现参照了 VSE++ 模型的作者发布的源码[1]。

```
class TripletNetLoss(nn.Module):
    def __init__(self, margin=0.2, hard_negative=False):
        super(TripletNetLoss, self).__init__()
        self.margin = margin
        self.hard_negative = hard_negative

    def forward(self, ie, te):
        """
        参数：
            ie: 图像表示
```

(接下页)

[1] https://github.com/fartashf/vsepp

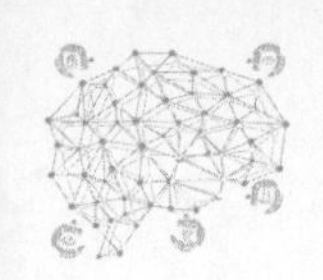

(接上页)

```
        te: 文本表示
    """
    scores  = ie.mm(te.t())

    diagonal = scores.diag().view(ie.size(0), 1)
    d1 = diagonal.expand_as(scores)
    d2 = diagonal.t().expand_as(scores)

    # 图像为锚
    cost_i = (self.margin + scores - d1).clamp(min=0)
    # 文本为锚
    cost_t = (self.margin + scores - d2).clamp(min=0)

    # 损失矩阵对角线上的值不参与计算
    mask = torch.eye(scores.size(0), dtype=torch.bool)
    I = torch.autograd.Variable(mask)
    if torch.cuda.is_available():
        I = I.cuda()
    cost_i = cost_i.masked_fill_(I, 0)
    cost_t = cost_t.masked_fill_(I, 0)

    # 寻找困难样本
    if self.hard_negative:
        cost_i = cost_i.max(1)[0]
        cost_t = cost_t.max(0)[0]

    return cost_i.sum() + cost_t.sum()
```

5.3.6 选择优化方法

下面选用 Adam 优化算法更新模型参数，学习速率采用分段衰减方法。

```
def get_optimizer(model, config):
    params = filter(lambda p: p.requires_grad, model.parameters())
```

(接下页)

(接上页)

```
    return torch.optim.Adam(params=params, lr=config.learning_rate)

def adjust_learning_rate(optimizer, epoch, config):
    """ 每隔 lr_update 个轮次，学习速率减小至当前二分之一"""
    lr = config.learning_rate * (0.5 ** (epoch // config.lr_update))
    lr = max(lr, config.min_learning_rate)
    for param_group in optimizer.param_groups:
        param_group['lr'] = lr
```

5.3.7　评估指标

这里实现了跨模态检索中最常用的评估指标 Recall@K。该指标是正确答案出现在前 K 个返回结果的样例占总样例的比例，比如在以图检文任务中，对于单一图片查询，在文本候选集中搜索它的 K 个最近邻的文本，如果返回的前 K 个文本中有至少一个文本和查询图片匹配，则该次查询的分数记为 1，否则记为 0。Recall@K 是测试集中所有查询图片分数的平均。注意，这里和推荐系统里的 Recall@K 是完全不一样的，推荐系统里的 Recall@K 是 K 个推荐条目中的相关条目数量在所有相关条目数量中的占比，衡量的是系统的查全率。

首先利用 VSE++ 模型计算图像和文本编码，然后直接计算所有图像编码和所有文本编码之间的点积得到所有图像文本对之间的相似度得分（由于相邻的若干张图片是一样的，所以每隔固定数量取图片即可），最后利用得分排序计算 Recall@K。需要注意的是，对于图像查询，即在以图检文任务中，由于一张图片对应多个文本，因此我们需要找到和图片对应的排名最靠前的文本的位置。

```
def evaluate(data_loader, model, batch_size, captions_per_image):
    # 模型切换进入评估模式
    model.eval()
    image_codes = None
    text_codes = None
    device = next(model.parameters()).device
    N = len(data_loader.dataset)
    for i, (imgs, caps, caplens) in enumerate(data_loader):
```

(接下页)

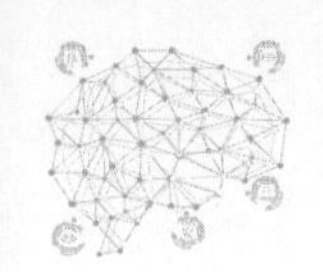

(接上页)

```
        with torch.no_grad():
            image_code, text_code = model(imgs.to(device), caps.to(device), caplens)
            if image_codes is None:
                image_codes = np.zeros((N, image_code.size(1)))
                text_codes = np.zeros((N, text_code.size(1)))
            # 将图文对应表示存到 numpy 数组中，之后在 CPU 上计算 recall
            st = i*batch_size
            ed = (i+1)*batch_size
            image_codes[st:ed] = image_code.data.cpu().numpy()
            text_codes[st:ed] = text_code.data.cpu().numpy()
    # 模型切换回训练模式
    model.train()
    return calc_recall(image_codes, text_codes, captions_per_image)

def calc_recall(image_codes, text_codes, captions_per_image):
    # 之所以可以每隔固定数量取图片，是因为前面对图文数据对输入顺序进行了还原
    scores = np.dot(image_codes[::captions_per_image], text_codes.T)
    # 以图检文：按行从大到小排序
    sorted_scores_indices = (-scores).argsort(axis=1)
    (n_image, n_text) = scores.shape
    ranks_i2t = np.zeros(n_image)
    for i in range(n_image):
        # 一张图片对应 cpi 条文本，找到排名最靠前的文本位置
        min_rank = 1e10
        for j in range(i*captions_per_image,(i+1)*captions_per_image):
            rank = list(sorted_scores_indices[i,:]).index(j)
            if min_rank > rank:
                min_rank = rank
        ranks_i2t[i] = min_rank
    # 以文检图：按列从大到小排序
    sorted_scores_indices = (-scores).argsort(axis=0)
    ranks_t2i = np.zeros(n_text)
    for i in range(n_text):
        rank = list(sorted_scores_indices[:,i]).index(i//captions_per_image)
```

(接下页)

(接上页)

```
        ranks_t2i[i] = rank
    # 最靠前的位置小于 k，即 recall@k，这里计算了 k 取 1、5、10 时的图文互检的 recall
    r1_i2t = 100.0 * len(np.where(ranks_i2t<1)[0]) / n_image
    r1_t2i = 100.0 * len(np.where(ranks_t2i<1)[0]) / n_text
    r5_i2t = 100.0 * len(np.where(ranks_i2t<5)[0]) / n_image
    r5_t2i = 100.0 * len(np.where(ranks_t2i<5)[0]) / n_text
    r10_i2t = 100.0 * len(np.where(ranks_i2t<10)[0]) / n_image
    r10_t2i = 100.0 * len(np.where(ranks_t2i<10)[0]) / n_text
    return r1_i2t, r1_t2i, r5_i2t, r5_t2i, r10_i2t, r10_t2i
```

5.3.8　训练模型

训练模型过程可以分为读取数据、前馈计算、计算损失、更新参数、选择模型 5 个步骤。

训练模型的具体方案为一共训练 45 轮，初始学习速率为 0.00002，每 15 轮将学习速率变为原数值的 1/2。

```
# 设置模型超参数和辅助变量
config = Namespace(
    captions_per_image = 5,
    batch_size = 32,
    word_dim = 300,
    embed_size = 1024,
    num_layers = 1,
    image_model = 'resnet152', # 或 VGG19
    finetuned = True,
    learning_rate = 0.00002,
    lr_update = 15,
    min_learning_rate = 0.000002,
    margin = 0.2,
    hard_negative = True,
    num_epochs = 45,
    grad_clip = 2,
    evaluate_step = 60, # 每隔多少步在验证集上测试一次
```

(接下页)

(接上页)

```
    checkpoint = None, # 如果不为 None，则利用该变量路径的模型继续训练
    best_checkpoint = '../model/vsepp/best_flickr8k.ckpt',
                                            # 验证集上表现最优的模型的路径
    last_checkpoint = '../model/vsepp/last_flickr8k.ckpt' # 训练完成时的模型的路径
)

# 设置 GPU 信息
os.environ['CUDA_VISIBLE_DEVICES'] = '0'
device = torch.device("cuda" if torch.cuda.is_available() else "cpu")

# 数据
data_dir = '../data/flickr8k/'
vocab_path = '../data/flickr8k/vocab.json'
train_loader, valid_loader, test_loader = mktrainval(data_dir,
                                                     vocab_path,
                                                     config.batch_size)

# 模型
with open(vocab_path, 'r') as f:
    vocab = json.load(f)

# 随机初始化或载入已训练的模型
start_epoch = 0
checkpoint = config.checkpoint
if checkpoint is None:
    model = VSEPP(len(vocab),
                  config.word_dim,
                  config.embed_size,
                  config.num_layers,
                  config.image_model,
                  config.finetuned)
else:
    checkpoint = torch.load(checkpoint)
    start_epoch = checkpoint['epoch'] + 1
```

(接下页)

(接上页)

```
    model = checkpoint['model']

# 优化器
optimizer = get_optimizer(model, config)

# 将模型复制至 GPU，并开启训练模式
model.to(device)
model.train()

# 损失函数
loss_fn = TripletNetLoss(config.margin, config.hard_negative)

best_res = 0
print("开始训练")
for epoch in range(start_epoch, config.num_epochs):
    adjust_learning_rate(optimizer, epoch, config)

    for i, (imgs, caps, caplens) in enumerate(train_loader):
        optimizer.zero_grad()
        # 1. 读取数据至 GPU
        imgs = imgs.to(device)
        caps = caps.to(device)

        # 2. 前馈计算
        image_code, text_code = model(imgs, caps, caplens)
        # 3. 计算损失
        loss = loss_fn(image_code, text_code)
        loss.backward()

        # 梯度截断
        if config.grad_clip > 0:
            nn.utils.clip_grad_norm_(model.parameters(), config.grad_clip)

        # 4. 更新参数
```

(接下页)

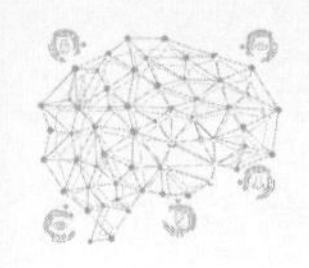

(接上页)

```
        optimizer.step()

        state = {
                'epoch': epoch,
                'step': i,
                'model': model,
                'optimizer': optimizer
                }

        if (i+1) % config.evaluate_step == 0:
            r1_i2t, r1_t2i, r5_i2t, r5_t2i, r10_i2t, r10_t2i = \
                evaluate(valid_loader, model,
                         config.batch_size, config.captions_per_image)
            recall_sum = r1_i2t + r1_t2i + r5_i2t + r5_t2i + r10_i2t + r10_t2i
            # 5. 选择模型
            if best_res < recall_sum:
                best_res = recall_sum
                torch.save(state, config.best_checkpoint)
            torch.save(state, config.last_checkpoint)
            print('epoch: %d, step: %d, loss: %.2f, \
                  I2T R@1: %.2f, T2I R@1: %.2f,  \
                  I2T R@5: %.2f, T2I R@5: %.2f, \
                  I2T R@10: %.2f, T2I R@10: %.2f,' %
                  (epoch, i+1, loss.item(),
                   r1_i2t, r1_t2i, r5_i2t, r5_t2i, r10_i2t, r10_t2i))

checkpoint = torch.load(config.best_checkpoint)
model = checkpoint['model']
r1_i2t, r1_t2i, r5_i2t, r5_t2i, r10_i2t, r10_t2i = \
    evaluate(test_loader, model, config.batch_size, config.captions_per_image)
print("Evaluate on the test set with the model \
       that has the best performance on the validation set")
print('Epoch: %d, \
      I2T R@1: %.2f, T2I R@1: %.2f, \
```

(接下页)

(接上页)

```
    I2T R@5: %.2f, T2I R@5: %.2f, \
    I2T R@10: %.2f, T2I R@10: %.2f' %
    (checkpoint['epoch'], r1_i2t, r1_t2i, r5_i2t, r5_t2i, r10_i2t, r10_t2i))
```

运行这段代码完成模型训练后，最后一行会输出在验证集上表现最好的模型在测试集上的结果，具体如下。

```
Epoch: 41, I2T R@1: 22.20, T2I R@1: 17.30, I2T R@5: 47.70, T2I R@5: 40.78,
           I2T R@10: 60.10, T2I R@10: 53.10
```

5.4 小　　结

本章介绍了多模态整体表示学习的两种基本策略以及它们各自的代表模型。首先，介绍了两类典型的共享表示学习模型：基于自编码器的非概率模型和基于 RBM 的概率模型。这两类模型的特点之一是其无监督的训练方式。在完成特定下游任务时，可以先在大规模图文对齐语料上训练这两类模型，获取共享表示，再在小规模的有监督语料上训练针对下游任务的模型。这些模型是研究人员对通用的多模态共享表示的初步探索成果。然后，介绍了三类基于不同损失函数的对应表示学习方法：基于重构损失的方法、基于排序损失的方法，以及基于对抗损失的方法。这三类方法都是针对跨模态检索任务提出的，并可用于学习通用的多模态整体对齐表示。最后，介绍了一个完整的使用对应表示学习方法进行跨模态检索任务的实战案例，使得读者可以深入了解对应表示模型，完成跨模态检索任务的细节。

5.5 习　　题

1. 给定由 $M(M > 1000000)$ 对图文对应的数据对组成的数据集，以及 $N(N > 1000)$ 条标注了类别的文本数据，设计利用多模态深度自编码器或多模态深度生成模型进行文本分类的方案。
2. 给定一个输入层和表示层均包含 2 个神经元的受限玻尔兹曼机，权重 $w_{11}=2, w_{22}=1, w_{12}=w_{21}=-1$，偏置 $b_1=b_2=0, c_1=c_2=0$ ，求 $p(v_1=1, v_2=1, h_1=1, h_2=1)$ 和 $p(v_1=0, v_2=1)$ 。

3. 写出多模态深度信念网络的训练流程，以及利用该模型进行跨模态生成的流程。
4. 分析 5.2 节中介绍的基于 3 种不同损失的对应表示学习方法所学表示空间的不同之处。
5. 将 5.3 节中介绍的 VSE++ 模型的排序损失函数替换为对抗损失函数，对比替换损失函数前后的跨模态检索结果，并利用 t-SNE 可视化技术对比两种损失函数的对应表示空间。
6. 在 5.3 节中介绍的 VSE++ 模型的排序损失函数的基础上增加对抗损失函数，利用 t-SNE 可视化技术分析综合使用两种损失函数的跨模态检索结果。

第 6 章　多模态对齐

多模态对齐是建立不同模态信息之间关联关系的技术。根据图文表示粒度的不同，其关联关系可以分为 4 类：图像整体和文本整体的对齐；图像局部和文本局部的对齐；图像局部和文本整体的对齐；图像整体和文本局部的对齐。实际上，5.2 节中所介绍的对应表示学习技术就是一种典型的图文整体对齐技术。但是，在图文整体对齐中，图像和文本都被表示为单一的多维向量，关联关系的建立也就依赖图文的整体表示。然而，一些局部细节容易在最终的表示中被忽略，这不利于精准地对齐图文的细节信息。

为了挖掘更细粒度的图文对齐关系，2016 年起，研究人员开始利用注意力建立图像局部和文本整体的关联关系。具体方法为：以文本整体表示为查询、图像局部表示序列为键和值，将用于建模单模态信息的自注意力扩展为可以建模多模态信息的交叉注意力。这样，交叉注意力的文本表示输出结果为图像所有局部表示的线性组合，也就建立了文本整体和图像局部的关联。由于视觉问答任务中的一个关键挑战是排除与问题无关紧要的图像区域，筛选出对回答问题有用的图像区域，因此，交叉注意力首先在视觉问答任务中得到了广泛的应用[66,132-133]。

随后，研究人员进一步使用交叉注意力挖掘图像局部和文本局部的关联关系，即同时建立图像的每个局部表示和文本的所有局部表示之间的关联，以及文本的每个局部表示和图像的所有局部表示之间的关联。使用这种方法的工作包括：应对视觉问答任务的层次的问题–图像共注意力模型[134] 和应对图文跨模态检索任务的 SCAN 模型[67]。

理论上，利用自注意力分别建模图像和文本，然后利用交叉注意力实现图文对齐的方法已经尽可能建模了图像和文本中所包含的所有细粒度关系。然而，这种多模态对齐方法随着需要对齐的局部数量的增加，因自注意力计算带来的时间和计算资源消耗会变得非常大。于是，借助最近几年出现的图神经网络技术，研究人员提出基于图结构表示的方法。具体而言，该方法首先将图像和文本分别以图结构的形式表示，这种图形式的表示显式地包含了丰富的细粒度信息，再在图结构表示上挖掘图像和文本的对齐关系。由于引入了图像中实体间所存在的语义和空间关系，以及文本中的句子结构等先验信息，因此该方法增加了建模过程中的透明度，进而增强了模型的可解释性，也避免了建模大量的冗余关系，有效降低了建模过程的时间复杂度。使用这类方法的工作包括应对图文跨模态检索任务的 VSRN 模型[135]、GSMN 模型[136] 和 CGMN 模型[137]。

本章将介绍上述两类细粒度的多模态对齐方法：一是基于注意力的方法；二是基于图神经网络的方法。

6.1 基于注意力的方法

6.1.1 交叉注意力

3.3 节介绍过自注意力能够将一组向量组成的输入序列转换成一组向量组成的输出序列。具体实现上，自注意力的计算包含 4 个步骤：计算输入序列的查询 Q、键 K 和值 V；选取 Q 和 K 的关联方式并计算注意力相关性分数；归一化 Q 和 K 的相关性分数；以相关性分数作为 V 的权重，计算输出。

在交叉注意力中，Q、K、V 不再来源于同一个模态，而是 Q 来源于一个模态，K 和 V 来源于另一个模态，这种注意力操作也常被称为交叉注意力（cross attention，CA）或引导注意力。当计算图像输出时，Q 来源于图像，K 和 V 来源于文本，此为图像引导注意力；当计算文本输出时，Q 来源于文本，K 和 V 来源于图像，此为文本引导注意力。

1. 整体框架

假定图像和文本的表示均为若干向量组成的序列。设图像表示为 n 个 D_I 维向量组成的序列，记作 $\{\boldsymbol{x}_1^I, \boldsymbol{x}_2^I, \cdots, \boldsymbol{x}_n^I\}$，其矩阵形式为 $\boldsymbol{X}^I \in \mathbb{R}^{n \times D_I}$；文本表示为 m 个 D_T 维向量组成的序列，记作 $\{\boldsymbol{x}_1^T, \boldsymbol{x}_2^T, \cdots, \boldsymbol{x}_m^T\}$，其矩阵形式为 $\boldsymbol{X}^T \in \mathbb{R}^{n \times D_T}$。相应地，交叉注意力的图像输出序列为 $\{\boldsymbol{y}_1^I, \boldsymbol{y}_2^I, \cdots, \boldsymbol{y}_n^I\}$，文本输出序列为 $\{\boldsymbol{y}_1^T, \boldsymbol{y}_2^T, \cdots, \boldsymbol{y}_m^T\}$。

图 6.1 展示了交叉注意力的整体框架。可以看到，交叉注意力的输入和输出都包含图像和文本两个模态，图像输出序列中的每个向量都和图像输入序列当前向量和文本输入序列所有向量相关，而文本输出序列中的每个向量都和文本输入序列当前向量和图像输入序列所有向量相关。下面介绍交叉注意力的输出的具体计算流程。

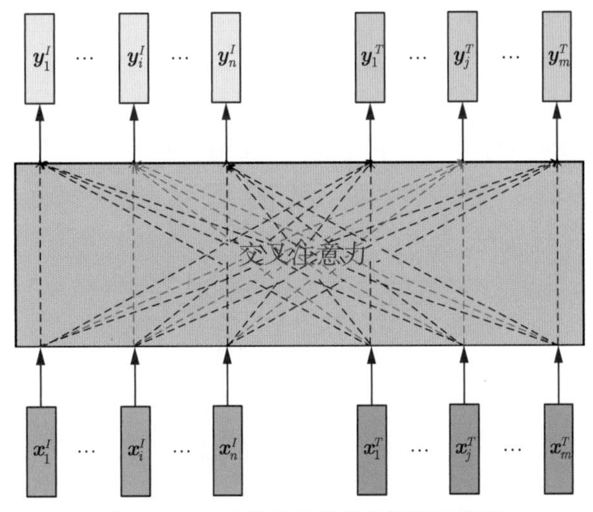

图 6.1　交叉注意力的整体框架示意图

2. 计算流程

交叉注意力的图像输出序列第 i 个向量的计算流程如图 6.2 所示，具体描述如下。

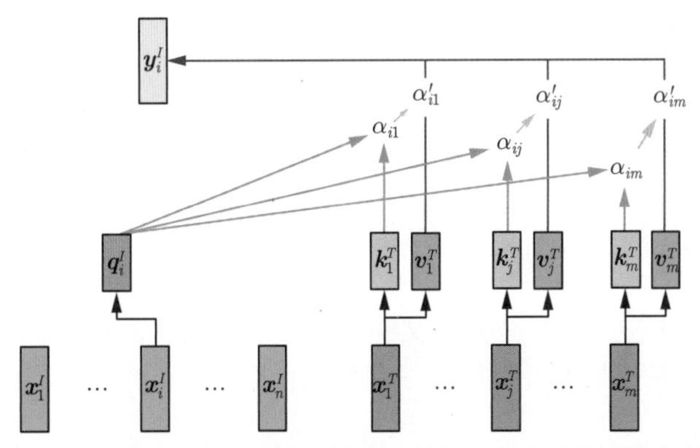

图 6.2　交叉注意力的图像输出序列第 i 个向量的计算流程

（1）获得图像模态的查询 Q^I、文本模态的键 K^T、文本模态的值 V^T。形式上，图像输入序列中的第 i 个向量对应的查询 $\boldsymbol{q}_i^I$、文本输入序列中的第 j 个向量对应的键 $\boldsymbol{k}_j^T$ 和值 $\boldsymbol{v}_j^T$ 为

$$\boldsymbol{q}_i^I = \boldsymbol{W}_{\mathrm{Q}}^I \boldsymbol{x}_i^I$$

$$\boldsymbol{k}_j^T = \boldsymbol{W}_{\mathrm{K}}^T \boldsymbol{x}_j^T$$

$$\boldsymbol{v}_j^T = \boldsymbol{W}_\mathrm{V}^T \boldsymbol{x}_j^T \tag{6.1.1}$$

（2）对图像输入序列中的每个向量，计算其查询和文本输入序列所有向量的键 K^T 之间的相似性，以此作为该图像输入向量和所有文本输入向量之间的相关性：

$$\alpha_{ij} = a(\boldsymbol{q}_i^I, \boldsymbol{k}_j^T) \tag{6.1.2}$$

（3）归一化注意力得分：

$$\alpha'_{ij} = \frac{\exp(\alpha_{ij})}{\sum_k \exp(\alpha_{ik})} \tag{6.1.3}$$

（4）以注意力得分为权重，对文本输入序列所有向量的值 V^T 进行加权求和，计算输出特征：

$$\boldsymbol{y}_i^I = \sum_j \alpha'_{ij} \boldsymbol{v}_j^T \tag{6.1.4}$$

这里，权重越高意味着局部关联越紧密。依此，就可以计算出整个图像输出序列。文本输出序列的计算方式和图像输出序列的计算方式相同，仅调换 Q 和（K、V）的来源即可，这里不再赘述。总体上，我们将交叉注意力记作：

$$\boldsymbol{Y}^I, \boldsymbol{Y}^T = \mathrm{CA}(\boldsymbol{X}^I, \boldsymbol{X}^T) \tag{6.1.5}$$

6.1.2 基于交叉注意力的图文对齐和相关性计算

通过交叉注意力操作，可以获得图文的对齐关系，进而计算图文的相关性。下面根据图像模态和文本模态表示形式的不同，介绍图文的对齐关系的解释，以及图文相关性的计算方法。

当图像模态和文本模态均为局部表示时，可以利用交叉注意力获得图文局部的对齐关联。具体来说，图像输出序列中的每个向量都由文本的所有局部表示的线性加权求和得到，这隐含了图像每个局部和文本所有局部的对齐关系。同样，文本输出序列中的每个向量都由图像中所有局部表示的线性加权求和得到，这隐含了文本局部和图像所有局部的对齐关系。

图文相关性计算的目标是获得图文整体匹配的得分。通过上述交叉注意力可以获得图像和文本经过跨模态对齐之后的局部表示，我们首先计算局部跨模态关联得分，一种常用

的方法是计算对齐前后表示之间的余弦相似度。形式上，图像第 i 个局部的跨模态关联得分 s_i^I 为

$$s_i^I = \text{cosine}(\boldsymbol{x}_i^I, \boldsymbol{y}_i^I) \tag{6.1.6}$$

同样，文本第 i 个局部的跨模态关联得分 s_i^T 为

$$s_i^T = \text{cosine}(\boldsymbol{x}_i^T, \boldsymbol{y}_i^T) \tag{6.1.7}$$

图文的整体关联得分可以直接由局部关联得分的某种累积函数获得。例如，从图像模态的角度，可以直接取图像所有局部跨模态关联得分的最大值或平均值作为图文关联。类似地，从文本模态的角度，可以直接取文本所有局部跨模态关联得分的最大值或平均值作为图文关联。还有一种累计函数是 LogSumExp 函数 ($\log(\sum_{i=1}^{n}\exp(s_i))$)，其中 n 为参与计算的值的数量。该函数可以看作平滑的 max 函数，解释如下。

$$\begin{aligned}
\max\{s_1, s_2, \cdots, s_n\} &= \log(\exp(\max(s_i)) \\
&\leqslant \log(\exp(s_1) + \cdots + \exp(s_n)) \\
&\leqslant \log(n \cdot \exp(\max(s_i)) \\
&= \max\{s_1, s_2, \cdots, s_n\} + \log(n)
\end{aligned} \tag{6.1.8}$$

可以看到，LogSumExp 函数的结果介于 max 函数和 max 函数加上 n 的对数，n 越小，LogSumExp 函数越接近 max 函数。

如图 6.3 所示，**当图像模态为局部表示、文本模态为整体表示时**，可以利用交叉注意力获得图像局部和文本整体的对齐关系。此时，文本表示为单一的多维向量，并非序列。但是，我们可以将其看作长度为 1 的序列表示，这样就可以通过交叉注意力计算文本整体表示对应的输出向量。此时，文本输出向量由图像中所有局部表示的线性加权求和得到，这隐含了文本整体和图像所有局部的对齐关系。

此时，图文关联计算也相对简单，直接计算多模态对齐前后的文本整体表示之间的余弦相似度即可。假定文本对齐前后表示分别记为 $\boldsymbol{x}^T$ 和 $\boldsymbol{y}^T$ ，则图文关联得分为

$$s^T = \text{cosine}(\boldsymbol{x}^T, \boldsymbol{y}^T) \tag{6.1.9}$$

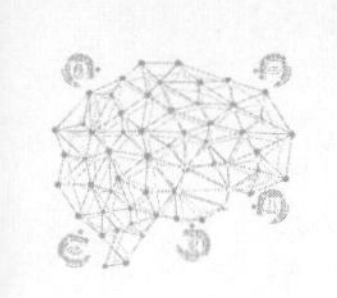

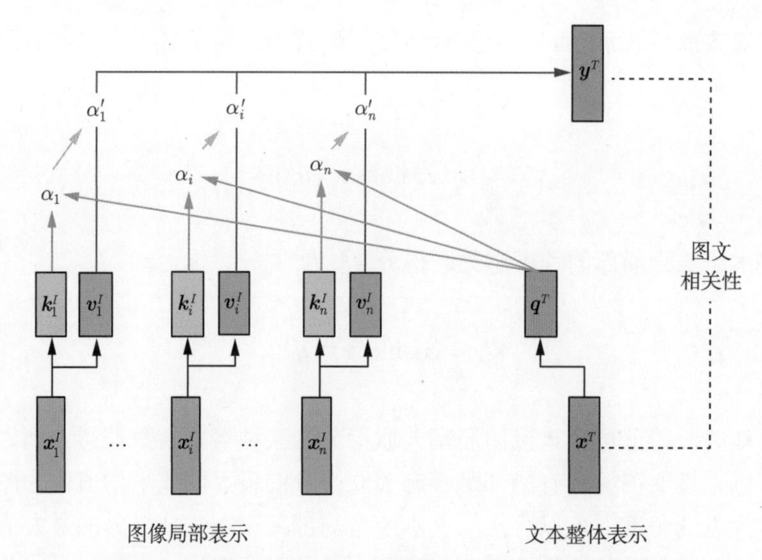

图 6.3　跨模态关联计算：图像局部表示-文本整体表示

和上面类似，**当图像模态为整体表示、文本模态为局部表示时**，如图 6.4 所示，可以利用交叉注意力获得图像整体和文本局部的对齐关系。此时，图像表示为单一的多维向量。我们将其看作长度为 1 的序列表示，并通过交叉注意力计算图像整体表示对应的输出向量。此时，图像输出向量由文本中所有局部表示的线性加权求和得到，这隐含了图像整体和文本所有局部的对齐关系。

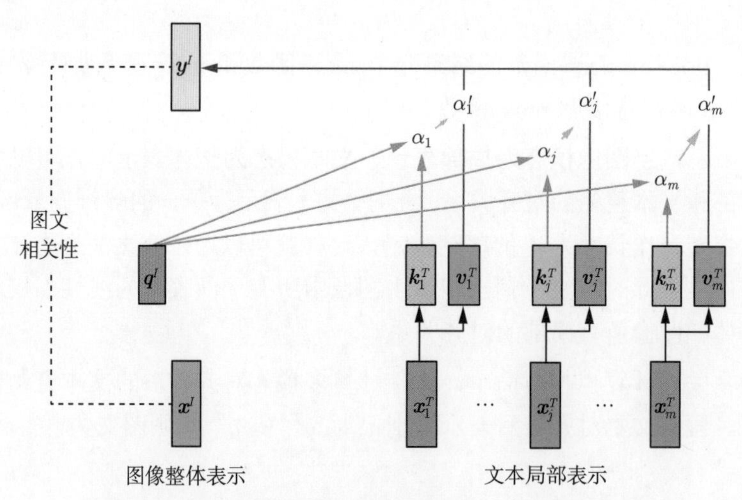

图 6.4　跨模态关联计算：图像整体表示-文本局部表示

此时，图文关联得分为多模态对齐前后的图像整体表示之间的余弦相似度。假定图像对齐前后表示分别记为 $\boldsymbol{x}^I$ 和 $\boldsymbol{y}^I$ ，则图文关联得分为

$$s^I = \text{cosine}(\boldsymbol{x}^I, \boldsymbol{y}^I) \tag{6.1.10}$$

6.2　基于图神经网络的方法

基于图神经网络的多模态对齐方法的流程如图 6.5 所示，包括图文表示提取、单模态图表示学习和多模态图对齐 3 部分。其中，图文表示提取负责获取图文的初始局部表示，单模态图表示学习是以图结构的形式表示图像和文本，并使用图神经网络学习其图表示，多模态图对齐则分为节点级别的对齐和图级别的对齐，节点级别和图级别的对齐分别代表图文的局部对齐和整体对齐。

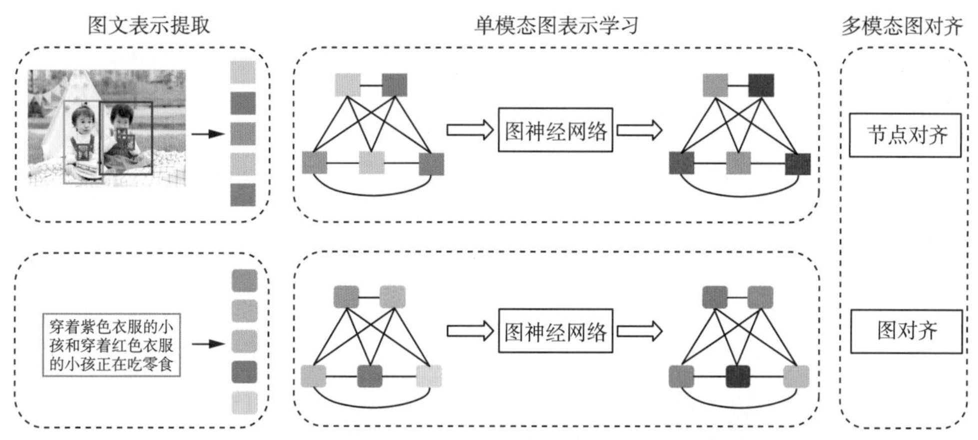

图 6.5　基于图神经网络的多模态对齐方法的流程

6.2.1　图神经网络基础

图是一种常见的数据结构，其可以表示为 $\mathcal{G} = \{\mathcal{V}, \mathcal{E}\}$ ，其中 $\mathcal{V}$ 是包含 N 个节点的集合，$\mathcal{E}$ 是边集合。一般用邻接矩阵 $\boldsymbol{A} \in \{0,1\}^{N\times N}$ 表示图中任意两个节点的连接关系。如果第 i 个节点和第 j 个节点相连，则 $A_{ij} = 1$ ，否则 $A_{ij} = 0$。

图 6.6 给出了一个包含 5 个节点 6 条边的图，其节点集合 $\mathcal{V} = \{v_1, v_2, v_3, v_4, v_5\}$ ，边集合 $\mathcal{E} = \{e_1, e_2, e_3, e_4, e_5, e_6\}$ 。此时，邻接矩阵

$$
\boldsymbol{A}=\begin{pmatrix}0&0&1&0&1\\0&0&1&1&0\\1&1&0&1&0\\0&1&1&0&1\\1&0&0&1&0\end{pmatrix} \tag{6.2.1}
$$

与顶点相连的边的数量所构成的度矩阵

$$
\boldsymbol{D}=\begin{pmatrix}2&0&0&0&0\\0&2&0&0&0\\0&0&2&0&0\\0&0&0&3&0\\0&0&0&0&2\end{pmatrix} \tag{6.2.2}
$$

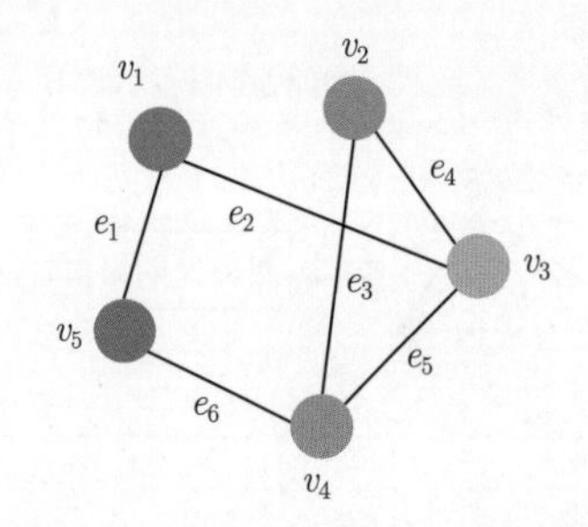

图 6.6 包含 5 个节点 6 条边的图

图神经网络是将深度神经网络应用于图结构数据的方法。在图神经网络中，每个节点都对应一个维度为 d^0 的向量表示，整个图的节点表示矩阵记作 $\boldsymbol{H}^0 \in \mathbb{R}^{N\times d^0}$。图神经网络模型主要通过聚合每个节点周围邻居节点的信息，达到更新节点表示的目标。这和卷积神经网络非常类似，但是由于卷积操作需要在固定大小的窗口中执行特征变换，而图结构往往是不规则的，并不存在固定窗口的邻居集合，因此，不能直接应用于图结构中。因此，图神经网络的关键就是要设计图结构上的聚合操作。每一次聚合操作都是以上一层的表示矩阵 $\boldsymbol{H}^l$ 和邻接矩阵 $\boldsymbol{A}$ 为输入，输出新的表示矩阵 $\boldsymbol{H}^{l+1} \in \mathbb{R}^{N\times d^{l+1}}$，即

$$
\boldsymbol{H}^{l+1}=f(\boldsymbol{H}^l,\boldsymbol{A}) \tag{6.2.3}
$$

图 6.7 给出了图神经网络的第 l 层到第 $l+1$ 层转换的示意图。可以看到，每一层更新并不改变图的结构，而是仅改变图的节点表示。如果仅考虑节点表示的更新，那么图

神经网络的输入和输出也都是若干向量组成的序列，这和自注意力的输入和输出形式是一样的。

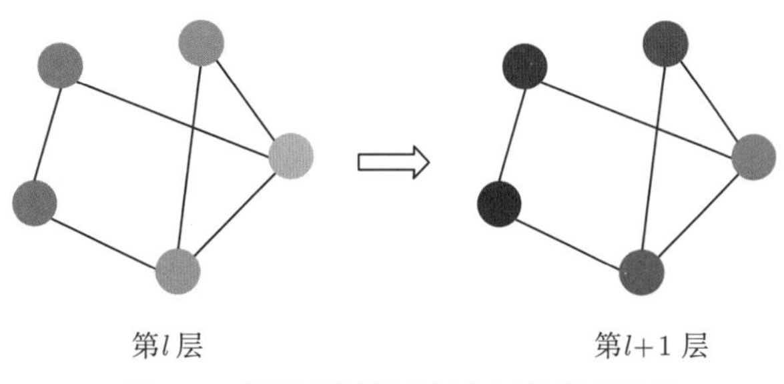

图 6.7　图神经网络的层与层转换示意图

对于图神经网络的单个节点而言，最基础的聚合操作方法是首先求取其邻居节点的表示的均值获得邻居表示，然后通过一个全连接层对邻居表示和该节点的自身表示进行线性加权，最后通过非线性激活函数得到该节点的聚合表示。

然而，这样会导致度少的节点的表示受其相连的度多的节点的表示影响过大。研究人员提出一系列聚合操作来优化这一问题，根据聚合操作利用的图信息方式的不同，这些图神经网络模型一般被分为两类：基于谱的模型和基于空间的模型。前者利用图谱理论设计谱域中的聚合操作，后者显示地利用图的空间结构设计聚合操作。

下面从空间的角度介绍两个典型的图神经网络模型：图卷积神经网络（graph convolutional networks，GCN）[138] 和图注意力网络（graph attention networks，GAT）[139]。其中，图卷积神经网络既可以看作基于谱的模型，也可以看作基于空间的模型，而图注意力网络则属于基于空间的模型。

1. 图卷积神经网络

给定第 l 层的表示矩阵 $\boldsymbol{H}^l \in \mathbb{R}^{N\times d^l}$，图卷积神经网络使用如下的聚合操作获得第 $l+1$ 层的表示矩阵 $\boldsymbol{H}^{l+1} \in \mathbb{R}^{N\times d^{l+1}}$：

$$\boldsymbol{H}^{l+1} = \sigma(\tilde{\boldsymbol{D}}^{-\frac{1}{2}}\tilde{\boldsymbol{A}}\tilde{\boldsymbol{D}}^{-\frac{1}{2}}\boldsymbol{H}^l\boldsymbol{W}^l) \tag{6.2.4}$$

其中，$\tilde{\boldsymbol{A}} = \boldsymbol{A} + \boldsymbol{I} \in \{0,1\}^{N\times N}$，$\boldsymbol{I}$ 为单位矩阵，$\tilde{\boldsymbol{D}}$ 是 $\tilde{\boldsymbol{A}}$ 的度矩阵，即 $\tilde{D}_{ii} = \sum_j \tilde{A}_{ij}$，$W^l \in \mathbb{R}^{d^l\times d^{l+1}}$ 为第 l 层的权重，σ 为激活函数。

为了更好地理解 GCN 的聚合操作，可以仅看其中一个节点的聚合过程，以第 i 个节点为例，其聚合后的表示

$$\boldsymbol{H}_i^{l+1} = \sigma\left(\sum_j \frac{1}{\sqrt{\tilde{D}_{ii}\tilde{D}_{jj}}}\tilde{A}_{ij}\boldsymbol{H}_j^l\boldsymbol{W}^l\right) \tag{6.2.5}$$

可以看到，GCN 的聚合操作考虑了邻居节点的度，这可以缓解前面提到的基础聚合操作中度少的节点的表示受其相连的度多的节点的表示影响过大的问题。

图 6.8 展示了 图 6.6 所示的图结构的第 1 个和第 5 个节点的聚合表示计算过程。

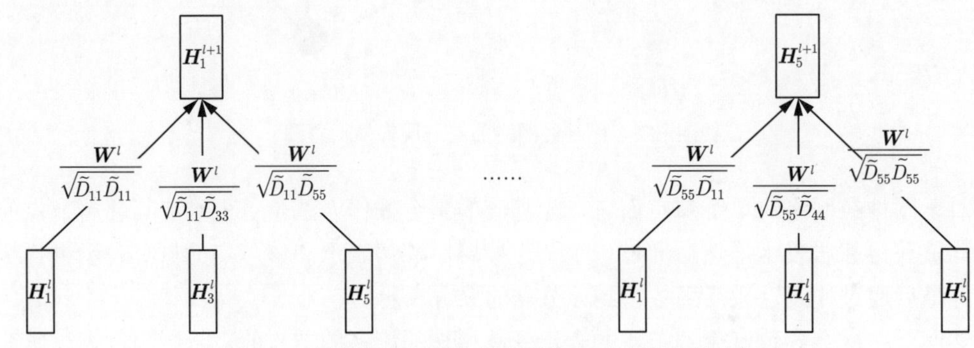

图 6.8　图卷积神经网络节点聚合表示计算过程示意图

和卷积操作一样，实际使用时，一般使用多组权重 W，并将多组权重获得的表示结果进行拼接，作为最终的聚合结果。形式上，假定使用 K 组权重，则有

$$\boldsymbol{H}_i^{l+1} = \|_{k=1}^{K}\sigma\left(\sum_j \frac{1}{\sqrt{\tilde{D}_{ii}\tilde{D}_{jj}}}\tilde{A}_{ij}\boldsymbol{H}_j^l\boldsymbol{W}_k^l\right) \tag{6.2.6}$$

2. 图注意力网络

在图注意力网络中，对于单个节点，将其表示作为查询，邻居节点的表示作为键和值，执行注意力操作的结果即该节点的聚合表示。图 6.9 给出了 图 6.6 所示的图结构的第 3 个节点的聚合表示计算过程。由于第 3 个节点和第 1、2、4 个节点相连，而和第 5 个节点不相连，因此，第 3 个节点的聚合表示的计算不依赖第 5 个节点的表示。

正式地，第 i 个节点的聚合表示的计算步骤如下。

（1）获得第 i 个节点的查询，获得和其相邻的所有节点的键和值：

$$\begin{aligned}\boldsymbol{q}_i &= \boldsymbol{H}_i^l\boldsymbol{W}^l\\ \boldsymbol{k}_j &= \boldsymbol{H}_j^l\boldsymbol{W}^l\\ \boldsymbol{v}_j &= \boldsymbol{k}_j\end{aligned} \tag{6.2.7}$$

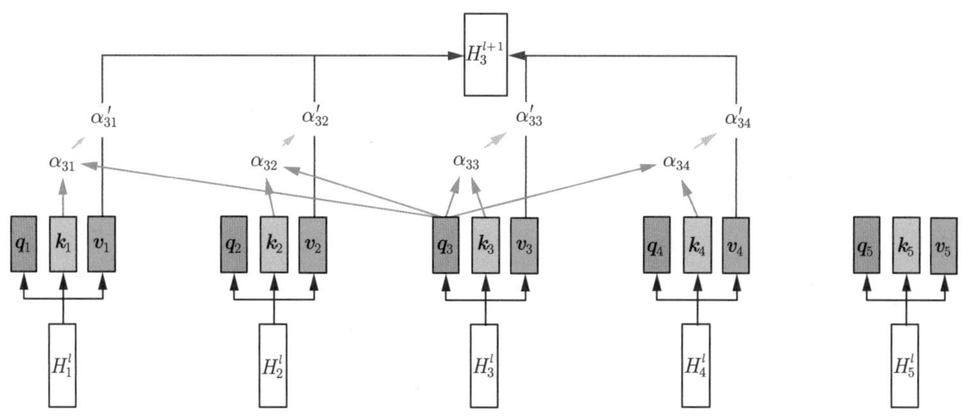

图 6.9　图注意力网络单个节点聚合表示计算过程示意图

由于这里采用了共享参数的线性映射对输入表示进行变换，因此键和值是相同的向量。

（2）计算其和所有邻居节点的相关性，每一对节点的相关性 α_{ij} 为

$$\alpha_{ij} = a(\boldsymbol{q}_i, \boldsymbol{k}_j) \tag{6.2.8}$$

图注意力网络使用了和前面介绍过的加性注意力类似的方法计算相关性。具体为：首先将查询和键拼接起来，然后通过激活函数为 LeakyReLU 的全连接神经网络进行变换，最后得到一个代表相关分数的实数。

（3）计算归一化注意力得分：

$$\alpha'_{ij} = \frac{\exp(\alpha_{ij})}{\sum_k \exp(\alpha_{ik})} \tag{6.2.9}$$

（4）以注意力得分为权重，对值进行加权求和，计算第 i 个节点的聚合表示：

$$\boldsymbol{H}_i^{l+1} = \sigma\left(\sum_j \alpha'_{ij}\boldsymbol{v}_j\right) \tag{6.2.10}$$

其中，σ 为激活函数。

实际上，为了在更新过程中考虑不同方面的信息，图注意力网络使用了多头注意力机制，即使用多组权重，对应多组查询、键和值。因此，假定使用 K 组权重，则最终的聚合更新过程为

$$\boldsymbol{H}_i^{l+1} = \|_{k=1}^{K}\sigma\left(\sum_j \alpha'^{k}_{ij}\boldsymbol{v}_j^k\right) \tag{6.2.11}$$

其中，K 为注意力头的数量。

6.2.2 单模态表示提取

单模态表示提取包含图像表示提取器和文本表示提取器。

图像表示提取器一般为目标检测模型，其提取若干个区域的表示，记为 $\boldsymbol{X}^I = \{\boldsymbol{x}_1^I, \boldsymbol{x}_2^I, \cdots, \boldsymbol{x}_n^I\} \in \mathbb{R}^{n \times D_I}$，$n$ 为区域个数，D_I 为区域表示维度。为了方便区域表示维度和文本表示维度对齐，一般使用一个全连接层将区域表示进行映射，得到最终的视觉表示 $\boldsymbol{V} = \{\boldsymbol{v}_1, \boldsymbol{v}_2, \cdots, \boldsymbol{v}_n\}$。形式上，

$$\boldsymbol{v}_i = \boldsymbol{W}_f \boldsymbol{x}_i^I + b_f \tag{6.2.12}$$

其中，$\boldsymbol{W}_f$ 和 b_f 为全连接层的参数。

文本表示提取器一般为双向 GRU，每个词的表示为前向和后向隐藏层表示的平均值。文本表示记为 $\boldsymbol{U} = \{\boldsymbol{u}_1, \boldsymbol{u}_2, \cdots, \boldsymbol{u}_m\} \in \mathbb{R}^{m \times D_T}$，$m$ 为词个数，D_T 为词表示维度。

6.2.3 单模态图表示学习

1. 视觉图的构建

图像中区域之间的关系对于理解图像至关重要。例如，当“人”和“足球”同时出现在一张图片里时，我们倾向于二者的关系为“踢”，那么图片的核心意思就是人踢足球。然而，如果“人”和“足球”之间的距离很远，那么二者的关系就可能发生变化，图片也就代表其他意思。视觉图正是一种显示地建模图像区域间关系的方法。在视觉图中，区域为节点，区域的表示为节点表示，区域之间的关系通常有空间关系和语义关系两种类型。相应地，视觉图也有空间图和语义图两种形式。下面分别介绍。

空间图可以显式地建模图像区域间存在的空间关系。空间关系即两个区域的相对位置，是区域之间最基础的关系。下面介绍两种常用的空间关系定义方式：相对极坐标和交并比 (intersection-over-union, IoU)。

两个区域框中心的相对极坐标包含了两个区域之间的距离和夹角关系。假定 $(l_*^x, l_*^y), (r_*^x, r_*^y)$ 分别为第 $*$ 个区域框的左上角坐标和右下角坐标，为了方便计算相对极坐标，首先计算第 $*$ 个区域框的中心坐标 (c_*^x, c_*^y) 和区域框的宽和高 (w_*^x, h_*^y)：

$$c_*^x = \frac{l_*^x + r_*^x}{2}$$
$$c_*^y = \frac{l_*^y + r_*^y}{2}$$

$$
\begin{aligned}
w_*^x &= r_*^x - l_*^x \\
h_*^y &= r_*^y - l_*^y
\end{aligned}
\tag{6.2.13}
$$

那么，第 i 个区域框和第 j 个区域框中心之间的距离 ρ_{ij} 和夹角 θ_{ij} 为

$$
\begin{aligned}
\rho_{ij} &= \sqrt{(c_j^x - c_i^x)^2 + (c_j^y - c_i^y)^2} \\
\theta_{ij} &= \arctan\frac{c_j^x - c_i^x}{c_j^y - c_i^y}
\end{aligned}
\tag{6.2.14}
$$

在基于相对极坐标的空间图中，第 i 个区域和第 j 个区域间的关联被定义为距离和夹角的拼接结果，即

$$
R_{ij} = \rho_{ij}||\theta_{ij} \tag{6.2.15}
$$

两个区域框之间的交并比包含了两个区域的重叠关系。2.5.2 节已经介绍了其具体计算方法，这里不再赘述。研究人员使用了不同的利用交并比构造空间图的方式，例如在 CGMN 模型[137] 中，第 i 个区域和第 j 个区域间的空间关系还考虑了区域视觉表示之间的距离，其关联被定义为

$$
R_{ij} = \begin{cases} \text{cosine}(\boldsymbol{v}_i, \boldsymbol{v}_j) \times \text{IoU}_{ij}, & \text{IoU}_{ij} \geqslant \xi \\ 0, & \text{IoU}_{ij} < \xi \end{cases} \tag{6.2.16}
$$

其中，ξ 为阈值，当两个区域的交并比小于该值时，模型认为这两个区域之间无关。

语义图基于区域视觉表示本身建模区域之间存在的语义关系。和空间图这种带有明显先验信息的图网络不同，语义图仅基于区域视觉特征本身挖掘区域之间潜在的关系。因此，相较于空间图，语义图中不需要引入任何额外的先验信息，其是一个包含了 $n(n-1)$ 条边的全连接图，每条边的权重都隐含着两个区域之间的关系。一般来说，语义图中的第 i 个区域和第 j 个区域间的关联被定义为

$$
R_{ij} = (\boldsymbol{W}_q\boldsymbol{v}_i)(\boldsymbol{W}_k\boldsymbol{v}_j)^\top \tag{6.2.17}
$$

其中，$\boldsymbol{W}_q$ 和 $\boldsymbol{W}_k$ 为两个线性变换的权重。

2. 文本图的构建

根据是否引入先验信息，文本图常被分为稀疏图和稠密图两种形式。前者是在后者的基础上，引入句子结构的先验信息获得。下面分别介绍这两种形式的文本图。

稠密图基于词表示建模词之间潜在的关系。在稠密图中，句子中的每个词为节点，词表示为节点表示。第 i 个词和第 j 个词之间的关联可以简单地被定义为两个词的表示的余弦相似度，也可以被定义成归一化的和所有邻居的相似度，即

$$R_{ij} = \frac{\exp(\lambda \boldsymbol{u}_i^\top \boldsymbol{u}_j)}{\sum_{j=0}^{m} \exp(\lambda \boldsymbol{u}_i^\top \boldsymbol{u}_j)} \tag{6.2.18}$$

稀疏图显示地引入句子结构信息。研究人员一般首先利用 Stanford CoreNLP 工具获得句子的依存句法树，然后将句子中的每个词作为节点，词与词之间的依存关系作为边构建图，获得邻接矩阵。词与词之间的权重和稠密图保持一致。

3. 图表示学习

当完成视觉图和文本图的构建之后，就可以使用图卷积神经网络和图注意力网络等模型对图像和文本分别进行建模，学习图像和文本的图神经网络表示。上述构建的视觉图和文本图包含了代表节点之间是否连接的邻接矩阵 $\boldsymbol{A}$ 以及代表节点之间连接程度的关联矩阵 $\boldsymbol{R}$。然而，关联矩阵 $\boldsymbol{R}$ 在之前介绍的图卷积神经网络和图注意力网络的推导中并未出现。实际上，我们可以非常简单地将关联矩阵嵌入图神经网络模型中。

对于图卷积神经网络而言，在聚合操作时，将节点之间的连接程度视为加权求和的权重即可。式(6.2.5)可以改写为

$$\boldsymbol{H}_i^{l+1} = \sigma\left(\sum_j \frac{R_{ij}}{\sqrt{\tilde{D}_{ii}\tilde{D}_{jj}}} \tilde{A}_{ij} \boldsymbol{H}_j^l \boldsymbol{W}^l\right) \tag{6.2.19}$$

对于图注意力网络而言，计算节点相关性时，在设计式(6.2.8)中的相关性函数 a 时，将 R_{ij} 也作为计算相关性的依据即可。

6.2.4 多模态图对齐

当同时使用多种类型的视觉图或文本图时，可以取多种类型的图所学的节点表示的平均值作为最终的节点表示。此时，图像和文本均为局部表示，因此，可以利用交叉注意力进行多模态对齐，并进行相关性计算。具体计算方法已经在 6.1.2 节中介绍，这里不再赘述。这种局部的对齐是图结构中节点级别的对齐。

多模态图对齐往往还考虑图级别的整体对齐，一般使用循环神经网络或使用多层感知机在节点表示的基础上学习图表示。基于循环神经网络的方法将所有节点当作序列中的节

点，然后使用循环神经网络获得其整体表示。基于多层感知机的方法将利用多层感知机对所有节点表示进行转换，并对转换之后的节点表示求和。在获得图文整体表示之后，可以利用 5.2.2 节中介绍的多模态 triplet 排序损失进行相关性计算。这种整体的对齐是图结构中图级别的对齐。

6.3 实战案例：基于交叉注意力的跨模态检索

5.3 节介绍了一个基于对应表示的跨模态检索模型 VSE++ 的实现，该模型建模了图文整体表示之间的关联。本节将介绍一个基于交叉注意力的跨模态检索模型 SCAN 的实现，该模型建模了图文更细粒度的局部表示之间的关联。下面还是按照 5.3.2 节中介绍的模型训练流程介绍 SCAN 模型的具体实现。

6.3.1 读取数据

和 VSE++ 相同，我们使用 Flickr8k 作为实验数据集。5.3.3 节中已经介绍了其下载方式、划分方法，这里不再赘述。

1. 提取图像区域表示

数据集下载完成后，我们需要使用bottom up attention 模型[1]提取图像区域表示。

具体而言，我们对每张图片提取 36 个检测框特征。安装并配置好代码环境后，将脚本 tools/generate_tsv.py 里的 MIN_BOXES 和 MAX_BOXES 值均设置为 36，并在 load_image_ids 函数里增加 Flickr8k 数据集的信息。

```
elif split_name == 'flickr8k':
    data_dir = '../data/flickr8k/'
    with open(os.path.join(data_dir, 'dataset_flickr8k.json'), 'r') as j:
        data = json.load(j)
    for img in data['images']:
        img_path = os.path.join(data_dir, 'images', img['filename'])
        split.append((img_path, img['imgid']))
```

然后使用下面的命令抽取图片表征（注意，根据自己机器的配置更改 GPU 信息）：

[1] https://github.com/peteanderson80/bottom-up-attention

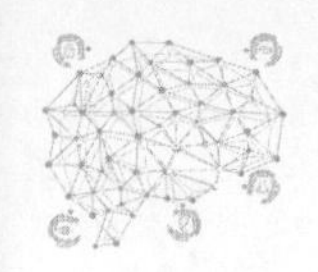


```
./tools/generate_tsv.py --gpu 0,1,2,3 \
    --cfg  experiments/cfgs/faster_rcnn_end2end_resnet.yml \
    --def models/vg/ResNet-101/faster_rcnn_end2end_final/test.prototxt \
    --out resnet101_faster_rcnn_flickr8k.tsv \
    --net data/faster_rcnn_models/resnet101_faster_rcnn_final.caffemodel \
    --split flickr8k
```

接着，调用脚本里的 merge_tsvs 函数，合并多个 GPU 的图像特征文件，并将结果复制至 config 的 data_dir 目录下。

最后，解析抽取的图像特征文件，将每张图片的 36 个检测框特征存储为单个 npy 格式文件，并将文件路径记录在数据 json 文件中。为了后续的数据分析，将检测框的位置信息也以 npy 格式存储。json 文件中的路径仅存储文件名前缀，加上后缀“.npy”为图像特征，加上后缀“.box.npy”为检测框特征。具体实现如下。

```
import base64
import csv
import json
import numpy as np
import os
import sys

csv.field_size_limit(sys.maxsize)

def resort_image_feature(dataset='flickr8k'):
    karpathy_json_path = '../data/%s/dataset_flickr8k.json' % dataset
    image_feature_path = '../data/%s/bottom_up_feature.tsv' % dataset
    feature_folder = '../data/%s/image_box_features' % dataset
    if not os.path.exists(feature_folder):
        os.mkdir(feature_folder)

    with open(karpathy_json_path, 'r') as j:
        data = json.load(j)
    img_id2filename = {img['imgid']:img['filename'] for img in data['images']}

    imgid2feature = {}
```

(接下页)

(接上页)

```
    imgid2box = {}
    FIELDNAMES = ['image_id', 'image_h', 'image_w', 'num_boxes', 'boxes', 'features']
    with open(image_feature_path, 'r') as tsv_in_file:
        reader = csv.DictReader(tsv_in_file, delimiter='\t', fieldnames = FIELDNAMES)
        for item in reader:
            item['image_id'] = int(item['image_id'])
            item['image_h'] = int(item['image_h'])
            item['image_w'] = int(item['image_w'])
            item['num_boxes'] = int(item['num_boxes'])
            for field in ['boxes', 'features']:
                buf = base64.b64decode(item[field])
                temp = np.frombuffer(buf, dtype=np.float32)
                item[field] = temp.reshape((item['num_boxes'],-1))

            imgid2feature[item['image_id']] = item['features']
            imgid2box[item['image_id']] = item['boxes']

            feat_file = os.path.join(feature_folder, img_id2filename[item['image_id
↪']]+'.npy')
            np.save(feat_file, item['features'])
            box_file = os.path.join(feature_folder, img_id2filename[item['image_id']]+
↪'.box.npy')
            np.save(box_file, item['boxes'])

resort_image_feature()
```

在调用该函数生成需要的格式的数据集文件之后，可以展示其中一条数据，简单验证一下数据的格式是否和我们预想的一致。

```
%matplotlib inline
import json
import numpy as np
from matplotlib import pyplot as plt
from PIL import Image
```

(接下页)

(接上页)

```
# 读取词典和验证集
with open('../data/flickr8k/vocab.json', 'r') as f:
    vocab = json.load(f)
vocab_idx2word = {idx:word for word,idx in vocab.items()}
with open('../data/flickr8k/val_data.json', 'r') as f:
    data = json.load(f)

# 展示第 20 张图片和 36 个区域，其对应的文本描述序号是 100～104
content_img = Image.open(data['IMAGES'][20])
for i in range(5):
    word_indices = data['CAPTIONS'][20*5+i]
    print(' '.join([vocab_idx2word[idx] for idx in word_indices]))

fig = plt.imshow(content_img)
feats = np.load(data['IMAGES'][20].replace('images','image_box_features')+'.box.npy')
for i in range(feats.shape[0]):
    bbox = feats[i,:]
    fig.axes.add_patch(plt.Rectangle(
        xy=(bbox[0], bbox[1]), width=bbox[2]-bbox[0], height=bbox[3]-bbox[1],
        fill=False, linewidth=1))
```

```
<start> a black dog is looking through the fence <end>
<start> a brown dog runs along a fence <end>
<start> a dark brown dog is running along a fence outside <end>
<start> a large black dog runs along a fence in the grass <end>
<start> the brown greyhound dog walks on green grass and looks through a fence <end>
```

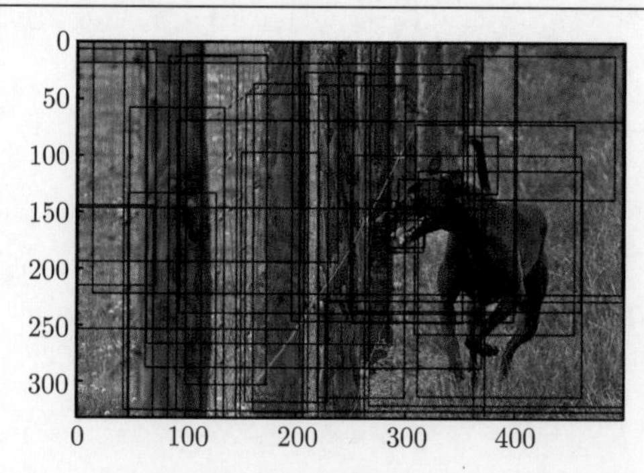

2. 定义数据集类

按照惯例，在准备好的数据集的基础上，需要进一步定义 PyTorch Dataset 类，以使用 PyTorch DataLoader 类按批次产生数据。具体方法还是继承 torch.utils.data.Dataset 类，并实现 __getitem__ 和 __len__ 两个函数。

```
from argparse import Namespace
import numpy as np
import torch
import torch.nn as nn
from torch.nn.utils.rnn import pack_padded_sequence
from torch.utils.data import Dataset
import torchvision
import torchvision.transforms as transforms


class ImageBoxTextDataset(Dataset):
    """
    PyTorch 数据类，用于 PyTorch DataLoader 来按批次产生数据
    """


    def __init__(self, dataset_path, vocab_path, split,
                 captions_per_image=5, max_len=30):
        """
        参数:
            dataset_path: json 格式数据文件路径
            vocab_path: json 格式词典文件路径
            split: train、val、test
            captions_per_image: 每张图片对应的文本描述数
            max_len: 文本描述包含的最大单词数
        """
        self.split = split
        assert self.split in {'train', 'val', 'test'}
        self.cpi = captions_per_image
        self.max_len = max_len
        # 载入数据集
        with open(dataset_path, 'r') as f:
```

(接下页)

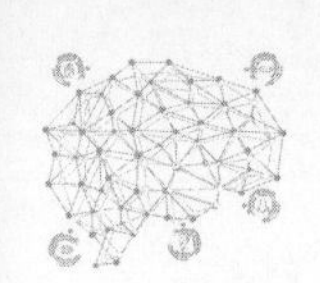

(接上页)

```
            self.data = json.load(f)
        # 载入词典
        with open(vocab_path, 'r') as f:
            self.vocab = json.load(f)

        # 数据量
        self.dataset_size = len(self.data['CAPTIONS'])

    def __getitem__(self, i):
        # 第 i 个文本描述对应第 (i // captions_per_image) 张图片
        feat_path = self.data['IMAGES'][i // self.cpi].replace('images','image_box_
features')+'.npy'
        img = torch.Tensor(np.load(feat_path))
        caplen = len(self.data['CAPTIONS'][i])
        pad_caps = [self.vocab['<pad>']] * (self.max_len + 2 - caplen)
        caption = torch.LongTensor(self.data['CAPTIONS'][i]+ pad_caps)

        return img, caption, caplen


    def __len__(self):
        return self.dataset_size
```

3. 批量读取数据

利用刚才构造的数据集类，借助 DataLoader 类构建能够按批次产生训练、验证和测试数据的对象。这里由于图像表示是预先提取的，因此不需要对图像数据进行增强操作。

```
def mktrainval(data_dir, vocab_path, batch_size, workers=4):
    train_set = ImageBoxTextDataset(os.path.join(data_dir, 'train_data.json'),
                                    vocab_path, 'train')
    valid_set = ImageBoxTextDataset(os.path.join(data_dir, 'val_data.json'),
                                    vocab_path, 'val')
    test_set = ImageBoxTextDataset(os.path.join(data_dir, 'test_data.json'),
                                   vocab_path, 'test')
```

(接下页)

(接上页)

```
train_loader = torch.utils.data.DataLoader(
    train_set, batch_size=batch_size, shuffle=True,
    num_workers=workers, pin_memory=True)

valid_loader = torch.utils.data.DataLoader(
    valid_set, batch_size=batch_size, shuffle=False,
    num_workers=workers, pin_memory=True, drop_last=False)
# 因为测试集不需要打乱数据顺序，故将 shuffle 设置为 False
test_loader = torch.utils.data.DataLoader(
    test_set, batch_size=batch_size, shuffle=False,
    num_workers=workers, pin_memory=True, drop_last=False)

return train_loader, valid_loader, test_loader
```

6.3.2　定义模型

SCAN 模型由图像表示提取器和文本表示提取器构成，二者提取图像中的每个区域和文本中的每个词的表示。

1. 图像表示提取器

我们仅需要在图像特征基础上增加一个全连接层，以输出符合对应表示空间维度的图像编码。图像区域输入特征的形状为（batch_size, 36, 2048）。由于 PyTorch 中的全连接层实现 nn.Linear 默认对最后一个维度执行变换，因此，这里并不需要对输入特征的形状进行特殊的处理。需要注意的是，这里也对图像表示进行了长度归一化，归一化时需要指定维度。

```
class ImageRepExtractor(nn.Module):
    def __init__(self, img_feat_dim, embed_size):
        super(ImageRepExtractor, self).__init__()
        self.fc = nn.Linear(img_feat_dim, embed_size)

    def forward(self, x):
        out = self.fc(x)
```

(接下页)

(接上页)

```
        out = nn.functional.normalize(out, dim=-1)
        return out
```

2. 文本表示提取器

SCAN 使用双向 GRU 模型作为文本表示提取器，它的输入层为词嵌入形式，词的表示为其对应的前向和后向的最后一个隐藏层输出的平均值。词表示的维度也进行了长度归一化。

```
class TextRepExtractor(nn.Module):
    def __init__(self, vocab_size, word_dim, embed_size, num_layers):
        super(TextRepExtractor, self).__init__()
        self.embed_size = embed_size
        self.embed = nn.Embedding(vocab_size, word_dim)
        self.rnn = nn.GRU(word_dim, embed_size, num_layers,
                          batch_first=True, bidirectional=True)

        self.init_weights()

    def init_weights(self):
        self.embed.weight.data.uniform_(-0.1, 0.1)

    def forward(self, x, lengths):
        x = self.embed(x)
        packed = pack_padded_sequence(x, lengths, batch_first=True) # 压缩掉填充值
        out, _ = self.rnn(packed)
        padded = pad_packed_sequence(out, batch_first=True) # 填充回来

        # 双向 RNN，隐藏层的最后一个维度的大小为 2*embed_size，每个词的表示为 (正向 + 后
        # 向)/ 2
        # 注意：句子长度会缩小到 x 中最长句子的长度
        cap_emb, _ = padded
        cap_emb = (cap_emb[:,:,:cap_emb.size(2)//2] + \
                   cap_emb[:,:,cap_emb.size(2)//2:])/2
```

(接下页)

(接上页)

```
        out = nn.functional.normalize(cap_emb, dim=-1)
        return out
```

3. SCAN 模型

和 VSE++ 模型一样，有了图像表示提取器和文本表示提取器，就可以构建 SCAN 模型了。这里同样需要注意要先按照文本的长短对数据进行排序，且为了评测模型时能够对齐图像和文本数据，需要恢复数据原始的输入顺序。

```
class SCAN(nn.Module):
    def __init__(self, vocab_size, word_dim, embed_size, num_layers, img_feat_dim):
        super(SCAN, self).__init__()
        self.image_encoder = ImageRepExtractor(img_feat_dim, embed_size)
        self.text_encoder = TextRepExtractor(vocab_size, word_dim,
                                             embed_size, num_layers)

    def forward(self, images, captions, cap_lens):
        # 按照 caption 的长短排序，并对照调整 image 的顺序
        sorted_cap_lens, sorted_cap_indices = torch.sort(cap_lens, 0, True)
        images = images[sorted_cap_indices]
        captions = captions[sorted_cap_indices]
        cap_lens = sorted_cap_lens

        image_code = self.image_encoder(images)
        text_code = self.text_encoder(captions, cap_lens)
        if not self.training:
            # 恢复数据原始的输入顺序
            _, recover_indices = torch.sort(sorted_cap_indices)
            image_code = image_code[recover_indices]
            text_code = text_code[recover_indices]
        return image_code, text_code
```

6.3.3　定义损失函数

和 VSE++ 模型一样，SCAN 模型也采用了在线挖掘困难样本的 triplet 损失函数。二

者的不同之处在于图像和文本相关分数的计算方式。

SCAN 模型使用的是 6.1.2 节中介绍的基于交叉注意力的相关性计算方法。具体而言，首先需要利用交叉注意力计算图像或文本经过跨模态对齐之后的局部表示，然后计算对齐前后局部表示之间的余弦相似度，最后使用累积函数综合局部相似度求得图文具体的匹配得分。SCAN 模型尝试了以图像为查询和以文本为查询的两种形式的交叉注意力，下面将首先介绍通用注意力函数的实现，然后分别介绍这两种形式的交叉注意力。本部分代码实现参照了 SCAN 模型的作者发布的源码[1]。

1. 注意力函数

不管是以图像为查询还是以文本为查询，都需要首先实现一个通用的计算注意力的函数。通用的注意力函数利用 3 个输入 Q、K 和 V，输出可以理解为用 V 表示 Q 的结果。具体实现上，该函数包含 3 个步骤：选取 Q 和 K 的关联方式并计算注意力相关性分数；归一化 Q 和 K 的相关性分数；以相关性分数作为 V 的权重，计算输出。在跨模态注意力中，Q 是一个模态，K 和 V 是另一个模态。

```
def func_attention(query, key_value, smooth, func_attn_score='plain'):
    """
    Q K V: Q 和 K 算出相关性得分，作为 V 的权重，K=V
    参数:
        query: 查询 (batch_size, n_query, d)
        key_value: 键和值，(batch_size, n_kv, d)
    """
    batch_size, n_query = query.size(0), query.size(1)
    n_kv = key_value.size(1)

    # 计算 query 和 key 的相关性，实现 a 函数
    # query^T: (batch_size, d, n_query)
    queryT = torch.transpose(query, 1, 2)
    # (batch_size, n_kv, d)(batch_size, d, n_query)
    # => attn: (batch_size, n_kv, n_query)
    attn = torch.bmm(key_value, queryT)
    if func_attn_score == "plain":
        pass
```

(接下页)

[1] https://github.com/kuanghuei/SCAN

(接上页)

```
    elif func_attn_score == "softmax":
        attn = nn.Softmax(dim=2)(attn)
    elif func_attn_score == "l2norm":
        attn = nn.functional.normalize(attn, dim=2)
    elif func_attn_score == "clipped":
        attn = nn.LeakyReLU(0.1)(attn)
    elif func_attn_score == "clipped_l2norm":
        attn = nn.LeakyReLU(0.1)(attn)
        attn = nn.functional.normalize(attn, dim=2)
    else:
        raise ValueError("unknown function for attention score:", func_attn_score)
    # 归一化相关性分数
    # (batch_size, n_query, n_kv)
    attn = torch.transpose(attn, 1, 2).contiguous()
    # (batch_size*n_query, n_kv)
    attn = attn.view(batch_size*n_query, n_kv)
    attn = nn.Softmax(dim=1)(attn*smooth)
    # (batch_size, n_query, n_kv)
    attn = attn.view(batch_size, n_query, n_kv)
    # (batch_size, n_kv, n_query)
    attnT = torch.transpose(attn, 1, 2).contiguous()
    # 计算输出
    # (batch_size, d, n_kv)
    key_valueT = torch.transpose(key_value, 1, 2)
    # (batch_size x d x n_kv)(batch_size x n_kv x n_query)
    # => (batch_size, d, n_query)
    output = torch.bmm(key_valueT, attnT)
    # --> (batch_size, n_query, d)
    output = torch.transpose(output, 1, 2)

    return output, attnT
```

2. 交叉注意力

SCAN 模型尝试了两种形式的交叉注意力：图像-文本交叉注意力和文本-图像注意力。其中，图像-文本跨模态注意力是以图像模态为查询，文本模态为键和值的交叉注意力。而文本-图像跨模态注意力是以文本模态为查询，图像模态为键和值的交叉注意力。

对于交叉注意力计算过程中涉及的累积函数，SCAN 模型也尝试了两种形式：一是平均值函数；二是可看作平滑 max 函数的 LogSumExp 函数。这里实际使用的是带超参数 λ_{lse} 的 LogSumExp 函数，即 $\log(\sum_{i=1}^{n} \mathrm{e}^{\lambda_{\text{lse}} x_i})/\lambda_{\text{lse}}$。$\lambda_{\text{lse}}$ 可以控制函数的精确程度，显然，由于指数函数越到后面变化幅度越大，因此 λ_{lse} 取值越大，LogSumExp 越逼近 max 函数，λ_{lse} 取值越小，LogSumExp 越平滑。

下面的函数给出了交叉注意力的具体实现。

```
def xattn_score(images, captions, cap_lens, config):
    """
    参数:
        images: (batch_size, n_regions, d)
        captions: (batch_size, max_n_words, d)
        cap-lens: (batch_size) array of caption lengths
    """
    similarities = []
    n_image = images.size(0)
    n_caption = captions.size(0)
    for i in range(n_caption):
        # 获得第 i 条文本描述
        n_word = cap_lens[i]
        cap_i = captions[i, :n_word, :].unsqueeze(0).contiguous()
        # 将第 i 条文本复制至 n_image 份
        # (n_image, n_word, d)
        cap_i_expand = cap_i.repeat(n_image, 1, 1)
        if config.cross_attn == 'i2t':
            """
                图像-文本交叉注意力：用文本中的词表示图像中的每个区域，
                所有图片的所有区域用当前文本表示
                images(query): (n_image, n_region, d)
                cap_i_expand(key_value): (n_image, n_word, d)
                align_feature: (n_image, n_region, d)
            """
            align_feature, _ = func_attention(images, cap_i_expand,
                                              config.lambda_softmax,
```

(接下页)

(接上页)

```
                                    config.func_attn_score)
        # 当前文本和图片的相关度
        # (n_image, n_region)
        row_sim = nn.functional.cosine_similarity(images, align_feature, dim=2)
    elif config.cross_attn == 't2i':
        """
            文本-图像交叉注意力：用图像表示文本中的每个词，
            当前文本中的词用所有图片表示
            cap_i_expand(query): (n_image, n_word, d)
            images(key_value): (n_image, n_regions, d)
            align_feature: (n_image, n_word, d)
        """
        align_feature, _ = func_attention(cap_i_expand, images,
                                    config.lambda_softmax,
                                    config.func_attn_score)
        # 当前文本和图片的相关度
        # (n_image, n_word)
        row_sim = nn.functional.cosine_similarity(
            cap_i_expand, align_feature, dim=2)
    else:
        raise ValueError("unknown cross attention type: " + config.cross_attn)
    # 累计函数
    if config.agg_func == 'LSE':
        row_sim = torch.logsumexp(row_sim.mul_(config.lambda_lse),
                            dim=1, keepdim=True) / config.lambda_lse
    elif config.agg_func == 'AVG':
        row_sim = row_sim.mean(dim=1, keepdim=True)
    else:
        raise ValueError("unknown aggfunc: {}".format(config.agg_func))
    similarities.append(row_sim)

# (n_image, n_caption)
similarities = torch.cat(similarities, 1)
return similarities
```

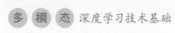

3. 困难样本挖掘的 triplet 损失函数

和 VSE++ 模型中使用的损失函数的唯一区别在于，图文关联分数的计算采用了交叉注意力方法。

```
class XAttnTripletNetLoss(nn.Module):
    def __init__(self, config, margin=0.2, hard_negative=False):
        super(XAttnTripletNetLoss, self).__init__()
        self.config = config
        self.margin = margin
        self.hard_negative = hard_negative

    def forward(self, ie, te, tl):
        # 和 VSE++ 模型唯一的区别在于图文关联分数的计算
        scores = xattn_score(ie, te, tl, self.config)
        diagonal = scores.diag().view(ie.size(0), 1)
        d1 = diagonal.expand_as(scores)
        d2 = diagonal.t().expand_as(scores)

        # 图像为锚
        cost_i = (self.margin + scores - d1).clamp(min=0)
        # 文本为锚
        cost_t = (self.margin + scores - d2).clamp(min=0)

        # 损失矩阵对角线上的值不参与计算
        mask = torch.eye(scores.size(0), dtype=torch.bool)
        I =  torch.autograd.Variable(mask)
        if torch.cuda.is_available():
            I = I.cuda()
        cost_i = cost_i.masked_fill_(I, 0)
        cost_t = cost_t.masked_fill_(I, 0)

        # 找困难样本
        if self.hard_negative:
            cost_i = cost_i.max(1)[0]
            cost_t = cost_t.max(0)[0]
```

(接下页)

(接上页)

```
    return cost_i.sum() + cost_t.sum()
```

6.3.4 选择优化方法

这里选用 Adam 优化算法更新模型参数，学习速率采用分段衰减方法。

```
def get_optimizer(model, config):
    params = filter(lambda p: p.requires_grad, model.parameters())
    return torch.optim.Adam(params=params, lr=config.learning_rate)


def adjust_learning_rate(optimizer, epoch, config):
    """ 每隔 lr_update 个轮次，学习速率减小至当前十分之一"""
    lr = config.learning_rate * (0.1 ** (epoch // config.lr_update))
    for param_group in optimizer.param_groups:
        param_group['lr'] = lr
```

6.3.5 评估指标

这里同样使用跨模态检索中最常用的评估指标 Recall@K。

首先利用 SCAN 模型计算图像和文本编码，然后直接计算所有图像编码和所有文本编码之间的相似度得分，最后利用得分排序计算 Recall@K。需要注意的是，这里的图文编码间的相似度得分是基于交叉注意力计算得到的，计算复杂度较高，需要在 GPU 上执行。然而，GPU 无法一次性存储所有的测试数据，因此需要分块计算相似度得分，具体实现细节见函数 calc_score。

```
import math


def evaluate(data_loader, model, batch_size, config):
    # 模型切换进入评估模式
    model.eval()
    device = next(model.parameters()).device
    max_len = config.max_len + 2
```

(接下页)

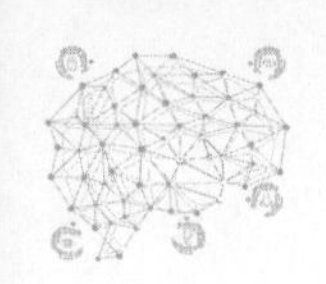

(接上页)

```
    N = len(data_loader.dataset)
    image_codes = torch.zeros((N, config.max_boxes, config.embed_size))
    text_codes = torch.zeros((N, max_len, config.embed_size))
    cap_lens = []

    for i, (imgs, caps, caplens) in enumerate(data_loader):
        with torch.no_grad():
            image_code, text_code = model(imgs.to(device), caps.to(device), caplens)
            # 将图文对应表示存到 numpy 数组中，gpu 一般无法存储全部数据，
            # 因此先存储至系统内存中
            st = i*batch_size
            ed = (i+1)*batch_size
            image_codes[st:ed] = image_code.data.cpu()
            text_codes[st:ed,:text_code.size(1),:] = text_code.data.cpu()
            cap_lens.extend(caplens)
    res = calc_recall(image_codes, text_codes, cap_lens, config)
    # 模型切换回训练模式
    model.train()
    return res

def calc_score(image_codes, text_codes, cap_lens, config):
    # 分块计算图文相似度得分，这里每次计算 500 张图片和 1000 条文本的相似度得分
    image_bs = 500
    text_bs = 1000
    image_num = image_codes.size(0)
    text_num = text_codes.size(0)
    n_image_batch = math.ceil(image_num / float(image_bs))
    n_text_batch = math.ceil(text_num / float(text_bs))
    scores = []
    for i in range(n_text_batch):
        text_code = text_codes[i*text_bs:min((i+1)*text_bs,text_num)].cuda()
        tmp_scores = []
        for j in range(n_image_batch):
            image_code = image_codes[j*image_bs:min((j+1)*image_bs,image_num)].cuda()
```

(接下页)

(接上页)

```
            tmp_scores.append(xattn_score(image_code, text_code, cap_lens, config))
        # n_text_batch 个 (image_bs, text_bs) 矩阵块，拼接成矩阵 (image_num, text_bs)
        # 最终在 cpu 上计算 recall
        scores.append(torch.cat(tmp_scores, 0).cpu())
    scores = torch.cat(scores, 1).numpy()
    return scores

def calc_recall(image_codes, text_codes, cap_lens, config):
    # 之所以可以每隔固定数量取图片，是因为前面对图文数据对输入顺序进行了还原
    cpi = config.captions_per_image
    image_codes = image_codes[::cpi]
    scores = calc_score(image_codes, text_codes, cap_lens, config)
    # 以图检文：按行从大到小排序
    sorted_scores_indices = (-scores).argsort(axis=1)
    (n_image, n_text) = scores.shape
    ranks_i2t = np.zeros(n_image)
    for i in range(n_image):
        # 一张图片对应 cpi 条文本，找到排名最靠前的文本位置
        min_rank = 1e10
        for j in range(i*cpi,(i+1)*cpi):
            rank = list(sorted_scores_indices[i,:]).index(j)
            if min_rank > rank:
                min_rank = rank
        ranks_i2t[i] = min_rank
    # 以文检图：按列从大到小排序
    sorted_scores_indices = (-scores).argsort(axis=0)
    ranks_t2i = np.zeros(n_text)
    for i in range(n_text):
        rank = list(sorted_scores_indices[:,i]).index(i//cpi)
        ranks_t2i[i] = rank
    # 最靠前的位置小于 k，即 recall@k
    r1_i2t = 100.0 * len(np.where(ranks_i2t<1)[0]) / n_image
    r1_t2i = 100.0 * len(np.where(ranks_t2i<1)[0]) / n_text
    r5_i2t = 100.0 * len(np.where(ranks_i2t<5)[0]) / n_image
```

(接下页)

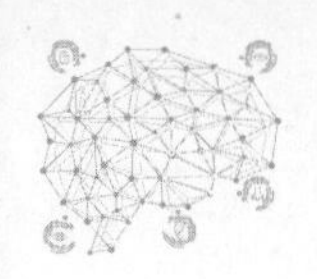

(接上页)

```
    r5_t2i = 100.0 * len(np.where(ranks_t2i<5)[0]) / n_text
    r10_i2t = 100.0 * len(np.where(ranks_i2t<10)[0]) / n_image
    r10_t2i = 100.0 * len(np.where(ranks_t2i<10)[0]) / n_text
    return r1_i2t, r1_t2i, r5_i2t, r5_t2i, r10_i2t, r10_t2i
```

6.3.6 训练模型

和 VSE++ 模型一样，训练模型过程还是分为读取数据、前馈计算、计算损失、更新参数、选择模型 5 个步骤。

```
config = Namespace(
    captions_per_image = 5,
    max_len = 30,
    max_boxes = 36,
    batch_size = 128,
    word_dim = 300,
    embed_size = 1024,
    num_layers = 1,
    img_feat_dim = 2048,
    learning_rate = 0.0005,
    lr_update = 10,
    margin = 0.2,
    hard_negative = True,
    num_epochs = 30,
    grad_clip = 2,
    evaluate_step = 60,
    checkpoint = None,
    best_checkpoint = '../model/scan/best_flickr8k.pth.tar',
    last_checkpoint = '../model/scan/last_flickr8k.pth.tar',
    func_attn_score = 'clipped_l2norm', # plain|softmax|clipped|l2norm|clipped_l2norm
    agg_func = 'LSE', # LSE|AVG
    cross_attn = 't2i', # t2i|i2t
    lambda_lse = 6,
    lambda_softmax = 9
```

(接下页)

(接上页)

```
)

os.environ['CUDA_VISIBLE_DEVICES'] = '0'
device = torch.device("cuda" if torch.cuda.is_available() else "cpu")

# 数据
data_dir = '../data/flickr8k/'
vocab_path = '../data/flickr8k/vocab.json'
train_loader, valid_loader, test_loader = mktrainval(data_dir,vocab_path,config.batch_
size)
# 模型
with open(vocab_path, 'r') as f:
    vocab = json.load(f)
model = SCAN(len(vocab),
             config.word_dim,
             config.embed_size,
             config.num_layers,
             config.img_feat_dim)
model.to(device)
model.train()

# 损失函数
loss_fn = XAttnTripletNetLoss(config, config.margin, True)

# 优化器
optimizer = get_optimizer(model, config)

start_epoch = 0
best_res = 0
print("开始训练！")
for epoch in range(start_epoch, config.num_epochs):
    adjust_learning_rate(optimizer, epoch, config)
    for i, (imgs, caps, caplens) in enumerate(train_loader):
        optimizer.zero_grad()
```

(接下页)

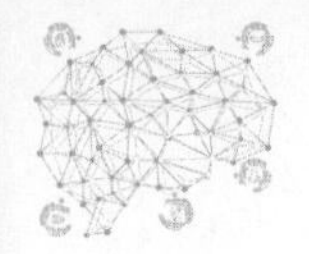

(接上页)

```
imgs = imgs.to(device)
caps = caps.to(device)

image_code, text_code = model(imgs, caps, caplens)
loss = loss_fn(image_code, text_code, caplens)
loss.backward()

# 梯度截断
if config.grad_clip > 0:
    nn.utils.clip_grad_norm_(model.parameters(), config.grad_clip)

optimizer.step()

state = {
    'epoch': epoch,
    'step': i,
    'model': model,
    'optimizer': optimizer
}

if (i+1) % config.evaluate_step == 0:
    r1_i2t, r1_t2i, r5_i2t, r5_t2i, r10_i2t, r10_t2i = \
        evaluate(valid_loader, model, config.batch_size, config)
    recall_sum = r1_i2t + r1_t2i + r5_i2t + r5_t2i + r10_i2t + r10_t2i
    if best_res < recall_sum:
        best_res = recall_sum
        torch.save(state, config.best_checkpoint)
    torch.save(state, config.last_checkpoint)
    print('''epoch: %d, step: %d, loss: %.2f,
          I2T R@1: %.2f, T2I R@1: %.2f,
          I2T R@5: %.2f, T2I R@5: %.2f,
          I2T R@10: %.2f, T2I R@10: %.2f,''' %
          (epoch, i+1, loss.item(),
```

(接下页)

(接上页)

```
                    r1_i2t, r1_t2i, r5_i2t, r5_t2i, r10_i2t, r10_t2i))

checkpoint = torch.load(config.best_checkpoint)
model = checkpoint['model']
r1_i2t, r1_t2i, r5_i2t, r5_t2i, r10_i2t, r10_t2i = \
    evaluate(test_loader, model, config.batch_size, config)
print("Evaluate on the test set with the model \
       that has the best performance on the validation set")
print('Epoch: %d, \
      I2T R@1: %.2f, T2I R@1: %.2f, \
      I2T R@5: %.2f, T2I R@5: %.2f, \
      I2T R@10: %.2f, T2I R@10: %.2f' %
      (checkpoint['epoch'], r1_i2t, r1_t2i, r5_i2t, r5_t2i, r10_i2t, r10_t2i))
```

运行这段代码完成训练，最后一行会输出在验证集上表现最好的模型在测试集上的结果，具体如下。

```
Epoch: 26, I2T R@1: 41.60, T2I R@1: 29.56,  I2T R@5: 71.30, T2I R@5: 59.34,
           I2T R@10: 82.90, T2I R@10: 72.24
```

可以看到，和之前实现的 VSE++ 模型相比，SCAN 模型在跨模态检索任务上的表现更优。例如，在以图检文和以文检图任务上，SCAN 模型分别获得了 41.6 和 29.56 的 Recall@1 值，而 VSE++ 模型获得的 Recall@1 值分别为 22.20 和 17.30。

6.4 小　　结

本章介绍了常用的多模态对齐方法。首先，介绍了基于注意力的多模态对齐方法，包括交叉注意力操作以及利用其计算图文相关性的方法。这是注意力在多模态领域最基础的使用方式，之后会被频繁地应用于各种涉及注意力的多模态模型中。然后，介绍了基于图神经网络的多模态对齐方法，其重要特点是显式为图像模态和文本模态分别建立图结构的表示，然后在图结构上挖掘图文多模态的对齐关系。最后，介绍了一个使用基于注意力的多模态对齐方法进行跨模态检索任务的实战案例，使得读者可以深入了解交叉注意力在多模态信息处理中的直接作用。

6.5 习　　题

1. 对照 6.1.1 节中介绍的交叉注意力的图像输出序列的计算流程，写出文本输出序列的具体计算流程。
2. 当同时给定图像模态和文本模态的整体表示和局部表示时，设计一个基于交叉注意力的图文相关性计算方案。
3. 阐述图神经网络在多模态对齐中的作用。
4. 分析使用图神经网络和 transformer 进行单模态表示学习的区别。
5. 给 6.3 节中介绍的 SCAN 模型的实现增加交叉注意力可视化模块，以可视化图文的局部关联。
6. 在 6.3 节中介绍的 SCAN 模型的损失函数的基础上增加基于整体表示的损失项（和 VSE++ 相同的损失函数），对比增加该损失项前后的跨模态检索结果。

第 7 章　多模态融合

多模态融合是整合多个模态信息形成统一的表示或决策的技术。在深度学习方法出现之前，多模态融合技术一般按照融合时机的不同被归纳为 3 类：早期融合、后期融合和混合融合。早期融合方法首先使用拼接等较为简单的操作整合各个模态的表示为统一向量或矩阵，然后利用机器学习模型完成目标任务。后期融合首先利用每个模态的数据单独构建模型，完成单模态的分析或判别，然后通过简单统计或者机器学习模型方法融合各个模态的分析或判别结果形成最终的结果。同时在早期和后期进行融合就形成了混合融合。

由于深度学习方法在处理各个模态数据时所使用的结构都以神经网络为基础，即卷积、循环、注意力，模型参数都可以通过反向传播算法求解，多模态模型大多可以端到端的方式进行训练，因此，融合可以天然地发生在多层网络的任意层次，融合时机不再是研究的重点。于是，基于深度学习的多模态融合技术更加关注具体的融合方式。

早期的工作一般使用线性方式融合多模态，即使用拼接、按位相加、加权求和、按位相乘等简单操作整合多个模态的表示。实际上，5.1 节中所介绍的共享表示学习技术就是一种典型的多模态融合方式。共享表示中，图像和文本都被表示为单一的多维向量，在分别被多层神经网络映射到高层表示空间后，通过拼接方式形成整体表示，最后通过全连接层学习融合表示。类似地，Ren 等[52] 描述了若干模型将图像表示视作一个视觉单词，然后将其拼接在文本序列的最前面得到一个混合序列，最后使用 LSTM 对该混合序列进行编码，并将 LSTM 输出的全局表示视作多模态融合表示。Neural-Image-QA[62] 将图像整体表示和文本中的每个词的表示拼接，然后使用 LSTM 编码拼接后的文本序列，并将 LSTM 输出的全局表示视作多模态融合表示。使用 LSTM 获取融合表示的工作还有用于指称表达理解和生成任务的 MMI[41]。这种多模态表示本质上是图像和文本表示在对应维度上组合的结果，其获取方式较为简单，不包含或仅包含少量参数，表示的元素之间交互不够充分，不足以应对需要融合图文细粒度信息的场景。

为了更加充分地融合图文表示，2016 年，研究者开始使用双线性融合方法。和线性融合方法仅建模图像表示元素与文本表示元素对应位置的关联不同，双线性融合方法使用外积操作融合图像和文本表示，建模了视觉表示元素与文本表示元素间的两两关联。但是，直接建模这种两两关联会导致平方级的参数规模，因此双线性融合的性能常会受到机器计算资源的限制。后来，MCB[140]、MLB[141]、MFB[142]、MUTAN[143]、MFH[144]、BLOCK[145]等模型被相继提出，在减少参数规模并降低计算消耗的同时，保持或提高了多模态融合的性能，并应用于视觉问答任务中。

注意力在自然语言处理领域的成功应用使得研究人员开始利用注意力进行多模态融合。一个最直接的方法是直接将交叉注意力对齐后的表示当作融合表示或使用拼接、相加、按位相乘等简单操作将交叉注意力对齐前后的表示融合。为了进一步加深融合程度，随后很多工作都多次迭代地使用交叉注意力建模多模态数据之间的多阶关联。例如，QRU[132]、SAN[133] 和 r-DAN[63] 都是在每一次使用交叉注意力进行跨模态对齐之后，维护一个多模态融合向量作为查询，继续执行跨模态对齐操作。之后，随着 transformer 模型的出现和成功，用于多模态融合的交叉 transformer 也成为基于注意力的多模态融合方法的主流模型。例如，用于视觉问答任务的 MCAN[146]、DFAF[147]，以及绝大多数多模态预训练模型都使用交叉 transformer 融合多模态数据。

本章将介绍上述方法中的两类细粒度的多模态融合方法：基于双线性融合的方法和基于注意力的方法。

7.1 基于双线性融合的方法

双线性池化是一种计算两个向量外积来构建融合表示的操作。如图 7.1 所示，图像表示 $\boldsymbol{v} \in \mathbb{R}^{D_I}$ 和文本表示 $\boldsymbol{u} \in \mathbb{R}^{D_T}$ 经过双线性池化操作后得到的融合表示为

$$\boldsymbol{z} = \boldsymbol{W}[\boldsymbol{v} \otimes \boldsymbol{u}] \in \mathbb{R}^{D_z} \tag{7.1.1}$$

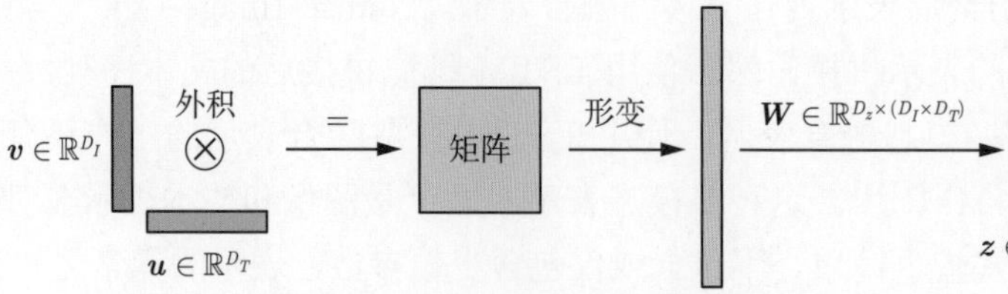

图 7.1 双线性池化示意图

其中，$\boldsymbol{v} \otimes \boldsymbol{u}$ 的结果为形状为 $D_I \times D_T$ 的矩阵，[] 操作将该矩阵的形状改变为一维向量，W 是形状为 $(D_z, D_I \times D_T)$ 的线性变换权重。

双线性池化能使得两个向量表示的所有元素之间都产生交互，融合较为充分，但是如果融合之后的表示还保持较高的维度，那么模型的参数量将会非常大。例如，$D_I = D_T = 2048$，$D_z = 3000$，则 W 的大小为 $(3000, 2048 \times 2048)$，参数量超过 120 亿。

为了减少双线性池化操作的计算复杂度，研究人员提出一系列双线性融合方案，包括多模态压缩双线性池化（multimodal compact bilinear，MCB）、多模态低秩双线性池化（multimodal low-rank bilinear，MLB）、多模态因子双线性池化（multimodal factorized bilinear，MFB）、多模态 Tucker 融合（multimodal Tucker fusion，MUTAN）、多模态分解高阶池化方法（multimodal factorized high-order pooling，MFH）、区块双线性融合方法（BLOCK）。

具体而言，MCB 首先采取 count sketch[148] 将原始图文表示映射到高维表示空间，然后在快速傅里叶变换空间通过元素乘积对两个表示进行卷积，通过上述两个步骤模拟原始的双线性池化，从而避免平方展开的高维特征。其可行性在于，两个向量的外积的 count sketch 表示等于两个向量的 count sketch 表示的卷积的结果。MCB 的缺点在于，其依赖于高维的 count sketch 表示来保证模型的性能，这种高维表示还是存在计算瓶颈。MLB 提出基于 Hadamard 积的低秩双线性池化，其将双线性池化的三维权重张量化为 3 个二维权重矩阵，使权重张量的秩变为低秩，虽然其较 MCB 具有更少的参数量，但 MLB 的收敛速度慢，且对学习的超参数敏感。和 MLB 类似，MFB 同样对权重进行低秩矩阵分解，但是使用了多组不同的映射矩阵获得融合表示中的不同维度的元素，提升了模型容量，取得了很好的性能。MUTAN 基于 Tucker 分解实现双线性池化，可以有效减小参数数量，同时具有良好的通用性。MFH 并联多个 MFB 单元，进一步提升了模型容量，取得了更好的性能。然而，多套参数并联的方式却导致参数量倍增。为此，BLOCK 首先将视觉表示和文本表示分别切分为多个表示块，然后分别融合对应的视觉表示块和文本表示块，最后拼接多个融合结果。BLOCK 理论上获得了模型容纳力和模型复杂度的平衡。BLOCK 在参数量规模低的情况下，依旧可以获得良好的性能。

下面将详细介绍 MLB、MFB 和 MUTAN 这 3 种典型的双线性融合方法。

7.1.1　多模态低秩双线性池化

首先单独分析融合表示 $\boldsymbol{z}$ 中的单个元素的计算过程，以第 i 个元素为例，其计算公式

可以写成式(7.1.2)的形式。

$$z_i = \boldsymbol{v}^\top \boldsymbol{W}_i \boldsymbol{u} \tag{7.1.2}$$

其中，$\boldsymbol{W}_i \in \mathbb{R}^{D_I \times D_T}$ 为 $\boldsymbol{W}$ 中的第 i 组矩阵。

为了降低参数规模，多模态低秩双线性池化（MLB）将 $\boldsymbol{W}_i$ 分解为两个低秩矩阵 $\boldsymbol{P}$ 和 $\boldsymbol{Q}$，则式(7.1.2)可以写成式(7.1.3)的形式。

$$z_i = \boldsymbol{v}^\top (\boldsymbol{P}\boldsymbol{Q}^\top) \boldsymbol{u} \tag{7.1.3}$$

其中，$\boldsymbol{P} \in \mathbb{R}^{D_I \times k}$ 和 $\boldsymbol{Q} \in \mathbb{R}^{D_T \times k}$ 为模型参数。k 为超参数，其取值越小，模型的参数规模就越小。式(7.1.3)可以进一步写成：

$$z_i = \boldsymbol{1}^\top (\boldsymbol{P}^\top \boldsymbol{v} \circ \boldsymbol{Q}^\top \boldsymbol{u}) \tag{7.1.4}$$

其中，$\circ$ 为 Hadmard，即按位乘，$\boldsymbol{1}^\top \in \mathbb{R}^k$ 为全 1 的行向量，其存在相当于对后面的列向量求和。因此，式(7.1.4)得到的结果为单一数值。为了获得整个融合表示向量 $\boldsymbol{z}$，MLB 将 $\boldsymbol{1}^\top$ 替换为可学习参数矩阵 $\boldsymbol{W}_z \in \mathbb{R}^{D_z \times k}$，将式(7.1.4)改写为

$$\boldsymbol{z} = \boldsymbol{W}_z (\boldsymbol{P}^\top \boldsymbol{v} \circ \boldsymbol{Q}^\top \boldsymbol{u}) \tag{7.1.5}$$

图 7.2 展示了 MLB 融合的计算过程。可以看到，MLB 在得到融合表示中的元素时，先对图像和文本表示进行了线性变换，实际上，MLB 这里执行的是非线性变换，即在线性变换之后，增加了非线性激活函数。然后使用按位乘对变换后的表示进行融合，最后使用一个线性变换将融合结果映射到期望维度的表示空间中。

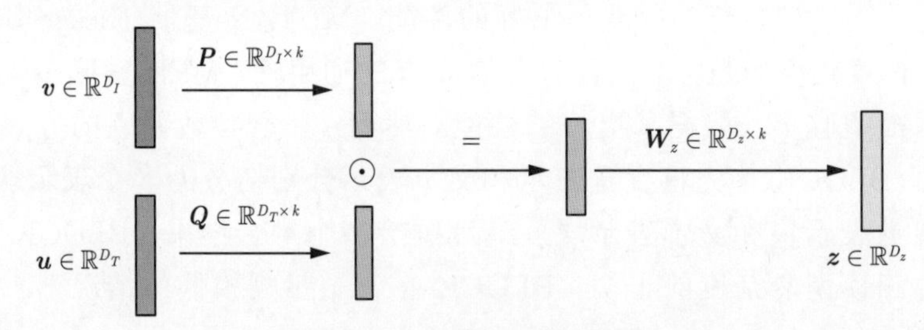

图 7.2　MLB 融合的计算过程

7.1.2　多模态因子双线性池化

多模态因子双线性池化（MFB）和 MLB 非常类似，都是将 $\boldsymbol{W}_i$ 分解为两个低秩矩阵。二者的不同之处在于，MFB 不是将全 1 向量替换为参数矩阵获得融合向量，而是使用 D_z

组低秩矩阵获得融合向量中的 D_z 个元素，即式(7.1.4)可写成

$$z_i = \mathbf{1}^\top(\boldsymbol{P}_i^\top \boldsymbol{v} \circ \boldsymbol{Q}_i^\top \boldsymbol{u}) \tag{7.1.6}$$

其中，$\boldsymbol{P}_i \in \mathbb{R}^{D_I \times k}$ 和 $\boldsymbol{Q}_i \in \mathbb{R}^{D_T \times k}$。为了得到融合表示 $\boldsymbol{z}$ 的所有元素值，一共有 D_z 组低秩矩阵 $\boldsymbol{P}_i$ 和 $\boldsymbol{Q}_i$，每一组均对应 $\boldsymbol{z}$ 中的一个元素。

图 7.3 展示了 MFB 融合的计算过程。可以看到，MFB 得到融合表示中的元素时，使用 D_z 组不同的权重对图像和文本表示进行了 D_z 次线性变换，实际上，这里也是非线性变换。然后使用按位乘对每一组变换后的表示进行融合，最后对每一组表示进行求和，获得 $\boldsymbol{z}$ 中的每一个元素值，也就得到了最终的融合表示。

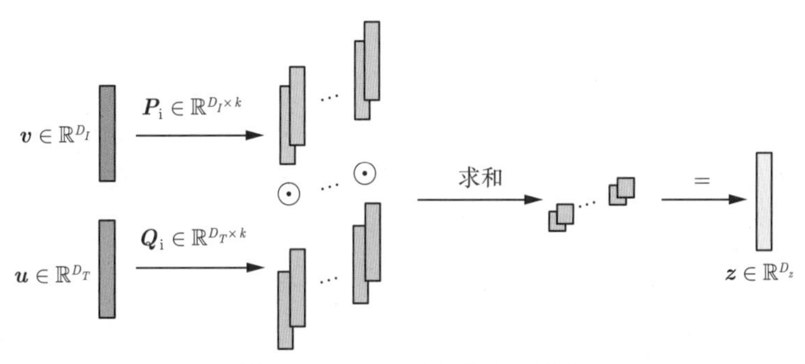

图 7.3　MFB 融合的计算过程

7.1.3　多模态 Tucker 融合

多模态 Tucker 融合（MUTAN）是基于 Tucker 分解的多模态融合方法。为了理解 MUTAN，首先需要利用张量和矩阵的乘积操作，将双线性融合写成如下形式：

$$\boldsymbol{z} = (\boldsymbol{W} \times_1 \boldsymbol{v}) \times_2 \boldsymbol{u} \tag{7.1.7}$$

其中，$\times_i$ 为张量和矩阵的乘积（i-mode product），该操作的结果是改变张量第 i 个维度的大小。例如，对于一个形状为 $(4,3,2)$ 的三维张量，其和矩阵形状为 $(3,5)$ 的矩阵进行 $\times_2$ 的结果为形状为 $(4,5,2)$ 的三维张量，即将原始张量的第 2 个维度的大小换成矩阵的第 2 个维度的大小。具体计算上，是将原始三维张量转换成 $(4{\times}2)$ 个三维向量和形状为 $(3,5)$ 的矩阵相乘，得到 $(4{\times}2)$ 个五维向量，即可以得到形状为 $(4,5,2)$ 的张量。这里相当于将 $\boldsymbol{W}$ 的第 1 个维度（图像表示维度）和第 2 个维度（文本表示维度）的大小换成 1，即得到期望的第 3 个维度（z 的维度）大小的向量。

接下来需要对 $\boldsymbol{W}$ 做 Tucker 分解。Tucker 分解是一种高维张量主成分分析方法。对于三维张量 $\boldsymbol{W}$，由 Tucker 分解可以得到一个三维核张量 $\boldsymbol{T}_c$ 和 3 个因子矩阵 $\boldsymbol{P}$、$\boldsymbol{Q}$、$\boldsymbol{W}_z$ 的乘积，即

$$\boldsymbol{W} = ((\boldsymbol{T}_c \times_1 \boldsymbol{P}) \times_2 \boldsymbol{Q}) \times_3 \boldsymbol{W}_z \tag{7.1.8}$$

其中，$\boldsymbol{T}_c \in \mathbb{R}^{d_I \times d_T \times d_z}$，$\boldsymbol{P} \in \mathbb{R}^{D_I \times d_I}$, $\boldsymbol{Q} \in \mathbb{R}^{D_T \times d_T}$，$\boldsymbol{W}_z \in \mathbb{R}^{D_z \times d_z}$。

最后，将式(7.1.8)代入式(7.1.7)就可以得到基于 Tucker 分解的双线性融合：

$$\boldsymbol{z} = ((\boldsymbol{T}_c \times_1 (\boldsymbol{v}^\top \boldsymbol{P})) \times_2 (\boldsymbol{u}^\top \boldsymbol{Q})) \times_3 \boldsymbol{W}_z \tag{7.1.9}$$

图 7.4 展示了 MUTAN 融合的计算过程。可以看到，MUTAN 首先利用矩阵 $\boldsymbol{P}$ 和 $\boldsymbol{Q}$ 分别对图像和文本表示进行线性变换，得到新的图像和文本表示，分别记作 $\tilde{\boldsymbol{v}}$ 和 $\tilde{\boldsymbol{u}}$。和之前类似，MUTAN 这里执行的实际也是非线性变换。然后对 $\tilde{\boldsymbol{v}}$ 和 $\tilde{\boldsymbol{u}}$ 执行了原始的双线性融合操作，$\boldsymbol{T}_c$ 为参数矩阵。此时，变换后的图像和文本表示的维度要小于原始的图像和文本表示维度，因此，双线性融合操作的计算量比之前要小。最后，再通过一个线性变换将融合结果映射到期望维度的表示空间中。

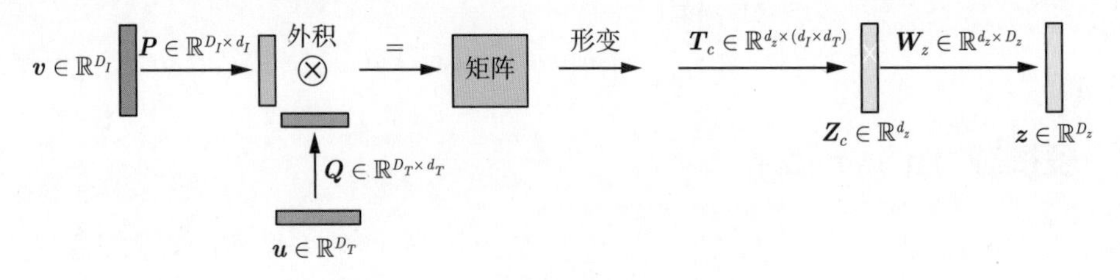

图 7.4　MUTAN 融合的计算过程

7.2　基于注意力的方法

7.2.1　基于交叉注意力的基础方法

最基础的基于注意力的多模态融合方法是整合利用交叉注意力进行多模态对齐前后的表示。当图像模态和文本模态均为局部表示时，首先使用交叉注意力获得跨模态对齐的局部输出特征 Y^I 和 Y^T，然后使用拼接、相加等简单操作或双线性融合操作将对齐前后的表示融合。以相加融合为例，融合后的图像和文本表示分别为

$$\{\boldsymbol{x}_1^I+\boldsymbol{y}_1^I,\boldsymbol{x}_2^I+\boldsymbol{y}_2^I,\cdots,\boldsymbol{x}_n^I+\boldsymbol{y}_n^I\} \tag{7.2.1}$$

$$\{\boldsymbol{x}_1^T+\boldsymbol{y}_1^T,\boldsymbol{x}_2^T+\boldsymbol{y}_2^T,\cdots,\boldsymbol{x}_m^T+\boldsymbol{y}_m^T\} \tag{7.2.2}$$

当图像模态为局部表示、文本模态为整体表示时，首先使用交叉注意力获得文本的跨模态对齐的局部输出表示 $\boldsymbol{y}^T$，然后使用拼接、相加等简单操作或者双线性融合操作将对齐前后的表示融合，以拼接融合为例，融合后的文本表示为 $\boldsymbol{x}^T||\boldsymbol{y}^T$。

7.2.2　基于多步交叉注意力的方法

交叉注意力可以被简单地堆叠多次形成多步交叉注意力。多步交叉注意力的关键是维护一个查询表示向量 $\boldsymbol{m}$。在第一步时，查询可以定义为图像和文本整体表示按位相乘或相加的结果。在准备好初始查询表示向量之后，如图 7.5 所示，以整体表示 $\boldsymbol{m}$ 为查询，以图像局部表示为键和值，利用交叉注意力获取和图像对齐的表示 $\boldsymbol{m}^I$：

$$\boldsymbol{m}^I=\mathrm{CA}(\boldsymbol{X}^I,\boldsymbol{m}) \tag{7.2.3}$$

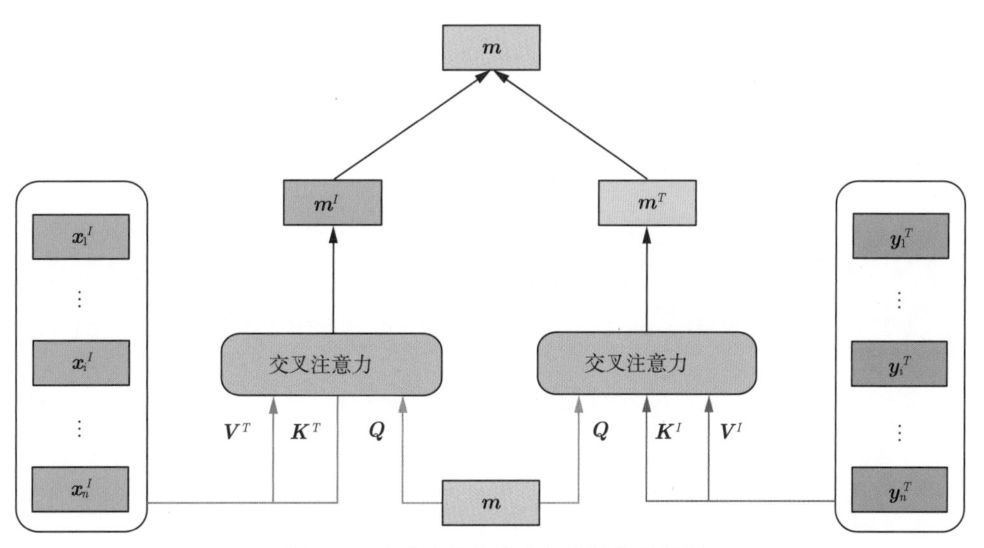

图 7.5　多步交叉注意力每步操作示意图

类似地，以整体表示 $\boldsymbol{m}$ 为查询，以文本局部表示为键和值，利用交叉注意力获取和文

本对齐的表示 $\boldsymbol{m}^T$：

$$\boldsymbol{m}^T = \text{CA}(\boldsymbol{m}, \boldsymbol{X}^T) \tag{7.2.4}$$

在之后的每一步，首先更新查询表示为对齐表示 $\boldsymbol{m}^I$ 和 $\boldsymbol{m}^T$ 按位相乘的结果。然后再次使用交叉注意力获得新的对齐表示。在执行 K 次交叉注意力之后，可以直接将最终获得的多模态查询当作融合表示。

需要注意的是，上述方法中的每一步都使用了两次交叉注意力：将查询和图像对齐；将查询和文本对齐。这也是 r-DAN[63] 中提出的融合方法。

也有一些研究将第一步的查询表示向量设定为单个模态的整体表示，并只使用一次交叉注意力将其和另一个模态对齐，然后在之后的每一步都将查询表示向量设定为对齐后的表示或对齐前后的表示之和，且都只使用一次交叉注意力。QRU[132] 和 SAN[133] 都是采用这种方法应对视觉问答任务。这类方法将问题整体表示作为查询，和图像局部表示对齐，以筛选出和问题相关的图像区域。多步交叉注意力操作被解释为多步推理，每一步推理都融合了问题和图像，并在下一步推理对图像区域进行更精确的筛选。

7.2.3 基于交叉 transformer 编码器的方法

3.3 节介绍过通过堆叠自注意力可以得到 transformer 编码器。同样，可以通过堆叠交叉注意力得到交叉 transformer 编码器，以建模复杂的图文关联。图 7.6 展示了一个交叉 transformer 块，每个块都包含多头交叉注意力（MCA）和前馈网络（MLP），并使用了层规范化（LN）和残差连接等深度学习常用的训练技巧。交叉 transformer 编码器堆叠了若干这样的交叉 transformer 块。

形式上，令第 l 层的图文表示分别为 $\boldsymbol{Z}^{I(l)}$ 和 $\boldsymbol{Z}^{T(l)}$，那么经过交叉 transformer 块转换得到的第 $l+1$ 层的表示 $\boldsymbol{Z}^{I(l+1)}$ 和 $\boldsymbol{Z}^{T(l+1)}$ 的计算流程如下。

$$\begin{aligned}
\hat{\boldsymbol{Z}}^{I(l)}, \hat{\boldsymbol{Z}}^{T(l)} &= \text{LN}\left(\text{MCA}(\boldsymbol{Z}^{I(l)}, \boldsymbol{Z}^{T(l)}) + [\boldsymbol{Z}^{I(l)}; \boldsymbol{Z}^{T(l)}]\right) \\
\boldsymbol{Z}^{I(l+1)} &= \text{LN}\left(\text{MLP}(\hat{\boldsymbol{Z}}^{I(l)}) + \hat{\boldsymbol{Z}}^{I(l)}\right) \\
\boldsymbol{Z}^{T(l+1)} &= \text{LN}\left(\text{MLP}(\hat{\boldsymbol{Z}}^{T(l)}) + \hat{\boldsymbol{Z}}^{T(l)}\right)
\end{aligned} \tag{7.2.5}$$

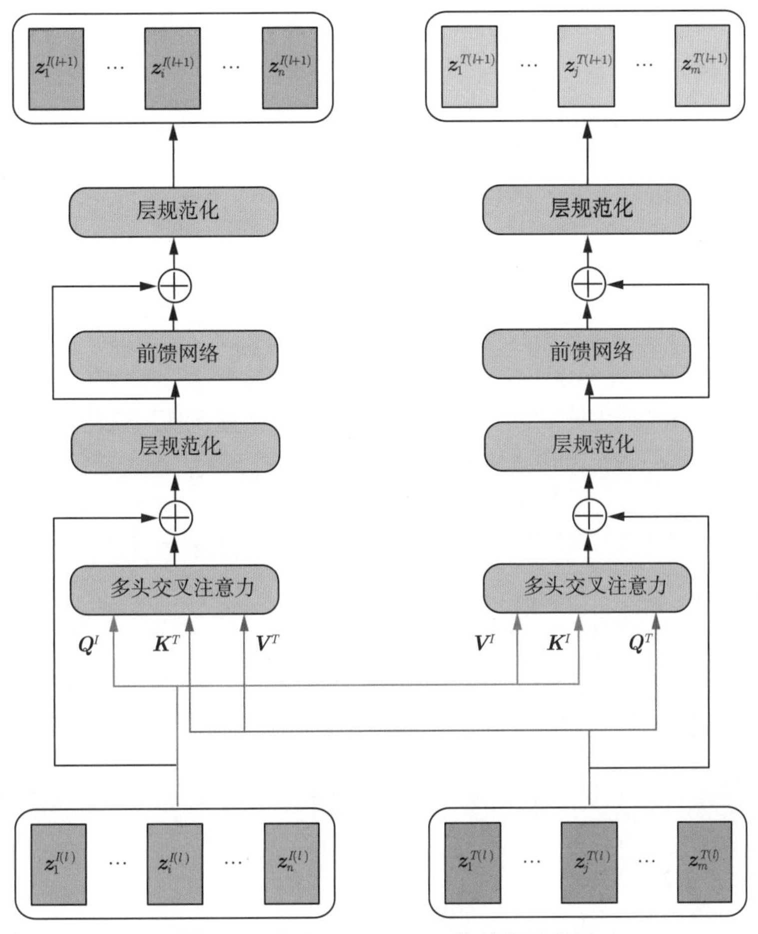

图 7.6　交叉 transformer 块结构示意图

7.3　实战案例：基于 MFB 的视觉问答

7.3.1　视觉问答技术简介

视觉问答的关键是挖掘图像和问题之间的关联，并融合二者推理出答案。形式上，视觉问答模型需要融合图像和文本两个模态的输入信息，预测出文本模态形式的答案或答案对应的类别编号。

现有的视觉问答技术可以细分为 4 类：一是基于特征融合的方法，即利用线性融合或者双线性融合方法综合图像和问题的信息；二是基于注意力的方法，即利用注意力机制将图像中的区域和问题进行多模态对齐和融合；三是基于视觉关系建模的方法，该方法显式地建模图像中区域间的关系，并利用多模态对齐技术建立这些关系和问题的联系，最终利用多模态融合技术综合关系和问题；四是基于模块网络的方法，其首先利用全连接层、卷积层、注意力层等单元预定义一系列模块，包括属性或实体查找模块、关注区域转换模块、组合模块、属性描述模块、计数模块等，然后将问题解析为可以和这些模块对应的部分，最后依据对问题的解析结果动态地组装预定义的模块。

需要说明的是，这四类方法并非完全独立，例如使用这 4 类方法构建视觉问答模型时，大多都会使用注意力机制进行多模态融合和对齐。

本节将具体介绍一个基于 MFB[142] 和注意力的视觉问答模型（MFBVQA 模型）的实战案例。如图 7.7 所示，该模型首先利用注意力将问题和图像中的区域进行多模态对齐，其中注意力评分函数为 MFB，然后利用 MFB 融合多模态对齐前后的问题表示，最终推理出答案。

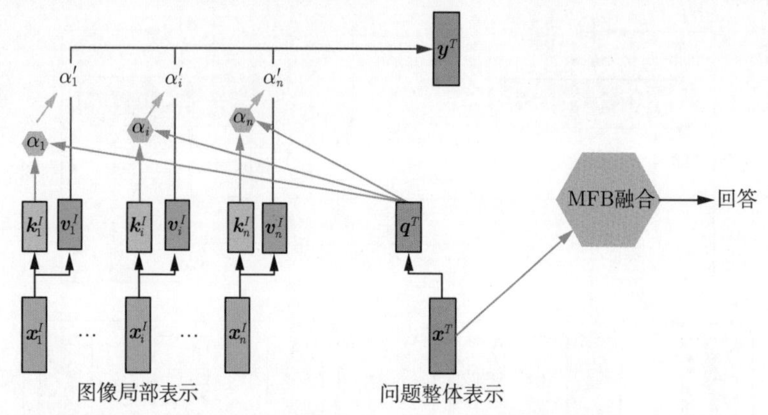

图 7.7　基于多模态因子双线性池化和注意力的视觉问答模型框架示意图

下面按照读取数据、定义模型、定义损失函数、选择优化方法、选择评估指标和训练模型的顺序，依次介绍该模型的具体实现。

7.3.2 读取数据

1. 下载数据集

我们使用的数据集为 VQA v2(下载地址[1])。该数据集中的图像来自 MS COCO，我们需要下载bottom up attention 模型[2]提供的图像区域表示[3]。该文件解压后的 tsv 文件包含

[1] https://visualqa.org/download.html

[2] https://github.com/peteanderson80/bottom-up-attention

[3] https://storage.googleapis.com/up-down-attention/trainval_36.zip

了 MS COCO 训练集和验证集中所有图片的 36 个检测框的视觉表示。本节的代码将 tsv 文件放在目录../data/vqa/coco 下。

对于问题和回答，我们需要下载 4 个文件：训练标注集（训练回答集）、验证标注集（验证回答集）、训练问题集和验证问题集。将这 4 个文件解压后，可以得到 4 个 json 格式的文件，并将其放在指定目录 (本节的代码中将该目录设置为../data/vqa) 下的 vqa2 文件夹里。由于测试集的标注集未公开，因此这里仅下载训练集和验证集。下载的数据集包含 443757 个训练问题和 214354 个验证问题，每个问题对应 10 个人工标注的答案。

2. 整理数据集

数据集下载完成后，需要对其进行处理，以适合之后构造的 PyTorch 数据集类读取。对于图像，按照 6.3.1 节介绍的方式，将每张图片的 36 个检测框表示存储为单个 npy 格式文件，并将文件路径记录在数据 json 文件中。为了后续的数据分析，检测框的位置信息也要以 npy 格式存储。json 文件中的路径仅存储文件名前缀，加上后缀“.npy”为图像特征，加上后缀“.box.npy”为检测框特征。

```
import base64
import csv
import json
import numpy as np
import os
from os.path import join as pjoin
import sys

csv.field_size_limit(sys.maxsize)

def resort_image_feature():
    coco_dir = '../data/vqa/coco/'
    img_feat_path = pjoin(coco_dir, 'trainval_resnet101_faster_rcnn_genome_36.tsv')
    feature_folder = pjoin(coco_dir, 'image_box_features')
    if not os.path.exists(feature_folder):
        os.makedirs(feature_folder)

    imgid2feature = {}
    imgid2box = {}
```

(接下页)

(接上页)

```
    FIELDNAMES = ['image_id', 'image_h', 'image_w', 'num_boxes', 'boxes', 'features']
    with open(img_feat_path, 'r') as tsv_in_file:
        reader = csv.DictReader(tsv_in_file, delimiter='\t', fieldnames = FIELDNAMES)
        for item in reader:
            item['num_boxes'] = int(item['num_boxes'])
            for field in ['boxes', 'features']:
                buf = base64.b64decode(item[field])
                temp = np.frombuffer(buf, dtype=np.float32)
                item[field] = temp.reshape((item['num_boxes'],-1))
            feat_path = pjoin(feature_folder, item['image_id']+'.jpg.npy')
            box_path = pjoin(feature_folder, item['image_id']+'.jpg.box.npy')
            np.save(feat_path, item['features'])
            np.save(box_path, item['boxes'])

resort_image_feature()
```

对于回答，我们取出现频次最高的 max_ans_count 个回答，将任务转化为 max_ans_count 个类的分类任务，并将每个问题的多个回答转化为列表。

对于问题，我们首先构建词典，然后根据词典将问题转化为向量，并过滤掉所有回答都不在高频回答中的问题样本。

```
from collections import defaultdict, Counter
import json
import os
from os.path import join as pjoin
import random
import re
import torch
from PIL import Image

def tokenize_mcb(s):
    """
    问题词元化（tokenization）函数，来源于 https://github.com/Cadene/block.bootstrap.
pytorch
```

(接下页)

(接上页)

```
    """
    t_str = s.lower()
    for i in [r'\?',r'\!',r'\'',r'\"',r'\$',r'\:',
              r'\@',r'\(',r'\)',r'\,',r'\.',r'\;']:
        t_str = re.sub( i, '', t_str)
    for i in [r'\-',r'\/']:
        t_str = re.sub( i, ' ', t_str)
    q_list = re.sub(r'\?','',t_str.lower()).split(' ')
    q_list = list(filter(lambda x: len(x) > 0, q_list))
    return q_list

def tokenize_questions(questions):
    for item in questions:
        item['question_tokens'] = tokenize_mcb(item['question'])
    return questions

def annotations_in_top_answers(annotations, questions, ans_vocab):
    new_anno = []
    new_ques = []
    assert len(annotations) == len(questions)
    for anno,ques in zip(annotations, questions):
        if anno['multiple_choice_answer'] in ans_vocab:
            new_anno.append(anno)
            new_ques.append(ques)
    return new_anno, new_ques

def encode_questions(questions, vocab):
    for item in questions:
        item['question_idx'] = []
        for w in item['question_tokens']:
            item['question_idx'].append(vocab.get(w, vocab['<unk>']))
    return questions

def encode_answers(annotations, vocab):
```

(接下页)

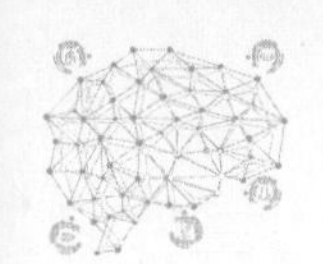

(接上页)

```
    # 记录回答的频率
    for item in annotations:
        item['answer_list'] = []
        answers = [a['answer'] for a in item['answers']]
        for ans in answers:
            if ans in vocab:
                item['answer_list'].append(vocab[ans])
    return annotations


def create_dataset(dataset='flickr8k',
                   max_ans_count=1000,
                   min_word_count=10):
    """
    参数:
        dataset: 数据集名称
        max_ans_count: 取训练集中最高频的 1000 个答案
        min_word_count: 仅考虑在训练集中问题文本里出现 10 次及 10 次以上的词
    输出:
        一个词典文件: vocab.json
        两个数据集文件: train_data.json、 val_data.json
    """
    dir_vqa2 = '../data/vqa/vqa2'
    dir_processed = os.path.join(dir_vqa2, 'processed')
    dir_ann = pjoin(dir_vqa2, 'raw', 'annotations')
    path_train_ann = pjoin(dir_ann, 'mscoco_train2014_annotations.json')
    path_train_ques = pjoin(dir_ann, 'OpenEnded_mscoco_train2014_questions.json')
    path_val_ann = pjoin(dir_ann, 'mscoco_val2014_annotations.json')
    path_val_ques = pjoin(dir_ann, 'OpenEnded_mscoco_val2014_questions.json')

    # 读取回答和问题
    train_anno = json.load(open(path_train_ann))['annotations']
    train_ques = json.load(open(path_train_ques))['questions']

    val_anno = json.load(open(path_val_ann))['annotations']
```

(接下页)

(接上页)

```
val_ques = json.load(open(path_val_ques))['questions']

# 取出现频次最高的 nans 个回答，将任务转化为 nans 个类的分类问题
ans2ct = defaultdict(int)
for item in train_anno:
    ans = item['multiple_choice_answer']
    ans2ct[ans] += 1
ans_ct = sorted(ans2ct.items(), key=lambda item:item[1], reverse=True)
ans_vocab = [ans_ct[i][0] for i in range(max_ans_count)]
ans_vocab = {a:i for i,a in enumerate(ans_vocab)}
train_anno = encode_answers(train_anno, ans_vocab)
val_anno = encode_answers(val_anno, ans_vocab)
# 处理问题文本
train_ques = tokenize_questions(train_ques)
val_ques = tokenize_questions(val_ques)
# 保留高频词
ques_vocab = Counter()
for item in train_ques:
    ques_vocab.update(item['question_tokens'])
ques_vocab = [w for w in ques_vocab.keys() if ques_vocab[w] > min_word_count]
ques_vocab = {q:i for i,q in enumerate(ques_vocab)}
ques_vocab['<unk>'] = len(ques_vocab)
train_ques = encode_questions(train_ques, ques_vocab)
val_ques = encode_questions(val_ques, ques_vocab)
# 过滤掉所有回答都不在高频回答中的数据
train_anno, train_ques = annotations_in_top_answers(
        train_anno, train_ques, ans_vocab)

if not os.path.exists(dir_processed):
    os.makedirs(dir_processed)
# 存储问题和回答词典
with open(pjoin(dir_processed, 'vocab.json'), 'w') as fw:
    json.dump({'ans_vocab': ans_vocab, 'ques_vocab': ques_vocab}, fw)
# 存储数据
```

(接下页)

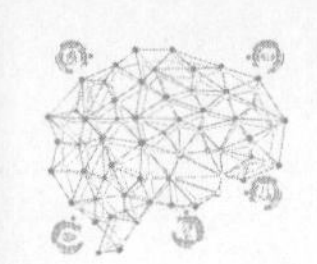

(接上页)

```
    with open(pjoin(dir_processed, 'train_data.json'), 'w') as fw:
        json.dump({'annotations':train_anno, 'questions':train_ques}, fw)
    with open(pjoin(dir_processed, 'val_data.json'), 'w') as fw:
        json.dump({'annotations':val_anno, 'questions':val_ques}, fw)

create_dataset()
```

和之前的实战案例一样，在调用该函数生成需要的格式的数据集文件之后，可以展示其中一条数据，简单验证一下数据的格式是否和我们预想的一致。

```
%matplotlib inline
import json
from os.path import join as pjoin
import numpy as np
from matplotlib import pyplot as plt
from PIL import Image

data_dir = '../data/vqa/vqa2/'
dir_processed = pjoin(data_dir, 'processed')
rcnn_dir='../data/vqa/coco/image_box_features/'
image_dir = '../data/vqa/coco/raw/val2014/'

vocab = json.load(open(pjoin(dir_processed, 'vocab.json'), 'r'))
dataset = json.load(open(pjoin(dir_processed, 'val_data.json'), 'r'))

idx2ans = {i:a for a,i in vocab['ans_vocab'].items()}
idx2ques = {i:q for q,i in vocab['ques_vocab'].items()}

# 打印验证集中的第 10000 个样本
idx = 10000
# 读取问题
question = dataset['questions'][idx]
q_text = ' '.join([idx2ques[token] for token in question['question_idx']])
# 读取回答
annotation = dataset['annotations'][idx]
```

(接下页)

(接上页)

```
a_text = '/'.join([idx2ans[token] for token in annotation['answer_list']])

image_name = 'COCO_val2014_%012d.jpg'%(question['image_id'])
content_img = Image.open(pjoin(image_dir, image_name))
fig = plt.imshow(content_img)
feats = np.load(pjoin(rcnn_dir, '{}.jpg.box.npy').format(question['image_id']))
for i in range(feats.shape[0]):
    bbox = feats[i,:]
    fig.axes.add_patch(plt.Rectangle(
        xy=(bbox[0], bbox[1]), width=bbox[2]-bbox[0], height=bbox[3]-bbox[1],
        fill=False, linewidth=1))

print('question: ', q_text)
print('answer: ', a_text)
```

```
question:  is there a garbage can in the picture
answer:  yes/yes/yes/yes/yes/yes/yes/yes/yes/yes
```

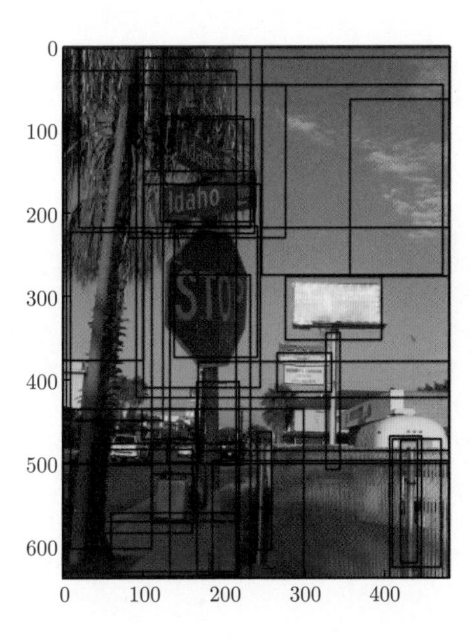

3. 定义数据集类

在准备好的数据集的基础上，需要进一步定义 PyTorch Dataset 类，以使用 PyTorch DataLoader 类按批次产生数据。PyTorch 中仅预先定义了图像、文本和语音的单模态任务中常见的数据集类，因此我们需要定义自己的数据集类。

在 PyTorch 中定义数据集类非常简单，仅继承 torch.utils.data.Dataset 类，并实现 __getitem__ 和 __len__ 两个函数即可。在视觉问答任务中，__getitem__ 函数需要返回图像、问题和回答的数据表示。其中，图像表示可以直接从图像检测框特征文件中读取，问题表示为其所包含的词在词表中的索引序列。而回答则根据是否采样分为两种表示：一是从回答列表中按照回答出现的概率采样一个回答；二是回答列表。如果回答为单一值，则视觉问答被视为传统的单标签多分类任务；如果回答为列表，则视觉问答被建模为标签分布预测问题。

```
from argparse import Namespace
import collections
import numpy as np
from os.path import join as pjoin
import skipthoughts
import torch
import torch.nn as nn
from torch.utils.data import Dataset


def collate_fn(batch):
    # 对一个批次的数据进行预处理
    max_question_length = max([len(item['question']) for item in batch])
    batch_size = len(batch)
    image_feat_shape = batch[0]['image_feat'].shape
    imgs = torch.zeros(batch_size, image_feat_shape[0], image_feat_shape[1])
    ques = torch.zeros(batch_size, max_question_length, dtype=torch.long)
    ans = torch.zeros(batch_size, 1000)
    lens = torch.zeros(batch_size, dtype=torch.long)
    for i,item in enumerate(batch):
        imgs[i] = torch.from_numpy(item['image_feat'])
        ques[i, :item['question'].shape[0]] = item['question']
        for answer in item['answers']:
```

(接下页)

(接上页)

```
            ans[i, answer] += 1
        lens[i] = item['length']
    return (imgs, ques, ans, lens)

class VQA2Dataset(Dataset):

    def __init__(self,
            data_dir='../data/vqa/vqa2/',
            rcnn_dir='../data/vqa/coco/image_box_features/',
            split='train',
            samplingans=True):
        """
        参数:
            samplingans: 决定返回的回答数据。
            取值为 True，则从回答列表中按照回答出现的概率采样一个回答;
            取值为 False，则为回答列表。
        """
        super(VQA2Dataset, self).__init__()
        self.rcnn_dir = rcnn_dir
        self.samplingans = samplingans
        self.split = split
        dir_processed = pjoin(data_dir, 'processed')
        if split == 'train':
            data_file = pjoin(dir_processed, 'train_data.json')
        elif split == 'val':
            data_file = pjoin(dir_processed, 'val_data.json')
        self.dataset = json.load(open(data_file, 'r'))
        self.dataset_size = len(self.dataset['questions'])

    def __getitem__(self, index):
        item = {}
        item['index'] = index

        # 读取问题
```

(接下页)

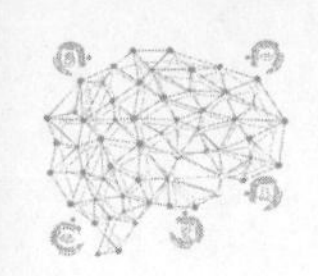

(接上页)

```
        question = self.dataset['questions'][index]
        item['question'] = torch.LongTensor(question['question_idx'])
        item['length'] = torch.LongTensor([len(question['question_idx'])])
        # 读取图像检测框特征
        image_feat_path=pjoin(self.rcnn_dir,'{}.jpg.npy'.format(question['image_id']))
        item['image_feat'] = np.load(image_feat_path)
        # 读取回答
        annotation = self.dataset['annotations'][index]
        if 'train' in self.split and self.samplingans:
            item['answers'] = [random.choice(annotation['answer_list'])]
        else:
            item['answers'] = annotation['answer_list']
        return item

    def __len__(self):
        return self.dataset_size
```

4. 批量读取数据

利用刚才构造的数据集类，借助 DataLoader 类构建能够按批次产生训练、验证和测试数据的对象。

```
def mktrainval(data_dir, image_feat_dir, batch_size, workers=0):
    train_set = VQA2Dataset(data_dir, image_feat_dir,
                            split='train', samplingans=True)
    valid_set = VQA2Dataset(data_dir, image_feat_dir,
                            split='val', samplingans=False)

    train_loader = torch.utils.data.DataLoader(
                        train_set, batch_size=batch_size,
                        shuffle=True, num_workers=workers,
                        pin_memory=True, collate_fn=collate_fn)
    valid_loader = torch.utils.data.DataLoader(
                        valid_set, batch_size=batch_size,
                        shuffle=False, num_workers=workers,
```

(接下页)

(接上页)

```
                    pin_memory=True, drop_last=False, collate_fn=collate_fn)

    return train_loader, valid_loader
```

7.3.3 定义模型

MFBVQA 模型的结构已经在图 7.7 中展示，其主要包含两个模块：注意力跨模态对齐模块和双线性融合模块。

注意力跨模态对齐模块使用问题表示作为查询，图像的局部表示作为键和值，获得问题和图像对齐的表示。形式上，该表示为图像局部表示的加权求和的结果，权重则代表了图像区域和该问题的关联程度。需要注意的是，这里使用的是多头注意力，且注意力评分函数中计算查询和键的关联时，使用了 MFB 融合操作。

双线性融合模块使用 MFB 融合问题对齐前后的表示，获得最终的融合表示。

下面首先实现 MFB 融合操作，然后实现基于 MFB 融合的注意力跨模态对齐，最后借助注意力跨模态对齐和 MFB 融合实现 MFBVQA 模型。

1. MFB 融合

下面展示 MFB 融合操作的实现。该函数既支持两个向量融合，也支持两组向量的融合。

```
class MFBFusion(nn.Module):
    def __init__(self, input_dim1, input_dim2, hidden_dim, R):
        '''
        参数:
            input_dim1: 第一个待融合表示的维度
            input_dim2: 第二个待融合表示的维度
            hidden_dim: 融合后的表示的维度
            R: MFB 所使用的低秩矩阵的数量
        '''
        super(MFBFusion, self).__init__()
        self.input_dim1 = input_dim1
        self.input_dim2 = input_dim2
        self.hidden_dim = hidden_dim
```

(接下页)

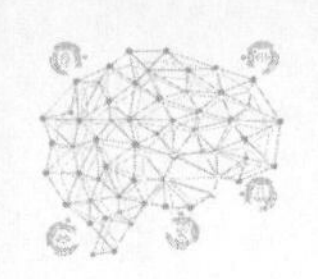

(接上页)

```
        self.R = R
        self.linear1 = nn.Linear(input_dim1, hidden_dim * R)
        self.linear2 = nn.Linear(input_dim2, hidden_dim * R)

    def forward(self, inputs1, inputs2):
        '''
        参数:
            inputs1: (batch_size, input_dim1) 或 (batch_size, num_region, input_dim1)
            inputs2: (batch_size, input_dim2) 或 (batch_size, num_region, input_dim2)
        '''
        # -> total: (batch_size, hidden_dim) 或 (batch_size, num_region, hidden_dim)
        num_region = 1
        if inputs1.dim() == 3:
            num_region = inputs1.size(1)
        h1 = self.linear1(inputs1)
        h2 = self.linear2(inputs2)
        z = h1 * h2
        z = z.view(z.size(0), num_region, self.hidden_dim, self.R)
        z = z.sum(3).squeeze(1)
        return z
```

2. 注意力跨模态对齐

下面展示了多头交叉注意力的实现。其中注意力得分 α 是使用 MFB 操作融合查询和键的结果。

```
class MultiHeadATTN(nn.Module):
    def __init__(self, query_dim, kv_dim,
                 mfb_input_dim, mfb_hidden_dim,
                 num_head, att_dim):
        """
        参数:
            query_dim: 问题表示（查询）的维度
            kv_dim: 图像区域表示（键和值）的维度
            mfb_input_dim: 融合操作的输入的维度
```

(接下页)

(接上页)

```
        mfb_hidden_dim: 融合操作的输出的维度
        num_head: 多头交叉注意力的头数
        att_dim: 多头交叉注意力的输出表示（对齐后的表示）维度
    """
    super(MultiHeadATTN, self).__init__()
    assert att_dim % num_head == 0
    self.num_head = num_head
    self.att_dim = att_dim

    self.attn_w_1_q = nn.Sequential(
                    nn.Dropout(0.5),
                    nn.Linear(query_dim, mfb_input_dim),
                    nn.ReLU()
                   )
    self.attn_w_1_k = nn.Sequential(
                    nn.Dropout(0.5),
                    nn.Linear(kv_dim, mfb_input_dim),
                    nn.ReLU()
                   )
    self.attn_score_fusion = MFBFusion(mfb_input_dim, mfb_input_dim,
                                       mfb_hidden_dim, 1)
    self.attn_score_mapping = nn.Sequential(
                    nn.Dropout(0.5),
                    nn.Linear(mfb_hidden_dim, num_head)
                   )
    self.softmax = nn.Softmax(dim=1)
    # 对齐后的表示计算流程
    self.align_q = nn.ModuleList([nn.Sequential(
                    nn.Dropout(0.5),
                    nn.Linear(kv_dim, int(att_dim / num_head)),
                    nn.Tanh()
                ) for _ in range(num_head)])

def forward(self, query, key_value):
```

(接下页)

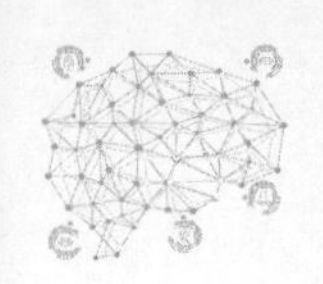

(接上页)

```
"""
参数:
  query: (batch_size, q_dim)
  key_value: (batch_size, num_region, kv_dim)
"""
#（1）使用全连接层将 Q、K、V 转化为向量
num_region = key_value.shape[1]
# -> (batch_size, num_region, mfb_input_dim)
q = self.attn_w_1_q(query).unsqueeze(1).repeat(1,num_region,1)
# -> (batch_size, num_region, mfb_input_dim)
k = self.attn_w_1_k(key_value)
#（2）计算 query 和 key 的相关性，实现注意力评分函数
# -> (batch_size, num_region, num_head)
alphas = self.attn_score_fusion(q, k)
alphas = self.attn_score_mapping(alphas)
#（3）归一化相关性分数
# -> (batch_size, num_region, num_head)
alphas = self.softmax(alphas)
#（4）计算输出
# (batch_size, num_region, num_head) (batch_size, num_region, key_value_dim)
# -> (batch_size, num_head, key_value_dim)
output = torch.bmm(alphas.transpose(1,2), key_value)
# 最终再对每个头的输出进行一次转换，并拼接所有头的转换结果将其作为注意力输出
list_v = [e.squeeze() for e in torch.split(output, 1, dim=1)]
alpha = torch.split(alphas, 1, dim=2)
align_feat=[self.align_q[head_id](x_v) for head_id, x_v in enumerate(list_v)]
align_feat = torch.cat(align_feat, 1)
return align_feat, alpha
```

3. MFBVQA 模型

利用上述 MFB 融合操作和多头自注意力模块的代码，可以轻松地实现 MFBVQA 模型。模型的输入是图像的区域表示和问题。对于问题的表示，模型使用预训练的 Skip-thoughts 向量[149] 作为问题的整体表示。这里，Skip-thoughts 向量提取模型时使用句子作为输入，句子的上下文句子作为监督信息训练而得。

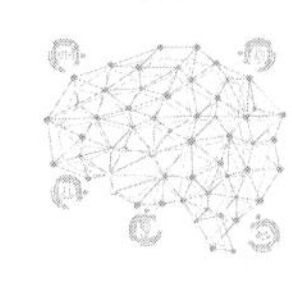

```
class MFBVQAModel(nn.Module):
    def __init__(self, vocab_words, qestion_dim, image_dim,
                       attn_mfb_input_dim, attn_mfb_hidden_dim,
                       attn_num_head, attn_output_dim,
                       fusion_q_feature_dim, fusion_mfb_hidden_dim,
                       num_classes):
        super(MFBVQAModel, self).__init__()

        # 文本表示提取器
        list_words = [vocab_words[i+1] for i in range(len(vocab_words))]
        self.text_encoder = skipthoughts.BayesianUniSkip(
                                '../data/vqa/skipthoughts/',
                                list_words,
                                dropout=0.25,
                                fixed_emb=False)
        # 多头自注意力
        self.attn = MultiHeadATTN(qestion_dim, image_dim,
                              attn_mfb_input_dim, attn_mfb_hidden_dim,
                              attn_num_head, attn_output_dim)
        # 问题的对齐表示到融合表示空间的映射函数
        self.q_feature_linear = nn.Sequential(
                                nn.Dropout(0.5),
                                nn.Linear(qestion_dim, fusion_q_feature_dim),
                                nn.ReLU()
        )
        # MFB 融合图文表示类
        self.fusion = MFBFusion(attn_output_dim, fusion_q_feature_dim,
                            fusion_mfb_hidden_dim, 2)
        # 分类器
        self.classifier_linear = nn.Sequential(
                                nn.Dropout(0.5),
                                nn.Linear(fusion_mfb_hidden_dim, num_classes)
        )

    def forward(self, imgs, quests, lengths):
```

(接下页)

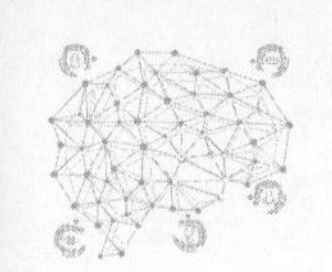

(接上页)

```
        # 初始输入
        v_feature = imgs.contiguous().view(-1, 36, 2048)
        q_emb = self.text_encoder.embedding(quests)
        q_feature, _ = self.text_encoder.rnn(q_emb)
        q_feature = self.text_encoder._select_last(q_feature, lengths)
        # 利用注意力获得问题的对齐表示
        align_q_feature, _ = self.attn(q_feature, v_feature)  # b*620
        # 对原始文本表示进行变换
        original_q_feature =  self.q_feature_linear(q_feature)
        # 融合对齐前后的问题的表示
        x = self.fusion(align_q_feature, original_q_feature)
        # 分类
        x = self.classifier_linear(x)
        return x
```

7.3.4 定义损失函数

模型的损失函数为 KL 散度损失，同时兼容回答为单一值和列表两种情形。

```
class KLLoss(nn.Module):
    def __init__(self):
        super(KLLoss, self).__init__()
        self.loss = nn.KLDivLoss(reduction='batchmean')

    def forward(self, input, target):
        return self.loss(nn.functional.log_softmax(input), target)
```

7.3.5 选择优化方法

我们选用 Adam 优化算法更新模型参数，学习速率采用指数衰减方法。

```
import torch.optim.lr_scheduler as lr_scheduler

def get_optimizer(model, config):
    params = filter(lambda p: p.requires_grad, model.parameters())
```

(接下页)

(接上页)

```
    return torch.optim.Adam(params=params, lr=config.learning_rate)

def get_lr_scheduler(optimizer):
    """ 每隔 lr_update 个轮次，学习速率减小至当前速率的二分之一"""
    return lr_scheduler.ExponentialLR(optimizer, 0.5 ** (1 / 50000))
```

7.3.6 选择评估指标

这里实现了 VQAv2 数据集中最常用的评估指标——回答准确率。具体而言，如果模型给出的回答在人工标注的 10 个回答中出现 3 次或 3 次以上，则该回答的准确率为 1，出现两次和一次的准确率分别为 2/3 和 1/3。

```
def evaluate(data_loader, model):
    model.eval()
    device = next(model.parameters()).device
    accs = []
    for i, (imgs, questions, answers, lengths) in enumerate(data_loader):
        # 读取数据至 GPU
        imgs = imgs.to(device)
        questions = questions.to(device)
        answers = answers.to(device)
        lengths = lengths.to(device)

        output = model(imgs, questions, lengths)
        hit_cts = answers[torch.arange(output.size(0)),output.argmax(dim=1)]
        for hit_ct in hit_cts:
            accs.append(min(1, hit_ct / 3.0))
    model.train()
    return float(sum(accs))/len(accs)
```

7.3.7 训练模型

训练模型过程可以分为读取数据、前馈计算、计算损失、更新参数、选择模型 5 个步骤。

```
# 设置模型超参数和辅助变量
config = Namespace(
    question_dim = 2400,
    image_dim = 2048,
    attn_mfb_input_dim = 310,
    attn_mfb_hidden_dim = 510,
    attn_num_head = 2,
    attn_output_dim = 620,
    fusion_q_feature_dim = 310,
    fusion_mfb_hidden_dim = 510,
    num_ans = 1000,
    batch_size = 128,
    learning_rate = 0.0001,
    margin = 0.2,
    num_epochs = 45,
    grad_clip = 0.25,
    evaluate_step = 360, # 每隔多少步在验证集上测试一次
    checkpoint = None, # 如果不为 None，则利用该变量路径的模型继续训练
    best_checkpoint = '../model/mfb/best_vqa2.ckpt', # 验证集上表现最优的模型的路径
    last_checkpoint = '../model/mfb/last_vqa2.ckpt', # 训练完成时的模型的路径
)

# 设置 GPU 信息
os.environ['CUDA_VISIBLE_DEVICES'] = '0'
device = torch.device("cuda" if torch.cuda.is_available() else "cpu")

# 数据
data_dir = '../data/vqa/vqa2/'
dir_processed = os.path.join(data_dir, 'processed')

train_loader, valid_loader = mktrainval(data_dir,
                '../data/vqa/coco/image_box_features/',
                config.batch_size,
                workers=0)
```

(接下页)

(接上页)

```
# 模型
vocab = json.load(open(pjoin(dir_processed, 'vocab.json'), 'r'))
# 随机初始化或载入已训练的模型
start_epoch = 0
checkpoint = config.checkpoint
if checkpoint is None:
    model = MFBVQAModel(vocab['ques_vocab'],
                        config.question_dim,
                        config.image_dim,
                        config.attn_mfb_input_dim,
                        config.attn_mfb_hidden_dim,
                        config.attn_num_head,
                        config.attn_output_dim,
                        config.fusion_q_feature_dim,
                        config.fusion_mfb_hidden_dim,
                        config.num_ans)
else:
    checkpoint = torch.load(checkpoint)
    start_epoch = checkpoint['epoch'] + 1
    model = checkpoint['model']

# 优化器
optimizer = get_optimizer(model, config)
lrscheduler = get_lr_scheduler(optimizer)

# 将模型复制至 GPU，并开启训练模式
model.to(device)
model.train()

# 损失函数
loss_fn = KLLoss().to(device)

best_res = 0
print("开始训练")
```

(接下页)

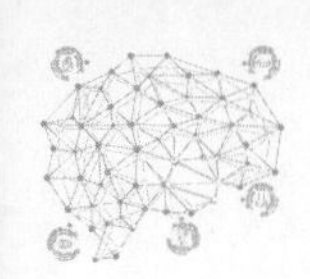

(接上页)

```
for epoch in range(start_epoch, config.num_epochs):
    for i, (imgs, questions, answers, lengths) in enumerate(train_loader):
        optimizer.zero_grad()
        # 1. 读取数据至 GPU
        imgs = imgs.to(device)
        questions = questions.to(device)
        answers = answers.to(device)
        lengths = lengths.to(device)

        # 2. 前馈计算
        output = model(imgs, questions, lengths)
        # 3. 计算损失
        loss = loss_fn(output, answers)
        loss.backward()

        # 梯度截断
        if config.grad_clip > 0:
            nn.utils.clip_grad_norm_(model.parameters(), config.grad_clip)

        # 4. 更新参数
        optimizer.step()

        lrscheduler.step()

        state = {
                'epoch': epoch,
                'step': i,
                'model': model,
                'optimizer': optimizer
                }

        if (i+1) % config.evaluate_step == 0:
            acc = evaluate(valid_loader, model)
            # 5. 选择模型
```

(接下页)

(接上页)

```
    if best_res < acc:
        best_res = acc
        torch.save(state, config.best_checkpoint)
    torch.save(state, config.last_checkpoint)
    print('epoch: %d, step: %d, loss: %.2f, \
          ACC: %.3f' %
          (epoch, i+1, loss.item(), acc))
```

运行本节代码会输出模型在验证集上的表现，最后一次迭代输出的回答准确率约为 0.625。

7.4 小　　结

本章介绍了典型的多模态融合方法。首先，介绍了基于双线性融合的方法，其核心是使用双线性池化操作使得不同模态表示之间所有元素之间都产生交互，获取更充分的融合效果。然而，直接使用双线性池化操作的计算复杂度过高，为此，研究者提出一系列双线性融合方法，本章描述了其中的 MLB、MFB 和 MUTAN 这 3 种典型方法。然后，介绍了基于注意力的方法，包括基于交叉注意力的基础方法、基于多步交叉注意力的方法和基于交叉 transformer 编码器的方法。其中，交叉 transformer 编码器已经成为多模态信息处理中最主流的多模态融合结构之一。最后，介绍了一个使用双线性池化和注意力的多模态融合方法进行视觉问答任务的实战案例，使得读者可以深入了解双线性池化操作和注意力在多模态融合中的使用方法。

7.5 习　　题

1. 给定图像表示 $\boldsymbol{v} = [0.2, 0.3, -0.8, 0.9]$ 和文本表示 $\boldsymbol{u} = [-0.7, 0.1, -0.4, 0.1]$，请使用双线性池化操作计算一个长度为 6 的图文融合向量（线性变换的权重可任意取值）。
2. 写出双线性池化操作、MLB、MFB 和 MUTAN 这 4 种融合方法的计算量。
3. 写出式(7.2.3)和图像对齐的表示 $\boldsymbol{m}^I$ 的具体计算步骤。
4. 写出由 3 个 transformer 块组成的交叉 transformer 编码器的所有参数。

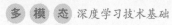

5. 描述一个除视觉问答外的多模态融合任务，并设计出相应的模型。
6. 将 7.3 节中介绍的 MFBVQA 模型中的 MFB 融合操作改为 MLB 融合操作，对比使用 MLB 融合和 MFB 融合的视觉问答的结果。

第 8 章　多模态转换

多模态转换是将一个模态（源模态）转换为描述相同事物的另一个模态（目标模态）的技术。在深度学习时代到来之前，图像生成和文本生成的研究几乎处于停滞状态。文本生成技术主要是借助模板、N 元语法和语法规则等生成一些简单的语句，图像生成技术则主要是借助像素或区块等底层视觉特征的相似性生成简单的纹理材质或低分辨率图像。由于缺乏数据生成能力，早期的多模态转换技术通常采用基于检索的方法，即先利用多模态对齐技术检索出和源模态数据关联的若干目标模态数据，再以某种特定规则组合这些目标模态数据，生成新的数据。受制于生成技术的限制，多模态转换技术发展缓慢。

2014 年，随着深度学习在图像分类模型和文本生成领域上的研究的不断深入，受神经网络机器翻译模型的启发，基于编解码框架的可端到端训练的神经网络模型被成功应用于图像到文本的转换任务，即图像描述任务。其中，编码器负责获取图像表示，解码器负责生成语言描述。模型的优化目标都是在给定图像的条件下，最大化相应文本描述的对数似然。随后，伴随着深度学习技术的发展，用于图像描述任务的编解码器的主流结构也依次从循环神经网络[50-51,150-151] 变为注意力[64,66] 和 transformer[152-155]。

2016 年，随着生成对抗网络在图像生成领域，尤其是条件图像生成领域的广泛应用，基于生成对抗网络的方法开始成为文本生成图像技术的主流。该方法首先获取文本表示，然后利用主要由上采样卷积模块构成的生成网络将其转换成目标分辨率的合成图像，最后再通过由下采样卷积模块构成的判别网络将合成图像转换，并和文本表示拼接，最终获得文本描述和图像的匹配可信度。GAN-CLS[156] 首次使用这种方法生成了分辨率为 64×64 像素的图像。之后，StackGAN[157] 和 StackGAN-v2[158] 通过引入多组生成器和判别器合成了更高分辨率的图像，而 AttnGAN[36] 将注意力引入条件生成对抗网络中，以同时捕捉文本描述的词级别和句子级别的信息。

2021 年，得益于 transformer 技术的不断成熟和计算资源的丰富，研究人员开始将基于 transformer 的编解码模型应用于文本生成图像任务。具体做法为：首先利用量化自编码器提取图像的离散表示，然后使用基于 transformer 的编解码模型建模文本序列到图像离散表示序列的映射。使用这种方法的模型有多模态 GPT-3 模型 DALL· E[72]、CogView[74]。2022 年提出的 OFA[159] 模型直接使用单一的基于 transformer 的编解码模型完成了包括图像描述、文本生成图像在内的多个多模态任务。

从 2021 年下半年开始，扩散模型逐渐替代生成对抗网络，成为图像生成领域最受关注的模型。其核心思想是先通过前向过程对图像逐渐添加噪声，直至变为随机噪声，再通过逆向过程从该随机噪声中逐渐去噪，直至生成清晰图像。2021 年年末，GLIDE[160] 首次将扩散模型用于文本生成图像任务中，其在反向过程的去噪环节引入文本作为输入，使得去噪后的图像和文本输入相关。2022 年，stable diffusion[78] 利用扩散模型构建文本到压缩表示的生成模型，再从图像的压缩表示中解码成图像。该工作的开源也直接引发了文本生成图像研究热潮。目前，基于扩散模型的多模态转换技术还处于迅猛发展中。

本章将介绍两类经典的多模态转换方法：基于编解码框架的方法和基于生成对抗网络的方法。

8.1 基于编解码框架的方法

通用的编解码框架示意图如图 8.1 所示，其包含一个编码器和一个解码器，编码器将输入模态转化为一个状态表示，解码器负责将该表示转换为输出模态。可端到端训练的神经网络是当前使用最广泛的编解码框架模型。具体而言，按照出现的时间顺序，主流的编解码模型依次为：基于循环神经网络的模型、基于注意力的模型和基于 transformer 的模型。

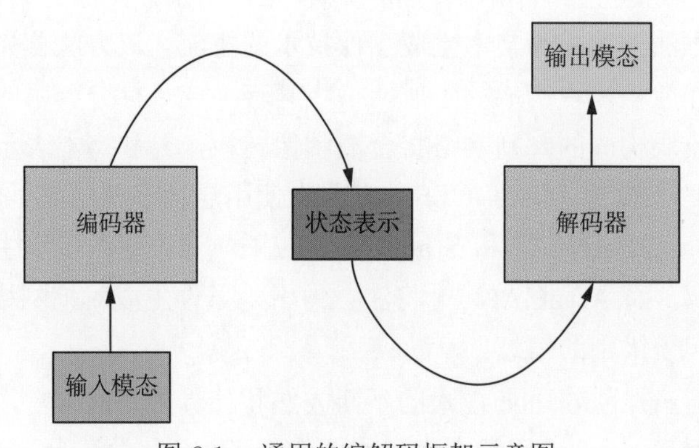

图 8.1 通用的编解码框架示意图

接下来以机器翻译任务为例，分别介绍这 3 种基于编解码框架的模型，以及利用它们进行多模态转换任务的方法。

8.1.1　基于循环神经网络的编解码模型

基于循环神经网络的编解码模型在序列到序列类的学习任务中有广泛的应用。图 8.2 展示了一个基于循环神经网络的编解码模型进行机器翻译的示例。首先编码器使用一个循环神经网络对输入语言序列编码，以最后一个时刻的隐藏层作为其整体表示，然后将输入序列的整体表示当作解码器（另一个循环神经网络）的初始隐藏层状态的输入的一部分或者当作解码器每一时刻的输入的一部分，依次生成目标语言序列。

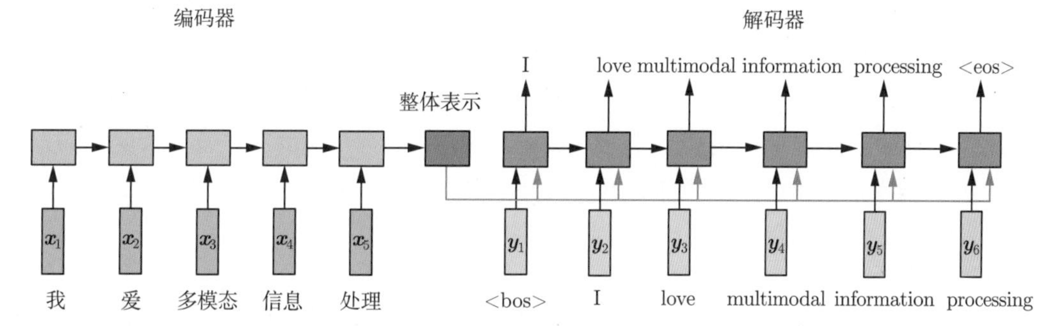

图 8.2　基于循环神经网络的编解码模型的整体框架示意图

令输入语言序列 $\boldsymbol{X} = \{\boldsymbol{x}_1, \boldsymbol{x}_2, \cdots, \boldsymbol{x}_n\}$ 的整体表示 $\boldsymbol{c} = \text{RNN}_{\text{encoder}}(\boldsymbol{X})$，目标语言序列表示为 $\boldsymbol{Y} = \{\boldsymbol{y}_1, \boldsymbol{y}_2, \cdots, \boldsymbol{y}_m\}$。假定采用将输入序列的整体表示当作解码器每一时刻输入的一部分的方式，解码器输出的具体计算流程如下。

（1）将输入序列的整体表示和目标序列中所有词的表示分别拼接，得到新的目标序列 $\boldsymbol{Y}_{\text{concat}} = \{\boldsymbol{y}_1||\boldsymbol{c}, \boldsymbol{y}_2||\boldsymbol{c}, \cdots, \boldsymbol{y}_m||\boldsymbol{c}\}$

（2）使用循环神经网络对目标语言序列表示的前 $m-1$ 个词表示 $\boldsymbol{Y}_{\text{concat}}[1:m-1]$ 进行编码，得到所有时刻的隐状态。

$$\boldsymbol{H}^{\text{decoder}} = \text{RNN}^{\text{decoder}}(\boldsymbol{Y}_{\text{concat}}[1:m-1]) \tag{8.1.1}$$

（3）使用一个权重为 $\boldsymbol{W}_o$ 的全连接输出层将隐状态序列中的所有向量都映射为输出向量，得到输出序列。第 j 个时刻的输出向量 $\boldsymbol{o}_j$ 为

$$\boldsymbol{o}_j = \boldsymbol{W}_o \boldsymbol{h}_j^{\text{decoder}} \tag{8.1.2}$$

其中，$\boldsymbol{W}_o$ 的输出维度为目标语言的词表大小。

（4）最后，利用 softmax 函数对输出序列中的每一个向量进行归一化，得到模型预测的下一个词在词表上的概率分布。第 j 个时刻的概率分布 $\boldsymbol{p}_j$ 为

$$\boldsymbol{p}_j = \mathrm{softmax}(\boldsymbol{o}_j) \tag{8.1.3}$$

每一个时刻的预测目标都是目标序列中下一个时刻的真实词。

编码器和解码器能够使用统一的代价函数联合学习，编码器的表示信号可以直接传递给解码器，而解码器反馈的误差也可以调整编码器的参数。模型的**损失函数**为所有时刻正确预测下一时刻词的负的对数似然之和，即

$$L(I,S) = -\sum_{j=1}^{m-1}\sum_{k=1}^{|\mathcal{V}|}\log p_{jk}\mathbb{I}(\mathcal{V}[k]=y_j) \tag{8.1.4}$$

其中，$\mathcal{V}$ 为目标语言词表，$|\mathcal{V}|$ 为词表大小，p_{jk} 为第 j 时刻预测的下一时刻的词为词表中第 k 个词的概率，指示函数 $\mathbb{I}$ 意味着这里仅计算下一时刻预测正确的词的概率。

包含序列生成解码器的模型一般有两种训练方法：一是自回归模式，即每一时刻解码器的输入词都是前一时刻解码器的预测词；二是 Teacher-Forcing 模式，即每一时刻解码器的输入词都是目标序列在该时刻的真实词。Teacher-Forcing 模式是一种非常有效的训练技巧。这是因为在模型训练初期，解码器往往无法生成有意义的序列，如果采用自回归模式，解码器将难以收敛。因此，Teacher-Forcing 模式能极大地加快模型的收敛速度。此外，Teacher-Forcing 模式每一时刻的训练不需要解码器预测出前一时刻的词，这样同一个序列的所有时刻可以并行训练。实践中也常常综合使用这两种训练模式，即在训练过程中的每一步，随机选择其中一种模式进行训练。

对于图像描述任务，可以首先提取图像的局部表示，然后利用基于循环神经网络的编解码模型直接将其转换为文本。也可以按照如图 8.3 所示的方案，直接将编码器使用的循环神经网络替换为卷积神经网络以获得图像的整体表示，解码器依旧使用循环神经网络。

文本生成过程：在描述生成阶段，由于仅图像可见，因此循环神经网络的输入由上一时刻采样的单词作为输入，如此循环采样，直到生成句子结束符位置。生成采样的策略可以有多种，其中较为常见的两种策略如下。

（1）直接采样，即每次循环均采样概率最大的词。这种贪心的选取词的策略计算复杂度低，但是无法获得全局最优解，因为每次都选取概率最大的词并不能保证整个句子出现的概率最大。

（2）束搜索（beam search）采样，假设窗口大小为 K，在 t 时刻有 K 个候选句子，在 $t+1$ 时刻每个候选句子将采样概率最大的前 K 个单词生成 K 个新的候选句子。如此，将生成 K^2 个新的候选句子，模型从中选择概率最大的前 K 个句子作为 $t+1$ 时刻的候选句子。尽管束搜索策略也无法保证获得全局最优解，但是 K 越大，搜索空间就越大，也就越有可能获得更高概率的句子。当 $K=1$ 时，束搜索策略等价于直接采样策略。

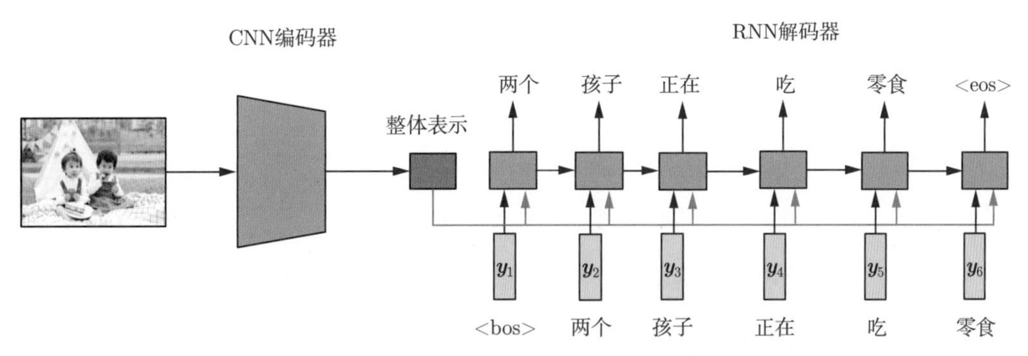

图 8.3 基于 CNN-RNN 的图像描述模型的框架示意图

8.1.2 基于注意力的编解码模型

在基于循环神经网络的编解码模型中，输入序列被编码为单一向量，这种编码方式难以表达输入的细节信息，不利于生成精确的目标序列。直觉上，编码器应该抽取输入序列中每个词的表示；解码器在生成单个目标词时，不仅需要考虑前一个时刻的状态和已经生成的词，还需要考虑当前生成的词和输入序列中的哪些词更相关。基于注意力的编解码模型正是为了达到这一目的而被提出。

如图 8.4 所示，基于注意力的编解码模型的关键步骤是，在每一时刻利用交叉注意力获得对齐的上下文表示，代替基于循环神经网络的编解码模型中的整体表示，具体计算步骤如下。

（1）对于解码器第 j 时刻，查询为前一时刻的状态 $\boldsymbol{h}_{j-1}^{\text{decoder}}$、键和值均为输入序列的局部表示 $\boldsymbol{H}^{\text{encoder}}$。形式上，查询、键和值分别为

$$
\begin{aligned}
\boldsymbol{q}_j &= \boldsymbol{h}_{j-1}^{\text{decoder}} \\
\boldsymbol{k}_i &= \boldsymbol{h}_i^{\text{encoder}} \\
\boldsymbol{v}_i &= \boldsymbol{h}_i^{\text{encoder}}
\end{aligned}
\tag{8.1.5}
$$

（2）计算当前状态和输入序列所有词的相关得分：

$$\alpha_{ij} = a(\boldsymbol{q}_j, \boldsymbol{k}_i) \tag{8.1.6}$$

（3）归一化相关得分：

$$\alpha'_{ij} = \frac{\exp(\alpha_{ij})}{\sum_k \exp(\alpha_{ik})} \tag{8.1.7}$$

（4）计算对齐的上下文向量：

$$\boldsymbol{c}_i = \sum_k \alpha'_{ik} \boldsymbol{v}_k \tag{8.1.8}$$

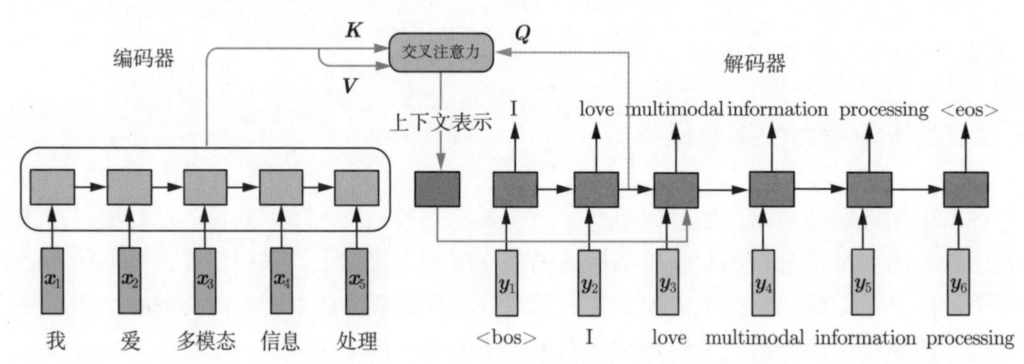

图 8.4　基于注意力的编解码模型的整体框架示意图：仅标注了第三步的上下文表示计算过程

最后，将上下文向量和当前时刻的输入进行拼接，得到拼接表示 $\boldsymbol{Y}_{\text{concat}}$。之后计算模型预测的下一个词的概率分布的方法和基于循环神经网络的编解码模型完全相同，这里不再赘述。

对于图像描述生成任务，我们仅需要将编码器替换为图像局部表示提取器，就可以利用基于注意力的编解码模型。此时，注意力使得生成每一个词时都依赖不同的图像上下文向量。上下文向量是“注意”不同图像局部区域的结果。图 8.5 展示了使用提取网格表示的卷积神经网络作为编码器、带注意力机制的循环神经网络作为解码器的图像描述模型结构。

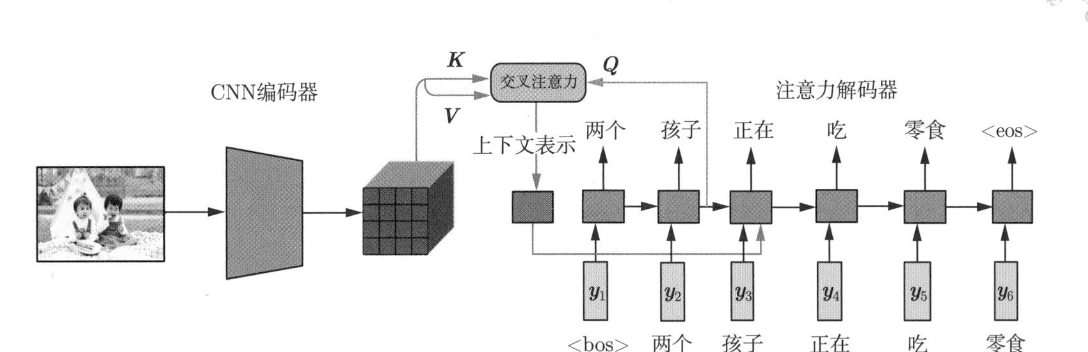

图 8.5 基于 CNN-Attention 的图像描述模型的框架示意图：仅标注了第三步的上下文表示计算过程

8.1.3 基于 transformer 的编解码模型

3.3.2 节已经介绍过 transformer 编码器，与循环神经网络类似，也可以利用 transformer 构造解码器，以实现一个完全基于 transformer 的编解码模型。如图 8.6 所示，编码器使用 N_e 个 transformer 块抽取输入序列中每个词的表示，解码器利用 N_d 个 transformer 块获得输出序列表示，最后使用线性变换和 softmax( ) 函数激活获得下一个词的分布。从结构上看，transformer 解码器和编码器主要有两点不同：一是解码器使用掩码多头自注意力而非多头自注意力对输入序列进行变换；二是解码器增加了交叉注意力层。下面分别介绍这两个操作。

由于输出序列中的词是按顺序生成的，即在生成一个时刻的词时，只有该时刻之前的词是已知的。因此，解码器不能像编码器那样使用自注意力对全部序列进行变换，而是只能对序列中已知的词进行变换。这就是掩码自注意力的功能。具体而言，在使用 softmax 将查询和键的相关分数归一化之前，将每个词的查询和其后面的词的键所计算的相关分数设置为无穷小。这样，在使用 softmax 获得归一化注意力得分时，每个词和其之后的词的注意力权重就会接近 0。

和基于注意力的编解码模型一样，transformer 解码器也使用了交叉注意力层，使得模型在生成目标语言中的每个词的时候能够关注输入语言序列中不同的词。具体操作上，编码器获得的输入序列的局部表示为交叉注意力提供键和值，解码器通过掩码多头自注意力层获得的当前已生成词组成的序列的局部表示为交叉注意力提供查询。这也和基于注意力的编解码模型一样，因此这里不再赘述。

对于图像描述生成任务，编码器可以由图像局部表示提取器和 transformer 编码器组成，也可以是 4.3.2 节中介绍的视觉 transformer。图 8.7 展示了使用视觉 transformer 作为编码器、transformer 作为解码器的图像描述模型结构。

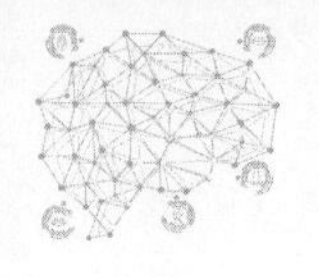

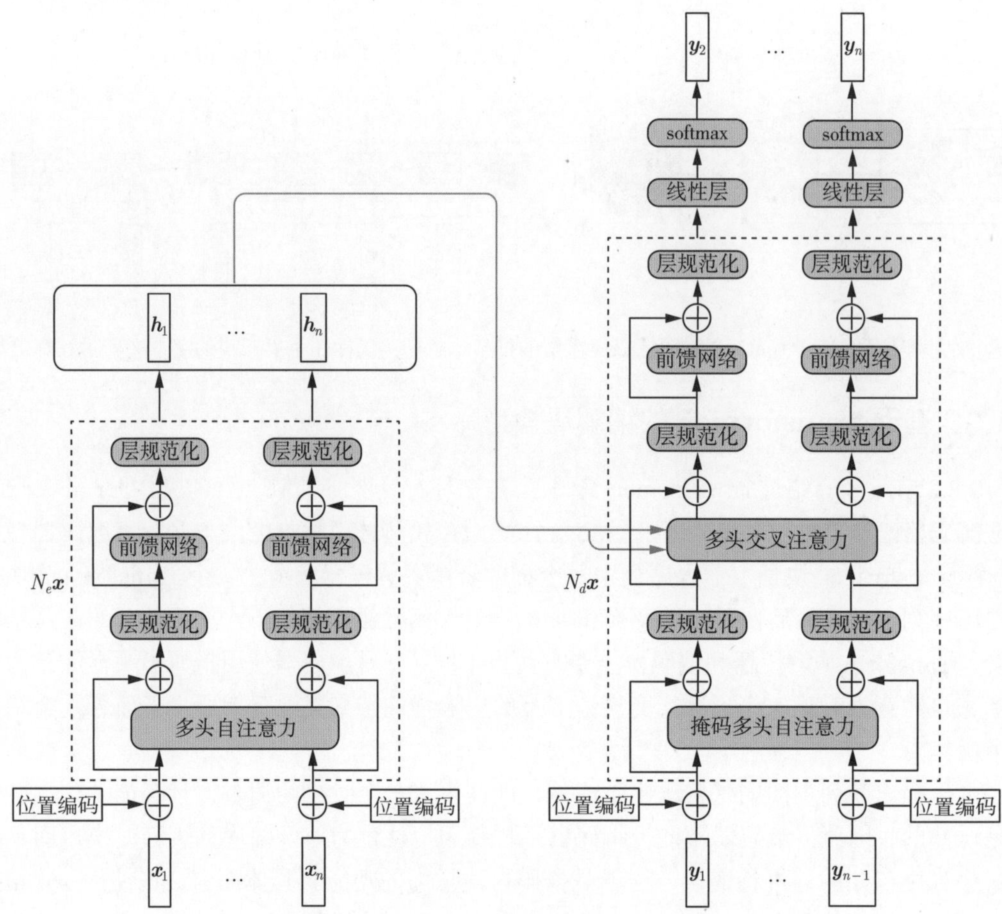

图 8.6 基于 transformer 的编解码模型的整体框架示意图

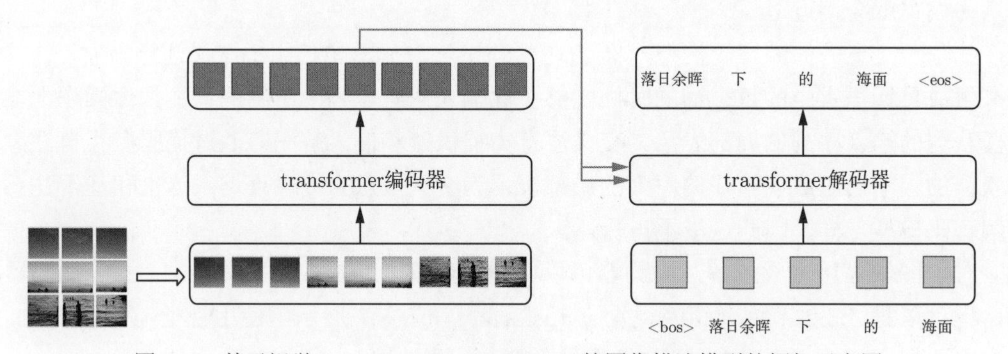

图 8.7 基于视觉 transformer-transformer 的图像描述模型的框架示意图

对于文本生成图像任务，可以使用 4.4.1 节中介绍的图像的离散表示将图像表示为离散序列，然后训练文本到图像离散序列的 transformer 编解码模型，最后再利用离散表示解码出图像。

8.2 基于生成对抗网络的方法

2014 年出现的生成对抗网络极大地提升了图像生成质量。2016 年，研究人员首次利用生成对抗网络构建了文本生成图像模型，成功生成了分辨率为 64×64 像素的图像。为了生成更高分辨率的图像，研究人员利用了多阶段的生成方法，即首先生成低分辨率图像，然后再不断完善低分辨率图像的细节，生成更高分辨率的图像。之后，为了利用细粒度的文本信息，研究人员引入注意力机制来融合文本和低分辨率图像，以生成和文本细节描述更一致的图像。

本节将依据时间顺序，详细介绍 3 类基于生成对抗网络的方法：基于条件生成对抗网络的基本方法、基于多阶段生成网络的方法和基于注意力生成网络的方法。下面将阐述这些方法的核心思想，并介绍相应的代表模型在当时所做的技术贡献。

8.2.1 基于条件生成对抗网络的基本方法

1. 模型结构

如图 8.8 所示，基于条件生成对抗网络的基本方法使用的模型的输入由随机噪声 $\boldsymbol{z}$ 和文本的整体表示 $\boldsymbol{x}^T$ 拼接而成。生成器网络 G 包含了一系列上采样模块，将输入转换成合成图像 $\hat{x}^I$，即

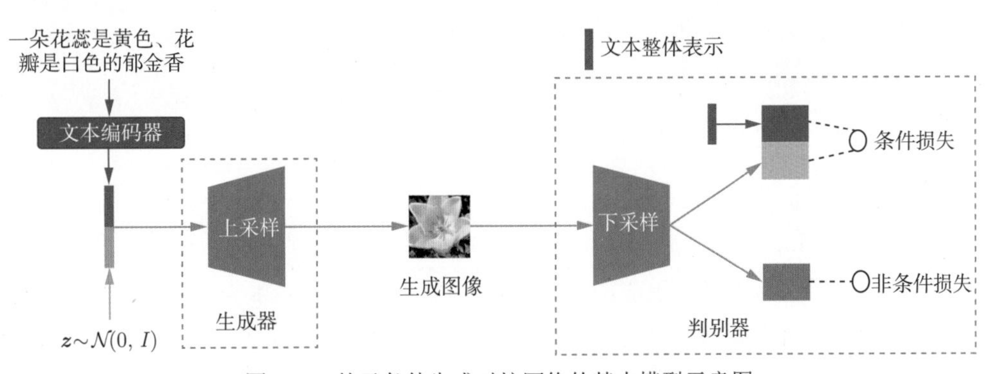

图 8.8 基于条件生成对抗网络的基本模型示意图

$$\hat{x}^I = G(\boldsymbol{z}, \boldsymbol{x}^T) \tag{8.2.1}$$

判别器网络包含了一系列下采样模块，将图像转换为特征图后分为两个分支：条件分支和非条件分支。其中，条件分支将特征图和文本整体表示拼接，获得文本描述和图像的匹配可信度；非条件分支直接输出图像的可信度。我们将条件分支和非条件分支的转换函数分别记为 D^c 和 D^u。

2. 损失函数

和判别器网络的输出分支对应，模型的损失函数包括条件损失和无条件损失：条件损失衡量生成图像和文本是否匹配；无条件损失单独衡量生成图像的可信度。

生成器损失的条件损失的目标是使得 $<$ 文本描述，生成图像 $>$ 的匹配可信度尽可能高；无条件损失的目标是使得生成图像的可信度尽可能高。其具体形式为

$$\mathcal{L}_G = -\mathbb{E}_{\hat{x}^I \sim p_G}[\log(D^c(\hat{x}^I, \boldsymbol{x}^T))] - \mathbb{E}_{\hat{x}^I \sim p_G}[\log(D^u(\hat{x}^I))] \tag{8.2.2}$$

其中，$\hat{x}^I \sim p_G$ 代表 $\hat{x}^I$ 是合成图像。

判别器损失的条件损失的目标是使得 $<$ 文本描述，合成图像 $>$ 的匹配可信度尽可能低，$<$ 文本描述，真实图像 $>$ 的匹配可信度尽可能高，以及 $<$ 随机采样的不匹配文本描述，真实图像 $>$ 的匹配可信度尽可能低；无条件损失的目标是使得合成图像的可信度尽可能低，真实图像的可信度尽可能高。其具体形式如下。

$$\begin{aligned}\mathcal{L}_D = &-\mathbb{E}_{x^I \sim p_{\text{data}}}[\log(D^c(x^I, \boldsymbol{x}^T))] \\ &-\mathbb{E}_{\hat{x}^I \sim p_G}[\log(1 - D^c(\hat{x}^I, \boldsymbol{x}^T))] - \mathbb{E}_{x^I \sim p_{\text{data}}}[\log(1 - D^c(x^I, \boldsymbol{x}^{T-}))] \\ &-\mathbb{E}_{x^I \sim p_{\text{data}}}[\log(D^u(x^I))] - \mathbb{E}_{\hat{x}^I \sim p_G}[\log(1 - D^u(\hat{x}^I))]\end{aligned} \tag{8.2.3}$$

其中，$\boldsymbol{x}^{T-}$ 为和图像 x^I 不匹配的文本的整体表示，$x^I \sim p_{\text{data}}$ 代表 x^I 是真实图像。

需要说明的是，也有很多模型仅使用条件损失，相应地，其判别器网络也仅包含条件分支。

3. 训练过程

输入：成对图文训练样本组成的小批量。记图像为 x^I ，文本为 x^T 。

输出：训练后的生成器与判别器模型参数。

过程：

（1）提取文本 x^T 的整体表示 $\boldsymbol{x}^T$；

（2）从高斯噪声中随机采样噪声 $\boldsymbol{z}$；

（3）依据式(8.2.1)，将拼接的输入 $(\boldsymbol{z}, \boldsymbol{x}^T)$ 转换为合成图像 $\hat{x}^I$；

（4）依据式(8.2.3)计算判别器损失，更新判别器网络的参数。

（5）依据公式(8.2.2)计算生成器损失，更新生成器网络的参数。

4. 代表模型

2016 年提出的 GAN-CLS[156] 是首个基于条件生成对抗网络的文本生成图像模型，其成功地从文本描述中生成了分辨率为 64×64 像素的“自然”图片。

具体实现上，GAN-CLS 模型的文本编码通过一个预先训练好的图文跨模态匹配模型[161] 获得，该跨模态匹配模型的文本编码器和图像编码器分别为 char-CNN-RNN 和 GoogLeNet，通过在 5.2.2 节介绍过的排序损失训练图文编码器。这样，训练好的文本编码器就可用于获得文本的编码，其权重在 GAN-CLS 的训练过程中保持不变。GAN-CLS 模型的生成器网络中的上采样模块由转置卷积、批量规范化和 LeakyRelu 激活函数组成，判别器网络中的下采样模块由卷积、批量规范化和 LeakyRelu 激活函数组成，且仅包含条件分支。GAN-CLS 模型就仅使用了条件损失。

总之，GAN-CLS 模型的研究贡献包括：

（1）采用了预训练的多模态文本编码器，使得文本不再是和图像差异较大的离散符号，降低了生成器的学习难度；

（2）判别器损失首次使用了降低 $<$ 随机采样的不匹配文本描述，真实图像 $>$ 的可信度的优化目标，这保证了模型能够生成和语义描述一致的图像；

（3）在 CUB、Oxford-102 和 MS COCO 3 个数据集上进行了实验，后面的研究工作基本都采用了这些数据集。

8.2.2　基于多阶段生成网络的方法

为了生成更高分辨率的图像，一些研究者采用了多阶段的生成方式：先基于文本生成低分辨率图像，为目标绘制大概的形状和基本颜色；再以文本和前一阶段生成的图像为输入，绘制更高分辨率的图像，不断改正低分辨率图片的错误，并完善其细节。根据多个阶段是否联合训练，采用基于多阶段生成网络的方法的模型可以分成两类：分阶段训练的模型和多阶段联合训练的模型。下面分别介绍这两类模型。

1. 分阶段训练的模型

分阶段训练的模型将高分辨率的图像生成过程分为多个阶段：第一阶段生成低分辨率图像，之后的每一个阶段都将前面生成的低分辨率图像上采样至较高分辨率的图像。

第一阶段模型的结构和基于条件生成对抗网络的基本模型相同，以随机噪声和文本的整体表示为输入，生成低分辨率图像。

如图 8.9 所示，之后每一阶段模型的生成器网络都首先使用融合模块整合前一阶段合成的图像和文本整体表示，然后通过残差模块进行特征转换，最后再经过上采样模块，生成较高分辨率的图像。这些阶段模型的判别器网络和第一阶段相同，包含了一系列下采样模块。只是由于这些阶段模型的判别器网络的输入图像的分辨率更高，因此其所包含的下采样模块的数量更多。

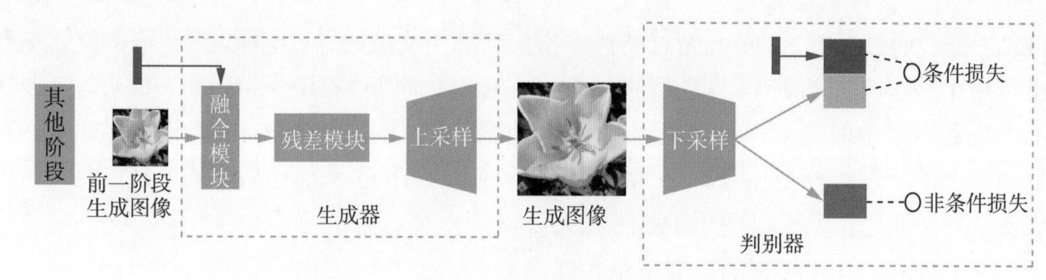

图 8.9　分阶段训练的模型的其他阶段示意图

2. 分阶段训练的代表模型

StackGAN[157] 是首个利用多个条件生成对抗网络从文本描述中生成较高分辨率图片的模型，其成功生成了分辨率为 256×256 像素的“自然”图像。

具体实现上，StackGAN 将高分辨率的图像生成过程分为两个阶段：第一阶段生成分辨率为 64×64 像素的图像；第二阶段将前面生成的 64×64 的图像上采样至 256×256 像素的图像。

StackGAN 模型的第一阶段的输入同样包括噪声和文本整体表示，但是在文本整体表示之后，使用了条件增强（conditioning augmentation，CA）模块进行加强。CA 模块的动机为：文本数据是高维离散的，会造成隐藏空间不连续，当数据量不够大时，判别器不易被充分训练。为此，其利用两个全连接神经网络，以文本整体表示为输入，获得均值和方差，从该均值和方差构成的高斯分布中随机采样获得增强的文本表示。该增强操作和变分自编码器的编码器完全一致，增强的文本表示分布也需要向标准正态分布看齐。值得注

意的是，CA 模块引入了噪声，因此，对于同一个文本，即使另外一个输入噪声不变，其生成的图像也会有变化。最终，将噪声和增强的文本表示拼接得到生成器网络的输入。

第一阶段模型的生成器网络中的上采样模块由最近邻上采样、批量规范化和 ReLU 激活函数组成，最后一个上采样模块不使用批量规范化，且使用 tanh 激活函数，将输入转换成分辨率为 64×64 像素的合成图像。第一阶段模型的判别器网络中的下采样模块由卷积、批量规范化和 LeakyRelu 激活函数组成，第一个下采样模块不使用批量规范化。

第二阶段模型的生成器网络首先融合增强的文本表示和第一阶段合成的图像。具体来说，增强的文本表示通过空间复制操作形状由 128 变为 128×16×16，第一阶段合成的图像通过下采样模块形状由 3×64×64 变为 512×16×16，二者拼接后形状为 (128+512)×16×16，即融合模块的输出。然后，再经过由核大小为 3×3 的卷积、批量规范化和 ReLU 激活函数组成的残差模块，最后再经过 4 个由最近邻上采样、批量规范化和 ReLU 激活函数组成的上采样模块，生成形状为 3×256×256 的图像。和第一阶段模型一样，第二阶段模型的判别器网络中的下采样模块也由卷积、批量规范化和 LeakyRelu 激活函数组成，且第一个下采样模块不使用批量规范化。

StackGAN 模型两个阶段都仅采用了条件损失函数。此外，第一阶段的生成器损失增加了 CA 模块引入的增强文本表示分布和标准正态分布之间的 KL 散度损失，即

$$\mathcal{L}_{kl} = D_{kl}(\mathcal{N}(\mu(\boldsymbol{x}^T), \Sigma(\boldsymbol{x}^T))||\mathcal{N}(0, I)) \tag{8.2.4}$$

总之，StackGAN 模型的研究贡献包括：

（1）采用了从低分辨率图像到高分辨率图像的递进生成过程，将高分辨率图像生成困难分散在不同的阶段；

（2）引入了 CA 模块，缓解了文本数据隐藏空间不连续带来的判别器训练问题；

（3）使用 IS 来评测图像的生成质量，不再仅使用人工评测。

3. 多阶段联合训练的模型

多阶段联合训练的模型同样采用了多组生成器和判别器组成的多个阶段的模型结构，但是其所有生成器可以联合训练。

如图 8.10 所示，模型的第一阶段的输入和之前的模型完全相同，包含随机噪声和文本整体表示。第一阶段的生成器网络被明确分为两部分：第一部分通过多个上采样模块组成的转换网络将输入转换成形状为目标分辨率的特征图；第二部分利用卷积操作将特征图的通道数转换为 3，即合成图像。

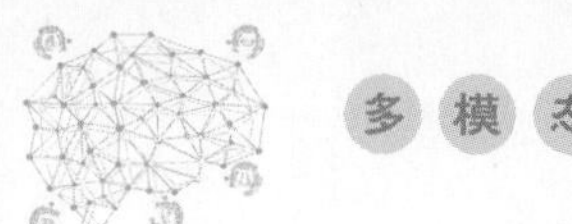
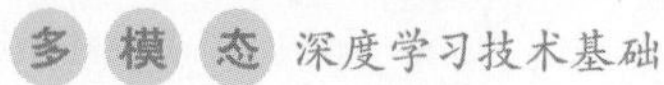

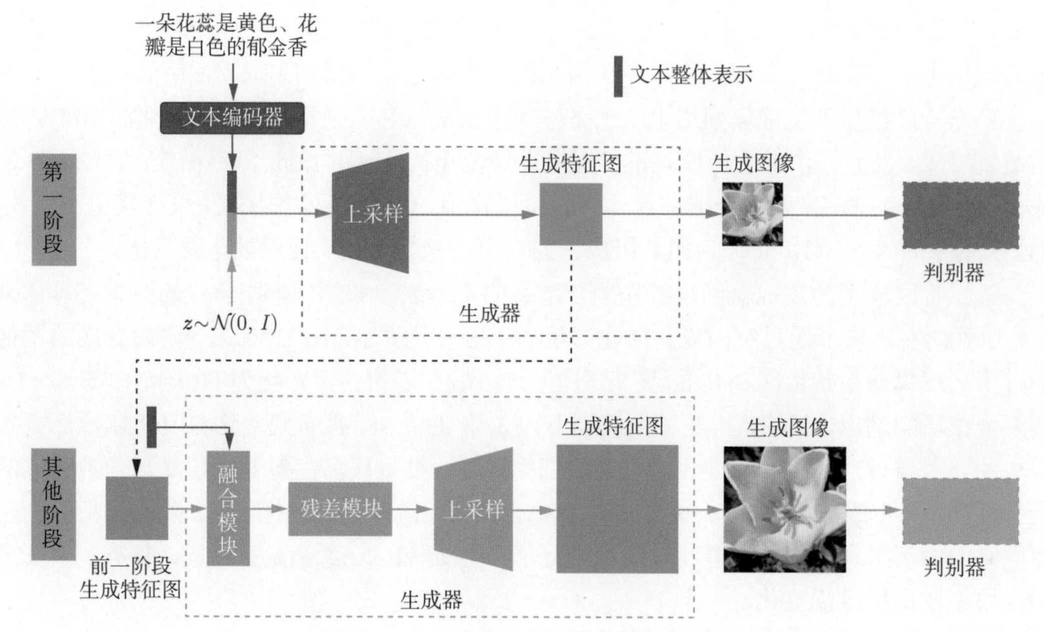

图 8.10　多阶段联合训练的模型示意图

模型之后每一阶段的生成器网络同样被明确分为两部分：第一部分利用融合模块将前一阶段生成的特征图和文本整体表示进行整合，然后通过多个残差块和一个上采样块组成的转换网络，将其转换成分辨率翻倍的特征图；第二部分同样利用卷积操作将特征图的通道数转换为 3，即合成图像。

需要注意的是，生成高分辨率图像的损失函数所产生的梯度可以通过低分辨率特征图传递给前一阶段的生成器网络，因此所有阶段的生成器网络是联合训练的。

4. 多阶段联合训练的代表模型

StackGAN-v2[158] 是首次利用多阶段联合训练模型生成分辨率为 256×256 像素的“自然”图像的工作。

具体实现上，StackGAN-v2 模型使用了三阶段联合训练模型，分别生成分辨率为 64×64 像素、128×128 像素和 256×256 像素的图像。其文本端也是使用 CA 模块增强后的文本表示，并使用了之前介绍的包含条件分支和非条件分支的判别器，以及结合条件损失和非条件损失的损失函数。

总之，StackGAN-v2 模型的研究贡献包括：

（1）采用了多个生成器可以联合训练的多阶段生成框架，可以采用端到端的训练方式，

该框架被之后的研究工作广泛使用；

（2）结合条件损失和非条件损失的损失函数在该工作中提出，该损失同样被之后的研究工作广泛使用；

（3）增加了 FID 来评测图像的生成质量。

8.2.3 基于注意力生成网络的方法

基于注意力生成网络的方法建立了文本描述中词到图像区域的“注意力”，同时捕捉了文本描述的词级别和句子级别的信息。

如图 8.11 所示，基于注意力生成网络方法构建的模型使用的文本编码器除了提取文本的整体表示，还提取文本的局部表示。模型的第一阶段输入还是仅包含文本的整体表示和噪声，生成器网络和判别器网络的结构也与刚才介绍的多阶段联合训练模型的第一阶段相同。

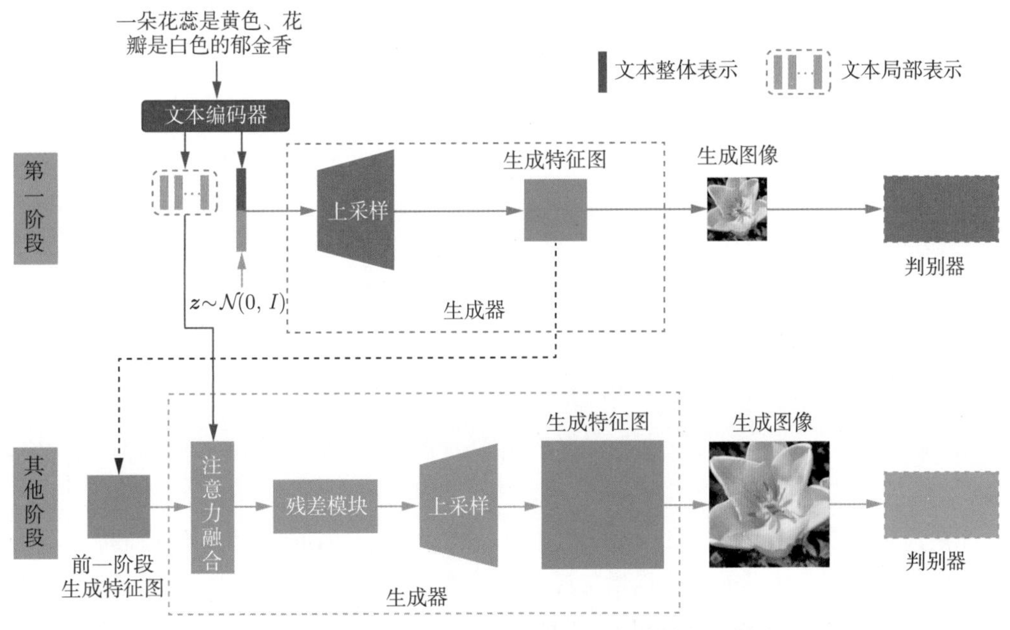

图 8.11 基于注意力生成网络的方法的模型示意图

“注意力”主要体现在第二阶段中的融合模块。和之前的模型相比，注意力生成网络模型中的融合模块的文本输入端不再是文本的整体表示，而是文本的局部表示。也就是说，这里融合模块使用注意力机制融合文本的局部表示和前一阶段网络生成的特征图。

代表模型

AttnGAN[36] 是首个利用注意力生成网络的方法生成分辨率为 256×256 像素的“自然”图像的模型。

AttnGAN 模型所使用的文本编码器为双向 LSTM。文本整体表示取最后一个词对应的隐藏层表示，记为 $\bar{\boldsymbol{e}} \in \mathbb{R}^D$，文本局部表示取每个词对应的隐藏层表示，记为 $\boldsymbol{e} \in \mathbb{R}^{D\times T}$，其中 D 为词表示维度，T 为句子中词的数量。AttnGAN 模型的注意力融合模块使用的是交叉注意力。假定特征图为卷积特征图 $h \in \mathbb{R}^{\hat{D}\times N}$，其中 N 是卷积特征图的像素数，即宽和高的乘积，注意力融合的具体步骤如下。

（1）将词表示和目标融合空间维度对齐：

$$\boldsymbol{e}' = \boldsymbol{U}\boldsymbol{e} \tag{8.2.5}$$

其中，$\boldsymbol{U} \in \mathbb{R}^{\hat{D}\times D}$。

（2）以卷积特征图的每个区域表示作为查询，“词表示”作为键和值，执行交叉注意力操作：

$$\boldsymbol{c}_j = \sum_{i=0}^{T-1} \alpha'_{ji}\boldsymbol{e}'_i \tag{8.2.6}$$

其中，

$$\begin{aligned} \alpha'_{ji} &= \frac{\exp(\alpha_{j,i})}{\sum\limits_{k=0}^{T-1}\exp(\alpha_{j,k})} \\ \alpha_{ji} &= \boldsymbol{h}_j^T\boldsymbol{e}'_i \end{aligned} \tag{8.2.7}$$

（3）将 $(\boldsymbol{c}_0, \boldsymbol{c}_1, \cdots, \boldsymbol{c}_{N-1}) \in \mathbb{R}^{\hat{D}\times N}$ 和卷积特征图在通道维度拼接起来得到最终的融合结果。

在损失函数方面，AttnGAN 模型沿用 StackGAN-v2 的损失函数，但是最后一个阶段的生成器损失多了一个匹配损失以增加图文一致性。图文一致性通过预先训练的深度注意力多模态相似性模型（deep attentional multimodal similarity model，DAMSM）计算而得，该匹配损失也称为 DAMSM 损失。

DAMSM 模型是一个同时考虑了整体表示和局部表示的图文对齐模型。DAMSM 模型的文本编码器和注意力生成网络中使用的文本编码器完全一致。实际上，注意力生成网络中使用的文本编码器的权重来自 DAMSM 模型，并在文本生成图像模型的训练过程中保

持固定。图像编码器是 ImageNet 上预训练的 inception v3 网络，局部表示为从 mixed_6e 层提取网格表示；整体表示为 mixed_7c 经过平均聚合层的结果。

总之，AttnGAN 模型的研究贡献包括：

（1）首次在生成器网络中引入了注意力机制，使得模型可以关注更细粒度的文本特征；

（2）首次在损失函数中引入显示的图文多模态对齐约束项，提升了图文一致性；

（3）提出了新的定量评测指标 R-precision，这也是文本生成图像领域首个定量自动评测图文一致性的指标。

之后的绝大多数基于生成对抗网络的方法都遵循 AttnGAN 的框架，即包含 3 个模块：注意力生成式网络、判别式网络和显式的图文对齐模型。例如，2019 年发表的 MirrorGAN[48] 和 DMGAN[49] 都遵循 AttnGAN 的框架，但是分别对显式的图文对齐模型和注意力生成式网络进行了改进。其中，MirrorGAN 提出了新的显示对齐图像和文本的方法，即让由文本描述生成的图像再反过来生成文本，使得生成的文本和原始文本对齐；DMGAN 则提出了新的注意力生成式网络，即使用动态的记忆模块融合文本描述和前一阶段生成的图像。

8.3 实战案例：基于注意力的图像描述

8.3.1 图像描述技术简介

图像描述的关键是生成自然语言描述图像中可以用语言表述的部分。传统的图像描述技术首先通过分析视觉内容预测给定图像最可能包含的语义信息，并显式地转化为语言标签（通常为单词、短语或其他结构化描述），再基于这些标签生成自然语言描述句子。这类方法均使用以下的管道式结构实现图像描述任务。

（1）使用计算机视觉技术对场景进行分类，检测图像中存在的对象，预测它们的属性以及它们之间的关系，识别发生的动作，将它们映射为一些基本的自然语言描述单元，例如单词、短语或其他结构化描述。

（2）通过自然语言生成技术（如模板、n-gram、语法规则等）将这些单词或者短语进行组合，生成自然语言描述句子。

这种管道式方法虽然充分利用了两个领域的现有技术，设计了一套简单可控的解决方案，然而，也存在若干问题：其一，分阶段的方式限制了两个模态数据间的信息交互；其二，这种方法高度依赖预先定义的场景、对象、属性和动作的封闭语义类集；其三，这种分阶段的模型存在误差累积问题，前面任务的误差在后面阶段会放大；其四，无法以端到端的方式训练。

当前主流的图像描述技术大多采用基于编解码框架的方法直接学习图像到文本描述的映射，其核心思想是建模一个以图像为条件的语言模型，计算视觉模式与文本模式的共现概率；其技术基础是深层神经网络对图文两种不同模态数据的通用表示学习能力，可以形成一个端到端的编解码模型结构。此类方法中所使用的模型可以被端到端地训练，且不需要显式地定义图像和文本之间的桥梁（状态表示），可以有效避免前述管道式方法的问题。

不同的图像描述编解码模型的区别在于，其图像编码器和文本解码器所使用的结构的不同。表 8.1 列举了深度学习时代常见的图像描述编解码器组合。

表 8.1　常见的图像描述编解码器组合

图像编码器	文本解码器
CNN 整体表示	RNN
CNN 网格表示	RNN+ 交叉注意力
CNN 区域表示	RNN+ 交叉注意力
CNN 区域表示 + 自注意力	RNN+ 交叉注意力
CNN 区域表示 + 图神经网络	RNN+ 交叉注意力
CNN 区域表示 +transformer 编码模块	transformer 解码模块
视觉 transformer	transformer 解码模块

接下来将介绍一个图像编码器为 CNN 网格表示提取器、文本解码器为 RNN+ 注意力的图像描述方法的具体实现。我们的实现大体上是在复现 ARCTIC 模型[64]，但是细节上有一些改变，下面的实现过程会对这些改变做具体说明。此外，链接[1] 给出了一个更接近原始 ARCTIC 模型的代码库，推荐大家阅读。本节部分代码的实现思路也受到该代码库的启发。

下面依然按照读取数据、定义模型、定义损失函数、选择优化方法、选择评估指标和训练模型的次序，描述该实战案例。

8.3.2 读取数据

我们使用和 VSE++ 相同的数据集 Flickr8k，其读取数据流程和 VSE++ 完全一致。5.3.3 节中已经介绍了其下载方式、划分方法、数据集类和批量读取数据的方法，这里不再赘述。

[1] https://github.com/sgrvinod/a-PyTorch-Tutorial-to-Image-Captioning

8.3.3 定义模型

ARCTIC 模型是一个典型的基于注意力的编解码模型，其编码器为图像网格表示提取器，解码器为循环神经网络。解码器每生成一个词时，都利用注意力机制考虑当前生成的词和图像中的哪些网格更相关。

1. 图像编码器

ARCTIC 原始模型使用在 ImageNet 数据集上预训练过的分类模型 VGG19 作为图像编码器，VGG19 最后一个卷积层作为网格表示提取层。这里使用 ResNet-101 作为图像编码器，并将其最后一个非全连接层作为网格表示提取层。

```
import torch.nn as nn
import torchvision
from torchvision.models import ResNet101_Weights
class ImageEncoder(nn.Module):
    def __init__(self, finetuned=True):
        super(ImageEncoder, self).__init__()
        model = torchvision.models.resnet101(weights=ResNet101_Weights.DEFAULT)
        # ResNet-101 网格表示提取器
        self.grid_rep_extractor = nn.Sequential(*(list(model.children())[:-2]))
        for param in self.grid_rep_extractor.parameters():
            param.requires_grad = finetuned

    def forward(self, images):
        out = self.grid_rep_extractor(images)
        return out
```

2. 文本解码器

ARCTIC 原始模型使用结合注意力的 LSTM 作为文本解码器，这里使用结合注意力的 GRU 作为文本解码器，注意力评分函数采用的是加性注意力。下面给出加性注意力和解码器的具体实现。

3.3.1 节已经介绍过加性注意力评分函数，其具体形式为 $W_2^T\tanh(W_1[\boldsymbol{q}_i;\boldsymbol{k}_j])$。在实现上，首先将权重 W_1 依照查询 $\boldsymbol{q}$ 和键 $\boldsymbol{k}$ 的维度，相应地拆成两组权重，分别将单个查询和一组键映射到注意力函数隐藏层表示空间；然后将二者相加得到一组维度为 attn_dim 的表示，并在经过非线性变换后，使用形状为 (attn_dim, 1) 的权重 W_2 将其映射为一组数

值；再通过 softmax 函数获取单个查询和所有键的关联程度，即归一化的相关性分数；最后以相关性得分为权重，对值进行加权求和，计算输出特征。这里的值和键是同一组向量表示。

```
class AdditiveAttention(nn.Module):
    def  __init__(self, query_dim, key_dim, attn_dim):
        """(1)
        参数:
            query_dim: 查询 Q 的维度
            key_dim: 键 K 的维度
            attn_dim: 注意力函数隐藏层表示的维度
        """
        super(AdditiveAttention, self).__init__()
        self.attn_w_1_q = nn.Linear(query_dim, attn_dim)
        self.attn_w_1_k = nn.Linear(key_dim, attn_dim)
        self.attn_w_2 = nn.Linear(attn_dim, 1)
        self.tanh = nn.Tanh()
        self.softmax = nn.Softmax(dim=1)

    def forward(self, query, key_value):
        """
        Q K V: Q 和 K 算出相关性得分, 作为 V 的权重, K=V
        参数:
            query: 查询 (batch_size, q_dim)
            key_value: 键和值, (batch_size, n_kv, kv_dim)
        """
        # (2) 计算 query 和 key 的相关性, 实现注意力评分函数
        # -> (batch_size, 1, attn_dim)
        queries = self.attn_w_1_q(query).unsqueeze(1)
        # -> (batch_size, n_kv, attn_dim)
        keys = self.attn_w_1_k(key_value)
        # -> (batch_size, n_kv)
        attn = self.attn_w_2(self.tanh(queries+keys)).squeeze(2)
        # (3) 归一化相关性分数
        # -> (batch_size, n_kv)
```

(接下页)

(接上页)

```
        attn = self.softmax(attn)
        # （4）计算输出
        # (batch_size x 1 x n_kv)(batch_size x n_kv x kv_dim)
        # -> (batch_size, 1, kv_dim)
        output = torch.bmm(attn.unsqueeze(1), key_value).squeeze(1)
        return output, attn
```

解码器前馈过程的实现流程如下。

（1）将图文数据按照文本的实际长度从长到短排序，这是为了模拟 pack_padded_sequence 函数的思想，方便后面使用动态的批大小，以避免参与运算带来的非必要的计算消耗。

（2）在第一时刻解码前，使用图像表示初始化 GRU 的隐状态。

（3）解码的每一时刻的具体操作可分解为如下 4 个子操作。

- （3.1）获取实际的批大小；
- （3.2）利用 GRU 前一时刻最后一个隐藏层的状态作为查询，图像表示作为键和值，获取上下文向量；
- （3.3）将上下文向量和当前时刻输入的词表示拼接起来，作为 GRU 该时刻的输入，获得输出；
- （3.4）使用全连接层和 softmax 激活函数将 GRU 的输出映射为词表上的概率分布。

```
class AttentionDecoder(nn.Module):
    def __init__(self, image_code_dim, vocab_size, word_dim,
                       attention_dim, hidden_size, num_layers,
                       dropout=0.5):
        super(AttentionDecoder, self).__init__()
        self.embed = nn.Embedding(vocab_size, word_dim)
        self.attention = AdditiveAttention(hidden_size, image_code_dim, attention_dim)
        self.init_state = nn.Linear(image_code_dim, num_layers*hidden_size)
        self.rnn = nn.GRU(word_dim + image_code_dim, hidden_size, num_layers)
        self.dropout = nn.Dropout(p=dropout)
        self.fc = nn.Linear(hidden_size, vocab_size)
        # RNN 默认已初始化
        self.init_weights()
```

(接下页)

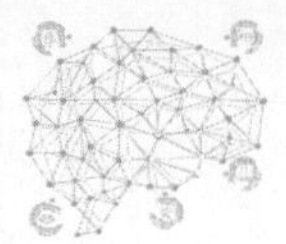

(接上页)

```
def init_weights(self):
    self.embed.weight.data.uniform_(-0.1, 0.1)
    self.fc.bias.data.fill_(0)
    self.fc.weight.data.uniform_(-0.1, 0.1)

def init_hidden_state(self, image_code, captions, cap_lens):
    """
    参数:
        image_code: 图像编码器输出的图像表示
                    (batch_size, image_code_dim, grid_height, grid_width)
    """
    # 将图像网格表示转换为序列表示形式
    batch_size, image_code_dim = image_code.size(0), image_code.size(1)
    # -> (batch_size, grid_height, grid_width, image_code_dim)
    image_code = image_code.permute(0, 2, 3, 1)
    # -> (batch_size, grid_height * grid_width, image_code_dim)
    image_code = image_code.view(batch_size, -1, image_code_dim)
    # （1）按照 caption 的长短排序
    sorted_cap_lens, sorted_cap_indices = torch.sort(cap_lens, 0, True)
    captions = captions[sorted_cap_indices]
    image_code = image_code[sorted_cap_indices]
     #（2）初始化隐状态
    hidden_state = self.init_state(image_code.mean(axis=1))
    hidden_state = hidden_state.view(
                        batch_size,
                        self.rnn.num_layers,
                        self.rnn.hidden_size).permute(1, 0, 2)
    return image_code, captions, sorted_cap_lens, sorted_cap_indices, hidden_state

def forward_step(self, image_code, curr_cap_embed, hidden_state):
    #（3.2）利用注意力机制获得上下文向量
    # query: hidden_state[-1]，即最后一个隐藏层输出 (batch_size, hidden_size)
    # context: (batch_size, hidden_size)
```

(接下页)

(接上页)

```
        context, alpha = self.attention(hidden_state[-1], image_code)
        #（3.3）以上下文向量和当前时刻词表示为输入，获得 GRU 输出
        x = torch.cat((context, curr_cap_embed), dim=-1).unsqueeze(0)
        # x: (1, real_batch_size, hidden_size+word_dim)
        # out: (1, real_batch_size, hidden_size)
        out, hidden_state = self.rnn(x, hidden_state)
        #（3.4）获取该时刻的预测结果
        # (real_batch_size, vocab_size)
        preds = self.fc(self.dropout(out.squeeze(0)))
        return preds, alpha, hidden_state

    def forward(self, image_code, captions, cap_lens):
        """
        参数:
            hidden_state: (num_layers, batch_size, hidden_size)
            image_code:  (batch_size, feature_channel, feature_size)
            captions: (batch_size, )
        """
        # （1）将图文数据按照文本的实际长度从长到短排序
        # （2）获得 GRU 的初始隐状态
        image_code, captions, sorted_cap_lens, sorted_cap_indices, hidden_state \
            = self.init_hidden_state(image_code, captions, cap_lens)
        batch_size = image_code.size(0)
        # 输入序列长度减 1，因为最后一个时刻不需要预测下一个词
        lengths = sorted_cap_lens.cpu().numpy() - 1
        # 初始化变量：模型的预测结果和注意力分数
        predictions = torch.zeros(batch_size, lengths[0], self.fc.out_features)
        predictions = predictions.to(captions.device)
        alphas = torch.zeros(batch_size, lengths[0], image_code.shape[1])
        alphas = alphas.to(captions.device)
        # 获取文本嵌入表示 cap_embeds: (batch_size, num_steps, word_dim)
        cap_embeds = self.embed(captions)
        # Teacher-Forcing 模式
        for step in range(lengths[0]):
```

(接下页)

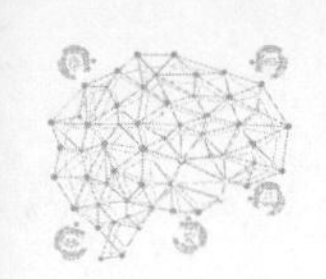

(接上页)

```
        #（3）解码
        #（3.1）模拟 pack_padded_sequence 函数的原理，获取该时刻的非<pad>输入
        real_batch_size = np.where(lengths>step)[0].shape[0]
        preds, alpha, hidden_state = self.forward_step(
                        image_code[:real_batch_size],
                        cap_embeds[:real_batch_size, step, :],
                        hidden_state[:, :real_batch_size, :].contiguous())
        # 记录结果
        predictions[:real_batch_size, step, :] = preds
        alphas[:real_batch_size, step, :] = alpha
    return predictions, alphas, captions, lengths, sorted_cap_indices
```

在定义编码器和解码器完成之后，就很容易构建图像描述模型 ARCTIC 了。仅在初始化函数时声明编码器和解码器，然后在前馈函数实现里将编码器的输出和文本描述作为解码器的输入即可。

这里额外定义了束搜索采样函数，用于生成句子，以计算 BLEU 值。下面的代码详细标注了其具体实现。

```
class ARCTIC(nn.Module):
    def __init__(self, image_code_dim, vocab, word_dim,
                 attention_dim, hidden_size, num_layers):
        super(ARCTIC, self).__init__()
        self.vocab = vocab
        self.encoder = ImageEncoder()
        self.decoder = AttentionDecoder(image_code_dim, len(vocab),
                                        word_dim, attention_dim,
                                        hidden_size, num_layers)

    def forward(self, images, captions, cap_lens):
        image_code = self.encoder(images)
        return self.decoder(image_code, captions, cap_lens)

    def generate_by_beamsearch(self, images, beam_k, max_len):
        vocab_size = len(self.vocab)
```

(接下页)

(接上页)

```
image_codes = self.encoder(images)
texts = []
device = images.device
# 对每个图像样本执行束搜索
for image_code in image_codes:
    # 将图像表示复制 k 份
    image_code = image_code.unsqueeze(0).repeat(beam_k,1,1,1)
    # 生成 k 个候选句子，初始时，仅包含开始符号<start>
    cs_shape = (beam_k, 1)
    cur_sents = torch.full(cs_shape, self.vocab['<start>'], dtype=torch.long)
    cur_sents = cur_sents.to(device)
    cur_sent_embed = self.decoder.embed(cur_sents)[:,0,:]
    sent_lens = torch.LongTensor([1]*beam_k).to(device)
    # 获得 GRU 的初始隐状态
    image_code, cur_sent_embed, _, _, hidden_state = \
        self.decoder.init_hidden_state(image_code, cur_sent_embed, sent_lens)
    # 存储已完整生成的句子（以句子结束符<end>结尾的句子）
    end_sents = []
    # 存储已完整生成的句子的概率
    end_probs = []
    # 存储未完整生成的句子的概率
    probs = torch.zeros(beam_k, 1).to(device)
    k = beam_k
    while True:
        preds, _, hidden_state = \
            self.decoder.forward_step(
                    image_code[:k], cur_sent_embed,
                    hidden_state.contiguous())
        # -> (k, vocab_size)
        preds = nn.functional.log_softmax(preds, dim=1)
        # 对每个候选句子采样概率值最大的前 k 个单词生成 k 个新的候选句子，
        # 并计算概率
        # -> (k, vocab_size)
        probs = probs.repeat(1,preds.size(1)) + preds
```

(接下页)

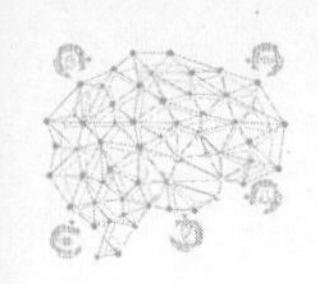

(接上页)

```
            if cur_sents.size(1) == 1:
                # 第一步时，所有句子都只包含开始标识符
                # 因此，仅利用其中一个句子计算 topk
                values, indices = probs[0].topk(k, 0, True, True)
            else:
                # probs: (k, vocab_size) 是二维张量
                # topk 函数直接应用于二维张量会按照指定维度取最大值
                # 这里需要在全局取最大值
                # 因此，将 probs 转换为一维张量，再使用 topk 函数获取最大的 k 个值
                values, indices = probs.view(-1).topk(k, 0, True, True)
            # 计算最大的 k 个值对应的句子索引和词索引
            sent_indices = torch.div(indices, vocab_size, rounding_mode='trunc')
            word_indices = indices % vocab_size
            # 将词拼接在前一轮的句子后，获得此轮的句子
            cur_sents = torch.cat([cur_sents[sent_indices],
                                   word_indices.unsqueeze(1)], dim=1)
            # 查找此轮生成句子结束符<end>的句子
            end_indices = [idx for idx, word in enumerate(word_indices)
                           if word == self.vocab['<end>']]
            if len(end_indices) > 0:
                end_probs.extend(values[end_indices])
                end_sents.extend(cur_sents[end_indices].tolist())
                # 如果所有句子都包含结束符，则停止生成
                k -= len(end_indices)
                if k == 0:
                    break
            # 查找还需要继续生成词的句子
            cur_indices = [idx for idx, word in enumerate(word_indices)
                           if word != self.vocab['<end>']]
            if len(cur_indices) > 0:
                cur_sent_indices = sent_indices[cur_indices]
                cur_word_indices = word_indices[cur_indices]
                # 仅保留还需要继续生成的句子、句子概率、隐状态、词嵌入
                cur_sents = cur_sents[cur_indices]
```

(接下页)

(接上页)

```
                probs = values[cur_indices].view(-1,1)
                hidden_state = hidden_state[:,cur_sent_indices,:]
                cur_sent_embed = self.decoder.embed(
                    cur_word_indices.view(-1,1))[:,0,:]
            # 句子太长，停止生成
            if cur_sents.size(1) >= max_len:
                break
        if len(end_sents) == 0:
            # 如果没有包含结束符的句子，则选取第一个句子作为生成句子
            gen_sent = cur_sents[0].tolist()
        else:
            # 否则选取包含结束符的句子中概率最大的句子
            gen_sent = end_sents[end_probs.index(max(end_probs))]
        texts.append(gen_sent)
    return texts
```

8.3.4 定义损失函数

这里采用交叉熵损失作为损失函数。由于同一训练批次里的文本描述的长度不一致，因此有大量不需要计算损失的目标。为了避免计算资源的浪费，这里首先将数据按照文本长度排序，然后利用 pack_padded_sequence 函数将预测目标为数据去除，最后利用交叉熵损失计算实际的损失。

```
class PackedCrossEntropyLoss(nn.Module):
    def __init__(self):
        super(PackedCrossEntropyLoss, self).__init__()
        self.loss_fn = nn.CrossEntropyLoss()

    def forward(self, predictions, targets, lengths):
        """
        参数:
            predictions: 按文本长度排序过的预测结果
            targets: 按文本长度排序过的文本描述
            lengths: 文本长度
```

(接下页)

(接上页)

```
    """
    predictions = pack_padded_sequence(predictions, lengths, batch_first=True)[0]
    targets = pack_padded_sequence(targets, lengths, batch_first=True)[0]
    return self.loss_fn(predictions, targets)
```

8.3.5 选择优化方法

这里选用 Adam 优化算法更新模型参数，由于数据集较小，训练轮次少，因此，学习速率在训练过程中并不调整，但是对编码器和解码器采用了不同的学习速率。具体来说，预训练的图像编码器的学习速率小于需要从头开始训练的文本解码器的学习速率。

```
def get_optimizer(model, config):
    enc_params = filter(lambda p: p.requires_grad, model.encoder.parameters())
    enc_lr = config.encoder_learning_rate
    dec_params = filter(lambda p: p.requires_grad, model.decoder.parameters())
    dec_lr = config.decoder_learning_rate
    return torch.optim.Adam([{"params": enc_params, "lr": enc_lr},
                             {"params": dec_params, "lr": dec_lr}])

def adjust_learning_rate(optimizer, epoch, config):
    """
        每隔 lr_update 个轮次，学习速率减小至当前学习速率的 1/10,
        实际上，我们并未使用该函数，这里是为了展示在训练过程中调整学习速率的方法
    """
    enc_lr = config.encoder_learning_rate * (0.1 ** (epoch // config.lr_update))
    dec_lr = config.decoder_learning_rate * (0.1 ** (epoch // config.lr_update))
    optimizer.param_groups[0]['lr'] = enc_lr
    optimizer.param_groups[1]['lr'] = dec_lr
```

8.3.6 选择评估指标

这里借助 nltk 库实现了图像描述中最常用的评估指标 BLEU 值。需要注意的是，在调用并计算 BLEU 值之前，要先将文本中人工添加的文本开始符、结束符和占位符去掉。

```
from nltk.translate.bleu_score import corpus_bleu

def filter_useless_words(sent, filterd_words):
    # 去除句子中不参与 BLEU 值计算的符号
    return [w for w in sent if w not in filterd_words]

def evaluate(data_loader, model, config):
    model.eval()
    # 存储候选文本
    cands = []
    # 存储参考文本
    refs = []
    # 需要过滤的词
    filterd_words = set({model.vocab['<start>'],
                         model.vocab['<end>'],
                         model.vocab['<pad>']})
    cpi = config.captions_per_image
    device = next(model.parameters()).device
    for i, (imgs, caps, caplens) in enumerate(data_loader):
        with torch.no_grad():
            # 通过束搜索，生成候选文本
            texts = model.generate_by_beamsearch(
                imgs.to(device), config.beam_k, config.max_len+2)
            # 候选文本
            cands.extend([filter_useless_words(text, filterd_words)
                          for text in texts])
            # 参考文本
            refs.extend([filter_useless_words(cap, filterd_words)
                         for cap in caps.tolist()])
    # 实际上，每个候选文本对应 cpi 条参考文本
    multiple_refs = []
    for idx in range(len(refs)):
        multiple_refs.append(refs[(idx//cpi)*cpi : (idx//cpi)*cpi+cpi])
    # 计算 BLEU-4 值，corpus_bleu 函数默认 weights 权重为 (0.25,0.25,0.25,0.25)
    # 即计算 1-gram 到 4-gram 的 BLEU 几何平均值
```

(接下页)

(接上页)

```
    bleu4 = corpus_bleu(multiple_refs, cands, weights=(0.25,0.25,0.25,0.25))
    model.train()
    return bleu4
```

8.3.7 训练模型

训练模型过程仍然分为读取数据、前馈计算、计算损失、更新参数、选择模型 5 个步骤。

模型训练的具体方案为：一共训练 30 轮，编码器和解码器的学习速率分别为 0.0001 和 0.0005。

```
# 设置模型超参数和辅助变量
config = Namespace(
    max_len = 30,
    captions_per_image = 5,
    batch_size = 32,
    image_code_dim = 2048,
    word_dim = 512,
    hidden_size = 512,
    attention_dim = 512,
    num_layers = 1,
    encoder_learning_rate = 0.0001,
    decoder_learning_rate = 0.0005,
    num_epochs = 10,
    grad_clip = 5.0,
    alpha_weight = 1.0,
    evaluate_step = 900, # 每隔多少步在验证集上测试一次
    checkpoint = None, # 如果不为 None，则利用该变量路径的模型继续训练
    best_checkpoint='../model/ARCTIC/best_flickr8k.ckpt', # 验证集上表现最优的模型的路径
    last_checkpoint = '../model/ARCTIC/last_flickr8k.ckpt', # 训练完成时的模型的路径
    beam_k = 5
)

# 设置 GPU 信息
os.environ['CUDA_VISIBLE_DEVICES'] = '0'
```

(接下页)

(接上页)

```
device = torch.device("cuda" if torch.cuda.is_available() else "cpu")

# 数据
data_dir = '../data/flickr8k/'
vocab_path = '../data/flickr8k/vocab.json'
train_loader, valid_loader, test_loader = mktrainval(data_dir,
                                                     vocab_path,
                                                     config.batch_size)

# 模型
with open(vocab_path, 'r') as f:
    vocab = json.load(f)

# 随机初始化或载入已训练的模型
start_epoch = 0
checkpoint = config.checkpoint
if checkpoint is None:
    model = ARCTIC(config.image_code_dim,
                   vocab,
                   config.word_dim,
                   config.attention_dim,
                   config.hidden_size,
                   config.num_layers)
else:
    checkpoint = torch.load(checkpoint)
    start_epoch = checkpoint['epoch'] + 1
    model = checkpoint['model']

# 优化器
optimizer = get_optimizer(model, config)

# 将模型复制至 GPU，并开启训练模式
model.to(device)
model.train()
```

(接下页)

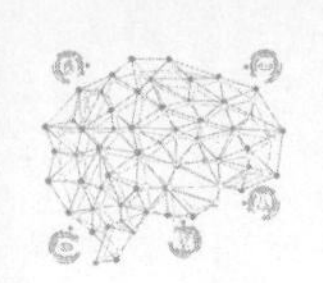

(接上页)

```
# 损失函数
loss_fn = PackedCrossEntropyLoss().to(device)

best_res = 0

for epoch in range(start_epoch, config.num_epochs):
    for i, (imgs, caps, caplens) in enumerate(train_loader):
        optimizer.zero_grad()
        # 1. 读取数据至 GPU
        imgs = imgs.to(device)
        caps = caps.to(device)
        caplens = caplens.to(device)

        # 2. 前馈计算
        predictions, alphas, sorted_captions, \
        lengths, sorted_cap_indices = model(imgs, caps, caplens)
        # 3. 计算损失
        # captions 从第 2 个词开始为 targets
        loss = loss_fn(predictions, sorted_captions[:, 1:], lengths)
        # 重随机注意力正则项，使得模型尽可能全面利用到每个网格
        # 要求所有时刻在同一网格上的注意力分数的平方和接近 1
        loss += config.alpha_weight * ((1. - alphas.sum(axis=1)) ** 2).mean()

        loss.backward()
        # 梯度截断
        if config.grad_clip > 0:
            nn.utils.clip_grad_norm_(model.parameters(), config.grad_clip)

        # 4. 更新参数
        optimizer.step()

        if (i+1) % 100 == 0:
            print('epoch %d, step %d: loss=%.2f' % (epoch, i+1, loss.cpu()))
```

(接下页)

(接上页)

```
            fw.write('epoch %d, step %d: loss=%.2f \n' % (epoch, i+1, loss.cpu()))
            fw.flush()

        state = {
                'epoch': epoch,
                'step': i,
                'model': model,
                'optimizer': optimizer
                }
        if (i+1) % config.evaluate_step == 0:
            bleu_score = evaluate(valid_loader, model, config)
            # 5. 选择模型
            if best_res < bleu_score:
                best_res = bleu_score
                torch.save(state, config.best_checkpoint)
            torch.save(state, config.last_checkpoint)
            print('Validation@epoch, %d, step, %d, BLEU-4=%.2f' %
                  (epoch, i+1, bleu_score))
checkpoint = torch.load(config.best_checkpoint)
model = checkpoint['model']
bleu_score = evaluate(test_loader, model, config)
print("Evaluate on the test set with the model \
       that has the best performance on the validation set")
print('Epoch: %d, BLEU-4=%.2f' %
      (checkpoint['epoch'], bleu_score))
```

运行这段代码完成训练后，最后一行会输出在验证集上表现最好的模型在测试集上的结果：

```
Epoch: 4, BLEU-4=0.23
```

8.4 小　　结

本章介绍了典型的多模态转换方法。首先，介绍了基于编解码框架的方法，包括基于循环神经网络、注意力和 transformer 的编解码模型。这些模型既能完成图像到文本转换的任务，也能完成文本到图像转换的任务。然后，介绍了基于生成对抗网络的方法，该方法主要用于完成文本到图像转换的任务。最后，介绍了一个使用注意力编解码模型进行图像描述任务的实战案例，使读者可以深入了解注意力在多模态转换中的使用方法。

8.5 习　　题

1. 比较 CNN-RNN 模型和 CNN-Attention 模型的异同。
2. 写出 3 个 transformer 编码块和 3 个 transformer 解码块组成的基于 transformer 的编解码模型的所有参数。
3. 查阅文献，描述 3 个用于文本生成图像任务的基于 transformer 的编解码模型的结构。
4. 在 CUB 数据集上，编写代码实现基础的基于条件生成对抗网络的文本生成图像模型。
5. 阐述注意力机制在 AttnGAN 中的作用。
6. 将 8.3 节中介绍的 ARCTIC 模型的图像编码器由图像网格表示提取器改为区域表示提取器，对比两种不同的图像编码器的图像描述的结果。

第 9 章　多模态预训练

预训练技术首先出现在计算机视觉领域，其中较早出现的应用方式是在大规模图像分类数据集上预训练卷积神经网络分类模型，然后对于新的计算机视觉任务，将分类模型的前若干层当作图像表示提取器，在其后添加任务相关网络，最后训练任务相关网络的权重或同时微调图像表示提取器的权重。近几年，使用这种“预训练-微调”范式的自监督学习中的预训练技术也取得了诸多突破。例如，遮蔽图像中的一些块、将图像黑白化、将图像旋转、降低图像分辨率等，要求预训练模型重构原始图像或和原始图像在表示空间上尽可能相似；将图像切块，任意给定两个图像块，要求模型判断这两个块的位置关系。

在自然语言处理领域，以 BERT 为代表的大规模预训练模型取得了巨大的成功。与以往的一个模型针对一个特定任务不同，BERT 所使用的“预训练-微调”范式预先使用大规模的易收集的文本数据训练表示学习模型，得到通用表示之后，只在特定的下游任务上的小规模数据集做进一步微调，便可以有效地完成下游任务，从而达到使用一个模型完成多种不同任务的效果，并在多个任务上的效果超过以往模型。

以“预训练-微调”流程工作的预训练技术的核心思想是首先利用易收集的大规模无标注或弱标注数据集学习较为通用的表示提取器，然后对于特定下游任务，微调表示提取器和特定任务网络即可，减少对标注数据的依赖。和计算机视觉任务以及自然语言处理任务相比，图文多模态任务同时涉及两个模态的数据，因而使用的数据集的人工标注成本往往更高，这带来紧迫使用预训练技术的需求。加上预训练技术在图文领域都取得了巨大成功，图文多模态预训练技术也就应运而生。

9.1　总体框架

如图 9.1 所示，总体来看，多模态预训练方法的框架包括预训练和微调两个阶段。

在预训练阶段，首先需要搜集大规模、易获取的图文以创建预训练数据集，然后构建多模态模型以学习通用的多模态表示，最后还需要设计多个促进图文对齐和融合的预训练任务以学习模型参数。简单来说，预训练阶段使用了尽可能多的训练数据，使得模型能够充分融合或对齐多个模态的信息，学习到多模态任务所需的共性多模态表示。

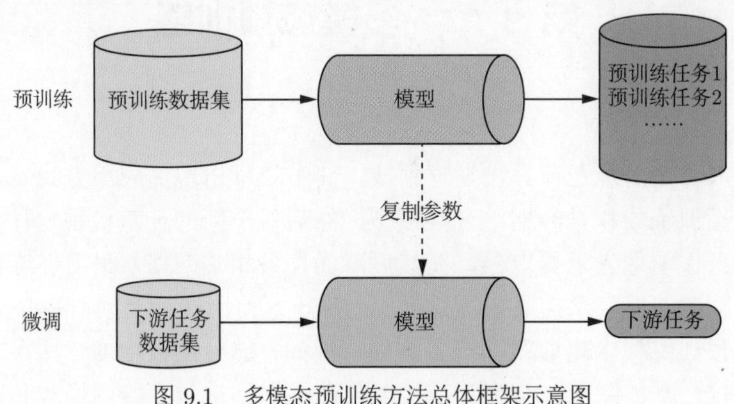

图 9.1　多模态预训练方法总体框架示意图

在微调阶段，对于特定的下游任务数据集，在已完成预训练的模型基础上，根据下游任务的优化目标，对模型结构进行微小的调整或不进行任何调整，微调整个模型的权重。

下面分别介绍多模态预训练方法的框架涉及的各个模块，包括预训练数据集、模型结构、预训练任务和下游任务。

9.2　预训练数据集

如前文所述，预训练阶段所使用的数据集必须是大规模且易获取的。而互联网上存在着大量的图文共现内容，这恰好符合图文预训练数据集的要求。下面介绍常用的图文预训练数据集。

- [1]**Conceptual Captions (CC)**[162]：约 330 万图片和句子标注，因此，也常被称为 **CC3M**。该数据集中的句子标注为图片所在网页上图片说明文字（alt-text HTML）经过一系列规则过滤的结果。该数据集噪声较小，不仅可用于图文多模态预训练，也可用于评测图像描述等模型的性能。

[1] https://github.com/google-research-datasets/conceptual-captions/

- [1]**Conceptual 12M (CC12M)**[163]：约 1200 万图片和句子标注。和 CC 相比，该数据集覆盖了多样化的视觉概念，但是也包含了更多的噪声。因此，CC12M 仅适合用于图文多模态预训练。
- [2]**SBU Captions**[164]：超过 100 万图片和句子标注，收集方法和 CC 类似。
- [3]**YFCC100M**[165]：来自图片分享社区Flickr[4]的约 9920 万图像和用户提供的文本描述信息。此外，OpenAI 挑选该数据集中文本描述信息为英文的数据，形成一个包含 14829396 幅图像的子集YFCC100M Subset[5]。
- [6]**LAION-400M**[166]：经过过滤的约 4 亿图像–文本描述对，过滤规则包括删除所有小于 5 个字符的文本描述以及小于 5KB 的图像所属的样本；对 URL 和文本使用布隆过滤器去重；删除 CLIP 模型计算的图文相似度小于 0.3 的样本；利用图文 CLIP 特征过滤不合法的内容（检测 NSFW）。
- **LAION-5B**[7]：包含了超过 50 亿图像–文本描述对，按照文本的语种分成了 3 个子集，即包含约 23 图像–文本描述对且文本为英语的 laion2B-en，包含约 22 亿图像–文本描述对且文本为其他语言的 laion2B-multi，以及包含约 10 亿图像–文本描述对且难以确定文本具体语言形式的 laion1B-nolang。

除了这些数据集，第 2 章中所介绍的已经整理或标注的图文多模态数据集都可用作预训练。

9.3 模型结构

多模态预训练模型通常分为基于编码器的模型和基于编解码框架的模型。基于编码器的模型在预训练阶段学习多模态表示，然后针对不同的下游任务设计特定结构的模块微调模型。而基于编解码框架的模型则在预训练阶段就统一多个任务的输入和输出，并使用单一的模型结构预训练，然后针对不同的下游任务直接微调训练，不再需要引入新的特定模块。下面分别介绍这两类模型的结构。

---

[1] https://github.com/google-research-datasets/conceptual-12m

[2] http://www.cs.virginia.edu/~vicente/sbucaptions/

[3] https://multimediacommons.wordpress.com/yfcc100m-core-dataset/

[4] https://www.flickr.com/

[5] https://github.com/openai/CLIP/blob/main/data/yfcc100m.md

[6] https://laion.ai/blog/laion-400-open-dataset/

[7] https://laion.ai/blog/laion-5b/

9.3.1 基于编码器的模型

第 5 章介绍过多模态表示可以分为两类：融合多个模态数据的共享表示和对齐多个模态数据的对应表示。基于编码器的多模态预训练模型同样可以根据所学表示的不同分为两类：一是基于融合编码器的模型，即使用融合编码器获取图文共享表示；二是基于双编码器的模型，即使用两个独立的编码器获取图文对应表示。

1. 基于融合编码器的模型

根据融合时机的不同，基于融合编码器的多模态预训练模型常分为两类："早期融合"的单流模型和"中期融合"的双流模型。

1）单流模型

如图 9.2 所示，单流多模态预训练模型是指一开始输入时便将图像信息和文本信息进行拼接，并直接将单模态编码模型当作融合编码器进行建模，获得图文融合表示。单模态模型的结构较为单一，大多采用标准的 transformer 模型。

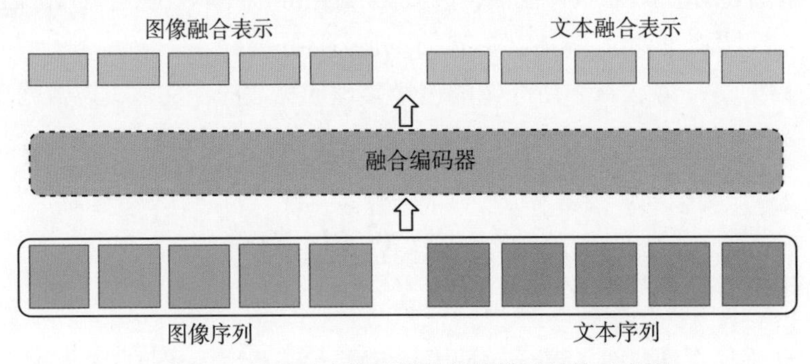

图 9.2　基于融合编码器的单流模型结构示意图

2）双流模型

如图 9.3 所示，双流多模态预训练模型首先使用两个单模态模型分别编码图像信息和文本信息，之后再利用多模态融合模型对图文单模态编码进行建模，获得图文融合表示。其中单模态模型往往采用标准的 transformer 模型，而最常用的多模态融合模型则采用交叉 transformer 模型。

2. 基于双编码器的模型

如图 9.4 所示，基于双编码器的模型就是使用两个单独的编码器分别学习图像和文本的对应表示，和 5.2 节中介绍的对应表示学习模型一样，通常在对应表示空间中增加图文

相似性关联约束以建立图文关联。

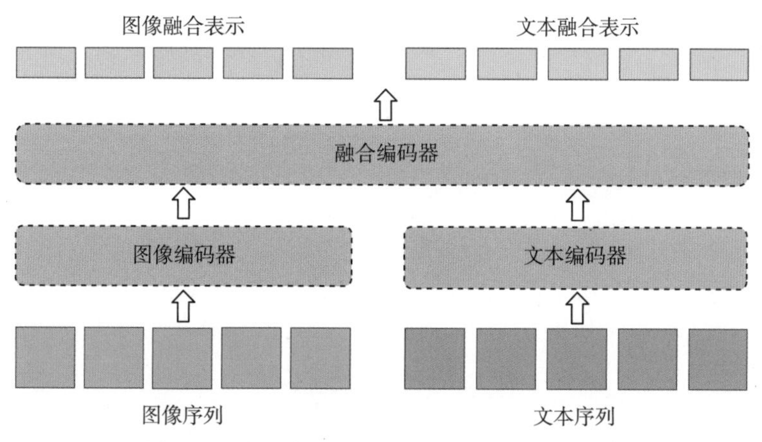

图 9.3 基于融合编码器的双流模型结构示意图

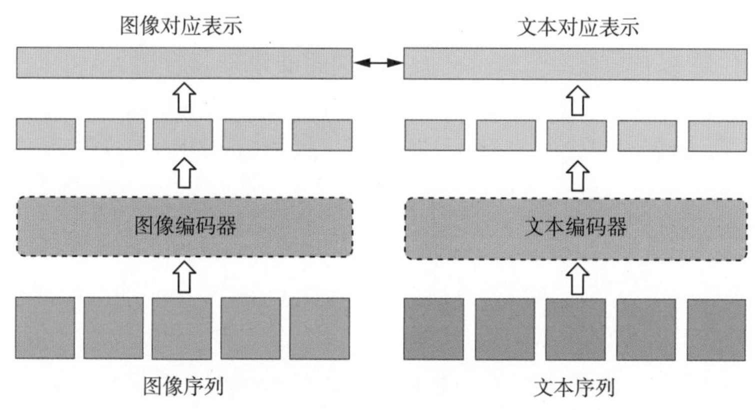

图 9.4 基于双编码器的模型结构示意图

9.3.2 基于编解码框架的模型

如图 9.5 所示，基于编解码框架的模型将图像序列和文本序列拼接成一个输入序列，并将多个任务的输出转化成共享词表的离散序列，最终使用编解码模型学习输入和输出的关联。此类模型不再关注通用多模态表示的学习，而是将不同任务的输入/输出转化成统一的形式，以达到使用一个单一的模型同时建模多种任务的目标。此类模型中最常用的模型结构是 8.1.3 节中介绍的基于 transformer 的编解码模型。

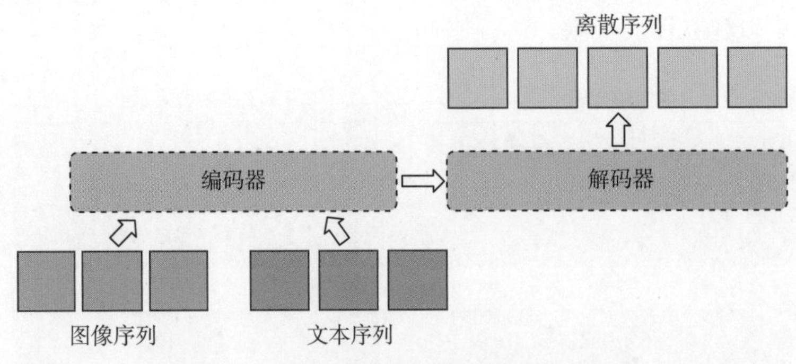

图 9.5 基于编解码框架的模型结构示意图

9.4 预训练任务

9.4.1 掩码语言模型

3.3 节中介绍过掩码语言模型（masked language modeling，MLM）是 BERT 的预训练任务之一。MLM 以特定概率随机替换掉文本中的部分词，使用 [MASK] 占位符替代，需要模型基于文本中的其他词预测出被替换的词。在图文多模态预训练模型中，预测被替换的词不仅依赖于文本其他词代表的上下文信息，还依赖于对应的图像信息。

9.4.2 掩码视觉模型

受掩码语言模型的启发，掩码视觉模型（masked vision modeling，MVM）以特定概率随机替换图像中部分局部区域，需要模型预测该区域的相关信息。这里的替换通常是将图像该区域的视觉特征设置为零向量。根据预测信息的不同，可以有如下两个具体预训练任务。

掩码区域分类（masked region classification, MRC）：根据图像以及对应文本预测被替换区域的类别。在被掩码的区域对应的输出表示后增加一个由线性层和 softmax 函数组成的分类层，以预测该区域的类别分布。需要注意的是，被掩码的区域的真实类别是未知的。因此，MRC 往往用于使用基于目标检测模型的区域图像表示的模型中。具体而言，将目标检测模型得到的区域类别分布作为区域的监督信号。监督信号有两种具体的形式：一是区域的类别标签；二是区域的类别分布。前者的优化目标是最小化分类交叉熵损失；后者的优化目标是最小化预训练模型和目标检测模型得到的区域类别分布之间的 KL 散度，因此也常被称为 MRC-KL。

掩码区域特征回归（masked region feature regression，MRFR）：根据图像以及对应文本回归被替换的区域的视觉特征。在被掩码的区域对应的输出表示后增加一个线性层或非线性全连接层，以预测该区域的原始视觉特征向量。模型的优化目标是最小化其预测出的掩码区域的特征和该区域的原始视觉特征的 L2 损失。MRFR 可以应用在使用任意局部图像表示的模型中。

9.4.3　图像文本匹配

图像文本匹配（image text matching，ITM）任务是给定构造好的图文关系对，让模型判断文本是否为对应图片的描述。前面介绍的 MLM 和 MVM 要求模型能够对齐图文的局部信息，而 ITM 则要求模型能够对齐图文整体信息。具体而言，ITM 需要模型先获取图文多模态表示，然后在表示层基础上增加一个二分类层，以判断图文是否匹配。一般而言，在基于融合编码器的单流模型中，输入中包含一个 <CLS> 符号，其对应的输出表示视为多模态表示。在基于融合编码器的双流模型中，图像端和文本端输入各包含一个 <CLS> 符号，将图像端和文本端 <CLS> 符号对应的输出表示拼接的结果视为多模态表示，当然，也可以和单流模型一样，仅使用一个 <CLS> 符号。

9.4.4　跨模态对比学习

跨模态对比学习（cross-modal contrastive learning, CMCL）任务的目标是学习图像和文本的表示，使得匹配的图文数据对表示之间的相似度大于不匹配的图文数据对表示之间的相似度。具体来说，就是采用 5.2 节中介绍的基于排序损失学习图文对应表示的方法完成该任务。

9.5　下 游 任 务

多模态预训练模型本身的性能无法直接评估，因此，常使用多个具体的多模态任务来评估。除了第 2 章中介绍过的 5 个任务，常见的图文多模态任务还有以下 3 种。

9.5.1　视觉常识推理

给定一张已知很多对象区域的图片，视觉常识推理（visual commonsense reasoning，VCR）任务要求完成两个子任务：根据问题选择答案；解释选择该答案的原因。这两个子任务均为选择题。该任务的常用数据集为[1]VCR v1.0[167]，其包括 110000 张来自电影的图片和 290000 道选择题，每道题对应 1 个正确答案和理由。

9.5.2 视觉语言推理

给定两张图片和一句文本描述，视觉语言推理（natural language for visual reasoning, NLVR）任务要求判断文本描述是否正确描述了两张图片的内容。从形式上看，该任务和视觉问答中的是否类问答相似，即输入信息为图片和文本，输出为是或否，区别在于 NLVR 任务中的视觉输入包含了两张图片。现在常用的数据集版本为[2]NLVR2[168]，其包括 107292 组图片对和文本描述。

9.5.3 视觉蕴含

给定一张图片和一句文本描述，视觉蕴含（visual entailment，VE）任务要求判断由图片（前提）推断句子（假设）是否合适（蕴涵或中立或矛盾）。该任务形式上和包含 3 个选项的选择题类型的视觉问答任务完全一致，即输入图片和文本，输出为 3 个选项上的得分。常用的数据集为[3]SNLI-VE[169]，其包括 31783 条样本，其中训练集、验证集和测试集的样本数分别为 29783、1000 和 1000。

9.6 典型模型

9.6.1 基于融合编码器的双流模型：LXMERT

LXMERT（learning cross-modality encoder representations from transformers）[170] 是一个标准的基于融合编码器的双流模型，其模型框架如图 9.6 所示。下面按照输入、模型结构、预训练任务、预训练数据集和下游任务的顺序介绍该模型。

LXMERT 的图像端输入为目标检测模型检测出的图像区域组成的序列。图像区域输入表示为区域的视觉表示和位置表示的组合，假定第 i 个区域的视觉表示和位置表示分别记为 $\boldsymbol{v}_i$ 和 $\boldsymbol{p}_i$，图像第 i 个区域表示 $\boldsymbol{x}_i^I$ 的计算过程为

---

[1] https://visualcommonsense.com/download/

[2] https://github.com/lil-lab/nlvr/tree/master/nlvr2

[3] https://github.com/necla-ml/SNLI-VE

$$
\begin{aligned}
\hat{\boldsymbol{v}}_i &= \mathrm{LN}(\boldsymbol{W}_v \boldsymbol{v}_i + b_v) \\
\hat{\boldsymbol{p}}_i &= \mathrm{LN}(\boldsymbol{W}_p \boldsymbol{p}_i + b_p) \\
\boldsymbol{x}_i^I &= \frac{\hat{\boldsymbol{v}}_i + \hat{\boldsymbol{p}}_i}{2}
\end{aligned} \tag{9.6.1}
$$

其中，LN 为层归一化，$\boldsymbol{W}_v$ 和 b_v 为视觉表示线性变换的参数，$\boldsymbol{W}_p$ 和 b_p 为位置表示线性变换的参数。这两个线性变换将视觉表示和位置表示映射到同一维度，最终的区域表示为统一维度后的视觉表示和位置表示的平均值。

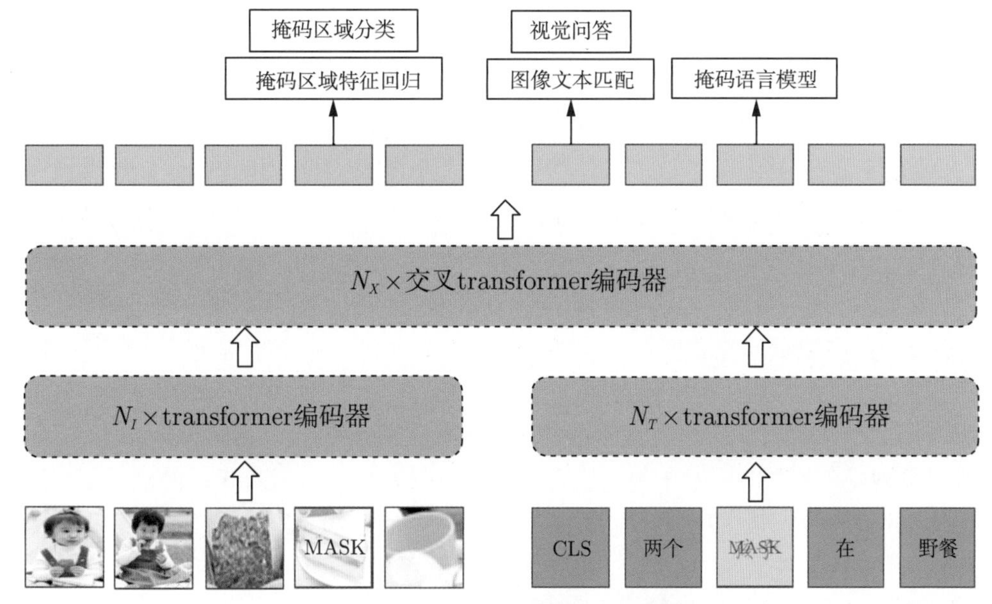

图 9.6　LXMERT 模型框架示意图

文本端的输入为符号 <CLS>、词元序列拼接而成。文本词元输入表示为词元的嵌入表示和位置表示的组合，假定第 j 个词元记为 w_j，则文本第 j 个词元表示 $\boldsymbol{x}_j^T$ 的计算过程为

$$
\begin{aligned}
\hat{\boldsymbol{w}}_j &= \mathrm{WordEmbed}(w_j) \\
\hat{\boldsymbol{u}}_j &= \mathrm{IdxEmbed}(j) \\
\boldsymbol{x}_j^T &= \mathrm{LN}(\hat{\boldsymbol{w}}_j + \hat{\boldsymbol{u}}_j)
\end{aligned} \tag{9.6.2}
$$

其中，WordEmbed 为获取词元和符号 <CLS> 的词嵌入表示的函数，IdxEmbed 为获取

位置表示的函数。这两个函数获取的表示维度相同，最终的词元表示为对词元嵌入表示和位置表示的求和并进行层归一化的结果。

在模型结构上，LXMERT 首先使用两组 transformer 编码器（数量分别为 N_I 和 N_T）分别学习图像区域和文本词元的更高层次表示，以充分建模图像区域之间以及文本词元之间的关联；之后再利用 N_x 个交叉 transformer 编码器获得图像区域和文本词元的多模态融合表示；最后使用 5 个预训练任务：掩码语言模型、掩码区域分类、掩码区域特征回归、图像文本匹配和视觉问答完成训练。前 4 个任务在本章预训练任务小节已经做过介绍，其中图像文本匹配任务是在文本端符号 <CLS> 的高层表示之后增加一个二分类层来判断图文是否匹配。对于最后一个视觉问答任务，只有当输入图像和文本问题匹配时，LXMERT 才需要根据图像回答文本问题，具体方法也是利用了文本端符号 <CLS> 的高层表示，即在其后增加一个多分类层（类别数和答案数相同）判断回答是否正确。

LXMERT 使用 MS COCO、VG、VQA v2、平衡版 GQA 和 VG-QA 作为预训练数据集，共计约 18 万幅不同的图片和 918 万个图像文本对。数据集剔除了和下游任务的测试集重合的样本。这些数据集在第 2 章的图像描述和视觉问答部分已经做过介绍，这里不再赘述。

LXMERT 在视觉问答和视觉语言推理两个下游任务上进行了实验验证，其中视觉问答使用的数据集为 VQA v2 和 GQA，视觉语言推理使用的数据集为 NLVR2。由于预训练任务中已经包含了视觉问答任务，因此，LXMERT 不需要改变结构就可以直接微调模型权重完成视觉问答任务。对于视觉语言推理任务，其输入包括两幅图片和一段文本，而 LXMERT 的输入为一张图片和一段文本。因此，在微调阶段，先将每一幅图片和文本输入 LXMERT 中，得到符号 <CLS> 对应的高层表示，然后将这两个高层表示拼接融合，并在其后面增加一个二分类层，完成视觉语言推理任务。

9.6.2 基于融合编码器的单流模型：ViLT

ViLT（vision-and-language transformer without convolution or region supervision）[171] 是一个典型的基于融合编码器的单流模型。其模型框架如图 9.7 所示。下面依次介绍该模型的输入、结构、预训练任务、预训练数据集和下游任务。

ViLT 的图像端的输入为符号 [CLS-I] 和图像块组成的序列。图像块输入表示为其视觉表示、位置表示和模态类型表示的组合。假定图像的模态类型表示为 $\boldsymbol{m}^I$，第 i 个图像块的视觉表示和位置表示分别记为 $\boldsymbol{v}_i$ 和 $\boldsymbol{p}_i$，则第 i 个图像块的表示 $\boldsymbol{x}_i^I$ 的计算过程为

$$\begin{aligned}\hat{\boldsymbol{v}}_i &= \boldsymbol{W}_v \boldsymbol{v}_i \\ \hat{\boldsymbol{p}}_i &= \boldsymbol{W}_p \boldsymbol{p}_i \\ \boldsymbol{x}_i^I &= \hat{\boldsymbol{v}}_i + \hat{\boldsymbol{p}}_i + \boldsymbol{m}^I\end{aligned} \tag{9.6.3}$$

其中，$\boldsymbol{W}_v$ 为视觉表示线性变换的参数，$\boldsymbol{W}_p$ 为位置表示线性变换的参数。

文本端的输入为符号 [CLS-T]、词元序列拼接而成。文本词元输入表示为词元的嵌入表示、位置表示和模态类型表示的组合。假定文本的模态类型表示为 $\boldsymbol{m}^T$ ，第 j 个词元记为 w_j，则文本第 j 个词元表示 $\boldsymbol{x}_j^T$ 的计算过程为

$$\begin{aligned}\hat{\boldsymbol{w}}_j &= \text{WordEmbed}(w_j) \\ \hat{\boldsymbol{u}}_j &= \text{IdxEmbed}(j) \\ \boldsymbol{x}_j^T &= \hat{\boldsymbol{w}}_j + \hat{\boldsymbol{u}}_j + \boldsymbol{m}^T\end{aligned} \tag{9.6.4}$$

其中，WordEmbed 为获取词元的词嵌入表示的函数，IdxEmbed 为获取位置表示的函数。

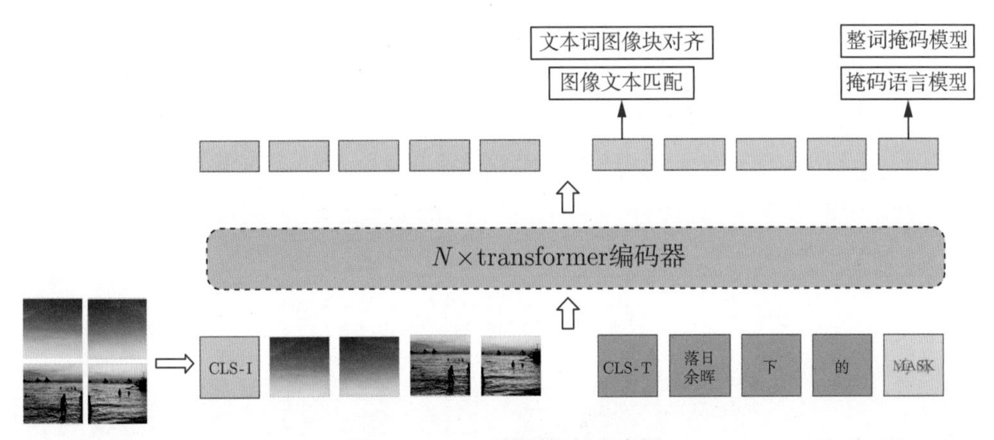

图 9.7　ViLT 模型框架示意图

在模型结构上，ViLT 首先将图文输入表示的序列拼接，然后直接使用 transformer 编码器对整个序列进行建模，最后使用图像文本匹配和掩码语言模型两个预训练任务完成模型训练。其中，图像文本匹配是在文本端符号 [CLS-T] 的高层表示之后增加一个二分类层来判断图文是否匹配。为了显式地利用图文局部学习图像文本匹配，ViLT 还增加了文本词图像块对齐（word patch alignment，WPA）任务，具体而言，首先枚举文本子集和图像子集，然后利用 IPOT 算法[172] 近似计算图文的最佳运输距离（optimal transport），并将其看作图文匹配对齐分数。而掩码语言模型使用了前面介绍过的子词掩码策略，还使用了

整词掩码策略，即对一个词所包含的若干词元同时进行掩码，以避免在子词预测时仅依赖单词上下文预测，而忽略了图像信息。

ViLT 使用 MS COCO、VG、CC、SBU Captions 作为预训练数据集，共计约 400 万幅图片和约 1000 万条文本。ViLT 在视觉问答、自然语言视觉推理、图文跨模态检索 3 个下游任务上进行了实验验证，其中视觉问答使用的数据集为 VQA v2，自然语言视觉推理使用的数据集为 NLVR2，图文跨模态检索使用的数据集为 MS COCO 和 Flickr30k。这些任务和数据集均已做过介绍，这里不再赘述。

9.6.3 基于双编码器的模型：CLIP

CLIP（learning transferable visual models from natural language supervision）[70] 是 2021 年由 OpenAI 团队提出的基于双编码器的多模态预训练模型，其动机是利用超大规模图文对中的文本作为监督信息，学习鲁棒的图像表示，可以在零样本设定下的图像识别任务中获得比肩监督模型的性能。

如图 9.8 所示，在模型结构上，CLIP 的图像端和文本端是基于 transformer 的编码器，图像端也可使用卷积神经网络编码器。在图像和文本编码器各自提取单模态整体表示之后，利用本章预训练任务小节中介绍过的跨模态对比学习完成模型训练。具体而言，CLIP 采用了多模态 n-pair 排序损失。CLIP 的提出者在论文中给出如下的模型伪代码实现。

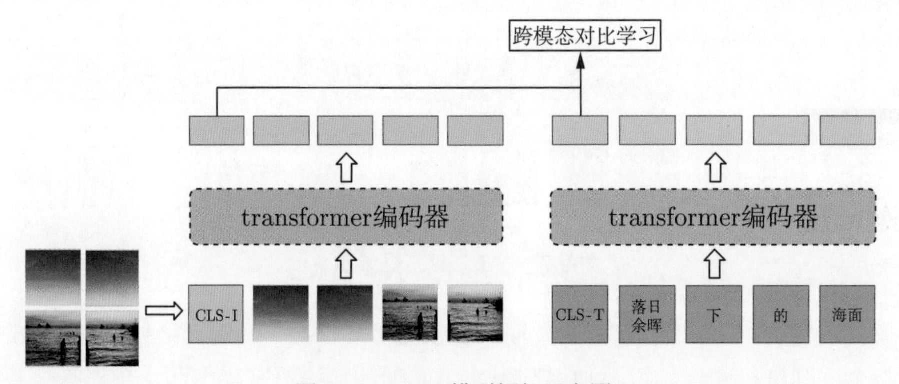

图 9.8　CLIP 模型框架示意图

```
# 引自 CLIP 原论文
# 提取图像和文本的整体表示
I_f = image_encoder(img)  # [n, d_i]
```

(接下页)

(接上页)

```
T_f = text_encoder(text)  # [n, d_t]

# 利用线性变换，统一图文表示的维度，并对表示长度进行归一化 [n, d_e]
I_e = l2_normalize(np.dot(I_f, W_i), axis=1)
T_e = l2_normalize(np.dot(T_f, W_t), axis=1)

# 计算所有图文对的余弦距离 [n, n]
logits = np.dot(I_e, T_e.T) * np.exp(t)

# 计算损失
labels = np.arange(n)
loss_i = cross_entropy_loss(logits, labels, axis=0)
loss_t = cross_entropy_loss(logits, labels, axis=1)
loss = (loss_i + loss_t)/2
```

CLIP 预训练采用的数据集为 OpenAI 团队从公共互联网上收集的 4 亿个图文对，并设计了一些规则对数据进行清理。可以说，超大规模数据集的运用是 CLIP 模型成功的关键因素之一。但是，该数据集至今尚未对外开放。

由于 CLIP 的设计目标是学习鲁棒的图像表示，因此，其下游任务为图像识别任务。具体而言，CLIP 的提出者在超过 30 个不同的计算机识别数据集上对模型进行了评测。这些数据集涉及的任务包括光学字符识别、视频中的动作识别、图像地理位置识别，以及其他多个细粒度图像分类任务。尽管 CLIP 原文并未展示 CLIP 在多模态任务上的表现，但是基于 CLIP 模型所学的强大的图像和文本对齐表示，其如今已经广泛应用在文本视频跨模态检索、图像描述、文本引导图像编辑、文本生成图像等多模态任务中。

9.6.4　基于编解码框架的模型：OFA

OFA（one for all）[159] 是 2022 年由阿里达摩院团队提出的基于编解码框架的多模态预训练模型。该模型通过统一多个多模态任务和单模态任务的输入和输出形式，将这些任务统一到单一的序列到序列生成式框架中，从而避免引入额外的任务特定模块。

由于 OFA 的输入和输出是围绕预训练任务设计的，因此，接下来我们将首先介绍预训练任务，然后按照输入和输出、模型结构、预训练数据集和下游任务的顺序介绍该模型。

如图 9.9 所示，OFA 的预训练阶段包含 5 个多模态任务、两个图像任务和一个文本任务。5 个多模态任务分别为：指称表达理解、图像区域描述、图像文本匹配、图像描述和视觉问答；两个图像任务为目标检测和图像补全；文本任务为掩码语言模型。其中，图像区域描述任务旨在要求模型自动为图像的特定区域生成流畅关联的自然语言描述；图像补全任务是随机替换掉图像中部分局部区域，需要模型重构该区域。图像补全任务和掩码视觉模型的区别在于前者要求模型重构区域的像素值，而后者则要求重构区域的类别或视觉特征值。其他任务在本书中已经做过介绍，这里不再赘述。

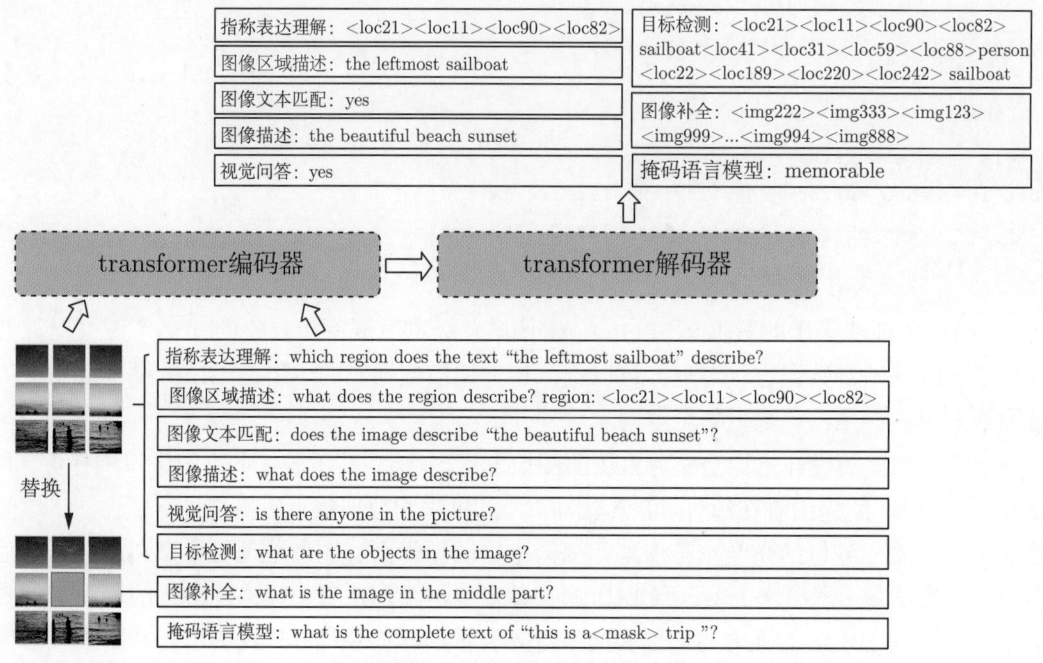

图 9.9 OFA 模型框架示意图

统一这些预训练任务的输入和输出形式是利用统一模型的基础。OFA 的图像端的输入为基于 ResNet 的网格表示、网格位置表示和模态类型表示的组合。对于图像补全任务，首先将原始图像的中间区域的像素值置为 0，然后输入 ResNet 中获取其表示。

OFA 的文本端的输入由离散形式的文本指令组成，且这些文本指令共享一个词表。对于不同的任务，构造不同的文本指令。对于指称表达理解任务，文本指令为 which region does the text “{Text}” describe?，{Text} 为语料中的文本描述。对于图像区域描述任务，文本指令为 what does the region describe? region:x0 y0 x1 y1，这里的 x0、y0、x1、y1 为图片矩形区域左上角和右下角坐标离散化之后的取值。具体的离散化坐标的方法为：首先

设定坐标词表大小，然后取原始坐标值和词表大小相除之后四舍五入的结果作为坐标的离散值。其他任务的指令可以用类似的方式构造。图 9.9 中展示了所有任务的指令示例。和大多数多模态预训练模型类似，文本指令中每个词元输入表示依然为词元的嵌入表示、位置表示和模态类型表示的组合。

OFA 的输出是一个单一的离散序列。和文本端输入形式类似，对于所有任务，输出序列也同样共享一个词表。OFA 中的 8 个预训练任务的输出包含了 3 种不同的形式：文本、区域坐标和图像像素。其中，文本本身就是离散形式，区域坐标的离散形式的获取方法和输入中的方法一致，图像像素的离散表示形式则通过 4.4.2 节中介绍的量化生成对抗网络 VQGAN 获得。

在模型结构上，OFA 使用标准的基于 transformer 的编解码模型，并提供了 5 个不同参数规模的预训练模型。这些模型的区别在于其所使用的 ResNet 和 transformer 的具体结构的规模不同。

OFA 使用多个公开数据集进行模型预训练，不同的预训练任务对应的数据集如表 9.1 所示。这里仅介绍本书尚未介绍的数据集。VG-Cap 为用于图像密集描述任务的 VG 数据集。OpenImages[173] 包含了约 900 万幅图像，其标注信息包括图像类别、目标检测框和目标分割掩码等。Objects365[174] 是一个专为目标检测任务收集的数据集，包括 200 万幅图像和 3000 万条检测框标注信息。ImageNet-21K[31] 是 ImageNet 的全集版本，包含了属于 21000 多个类的 14000000 多幅图像。Pile[175] 是一个为训练大规模语言模型构建的 825GB 的纯文本语料库，OFA 使用的是其过滤版本，大小为 140GB。

表 9.1 OFA 预训练任务所使用的数据集信息

预训练任务	数 据 集	图 像 数
指称表达理解	RefCOCO, RefCOCO+, RefCOCOg, VG-Cap	131K
图像区域描述	RefCOCO, RefCOCO+, RefCOCOg, VG-Cap	131K
图像文本匹配	CC12M, CC3M, SBU, MS COCO, VG-Cap	14.78M
图像描述	CC12M, CC3M, SBU, MS COCO, VG-Cap	14.78M
视觉问答	VQAv2, VG-QA, GQA	178K
目标检测	OpenImages, Objects365, VG, MS COCO	2.98M
图像补全	OpenImages, YFCC100M, ImageNet-21K	36.27M
掩码语言模型	Pile(Filter)	–

OFA 的下游任务包括 5 个多模态任务、一个图像任务以及 3 个文本任务。其中，多模态任务为图像描述、视觉问答、视觉蕴含、指称表达理解和文本生成图像，图像任务为

图像分类任务，文本任务为单句文本分类、双句文本分类和文本摘要。图像描述、视觉问答、指称表达理解这 3 个任务是预训练阶段已经使用过的任务，因此采用和预训练阶段一样的文本指令。其他两个多模态任务，即视觉蕴含和文本生成图像，所使用的文本指令分别为 Can image and text1 "{Text1}" imply text2 "{Text2}"? 和 What is the complete image? caption: {Caption}。

9.7 小 结

多模态预训练是当前人工智能领域最前沿和最热门的研究内容之一。本章首先介绍了图文多模态预训练的总体框架，然后分别介绍了框架中的各个要素，包括预训练数据集、模型结构、预训练任务和下游任务，最后介绍了 4 个具有不同模型结构的典型的图文多模态预训练模型。多模态预训练模型的发展方兴未艾，必将继续推动人工智能进一步发展。

9.8 习 题

1. 阐述多模态预训练模型的核心思想以及其相比传统多模态模型的优势。
2. 阅读任意一篇多模态预训练的文献，写出其预训练数据集、模型结构、预训练任务和下游任务。
3. 试分析基于融合编码器、双编码器和编解码框架的模型的优缺点和它们各自的应用场景。
4. 阐述 ViLT 模型在执行视觉问答、自然语言视觉推理、图文跨模态检索 3 个下游任务时的方案。
5. 阐述 OFA 模型在微调文本生成图像任务时使用的损失函数和输入端的图像序列的处理方式。
6. 你认为多模态预训练模型当前存在哪些问题？请尝试说明。

参考文献

[1] RASIWASIA N, COSTA PEREIRA J, COVIELLO E, et al. A new approach to cross-modal multimedia retrieval[C]//MM'10: Proceedings of the 18th ACM International Conference on Multimedia. New York, NY, USA: Association for Computing Machinery, 2010: 251-260.

[2] FARHADI A, HEJRATI M, SADEGHI M A, et al. Every picture tells a story: Generating sentences from images[C]//Computer Vision–ECCV 2010. Cham: Springer International Publishing, 2010: 15-29.

[3] FENG F, WANG X, LI R. Cross-modal retrieval with correspondence autoencoder[C]//MM'14: Proceedings of the 22nd ACM International Conference on Multimedia. New York, NY, USA: Association for Computing Machinery, 2014: 7-16.

[4] CHUA T S, TANG J, HONG R, et al. NUS-WIDE: A real-world web image database from national university of singapore[C]//CIVR'09: Proceedings of the ACM International Conference on Image and Video Retrieval. New York, NY, USA: Association for Computing Machinery, 2009: 1-9.

[5] MICAH H, PETER Y, JULIA H. Framing image description as a ranking task: data, models and evaluation metrics[C]//IJCAI'15: Proceedings of the Twenty-Fourth International Joint Conference on Artificial Intelligence (IJCAI 2015). Buenos Aires, Argentina: AAAI Press, 2015: 4188-4192.

[6] PETER Y, ALICE L, MICAH H, et al. From image descriptions to visual denotations: New similarity metrics for semantic inference over event descriptions[J]. Transactions of the Association for Computational Linguistics, 2014: 67-78.

[7] LIN T Y, MAIRE M, BELONGIE S, et al. Microsoft COCO: Common objects in context[C]// Computer Vision – ECCV 2014. Cham: Springer International Publishing, 2014: 740-755.

[8] WU J, ZHENG H, ZHAO B, et al. AI challenger : A large-scale dataset for going deeper in image understanding[EB/OL]. 2017. https://arxiv.org/abs/1711.06475.

[9] PAPINENI K, ROUKOS S, WARD T, et al. BLEU: A method for automatic evaluation of machine translation[C]//ACL'02: Proceedings of the 40th annual meeting on association for computational linguistics. USA: Association for Computational Linguistics, 2002: 311-318.

[10] BANERJEE S, LAVIE A. METEOR: An automatic metric for MT evaluation with improved correlation with human judgments[C]//Proceedings of the ACL Workshop on Intrinsic and Extrinsic Evaluation Measures for Machine Translation and/or Summarization. ANN Arbor, Michigan: Association for Computational Linguistics, 2005: 65-72.

[11] LIN C Y. ROUGE: A package for automatic evaluation of summaries[C]//Text Summarization Branches Out. Barcelona, Spain: Association for Computational Linguistics, 2004: 74-81.

[12] VEDANTAM R, ZITNICK C L, PARIKH D. Cider: Consensus-based image description evaluation[C]//2015 IEEE Conference on Computer Vision and Pattern Recognition (CVPR). Los Alamitos, CA, USA: IEEE Computer Society, 2015: 4566-4575.

[13] ANDERSON P, FERNANDO B, JOHNSON M, et al. Spice: Semantic propositional image caption evaluation[C]//Computer Vision–ECCV 2016. Cham: Springer International Publishing, 2016: 382-398.

[14] XU X, CHEN X, LIU C, et al. Can you fool AI with adversarial examples on a visual turing test?[EB/OL]. 2017. https://arxiv.org/abs/1709.08693.

[15] ANTOL S, AGRAWAL A, LU J, et al. VQA: Visual Question Answering[C]//2015 IEEE International Conference on Computer Vision (ICCV). Los Alamitos, CA, USA: IEEE Computer Society, 2015: 2425-2433.

[16] JOHNSON J, HARIHARAN B, VAN DER MAATEN L, et al. CLEVR: A diagnostic dataset for compositional language and elementary visual reasoning[C]//2017 IEEE Conference on Computer Vision and Pattern Recognition (CVPR). Los Alamitos, CA, USA: IEEE Computer Society, 2017: 1988-1997.

[17] MALINOWSKI M, FRITZ M. A multi-world approach to question answering about real-world scenes based on uncertain input[C]//NIPS'14: Proceedings of the 27th International Conference on Neural Information Processing Systems - Volume 1. Cambridge, MA, USA: MIT Press, 2014: 1682-1690.

[18] REN M, KIROS R, ZEMEL R S. Exploring models and data for image question answering[C]// NIPS'15: Proceedings of the 28th International Conference on Neural Information Processing Systems - Volume 2. Cambridge, MA, USA: MIT Press, 2015: 2953-2961.

[19] KRISHNA R, ZHU Y, GROTH O, et al. Visual genome: Connecting language and vision using crowdsourced dense image annotations[J]. International Journal of Computer Vision, 2016, 123: 32-73.

[20] LU C, KRISHNA R, BERNSTEIN M, et al. Visual relationship detection with language priors[C]//Computer Vision – ECCV 2016. Cham: Springer International Publishing, 2016: 852-869.

[21] JOHNSON J, KARPATHY A, FEI-FEI L. Densecap: Fully convolutional localization networks for dense captioning[C]//2016 IEEE Conference on Computer Vision and Pattern Recognition

(CVPR). Los Alamitos, CA, USA: IEEE Computer Society, 2016: 4565-4574.

[22] ZHU Y, GROTH O, BERNSTEIN M, et al. Visual7W: Grounded question answering in images[C]//2016 IEEE Conference on Computer Vision and Pattern Recognition (CVPR). Los Alamitos, CA, USA: IEEE Computer Society, 2016: 4995-5004.

[23] KAFLE K, KANAN C. An analysis of visual question answering algorithms[C]//2017 IEEE International Conference on Computer Vision (ICCV). Los Alamitos, CA, USA: IEEE Computer Society, 2017: 1983-1991.

[24] ZHANG P, GOYAL Y, SUMMERS-STAY D, et al. Yin and Yang: Balancing and answering binary visual questions[C]//2016 IEEE Conference on Computer Vision and Pattern Recognition (CVPR). Los Alamitos, CA, USA: IEEE Computer Society, 2016: 5014-5022.

[25] AGRAWAL A, BATRA D, PARIKH D, et al. Don't just assume; look and answer: Overcoming priors for visual question answering[C]//2018 IEEE/CVF Conference on Computer Vision and Pattern Recognition (CVPR). Los Alamitos, CA, USA: IEEE Computer Society, 2018: 4971-4980.

[26] HUDSON D A, MANNING C D. GQA: A new dataset for real-world visual reasoning and compositional question answering[C]//2019 IEEE/CVF Conference on Computer Vision and Pattern Recognition (CVPR). Los Alamitos, CA, USA: IEEE Computer Society, 2019: 6693-6702.

[27] WAH C, BRANSON S, WELINDER P, et al. The caltech-ucsd birds-200-2011 dataset: CNS-TR-2011-001[R]. Pasadena, CA: California Institute of Technology, 2011.

[28] NILSBACK M E, ZISSERMAN A. Automated flower classification over a large number of classes[C]//Computer Vision, Graphics & Image Processing, Indian Conference on. Los Alamitos, CA, USA: IEEE Computer Society, 2008: 722-729.

[29] SALIMANS T, GOODFELLOW I, ZAREMBA W, et al. Improved techniques for training GANs[C]//Advances in Neural Information Processing Systems: volume 29. Red Hook, NY, USA: Curran Associates, Inc., 2016: 2234-2242.

[30] HEUSEL M, RAMSAUER H, UNTERTHINER T, et al. GANs trained by a two time-scale update rule converge to a local nash equilibrium[C]//Advances in Neural Information Processing Systems: volume 30. Red Hook, NY, USA: Curran Associates Inc., 2017: 6629-6640.

[31] DENG J, DONG W, SOCHER R, et al. Imagenet: A large-scale hierarchical image database.[C]//2009 IEEE Conference on Computer Vision and Pattern Recognition (CVPR). Los Alamitos, CA, USA: IEEE Computer Society, 2009: 248-255.

[32] SZEGEDY C, VANHOUCKE V, IOFFE S, et al. Rethinking the inception architecture for computer vision[C]//2016 IEEE Conference on Computer Vision and Pattern Recognition (CVPR). Los Alamitos, CA, USA: IEEE Computer Society, 2016: 2818-2826.

[33] ZHANG H, KOH J Y, BALDRIDGE J, et al. Cross-modal contrastive learning for text-to-

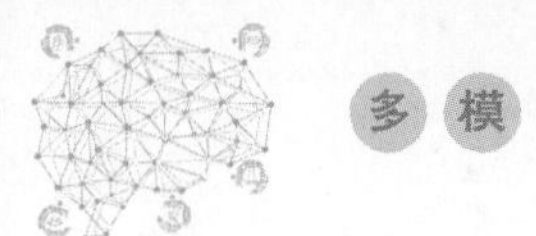

image generation[C]//2021 IEEE/CVF Conference on Computer Vision and Pattern Recognition (CVPR). Los Alamitos, CA, USA: IEEE Computer Society, 2021: 833-842.

[34] FROLOV S, HINZ T, RAUE F, et al. Adversarial text-to-image synthesis: A review[J]. Neural Networks, 2021, 144: 187-209.

[35] LIANG J, PEI W, LU F. CPGAN: Full-spectrum content-parsing generative adversarial networks for text-to-image synthesis[C]//Computer Vision-ECCV 2020. Cham: Springer International Publishing, 2020: 491-508.

[36] XU T, ZHANG P, HUANG Q, et al. AttnGAN: Fine-grained text to image generation with attentional generative adversarial networks[C]//2018 IEEE/CVF Conference on Computer Vision and Pattern Recognition (CVPR). Los Alamitos, CA, USA: IEEE Computer Society, 2018: 1316-1324.

[37] HINZ T, HEINRICH S, WERMTER S. Semantic object accuracy for generative text-to-image synthesis[J]. IEEE Transactions on Pattern Analysis and Machine Intelligence, 2022, 44(3): 1552-1565.

[38] REDMON J, FARHADI A. YOLOv3: An incremental improvement[EB/OL]. 2018. https://arxiv.org/abs/1804.02767.

[39] DALE R, REITER E. Computational interpretations of the gricean maxims in the generation of referring expressions[J]. COGNITIVE SCIENCE, 1995, 18: 233-263.

[40] YU L, POIRSON P, YANG S, et al. Modeling context in referring expressions[C]//Computer Vision-ECCV 2016. Cham: Springer International Publishing, 2016: 69-85.

[41] MAO J, HUANG J, TOSHEV A, et al. Generation and comprehension of unambiguous object descriptions[C]//2016 IEEE Conference on Computer Vision and Pattern Recognition (CVPR). Los Alamitos, CA, USA: IEEE Computer Society, 2016: 11-20.

[42] KAZEMZADEH S, ORDONEZ V, MATTEN M, et al. ReferItGame: Referring to objects in photographs of natural scenes[C]//Proceedings of the 2014 Conference on Empirical Methods in Natural Language Processing (EMNLP). Doha, Qatar: ACL, 2014: 787-798.

[43] FIRTH J R. Papers in Linguistics[M]. London: Oxford University Press, 1957.

[44] MIKOLOV T, CHEN K, CORRADO G, et al. Efficient estimation of word representations in vector space[EB/OL]. 2013. https://arxiv.org/abs/1301.3781.

[45] MIKOLOV T, SUTSKEVER I, CHEN K, et al. Distributed representations of words and phrases and their compositionality[C]//Advances in neural information processing systems: volume 2. Red Hook, NY, USA: Curran Associates, Inc., 2013: 3111-3119.

[46] KIELA D, BOTTOU L. Learning image embeddings using convolutional neural networks for improved multi-modal semantics[C]//Proceedings of the 2014 Conference on Empirical Methods in Natural Language Processing (EMNLP). Doha, Qatar: Association for Computational Linguistics, 2014: 36-45.

[47] LAZARIDOU A, PHAM N T, BARONI M. Combining language and vision with a multimodal skip-gram model[C]//Proceedings of the 2015 Conference of the North American Chapter of the Association for Computational Linguistics: Human Language Technologies. Denver, Colorado: Association for Computational Linguistics, 2015: 153-163.

[48] QIAO T, ZHANG J, XU D, et al. Mirrorgan: Learning text-to-image generation by redescription[C]//2019 IEEE/CVF Conference on Computer Vision and Pattern Recognition (CVPR). Los Alamitos, CA, USA: IEEE Computer Society, 2019: 1505-1514.

[49] ZHU M, PAN P, CHEN W, et al. DM-GAN: Dynamic memory generative adversarial networks for text-to-image synthesis[C]//2019 IEEE/CVF Conference on Computer Vision and Pattern Recognition (CVPR). Los Alamitos, CA, USA: IEEE Computer Society, 2019: 5795-5803.

[50] VINYALS O, TOSHEV A, BENGIO S, et al. Show and tell: A neural image caption generator[C]//2015 IEEE Conference on Computer Vision and Pattern Recognition (CVPR). Los Alamitos, CA, USA: IEEE Computer Society, 2015: 3156-3164.

[51] MAO J, XU W, YANG Y, et al. Explain images with multimodal recurrent neural networks[EB/OL]. 2014. https://arxiv.org/abs/1410.109.

[52] REN M, KIROS R, ZEMEL R S. Exploring models and data for image question answering[C]// NIPS'15: Proceedings of the 28th International Conference on Neural Information Processing Systems - Volume 2. Cambridge, MA, USA: MIT Press, 2015: 2953-2961.

[53] DEVLIN J, CHANG M W, LEE K, et al. BERT: Pre-training of deep bidirectional transformers for language understanding[C]//Proceedings of the 2019 Conference of the North American Chapter of the Association for Computational Linguistics: Human Language Technologies, Volume 1 (Long and Short Papers). Minneapolis, Minnesota: Association for Computational Linguistics, 2019: 4171-4186.

[54] PENNINGTON J, SOCHER R, MANNING C. Glove: Global vectors for word representation [C]//Proceedings of the 2014 conference on empirical methods in natural language processing. Doha, Qatar: Association for Computational Linguistics, 2014: 1532-1543.

[55] BOJANOWSKI P, GRAVE E, JOULIN A, et al. Enriching word vectors with subword information[J]. Transactions of the Association for Computational Linguistics, 2017, 5: 135-146.

[56] HOCHREITER S, SCHMIDHUBER J. Long short-term memory[J]. Neural computation, 1997, 9(8): 1735-1780.

[57] CHO K, VAN MERRIËNBOER B, BAHDANAU D, et al. On the properties of neural machine translation: Encoder–decoder approaches[C]//Proceedings of SSST-8, Eighth Workshop on Syntax, Semantics and Structure in Statistical Translation. Doha, Qatar: Association for Computational Linguistics, 2014: 103-111.

[58] VASWANI A, SHAZEER N, PARMAR N, et al. Attention is all you need[C]//Advances in

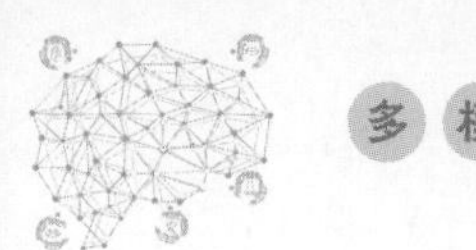
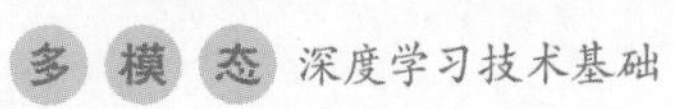

Neural Information Processing Systems: volume 30. Red Hook, NY, USA: Curran Associates, Inc., 2017: 6000-6010.

[59] BAHDANAU D, CHO K, BENGIO Y. Neural machine translation by jointly learning to align and translate[EB/OL]. 2014. https://arxiv.org/abs/1409.0473.

[60] KRIZHEVSKY A, SUTSKEVER I, HINTON G E. Imagenet classification with deep convolutional neural networks[C]//Advances in neural information processing systems: volume 25. Red Hook, NY, USA: Curran Associates, Inc., 2012: 1097-1105.

[61] WEI Y, ZHAO Y, CANYI L, et al. Cross-modal retrieval with CNN visual features: A new baseline[J]. IEEE Transactions on Cybernetics, 2016, 47: 1-12.

[62] MALINOWSKI M, ROHRBACH M, FRITZ M. Ask your neurons: A neural-based approach to answering questions about images[C]//2015 IEEE International Conference on Computer Vision (ICCV). Los Alamitos, CA, USA: IEEE Computer Society, 2015: 1-9.

[63] NAM H, HA J W, KIM J. Dual attention networks for multimodal reasoning and matching.[C]// 2017 IEEE Conference on Computer Vision and Pattern Recognition (CVPR). Los Alamitos, CA, USA: IEEE Computer Society, 2017: 2156-2164.

[64] XU K, BA J, KIROS R, et al. Show, attend and tell: Neural image caption generation with visual attention[C]//BACH F, BLEI D. Proceedings of Machine Learning Research: volume 37 Proceedings of the 32nd International Conference on Machine Learning. Lille, France: PMLR, 2015: 2048-2057.

[65] LU J, XIONG C, PARIKH D, et al. Knowing when to look: Adaptive attention via a visual sentinel for image captioning[C]//2017 IEEE Conference on Computer Vision and Pattern Recognition (CVPR). Los Alamitos, CA, USA: IEEE Computer Society, 2017: 3242-3250.

[66] ANDERSON P, HE X, BUEHLER C, et al. Bottom-up and top-down attention for image captioning and visual question answering[C]//2018 IEEE/CVF Conference on Computer Vision and Pattern Recognition (CVPR). Los Alamitos, CA, USA: IEEE Computer Society, 2018: 6077-6086.

[67] LEE K, CHEN X, HUA G, et al. Stacked cross attention for image-text matching[C]//Computer Vision – ECCV 2018. Cham: Springer International Publishing, 2018: 212-228.

[68] DOSOVITSKIY A, BEYER L, KOLESNIKOV A, et al. An image is worth 16×16 words: Transformers for image recognition at scale[C]//International Conference on Learning Representations. Vienna, Austria: OpenReview.net, 2021.

[69] WANG W, BAO H, DONG L, et al. VLMo: Unified vision-language pre-training with mixture-of-modality-experts[C]//NeurIPS'22: Proceedings of the 36th International Conference on Neural Information Processing Systems. Cambridge, MA, USA: MIT Press, 2022.

[70] RADFORD A, KIM J W, HALLACY C, et al. Learning transferable visual models from natural language supervision[C]//Proceedings of Machine Learning Research: volume 139 Proceedings

of the 38th International Conference on Machine Learning. Virtual: PMLR, 2021: 8748-8763.

[71] LI J, SELVARAJU R, GOTMARE A, et al. Align before fuse: Vision and language representation learning with momentum distillation[C]//Advances in Neural Information Processing Systems: volume 34. Red Hook, NY, USA: Curran Associates, Inc., 2021: 9694-9705.

[72] RAMESH A, PAVLOV M, GOH G, et al. Zero-shot text-to-image generation[C]//Proceedings of Machine Learning Research: volume 139 Proceedings of the 38th International Conference on Machine Learning. Virtual: PMLR, 2021: 8821-8831.

[73] VAN DEN OORD A, VINYALS O, KAVUKCUOGLU K. Neural discrete representation learning[C]//NIPS'17: Proceedings of the 31st International Conference on Neural Information Processing Systems. Red Hook, NY, USA: Curran Associates Inc., 2017: 6309-6318.

[74] DING M, YANG Z, HONG W, et al. Cogview: Mastering text-to-image generation via transformers[C]//Advances in Neural Information Processing Systems: volume 34. Red Hook, NY, USA: Curran Associates, Inc., 2021: 19822-19835.

[75] GU S, CHEN D, BAO J, et al. Vector quantized diffusion model for text-to-image synthesis[C]// 2022 IEEE/CVF Conference on Computer Vision and Pattern Recognition (CVPR). Los Alamitos, CA, USA: IEEE Computer Society, 2022: 10686-10696.

[76] YU J, XU Y, KOH J Y, et al. Scaling autoregressive models for content-rich text-to-image generation[EB/OL]. 2022. https://arxiv.org/abs/2206.10789.

[77] CHANG H, ZHANG H, BARBER J, et al. Muse: Text-to-image generation via masked generative transformers[EB/OL]. 2023. https://arxiv.org/abs/2301.00704.

[78] ROMBACH R, BLATTMANN A, LORENZ D, et al. High-resolution image synthesis with latent diffusion models[C]//2022 IEEE/CVF Conference on Computer Vision and Pattern Recognition (CVPR). Los Alamitos, CA, USA: IEEE Computer Society, 2022: 10684-10695.

[79] LIN M, CHEN Q, YAN S. Network in network[C]//International Conference on Learning Representations. Banff, Canada: OpenReview.net, 2014.

[80] SIMONYAN K, ZISSERMAN A. Very deep convolutional networks for large-scale image recognition[C]//International Conference on Learning Representations. San Diego, CA, USA: OpenReview.net, 2015.

[81] SZEGEDY C, LIU W, JIA Y, et al. Going deeper with convolutions[C]//2015 IEEE Conference on Computer Vision and Pattern Recognition (CVPR). Los Alamitos, CA, USA: IEEE Computer Society, 2015: 1-9.

[82] HE K, ZHANG X, REN S, et al. Deep residual learning for image recognition[C]//2015 IEEE Conference on Computer Vision and Pattern Recognition (CVPR). Los Alamitos, CA, USA: IEEE Computer Society, 2016: 770-778.

[83] GIRSHICK R, DONAHUE J, DARRELL T, et al. Rich feature hierarchies for accurate object

detection and semantic segmentation[C]//2014 IEEE Conference on Computer Vision and Pattern Recognition (CVPR). Los Alamitos, CA, USA: IEEE Computer Society, 2014: 580-587.

[84] GIRSHICK R. Fast R-CNN[C]//2015 IEEE Conference on Computer Vision and Pattern Recognition (CVPR). Los Alamitos, CA, USA: IEEE Computer Society, 2015: 1440-1448.

[85] REN S, HE K, GIRSHICK R, et al. Faster r-cnn: Towards real-time object detection with region proposal networks[C]//Advances in neural information processing systems: volume 1. Red Hook, NY, USA: Curran Associates, Inc., 2015: 91-99.

[86] REDMON J, FARHADI A. YOLO9000: better, faster, stronger[C]//2017 IEEE Conference on Computer Vision and Pattern Recognition (CVPR). Los Alamitos, CA, USA: IEEE Computer Society, 2017: 6517-6525.

[87] REDMON J, DIVVALA S, GIRSHICK R, et al. You only look once: Unified, real-time object detection[C]//2016 IEEE Conference on Computer Vision and Pattern Recognition (CVPR). Los Alamitos, CA, USA: IEEE Computer Society, 2016: 779-788.

[88] CORDONNIER J B, LOUKAS A, JAGGI M. On the relationship between self-attention and convolutional layers[C]//International Conference on Learning Representations. Virtual: OpenReview.net, 2019.

[89] HAN K, XIAO A, WU E, et al. Transformer in transformer[C]//Advances in Neural Information Processing Systems: volume 34. Red Hook, NY, USA: Curran Associates, Inc., 2021: 15908-15919.

[90] WU H, XIAO B, CODELLA N, et al. CVT: Introducing convolutions to vision transformers[C]// 2021 IEEE/CVF International Conference on Computer Vision (ICCV). Los Alamitos, CA, USA: IEEE Computer Society, 2021: 22-31.

[91] LIU Z, LIN Y, CAO Y, et al. Swin transformer: Hierarchical vision transformer using shifted windows[C]//2021 IEEE/CVF International Conference on Computer Vision (ICCV). Los Alamitos, CA, USA: IEEE Computer Society, 2021: 9992-10002.

[92] LIU Z, HU H, LIN Y, et al. Swin transformer v2: Scaling up capacity and resolution[C]//2022 IEEE/CVF Conference on Computer Vision and Pattern Recognition (CVPR). Los Alamitos, CA, USA: IEEE Computer Society, 2022: 11999-12009.

[93] YUAN K, GUO S, LIU Z, et al. Incorporating convolution designs into visual transformers[C]// 2021 IEEE/CVF International Conference on Computer Vision (ICCV). Los Alamitos, CA, USA: IEEE Computer Society, 2021: 559-568.

[94] WANG W, XIE E, LI X, et al. Pyramid vision transformer: A versatile backbone for dense prediction without convolutions[C]//2021 IEEE/CVF International Conference on Computer Vision (ICCV). Los Alamitos, CA, USA: IEEE Computer Society, 2021: 568-578.

[95] CHEN X, XIE S, HE K. An empirical study of training self-supervised vision transformers[C]// 2021 IEEE/CVF International Conference on Computer Vision (ICCV). Los Alamitos, CA,

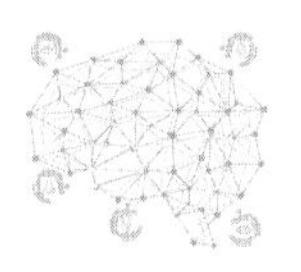

USA: IEEE Computer Society, 2021: 9620-9629.

[96] TOUVRON H, CORD M, DOUZE M, et al. Training data-efficient image transformers & distillation through attention[C]//MEILA M, ZHANG T. Proceedings of Machine Learning Research: volume 139. Proceedings of the 38th International Conference on Machine Learning. Virtual: PMLR, 2021: 10347-10357.

[97] GOODFELLOW I J, POUGET-ABADIE J, MIRZA M, et al. Generative adversarial nets[C]// NIPS'14: Proceedings of the 27th International Conference on Neural Information Processing Systems - Volume 2. Cambridge, MA, USA: MIT Press, 2014: 2672-2680.

[98] MIRZA M, OSINDERO S. Conditional generative adversarial nets[EB/OL]. 2014. https://arxiv.org/abs/1411.1784.

[99] ZHANG R, ISOLA P, EFROS A A, et al. The unreasonable effectiveness of deep features as a perceptual metric[C]//2018 IEEE/CVF Conference on Computer Vision and Pattern Recognition (CVPR). Los Alamitos, CA, USA: IEEE Computer Society, 2018: 586-595.

[100] KINGMA D P, WELLING M. Auto-encoding variational bayes[C]//International Conference on Learning Representations. Banff, Canada: OpenReview.net, 2014.

[101] ESSER P, ROMBACH R, OMMER B. Taming transformers for high-resolution image synthesis[C]//2021 IEEE/CVF Conference on Computer Vision and Pattern Recognition (CVPR). Los Alamitos, CA, USA: IEEE Computer Society, 2021: 12868-12878.

[102] NGIAM J, KHOSLA A, KIM M, et al. Multimodal deep learning[C]//ICML '11: Proceedings of the 28th International Conference on Machine Learning (ICML-11). New York, NY, USA: ACM, 2011: 689-696.

[103] SRIVASTAVA N, SALAKHUTDINOV R. Learning representations for multimodal data with deep belief nets.[C]//International Conference on Machine Learning Representation Learning Workshop. Edinburgh, Scotland, UK: The authors, 2012.

[104] SRIVASTAVA N, SALAKHUTDINOV R. Multimodal learning with deep Boltzmann machines.[C]//Proceedings of the 25th International Conference on Neural Information Processing Systems. Red Hook, NY, USA: Curran Associates Inc., 2012: 2231-2239.

[105] WANG W, OOI B C, YANG X, et al. Effective multi-modal retrieval based on stacked autoencoders[J]. Proceedings. VLDB Endow., 2014, 7(8): 649-660.

[106] WANG W, ARORA R, LIVESCU K, et al. On deep multi-view representation learning[C]// Proceedings of Machine Learning Research: volume 37 Proceedings of the 32nd International Conference on Machine Learning. Lille, France: PMLR, 2015: 1083-1092.

[107] FENG F, LI R, WANG X. Deep correspondence restricted Boltzmann machine for cross-modal retrieval[J]. Neurocomputing, 2015, 154: 50-60.

[108] KIROS R, SALAKHUTDINOV R, ZEMEL R S. Unifying visual-semantic embeddings with multimodal neural language models[EB/OL]. 2014. https://arxiv.org/abs/1411.2539.

[109] GU J, CAI J, JOTY S R, et al. Look, imagine and match: Improving textual-visual cross-modal retrieval with generative models[C]//2018 IEEE/CVF Conference on Computer Vision and Pattern Recognition (CVPR). Los Alamitos, CA, USA: IEEE Computer Society, 2018: 7181-7189.

[110] FAGHRI F, FLEET D J, KIROS J R, et al. VSE++: Improving visual-semantic embeddings with hard negatives[C]//Proceedings of the British Machine Vision Conference (BMVC). United Kingdom: BMVA Press, 2018: 12.

[111] HE L, XU X, LU H, et al. Unsupervised cross-modal retrieval through adversarial learning[C]// 2017 IEEE International Conference on Multimedia and Expo, ICME. Los Alamitos, CA, USA: IEEE Computer Society, 2017: 1153-1158.

[112] WANG B, YANG Y, XU X, et al. Adversarial cross-modal retrieval[C]//MM '17: Proceedings of the 25th ACM International Conference on Multimedia. New York, NY, USA: Association for Computing Machinery, 2017: 154-162.

[113] LUO H, JI L, ZHONG M, et al. Clip4clip: An empirical study of clip for end to end video clip retrieval[J]. Neurocomputing, 2022, 508: 293-304.

[114] MOKADY R, HERTZ A, BERMANO A H. Clipcap: Clip prefix for image captioning[EB/OL]. 2021. https://arxiv.org/abs/2111.09734.

[115] PATASHNIK O, WU Z, SHECHTMAN E, et al. Styleclip: Text-driven manipulation of styleGAN imagery[C]//2021 IEEE/CVF International Conference on Computer Vision (ICCV). Los Alamitos, CA, USA: IEEE Computer Society, 2021: 2085-2094.

[116] RAMESH A, DHARIWAL P, NICHOL A, et al. Hierarchical text-conditional image generation with clip latents[EB/OL]. 2022. https://arxiv.org/abs/2204.06125.

[117] FREUND Y, HAUSSLER D. Unsupervised learning of distributions on binary vectors using two layer networks[C]//NIPS'91: Proceedings of the 4th International Conference on Neural Information Processing Systems. San Francisco, CA, USA: Morgan Kaufmann Publishers Inc., 1991: 912-919.

[118] RUMELHART D E, MCCLELLAND J L, PDP RESEARCH GROUP C. Parallel distributed processing: Explorations in the microstructure of cognition, vol. 1: Foundations[M]. Cambridge, MA, USA: MIT Press, 1986.

[119] HINTON G E. Training products of experts by minimizing contrastive divergence[J]. Neural Comput., 2002, 14(8): 1771-1800.

[120] GEMAN S, GEMAN D. Stochastic relaxation, Gibbs distributions, and the bayesian restoration of images[J]. IEEE Transactions on Pattern Analysis and Machine Intelligence, 1984, PAMI-6 (6): 721-741.

[121] ANDRIEU C, DE FREITAS N, DOUCET A, et al. An introduction to MCMC for machine learning[J]. Machine Learning, 2003, 50(1-2): 5-43.

[122] SALAKHUTDINOV R, MURRAY I. On the quantitative analysis of deep belief networks[C]// ICML '08: Proceedings of the 25th International Conference on Machine Learning. New York, NY, USA: Association for Computing Machinery, 2008: 872-879.

[123] KRIZHEVSKY A, HINTON G. Learning multiple layers of features from tiny images[R]. Toronto, Ontario: Technical report, University of Toronto, 2009.

[124] WELLING M, ROSEN-ZVI M, HINTON G. Exponential family harmoniums with an application to information retrieval[C]//NIPS'04: Proceedings of the 17th International Conference on Neural Information Processing Systems. Cambridge, MA, USA: MIT Press, 2004: 1481-1488.

[125] SALAKHUTDINOV R, HINTON G. Replicated softmax: An undirected topic model[C]// NIPS'09: Proceedings of the 22nd International Conference on Neural Information Processing Systems. Red Hook, NY, USA: Curran Associates Inc., 2009: 1607-1614.

[126] HINTON G E, OSINDERO S, TEH Y W. A fast learning algorithm for deep belief nets[J]. Neural Computing & Applications., 2006, 18(7): 1527-1554.

[127] SALAKHUTDINOV R, HINTON G. An efficient learning procedure for deep Boltzmann machines[J]. Neural Computing & Applications., 2012, 24(8): 1967-2006.

[128] HINTON G E, SALAKHUTDINOV R R. Reducing the dimensionality of data with neural networks[J]. Science, 2006, 313(5786): 504-507.

[129] HINTON G E, DAYAN P, FREY B J, et al. The "wake-sleep" algorithm for unsupervised neural networks.[J]. Science, 1995.

[130] SALAKHUTDINOV R, HINTON G. A better way to pretrain deep Boltzmann machines[C]// NIPS'12: Proceedings of the 25th International Conference on Neural Information Processing Systems - Volume 2. Red Hook, NY, USA: Curran Associates Inc., 2012: 2447-2455.

[131] SALAKHUTDINOV R. Learning deep Boltzmann machines using adaptive mcmc[C]//ICML'10: Proceedings of the 27th International Conference on Machine Learning. Madison, WI, USA: Omnipress, 2010: 943-950.

[132] LI R, JIA J. Visual question answering with question representation update (QRU)[C]// NIPS'16: Proceedings of the 30th International Conference on Neural Information Processing Systems. Red Hook, NY, USA: Curran Associates Inc., 2016: 4662-4670.

[133] YANG Z, HE X, GAO J, et al. Stacked attention networks for image question answering.[C]// 2016 IEEE Conference on Computer Vision and Pattern Recognition (CVPR). Los Alamitos, CA, USA: IEEE Computer Society, 2016: 21-29.

[134] LU J, YANG J, BATRA D, et al. Hierarchical question-image co-attention for visual question answering[C]//NIPS'16: Proceedings of the 30th International Conference on Neural Information Processing Systems. Red Hook, NY, USA: Curran Associates Inc., 2016: 289-297.

[135] LI K, ZHANG Y, LI K, et al. Visual semantic reasoning for image-text matching[C]//2019

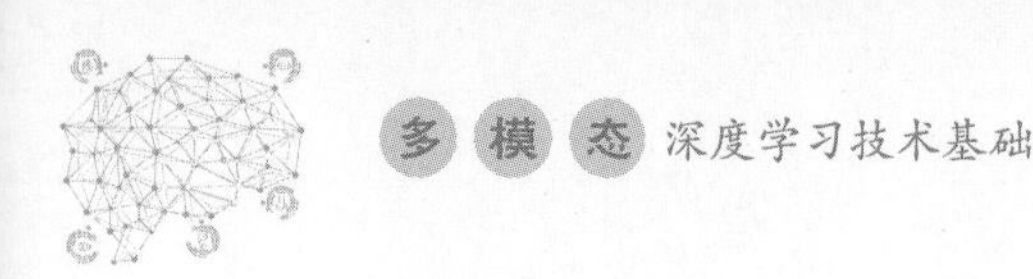

IEEE/CVF International Conference on Computer Vision (ICCV). Los Alamitos, CA, USA: IEEE Computer Society, 2019: 4653-4661.

[136] LIU C, MAO Z, ZHANG T, et al. Graph structured network for image-text matching[C]//2020 IEEE/CVF Conference on Computer Vision and Pattern Recognition (CVPR). Los Alamitos, CA, USA: Computer Vision Foundation / IEEE, 2020: 10918-10927.

[137] CHENG Y, ZHU X, QIAN J, et al. Cross-modal graph matching network for image-text retrieval[J]. ACM Transactions on Multimedia Computing, Communications and Applications., 2022, 18(4).

[138] KIPF T N, WELLING M. Semi-supervised classification with graph convolutional networks[C]// International Conference on Learning Representations. Toulon, France: OpenReview.net, 2017.

[139] VELIčKOVIć P, CUCURULL G, CASANOVA A, et al. Graph attention networks[C]// International Conference on Learning Representations. Vancouver Canada: OpenReview.net, 2018.

[140] FUKUI A, PARK D H, YANG D, et al. Multimodal compact bilinear pooling for visual question answering and visual grounding[C]//Proceedings of the 2016 Conference on Empirical Methods in Natural Language Processing. Austin, Texas: Association for Computational Linguistics, 2016: 457-468.

[141] KIM J H, ON K W, LIM W, et al. Hadamard product for low-rank bilinear pooling[C]// International Conference on Learning Representations. Toulon, France: OpenReview.net, 2017.

[142] YU Z, YU J, FAN J, et al. Multi-modal factorized bilinear pooling with co-attention learning for visual question answering.[C]//2017 IEEE International Conference on Computer Vision (ICCV). Los Alamitos, CA, USA: IEEE Computer Society, 2017: 1839-1848.

[143] BEN-YOUNES H, CADENE R, CORD M, et al. Mutan: Multimodal tucker fusion for visual question answering[C]//2017 IEEE International Conference on Computer Vision (ICCV). Los Alamitos, CA, USA: IEEE Computer Society, 2017: 2631-2639.

[144] YU Z, YU J, XIANG C, et al. Beyond bilinear: Generalized multimodal factorized high-order pooling for visual question answering[J]. IEEE Transactions on Neural Networks and Learning Systems, 2018, 29(12): 5947-5959.

[145] BEN-YOUNES H, CADENE R, THOME N, et al. Block: Bilinear superdiagonal fusion for visual question answering and visual relationship detection[J]. Proceedings of the AAAI Conference on Artificial Intelligence, 2019, 33: 8102-8109.

[146] YU Z, YU J, CUI Y, et al. Deep modular co-attention networks for visual question answering[C]//2019 IEEE/CVF Conference on Computer Vision and Pattern Recognition (CVPR). Los Alamitos, CA, USA: IEEE Computer Society, 2019: 6281-6290.

[147] GAO P, JIANG Z, YOU H, et al. Dynamic fusion with intra- and inter-modality attention flow for visual question answering[C]//2019 IEEE/CVF Conference on Computer Vision and Pattern

Recognition (CVPR). Los Alamitos, CA, USA: IEEE Computer Society, 2019: 6639-6648.

[148] PHAM N, PAGH R. Fast and scalable polynomial kernels via explicit feature maps[C]//KDD'13: Proceedings of the 19th ACM SIGKDD International Conference on Knowledge Discovery and Data Mining. New York, NY, USA: Association for Computing Machinery, 2013: 239-247.

[149] KIROS R, ZHU Y, SALAKHUTDINOV R R, et al. Skip-thought vectors[C]//Advances in Neural Information Processing Systems: volume 28. Red Hook, NY, USA: Curran Associates, Inc., 2015: 3294-3302.

[150] KARPATHY A, FEI-FEI L. Deep visual-semantic alignments for generating image descriptions[C]//2015 IEEE Conference on Computer Vision and Pattern Recognition (CVPR). Los Alamitos, CA, USA: IEEE Computer Society, 2015: 3128-3137.

[151] DONAHUE J, HENDRICKS L A, GUADARRAMA S, et al. Long-term recurrent convolutional networks for visual recognition and description[C]//2015 IEEE Conference on Computer Vision and Pattern Recognition (CVPR). Los Alamitos, CA, USA: IEEE Computer Society, 2015: 2625-2634.

[152] HERDADE S, KAPPELER A, BOAKYE K, et al. Image captioning: Transforming objects into words[C]//Advances in Neural Information Processing Systems: volume 32. Red Hook, NY, USA: Curran Associates, Inc., 2019: 11137-11147.

[153] GUO L, LIU J, ZHU X, et al. Normalized and geometry-aware self-attention network for image captioning[C]//2020 IEEE/CVF Conference on Computer Vision and Pattern Recognition (CVPR). Los Alamitos, CA, USA: IEEE Computer Society, 2020: 10324-10333.

[154] LUO Y, JI J, SUN X, et al. Dual-level collaborative transformer for image captioning[J]. Proceedings of the AAAI Conference on Artificial Intelligence, 2021: 2286-2293.

[155] LIU W, CHEN S, GUO L, et al. CPTR: Full transformer network for image captioning[EB/OL]. 2021. https://arxiv.org/abs/2101.10804.

[156] REED S, AKATA Z, YAN X, et al. Generative adversarial text to image synthesis[C]// Proceedings of Machine Learning Research: volume 48 Proceedings of The 33rd International Conference on Machine Learning. New York, New York, USA: PMLR, 2016: 1060-1069.

[157] ZHANG H, XU T, LI H, et al. Stackgan: Text to photo-realistic image synthesis with stacked generative adversarial networks[C]//2017 IEEE International Conference on Computer Vision (ICCV). Los Alamitos, CA, USA: IEEE Computer Society, 2017: 5908-5916.

[158] ZHANG H, XU T, LI H, et al. Stackgan++: Realistic image synthesis with stacked generative adversarial networks[J]. IEEE Transactions on Pattern Analysis and Machine Intelligence, 2018.

[159] WANG P, YANG A, MEN R, et al. OFA: Unifying architectures, tasks, and modalities through a simple sequence-to-sequence learning framework[C]//Proceedings of Machine Learning Research: volume 162. Proceedings of the 39th International Conference on Machine Learning. Baltimore, Maryland, USA: PMLR, 2022: 23318-23340.

[160] NICHOL A Q, DHARIWAL P, RAMESH A, et al. GLIDE: towards photorealistic image generation and editing with text-guided diffusion models[C]//Proceedings of Machine Learning Research: volume 162. Proceedings of the 39th International Conference on Machine Learning. Baltimore, Maryland, USA: PMLR, 2022: 16784-16804.

[161] REED S E, AKATA Z, LEE H, et al. Learning deep representations of fine-grained visual descriptions[C]//2016 IEEE Conference on Computer Vision and Pattern Recognition (CVPR). Los Alamitos, CA, USA: IEEE Computer Society, 2016: 49-58.

[162] SHARMA P, DING N, GOODMAN S, et al. Conceptual captions: A cleaned, hypernymed, image alt-text dataset for automatic image captioning[C]//Proceedings of the 56th Annual Meeting of the Association for Computational Linguistics (Volume 1: Long Papers). Melbourne, Australia: Association for Computational Linguistics, 2018: 2556-2565.

[163] CHANGPINYO S, SHARMA P, DING N, et al. Conceptual 12M: Pushing web-scale image-text pre-training to recognize long-tail visual concepts[C]//2021 IEEE/CVF Conference on Computer Vision and Pattern Recognition (CVPR). Los Alamitos, CA, USA: IEEE Computer Society, 2021: 3557-3567.

[164] ORDONEZ V, KULKARNI G, BERG T. Im2text: Describing images using 1 million captioned photographs[C]//Advances in Neural Information Processing Systems: volume 24. Red Hook, NY, USA: Curran Associates, Inc., 2011: 1143-1151.

[165] THOMEE B, SHAMMA D A, FRIEDLAND G, et al. YFCC 100M: The new data in multimedia research[J]. Commun. ACM, 2016, 59(2): 64-73.

[166] SCHUHMANN C, VENCU R, BEAUMONT R, et al. Laion-400M: Open dataset of clip-filtered 400 million image-text pairs[EB/OL]. 2021. https://arxiv.org/abs/2111.02114.

[167] ZELLERS R, BISK Y, FARHADI A, et al. From recognition to cognition: Visual commonsense reasoning[C]//2019 IEEE/CVF Conference on Computer Vision and Pattern Recognition (CVPR). Los Alamitos, CA, USA: IEEE Computer Society, 2019: 6720-6731.

[168] SUHR A, ZHOU S, ZHANG A, et al. A corpus for reasoning about natural language grounded in photographs[C]//Proceedings of the 57th Annual Meeting of the Association for Computational Linguistics. Florence, Italy: Association for Computational Linguistics, 2019: 6418-6428.

[169] XIE N, LAI F, DORAN D, et al. Visual entailment: A novel task for fine-grained image understanding[EB/OL]. 2019. https://arxiv.org/abs/1901.06706.

[170] TAN H, BANSAL M. LXMERT: Learning cross-modality encoder representations from transformers[C]//Proceedings of the 2019 Conference on Empirical Methods in Natural Language Processing and the 9th International Joint Conference on Natural Language Processing (EMNLP-IJCNLP). Hong Kong, China: Association for Computational Linguistics, 2019: 5100-5111.

[171] KIM W, SON B, KIM I. Vilt: Vision-and-language transformer without convolution or region

supervision[C]//Proceedings of Machine Learning Research: volume 139 Proceedings of the 38th International Conference on Machine Learning. Virtual: PMLR, 2021: 5583-5594.

[172] XIE Y, WANG X, WANG R, et al. A fast proximal point method for computing exact wasserstein distance[C]//Proceedings of Machine Learning Research: volume 115 Proceedings of The 35th Uncertainty in Artificial Intelligence Conference. Tel Aviv, Israel: PMLR, 2020: 433-453.

[173] KUZNETSOVA A, ROM H, ALLDRIN N, et al. The open images dataset v4: Unified image classification, object detection, and visual relationship detection at scale[J]. International Journal of Computer Vision, 2020, 128: 1956-1981.

[174] SHAO S, LI Z, ZHANG T, et al. Objects365: A large-scale, high-quality dataset for object detection[C]//2019 IEEE/CVF International Conference on Computer Vision (ICCV). Los Alamitos, CA, USA: IEEE Computer Society, 2019: 8429-8438.

[175] GAO L, BIDERMAN S, BLACK S, et al. The pile: An 800GB dataset of diverse text for language modeling[EB/OL]. 2021. https://arxiv.org/abs/2101.00027.